Der engbemessene Raum macht es nötig, daß viele Angaben abgekürzt oder kodifiziert erscheinen. Diese Abkürzungen und Symbole sind so gewählt, daß sie bald ohne große Mühe gelesen werden können.

Einführung: Die kurzgefaßten Einführungen in die Vogelgruppe (Ordnung, Familie, Gattung) umreißen die Gemeinsamkeiten der in ihnen zusammengefaßten Arten. Die letzte Bemerkung soll auf Unterscheidungsmerkmale zwischen den einzelnen Arten hinweisen.

Name: Am Beginn jeder Artbeschreibung steht der deutsche Trivialname z.B. Bruchwasserläufer. Es folgt der wissenschaftliche Name z.B. *Tringa glareola*

Status: Das Symbol vor dem Namen erlaubt es schnell zu überprüfen, ob und wie häufig der Vogel in Mitteleuropa erwartet werden kann.

● Brutvogel, weit verbreitet und zumeist auch häufig.
◑ Brutvogel nur in bestimmten Gegenden oder Lebensräumen (z.B. Gebirge). Kann dort häufig sein.
○ Zuggast regelmäßig und häufig erscheinend.
⦶ Zuggast überwiegend in bestimmten Gegenden oder Lebensräumen (z.B. Küste). Kann dort häufig sein.
▲ „Fremdvogel", in einigen Gegenden eingebürgert oder aus Gefangenschaft entflohen.
△ Irrgast, in Deutschland nur selten bis ausnahmsweise erscheinend.
8 Unregelmäßiger oder ehemaliger Brutvogel, regelmäßig auf dem Zuge erscheinend.
⧗ Unregelmäßiger oder ehemaliger Brutvogel, nur selten oder überhaupt nicht mehr erscheinend.

Fehlt ein Symbol, so ist der Vogel bisher in Mitteleuropa nicht oder nur ganz vereinzelt nachgewiesen worden.

Ergänzend zu den im Symbol enthaltenen, eigentlichen Statusangaben wird der räumliche und zeitliche Aufenthalt der Vögel (Wanderung) durch Angaben hinter dem Namen genauer bestimmt.

St Standvogel, ganzjährig im Brutgebiet.
Z Zugvogel, überwintert außerhalb des Brutgebietes.
TZ Teilzieher, nicht alle Individuen und / oder Populationen überwintern außerhalb des Brutgebietes. Im N. zumeist Z und nach S. zunehmend St.
W Wintergast in Mitteleuropa. (W) nur Teilpopulation überwintert.
S Sommergast in Mitteleuropa. (S) nur Teilpopulation übersommert.

Die folgenden römischen Zahlen geben die Hauptdurchzugszeiten bzw. Aufenthaltszeiten an. I—XII = Januar — Dezember.

Gefährdung: Viele Vogelarten sind heute in ihrem Bestand bedroht. Ein R für „Rote Liste" (Bundesrepublik Deutschland und Westberlin Stand 1982) besagt:

R1 ausgestorben
R2 vom Aussterben bedroht
R3 stark bedroht
R4 bedroht
R5 möglicherweise bedroht, Art mit kleiner Population oder Art, die sich wieder merkbar erholt hat
R6 Bedrohung fraglich, da nur vereinzelt oder gelegentlich brütend

Größe: 1. mittlere Länge von der Schnabel- bis zur Schwanzspitze des erwachsenen, ausgestreckt liegenden Vogels in cm.
2. unter normalen Bedingungen auftretende Gewichtsspanne in g. Die Gewichte der Vögel schwanken stark. Sie sind vom Nahrungsangebot, von der Aktivität (Brut, Zug, Mauser) und weiteren Faktoren abhängig.
3. Größenvergleich mit einer allgemein bekannten Vogelart > größer, < kleiner, ~ ungefähr gleich.

Merkmale: Die auffälligen Erkennungs- und Unterscheidungsmerkmale werden beschrieben. Zumeist betreffen sie Färbung und Gefieder. Es wird aber auch auf charakteristische Verhaltensweisen hingewiesen.

Stimme: Die gewöhnlichen Rufe und Gesänge werden, soweit möglich, mit Lautsilben umschrieben.

Lebensraum: Durch folgende Abkürzungen wird der Lebensraum zur Brutzeit = „So" (Sommer) und außerhalb der Brutzeit = „Wi" (Winter) bezeichnet:

L = offene Landschaft
AL - Acker; WL - Wiese, Weide; HL - Heide, trockenes Ödland
W = Wald
BW - Büsche, Hecken, Buschwald, Macchie; LW - Laubwald; NW - Nadelwald; MW - Mischwald
F = Feuchtgebiet (Süßwasser)
WF - Feuchtwiesen; MF - Moor; BF - Bruch, Sumpf, Verlandungszone; SF - stehende Gewässer (Seen, Teiche usw.); FF - fließende Gewässer (Flüsse, Bäche usw.)

M = Meer und Küste
MM - Marsch, Salzwiesen; SM - Sandküste, Dünen; FM - Felsküste;
WM - Watt; KM - Küstengewässer;
HM - hohe See
G = Gebirge
S = Siedlung
VS - Garten, Park, Dorf, Vorstadt;
IS - Innenstadt (pflanzenarme, dichte Bebauung)

Zur Bezeichnung der Himmelsrichtungen werden die üblichen Abkürzungen N., S., O., W. gebraucht. Um Verwechslungen zu vermeiden, steht hier hinter dem Großbuchstaben ein Punkt.

Nest: 1. Standort des Nestes. 2. Baumaterial des Nestes. 3. Erbauer des Nestes — ♂ oder ♀: Nur das Männchen oder nur das Weibchen baut; ♂♀: Die Brutpartner haben den gleichen Anteil am Bau; ♀(♂): Das Weibchen trägt die Hauptlast beim Bau. Das Männchen kann gelegentlich helfen.
Falls die behandelte Vogelart nicht monogam ist, stehen vor 1. Angaben zum Paarverhalten.

Eier: 1. Zahl der Eier im Gelege. 2. Färbung und Zeichnung der Eier — :: = gepunktet, gesprenkelt, gefleckt; ≡ = gestrichelt, gestreift. 3. Eilänge in mm.

Brut: 1. Anzahl der Jahresbruten. Ist diese Zahl für ♂ und ♀ verschieden, so folgt der Zahl ein Geschlechtssymbol. 2. mittlere Brutdauer in Tagen. 3. Anteil der Geschlechter an der Brut (s. Nest 3.). 4. Hauptbrutperiode I—XII = Januar — Dezember.

Junge: 1. Typusangabe: Nfl = Nestflüchter, Junge verlassen bald nach dem Schlüpfen das Nest und ernähren sich selber; Pho = Platzhocker, Junge verlassen bald nach dem Schlüpfen das Nest, bleiben versteckt in der Nähe und werden gefüttert; Nho = Nesthocker, Junge bleiben bis zum Flüggewerden im Nest. 2. Zeitspanne zwischen dem Schlüpfen und Flüggewerden in Tagen. Ein + hinter der Zahl besagt, daß der Jungvogel das Nest schon vor dem Erlangen der vollen Flugfähigkeit verlassen kann. 3. Anteil der Geschlechter an der Brutpflege (s. Nest 3.)

Imm: (immatur = unreif, unausgefärbt) Wenn der Jungvogel das Nest verläßt, trägt er oft noch nicht das Federkleid der Altvögel. Viele, zumeist kleinere Vögel, sind schon im folgenden Jahr ausgefärbt. Bei einigen, zumeist größeren Vögeln, dauert der Wechsel ins Alterskleid mehrere Jahre. Diese Reifezeit wird in Monaten angegeben.

Alter: 1. Alter bei der ersten Brut in Jahren. 2. durch Beringung im Freiland nachgewiesenes Höchstalter in Jahren. Steht diese Zahl in Klammern, so ist die Angabe bisher noch zu wenig gesichert und wahrscheinlich zu niedrig. 3. jährliche, mittlere Überlebensrate der Altvögel in ‰. Diese Angabe ist nur von wenigen, gut untersuchten Arten bekannt.

Nahrung: Es wird nur die bevorzugte und gängigste Nahrung genannt. Das tatsächliche Nahrungsspektrum kann weit umfangreicher sein.

Schema einer Artbeschreibung:

Statussymbol: Brut- oder Gastvogel — **Name:** Deutscher Name, wissenschaftlicher Name — **Status:** (Wanderung) Stand- oder Zugvogel, Zugzeit — **Gefährdung:** „Rote Liste" — **Größe:** Länge, Gewicht, Vergleich - **Merkmale:** — **Stimme:** — **Lebensraum:** „Sommer" und/oder „Winter" — **Nest:** Wenn nötig, Paarverhalten; Stand, Material, Erbauer — **Eier:** Eizahl, Färbung und Zeichnung, Länge — **Brut:** Zahl der Jahresbruten, Brutdauer, Beteiligung der Geschlechter, Brutperiode — **Junge:** Typus, Brutpflegedauer, Anteil der Geschlechter an der Brutpflege — **Imm:** Reifezeit — **Alter:** Brutreife / Höchstalter / jährliche Überlebensrate der Altvögel — **Nahrung:**

***:** Der Stern am Ende der Artbeschreibung soll auf wesentliche Informationen aufmerksam machen, die in anderen Abschnitten des Buches zu finden sind (s. kursive Seitenzahlen im Register).

In den **Verbreitungskarten**

sind die Brutgebiete gelb

die Überwinterungsgebiete blau gekennzeichnet.

Grün bedeutet, daß sich beide Gebiete überschneiden und die Vögel hier ganzjährig anzutreffen sind.

PAREYS NATURFÜHRER PLUS

VÖGEL

Umseitige Abbildung: *Ein einziger Lebensraum, hier eine Verlandungszone mit Flachwasser, Schlammbänken und Röhricht, kann von vielen Vogelarten gleichzeitig besiedelt werden. Diese Arten nutzen entweder verschiedene Teilbereiche des Gebietes oder dieselben Bereiche auf unterschiedliche Weise. Durch diese Spezialisierung wird ein weitgehend konfliktfreies Nebeneinander möglich. Die Abbildung zeigt einundzwanzig Arten aus zwölf unterschiedlichen Vogelfamilien.*

PAREYS NATURFÜHRER PLUS

VÖGEL

Biologie + Bestimmen + Ökologie

Von

Christopher Perrins

Übersetzt und bearbeitet von

Dr. Heinrich Hoerschelmann

Zoologisches Museum der
Universität Hamburg

Mit 2030 farbigen Abbildungen
und 433 farbigen Verbreitungskarten

Verlag Paul Parey · Hamburg und Berlin

Die Originalausgabe erschien unter dem Titel

Collins New Generation Guide to the Birds of Britain and Europe

im Verlag Collins Sons & Co. Ltd., London

Die Illustrationen stammen von
Norman Arlott, Crispin Fisher, Robert Gillmor, Alan Harris, Martin Knowelden, Bruce Pearson, Philip Snow

Herausgeber
David Attenborough

Sir David Attenborough ist der beratende Herausgeber der englischen Originalausgaben der »New Generation Guides of Birds, Flowers etc.«, die dieser Übersetzung und Bearbeitung zugrunde liegen. Bei uns ist er durch seine Fernsehserien »Das Leben auf unserer Erde« (Life on Earth, 1979) und »Die Erde lebt« (The Living Planet, 1983) sowie durch die diese Serien ergänzenden und begleitenden Bücher als einer der hervorragendsten Naturinterpreten bekannt geworden. Durch seine Gabe der anschaulichen Darstellung schwieriger Zusammenhänge hat er diese Serie neuer Naturführer wesentlich beeinflußt und mitgestaltet.

CIP-Kurztitelaufnahme der Deutschen Bibliothek
Vögel: Biologie + Bestimmen + Ökologie / von Christopher Perrins.
Übers. u. bearb. von Heinrich Hoerschelmann. — Hamburg; Berlin: Parey 1987.
(Pareys Naturführer Plus)
Einheitssacht.: Collins new generation guide to the birds of Britain and Europe (dt.)
ISBN 3-490-22618-6
NE: Hoerschelmann, Heinrich (Bearb.)

 Anschriften: Spitalerstr. 12, D-2000 Hamburg 1; Lindenstr. 44-47, D-1000 Berlin 61. Printed in Great Britain by Wm. Collins Sons & Co. Ltd. London und Glasgow. Lithographie: Alpha Reprographics Ltd. Harefield (GB), Satz: Hess Fotosatz GmbH, Hamburg. Einbandgestaltung: Jan Buchholz und Reni Hinsch, Hamburg, unter Verwendung des für die englische Originalausgabe verwendeten Umschlages.

ISBN 3-490-22618-6

Inhalt

Dritter Teil: Das Leben der Vögel

Vierter Teil: Die Ökologie der Vögel

Vorwort des Verfassers

Bücher, die sich mit dem Bau und der Lebensweise der Vögel befassen, helfen einem gewöhnlich nicht bei deren Bestimmung. Umgekehrt ist in den üblichen Bestimmungsbüchern nur wenig über das Leben der Vögel zu erfahren. Dieses neuartige Vogelbuch bringt in einem Band beides, — als einer der ersten Titel einer völlig neu entwickelten Naturführer-Reihe.

Das Buch wendet sich an den interessierten Liebhaber, und zwar sowohl an den Anfänger als auch an den in seiner Neigung zum Beobachten von Vögeln bereits Fortgeschrittenen, kurz an alle, die Vögel nicht nur erkennen, sondern mehr über sie wissen wollen. Um diese Fülle von Informationen auf einen vernünftigen Umfang zu begrenzen, war es erforderlich, die Darstellung betont straff zu halten. Leser, deren Interesse durch die Lektüre dieses Buches noch nicht befriedigt wurde, werden sich sicherlich bemühen, ihre Kenntnisse an anderer Stelle zu vertiefen. Dazu anzuregen ist eines der wesentlichen Anliegen dieses Buches.

Viele haben zum Gelingen dieses Buches beigetragen. Norman Arlotts Anteil ist, betrachtet man allein die Abbildungstafeln im Bestimmungsteil, so offensichtlich, daß es kaum nötig sein dürfte, den Leser darauf aufmerksam zu machen, daß ohne diese vorzüglichen Abbildungen dem Buch ein entscheidender Bestandteil fehlen würde. Um alle unsere Anmerkungen zu berücksichtigen, hat er geduldig manche Tafel neu gezeichnet. Die Illustrationen der weiteren auf Seite 4 aufgeführten Künstler stellen eine wichtige Ergänzung des Textes dar.

Im Verlag Collins verbindet Crispin Fisher seine Erfahrung als Herausgeber mit einer ausgezeichneten Kenntnis der Vögel, die er geflissentlich zu verbergen bemüht ist. Auf diese vorgetäuschte Ahnungslosigkeit konnte ich aber nicht hereinfallen, da ich ihm das erste Mal vor mehr als dreißig Jahren beim Beobachten der Vögel auf der Insel Fair begegnet bin. Seine wertvolle Kritik an beidem, dem Text und den Abbildungen, hat das Niveau des Buches maßgeblich beeinflußt.

Meine Frau Mary hat mir beträchtlich bei der Zusammenstellung der Daten für die Texte im Bestimmungsteil geholfen. Viele andere haben durch ihre konstruktive Kritik die Fertigstellung der Texte und Abbildungen hilfreich gefördert. Erwähnt seien Chris Harbard, Dr. M.P. Harris, John Marchant, C.J. Mead, Dr. I. Newton, Dr. M.A. Ogilview und Sarah Wanless sowie Dr. Peter Lack und Robert Hudson.

CHRISTOPHER PERRINS

Vorwort zur deutschen Ausgabe

Die erste Reaktion des Übersetzers und Bearbeiters dieses Buches war: »Noch ein Vogelbuch?« Bald hatte er sich aber davon überzeugt, daß hier etwas wirklich Neues gelungen war: die Kombination einer nicht zu wissenschaftlich gehaltenen und an den Vögeln Europas orientierten Vogelbiologie mit einem vorzüglichen Bestimmungsbuch.

Die einzelnen Kapitel über Bau, systematische Ordnung und Lebensweise der Vögel sind so gehalten, daß sie sowohl fortlaufend als auch ein jedes für sich gelesen werden können. Im Bestimmungsteil werden unmittelbar neben den Abbildungen ungewöhnlich viele Informationen geboten. Dafür mußte natürlich sehr knapp formuliert sowie mit Symbolen und Abkürzungen gearbeitet werden. Da hier Fakten zusammengestellt wurden, die man sich sonst aus mehreren Büchern zusammensuchen muß, wird der Leser gewisse anfängliche Schwierigkeiten bei der Benutzung der Artbeschreibungen sicher gern in Kauf nehmen.

Das Buch richtet sich bewußt an den weniger erfahrenen Naturliebhaber und -beobachter. Durch manchen neuen Gedanken und manche ungewöhnliche Betrachtungsweise wird es auch auf den Fachmann anregend wirken. Natürlich können in diesem Rahmen nicht alle Themen erschöpfend behandelt werden. Die Fülle des Stoffes verlockt aber sicher zu einem weiteren, vertiefenden Studium. Dazu werden mit den Literaturhinweisen am Ende des Buches einige Anregungen gegeben.

Der Charakter dieses Buches wird von zwei Grundmotiven geprägt. Es sind das die Tatsache der fortlaufenden Entwicklung alles Lebendigen und eine bewußte Sachlichkeit.

Der Autor zeigt an vielfältigen Beispielen und Sachverhalten, daß Natur nichts Statisches ist. Immer und überall findet unter dem Einfluß der natürlichen Auslese Evolution, d.h. eine Anpassung der Lebewesen an sich verändernde Bedingungen statt. Unter diesem Blickwinkel betrachtet verliert unsere jetzige Situation, an der gerade naturverbundene Menschen in hohem Grade leiden, an bedrohlicher Einmaligkeit. Sie wird, ohne, daß man sich mit der Gefährdung der Natur, unserer Lebensgrundlage, resignierend abfinden darf, in den Zusammenhang eines fortlaufenden Prozesses von Werden und Vergehen gestellt.

Das zweite Anliegen besteht in dem Bemühen um emotionslose Sachlichkeit. Wenn man erfährt, daß bis zu 90% der Jungvögel sterben müssen, daß der liebliche Gesang nichts weiter ist als eine Verteidigungsmaßnahme, daß die Winterfütterung kaum etwas nützt, oder daß wir Menschen vielen Vögeln den Lebensraum erst geschaffen haben, den wir ihnen jetzt bei geänderter Wirtschaftsweise wieder entziehen, dann kann dieses Buch dazu beitragen im Ringen um den Erhalt unserer Natur neben den heißen Gefühlen auch den kühlen Kopf zur Geltung kommen zu lassen. Ich wünsche mir, daß dieses Buch durch breitgestreute Vermehrung des Wissens zur Versachlichung und größeren Effizienz der Naturschutzarbeit beiträgt.

Danken möchte ich allen, die mir bei der Arbeit an diesem Buche geholfen haben, auch wenn ihre Mitwirkung nur darin bestehen konnte, mich stetig zu ermutigen. Besonders danke ich meiner Frau Brigitte und meine Töchtern Hilke und Mareike, die mir durch die kritische Durchsicht der Texte und die Überprüfung der vielen Daten und Fakten einen unschätzbaren Dienst erwiesen haben.

Heinrich Hoerschelmann

Erster Teil

Die Evolution und der Bau der Vögel

Die Entwicklung der Vögel und ihre Stellung im Tierreich

Durch ihr ausgezeichnetes Flugvermögen nehmen die Vögel unter den Wirbeltieren eine hervorragende Stellung ein. Diese Vollkommenheit ist das Ergebnis einer sehr langen, noch andauernden Entwicklung. Über die einzelnen Entwicklungsschritte vom erdgebundenen, schwerfälligen Landtier zum mit höchster Leichtigkeit und Geschicklichkeit fliegenden Vogel ist wenig bekannt. Lückenlose, durch Fossilfunde belegte Entwicklungsreihen gibt es nicht. Die Abstammung der Vögel aus der alten Reptilienverwandtschaft scheint aber gesichert. Einige kleinere Dinosaurier, z.B. die Theropoda, liefen aufgerichtet auf den Hinterbeinen und hatten ein vogelähnliches Skelett. Durch diese Fortbewegungsweise konnten die Vorderbeine zunehmend andere Aufgaben übernehmen. Die Entwicklung zu dem auf den Hinterbeinen gehenden und mit den Vorderbeinen fliegenden Vogel kann also über solche Vorformen verlaufen sein. Dafür spricht auch, daß einige dieser Dinosaurier, wie aus dem Feinbau ihrer Knochen und anderen Hinweisen zu schließen, nicht mehr rein wechselwarm, sondern schon warmblütig waren. Sie waren dadurch beweglicher als ihre auf die Sonnenwärme angewiesenen Verwandten. Eine hohe, konstante Körpertemperatur erfordert eine gute Isolierung. Die Entstehung der Vogelfedern kann daher mit der Verlängerung der Reptilienschuppen zur Bildung einer äußeren Isolierschicht begonnen haben. Die Schuppen der Reptilien und die Federn bestehen aus dem gleichen Material, dem Keratin.

Der Archaeopteryx

Den bisher besten Beweis für die enge Verbindung von Reptilien und Vögeln liefert der Urvogel *Archaeopteryx*, der in den Plattenkalken des bayrischen Solnhofen gefunden wurde. Es ist nicht wichtig, ob er als direkter Vorfahre unserer heutigen Vögel oder nur als Seitenzweig in der Entwicklung vom Reptil zum Vogel angesehen wird. Er bleibt eine der bemerkenswertesten fossilen Übergangsformen, da er sowohl eindeutige Reptilien- als auch Vogelmerkmale besaß. Auf den ersten Blick sah er wie einer der theropoden Dinosaurier aus. Wenn nicht im feinkörnigen Gestein eindeutig und klar Abdrücke von Federn erhalten wären, würde er als entfernt vogelähnliches Reptil unerkannt in einem Museum ruhen.

Der *Archaeopteryx* hatte die Größe einer Elster. Als deutliche Reptilienmerkmale besaß er Kiefer mit Zähnen und einen gestreckten Körper mit einem langen Schwanz. Seinem Brustbein scheint der flächige Kiel zum Ansatz der Flugmuskulatur gefehlt zu haben. Sein vogelähnlichstes Merkmal war das Federkleid. Auch die Vordergliedmaßen besaßen eine erstaunliche Übereinstimmung mit den Flügeln der heutigen Vögel. Die Hand hatte aber drei deutlich getrennte Finger mit gekrümmten Krallen.

Wir können nur vermuten, wie der Urvogel gelebt hat. Er hatte, wie die meisten Vögel, einen Klammerfuß mit drei nach vorne gerichteten Zehen und einer Hinterzehe. Die Zehen trugen gebogene Krallen. Es ist also möglich, daß der *Archaeopteryx* in den Bäumen umherkletterte. Über sein Flugvermögen gibt es unterschiedliche Ansichten. Da ihm der Ansatz für starke Flugmuskeln fehlte, liegt die Vermutung nahe, daß er zu einem ausdauernden Flug nicht fähig war. Die asymmetrische Form der Schwungfedern spricht andererseits dafür, daß sie zu einem aktiven Schlagflug benutzt wurden. Die Entwicklung der Flügel dürfte bei den Vorfahren des *Archaeopteryx* damit begonnen haben, daß die Schuppen am Hinterrand des Armes zu einer Gleitfläche verlängert wurden. Der Vorläufer des Urvogels konnte so gleitend von Baum zu Baum fliegen. Aus dem Gleitflügel wurde durch Vergrößerung und Differenzierung ein Schlagflügel, mit dem ein aktiver Flug möglich wurde. Zugleich setzte auch die Ausbildung einer größeren und stärkeren Bemuskelung ein.

Natürlich sind das nicht völlig beweisbare Spekulationen. Auch für die Ansicht, daß der *Archaeopteryx* ein bodenlebendes Lauftier war, gibt es Anhaltspunkte. In diesem Falle wäre die Entwicklung der Federn und des Flügels anders verlaufen. Es bleibt aber dabei, daß der Urvogel richtige Federn hatte. Eine so komplizierte und eindeutig auf den Flug gerichtete „Erfindung" wird die Natur nicht unabhängig voneinander mehrfach gemacht haben. Daher ist der *Archaeopteryx* mit den uns heute umgebenden Vögeln sicherlich verwandt.

Der Urvogel lebte im Jura vor ungefähr 140 Millionen Jahren in den damaligen deutschen Wäldern. Nach seinem Gebiß zu urteilen, war er ein nicht sonderlich wählerischer Insektenfresser. Vielleicht werden weitere Funde zu einem besseren Verständnis seiner Lebensweise führen.

Die Entwicklung der modernen Vögel

Zwischen dem Urvogel und den ältesten aus der Kreidezeit bekannten fossilen Vögeln klafft eine Lücke von ungefähr 30 Millionen Jahren. *Enaliornis*, einer dieser Vögel, der vielleicht einem Taucher ähnlich sah, hatte stark rückgebildete Vordergliedmaßen, die in ihrem Bau aber denen fliegender Vögel entsprachen.

In der oberen Kreide, wiederum 30 Millionen Jahre später, werden die Fossilfunde schon zahlreicher. Bekannt sind *Hesperornis*, ebenfalls ein flugunfähiger, taucherartiger Vogel, und *Ichthyornis*, der einem mittelgroßen Alken glich. Nach dem stark gekielten Brustbein zu urteilen, war *Ichthyornis* ein ausgezeichneter Flieger.

Erst zum Ausgang der Kreidezeit erscheinen Vögel, die Merkmale heute noch lebender Arten besitzen. Im Eozän, schließlich, vor etwa 54 Millionen Jahren, gab es Vögel, die nachweislich in die Verwandtschaft heute noch lebender Arten gehören. In Bodenschichten aus dem unteren Eozän wurden Überreste von Reihern und Geiern gefunden. Aus jüngeren Schichten konnten Knochen von Gänsen, Rallen, Hühnervögeln und Flamingos geborgen werden. Vom Ende des Eozäns, vor ungefähr 40 Millionen Jahren, sind bisher die Vertreter von mindestens dreißig modernen Vogelfamilien bekannt. Einige dieser Vögel gehörten höchstwahrscheinlich schon zu den Sperlingsvögeln (Passeriformes). Zum Ausgang des Eozäns war die Erde also von Vögeln bevölkert, die den heutigen weitgehend entsprachen.

Hesperornis und fliegender Ichthyornis

Die Merkmale der Vögel

Der Grundbauplan aller Vögel ist gleich. In diesem einheitlichen Körperbau wird die Anpassung an die Haupterrungenschaft der Vögel, das Fliegen, erkennbar. Nur bei den wenigen Vogelarten, die den Flug aufgegeben haben, den Straußenvögeln und den Pinguinen, konnten die Körperform und die Größe wesentlich abgewandelt werden.

Anpassungen an den Flug lassen sich in allen Bereichen der Vogelanatomie erkennen. Eine der Hauptrichtungen in der Entwicklung der Vögel war die zunehmende Gewichtsverminderung. Andererseits bestand die Notwendigkeit für einen starken Antrieb. Einige Körperabschnitte, vor allem die Flugmuskulatur, konnten daher nicht reduziert werden. Die beste Auslastung und Stabilität im Flug werden dadurch erreicht, daß die schweren Körperteile am Schwerpunkt konzentriert werden. Daher haben die Vögel im Unterschied zu dem gestreckten, biegsamen Körper der Reptilien, etwa einer Eidechse, einen kompakten, kurzen Rumpf, an dem die großen Gewichte in der Nähe des Schwerpunkts liegen.

Das Skelett

Das Vogelskelett zeigt zahlreiche Anpassungen an den Flug. Erst wenn man das Skelett eines modernen Vogels mit dem des Archaeopteryx oder sogar mit dem einer Eidechse vergleicht, lassen sich die im Laufe der Entwicklung eingetretenen Veränderungen richtig ermessen.

Das Gewicht des Knochengerüstes ist auf verschiedene Weise verringert worden. Bei einer Taube beträgt der Gewichtsanteil des Skeletts am Gesamtkörper nur 4,5 %. Bei einem gleichschweren Säugetier würde dieser Anteil um 6 % ausmachen.

Die großen Gliedmaßenknochen sind nicht wie bei den Säugetieren markgefüllte, kompakte Stäbe. Es sind pneumatisierte, d.h. luftgefüllte Röhren, die daher wesentlich leichter sind. Auf diese Weise bleibt, trotz der Materialeinsparung, ihr äußerer Umfang, also die Ansatzfläche für die Muskeln, erhalten. Die Biegefestigkeit wird, ähnlich wie bei einem Getreidehalm, sogar gesteigert. Durch eine feine Strebenkonstruktion im Inneren des Knochenhohlraums wird sie noch weiter erhöht. Die Luft gelangt über die Luftsäcke, die mit Ausläufern in die Röhrenknochen hineinziehen, in die Hohlräume (s.S. 20). Das gesamte Skelett ist aber auch noch auf andere Weise leichter gemacht worden. Der Körper ist verkürzt und die Anzahl der Knochen verringert. Aus dem schweren, bezahnten Kiefer wurde ein leichter, zahnloser Schnabel. Die Wirbel des langen Schwanzes sind zu

Skelett eines Vogels

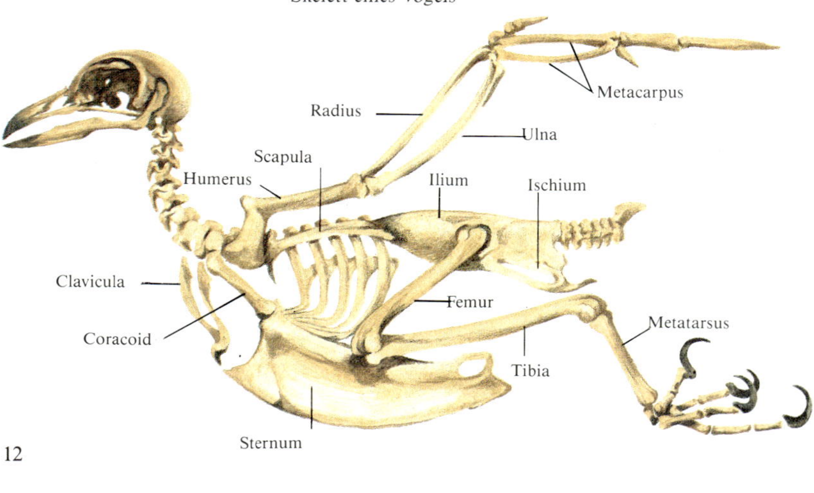

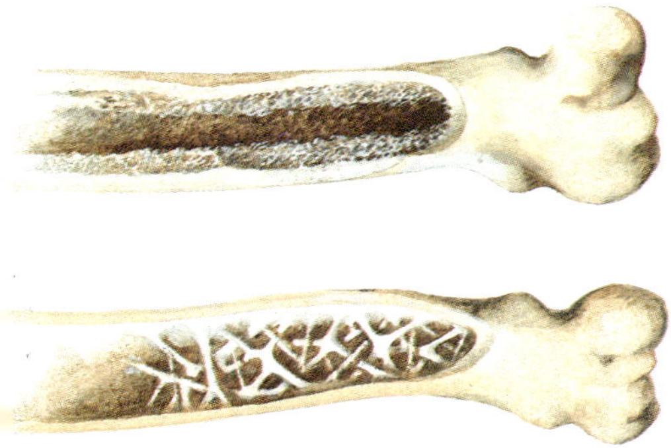

Längsschnitt durch Knochen von Säugetier und Vogel (unten)

einem Schwanzstummel verschmolzen. Einige der Hand- und Fußknochen sind nur noch rudimentär vorhanden oder gänzlich verschwunden.

Nicht nur die Gewichtsersparnis, auch die Festigkeit spielt bei der Skelettkonstruktion der Vögel eine große Rolle. Daher sind viele Knochen, vor allem im Bereich der Wirbelsäule, miteinander verwachsen. So bleibt der Rumpf in sich stabil, ohne daß er durch Muskeln und Bänder zusammengehalten werden müßte. Durch rückwärtsgerichtete Fortsätze der Rippen wird der Rumpf zusätzlich versteift. Diese *Processus uncinati* überlappen die jeweils folgende Rippe. Bei einigen Tauchvögeln, wie den Alken, überlagern sie sogar zwei Rippen. Dadurch kann der Rumpf dem hohen Wasserdruck beim Tauchen besser standhalten.

Die Knochen, an denen die Flugmuskulatur befestigt ist, können natürlich nicht reduziert werden. Das Brustbein (Sternum) trägt die Muskeln, die den Hauptantrieb liefern. Durch seine trogartig breite Form mit dem flächigen Kiel bietet es eine große Ansatzfläche. Zwischen Brustbein und Schultergelenk vermitteln als kräftige Streben die Rabenbeine (Coracoid). Sie müssen den erheblichen Zug, der beim Flügelschlag auf das Schultergelenk ausgeübt wird, abfangen.

Die Gliedmaßen

Fast alle landlebenden Wirbeltiere benutzen zur Fortbewegung zumindest ein Gliedmaßenpaar. Die meisten setzen beide Beinpaare gleichzeitig ein. Ihr Körperschwerpunkt befindet sich in der Mitte zwischen den Vorder- und den Hinterbeinen. Die Vögel beherrschen völlig unterschiedliche Fortbewegungsweisen, zum einen das Fliegen, zum anderen das Laufen und oft auch noch das Schwimmen. Um gleichermaßen gut fliegen und laufen zu können, muß sich bei ihnen der Körperschwerpunkt in der Nähe des Ansatzes beider Gliedmaßenpaare befinden. Das bringt natürlich einige Komplikationen mit sich.

Im Flug hängt der Vogelkörper an den Schultergelenken. Der Schwerpunkt liegt direkt unter der Schulter und damit weit vor dem Hüftgelenk. Der Vogel müßte also, wenn er auf seinen zwei Beinen steht, im Hüftgelenk nach vorne kippen. Am Vogelbein ist aber der Oberschenkel (Femur) nach vorne gerichtet. Er wird in dieser Stellung durch Muskeln dicht am Körper gehalten. Das dadurch näher zum Schwerpunkt verlagerte Kniegelenk übernimmt daher weitgehend die Rolle des Hüftgelenks. So kann sich ein Vogel auch beim Laufen gut im Gleichgewicht halten. Bei uns befindet sich das Knie ungefähr in der Beinmitte, bei den Vögeln

Tauchende Lumme. Der Schnitt zeigt die Überlagerung der Processus uncinati.

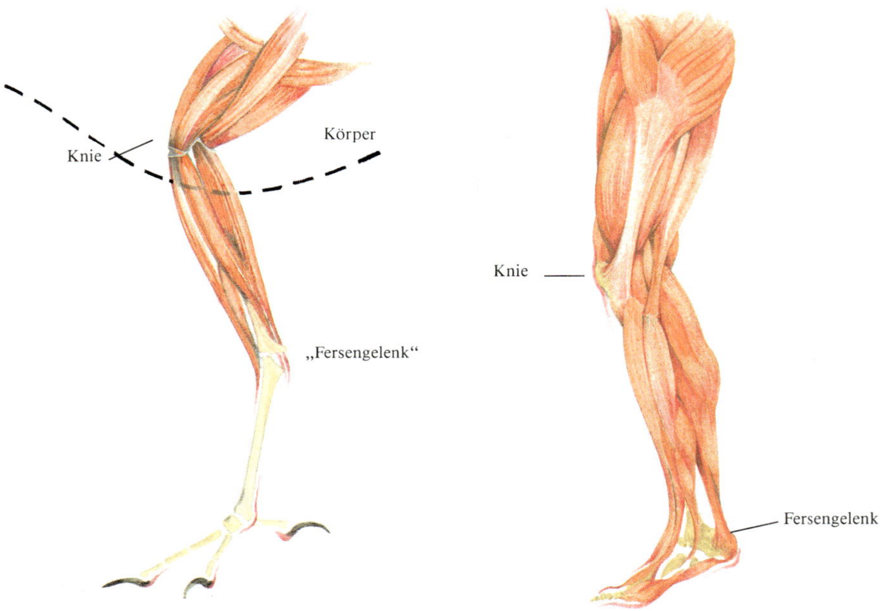

Vergleich der Muskeln und Knochen des Beines von Vogel und Mensch.

hingegen dicht am Körper. Es ist mit Federn überdeckt, so daß es äußerlich nicht zu sehen ist. Die beiden sichtbaren Beinabschnitte entsprechen unserem Unterschenkel und Fuß. Der Vogel steht auf den Zehen. Die Fußwurzelknochen sind zu einem Knochen, dem Lauf, verwachsen. Das nach hinten gerichtete Gelenk zwischen Lauf und Unterschenkel entspricht in etwa unserem Fußgelenk. Da es sich aber eigentlich innerhalb der Tarsalia, der Fußwurzelknochen, befindet, wird es Intertarsalgelenk genannt.

Die Umwandlung der Vordergliedmaßen in Flügel erforderte die stärksten Veränderungen. Der Oberarm (Humerus) und der Unterarm mit Elle und Speiche (Radius und Ulna) sind mit den entsprechenden Abschnitten unseres Armes vergleichbar. Die Hand, die den ganzen vorderen Flügelabschnitt trägt, ist stark umgestaltet. Von den fünf Fingern blieben nur drei erhalten. Nur einer ist groß und lang. Die beiden anderen sind weitgehend rückgebildet. Einer davon ist immerhin noch beweglich. Er liegt auf der Vorderkante des Flügels und trägt einige kurze Federn, die den für den Flug bedeutsamen Daumenfittich bilden (s.S. 39). Die größte Belastung des Flügelskeletts entsteht beim Abschlag des Flügels. Das Hand- und das Ellenbogengelenk sind so gestaltet, daß sie diesen Kräften ohne den Einsatz starker Muskeln standhalten können.

Die Muskeln

Als Antrieb für die Flügel braucht ein Vogel einen kräftigen „Motor". Diese Aufgabe übernehmen die Brustmuskeln. Normalerweise machen sie um 15 % des Gesamtgewichtes aus. Bei einigen guten Fliegern können es bis zu 20 % sein.

Muskeln wirken durch Kontraktion. Sie ziehen die Skelettabschnitte, an denen sie befestigt sind, gegeneinander. Große Muskeln brauchen große Ansatzflächen. Die Flugmuskeln sind mit ihrem zum Flügel verlaufenden Abschnitt an einer Verbreiterung des Oberarmes nahe dem Schultergelenk angeheftet. Die massigen Muskelkörper sind auf der Gegenseite mit dem Brustbein verwachsen. Die äußeren großen Brustmuskeln ziehen den Flügel nach unten. Sie führen also die Bewegung aus, die die meiste Kraft erfordert. Die inneren, vom Vorderende des Brustbeins ausgehenden kleinen Brustmuskeln besorgen den Flügelaufschlag. Sie bringen den Flügel in die Ausgangsstellung für den nächsten Abschlag. Sie tun das nicht durch direkten Zug, sondern, ihrer Lage unterhalb des Flügels entsprechend, durch eine Umlenkung ihrer Zugrichtung. Diese wird dadurch erreicht, daß ihre Sehnen über die Köpfe der Rabenbeine wie über Rollen laufen. Auf diese Weise können sie auf der Oberseite des Oberarmes ansetzen.

Da die Muskeln aus weißen oder roten Fasern bzw. aus einer Mischung von beiden bestehen, ist ihre Färbung verschieden. Helle Muskeln scheinen vornehmlich für kurzfristig hohe Kraftanstrengungen geeignet zu sein. Sie ermüden schneller als die dunklen Muskeln, die eher Dauerleistungen erbringen können. So eignen sich helle Muskeln besser für die schnelle Flucht über kurze Distanz, die dunklen dagegen für Langstreckenflüge. Dieser auf eine unterschiedliche Belastung hindeutende Unterschied ist an den Haushühnern gut erkennbar. Sie haben die hellen Flugmuskeln ihrer wilden Artgenossen, die zwar schnell, aber nur kurze Strecken fliegen können. Ihre Beinmuskeln dagegen sind dunkel, da sie bei der Hauptbewegungsweise, dem Laufen, eingesetzt werden.

Die Hauptmuskelmassen liegen nahe dem Rumpf am Becken und Oberschenkel sowie am Brustbein und Oberarm. Die Bewegung der weiter außen liegenden Gelenke erfolgt vorwiegend durch den Zug langer Sehnen, die von diesen Muskeln ausgehen. Auch das Schließen der Zehen beim Umklammern eines Astes beruht auf einem solchen Zugmechanismus. Im unteren Beinabschnitt gibt es fast keine Muskeln. Von den oberen Beinmuskeln ausgehende Sehnen verlaufen auf der Rückseite des Beines über das Intertarsalgelenk hinweg bis an die Unterseite der Zehenglieder. Ist der Vogel auf einem Ast gelandet, knickt er die Beine im Intertarsalgelenk ein. Dadurch wird auf die Sehnen ein Zug ausgeübt, der die Zehen automatisch krümmt. Durch das Beugen und Strecken des Beines eines frischtoten Vogels läßt sich dieser Mechanismus gut demonstrieren. Rein mechanisch ist der Griff der Zehen allerdings nicht. Die meisten Vögel können durchaus aktiv und kräftig zufassen.

Das Verhältnis der Knochenlängen zueinander zeigt die Anpassung an bestimmte Flugweisen. Unten die an der Flügelbewegung beteiligten Muskeln.

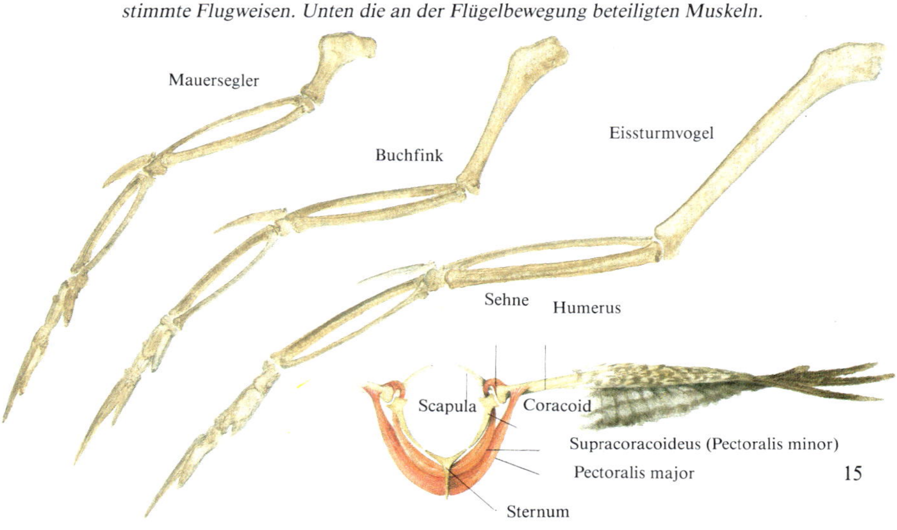

Der Verdauungsapparat

Der Schnabel

Für jede Art der Nahrungssuche, -aufnahme und -zerkleinerung ist eine besondere Schnabelkonstruktion erforderlich. Daher läßt sich an dem Schnabelbau der Vögel ihre Ernährungsweise gut erkennen.

Der Grundbauplan des Schnabels ist bei allen Vögeln gleich. Der Oberschnabel ist am Hirnschädel so befestigt, daß eine mehr oder weniger große Bewegung möglich ist. In einigen Fällen ist zwischen Hirnschädel und Oberschnabel ein regelrechtes Gelenk ausgebildet. Der Unterschnabel ist gegen den Schädel frei beweglich. Dadurch, daß Ober- und Unterschnabel gegeneinander bewegt werden können, ist ein sicheres, pinzettenartiges Greifen möglich. Die den Knochen überdeckende Schnabelscheide besteht wie die Federn und Klauen aus Keratin. In dem Maße, wie sie abgenutzt wird, kann sie auch wieder erneuert werden. Bei den meisten Vogelarten wächst sie dauernd nach und wird durch die Reibung der Schnabelhälften gegeneinander ebenso ständig abgenutzt. Wird eine der Schnabelhälften so verletzt, daß ihr der abreibende Beißwiderstand fehlt, kann es zu erheblichen Schnabelverformungen kommen.

Skelett des Vogelkopfes

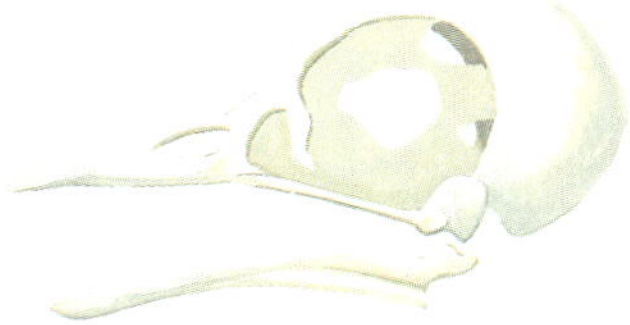

Um die Lage der langen Zungenbeinhörner zu zeigen, wurde die Haut am Kopf des Buntspechts seitlich entfernt (ausgezogene Linie - vorgestreckte Zunge, punktierte Linie - eingezogene Zunge).

Die Schnabelformen

Die natürliche Auslese hat zu einer großen Vielfalt von Schnabelformen geführt. Jede von ihnen ermöglicht eine andere Ernährungsweise. Den generalisiertesten Schnabel besitzen einige Singvögel wie die Grasmücken und Drosseln. Ihr Schnabel ist gerade, spitz und nicht sonderlich lang. Er kann sowohl zum Insektenfang wie zum Sammeln von Samen und Beeren gebraucht werden. Obgleich der Schnabel der Stare ganz ähnlich aussieht, kann er dank der starken Spreizmuskeln zu einer speziellen Technik der Nahrungssuche eingesetzt werden. Die Stare stechen den Schnabel in den Boden und öffnen ihn dann. Aus dem so erweiterten Loch läßt sich die Beute, Larven der Wiesenschnake oder Regenwürmer, leicht herausziehen.

Auch die Meisen haben vielseitig ein-

setzbare Schnäbel. Sie fangen damit Insekten, wobei oft der harte Chitinpanzer auch größerer Exemplare durchschlagen werden muß. Genauso können sie harte Samenschalen, wie die der Sonnenblumenkerne, aufhämmern. Kohlmeisen sind sogar in der Lage, Haselnüsse zu öffnen, deren Kerne sie dann in schnabelgerechte kleine Teile zerhacken.

Die Meister auf diesem Gebiet sind die Spechte. Der Große Buntspecht klemmt Nüsse oder Zapfen in einen zurechtgemeißelten Spalt an einem Ast oder Stamm. An diesem „Schraubstock", seiner „Spechtschmiede", sind auch harte Früchte bequem zu bearbeiten. Spechte können in hartes Holz tiefe Löcher meißeln. So kommen sie an die darin lebenden Insekten heran. Auf die gleiche Weise zimmern sie sich ihre Nist- und Schlafhöhlen. Ihr Schnabel ist am Hirnschädel abgefedert befestigt. Die beim Schlag auftretenden Erschütterungen werden abgefangen. Mit ihren langen, an der Spitze mit Widerhaken oder Klebsekret versehenen Zungen ziehen die Spechte Holzinsekten aus ihren Fraßgängen heraus.

Die Schnäbel der Finken und anderer Körnerfresser sind zum Öffnen von Samen eingerichtet. In Rinnen auf der Innenseite des Oberschnabels wird das Samenkorn gehalten, während es von der scharfen Schnabelschneide des Unterschnabels aufgeschnitten wird. Unter den europäischen Vögeln besitzt der Kernbeißer den kräftigsten Körnerfresserschnabel. Seine Kiefermuskulatur ist extrem stark. Er kann mühelos die Kerne von Kirschen und Oliven knacken. Die Kreuzschnäbel haben gekreuzte Schnabelspitzen, mit denen sie die Schuppen der Nadelbaumzapfen auseinanderspreizen. Danach wird mit der Zunge der Samen herausgelöst.

Die Kiefermuskulatur der Greifvögel ist ebenfalls kräftig. Mit ihren Hakenschnäbeln zerreißen sie ihre oft große Beute in kleine, abschluckbare Stücke. Manche Greifvögel töten ihre Beute auch durch einen Biß. Die Eulen schlucken die von ihnen gefangenen Tiere unzerteilt herunter. Die Schnäbel und die Schnabelmuskulatur sind bei ihnen schwächer als bei den Greifvögeln ausgebildet.

Die meisten Enten und Gänse haben breite Schnäbel, die sich gut zum Fassen und Abrupfen von Pflanzen eignen. Einige, überwiegend von Schnecken, Muscheln und anderen größeren Wassertieren lebende Arten, wie die Schellente und die Eiderente, haben schmalere Schnäbel, mit denen sie fest zupacken können. Die Schnäbel der Säger sind lang und schlank. Ihre Ränder sind sägenartig gezähnt. Mit diesen Schnäbeln können die Säger bei der Fischjagd die schlüpfrige Beute gut festhalten.

Auch die meisten anderen Fischfänger unter den Vögeln haben gestreckte Schnäbel, die entweder scharfe, leicht gezackte Schneiden (Reiher, Tölpel) oder eine hakenartig gebogene Spitze haben (Kormorane, Sturmvögel). Beide Schnabelformen dienen dazu, die glatte Beute nicht entkommen zu lassen.

Die Watvögel besitzen recht unterschiedliche Schnabeltypen. Die Regenpfeifer haben kurze Schnäbel, mit denen sie überwiegend Nahrung von der Erdoberfläche aufpicken. Die Schnäbel der Wasserläufer sind lang und spitz, ähnlich wie bei manchem Fischfänger. Die Schnepfen, Limosen, Brachvögel und Strandläufer haben lange Schnäbel, mit denen sie in Schlick und Schlamm stochernd nach Beute tasten. Die Schnabelspitzen dieser Sondierer sind reich mit hochempfindlichen Tastkörpern versehen (s.S. 27). Die meisten dieser langschnäbeligen, stochernden Watvögel sind imstande, bei sonst geschlossenem Schnabel allein die Schnabelspitze zu öffnen. So kann die Beute ohne große Kraftanstrengung tief im Boden gefaßt und herausgezogen werden.

Ein gutes Tastempfinden spielt auch bei der Nahrungssuche vieler anderer Vögel eine wichtige Rolle. Enten können so trübes Wasser und Schlamm nach Nahrung durchseihen. Säbelschnäbler „durchsäbeln" mit dem aufgebogenen, leicht geöffneten Schnabel das seichte Wasser. Sobald sie dabei gegen eine Beute stoßen, schnappt der Schnabel zu. Beim Löffler geht dieses Zuschnappen blitzschnell. Es ist eine der rasantesten Reflexbewegungen im Tierreich.

Die Flamingos und die Pelikane haben hochspezialisierte Schnäbel. Die Flamingos halten den Schnabel umgekehrt mit der Oberseite nach unten ins Wasser. Die Schnabelränder sind bürstenartig dicht mit Hornborsten besetzt. Das Wasser wird in den geöffneten Schnabel eingesogen und bei geschlossenem Schnabel durch

Schnabel und Schnabelhaltung des Flamingos.

die große, fleischige Zunge wieder herausgepreßt. Die feinen Nahrungspartikel, Krebschen und Algen, werden dabei wie in einem Filter durch die Borsten zurückgehalten, dann mit der Zunge in Richtung Schlund transportiert und schließlich abgeschluckt. Die beiden Unterschnabeläste der Pelikane sind sehr biegsam. Wenn die Pelikane mit geöffnetem Schnabel nach Fischen stoßen, biegen sich die Unterschnabelseiten durch den Wasserdruck nach außen. So entsteht ein Kescher mit weiter Öffnung. Sobald ein Fisch in diesem Kescher ist, wird der Schnabel angehoben. Die Unterschnabeläste federn zurück. Der Oberschnabel klappt zu und der Fisch ist gefangen.

Die am schwächsten gebauten Schnäbel finden sich bei den Insektenfressern, die ihre Beute aus der Luft schnappen. Die reinen Luftjäger, die Schwalben, Segler und Ziegenmelker, haben einen breiten Mundspalt, den sie im Flug weit öffnen können. Auch die Schnäbel der vom Ansitz aus jagenden Fliegenschnäpper sind auffällig breit.

Der Kropf

Viele Vögel speichern die aufgenommene Nahrung zunächst in einer dünnwandigen Aussackung der Speiseröhre, dem Kropf. Hier findet keine Verdauung statt. Der Kropf ist lediglich ein Sammelbehälter, der es vor allem den Samen- und Körnerfressern, wie Hühnern, Tauben und Finken, erlaubt, in kurzer Zeit viel Nahrung aufzunehmen, die dann an einem sicheren Ort in Ruhe verdaut werden kann. So kann die für die Nahrungssuche verfügbare Zeit voll ausgenutzt und können Hungerzeiten verkürzt werden. Manche Vögel, z.B. einige Seevögel oder die Segler, tragen ihren Jungen im Kropf die Nahrung über große Entfernungen hinweg zu.

Die Tauben und die Flamingos füttern ihre Jungen in den ersten Lebenstagen mit einer nährstoffreichen Flüssigkeit, die bei den Tauben als Kropfmilch von der Kropfwand und bei den Flamingos von Drüsenbezirken der Speiseröhre gebildet wird (s.S. 276 f.).

Schnäbel von Zwergschnäpper (oben) und Ziegenmelker (unten).

Der Magen

Da die Vögel zum Zerkleinern und Zermahlen der Nahrung keine Zähne besitzen, muß diese Arbeit von einem anderen Abschnitt des Verdauungsapparates übernommen werden. Bei den fleisch-, fisch- und insektenfressenden Vögeln ist die mechanische Bearbeitung der Nahrung weniger bedeutsam, da ihre Mägen stark wirksame Verdauungssäfte produzieren, die die weiche Nahrung leicht aufschließen können. Die unverdaulichen Reste werden als Gewölle oder Speiballen ausgewürgt. Pflanzenfresser, wie die Gänse, Hühner- und Finkenvögel, müssen die Nahrung fein zerkleinern, um sie voll ausnutzen zu können. Sie haben einen muskulösen Reibmagen, der innen mit einer sich ständig erneuernden, harten Sekretschicht ausgekleidet ist. Zusätzlich nehmen sie Sandkörner und Steinchen auf, die beim Zerreiben der Pflanzenteile im Magen als Mahlsteine dienen. Ein wesentlicher Vorteil der Verlagerung der Nahrungszerkleinerung in den Magen besteht für die Vögel darin, daß dieser umfangreiche, schwere Abschnitt des Verdauungsapparates in der Nähe des Körperschwerpunktes liegt.

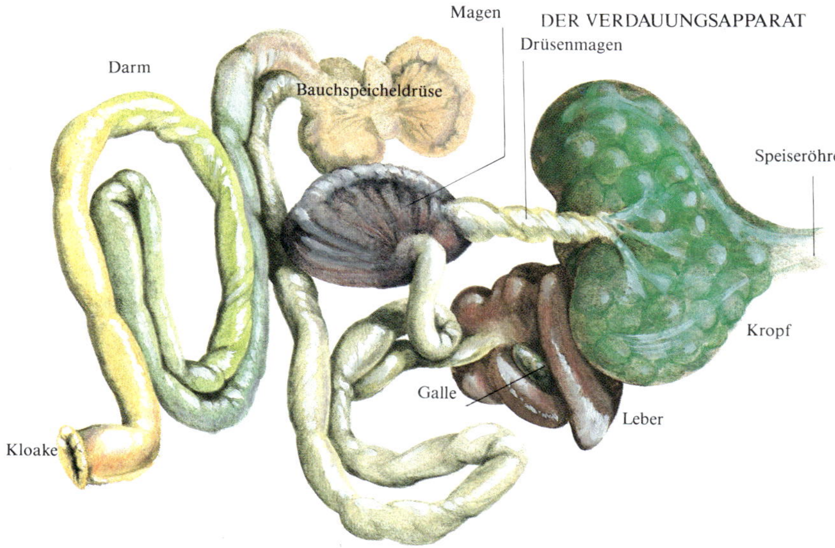

Verdauungstrakt einer Gans.

Die Verdauung

Sehr viele Vögel nehmen leicht aufschließbare tierische Nahrung, z.B. Insekten, zu sich. Auch einige Pflanzenteile, wie Samen und Früchte, sind recht nährstoffreich und weit leichter verdaubar als die grünen Pflanzenteile. Viele Säugetiere leben aber gerade von Gras und Blättern. Dazu müssen sie über längere Zeit große Pflanzenmengen im Magen mit sich herumtragen. Für ein flugfähiges Tier ist eine solche Ernährungsweise ausgesprochen unpraktisch und hinderlich. Sicher ist das der Grund dafür, daß es unter den Vögeln nur sehr wenige Blattfresser gibt. Bei uns sind es nur die Rauhfußhühner, Hasel-, Birk- und Auerhuhn, die, zumindest zeitweilig, von Blättern oder Knospen existieren können. Das Auerhuhn lebt im Winter sogar nur von Koniferennadeln. Große Flieger sind alle diese Hühner nicht. Im Winter bewegen sie sich so wenig wie möglich.

In der Gruppe der grasenden Vögel, den Schwänen, Gänsen und einigen Enten, gibt es durchaus sehr gute und ausdauernde Flieger. Diese Vögel nehmen sehr große Nahrungsmengen auf, die den Verdauungstrakt recht schnell passieren. Hier wird einfach Qualität durch Quantität ersetzt und damit die Ausbildung eines großen, schweren Verdauungsapparates erspart.

Die Exkretion

Die Vögel haben ein sehr wirkungsvolles Exkretionssystem. Die Nieren liegen der Innenseite des Beckens eng an. Sie produzieren eine wäßrige Harnsäurelösung, die über die Harnleiter in den letzten Darmabschnitt, die Kloake, gelangt. Wie aus dem Kot wird im Enddarm auch aus dem Harn ein Großteil des Wassers zurückgewonnen. Die entwässerte Harnsäure bildet den für den Vogelkot typischen, weißen Belag. Da die Vögel aus den Ausscheidungsprodukten viel Wasser zurückgewinnen, müssen sie nicht sehr viel trinken, also im Fluge auch keine großen Wassermengen transportieren.

Grasende Pfeifenten

Die Atmung

Energie wird durch die Reaktion der ins Blut aufgenommenen Nahrungsbestandteile mit Sauerstoff gewonnen. Es findet also, wie in einem Benzinmotor, eine Verbrennung statt. Daher brauchen die Tiere für energieaufwendige, anstrengende Tätigkeiten nicht nur viel Nahrung, sondern auch reichlich Sauerstoff. Der Flug ist eine der Fortbewegungsweisen mit sehr hohem Energiebedarf. Im Flug verbraucht ein Vogel etwa zehnmal mehr Energie als beim ruhigen Sitzen. Daher muß er im Flug viel Sauerstoff aufnehmen können. Gleichzeitig muß das Kohlendioxyd, das ja in entsprechender Menge anfällt, wieder abgegeben werden. Um ausdauernd fliegen zu können, brauchen die Vögel also ein hochwirksames Atmungssystem.

Die Aufnahme von Sauerstoff und die Abgabe von Kohlendioxyd geschieht in der Lunge. Auf den ersten Blick scheint die Vogellunge nicht sonderlich leistungsfähig zu sein. Unsere Lunge nimmt etwa 5 % des Körpervolumens ein, die der Vögel aber nur um 2 %. Mit der Säugerlunge verglichen, ist die Vogellunge also recht klein. Der wesentliche Unterschied zwischen den beiden Lungentypen besteht darin, daß die Lunge der Säugetiere einem blind endenden Sack oder Blasebalg gleicht, in den die Luft eingesogen und aus dem sie nach dem Gasaustausch wieder herausgepreßt wird. Die Vogellunge ist dagegen ein durchgängiges System feinster Röhrchen. Damit ist die für den Gasaustausch zur Verfügung stehende Oberfläche größer als in der Säugerlunge. An die Vogellunge sind die Luftsäcke angeschlossen. Alle Freiräume im Vogelkörper werden von diesen dünnwandigen, an durchsichtige Plastikbeutel erinnernden Säcken ausgefüllt. Sie nehmen große Teile der Körperhöhle ein. Sie ziehen sogar zwischen die Brustmuskeln und reichen in alle großen, hohlen Knochen hinein (s.S. 12). Mit dem Gasaustausch selbst haben sie nichts zu tun. Sie sind aber für die Durchströmung der Lunge und für die Kühlung des Körpers von lebenswichtiger Bedeutung. Die meisten Vögel haben sechs Luftsackpaare. Zur Vereinfachung sollen hier nur zwei Gruppen unterschieden werden, die vorderen Luftsäcke, die zur Hauptsache vor der Lunge im Vorderkörper liegen, und die hinteren Luftsäcke, die hinter der Lunge die großen Körperhohlräume auskleiden.

Auf der Bauch- und Rückenseite der Lunge verlaufen die weitlumigen Hauptbronchien. Sie werden untereinander durch die feinen Lungenröhrchen verbunden.

Bei der Atmung durchströmt die Luft die feinen Lungenröhrchen sehr wahrscheinlich immer in einer Richtung, und zwar beim Ein- und Ausatmen von hinten nach vorne. Dieser Kreisstrom wird durch die Anordnung der großen Lungenstämme, der Hauptbronchien, und der von ihnen ausgehenden Luftsäcke bewirkt. Beim Einatmen werden die hinteren Luftsäcke auf direktem Wege über die Hauptbronchien gefüllt. Die in die vorderen einströmende Luft hat schon die Lunge passiert. Die unverbrauchte Luft aus den hinteren Luftsäcken wird beim Ausatmen durch die feinen Lungenröhrchen gepreßt. Aus den vorderen Luftsäcken wird die verbrauchte Luft direkt in die Luftröhre geleitet.

Die Atmung, also das Füllen und Leeren der Luftsäcke, besorgt die Bewegung des Brustkorbes.

Der Vorteil, der durch eine durchströmte Lunge erzielt wird, ist beachtlich. Durch die Luftsäcke kann ein Vogel um dreimal mehr Luft einatmen als ein gleichgroßes Säugetier. Das gewechselte Luftvolumen ist beim Vogel bei gleicher Atemfrequenz also wesentlich größer. Ein weiterer Vorteil des durchströmten Systems besteht in der stark verbesserten Ausnutzung des eingeatmeten Sauerstoffs. Blut mit geringem Sauerstoffgehalt nimmt auch noch aus sauerstoffarmer Luft den Sauerstoff auf. Mit der Zunahme der Sauerstoffanreicherung im Blut verringert sich dessen Aufnahmefähigkeit. Schließlich kann nur noch sauerstoffreiche Luft ausgenutzt werden. Die Vogellunge arbeitet nun ähnlich dem Gegenstromprinzip. Das aus dem Körper kommende sauerstoffarme Blut erreicht zunächst diejenigen Lungenpartien, in

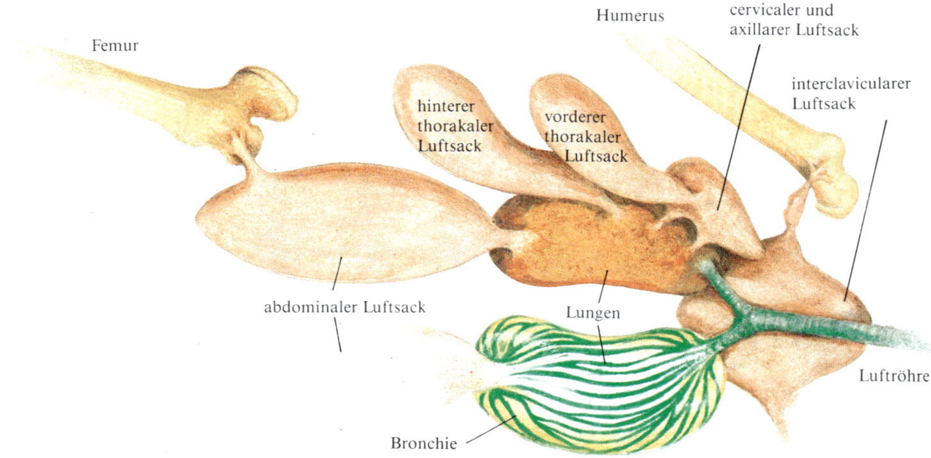

Atmungssystem eines Vogels.

denen der Sauerstoffgehalt der Luft gering ist. Im weiteren Verlauf, mit zunehmender Sauerstoffsättigung, kommt das Blut mit immer sauerstoffreicherer Luft in Kontakt. Folglich nimmt das die Vogellunge durchströmende Blut den Sauerstoff leichter und besser auf, als das in der blasebalgartigen Säugerlunge möglich wäre. Auf die gleiche Weise, nur in Gegenrichtung, wird das Kohlendioxyd an die Luft abgegeben. Der gesamte Gasaustausch verläuft also äußerst effektiv.

Dieses System zeigt seine volle Leistungsfähigkeit in großen Höhen. Wird ein Sperling in eine Druckkammer gesetzt, in der ein Luftdruck wie auf dem Gipfel des Mount Everest herrscht, scheint ihn das überhaupt nicht sonderlich zu beeinträchtigen. Unter den gleichen Bedingungen leidet eine Maus sichtlich unter Atemnot und kann sich nur noch taumelnd fortbewegen. Diese Fähigkeit, noch in großen Höhen voll ausreichend atmen zu können, ist für viele Zugvögel von erheblicher Bedeutung. Zughöhen zwischen drei- und sechstausend Metern sind nicht ungewöhnlich. Von einigen großen Vögeln sind sogar Höhenrekorde bis zu zehntausend Metern bekannt. In dieser Höhe würde ein Säugetier nicht lange überleben.

Schema des Verlaufs von Luft- und Blutstrom in der Vogellunge.

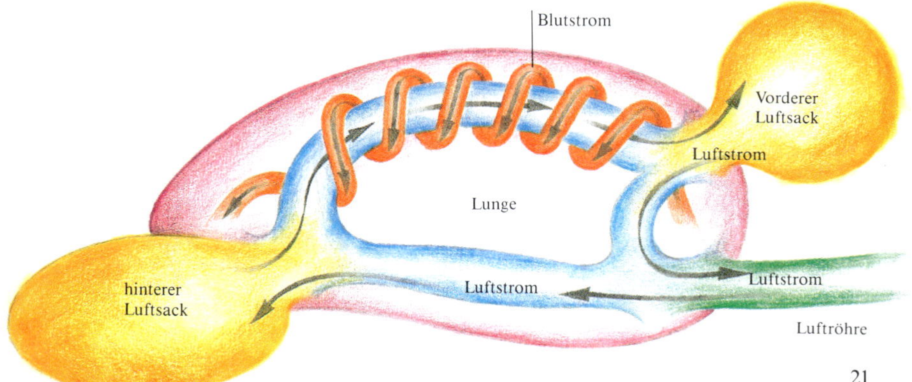

Die Lautäußerungen der Vögel

Bei der Atmung strömt die Luft durch die auf der Halsvorderseite verlaufende Luftröhre. Am Halsansatz teilt sich die Luftröhre in die beiden zu den Lungen ziehenden Bronchien. An dieser Teilungsstelle befindet sich der Syrinx, der Stimmapparat der Vögel, ein recht komplexes Organ.

Die Luftröhre und die Bronchien bestehen aus Knorpelringen, die durch häutiges Bindegewebe miteinander verbunden sind. Im Bereich des Syrinx sind diese Verbindungslagen zu elastischen, schwingenden Membranen umgebildet, deren Spannung durch ein kompliziertes Muskelsystem eingestellt und variiert wird. Die über diese Membranen streichende Atemluft versetzt sie in Schwingungen. Die Qualität der so entstehenden Töne kann durch die Veränderung der Spannung willkürlich gewandelt werden. Nicht alle Laute werden allein vom Syrinx erzeugt. Die Luftröhre, die, wie z.B. bei Schwänen und Kranichen, mehrmals gefaltet sein kann, ist an der Modulation der Töne oft beteiligt.

Der Bau des Syrinx ist bei den verschiedenen Vogelgruppen recht unterschiedlich. Auch ist der Vorgang der Lauterzeugung noch nicht in allen Einzelheiten bekannt. Immerhin scheint sicher zu sein, daß bei solchen Vogelarten, die sehr komplexe Gesänge haben, etwa dem Buchfink, die beiden Seiten des Syrinx getrennt voneinander an der Tonbildung beteiligt sind. Das erfordert ein hochkompliziertes nervöses Steuerungssystem. Die Anordnung und Ausformung der Syrinxmuskulatur spielt in der Systematik der Vögel eine gewisse Rolle. So haben die Sing- oder Sperlingsvögel alle einen ähnlich gebauten Stimmapparat.

Die Struktur der Rufe und Gesänge

Mit Lautäußerungen will ein Vogel anderen Individuen der gleichen Art, manchmal auch anderer Arten, eine Nachricht übermitteln. Einige dieser Lautäußerungen können sehr kompliziert aufgebaut sein. Das trifft vor allem für die Gesänge

Die lautbildenden Organe eines Vogels.

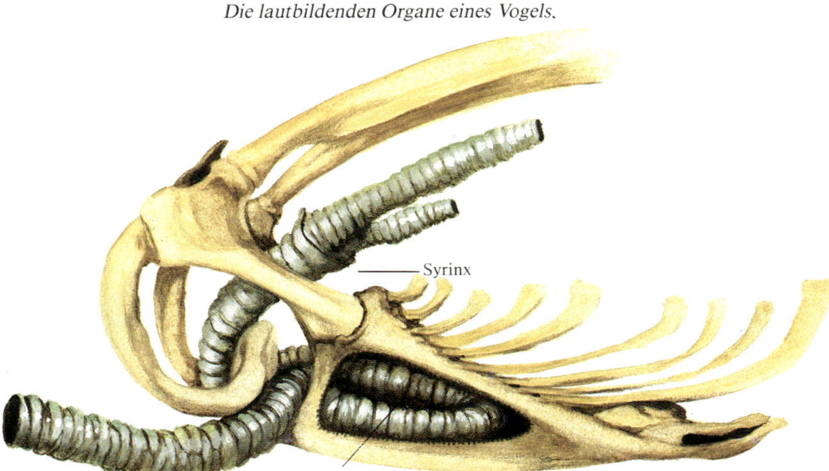

Luftröhrenschlinge eines Singschwans.

zu. Das Hörvermögen der Vögel ist von dem unseren in mancher Hinsicht verschieden (s.S. 26). Es ist daher wahrscheinlich, daß sie einem Ruf oder Gesang weit mehr Informationen entnehmen können, als das uns möglich ist. Die meisten Vögel verfügen über mehrere unterschiedliche Lautäußerungen, die auch verschiedene Botschaften beinhalten. Von der Dorngrasmücke sind beispielsweise fünfzehn unterscheidbare Rufe bekannt.

Einige Arten, wie der Buchfink und die Goldammer, fügen eine nur geringe Zahl von Lautfolgen oder Gesangselementen zu einem Gesang zusammen. Diese Gesangselemente pflegen sie in der immer gleichen Reihenfolge zu wiederholen. Oft verfügen sie über verschiedene solcher Gesangstypen, die sie dann im Wechsel vortragen. Diese Vögel haben also ein feststehendes Repertoire. Andere Vögel variieren ihren Gesang ständig. So besteht der Gesang des Schilfrohrsängers aus mindestens fünfzig unterscheidbaren Elementen, die er in völlig beliebiger Reihenfolge zu einem langandauernden, dahinplätschernden Gesang aneinanderreiht, ohne sich dabei jemals beabsichtigt zu wiederholen. Die Sumpfrohrsänger imitieren die Gesänge anderer Vögel und verwenden sie in ihren eigenen Gesängen. Bei einigen von ihnen konnten bis zu vierzig Fremdgesänge festgestellt werden. Insgesamt wurden in den Gesängen europäischer Sumpfrohrsänger bisher über hundert Gesänge anderer Vögel registriert. Viele dieser Gesänge stammen von afrikanischen Vögeln. Sie müssen also im Winterquartier erlernt worden sein.

Jeder Vogel hat seine individuelle Stimme, wenn es sich dabei auch um Unterschiede handelt, die wir zumeist nicht wahrnehmen können. Reviernachbarn erkennen sich am Gesang. Die Stimmen der Partner, der Eltern und der Jungen sind den jeweils anderen Familienangehörigen gut bekannt. Auch im Stimmengewirr einer Brutkolonie werden sie sicher unterschieden (s.S. 204 f.).

Die Funktion der Rufe und Gesänge

Wie schon gesagt, sollen die Rufe und Gesänge anderen Vögeln eine Nachricht zukommen lassen. In einigen Fällen kann dieselbe Lautäußerung zwei verschiedene Bedeutungen haben. So verhindert der Gesang eines Männchens das Eindringen eines Fremdlings in sein Territorium. Gleichzeitig lockt es damit aber auch Weibchen an.

Die Gesänge der einzelnen Arten sind zumeist deutlich verschieden. So haben z.B. die Laubsänger der Gattung Phyloscopus (Fitis, Zilpzalp, Waldlaubsänger, Berglaubsänger, Grünlaubsänger) alle auffällig unterschiedliche Gesänge. Bei diesen äußerlich sehr ähnlichen Vögeln wirkt der Gesang als sicheres Merkmal der Arterkennung. Mischbruten mit der fremden Art werden verhindert (s.S. 57).

Einige Laute haben Eigenschaften, die sie für einen bestimmten Einsatz besonders geeignet machen. So sind Rufe, die weniger als eine halbe Sekunde andauern, in einem bestimmten Frequenzbereich liegen und abrupt anfangen und enden, schwer zu orten. Es ist daher sicher kein Zufall, daß die Warnrufe vieler Vögel genau diese Eigenschaften besitzen. Warnrufe gelten dem Partner, den Jungen oder allgemein dem Artgenossen. Sie werden oft von mehreren, im gleichen Gebiet lebenden Vogelarten verstanden. Der warnende Vogel will natürlich dem Feind seinen eigenen Standort nicht verraten. Ein schwer ortbarer Warnruf vermindert dieses Risiko erheblich. Die Warnrufe können für Bedrohungen aus der Luft, etwa durch einen Greifvogel, und für Bodenfeinde, wie eine Katze, verschieden sein. Es wird also nicht nur allgemein vor einer Gefahr gewarnt, sondern auch noch die Richtung mitgeteilt, aus der sie zu erwarten ist.

Auch zwischen dem Lebensraum und der Qualität der Lautäußerungen scheint es Beziehungen zu geben. Die Wahrnehmbarkeit und Ausbreitung gleicher Laute ist im Wald und im offenen Gelände verschieden. Sogar im Nadel- und im Laubwald tragen die gleichen Laute nicht gleich weit. Beide Waldformen erfordern bestimmte Lautmerkmale. So scheinen Kohlmeisen in jedem dieser beiden Waldtypen verschiedene, den Bedingungen angepaßte Gesänge zu benutzen.

Die Sinnesorgane

Die Hauptsinne der Vögel sind, wie bei uns, Gesicht und Gehör. Wegen dieser Übereinstimmung können wir uns besser in die Lebenswelt der Vögel als in die der meisten Säugetiere hineinversetzen. Wenn wir mit unserem Hund spazieren gehen, verbringt dieser die meiste Zeit damit, über seinen Geruchssinn Informationen zu sammeln. Trotz der engen Vertrautheit mit unserem Freund haben wir von seiner Geruchswelt nicht die geringste Vorstellung.

Der Gesichtssinn

Für ein Tier, das sich mit hoher Geschwindigkeit durch die Luft bewegt, ist der Gesichtssinn von allen Sinnen sicher der wichtigste. Die Augen der Vögel sind daher sehr hoch entwickelt. Sie sind, an der Größe des Gesamtkörpers gemessen, sehr viel größer als die der Säugetiere. Die Augen eines Bussards oder kleinen Adlers sind so groß wie unsere Augen. Damit diese großen Augen am Kopf genug Raum finden, sind sie in der Kopfmitte nur durch eine dünne Knochenwand getrennt.

Die Muskeln zur Bewegung der Augäpfel sind bei den Vögeln nur schwach entwickelt, was ihrem Blick den bekannten, starren Ausdruck verleiht. Zum Ausgleich dafür ist der Kopf der Vögel sehr beweglich.

Wahrscheinlich verfügen die meisten Vögel über einen ähnlichen Umfang der Farbwahrnehmung wie wir. Ihre Sehschärfe kann beachtlich sein. Die legendären Berichte über Sehleistung von Adlern oder anderen Greifvögeln sind aber sicher übertrieben. Die Sehschärfe, das optische Auflösungsvermögen der Greifvogelaugen wird die der unseren höchstens um das Drei- bis Vierfache übertreffen. Die Tauben sehen wahrscheinlich nicht schärfer als wir und einige Hühnervögel vielleicht sogar weniger scharf.

Die Augen der meisten Vögel sitzen seitlich am Kopf. Sie schauen also zur Seite und nicht nach vorne. Das Gesichtsfeld der Vögel ist daher sehr groß. Sie können einen weiten Umkreis sichernd im Auge behalten. Das Gesichtsfeld einer Taube umfaßt etwa 300°. Ein beidäugiges Sehen ist ihr aber nur in einem kleinen Bereich direkt nach vorne möglich. Einige Watvögel können, ohne den Kopf zu wenden, ihre gesamte Umgebung überblicken. Bei der Waldschnepfe, deren große Augen hoch am Kopf sitzen, überschneiden sich die Gesichtsfelder beider Seiten sogar auf der Rückseite. Die Waldschnepfe kann also mit einem Auge mehr als einen Halbkreis kontrollieren. Die Stellung der Augen seitlich am Kopf hat aber auch Nachteile. Der Bereich beidäugigen Sehens ist sehr klein. Zum Abschätzen von Entfernungen im Nahbereich ist ein gleichzeitiges Fixieren mit beiden Augen notwendig. Den meisten Vögeln scheint der geringe Bereich beidäugigen Sehens zu genügen. Einige Vögel, wie manche Reiher, schwingen bei der Jagd den Kopf von einer Seite zur anderen. So ändern sie ständig den Blickwinkel und können die Beute besser und zielgenauer treffen.

Die Augen der Eulen, weniger ausgeprägt auch die der Greifvögel und einiger anderer Vögel, schauen nach vorne. Bei ihnen ist der Überschneidungsbereich der Gesichtsfelder der beiden Augen groß, das gesamte Gesichtsfeld aber klein.

Ein bedeutsamer Unterschied in der Leistung des Menschen- und des Vogelauges besteht in dem Ausschnitt, der ständig scharf gesehen werden kann. Bei uns liegen nur 2,5° des Gesichtsfeldes in diesem Bereich. Folglich müssen wir, wenn wir mehrere Dinge genau betrachten wollen, die Augen von dem einen zu dem anderen wandern lassen. Viele Vögel können dagegen etwa 20° ihres Gesichtsfeldes scharf sehen. Sie können also, ohne

Stellung der Augen am Vogelkopf (Aufsicht).

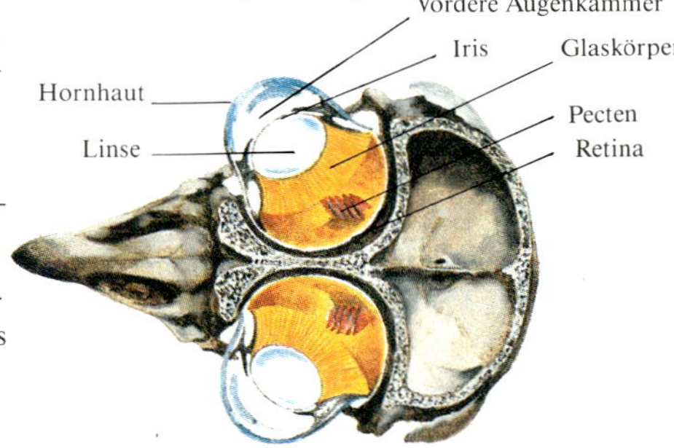

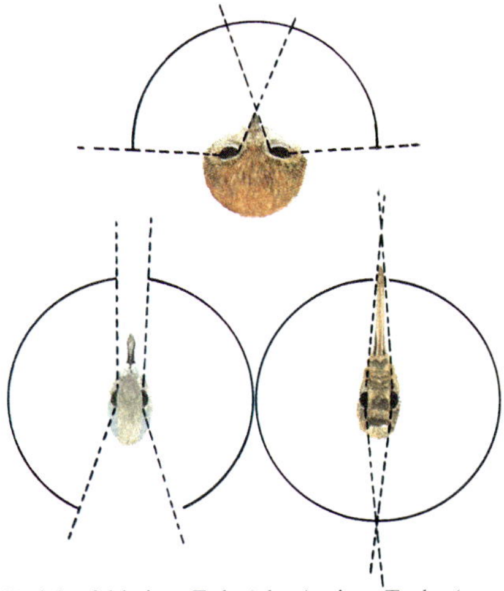

Gesichtsfeld einer Eule (oben), einer Taube (unten links) und der Waldschnepfe (unten rechts).

die Augen oder den Kopf zu bewegen, einen weiten Bereich ihrer Umgebung genau mustern. Für das Erkennen und Verfolgen geringfügiger Bewegungen ist das sicher ein Vorteil. Will man feststellen, ob sich ein Ding bewegt, muß man es mit einem anderen in seinem Umfeld vergleichen. Wenn diese beiden Objekte mehr als 2,5 ° voneinander entfernt sind, müssen wir von dem einen zum anderen schauen, was die Wahrnehmung langsamer, unauffälliger Bewegungen erheblich erschwert. Die Vögel, die den Dingen nicht mit den Augen folgen müssen, können geringe Bewegungen weit besser erkennen. Das mag zunächst recht belanglos erscheinen. Viele Zugvögel benutzen aber zur Orientierung u.a. die Sonne und die Sterne (s.S. 243). Für sie ist die Fähigkeit, die Veränderung des Sonnenstandes über kurze Zeiträume verfolgen zu können, sicher von großem Nutzen.

Auch das zeitliche Auflösungsvermögen des Vogelauges scheint beachtlich zu sein. Vögel würden einen Film gewissermaßen als Lichtbildvortrag erleben. Die Eulen und andere Nachtvögel können in der Dunkelheit recht gut sehen, doch sicher nicht so gut wie allgemein angenommen wird. Bei völliger Dunkelheit sehen sie natürlich überhaupt nichts. In der Netzhaut ihrer Augen haben sie mehr lichtempfindliche Stäbchen und weniger farbempfindliche Zäpfchen als tagaktive Vögel. Entgegen der landläufigen Meinung können Eulen aber auch am Tage recht gut sehen. Beim Steinkauz und Waldkauz wurde Farbsehen festgestellt.

Da das Licht im Wasser anders gebrochen wird als in der Luft, brauchen die Wasservögel einige besondere Anpassungen. Vögel, wie die Reiher oder die Eisvögel, die ihre Beute durch die Wasseroberfläche hindurch erspähen, müssen den durch die verschiedene Lichtbrechung bedingten Versatz beim Zustoßen oder Stoßtauchen ausgleichen. Tauchvögel, wie die Lappentaucher und Kormorane, müssen über und unter Wasser gleichermaßen gut sehen können. Da das Brechungsvermögen von Augenlinse und Wasser ungefähr gleich ist, müssen die Tauchvögel durch eine sehr starke Krümmung der Linse deren Brechkraft erhöhen. Die Linsen in den Augen der Tauchvögel sind daher weich und durch Muskeldruck leicht verformbar.

Alle Vögel haben ein drittes Augenlid, die Nickhaut. Allgemein hält die Nickhaut das Auge feucht und sauber. Sie ist zumeist lichtdurchlässig und läßt wahrscheinlich, wenn sie das Auge im Fluge schützt, ein beschränktes Sehen zu.

Das Gehör

Das Vogelohr und unser Ohr gleichen sich im Grundbauplan. Es gibt aber doch einige auffällige Unterschiede. Anders als die meisten Säugetiere haben die Vögel keine Ohrmuscheln. Solche großen Anhänge am Kopf würden nur den Luftwiderstand erhöhen.

Die Ohröffnungen der Vögel sind von besonderen Federn überdeckt, an deren Ästen die Strahlen fehlen (s.S. 30). So wird der Schalldurchtritt nicht behindert. Die Schallwellen werden, wie im Ohr der Säugetiere, über eine schwingende Membran auf Nervenzellen mit härchenartigen Fortsätzen übertragen. Der Schwingungsreiz wird von hier aus zu den Hörzentren des Gehirns weitergeleitet. Die

Die Nickhaut.

Sinneszellen stehen im Vogelohr allgemein dichter als im Säugerohr. Die Vögel können daher recht wahrscheinlich sehr kurz aufeinanderfolgende Töne getrennt unterscheiden. Verhaltensbeobachtungen zeigen, daß Vögel Töne hoher und niedriger Frequenz besser wahrnehmen als die mittlerer und daß sie unreine Laute mit Ober- und Untertönen besser orten als reine Töne. Daher können die Vögel einem Ruf oder Gesang auch weit mehr Informationen entnehmen, als uns das möglich ist.

Sonst ist der hörbare Frequenzbereich bei Mensch und Vogel nahezu deckungsgleich. Vögel können Ultraschall weder erzeugen noch hören.

Die Eulen, ebenso wie auch die Weihen und andere Greifvögel können ihre Beute mit dem Gehör zielgenau orten. Dazu sind bei vielen Eulen die großen Ohröffnungen verschieden ausgerichtet. Beim innerartlichen Lautkontakt ist für die meisten Vögel ein gutes Richtungshören notwendig. An den kleinen Köpfen der Singvögel stehen die Ohren aber so dicht beieinander, daß dabei Zeitdifferenzen im Auftreffen der Schallwellen kaum eine Rolle spielen können. Da aber bei den Vögeln die Ohren über Knochenhohlräume miteinander verbunden sind, erfolgt die akustische Orientierung wahrscheinlich anders als bei den Säugetieren.

Wie bei den Wirbeltieren allgemein, sind auch bei den Vögeln Gehör und Gleichgewichtssinn in einem Organkomplex vereinigt. Die das Gleichgewichtsorgan bildenden Bogengänge mit ihren Sinnesstellen haben bei den sich ja dreidimensional bewegenden Vögeln eine beachtliche Größe.

Das Innenohr eines Vogels.

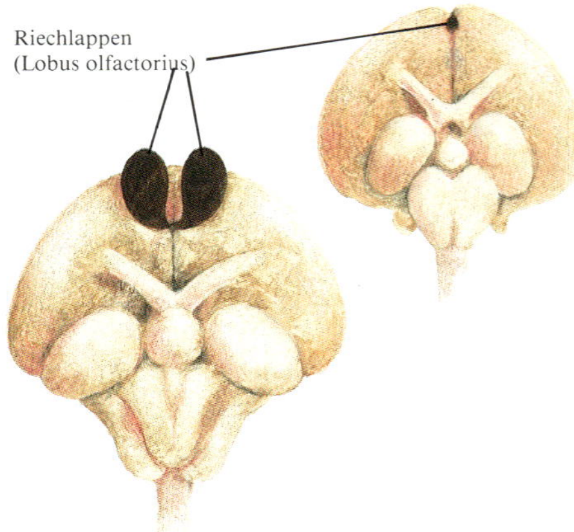

Vergleiche der Riechlappengröße von Sturmschwalbe (links) und Amsel (rechts).

Der Geruchssinn

Der Geruchssinn spielt, soweit wir das bisher wissen, bei den meisten europäischen Vögeln keine hervorragende Rolle. Die Bedeutung des Geruchs für den einzelnen Vogel läßt sich an der Größe der Riechlappen seines Gehirns ermessen. Die meisten Vögel haben nur schwach entwickelte Riechlappen. Bei einigen Enten und Gänsen sind die Riechzentren des Gehirns deutlich vergrößert. Inzwischen weiß man, daß bei ihnen der Geruch bei der Nahrungswahl eine nicht unwesentliche Rolle spielt. Die Sturmvögel haben nicht nur große Riechlappen, sondern auch einen spezifischen Körpergeruch. Die meisten von ihnen kehren nur in der Nacht zu ihren Brutkolonien zurück. Es ist durchaus möglich, daß sie mit ihrem Geruchssinn die Bruthöhle und vielleicht auch den Partner wiederfinden.

Der Geschmackssinn

Vögel nehmen dieselben vier Geschmacksqualitäten, salzig, süß, sauer und bitter, wahr, die auch wir unterscheiden können. Aus zwei Gründen wird ihr Geschmacksvermögen aber weniger ausgebildet sein als das der Säugetiere. Deren Geschmacksempfinden beruht zu einem wesentlichen Anteil auf dem Geruch. Da die meisten Vögel nicht gut riechen können, müssen sie auch anders schmecken. Auf der Zunge der Säugetiere befinden sich zahlreiche Geschmacksknospen. Die Vogelzunge ist dagegen zum größten Teil von einer

Hornschicht überzogen. Die wenigen Geschmacksknospen liegen auf dem Hinterende der Zunge und am Kehlboden. Die Vögel müssen also einen Nahrungsbrocken schon fast heruntergeschluckt haben, bevor sie ihn schmecken können.

Obgleich also vieles dafür spricht, daß der Geschmackssinn der Vögel nur schwach entwickelt ist, scheinen einige doch über die Hauptgeschmacksqualitäten hinaus auch feinere Unterschiede, etwa im Blütennektar, herausschmecken zu können.

Der Tastsinn

Der Tastsinn ist für die Vögel in verschiedener Hinsicht bedeutsam. Zu Tastkörpern zusammengefaßte Sinneszellen sind in bestimmten Körperregionen konzentriert. Tastkörper in den Zehen und Beinen sind für Baumbewohner wichtig, die sich im schwankenden Geäst sicher bewegen müssen. Der Schnabel und die Zunge sind bei fast allen Vögeln reich mit Tastkörpern versehen. Die Prüfung der Nahrung erfolgt zur Hauptsache über den Tastsinn. Die Bearbeitung von Samen und Früchten im Schnabel erfordert ein sehr feines Tastempfinden. Eine enorme Konzentration von Tastkörperchen findet sich in den Schnäbeln sondierender, d.h. im Boden nach Nahrung stochernder Vögel, z.B. bei den Schnepfen und Strandläufern. Hier ist die Schnabelspitze zu einem hochempfindlichen ,,Suchgerät" entwickelt worden (s.S. 17).

Da die Körperoberfläche der Vögel mit Federn bedeckt ist, wären über die ganze Haut verteilte Tastrezeptoren nicht sonderlich nützlich. Tastempfindliche Sinneszellen stehen aber um die Basis bestimmter Federn. Sie registrieren die Stellungsänderungen dieser Federn und geben dem Vogel über die Lage und Ordnung seines Federkleides Auskunft. Vielleicht werden auf diese Weise auch die Umströmungsverhältnisse im Flug wahrgenommen (s.S. 29 f.).

Für Vögel, die in Wasser, Schlamm und Boden verborgene Beute fangen, ist der Tastsinn sehr bedeutsam.

Die Federn

Die Feder ist die für die Vögel charakteristische Hautbildung. Wie die Schuppen der Reptilien und die Haare und Krallen der Säugetiere bestehen die Vogelfedern aus Keratin. Die Federn sind aber weit komplizierter gebaut als Schuppen und Haare. Sie sind wohl die komplexesten Hautbildungen im gesamten Tierreich. Sie können erstaunlich vielfältige Aufgaben übernehmen. Sie sind eine hochwirksame und zugleich oft auch wasserdichte Isolationsschicht. Sie bilden die Trag-, Antriebs- und Steuerflächen für den Flug. Schließlich sind sie die Träger der Färbung und Zeichnung vom schillerndsten Bunt bis zur unscheinbarsten Tarnfarbe.

Das Federwachstum

Das Federwachstum ist ein sehr komplizierter Vorgang. Vereinfacht ließe es sich folgendermaßen schildern. Die Federn wachsen aus den Federfollikeln, die auf der Haut als kleine Pickel erscheinen. Innerhalb dieser Follikel entsteht zunächst ein Ringwall aus Federbildungszellen. Dieser Ringwall wächst durch die ständige Neubildung von Zellen an seiner Basis zu einer oben geschlossenen Röhre heran, die aus der Haut hervorgeschoben wird. In dieser Röhre differenziert sich die Feder. Auf der einen Seite ist die Röhre leicht verdickt. Auf der gegenüberliegenden Seite verläuft an ihr von oben nach unten eine „Reißnaht". An dieser Naht öffnet sich die Röhre und breitet sich zur flächigen Federfahne aus. Aus der Verdickung der anderen Seite entwickelt sich der zentrale Federschaft. Die Fahnenfläche teilt sich in die während des Wachstums vorgebildeten Äste und Strahlen.

Die Federstruktur

Es lassen sich vier Haupttypen von Federn unterscheiden — die Körper- oder Konturfedern, das Großgefieder mit den Schwingen der Flügel und den Steuerfedern des Schwanzes, die Dunen und die Fadenfedern.

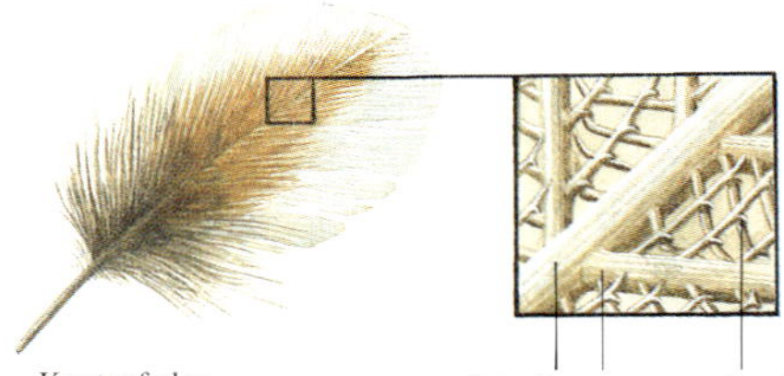

Skelett und Federn eines Vogelflügels.

Die Konturfedern

Der Grundbauplan einer Feder läßt sich am besten an einer Konturfeder zeigen. Sie besteht aus der Mittelachse, dem Federschaft, und der Federfahne. Der untere, fahnenlose Schaftabschnitt wird Spule genannt. Zwei einander gegenüberstehende Reihen von Federästen bilden vom Schaft ausgehend die Federfahne. Die Äste tragen ihrerseits wieder zwei Reihen von Strahlen. Die zur Federbasis zeigenden Strahlen sind rinnenartig und gebogen (Bogenstrahlen). Die zur Federspitze weisenden Strahlen tragen kleine Häkchen (Hakenstrahlen). Die Häkchen der Hakenstrahlen greifen in die Rinnen der benachbarten Bogenstrahlen. Durch diesen „Klettverschluß" werden die Äste zu einer erstaunlich stabilen Fläche miteinander verbunden. Diese Flächenkonstruktion ist wenig empfindlich. Mechanisch entstandene Lücken können leicht wieder geschlossen werden. Die Strahlen sind sehr klein. Auf den Ästen stehen sie ganz dicht. An dem Ast einer Kranichfeder sind jeweils sechshundert Haken- und Bogenstrahlen gezählt worden. Auf der ganzen Feder mögen es mehr als eine Million Strahlen sein. Die ganze Federkonstruktion verbindet mit äußerster Effizienz geringes Gewicht mit hoher Flexibilität und Festigkeit.

Das Großgefieder

Im Aufbau sind die Schwungfedern der Flügel und die Steuerfedern des Schwanzes den Konturfedern sehr ähnlich. Sie sind aber weit größer und steifer als diese.

Die Schwungfedern sind am Flügel immer in bestimmter Weise angeordnet. Ihre Zahl ist aber bei den einzelnen Vogelarten leicht verschieden. Die gewöhnlich deutlich asymmetrischen, schmalen Handschwingen sind an den Handknochen befestigt. Vom Unterarm gehen die breiteren, abgerundeten Armschwingen aus. Die unterschiedliche Form der Federn ergibt sich aus ihrer Aufgabe beim Flug (s.S. 38 f.).

Die Dunen

Die Dunen sind pinselartig gebaut. Aus der Spule entspringen lange, fadenartige Äste, deren Strahlen nicht als Haken- und Bogenstrahlen ausgebildet sind, sich also auch nicht miteinander verkletten. Unter den Konturfedern bilden die Dunen die Hauptisolierschicht. Bei Vögeln, die sich ständig im kalten Wasser aufhalten, etwa den Eiderenten, sind sie groß und stehen sehr dicht.

Auch die erste Körperbedeckung der Jungvögel wird von Dunen gebildet. Sowohl die bis zum Flüggewerden ans Nest gebundenen Nesthocker als auch die das Nest sofort verlassenden Nestflüchter, z.B. die Jungen der Hühner, Enten und Watvögel, tragen ein Dunenkleid. Bei den kleinen Schwimmvögeln ist dieses Dunenkleid wasserdicht. Oft ist es durch bestimmte Farb-, vor allem Tarnmuster, ausgezeichnet.

Schnabelborsten beim Grauschnäpper (oben) und Kuckuck (unten).

Die Faden- und Borstenfedern

Die Fadenfedern sind feine, härchenartige Gebilde, die verteilt zwischen den Dunen und Konturfedern sitzen. Ihr dünner Schaft trägt oft einen Endpinsel von kurzen Dunenästen. Auf einem gerupften, noch nicht abgesengten Hähnchen sind die Fadenfedern als feine Härchen gut zu erkennen. In Verbindung mit den Tastzellen an ihrer Basis ermöglichen sie dem Vogel die Wahrnehmung seiner Gefiederstellung (s.S. 26).

Viele insektenfangende Vögel haben in den Schnabelwinkeln Tastborsten. Diese borstenartigen, fahnenlosen Federn sind bei den Fliegenschnäppern besonders stark ausgebildet. Sie dienen der Vergrößerung des Fangraumes des ohnehin schon breiten Schnabels, geben dem Vogel über das gefangene Insekt Tastinformationen und schützen die Augen. Andere Vögel, z.B. einige Kuckucke, haben solche Borstenfedern rings um die Augen. Sie sehen wie die Wimpern der Säugetiere aus und haben wohl auch die gleiche Aufgabe.

Die Federzahl

Die Anzahl der Federn im Federkleid eines Vogels ist von seiner Größe und einigen anderen Faktoren abhängig. Wasservögel haben ein dichteres Gefieder als Landvögel. Die Federzahl und -dichte kann auch temperaturabhängig sein. Viele europäische Vögel haben im Sommer weniger Federn als im Winter, auch wenn sie kein spezielles Sommer- bzw. Brutkleid besitzen.

Die kleinsten Vögel, die Kolibris, haben weniger als 1000 Federn. Die meisten europäischen Vögel besitzen wesentlich mehr. Die kleinsten unter ihnen, die Baumläufer, kleinen Meisen, einige Finken und Schwalben haben um 1400 bis 1500 Federn. Bei einem amerikanischen Weißkopfseeadler mit einem Gewicht von 8 kg wurden 7182 Federn gezählt, die zusammen 586 g wogen. Wie zu erwarten, haben die größten Wasservögel, die Schwäne, sehr viele Federn. An einem Zwergschwan wurden 25210 Federn festgestellt. Das ist die bisher höchste bekannte Federzahl.

Die Gefiederpflege

Mit der Pflege ihres Gefieders verbringen die Vögel viel Zeit. Sie baden im Wasser oder Sand, um die Federn zu säubern. Sie ordnen und putzen ihr Gefieder, indem sie es mit dem Schnabel durchknabbern. Dabei werden die gelösten Verbindungen zwischen den Haken- und Bogenstrahlen wieder geschlossen und Fremdkörper wie auch Parasiten entfernt. Die Vögel erzeugen zwei verschiedene Substanzen, um das Gefieder geschmeidig zu halten und vielleicht gleichzeitig auch seine Wasserfestigkeit zu erhöhen. Spezielle Dunenfedern, die Puderdunen, die bevorzugt am Unterrücken und Bauch der Vögel zu finden sind, wachsen ständig nach und zerfallen an ihren Spitzen zu feinem Staub. Dieser Staub verteilt sich wie Talkumpuder im ganzen Gefieder. Fliegt ein Vogel gegen eine Fensterscheibe, so hinterläßt er oft einen Abdruck, der aus dem durch den Aufprall herausgeschleuderten Puder besteht.

Die meisten Vögel haben eine Bürzeldrüse, die direkt über dem Schwanzansatz sitzt. Diese Drüse produziert ein Wachs, das von dem Vogel mit dem Schnabel abgenommen und über die Federn verteilt wird. Das Bürzelwachs macht die Federn nicht sonderlich wasserabweisend. Die Wasserdichtigkeit des Federkleides wird vielmehr durch die feine Vernetzung der Federelemente und der sich überlagernden Federn erreicht. Das Bürzelwachs erhält sehr wahrscheinlich die Elastizität der Feder. Es sorgt für deren längere Halt-

Braunkehlchen putzt seine Flügel; Eichelhäher beim Einemsen; Grünschenkel putzt sein Brustgefieder.

barkeit und scheint Pilzbefall wie ähnliche Beeinträchtigungen der Feder- und Hautoberfläche verhindern zu können.

Eine sonderbare Form der Gefiederbehandlung bei manchen Singvögeln ist das Einemsen. Die Vögel setzen sich dazu entweder mit ausgebreiteten Flügeln auf einen Ameisenhaufen oder nehmen Ameisen in den Schnabel und bestreichen mit diesen ihr Gefieder. In beiden Fällen werden die Federn mit dem Wehrsekret der Ameisen, der Ameisensäure, besprüht, was möglicherweise zur Bekämpfung von Haut- und Federparasiten dient.

Schillernder Glanz des Starengefieders.

Verteilung gelber und schwarzer Pigmente in der Feder eines Grünfinken.

Die olivgrüne Färbung des Vogels entsteht durch die Kombination der Farben.

Flügelspiegel einer Krickente.

Die Federfärbung

Die wohl auffälligste Eigenschaft der Feder ist ihre vielfältige Färbung und Zeichnung. Die Farben sind entweder Strukturfarben, die durch verschiedene Oberflächen und den Feinbau der Feder zustande kommen, oder Pigmentfarben, die durch die Einlagerung von Farbstoffen hervorgerufen werden, bzw. eine Kombination von beidem.

Bekanntlich besteht das normale, farblose Licht aus allen Regenbogenfarben, von denen sich jede von der anderen in der Wellenlänge unterscheidet. Federn, die alle diese Wellenlänge reflektieren, erscheinen weiß. Wird aber ein Teil der Farbwellen von der Feder absorbiert, so nimmt sie die Farbe der verbliebenen an. Die meisten Schillerfarben, wie der Purpurglanz der Stare und das glänzende Blau oder Grün auf den Flügelspiegeln der Schwimmenten, entsteht so durch wechselnde Lichtbrechung an den blättchenartig verbreiterten Federstrahlen. Dieser Farbeindruck wird durch in die Strahlen eingelagerte Farbschichten noch variiert.

Die häufigsten Farbstoffe in der Vogelfeder sind die Melanine. Sie sind für alle Braunfärbungen bis hin zum Schwarz verantwortlich. Viele der roten, orangefarbenen und gelben Federfarben entstehen durch die Einlagerung von Carotinen, die aus der Nahrung entnommen werden. Daher verlieren viele rote oder gelbe Vögel bei unnatürlicher Ernährung ihre Färbung. Durch Carotingaben kann dieses Ausbleichen wieder behoben werden.

Die Grundfarben können durch die Kombination von Struktur- und Pigmentfarben modifiziert werden. Dadurch werden besondere Farbeffekte erzielt. So entsteht z.B. das Olivgrün des Grünlings dadurch, daß die Spitzen der Federstrahlen durch Melanin schwarz und die Basen der Strahlen wie die Äste durch ein Carotin gelb gefärbt sind und sich Schwarz und Gelb überlagern.

Die Federfärbung kann auch durch sogenannte Haftfarben hervorgerufen werden. Diese Farben stammen aus der Umgebung der Vögel und lagern sich der Feder auf. Häufig ist eine rostrote Färbung durch Eisenoxid aus Boden oder Wasser.

Besondere Oberflächeneffekte werden

Sturmmöwenflügel mit verschieden stark abgenutzten Flügelspitzen.

durch die Stellung der Strahlen erzielt. Lange, düne Strahlen mit starker Reflexionswirkung erzeugen einen seidigen Glanz. Sind die Strahlen zur Federoberseite gedreht, so entsteht ein samtartiger Eindruck. Durch die vielfältige Verbindung von Struktur, Färbung und Stellung vorwiegend der Federstrahlen, manchmal sogar ganzer Federpartien, werden die mannigfaltigsten optischen Eindrücke erzeugt.

Die Färbung der Feder beeinflußt auch deren Festigkeit. Bei der Entstehung vieler Farbmuster ist diese Tatsache sicher bedeutsam gewesen. An den bei der Mauser verlorenen Schwungfedern von Möwen läßt sich das gut zeigen. Die weißen Federspitzen sind zumeist bis auf das Schwarz der Federfahnen abgenutzt. Durch Melanineinlagerungen erhält die Feder also eine höhere Stabilität. Deswegen haben auch die meisten weißen Vögel dunkle Schwungfedern. Das Schwarzweißmuster der Möwenschwingen muß in seiner Ausdehnung an die mechanischen Vorgänge der Federabnutzung und an die Anforderungen des Fluges angepaßt sein.

Die Mauser

Federn sind tote Keratinbildungen, die hoher Belastung ausgesetzt sind. Sie werden schließlich abgenutzt und müssen daher immer wieder erneuert werden. Die Tatsache, daß den Vögeln während der Mauser über längere Zeit einige Federn fehlen, könnte man als Nachteil ansehen. Fehlen Konturfedern, so leidet die Isolation. Fehlen Schwungfedern, so ist die Flugfähigkeit beeinträchtigt. Wohl, um die Zeit der Flugbehinderung abzukürzen, verlieren einige Arten alle Schwungfedern gleichzeitig. Sie können dann bis zu deren Erneuerung überhaupt nicht mehr fliegen (s.S. 221). Die Mauser ist aber nicht nur hinderlich, sondern auch recht energieaufwendig (s.S. 227). Um alle Federn zu erneuern, den Isolationsverlust auszugleichen und die Verminderung der Flugfähigkeit zu kompensieren, muß ein Vogel während der Mauser vermehrt Nahrung aufnehmen. Bei einem Buchfink erhöht sich während der zweimonatigen Mauser der Energiebedarf um 25 % (s.S. 227). Obgleich die Mauser also viel zusätzliche Energie erfordert, ist sie letztlich doch von Vorteil. Der von einer dünnen Flughaut überspannte Flügel einer Fledermaus ist sicher viel empfindlicher als ein Vogelflügel mit seinen stets erneuerbaren Federn. Zudem können die Vögel bei jeder Mauser die Färbung ihres Federkleides wechseln. Diese Fähigkeit wird von ihnen auch in großem Umfange genutzt (s.S. 218 ff.). Auch wenn eine Feder jederzeit erneuert werden kann, fällt sie bei der Mauser nicht einfach aus, sondern wird durch die unter ihr im Federfollikel neu entstehende Feder aus ihrer

Vier unterschiedliche Beispiele zur Schwingenmauser.

Wasserpieper

Grauschnäpper

Hauthülse geschoben. Die Erneuerung der Federn folgt nicht dem bloßen Zufall, sondern einem bestimmten Muster, so daß im Gefieder keine unnötig großen Lücken entstehen.

Auf dem Körper sind die Federn in Federfluren angeordnet, die durch konturfederlose Raine voneinander getrennt werden. Der Austausch der Federn beginnt zumeist an dem einen Ende einer Flur und verläuft zum anderen. Von den Vögeln abgesehen, die sämtliche Schwungfedern gleichzeitig verlieren, erfolgt auch die Mauser der Schwung- und Schwanzfedern in einer bestimmten, festgelegten Reihenfolge. Die Handschwingen der meisten Vögel werden von innen nach außen vermausert. Die Armschwingen werden von außen nach innen gewechselt. In beiden Reihen werden die Federn im Abstand von einigen Tagen abgeworfen. So besteht immer nur jeweils eine Lücke, in der drei bis vier Federn heranwachsen. Bei dieser Mauserfolge beginnt der Federausfall am Handgelenk. Von hier aus wandert dann jeweils eine Lücke in der Reihe der Handschwingen nach außen und in der der Armschwingen nach innen. Dieser Mausermodus ist jedoch nicht unabänderlich. Bei einigen Vogelarten, für die ein gutes Flugvermögen lebensnotwendig ist, etwa den Geiern und Sturmvögeln, gibt es im Flügel mehrere Mauserzentren. Es werden zumeist auch weniger Federn gleichzeitig gemausert. So können diese Vögel statt der beiden großen mehrere kleine Lücken im Flügel haben. Der Grauschnäpper unterscheidet sich von den meisten anderen Vögeln dadurch, daß er die Handschwingen von außen nach innen wechselt. Warum gerade diese Vogelart dem allgemeinen Brauch entgegenhandelt, ist bisher unbekannt.

Die Schuppen, Schnabelscheiden und Krallen

Die den Reptilienschuppen gleichenden Hornschuppen der Beine, die den knöchernen Schnabel überziehenden Schnabelscheiden und die Krallen der Zehen bestehen wie die Federn aus Keratin. Einige Vogelarten mausern auch die Schnabelscheiden. Zumeist ist das nicht leicht zu beobachten. Bei den Papageitauchern und anderen Alken sind die Schnabelscheiden jedoch im Sommer und Winter so verschieden, daß sich das ganze Aussehen des Vogels verändert. Auch die Klauen und Schuppen können in seltenen Fällen regelmäßig gewechselt werden. Gewöhnlich werden sie, wie die Schnabelscheiden auch, ständig erneuert, um die Abnutzung auszugleichen.

Teichhuhn

Schnabel und Gesicht eines Papageitauchers im Sommer (oben) und Winter (unten).

Gänsegeier

Die Fortpflanzung

Das Fortpflanzungssystem ist, wie die meisten anderen Organe der Vögel auch, an die Anforderungen des Fliegens gut angepaßt. Die Sexualorgane schrumpfen außerhalb der Fortpflanzungszeit auf Minimalgröße. Vom Spätwinter bis zum Beginn der Paarungszeit müssen sie dann wieder heranwachsen. Ihr Reifegewicht kann mehr als das Tausendfache des Ruhegewichtes betragen. Der nur einseitig vorhandene Eierstock der Weibchen ist umfangreicher als die beiden Hoden der Männchen. Das Wachstum der Keimdrüse der Weibchen erfordert daher mehr Energie. Normalerweise werden die Keimdrüsen nicht gleich nach der Paarung und Eiablage wieder zurückgebildet. So ist, falls die Vögel ihre Eier vorzeitig verlieren sollten, ein Nachgelege möglich. Die Röhrennasen, also die Sturmvögel und Sturmschwalben, bauen die Sexualorgane, sobald das einzige Ei gelegt ist, gleich wieder ab. Sie können ihr Ei nur ersetzen, wenn es unmittelbar nach der Ablage verlorengeht.

Die Hauptanpassung an die Erfordernisse des Flugs besteht darin, daß die Eier nicht gleichzeitig, sondern nacheinander heranreifen. Vom Eierstock löst sich eine vom Dotter umgebene Eizelle. Sie gelangt in den Eileiter, in dem sie abwärts gleitet. Auf diesem Wege wird zuerst um sie herum das Eiklar abgelagert, darauf werden die folienartigen Eihäute und zuletzt die harte Kalkschale gebildet. Die Schale erhält während ihrer Bildung die charakteristische Färbung und Zeichnung.

Die Befruchtung erfolgt im oberen Eileiterabschnitt, bevor der Dotter von Eiklarschichten überlagert wird. Die Spermien können im Eileiter über einige Zeit befruchtungsfähig bleiben. Daher muß nicht vor jeder Eiablage eine Paarung stattfinden. Dennoch kopulieren die Vögel während der Legeperiode häufig.

Ein neues Ei entsteht erst, wenn das vorherige abgelegt worden ist. Der Eierstock enthält zwar gleichzeitig mehrere in Entwicklung begriffene Eizellen, aber bis auf die eine, die zum nächsten Ei werden soll, bleiben sie alle recht klein. So muß das Vogelweibchen nie mehr als ein fertiges Ei mit sich herumtragen. Der Vorteil dieser Eifolge für die Vögel ist sinnfällig.

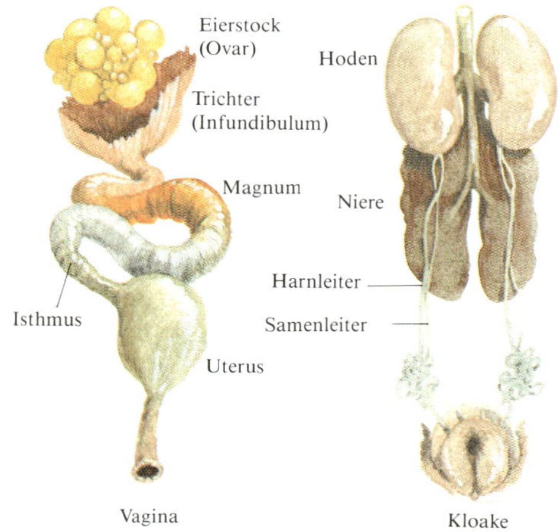

Weibliche Fortpflanzungsorgane

Männliche Fortpflanzungsorgan

Stadium der Eibildung im Eileiter eines Vogelweibchens.

Die von Dotter umgebene Eizelle fällt aus dem platzenden Follikel in den Trichter, wo sie ½ Stunde bleibt.

Das fertige Ei wird in die Vagina geschoben und innerhalb ½ Stunde gelegt.

Tageslauf eines Blaumeisenweibchens während der Eibildung.

Die einzige Möglichkeit, mehrere Eier gleichzeitig im Körper unterzubringen, wären sehr viel kleinere Eier. Die Säugetiere haben ein ganz ähnliches Problem. Werden von ihnen viele Junge gleichzeitig ausgetragen, so sind diese bei der Geburt klein und zumeist auch wenig entwickelt. Müssen die Jungen der Mutter gleich nach der Geburt folgen können, so werden wenige, große, hochentwickelte Junge geboren.

Da bei den Vögeln ein Ei nach dem anderen reift, können sie große, nährstoffreiche Eier legen. Der Embryo kann darin ohne weitere Nahrungszufuhr von außen im Ei zu beachtlicher Größe heranwachsen. Das Junge hat eine günstige Ausgangsbasis, um schnell die endgültige Größe zu erreichen. Bei vielen kleinen, gleichzeitig gebildeten Eiern wäre das nicht der Fall.

Die meisten Vögel legen ihre Eier in Abständen von einem Tag. Bei großen Arten kann dieser Zeitraum auch länger sein. Schwäne legen an jedem zweiten Tag ein Ei. Zwischen der Ablage der im Normalfall nur zwei Eier der Steinadler können drei bis vier Tage vergehen.

Die kleinen Vögel legen die Eier zumeist am frühen Morgen. So sind sie den Tag über unbelastet. Sucht das Vogelweibchen am Abend seinen Schlafplatz im Nest auf, ist das nächste Ei weitgehend ausgeformt. Von einigen Vogelarten ist bekannt, daß die Weibchen in der Phase der Eibildung wenig aktiv sind. Das mag das Risiko für das entstehende Ei vermindern, kann aber auch mit dem großen Energiebedarf in dieser Zeit erklärt werden.

Die geschilderte Fortpflanzungsweise ist für das Fliegen sicher sehr vorteilhaft. Sie bringt aber auch einige Probleme mit sich. Die Vogeleltern müssen ihren Nachwuchs an einem sicheren Ort außerhalb des Körpers solange umsorgen, bis aus den Eiern die Jungen schlüpfen, bei der Mehrzahl der Vögel sogar solange, bis die Jungen selber fliegen können. Daher sind die Eltern selbst, die Eier und später die Jungen in dieser Zeit durch Witterungseinflüsse und Räuber stark gefährdet.

Der Flug

Auftrieb und Rücktrieb

Luft wird über ein gebogenes Stück Papier geblasen. Die Pfeile bezeichnen anteilsmäßig den Auftrieb (orange) und Rücktrieb (blau).

Umströmung eines Flügelprofils.

Bei zu steilem Anstellwinkel reißt die Luft über dem Flügel ab.

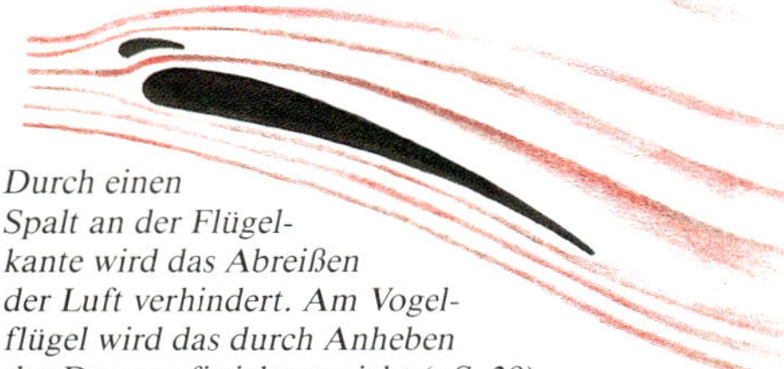

Durch einen Spalt an der Flügelkante wird das Abreißen der Luft verhindert. Am Vogelflügel wird das durch Anheben des Daumenfittichs erreicht (s.S. 39).

Der Flug wird durch die Erzeugung von Auftrieb möglich, also einer Kraft, die der Schwerkraft des Vogelkörpers entgegenwirkt. Der Auftrieb entsteht an den Flügeln. Zwar ändert sich das Profil eines Flügels von der Schulter bis hin zur Spitze, über seine gesamte Oberfläche betrachtet ist er aber nach oben hin konvex gewölbt. Wird ein so geformter Flügel von vorne angeblasen, muß die Luft, um in der gleichen Zeit die Entfernung vom Flügelrand zu den Schwungfederenden zurückzulegen, über die gewölbte Oberfläche schneller strömen als an der aufgebogenen Unterseite. Der Druck, den die den Flügel umströmende Luft ausübt, ist ihrer Strömungsgeschwingkeit umgekehrt proportional. Daher herrscht über dem Flügel ein geringerer Druck als darunter. Der Sog von oben und der Staudruck von unten ergeben zusammen den Auftrieb. Dabei wird der überwiegende Anteil durch den Sog erzeugt. Dieser Effekt ist leicht zu demonstrieren. Ein in der abgebildeten Weise angeblasenes Papier wird angehoben.

Das Ausmaß des Auftriebs an einem Flügel wird durch verschiedene Faktoren bestimmt. Je größer ein Flügel, um so mehr Auftrieb kann er erzeugen. Je höher die Anströmungsgeschwindigkeit der Luft am Flügel, um so stärker ist der Auftrieb. Ein weiterer Faktor ist der Neigungswinkel, mit dem der Flügel gegen den Luftstrom gehalten wird. Mit der Zunahme dieses Anstellwinkels wächst der Auftrieb, da die Differenz der Entfernungen, die von der Luft an der Ober- und Unterseite des Flügels zurückgelegt werden müssen, zunimmt. Das trifft aber nur auf einen bestimmten Winkelbereich zu. Die Luft darf am Flügel nicht abreißen oder starke Turbulenzen bilden. Tritt das ein, geht der Auftrieb verloren und der Vogel sackt durch. Die Luft muß also den Flügel immer in einer anliegenden Grenzschicht umströmen. Das ist zumeist bis zu einem Anstellwinkel von 15° der Fall.

Die um den Flügel fließende Luft erzeugt aber neben dem Auftrieb auch Rücktrieb oder Widerstand. Wenn die Luft den Flügel von vorne trifft, wird er von ihr nach rückwärts geschoben. Der Rücktrieb steigt auch mit der Flügelgröße, der Anströmungsgeschwindigkeit und dem Anstellwinkel. Er muß durch eine vorwärtstreibende Kraft überwunden werden.

Der Gleitflug

In der unbewegten Luft gibt es für den Vogel zwei Möglichkeiten für den Gleitflug. Er kann sich erstens von einer hohen Warte abstoßen und dann die Energie der

Schwerkraft ausnutzen. Er bewegt sich dann, einem Schlitten auf einem Schneehang vergleichbar, auf einer geneigten Bahn abwärts. Da er ständig an Höhe verliert, wird die Länge der Gleitbahn durch die Absprunghöhe und die Auftriebseigenschaften der Flügel bestimmt. Die zweite Methode beruht darauf, die Flughöhe durch den Verlust von Geschwindigkeit zu erhalten. Ein solcher Gleitflug ist nur möglich, wenn der Vogel schon eine beträchtliche Geschwindigkeit erreicht hat. Sobald er mit dem Gleitflug beginnt, also den aktiven Flug einstellt, wird er durch den Rücktrieb gebremst. Er verliert an Auftrieb, da sich dieser proportional zur Anströmungsgeschwindigkeit verhält. Der Vogel kann den Auftriebsverlust durch die Vergrößerung des Anstellwinkels des Flügels ausgleichen. Das erhöht jedoch den Widerstand und damit auch die Geschwindigkeitsabnahme. Es dauert also nicht lange, bis der Vogel so langsam geworden ist, daß er absinkt. Er muß dann entweder durch aktiven Flug einen neuen Anlauf nehmen oder landen. Diese Form des Gleitfluges wird von den Vögeln allgemein beim Landeanflug genutzt.

Normalerweise ist die Luft aber keineswegs unbewegt. Die Vögel sind in der Lage, die verschiedenen Luftströmungen auszunutzen. In diesen Fällen spricht man vom Segelflug.

Die wohl besten Segler unter den Vögeln sind die Geier, die oft stundenlang ohne Flügelschlag hoch am Himmel schweben. Sie haben sehr große und breite Flügel. Damit können sie aufsteigende Luftströmungen hervorragend ausnutzen. In unbewegter Luft würden auch die Geier langsam an Höhe verlieren. Steigt die Luft aber auf, so wird dieser Fall natürlich gebremst. Es ist so, als ob ein Schlitten einen Hang herabgleiten würde, der sich selber aufwärts bewegt. Gleichen sich die Geschwindigkeiten des sinkenden Vogels und der steigenden Luft, so bleibt der Vogel auf gleicher Höhe. Ist eine der beiden Geschwindigkeiten größer als die andere, so steigt oder fällt er. Für den segelnden Vogel ist es daher wichtig, eine möglichst geringe Sinkgeschwindigkeit zu haben. Das wird durch eine niedrige Flächenbelastung, also eine im Verhältnis zum Körpergewicht große Flügelfläche, erreicht. Wie die Geier segeln auch andere große Vögel lange im Aufwind. Dadurch sparen sie eine Menge Energie. Thermische Aufwinde bilden sich über sonnenerwärmtem, offenem Gelände. Wind, der gegen Berghänge weht und an ihnen aufwärts gedrückt wird, erzeugt Hangaufwinde. Beide Möglichkeiten werden von Greifvögeln und anderen guten Seglern, wie dem Weißstorch, ausgiebig genutzt. Der Storch ist während seines Zuges sogar von solchen Aufwindzonen abhängig. Wie andere segelnde Zugvögel auch, umfliegt er beim Zuge das Mittelmeer. Auf dieser Route müssen am Bosporus oder bei Gibraltar nur kurze Strecken offener See ohne Aufwinde überwunden werden.

Vor der Landung stellt ein segelnder Geier seinen Flügel stark bremsend an.

Die Bewegung des Flügels beim Kraftflug.

Andere Vögel sind geradezu Experten im Ausnutzen von Hangwinden. Silbermöwen oder Eissturmvögel können reglos über einer Klippe oder der Bordwand eines Schiffes schweben. Im Gebirge segeln Kolkraben und Alpendohlen im Aufwind der Felswände. Einige Seevögel, wie die Sturmtaucher, nutzen den von den Wellen abgelenkten Wind. Die Albatrosse von der Südhalbkugel der Erde sind unter den Seevögeln die wahren Meistersegler. Sie gewinnen ihre Flugenergie aus dem Gefälle der Windgeschwindigkeiten über der See. Direkt über dem Wasser ist der Wind durch den Reibungswiderstand abgebremst. Mit steigender Höhe nimmt seine Geschwindigkeit stetig zu. Die Albatrosse steigen gegen den Wind auf und gleiten darauf mit hoher Geschwindigkeit quer zur Windrichtung herab. Die so gewonnene Energie nutzen sie zum erneuten Aufstieg usw.

Der Kraftflug

Die meisten Vögel müssen, um andauernd in der Luft bleiben zu können, mit den Flügeln schlagen. Sie müssen also ihre Schwerkraft durch Eigenleistung überwinden. Um dabei auch noch vorwärts zu kommen, müssen sie ausreichend Vortrieb erzeugen. Auftrieb und Vortrieb entstehen beim Abschlag des Flügels. Bei dieser Bewegung wird der Flügel leicht nach vorne gedreht. Er drückt also die Luft abwärts und rückwärts und schiebt so den Vogel aufwärts und vorwärts. Die Flügelabschnitte legen beim Schlag verschieden weite Wege zurück. Daher nimmt die Schlaggeschwindigkeit von der Schulter bis zur Flügelspitze hin zu. Der nahe dem Körper mit geringer Amplitude schwingende Armflügel wird vorwiegend vom horizontal auftreffenden Fahrtwind umströmt. Es entstehen hier die gleichen Luftkräfte wie an dem unbewegten Flügel. Der Armflügel ist also die Haupttragfläche des Vogels. Am schnell und weit schlagenden Handflügel kommt die Strömung als Schlagwind mehr von unten. Der Handflügel erzeugt daher mehr Vortrieb als Auftrieb. Da die asymmetrischen Handschwingen ähnlich wie der ganze Flügel geformt sind und sich beim Schlag verwinden, werden hier noch zusätzliche Luftkräfte erzeugt.

Die Form des Handflügels und der Daumenfittich

Die Form der Flügelspitze und die Anordnung der Federn am Handflügel sind für die Flugeigenschaften des Vogels von wesentlicher Bedeutung. Beim Abschlag sinkt der Luftdruck über dem Flügel und steigt an seiner Unterseite. Diesen Druckunterschied sucht die Luft durch das Umströmen der Flügelspitze auszugleichen. Die Folge sind Verwirbelungen, die dem Vogel Bewegungsenergie entziehen. Diesem induzierten, durch den Flügelschlag erzeugten Widerstand wird auf verschiedene Weise entgegengewirkt. Entweder

Die Handschwingen verwinden sich beim Abschlag.

enden die Flügel stark zugespitzt, was vor allem bei schmalflügligen, schnellen Fliegern der Fall ist, oder gefingert, wobei die Handschwingen wie die Finger einer Hand auseinandertreten. Ein gefingerter Handflügel ist bei Vögeln mit breiten, abgerundeten Flügeln ausgebildet, wie z.B. bei Bussard und Habicht. Auch die Hühnervögel haben solche gefingerten, runden und dazu noch recht kurzen Flügel.

Die Spalten zwischen den Handschwingen werden ganz wesentlich durch den Federumriß bestimmt. Die Schwungfedern können entweder auf der Vorderseite oder auf der Rückseite bzw. auf beiden Seiten der Fahne ausgeschnitten sein. Diese im Spitzenabschnitt eingekerbten Federn finden sich bevorzugt bei Vögeln mit kurzen, runden Flügeln. Für sie ist es besonders wichtig, den Energieverlust durch den induzierten Widerstand möglichst gering zu halten.

Der Daumenfittich ist eine besondere Einrichtung, um die Luft am Flügel zu halten, um sie nicht abreißen zu lassen. Er besteht aus wenigen, an einem stark rückgebildeten Finger ansetzenden Federn (s.S. 15). Während des gewöhnlichen Fluges liegt der Daumenfittich der Flügelvorderkante eng an. Sobald der Vogel aber zum Abbremsen den Anstellwinkel des Flügels vergrößert, wird der Daumenfittich angehoben. Zwischen ihm und der Vorderkante des Flügels entsteht ein Schlitz. Dadurch entstehen Turbulenzen, die die Luft am Flügel gut haften lassen. Mit dem Daumenfittich wird also das Abreißen der Luft verhindert und so bei hohem Anstellwinkel ein langsamer Flug ermöglicht.

Der Kurvenflug

Für den Vogel gibt es mehrere Möglichkeiten, eine Kurve zu fliegen. Jede einseitige Veränderung des Körperumrisses ergibt einen unausgeglichenen Widerstand und führt daher zu einer Wendung. Der Vogel kann dazu seinen Schwanz umbiegen oder, falls dieser zu kurz ist und

Bussardflügel mit Daumenfittich (a) und ausgeschnittene Handschwinge (b).

Landeanflug einer Trottellumme.

quasi als Schwanzersatz, seinen mit einer Schwimmhaut versehenen Fuß zur einen Seite strecken. Vögel, die über verlängerte äußere Schwanzfedern verfügen, sind an schnelle, enge Wendungen besonders gut angepaßt. Normalerweise erfolgt der Kurvenflug durch die verschiedene Einstellung der Flügel. Wird der Flügel einer Seite leicht gefaltet, so verkleinert sich hier die Tragfläche und Auftrieb wie Rücktrieb werden vermindert. Der Flügel senkt sich und wird gleichzeitig im Verhältnis zu dem der anderen Seite nach vorne bewegt. Umgekehrt führt die einseitige Vergrößerung des Anstellwinkels zur Steigerung von Auftrieb und Rücktrieb. Der Flügel wird also gebremst und angehoben. Jedes dieser Manöver oder beide zusammen ermöglichen dem Vogel einen fein steuerbaren Kurvenflug.

Der Abflug und die Landung

Der Abflug ist sehr energieaufwendig. Der Vogel muß bis zum Erreichen der normalen Fluggeschwindigkeit beschleunigen und dabei noch gleichzeitig an Höhe gewinnen. Kleinere Vögel, wie Sperling oder Drossel, fliegen mit geneigtem Körper und gesteigerter Schlagfrequenz einfach schräg aufwärts. Die meisten größeren Vögel haben dagegen mit dem Auffliegen ihre Probleme. Sehr große Vögel können nicht einfach in die Luft springen und abfliegen. Sie brauchen, um mit ihren Flügeln ausreichend Auftrieb erzeugen zu können, einen kräftigen Luftstrom. Daher müssen viele große Vögel, etwa die Schwäne, einen längeren Anlauf nehmen. Sie können erst abheben, wenn sie auf diese Weise genügend Fahrtwind erzeugt haben. Große Vögel steigen, wenn irgend möglich, gegen den Wind auf. Die Anströmungsgeschwindigkeit der Luft ist dann von vornherein hoch und der Auftrieb entsprechend groß.

Viele Vögel starten von einem Baum oder von einem anderen hochgelegenen Sitzplatz aus. Sie springen einfach ab und gewinnen im oft steil abfallenden Gleitflug die notwendige Eigengeschwindigkeit. Eine solche Abflugtechnik benutzen vor allem Vögel mit kleinen Flügeln und einer großen Flächenbelastung wie die Lummen.

Zum Landen muß der Auftrieb wieder abgebaut werden. Idealerweise geschieht das so, daß der Vogel im Moment der Landung mit der geringstmöglichen Geschwindigkeit fliegt. Auf diese Weise wird die Gefahr von Verletzungen weitestgehend verringert. Haben die Vögel mit

Landung eines Höckerschwans.

Landeanflug eines Baßtölpels.

dem Abflug Mühe, so haben sie auch mit der Landung ihre Probleme. Große Wasservögel landen nach Möglichkeit auf dem Wasser. Hier können sie gefahrlos mit einiger Geschwindigkeit herunterkommen. Die Landegeschwindigkeit kann auch durch den Anflug gegen den Wind vermindert werden. Die erhöhte Anströmung erlaubt es, den Flügel stärker bremsend anzustellen.
Die Lummen, Segler und andere Vögel mit hochgelegenen Nistplätzen benutzen zum Landen eine andere Bremstechnik. Sie kommen verhältnismäßig tief angeflogen und steigen kurz vor dem Ziel steil an. Sie verwenden zum Bremsen also ihre eigene Schwerkraft. Sie erreichen den Nistplatz genau in dem Moment, in dem durch den Steigflug die Eigengeschwindigkeit abgebaut ist.

Die Flügelform

Die verschiedenen Flugweisen der Vögel erfordern erhebliche Unterschiede in der Flügelform. Bei den guten Segelfliegern gibt es zwei stark voneinander abweichende Flügeltypen, zum einen den langen, schmalen Flügel der Albatrosse und Sturmvögel und zum anderen den kürzeren, dafür aber sehr viel breiteren Flügel der Adler und Geier. Der Albatrosflügel eignet sich vorzüglich zum Hochgeschwindigkeitssegeln über See (s.S. 38). Durch seine Gestalt wird der Widerstand sehr klein gehalten. Einem Albatros fällt es aber weit schwerer als einem Geier, enge Kurven zu fliegen. Der Geierflügel ist auf Wendigkeit und gute Auftriebseigenschaften ausgerichtet (s.S. 37). Er erlaubt es den Vögeln, auch in kleinräumigen, schwach ausgebildeten Aufwindzonen mühelos zu kreisen.

Die Hühnervögel, die Fasanen, Rebhühner usw., haben kurze, breite, abgerundete Flügel, an denen sich die Federn der Hand stärker spreizen als bei den meisten anderen Vögeln. Jede dieser Federn verwindet sich beim Abschlag selbständig. Der Handflügel entfaltet dadurch eine enorme Propellerwirkung. Mit solchen Flügeln und einer kräftigen Brustmuskulatur kann ein Fasan schneller aufsteigen als die meisten anderen Vögel

Abflug eines Höckerschwans.

seiner Größe. Diese geradezu explosive Kraft wird aber nur für kurze Fluchten genutzt. Sobald der Vogel in Sicherheit ist, gleitet er wieder herab und läuft zu Fuß weiter.

Einige Schwimmvögel, vor allem die Alken, benutzen ihre Flügel beim Tauchen als Flossen. Sie haben daher kleine Flügel mit einer hohen Flächenbelastung. Sie müssen mit sehr schnellen, wirbelnden Flügelschlägen fliegen.

Ganz allgemein besitzen die Vögel, die auf einen wendigen Flug angewiesen sind, kurze, mehr abgerundete Flügel und zumeist auch einen langen Schwanz. Beides zusammen ermöglicht ihnen einen sehr gewandten Flug. So haben z.B. die Sperber, die bevorzugt im baum- und buschbestandenen Gelände jagen, deutlich breitere Flügel und längere Schwänze als die im freien Luftraum jagenden Falken. Die Sperber sind zwar langsamer als die Falken, dafür aber sehr viel wendiger.

Ein weiterer Faktor, der die Flügelgröße bestimmen kann, ist das Zugverhalten. Viele Vogelarten, die während des Zuges weite Strecken zurücklegen, lagern zuvor als „Treibstoff" größere Fettmengen an (s.S. 241 f.). In den ohnehin kritischen Zugperioden wiegen sie also viel mehr als in der übrigen Zeit. Die beiden äußerlich fast identischen Arten, Fitis und Zilpzalp, ziehen verschieden weit. Der Fitis fliegt bis nach Zentralafrika, muß also die Sahara überqueren. Der Zilpzalp bleibt dagegen in Südeuropa und Nordafrika. Die Flügelspannweite des Fitis überragt die des Zilpzalp um nahezu einen Zentimeter. Der größere Flügel des Fitis verringert die Flächenbelastung und ermöglicht es ihm, sein großes Gewicht über weite Entfernungen zu transportieren.

Die Fluggeschwindigkeit

Jeder Vogel kann seine Fluggeschwindigkeit in bestimmten Grenzen variieren. Die von ihm gewählte Geschwindigkeit hängt von seinen Absichten ab. Muß er einer Gefahr entkommen oder seinen Jungen im Nest so oft wie irgend möglich Futter zutragen, so wird er, ohne auf den Energieverbrauch zu achten, so schnell fliegen, wie er nur kann. Muß er aber einen langen Zugweg zurücklegen, auf dem er nur wenig Gelegenheit zur Nahrungsaufnahme hat, so wird er langsamer fliegen, um mit seinen Fettreserven möglichst lange auszukommen. Da ein Vogel aber durch die sich im Winde bewegende Luft fliegt, ist seine Situation von der eines Läufers auf der festen Straße recht verschieden. Flöge ein Vogel mit einer Geschwindigkeit von 20 km/h gegen einen gleichschnellen Wind, würde er auf der Stelle stehen. Die ideale Fluggeschwindigkeit, mit der ein Vogel bei gegebener Energiemenge die weiteste Entfernung zurücklegen kann, hängt ganz wesentlich von der Stärke und Richtung des Windes ab. Gegen den Wind muß er kräftig und schnell fliegen, mit dem Wind dagegen weniger kraftvoll und langsamer.

Genaue Messungen der Fluggeschwindigkeiten von Vögeln sind nicht leicht durchführbar. Viele der bisher gemachten Angaben sind übertrieben. Ein im Sturzflug herabschießender Wanderfalke erreicht kaum mehr als eine Geschwindig-

Fasan beim Abflug.

Flügel vom Zilpzalp (links) und Fitis (rechts).

Baumfalke *Sperber ♂* *Sperber ♀*

keit von 180 km/h. Der normale Streckenflug der Vögel ist weit langsamer. In Abhängigkeit von der Flügelform gibt es dabei erhebliche Unterschiede. Allgemein fliegen größere Vögel schneller als kleinere. Aus der folgenden Aufstellung der Fluggeschwindigkeiten einiger Vögel ist ablesbar, daß z.B. die Mauersegler weit langsamer fliegen, als allgemein angenommen wird.

Art	Geschwindigkeit im Streckenflug	km/h
Kranich		68
Ringeltaube		61
Bläßgans		54
Aaskrähe		50
Graureiher		43
Mauersegler		40
Silbermöwe		38
Star		34
Blaumeise		29

Die Größe der Vögel

Die Größe der flugfähigen Vögel reicht von dem kleinsten Kolibri mit einem Gewicht von wenig über 2 g bis zu den größten Schwänen und Trappen, die an die 15 kg wiegen können. Die Ober- und Untergrenze der Körpergröße, bzw. des Gewichts, werden durch verschiedene Faktoren bestimmt. Die kleinsten Vögel müssen mit einem hohen Wärmeverlust fertig werden. Die dadurch entstehenden Probleme werden später besprochen (s.S. 224). Die Gewichtsobergrenze eines flugfähigen Vogels wird durch andere Bedingungen festgelegt. Wenn ein Körper größer wird, wächst sein Volumen bzw. sein Gewicht stärker als seine zweidimensionale Oberfläche. Das bedeutet, daß große Vögel bei proportionalem Wachstum im Verhältnis zur Tragfläche ihrer Flügel schwerer sind als kleinere. Die Flächenbelastung ist aber für die Flugfähigkeit letztlich entscheidend.

Dieses Anwachsen der Flächenbelastung mit zunehmender Größe läßt sich gut am Vergleich verschieden großer, nahe verwandter Vögel zeigen. Es kann sogar innerhalb derselben Art festgestellt werden, wenn zwischen Weibchen und Männchen ein merkbarer Größenunterschied besteht. So hat das kleinere Männchen des Sperbers eine Flächenbelastung von ungefähr 3,1 g/cm^2 und das größere Weibchen eine von 3,7 g/cm^2. Beim Habichtsmännchen und -weibchen betragen die Werte 5,6 g/cm^2 und 5,75 g/cm^2.

Ein schwerer Vogel mit einer hohen Flächenbelastung muß entweder eine starke, also auch schwere Flugmuskulatur haben oder über eine hohe Flügelschlagfrequenz verfügen. In beiden Fällen braucht er zum Fliegen mehr Energie als ein leichterer. Die Obergrenze, bis zu der ein aktiver Schlagflug noch möglich ist und bis zu der die Gewichtszunahme in der geschilderten Weise ausgeglichen werden kann, scheint bei einem Gewicht um 15 kg zu liegen.

Das Schwimmen und Tauchen

Vögel können sich nicht nur durch die Luft, sondern auch im Wasser wie auf dem Land geschickt und schnell bewegen. Zum Fliegen ist eine große Tragfläche erforderlich. Ein Flügel, der den Anforderungen des Fliegens in der Luft gerade genügt, ist für ein „Fliegen" im Wasser zu groß. Folglich haben die besten Schwimmer und Taucher unter den Vögeln, die Pinguine, das Fliegen ganz aufgegeben. Ihre Flügel sind zu Schwimmflossen umgebildet. Die einzige andere Vogelgruppe, die unter Wasser ausschließlich mit den Flügeln schwimmt, sind die Alken. Sie können weiterhin recht gut fliegen. Die Doppelfunktion des Flügels machte, was seine Form und Schlagweise betrifft, einen Kompromiß notwendig. Der kleine, als Ruder unter Wasser sehr brauchbare Flügel hat im Flug eine sehr hohe Flächenbelastung, kann aber sehr schnell geschlagen werden. Dennoch erreichen die größeren Alken, die Trottellumme und der Tordalk, fast die Grenze der Flugunfähigkeit. Verlieren sie während der Mauser nur wenige Flügelfedern, können sie nicht mehr fliegen. In der Zeit der Flügelmauser müssen sie daher ständig auf dem Wasser bleiben. Der ausgestorbene Riesenalk war so groß, daß er mit seinen „Flossenflügeln" einfach nicht mehr fliegen konnte.

Einige Enten, wie die Eisente, Trauerente und Samtente, haben das Problem der Größenanpassung des Flügels an Wasser und Luft auf andere Weise gelöst. Beim Tauchen schlagen sie mit gefalteten, beim Fliegen mit ausgebreiteten Flügeln.

Auch die anderen Tauchvögel, die Kormorane, Seetaucher, Lappentaucher, die Tauchenten und Bläßhühner, sind an das Wasserleben vorzüglich angepaßt. Sie alle können aus dem Schwimmen heraus leicht untertauchen. Die Stoßtaucher leben ebenfalls von Beute, die sie unter Wasser fangen. Die Tölpel, einige Pelikane und Sturmvögel, auch die Seeschwalben und Eisvögel stürzen sich dazu aus dem Fluge ins Wasser.

Die meisten Pelikane, die Schwäne, Gänse, Schwimmenten und Möwen können nur schlecht oder gar nicht tauchen. Sie holen ihre Nahrung aus dem Wasser, während sie an der Oberfläche schwimmen.

Der Körper der Wasservögel ist mehr oder weniger gestreckt und kahnförmig.

Zwergseeschwalbe

Riesenalk

Tordalk

Eisente

Baßtölpel

Die Beine, die den meisten dieser Vögel zur Fortbewegung im Wasser dienen, scheinen weit hinten am Körper zu sitzen. Sie können dort wie eine Schiffsschraube den Antrieb übernehmen. Diese Beinstellung ist wesentlich durch die Längenverhältnisse der Beinabschnitte bedingt. Der rückwärts gerichtete Unterschenkel ist lang und der Lauf recht kurz (s.S. 14). Um sich mit diesen Beinen im Gleichgewicht halten zu können, müssen vor allem die Tauchvögel, deren Beine am weitesten an das Wasserleben angepaßt sind, den Körper beim Stehen und Gehen aufrichten. Die Beinmuskulatur der Wasservögel ist kräftig. Ihre Läufe und Zehen sind seitlich abgeflacht, so daß sie dem Wasser wenig Widerstand bieten. Die Zehen werden beim Vorziehen des Laufens zusammengelegt. Beim Ausstrekken werden sie gespreizt. Dadurch wird die antreibende Fläche vergrößert. Zusätzlich sind sie durch häutige Schwimmlappen verbreitert oder mit Schwimmhäuten verbunden.

Ein langsam schwimmender Vogel bewegt die Beine zumeist alternierend. Der Lauf wird dabei gegen den fast waagerecht gehaltenen Unterschenkel gebeugt und dann wieder nach hinten gestoßen. Beim schnellen Schwimmen erfolgt die Bewegung der Beine gleichzeitig. Während des Rückstoßes wird auch der Oberschenkel nach hinten gezogen und das Intertarsalgelenk weitgehend gestreckt. Gesteuert wird duch unterschiedliche Stoßrichtung und Stoßstärke. Um den Körper beim Tauchen unter Wasser zu halten, werden die Beine nach hinten bis über die Rückenlinie geführt.

Die meisten Wasservögel haben nur zwischen den drei nach vorne gerichteten Zehen Schwimmhäute. Bei den Pelikanen und ihren Verwandten, den Kormoranen und Tölpeln, sind alle vier Zehen durch Schwimmhäute verbunden. Schwimmlappen sind an den Zehen der Lappentaucher, einiger Rallen, wie dem Bläßhuhn, und der Wassertreter ausgebildet. Bei den Rallen und Wassertretern mögen die Schwimmlappen das Laufen an Land erleichtern. Die Lappentaucher kommen kaum jemals auf das Trockene. Bei ihnen kann die größere Beweglichkeit an Land also nicht der Grund für die spezielle Ausformung der Füße sein.

Auch einige watende Vögel, wie die Flamingos und die Säbelschnäbler, haben Schwimmhäute. Beide können schwimmen und tun das auch nicht selten. Wesentlicher ist aber wohl, daß sie durch die Vergrößerung der Standfläche besser auf dem sehr weichen, wäßrigen Schlamm laufen können.

Füße einiger Wasservögel.

Das Laufen, Gehen, Hüpfen und Klettern

Zweibeinige Lebewesen, wie Mensch oder Vogel, müssen, um das Gleichgewicht halten zu können, große Füße haben. Vierbeinige Tiere können mit viel kleineren Füßen auskommen. Die langen Zehen haben für viele Vögel aber noch einen weiteren Vorteil. Sie können sich damit gut an Stengeln und Ästen festklammern.

Viele Wasservögel sind wegen ihrer Beinproportionen schlechte Läufer. Die See- und Lappentaucher können sich auf dem Land nur recht mühselig, eigentlich nur rutschend fortbewegen. Durch die kurzen Läufe und breiten Körper kommt das für die Enten typische Watscheln zustande.

Die Beinlängen der Vögel sind recht verschieden. Lauf und Unterschenkel müssen aber aufeinander abgestimmt sein, damit der Vogel seinen Schwerpunkt über die Standfläche bringen kann. Langbeinige Vögel sind entweder gute Läufer, die bevorzugt im offenen Gelände leben, z.B. die Strauße, Trappen und Triele, oder Vögel, die durchs flache Wasser waten, z.B. die Flamingos, Reiher, Wasserläufer und andere Watvögel.

Vögel, die im Gezweig der Bäume leben, die sich zur Nahrungssuche an Äste und Zweige hängen, müssen über einen festen Griff verfügen. Ihr Schwerpunkt muß, damit der wirksame Hebel kurz gehalten wird, so nah wie möglich an den haltenden Zehen liegen. Solche Vögel haben kurze Beine. In diese Gruppe gehören die meisten kleinen Singvögel, etwa die Meisen und Finken, ebenso auch viele kleinere Papageien.

Die Klettervögel, die Spechte und Baumläufer, die an den Baumstämmen herumklettern, haben nicht ganz so kurze Beine. Sie hängen an den weit gespreizten Zehen und halten sich mit den spitzen, gebogenen Krallen. Ihre Beine sind beim Klettern stark eingeknickt. Der versteifte Schwanz dient als rückwärtige Stütze. Sie hüpfen an den Baumstämmen nach oben. Beim Absprung schnellen sie sich mit beiden Beinen gleichzeitig aufwärts, fassen dann mit den vorgestreckten Zehen zu und ziehen den Körper wieder an den Stamm heran.

Die Kleiber haben eine andere Klettermethode entwickelt. Klettern sie aufwärts, so greifen sie mit dem einen Fuß über sich und sichern sich mit dem anderen nach hinten ab. Genausogut, nur mit umgekehrter Beinstellung, können sie auch kopfüber abwärts klettern. Den Spechten und Baumläufern ist das nicht möglich. Wollen sie den Stamm herunter, so müssen sie mit dem Schwanz voran rückwärts klettern oder aber fliegen.

Die Tauben und Flughühner, zwei vielleicht miteinander verwandte Vogelfamilien, haben kurze Beine. Sie halten sich

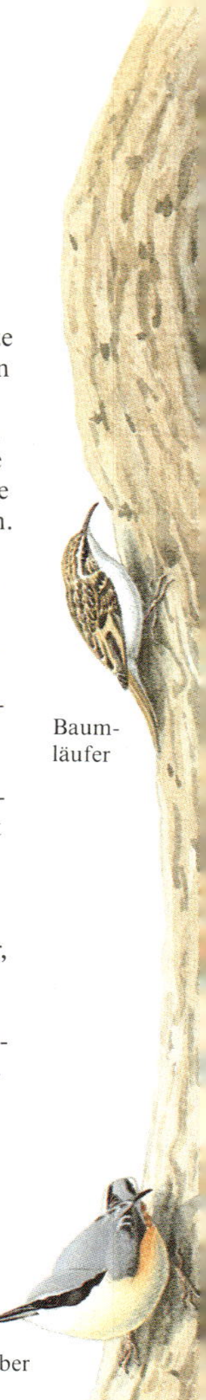

Birkenzeisig

Kleinspecht

Wacholderdrossel

Grünschenkel

zwar viel auf dem Boden auf, können aber nicht sonderlich schnell laufen. Zur Flucht benutzen sie immer die Flügel.

Die Vögel mit den allerkürzesten Beinen sind die Segler und Eisvögel. Die Eisvögel laufen nie. Sie schwirren nur von Sitzplatz zu Sitzplatz. Allerdings brauchen sie ihre Beine beim Bau der Bruthöhlen. Die Segler, die am besten an ein Leben im freien Luftraum angepaßten Vögel, können sich mit ihren Beinchen immerhin an senkrechten Wänden festkrallen oder in ihre Nistnischen hineinschieben. Die meisten Vögel ziehen, um den Luftwiderstand so gering wie möglich zu halten, beim Flug die Beine so an, daß die Zehen vom Bauchgefieder überdeckt sind. Den langbeinigen Arten ist das nicht möglich. Die Reiher, Störche, Flamingos, Kraniche und Watvögel strekken ihre Beine nach hinten aus.

Vögel, die sich auf dem Boden fortbewegen, laufen oder hüpfen. Die meisten Arten, ja die meisten Vogelfamilien, halten sich an die eine oder die andere Fortbewegungsweise. Die Rabenvögel sind dafür ein gutes Beispiel. Einige von ihnen, wie die Raben und Krähen, gehen gewöhnlich. Die Häher dagegen hüpfen. Die Elstern gehen, wenn sich sich langsam fortbewegen. Haben sie es eilig, machen sie weite, hüpfende Sprünge.

Die meisten Bodenvögel, z.B. die Watvögel, Lerchen und Pieper, laufen. Die hüpfenden Arten sind zumeist Baumbewohner, wie die Drosseln, Meisen und Finken. Für eine Fortbeweung von Ast zu Ast ist das Hüpfen sicher die beste Methode. Halb fliegt, halb springt der Vogel von einem Halt zum anderen und kommt dabei immer mit beiden Beinen gleichzeitig auf. Unklar ist, warum diese Vögel auf dem Boden nicht zum Laufen übergehen. Es scheint, als ob die Anpassung ans Hüpfen die Fähigkeit zu laufen einschränkt. Es kann angenommen werden, daß das Hüpfen für die Singvögel die angestammte Bewegungsweise ist und daß das Gehen bzw. das Laufen erst später entstand. Ein Anhaltspunkt dafür ist die Tatsache, daß die Jungen der Raben und der Feldlerchen in den ersten Tagen nach dem Verlassen des Nestes noch hüpfen und erst danach zum normalen Laufen übergehen.

Die Läufe und Füße der meisten Vögel sind unbefiedert. Federn würden hier das Gehen im Bewuchs behindern, sie würden beim Waten und Schwimmen verschmutzen und durchnässen. Die Beine der Vögel sind daher kaum gegen Wärmeverlust isoliert. Das könnte bei langbeinigen Arten und Vögeln, die sich lange im kalten Wasser und auf dem Eis aufhalten zu erheblichen Wärmeverlusten führen. Durch spezielle Einrichtungen wird aber für Abhilfe gesorgt. Am Lauf und Fuß eines Vogels gibt es kaum Muskeln. Dieser Abschnitt des Beines muß also nur schwach durchblutet werden. Dennoch könnte auf die Dauer viel Wärme verloren gehen. Um das zu verhindern, sind die Arterien im Schenkelbereich fein aufgeteilt und mit den aus dem Bein aufsteigenden Venen verwoben. Dadurch wird das ins Bein einfließende Blut abgekühlt und das zum Herzen zurückkehrende erwärmt. Dieser Austausch erspart den Vögeln viel Energie.

Die Entstehung der Vielfalt

Die Vögel haben sich wie alle Lebewesen unter den Bedingungen der natürlichen Auslese in langen Zeiträumen entwickelt. Um das bewußt zu machen, ist die gesamte Darstellung dieses Buches durch eine evolutionäre Betrachtungsweise geprägt.

Evolution vollzieht sich in unserer belebten Umwelt ständig und überall. Jede Generation der Pflanzen und Tiere wird durch die natürliche Auslese geformt. Zwar können große Veränderungen nur in langen Zeiträumen entstehen. Die allgemeine Erscheinung der Vögel, ihre Brutbiologie und ihr Zugverhalten können sich aber recht kurzfristig ändern. Wie noch gezeigt wird, tun sie das auch.

Die Unterschiede zwischen den einzelnen Individuen bilden den Werkstoff, mit dem die natürliche Auslese arbeitet. Sie verfährt dabei nach dem Prinzip der Bevorzugung des Bestangepaßten. In einer jeden Generation überleben Individuen und kommen zur Fortpflanzung. Andere gehen schon vorher zugrunde. Sicher war bei einigen, die vorzeitig ausscheiden mußten, der Zufall im Spiel. Allgemein werden aber doch diejenigen die Oberhand gewinnen und mehr Nachwuchs hinterlassen, die auf irgendeine Weise überlegen sind. Diese überlegenen Eigenschaften werden bevorzugt an künftige Generationen weitergegeben.

Es läßt sich nicht genug betonen, daß die natürliche Auslese ein ständig andauernder Prozeß ist. In fast allen Populationen stirbt ein Großteil der Jungen, bevor er das Fortpflanzungsalter erreicht hat. Nur wenige überstehen alle Gefahren und pflanzen sich schließlich fort. Die „Planstellen" in einer Brutpopulation sind heiß umkämpft. Die Vögel befinden sich aber nicht ständig miteinander in einem direkten physischen Wettstreit. Zu echten Kämpfen kann es zwar um bestimmte Werte, wie das Territorium, den Geschlechtspartner, den Brutplatz und die Nahrung, kommen. Die Auseinandersetzung besteht jedoch im wesentlichen darin, daß jedes Individuum nach Kräften bemüht ist zu überleben, und daß der dabei Erfolgreichste die größte Fortpflanzungschance hat.

Ein verbreiteter Irrtum ist der Glaube, eine Tierart habe gerade nur die Eigenschaften, die zum Ausfüllen ihrer Rolle in der Natur ausreichen. In dieser Vorstellung sind zwei Fehler enthalten. Erstens wirkt sich die natürliche Auslese nicht auf die Art, sondern auf das einzelne Individuum aus. Zweitens wird auch das Individuum nicht sonderlich erfolgreich sein, wenn seine Eigenschaften zum Leben nur gerade ausreichen. Sicher wird es in der Population andere geben, deren Eigenschaften die Minimalansprüche übertreffen. Diese und ihre Nachkommen werden die nur eben Angepaßten bald aus dem Rennen werfen. So werden in jeder Generation einige individuelle Variationen den anderen vorgezogen.

Die oft gehörte Redewendung: „Eine Art hat eine bestimmte Anpassung entwickelt", ist trotz des Zuvorgesagten nicht unbedingt falsch. Sie enthält aber eine starke Vereinfachung, die einer Erklärung bedarf. Strenggenommen entwickelt eine Art überhaupt nichts. Anderenfalls würde das bedeuten, daß hier so etwas wie eine Vorplanung am Werke wäre. Das ist sicher nicht der Fall. In Wahrheit begünstigt die natürliche Auslese diejenigen Individuen, die schon mit der Vervollkommnung eines Merkmals geboren wurden. Bei Vögeln können solche Merkmale ein gekreuzter Schnabel, lange Beine, eine Tarnfärbung und noch vieles andere sein. Dadurch, daß diese in der gegebenen Situation günstigen Eigenschaften bevorzugt vererbt werden, können sie schließlich zu Merkmalen der Art werden.

Die Ansicht, daß nach der langen Evolution für eine weitere Entwicklung kein Spielraum mehr bestünde, ist leicht widerlegbar. Es gibt mehrere Gründe dafür, warum das nicht sein kann. Erstens ändert sich die Umwelt ständig. Die Eiszeiten bieten dafür ein überzeugendes Beispiel. Seit der letzten, die Europa mit einer mächtigen Eisschicht überzog, sind erst 12000 Jahre vergangen. In dieser Zeitspanne hat es fortwährende Klima- und Landschaftsveränderungen gegeben. Diese Veränderungen waren zunächst noch langfristig. Mit dem Erscheinen des Men-

schen setzte eine so schnelle Umgestaltung fast aller Lebensräume ein, wie es sie in dieser Weise in der Erdgeschichte noch nicht gegeben hat. So befinden sich die Lebensräume der Vögel aus dem einen oder anderen Grunde in einem stetigen Wandel. Es war den Vögeln also bisher überhaupt nicht möglich, sich an irgendeinen Lebensraum vollkommen anzupassen.

Dafür, daß es den Vögeln unmöglich ist, die absolute Perfektion, also die bestmögliche Anpassung an alle Lebensumstände, zu erreichen, gibt es auch noch einen weiteren Grund. Es ist durchaus vorstellbar, daß ein Vogel widerstreitende Eigenschaften besitzt, die jede für sich von Vorteil sein kann. In solchen Fällen wird ein Kompromiß notwendig. Ein Fasanenhahn würde, wenn er noch prächtiger gefärbt wäre und einen noch längeren Schwanz hätte, seine Rivalen bei den Hennen sicher besser ausstechen können. Andererseits hätte es dann auch ein Fuchs leichter, ihn zu finden und zu fangen. Er stände also den Hennen nur vergleichsweise kurze Zeit zur Verfügung. Er muß also zwischen Attraktivität und Sicherheit einen Kompromiß finden. Das Risiko, gefangen und gefressen zu werden, ist zeitlichen und örtlichen Änderungen unterworfen. Daher werden sich auch die Bedingungen für den Kompromiß verschieben.

Ein anderer Interessenausgleich wird vor Beginn der Brutzeit notwendig. Vogelmännchen verteidigen ihr Territorium gewöhnlich gegen jeden artgleichen Eindringling. Sind sie nicht aggressiv genug, laufen sie Gefahr, ihr Territorium zu verlieren. Sind sie zu aggressiv, werden sie unbeweibt bleiben und keine Nachkommen haben. Sie müssen also den richtigen Mittelweg finden.

Lachmöwen, die in einer Kolonie ein Territorium besetzen, müssen versuchen, zum nächsten Paar einen möglichst großen Abstand zu halten. Sonst besteht die Gefahr, daß die Nachbarn ihnen bei der nächsten günstigen Gelegenheit die Eier oder die Jungen rauben. Andererseits müssen die Nester aber auch so nahe beieinander liegen, daß die ganze Kolonie gemeinsam verteidigt werden kann. Je mehr Vögel gleichzeitig auf einen Räuber hassen, um so größer wird ihre Aussicht auf Erfolg. Die Größe des Brutterritoriums einer Lachmöwe ist also das Ergebnis sich widerstreitender Zwänge.

Alle Merkmale, an denen die natürliche Auslese ansetzt, müssen vererbbar sein. Die meisten Merkmale sind nachweislich vererbbar. Dazu gehören auch solche wie die Körper-, Ei- und Gelegegröße, der Zeitraum der Eiablage und Erscheinungen des Zugverhaltens. Solche Merkmale sind nicht nur angeboren, sie können sich auch dem Wandel der äußeren Bedingungen schnell anpassen. Das läßt sich gut aus der Geschwindigkeit schließen, mit der sich die Lebensumstände der Vögel seit der letzten Eiszeit geändert haben. Im Verlauf von sieben- bis achttausend Jahren haben sich, dem zurückweichenden Eis folgend, die europäischen Vogelpopulationen um viertausend Kilometer weiter nach Norden verbreitet. In dieser Zeit sind in mehreren Arten gut unterscheidbare, geographische Unterarten entstanden. Es ist schwer, solche Umbildungen zeitlich genau festzulegen. Mit geologischen Zeitmaßstäben gemessen, vollziehen sie sich sehr schnell, im Verhältnis zu einem Menschenalter jedoch nur recht allmählich. Immerhin ließ sich durch verschiedene Untersuchungen zeigen, wie rasch Veränderungen in einer Vogelpopulation erfolgen können. Die folgenden Beispiele sollen das belegen.

Veränderungen der Größe und der Färbung

Der Haussperling wurde um 1850 nach Nordamerika gebracht. Er wurde in New York, Quebec und an ein oder zwei wei-

Obgleich es zwischen den Lachmöwen einer Brutkolonie ständig Auseinandersetzungen gibt, verteidigen sie sich doch gemeinsam gegen Nesträuber. Hier ist der Feind eine Rabenkrähe.

teren Orten ausgesetzt. Heute ist er in weiten Bereichen Nordamerikas ähnlich häufig wie in Europa. Er dehnt sein Verbreitungsgebiet immer noch weiter nach Mittelamerika hinein aus und hat mehrere Karibische Inseln besiedelt. In einigen Gegenden seiner neuen Heimat ist er inzwischen mehr als hundertdreißig Generationen lang ansässig, in den meisten aber weit kürzer. Dennoch zeigt er auch in diesen erst kürzlich besetzten Siedlungsräumen einen leichten Wandel in der Größe und Färbung. Interessanterweise werden die Sperlinge in Wüstenzonen blasser und in feuchten Gegenden dunkler. Die gleichen Erscheinungen zeigen auch andere Tiere dieser Lebensräume. Folglich sind bei den Sperlingen schon in sehr kurzer Zeit Anzeichen für die Ausbildung lokaler Unterschiede erkennbar.

Veränderungen der Gelegegröße

Vögel aus Inselpopulationen pflegen im allgemeinen weniger Eier zu legen als die Artzugehörigen vom nahen Festland. Die Gründe dafür sind noch nicht bekannt. Es mag ein Zusammenhang mit der Populationsdichte bestehen (s.S. 298 f.). Zu Anfang dieses Jahrhunderts wurden Steinkäuze vom europäischen Festland auf den britischen Inseln eingebürgert. Zunächst hatten die Gelege dieser Käuze die gleiche Eizahl wie die der kontinentalen Herkunftspopulation. Nach kurzer Zeit ging die Gelegegröße auf der Insel zurück.

Auch die in Amerika eingebürgerten Haussperlinge zeigten bald Änderungen der Eizahl. Es besteht die Tendenz, daß die Gelege in den Tropen kleiner werden. Sie enthalten hier oft nur ein bis zwei Eier. Nach Norden zu werden die Gelege immer größer (s.S. 271). Die Haussperlinge aus Costa Rica legen gewöhnlich zwei Eier. In Kanada sind die Eizahlen in den Sperlingsnestern durchschnittlich höher als in den USA. Auch diese Veränderungen haben sich in weniger als 130 Generationen entwickelt.

Uferschnepfe auf einer Mähwiese.

Veränderungen der Brutperiode

Heute beginnen in den Niederlanden einige Wiesenvogelarten, wie die Uferschnepfe, um zwei Wochen früher mit der Brut als vor fünfzig Jahren. Die Mechanisierung der Landwirtschaft hat dazu geführt, daß die Wiesen früher gemäht und daher spätere Bruten getötet werden. So hat sich eine zunehmend positive Auslese der frühen Bruten ergeben. Die Brutperiode wurde dadurch merkbar verschoben.

Veränderungen im Zugverhalten

Die Zuggewohnheiten der Vögel müssen sich seit der Eiszeit wesentlich geändert haben. Bei Amseln, die Teilzieher sind (s.S. 235 f.), scheint der Anteil von Zugvögeln in der Population von der Härte des vorangegangenen Winters abzuhängen. Sehr kaltes Wetter tötet die Daheimgebliebenen. Wenn die Zugvögel dann im Frühjahr wohlbehalten aus den milderen Gegenden zurückkehren, werden sie manches bisher von Standvögeln eingenommene Territorium unbesetzt vorfinden. Die Zugvögel sind nun in der Mehrheit. In milden Wintern kehrt sich die Lage um. Den Standvögeln geht es gut. Die Zugvögel werden aber, wie immer, durch die Strapazen und Gefahren des Zuges dezimiert. So werden nun im folgenden Frühling die Standvögel überwiegen. Da die Neigungen zu ziehen oder zu bleiben angeboren sind, kann sich das Zugverhalten lokaler Populationen mit den verschiedenen Winterbedingungen schnell ändern. Genauso sind aber bei Klimaschwankungen auch langfristige Umstellungen im Zugverhalten möglich.

Die Artbildung

Der Artbegriff

Die Natur umfaßt eine ungeheure Vielfalt von Pflanzen und Tieren. Zur gegenseitigen Verständigung brauchen wir daher kurze, eindeutig beschreibende Begriffe. Es ist offensichtlich weit leichter zu sagen: „Ich sah ein Rotkehlchen" als: „Ich sah einen kleinen, braunen Vogel mit einer roten Brust." Wir müssen den einzelnen Organismen also unverwechselbare Namen geben. Die Einheit, die am ehesten für eine solche Namensgebung in Betracht kommt, ist die Art.

Was ist eine Art? Wir alle wissen, daß ein Rotkehlchen und eine Amsel verschiedenen Arten angehören. Die vielleicht beste Artdefinition ist die folgende: Eine Art ist eine Gruppe tatsächlich oder potentiell miteinander sich fortpflanzender Populationen, die von anderen solchen Populationen durch Fortpflanzungsschranken getrennt ist.

Keine der verschiedenen möglichen Definitionen ist, wie wir noch sehen werden, absolut narrensicher. Da die genannte aber immerhin eine Mehrzahl der Fälle abdeckt, stellt sie eine brauchbare Faustregel dar. Sieht man das Problem nur von einem begrenzten Gebiet, z.B. nur von Europa aus, gibt es gewöhnlich kaum Schwierigkeiten. Doch je weiter man schaut, um so verwickelter werden die Dinge. Alle Kohlmeisen, die wir ringsum beobachten können, gehören für uns zweifellos zu einer Art. Sie unterscheiden sich offensichtlich von den Angehörigen einer ähnlichen Art, den Blaumeisen. Das Verbreitungsgebiet der Kohlmeise ist aber auch außerhalb Europas noch sehr groß. Meisen, die so aussehen wie bei uns, leben auch im ganzen Waldgürtel Nordasiens bis hin nach Japan. In diesem riesigen Gebiet würde ein Vogelbeobachter sie sofort als Kohlmeisen ansprechen. Östlich des Kaspischen Meeres überschneiden und mischen sich zwei Unterarten, die grün-gelbe *P.m.major* und die grau-weiße *P.m.cinereus*, die sich ihrerseits wieder in China mit der wenig intensiver gefärbten Unterart *P.m.minor* trifft und mit ihr Mischpaare bildet. In Ostsibirien überschneiden sich die Verbreitungsgebiete von *P.m.minor* und *P.m.major*. Beide Populationen leben dort nebeneinander ohne sich zu kreuzen. Es wäre also durchaus verzeihlich, wenn ein Ornithologe Ostrußlands die Vögel getrennten Arten zuordnen würde. Die Verhältnisse werden dadurch noch komplizierter, daß sich in Zentralasien eine weitere Form, *P.m. bokharensis* zwischen die nördlichen und südlichen Unterarten schiebt. Über die Beziehungen dieser Form zu ihren Nachbarn ist wenig bekannt.

Solche Schwierigkeiten treten bei mehreren Arten mit weitem Verbreitungsgebiet dort auf, wo unterschiedliche Formen der gleichen Art aufeinandertreffen. In solchen Fällen wird von Artenkreisen ge-

Brutverbreitung der Blaumeise und verschiedener Unterarten der Kohlmeise.

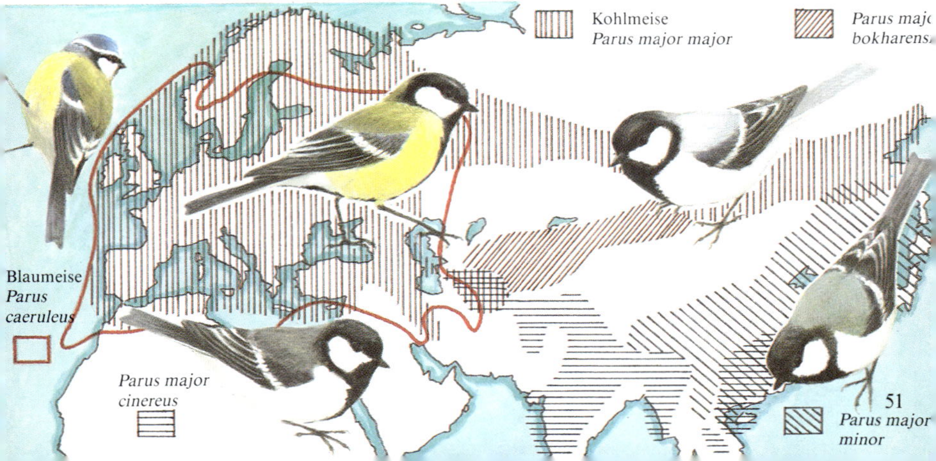

sprochen. Da man oft nicht wissen kann, ob sich die Populationen, wenn sie sich begegnen, miteinander fortpflanzen, gibt es viele Situationen, in denen es schwer fällt, zu entscheiden, ob man es mit mehreren oder nur mit einer Art zu tun hat. Solche Zweifelsfälle finden sich oft dort, wo eine Population auf dem Festland und eine weitere auf einer nahegelegenen Insel lebt. Eine solche Inselform kann sich von der des Festlandes, obwohl sie eindeutig mit ihr eng verwandt ist, doch deutlich unterscheiden. Soll man die beiden nun für getrennte Arten halten oder nicht? Das Moorschneehuhn bietet für diesen Fall ein gutes Beispiel. Es ist in den nördlichen Regionen Europas und Asiens weit verbreitet. Dort hat es, wie das Alpenschneehuhn, im Winter ein weißes Federkleid. Nun gibt es aber auf einer Europa vorgelagerten Inselgruppe Hühnervögel, die wie Moorschneehühner aussehen, aber das ganze Jahr hindurch das braune Sommerkleid tragen. Soll diese von der Norm abweichende Population nun als eigene Art angesehen werden? Die Inseln sind die Britischen Inseln und das Huhn ist das Schottische Moorschneehuhn. Früher wurde es als eine für Britannien endemische, d.h. nur hier vorkommende, Art angesehen. Heute hält man es für eine Unterart des Moorschneehuhns.

Die Schneehühner von der Insel und vom Festland werden in Freiheit nie zusammenkommen. Anders liegt der Fall bei den Krähen. Es gibt in Europa zwei Krähenformen, die ganz schwarze Rabenkrähe und die weitgehend graue Nebelkrähe. Allgemein verhalten sich diese beiden Formen wie zwei gute Arten. Ihre Verbreitungsgebiete überschneiden sich in einer Zone, die an der deutsch-dänischen Grenze beginnt, über die Ostsee zur Mecklenburgischen Küste und von dort weiter zur Elbe verläuft, der Elbe dann aufwärts folgt und sich bis zum Südrand der Alpen fortsetzt. In dieser Mischzone gibt es auch Mischpaare, also Krähen in allen Schattierungen vom reinen Schwarz bis zum Grau der typischen Nebelkrähe. Diese Grenze mit der Mischzone und den Mischlingen besteht sicher schon sehr lange. Obgleich sich die beiden Formen dort, wo sie sich begegnen, wie eine einzige Art benehmen, ist es doch keineswegs zur völligen Durchmischung gekommen. Sind es nun zwei Arten oder nur eine Art? Es gibt auf diese Frage keine einfache, objektiv richtige Antwort. In diesem und in ähnlichen Fällen liegt die Entscheidung letztlich im eigenen Ermessen. Daher werden sich bei den verschiedenen Autoren auch unterschiedliche Benennungen finden.

Ähnliche Verhältnisse bestehen bei den Großmöwen. Nach der Eiszeit gab es wahrscheinlich zwei getrennte Populationen, die eine in Asien hatte gelbe Beine, die andere in Nordamerika dagegen rosa Beine. Beide Formen drangen in den Nordseeraum nach Westeuropa vor. An

Brutverbreitung von Moorschneehuhn und Schottischem Moorschneehuhn.

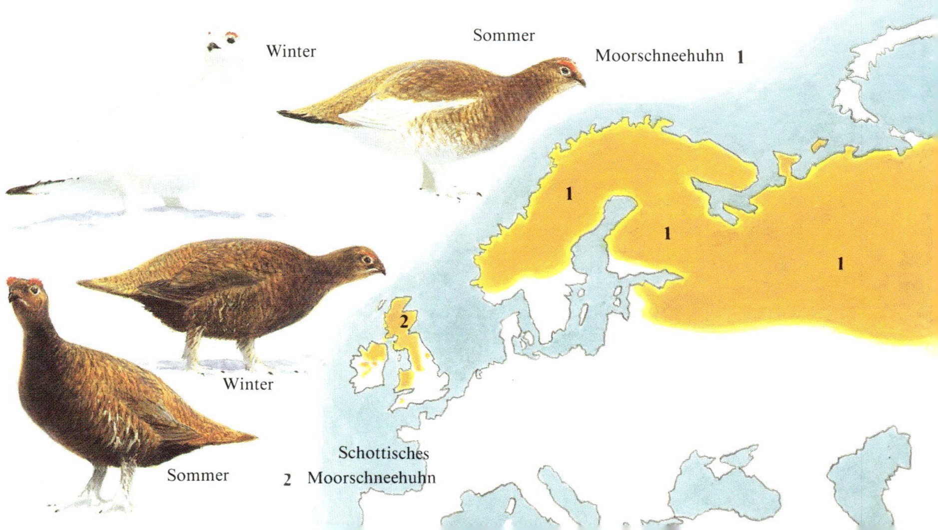

unseren Küsten gibt es nun rosabeinige Silbermöwen mit hellem Rücken und gelbbeinige Heringsmöwen mit dunklem Rücken. Diese Möwen leben hier nebeneinander, ohne sich zu kreuzen. In beiden Ausgangspopulationen kam es zu weiteren Unterteilungen. In Finnland gibt es daher sogar drei nacheinander eingewanderte Großmöwenformen, von denen zwei, eine mit rosa, eine mit gelben Beinen, zunehmend Mischpaare bilden.

Mit solchen Schwierigkeiten muß man sich also auseinandersetzen, wenn man entscheiden will, was eine Art ist und was nicht. Warum gibt es dann keine einfachere Definition der Art, an die man sich in allen Situationen halten kann? Viele haben nach einer derartigen Definition gesucht. Niemand hat sie bisher gefunden. Alle bekannten Definitionen müssen Ausnahmen zulassen. In den meisten dieser Definitionen, so auch in der hier gegebenen, ist die wesentliche Aussage die, daß eine Art eine Gruppe von Tieren ist, die sich mit keiner anderen solchen Gruppe kreuzt. Biologisch gesehen, ist das sicher ein notwendiges Kennzeichen. Leider hilft es dem Systematiker zumeist nur wenig. In der Praxis taxonomischer Arbeit gibt es mit diesem Merkmal zu viele Schwierigkeiten. Erstens trifft es offensichtlich nicht immer zu. Der Besuch jeder größeren Haltung von Wasservögeln kann einem das bestätigen. Zwischen den verschiedenen Gänsen, manchmal auch Enten, die man allgemein alle für deutlich getrennte Arten hält, kann man dort die unterschiedlichsten Kreuzungsprodukte beobachten.

Diese Mischlinge sind, um die Sache noch schlimmer zu machen, oft wieder fruchtbar. Es muß aber darauf hingewiesen werden, daß solche Hybriden in der Gefangenschaft weit häufiger als in der freien Natur auftreten.

Zweitens ist es einfach unmöglich, zu wissen, ob weit getrennte Populationen, wie z.B. die Moorschneehühner, wenn sie sich treffen würden, auch zur Fortpflan-

zung schreiten würden. Die einzige Möglichkeit wäre, sie in Gefangenschaft zusammenzubringen. Das bei allen allopatrischen Artenpaaren, also bei denen, deren Verbreitungsgebiete sich nicht überschneiden, durchzuführen, wäre eine unlösbare Aufgabe. Dort, wo sich die Verbreitungen überschneiden, also bei den sympatrischen Arten, läßt sich feststellen, daß es normalerweise keine Mischlinge gibt.

Wie die Arten entstanden

Sieht man sich die Entstehung der Arten näher an, wird verständlich, warum es keine einfache Artdefinition geben kann. Die Arten entstehen nicht einfach über Nacht. Es bedarf vielmehr langer Zeiträume, wahrscheinlich mehrerer tausend Jahre. Der Vorgang der Artbildung läßt sich daher nicht direkt verfolgen. Er muß aus der derzeitigen Verbreitung der Vögel und anderen Hinweisen rekonstruiert werden. Neue Arten bilden sich, wenn bestehende durch geographische Barrieren geteilt werden. Wahrscheinlich hat sich das während der jüngsten Eiszeit mehrfach ereignet. Die letzte Vereisung erreichte vor rund 15000 Jahren ihren Höhepunkt. Sie überzog weite Teile Europas und Asiens mit einer Eisschicht. Die Eisdecke schob sich mehrere tausend Jahre lang langsam nach Süden vor. Die Lebensgemeinschaften wurden dadurch immer weiter südwärts gedrängt. Mit dem zunehmend kälter werdenden Klima starben Pflanzen und Tiere an ihren nördlichen Verbreitungsgrenzen aus und drangen gleichzeitig an den südlichen weiter vor. Die meisten der heute nördlich der Alpen vorkommenden Vogelarten überlebten die Eiszeit in Rückzugsgebieten des Mittelmeerraums und Nordafrikas. Sie waren aber nicht gleichmäßig über Südeuropa, Afrika und Asien verbreitet. Die Landmassen sind voneinander mehrfach durch Meeresarme getrennt. Folglich wurden die einzelnen Populationen in ihren Rückzugsgebieten voneinander isoliert. Die weiteste Trennung erfuhren die Arten, die nur an den beiden äußersten Enden Eurasiens, also in Südwesteuropa und in Südostasien überlebten. Die Blauelster muß ein solches Schicksal gehabt haben. Sie kommt heute nur in diesen beiden, weit voneinander getrennten Gebieten vor. In den einzelnen Lebensräumen mußten sich die Vögel zwangsläufig verschieden entwickeln, da sie sich den örtlichen Gegebenheiten anzupassen hatten. Als sich das Eis zurückzog und die nördlicheren Regionen wieder bewohnbar wurden, dehnten die meisten Vogelarten ihre Wohngebiete wieder aus. Dabei trafen die Vogelpopulationen aus den verschiedenen Rückzugsräumen wieder aufeinander. Für ihr weiteres Zusam-

Sumpfrohrsänger →

Brutverbreitung der zwei Formen des Hausrotschwanzes (schwarze und rostrote Unterseite) und der zwei Formen des Blaukehlchens (weißer und roter Kehlfleck) mit den Mischgebieten.

← *Der Teichrohrsänger besetzt einen anderen Lebensraum als der Sumpfrohrsänger.*

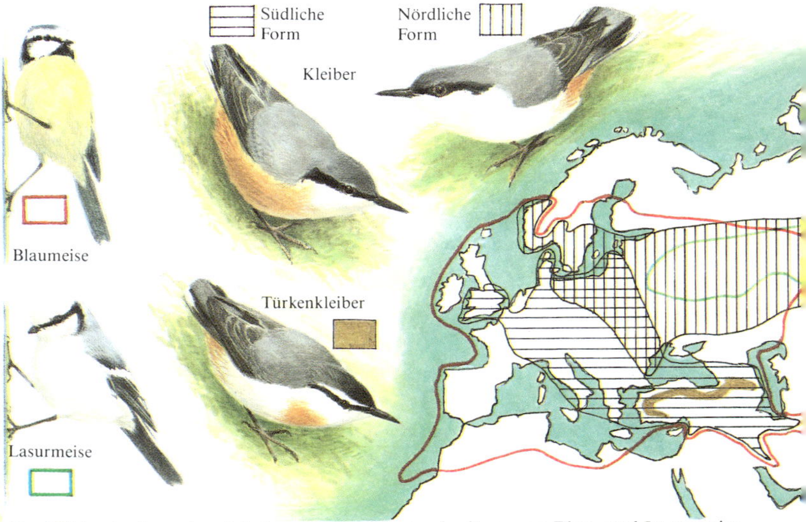

Brutverbreitung von Blau- und Lasurmeise, zwei Kleiberformen und Türkenkleiber.

menleben gab es nun zwei Möglichkeiten:

a) Die Populationen benahmen sich so, als ob sie niemals getrennt gewesen wären. Ein solches Verhalten war um so wahrscheinlicher, je weniger sie sich in der Trennungszeit auseinanderentwickelt hatten. Wenn sich die Populationen also wieder völlig durchmischten, können wir heute von ihrer besonderen Vergangenheit nichts wissen. Bei einigen Arten war die Durchmischung aber nicht vollständig. In diesen Fällen läßt sich der Beweis einer früheren Trennung noch führen. Der Hausrotschwanz und das Blaukehlchen sind solche Vogelarten. Von beiden gibt es jeweils zwei Formen, die auch im Freiland klar unterscheidbar sind. Nur in dem Gebiet, in dem sich diese beiden Formen durchmischen, gelingt das nicht.

b) Die Populationen haben sich in der langen Zeit der Trennung soweit auseinanderentwickelt, daß sie sich nicht mehr vermischen. Dann gibt es wieder zwei Möglichkeiten.

b1) Eine der Populationen erwies sich als weit erfolgreicher als die andere. Sie besetzte schließlich das ganze Gebiet und brachte den Konkurrenten letztlich zum Aussterben. Auch dafür gibt es jetzt keine Beweise mehr.

b2) Die beiden Populationen leben nebeneinander. Es sind also zwei neue Arten entstanden. Diese beiden Arten werden zunächst noch um die gleichen Lebensgrundlagen konkurrieren. Auf die Dauer wird die natürliche Auslese aber die Entwicklung von Unterschieden zwischen ihnen begünstigen. Solche Unterschiede können verschiedene Lebensräume oder eine andere Nahrungswahl sein. Ein gutes Beispiel für zwei solche Arten sind der Sumpfrohrsänger und der Teichrohrsänger. Sie sind einander sehr ähnlich. Ihre Verbreitungsgebiete gleichen sich weitgehend. Sie kommen aber in deutlich verschiedenen Lebensräumen vor. Wo Krähenscharbe und Kormoran an der Küste gemeinsam auftreten, fängt der Kormoran vorwiegend Bodenfische. Die Krähenscharbe jagt dagegen im freien Wasser. Die Nahrungswahl der beiden nahverwandten Arten ist also verschieden.

Auch wenn wir den Vorgang der Artentstehung nicht unmittelbar verfolgen können, so ist es uns doch möglich, die Indizien dafür zusammenzutragen und zu deuten. Es gibt Arten, deren Verbreitungsgebiet getrennt wurde, bei denen sich die einzelnen Populationen aber kaum auseinanderentwickelt haben. Eine solche Vogelart ist z.B. die Sumpfmeise. Bei anderen Arten, z.B. dem Kleiber, trafen unterscheidbare Formen wieder zusammen und sind nun dabei, sich zu durchmischen. Ferner gibt es Arten, deren getrennte Formen jetzt nebeneinander

vorkommen, ohne sich zu vermischen, die also zu neuen Arten geworden sind, z.B. die Blaumeise und die Lasurmeise. Schließlich finden wir Arten, die wohl eine gemeinsame Herkunft haben, sich aber in den Rückzugsgebieten so weit differenzierten, daß sich jetzt ihre Verbreitungsgebiete konkurrenzlos weitgehend überdecken können, z.B. die des Schwarzmilans und des Rotmilans oder die des Waldbaumläufers und des Gartenbaumläufers.

Landmassen bilden für Seevögel ebenso geographische Schranken wie Meere für Landvögel. Folglich finden sich in getrennten Seegebieten ähnliche, aber doch verschiedene Seevogelarten. An der Atlantikküste Nordamerikas leben die Gryllteiste und der Papageitaucher, an der Pazifikküste die Taubenteiste und der dem Papageitaucher sehr ähnliche Hornlund. Sehr wahrscheinlich gehen sie auf eine jeweils einheitliche Stammart zurück, die durch die Landmasse Nordamerikas in zwei Populationen getrennt wurde.

Der Erfolg der Hybriden zwischen zwei Vogelgruppen ist sicherlich dafür verantwortlich, ob die beiden Formen getrennt bleiben oder ineinander aufgehen. Nehmen wir an, die Populationen hätten in der Zeit der Trennung verschieden große Schnäbel entwickelt, mit denen sie auch Nahrung unterschiedlicher Größe bewältigen können. Bei den Rohrammern scheint es eine solche Entwicklung gegeben zu haben. Es gibt dünn- und dickschnäblige Formen. Von den Partnern eines Mischpaares wird ein jeder mit der ihm gewohnten Nahrung die gemeinsamen Jungen füttern. Entscheidend ist nun, wie sich die Mischlinge verhalten werden.

Eine der Möglichkeiten ist, daß sie mit der unterschiedlichen Nahrung der beiden Eltern gleich gut fertig werden. Da sie dann mit ihren mittelgroßen Schnäbeln und einem weiten Nahrungsspektrum den Elternformen überlegen sind, wird sich dieser Schnabeltyp schließlich durchsetzen. Auf die Dauer werden die Ausgangsformen gänzlich verschwinden. Sind die Mischlinge den Elternformen aber unterlegen, werden die Mischpaare

Atlantische und pazifische Brutverbreitung von Papageitaucher und Hornlund sowie Gryllteiste und Taubenteiste.

Reiherenten auf einem Süßgewässer.

weniger überlebenstüchtigen Nachwuchs als die unvermischten haben. Die natürliche Auslese wird in diesem Falle die Vögel begünstigen, die der eigenen Form treu bleiben.

Die trennenden Merkmale und Eigenschaften

Sind die Mischlinge zweier Formen den Elterngruppen unterlegen, werden sich zwischen diesen Gruppen trennende Merkmale und Eigenschaften entwickeln. Diese Besonderheiten verhindern schließlich die „falsche" Partnerwahl. Zu Anfang können solche Merkmale recht unscheinbar sein, im Laufe der Zeit pflegen sie aber immer auffälliger zu werden. Fast alle einander ähnlichen Arten besitzen Merkmale, die sie unverwechselbar machen. Normalerweise meinen wir, daß nur Vögel, die ein auffällig verschiedenes Federkleid besitzen, wie die Reiher- und die Tafelente, sich nicht sonderlich nahestehen. Für die Vögel haben aber stimmliche Unterschiede dieselbe trennende Wirkung. Äußerlich fast gleich aussehende Vogelarten haben gewöhnlich stark unterschiedliche Gesänge. Gute Beispiele dafür sind die Artenpaare Fitis und Zilpzalp sowie Sumpf- und Weidenmeise.

Wahrscheinlich setzen die Vögel zum gegenseitigen Erkennen nicht nur ein einziges, sondern mehrere solcher Kennzeichen ein. Da Arthybriden recht selten sind, müssen diese trennenden Mechanismen sehr wirkungsvoll sein. In der Gefangenschaft wird dieses Unterscheidungssystem oft empfindlich gestört. Daher treten hier, wie schon erwähnt, Mischlinge viel häufiger auf. Trennende Kennzeichen, wie unterschiedliche Lebensräume oder eine auffällige Flugbalz usw., fallen hier fort. Außerdem werden oft Arten zusammengebracht, die sich in Freiheit nie oder höchst selten begegnen und daher auch keine trennenden Eigenschaften entwickeln konnten. Die Reiher- und die Bergente sehen z.B. recht ähnlich aus. Nun finden sich die Paare dieser beiden Arten aber nur in den Winterschwärmen. Die Reiherenten halten sich in dieser Zeit fast nur auf dem Süßwasser, die Bergenten dagegen auf dem Meer auf. Daher müssen sich die Reiherenten von den im gleichen Lebensraum vorkommenden Tafelenten stärker unterscheiden als von den räumlich getrennten Bergenten.

Die Entstehung neuer Arten verläuft über mehrere Etappen. Am Anfang steht die geographische Trennung. Die getrennten Populationen verändern sich in der Folge zunehmend. Oft treffen sie nach langer Zeit wieder zusammen, vermischen sich aber nicht mehr. Die ökologischen Unterschiede, die eine Koexistenz der neuen Arten ermöglichen, vertiefen sich weiter. Änderungen in den Lautäußerungen, im Verhalten und in der Erscheinung verhindern schließlich die „falsche" Partnerwahl vollständig.

Bergenten auf dem Meer.

Die Nomenklatur und die Klassifikation

Die Benennung der Arten

Jede Pflanzen- oder Tierart erhält mit ihrer Entdeckung und Beschreibung ihren eigenen, wissenschaftlichen Namen. Dieser lateinische und/oder griechische Name ist einmalig. Das System der Benennung, das heute noch benutzt wird, geht auf den schwedischen Botaniker Carl von Linné (1707-1778) zurück. Er gab jeder ihm bekannten Pflanze und jedem Tier einen aus zwei Worten bestehenden Namen. Dieser Name sollte nach Möglichkeit das Aussehen oder eine Eigenschaft des benannten Organismus beschreiben. Diese „binäre Nomenklatur" wurde zunehmend von anderen Wissenschaftlern übernommen. Wichtig ist, daß der Name mit einem Präparat verbunden sein muß, das in einer Museumssammlung aufgehoben wird. Dieses Präparat, nach dem die Art beschrieben und dem der Name gegeben wurde, wird als Typus bezeichnet. So können sowohl jegliche Zweifel an der Existenz der Art als auch Probleme der Benennung an dem Original überprüft werden.

Der vollständige wissenschaftliche Name enthält aber nicht nur die zwei Worte. Zu ihm gehören noch weitere Angaben. Die volle Benennung der Blaumeise würde z.B. so geschrieben werden: *Parus caeruleus* Linné, 1758, Syst. Nat., 10. Ausg., S. 190 — Schweden.

Es wird also nicht nur der Name, sondern auch der Namensgeber, das Jahr der Benennung und die Schrift, in der der Name erstmalig veröffentlicht wurde, aufgeführt. Im Falle der Blaumeise, wie in vielen anderen Fällen, stand der Name erstmals in der von Linné verfaßten Schrift „Systema Naturae", und zwar in der zehnten Auflage, die gewöhnlich zitiert wird, da es im Vergleich zu den vorangegangenen noch einige Änderungen und Umstellungen gegeben hatte. Diese Einzelheiten sind aber beim normalen Umgang mit dem Namen nicht so wichtig. Sie werden oft fortgelassen.

Der erste der beiden Namen ist der Gattungsname. Er bezeichnet die Gattung, zu der die Art gehört. Der zweite ist der Artname. Er benennt nur diese eine besondere Art. Der Gattungsname wird groß und der Artname klein geschrieben. Der ganze Name erscheint im Druck immer kursiv. Ein einmal vergebener und in der wissenschaftlichen Literatur veröffentlichter Name kann nur in Ausnahmefällen durch die zuständige, internationale Nomenklaturkommission geändert werden. In dieser Strenge gilt das aber nur für den Art- und nicht für den Gattungsnamen. Der Gattungsname soll einen bestimmten Verwandtschaftskreis bezeichnen. Er ist also bei allen zu einer Gattung gehörenden Arten gleich. Es kann aber durchaus vorkommen, daß genauere Untersuchungen die Zugehörigkeit einer Art zu einer anderen Gattung nahelegen. In diesem Fall wechselt sie die Gattung und damit auch den Gattungsnamen. So gehörten die meisten Strandläufer einst zur Gattung *Tringa*. Heute weiß man, daß zwischen den Strandläufern und den Wasserläufern, den eigentlichen „Tringa-Arten", deutliche Unterschiede bestehen. Daher werden die Strandläufer in eine eigene Gattung, *Calidris*, gestellt.

Die Vorteile einer konsequenten Nomenklatur überwiegen die geringfügigen Nachteile weit. Jeder, der heute und in der Zukunft in der wissenschaftlichen Literatur einen Tiernamen liest, weiß ganz genau, um welches Tier es sich handelt. In der Umgangssprache kann sich ein Name schnell ändern. Der wissenschaftliche Name bleibt. Mit ihm können sich die Wissenschaftler aller Nationalitäten, unabhängig von den jeweils bei ihnen gebräuchlichen Bezeichnungen, eindeutig verständigen.

Haussperling ♂

Weidensperling ♂

Italiensperling ♂

Die Klassifikation

Wie gezeigt wurde, ist die Art oder Spezies zur Beschreibung und Einteilung von Tieren eine sehr nützliche Einheit. Diese Einheit genügt aber nicht, um eine überschaubare Ordnung in die Vielfalt der Lebewesen zu bringen. Es muß die Möglichkeit geben, mehrere Arten zu übergeordneten Gruppen zusammenzufassen. Mit der Klassifikation aller Organismen ist das erreicht worden. Die Haupteinheiten der Einteilung werden an dem folgenden Beispiel gezeigt:

Reich	Animalia	Tiere
Stamm	Chordata	Chordatiere („Wirbeltiere")
Klasse	Aves	Vögel
Ordnung	Passeriformes	Sing- oder Sperlingsvögel
Familie	Turdidae	Drosseln
Gattung	*Turdus*	„echte Drosseln"
Art	*Turdus merula*	Amsel

Die Aufstellung der einzelnen, einander übergeordneten Einheiten geschieht nicht willkürlich. Sie sollen die wahren Verwandtschaftsverhältnisse der Tiere und Pflanzen wiedergeben. So stehen alle Mitglieder der Gattung *Turdus*, die neben der Amsel (*Turdus merula*) auch die Singdrossel (*Turdus philomelos*) und eine ganze Reihe anderer Arten umfaßt, einander näher als irgendwelchen anderen Vogelarten. Ebenso gehören alle Gattungen der Familie Turdidae enger zusammen.

Die Klassifikation ist das Ergebnis der Forschungsarbeit der Taxonomen oder Systematiker. Sie versuchen, mit verschiedensten Methoden die Verwandtschaftsverhältnisse aufzuklären. Soweit bisher möglich, gibt die Klassifikation also den Stammbaum der Pflanzen und Tiere wieder. Nach allgemeiner Übereinkunft werden die Gruppen, die für die ältesten gehalten werden, am Anfang genannt und die jüngsten am Schluß. Daher wird in den meisten Klassifikationen der Vögel die Ordnung Passeriformes als letzte aufgeführt. Die Sing- oder Sperlingsvögel sind wahrscheinlich von allen Vögeln am spätesten entstanden.

Die Taxonomen gebrauchen auch noch weitere Einteilungskategorien, wie Unterfamilie, Unterordnung usw. Zumeist sind das Unterabteilungen der zuvor genannten Gruppierungen. Diese Einheiten werden dort gebraucht, wo eine genauere Differenzierung geraten erscheint. Die Ordnung, zu der die Watvögel gehören, ist z.B. eine große und wenig einheitliche Vogelgruppe. Allein bei den Watvögeln im engeren Sinne ließen sich vier Unterfamilien unterscheiden:

Ordnung: Charadriiformes
Unterordnung: Charadrii (und zwei weitere Unterordnungen)
Überfamilie: Charadroidea (und sechs weitere Überfamilien)
Familie: Scolopacidae (und fünf weitere Familien)
Unterfamilie: Tringinae (Wasserläufer)
Unterfamilie: Scolopacinae (Schnepfen)
Unterfamilie: Calidritinae (Strandläufer)
Unterfamilie: Arenariinae (Steinwälzer)

Vergleichbare Unterteilungen werden auch bei der Art vorgenommen. Der Begriff Superspezies („Überart") wird manchmal benutzt, um zu verdeutlichen, daß die so zusammengefaßten Arten sich vor noch nicht langer Zeit aus einer gemeinsamen Stammart entwickelt haben. Wenn sich Arten sehr ähnlich sehen, wie Sumpf- und Weidenmeise oder Fitis und Zilpzalp, wird von Zwillingsarten gesprochen. Der Haussperling, Italiensperling und Weidensperling bilden zusammen auch eine solche Gruppe engster Verwandtschaft, bei der es schwer fällt, die Artgrenzen zu ziehen. Der Haus- und der Weidensperling werden von den meisten Ornithologen für verschiedene Arten gehalten. Die Stellung des Italiensperlings ist weniger sicher. Da es in Norditalien zwischen ihm und dem Haussperling eine begrenzte Mischzone gibt, scheint es richtiger, ihn als eine Unterart des Haussperlings anzusehen. Der Fall liegt hier also ähnlich wie bei der Raben- und Nebelkrähe (s.S. 52). Nun kreuzen sich die Italiensperlinge auf Sizilien aber auch mit Weidensperlingen. Es ist daher wirklich schwierig, für diese Vogelgruppe eine einfache, allgemein befriedigende Benennung zu finden. Der Begriff der Superspezies hat also unbestreitbare Vorzüge.

Die Unterart

Besteht eine Art aus mehreren, gut unterscheidbaren Formen, die zur Brutzeit geographisch getrennte Gebiete besiedeln, so wird diesen Formen der Rang von Unterarten gegeben. Im Freiland sind die Unterschiede zwischen diesen Unterarten oft kaum erkennbar. Hat man den Vogel aber in der Hand, etwa beim Beringen, können viele dieser Formen sicher unterschieden werden. Auf diese Weise läßt sich die Brutheimat eines Vogels näher bestimmen. Einige der in Westeuropa durchziehenden Steinschmätzer sind z.B. wesentlich größer als die hier ansässigen. Die Durchzügler haben Flügellängen von 103 bis 108 mm, die „Westeuropäer" dagegen nur von 94 bis 98 mm. An diesen Maßen kann man die großen Steinschmätzer der auf Grönland ansässigen Unterart zuordnen.

Die Grenzen zwischen den Unterarten sind oft unscharf. Eine Art kann sich über ihr Verbreitungsgebiet hinweg auch gleitend verändern. Das ist z.B. beim Fitis der Fall, bei dem, wie bei mancher anderen Vogelart, die Individuen von Süden nach Norden immer größer werden. Es ist also oft nicht leicht, die Trennungslinien zwischen den einzelnen Unterarten festzulegen. Gewöhnlich ist dort die Unterscheidung am besten möglich, wo klare geographische Barrieren bestehen.

Wird eine Art in Unterarten aufgegliedert, so bekommen diese noch einen dritten Namen. Aus der binären wird eine trinäre Nomenklatur. Die Bachstelze vom europäischen Festland heißt *Motacilla alba alba*, die als Unterart auch im Freiland gut erkennbare Trauerbachstelze von den Britischen Inseln aber *Motacilla alba yarellii*. Diese langen Namen werden natürlich nur dann benutzt, wenn eine Unterscheidung von Unterarten wirklich nötig wird. Wenn kein Zweifel darüber besteht, um welche Art es sich handelt, ist die Abkürzung in der Form *M.a. alba* oder *M.a. yarellii* gebräuchlich.

Die Aussagen der Klassifikation

Ein natürliches System hat nicht allein die Aufgabe, Natur in bestimmte „Schubladen" zu ordnen. Ist es gründlich durchdacht und stimmen die Verwandtschaftsverhältnisse, so ermöglicht es uns auch Rückschlüsse auf Vögel, von denen wir bisher noch nicht viel wissen. Wenn wir z.B. die Nistgewohnheiten einiger Finken gut kennen, so können wir uns das Verhalten anderer, weniger bekannter Finken gut vorstellen. Je näher die unbekannten Arten den bekannten stehen, um so richtiger wird diese Vermutung sein.

Die vollständige Klassifikation einer Tiergruppe ist sicher erstrebenswert. Es besteht bei einem solchen Unterfangen aber doch die Gefahr, über manchen Fallstrick zu stolpern. Die sich dabei einschleichenden Ungereimtheiten sind manchmal recht offensichtlich. So sind die Ordnungen, die die Familien zusammenfassen, und die Anzahl der Gattungen und Arten in den Familien von Vogelbuch zu Vogelbuch verschieden. Dafür gibt es einige Gründe, die der Leser kennen sollte, um sich ein eigenes Urteil zu bilden. In einigen Fällen wissen wir von der Herkunft und Geschichte einer Gruppe zu wenig, um über die Verwandtschaftsverhältnisse ein sicheres Urteil abgeben zu können. Es werden oft Vogelgruppen zusammengestellt, die vielleicht nicht viel miteinander zu tun haben. Die Ordnung Gruiformes umfaßt z.B. die Laufhühnchen, Kraniche, Trappen, Rallen und einige weitere Familien. Keineswegs sehen alle diese Vögel so aus, als ob sie nahe verwandt wären.

Ein schwieriges Problem ist die tatsächliche Anzahl der Arten. Man sollte annehmen, daß diese Zahl bei den Vögeln bekannt sei. Wie gezeigt wurde, ist es aber in der Praxis oft unmöglich, mit letzter Sicherheit zu entscheiden, ob es sich bei zwei Vogelpopulationen um getrennte Arten oder nur um Unterarten handelt. Das soll uns aber nicht sonderlich stören. Da die Evolution ein ständig fortschreitender Prozeß ist, treten alle Stadien der Artbildung gleichzeitig auf.

Die einfache Lösung eines immer klaren Trennungsstriches gibt es nicht. Man sollte daher nicht darüber erstaunt sein, daß die Anzahl der Vogelarten nur ungefähr bekannt ist. Man sollte sich eher darüber wundern, daß es kluge Leute gibt, die diese Zahl exakt zu kennen meinen. Die Art ist ja nur ein zu unserer Bequemlichkeit geschaffener Kunstbegriff und keine in der Natur real existierende Einheit. Das gilt in noch stärkerem Maße für die anderen Ordnungskategorien der Systematik.

Zweiter Teil

Die Vögel Europas

In den vorangegangenen Abschnitten wurden die Möglichkeiten und Probleme einer sinnvollen, begründeten Einteilung der Vögel besprochen. Das nun folgende Verzeichnis der Vögel Europas hält sich an die von dem anerkannten Ornithologen Prof. Dr. K. H. Voous vorgeschlagene Klassifikation. In seltenen Fällen wird von dieser vorgegebenen Ordnung abgewichen, um zur Erleichterung der Bestimmung ähnliche, aber nicht nah verwandte Arten auf einer Seite gemeinsam vorstellen zu können. Es werden alle Brutvögel und alle in größerer Zahl in Europa auftretenden Gastvögel behandelt. Irrgäste werden nicht aufgeführt, und zwar auch dann nicht, wenn sie, wie einige Watvögel aus Nordamerika, in geringer Zahl fast alljährlich in dem behandelten Gebiet beobachtet werden.

Die von Norman Arlott gemalten Abbildungen sind so angeordnet, daß sie einen Vergleich und damit die Bestimmung möglichst erleichtern. Leider können zweidimensionale Bilder, seien sie in Gestalt, Haltung und Färbung noch so typisch, nicht in jedem Fall zu einer ganz eindeutigen Identifizierung verhelfen. Die Bestimmung eines nur flüchtig, aus ungünstigem Blickwinkel oder bei schlechter Beleuchtung gesehenen Vogels bleibt immer problematisch.

Da hier die ganze Variationsbreite eines Vogels berücksichtigt wird, sollte die Bestimmung unter normalen Bedingungen kaum Mühe machen.

Ein ausführlicher Schlüssel mit den in diesem Bestimmungsverzeichnis benutzten Abkürzungen findet sich am Anfang und am Ende des Buches.

Der * am Ende der Artbeschreibungen weist auf wichtige, ergänzende Informationen hin (s. kursive Zahlen im Register).

Der Begriff „juvenil" (juv.) bei den Abbildungen bezeichnet das erste, vollständige Federkleid eines jungen Vogels.

Der Begriff „immatur" (imm.) bezeichnet weitere Federkleider, die nach dem juvenilen und vor dem Kleid des voll erwachsenen (adulten) Vogels getragen werden.

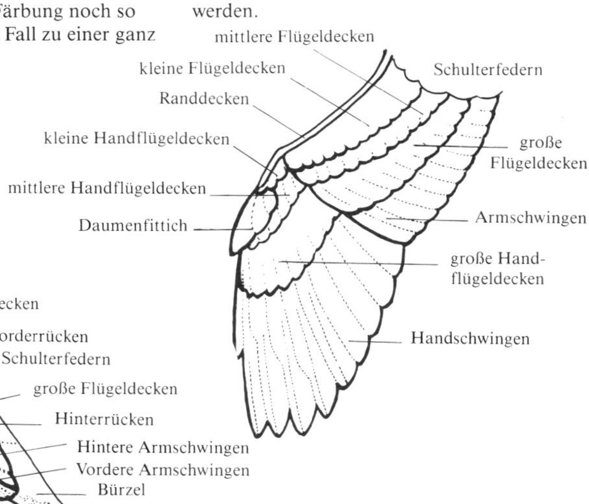

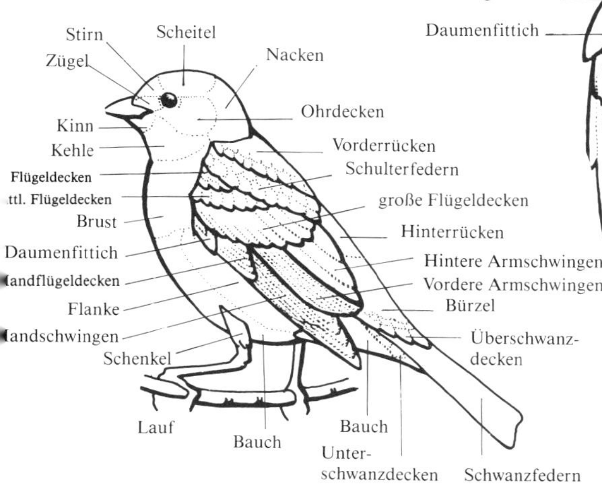

Gefiederpartien eines Vogels
(Zeichnung aus der Zeitschrift British Birds).

Ordnung Gaviiformes Seetaucher (eine Familie)

Familie *Gaviidae:* Weltweit 4 Arten.

Artenarme Familie größerer Tauchvögel mit Schwimmhäuten zwischen den Zehen. Die Tauchanpassung läßt eine Bewegung an Land kaum zu, daher zumeist schwimmend. Wenn auf Land sitzend, dann unmittelbar am Wasser. Tauchen aus dem Schwimmen. Flug mit schnellem Flügelschlag. Flügel schmal, spitz und verhältnismäßig klein.

⦶ **STERNTAUCHER** *Gavia stellata* **Status:** TZ,W; X—IV. **Größe:** 50—60 cm ♂ ca. 1750 g, ♀ ca. 1500 g, > Haubentaucher. **Merkmale:** Im Winter an dem schlanken, leicht aufgebogenen Schnabel und der dicht weiß punktierten Oberseite von dem Prachttaucher zu unterscheiden. **Stimme:** Am Brutplatz rollend „ok-ok-ärrr", miauend „miaoo" u.a. Rufe; im Flug „gak-gak..."; im Winter zumeist stumm. **Lebensraum:** „So" SF, auch kleinere Teiche; „Wi" KM, HM. **Nest:** Boden, nahe dem Wasser, flache Mulde mit Pflanzenmaterial der Umgebung ausgelegt; ♂♀. **Eier:** 2, grünlich- oder bräunlich-oliv; schwärzlich::,75 mm. **Brut:** 1, 26—28, ♀ (♂), V—VII. **Junge:** Nfl, 43, ♂♀. **Imm:** 4. **Alter:** 2—3/24. **Nahrung:** Fische.

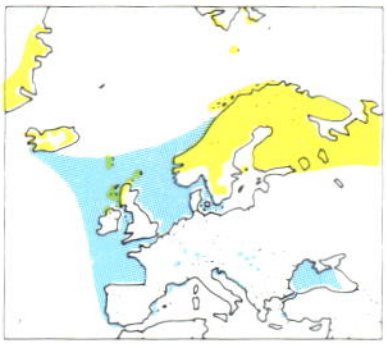

8 **PRACHTTAUCHER** *Gavia arctica* **Status:** Z,W; X—III. **Größe:** 60—70 cm, ♂ ca. 3500 g, ♀ ca. 2500 g, > Haubentaucher. **Merkmale:** Schnabel gerade und etwas kräftiger als beim Sterntaucher, Rücken im Winter einfarbig und Scheitel wie Oberhals heller als Rücken. **Stimme:** Am Brutplatz gereiht, jammernd „uu-luu-lii", bellend „waua„ u.a. Rufe; im Flug gänseartig „ga-ga.."; im Winter zumeist stumm. **Lebensraum:** „So" größere SF; „Wi" KM, HM. **Nest:** Boden; nahe dem Wasser, flache mit Pflanzenmaterial der Umgebung ausgelegte Mulde, ♀ (♂). **Eier:** 2, grünlich- bis olivbraun; schwärzlich::,85 mm. **Brut:** 1, 28—30, ♀ (♂), V—VI. **Junge:** Nfl, 60—65, ♂♀. **Imm:** 4. **Alter:** 2—3/27/90%. **Nahrung:** Fische.

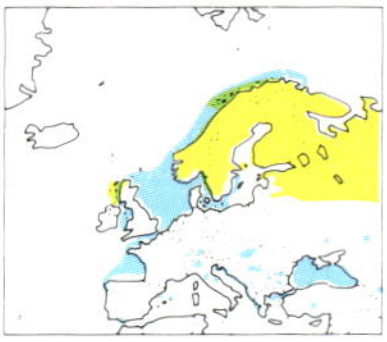

⦶ **EISTAUCHER** *Gavia immer* **Status:** Z,W; IX—V. **Größe:** 70—80 cm, ca. 3800 g, > Haubentaucher. **Merkmale:** Ähnlich dem Prachttaucher, Schnabel stärker, Stirn höher, Oberhals und Scheitel dunkler als der Rücken. **Stimme:** Am Brutplatz lachend „ää-huu-quii-quii-huu..." u.a. Rufe; im Flug „quak-quak"; im Winter zumeist stumm. **Lebensraum:** „So" SF; „Wi" KM, HM. **Nest:** Boden; nahe dem Wasser, flache mit Pflanzenmaterial ausgelegte Mulde, ♂♀. **Eier:** 2, grünlich- oder olivbraun; schwärzlich::,90 mm. **Brut:** 1, 29—30, ♀ (♂), VI—VII. **Junge:** Nfl, 70—77, ♂♀. **Imm:** 4. **Alter:** 2—3/?8. **Nahrung:** Fische.

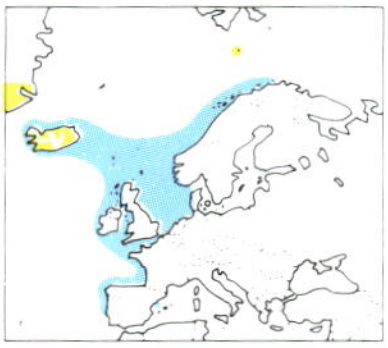

△ **GELBSCHNABEL-EISTAUCHER** *Gavia adamsii* **Status:** Z. **Größe:** 80—85 cm, ♂ 5750 g, ♀ 4500 g, > Haubentaucher. **Merkmale:** Schnabel gelb, erscheint aufgebogen, da der Unterschnabel gewinkelt ist. (Eistaucher können hellgraue, aber nie gelbe Schnäbel haben) **Stimme:** Am Brutplatz ähnlich Eistaucher; im Winter gelegentlich Rufe „gog-gok" oder „gak-gak". **Lebensraum:** „So" SF in Küstennähe; „Wi" KM, HM. **Nest:** Boden, nahe dem Wasser; flache Mulde manchmal mit Pflanzen ausgelegt. **Eier:** 2, sandfarben bis grünlichbraun; dunkel::,90 mm. **Brut:** 1,?, ♂♀, VI—VII. **Junge:** Nfl, ?, ♂♀. **Imm:** ?. **Alter:** ?. **Nahrung:** Fische.

Ordnung Podicipediformes Lappentaucher, 22 Arten

Familie *Podicipedidae:* Weltweit 19 Arten.

Kleiner und gedrungener als die Seetaucher. Die meisten Arten haben recht lange Hälse, die sie senkrecht tragen. Ihre Zehen sind durch Schwimmlappen verbreitert und nicht durch Schwimmhäute verbunden. Sie bauen aus Wasserpflanzen floßartig schwimmende Nester, die im Röhricht verankert sind. Während der Brutzeit sind die Lappentaucher sehr ruffreudig. Im Ruhekleid sind sie zumeist stumm. Lappentaucher fliegen selten. Im Flug wird der vorgestreckte Hals wenig unterhalb der Körperachse gehalten.

● **ZWERGTAUCHER** *Tachybates ruficollis* **Status:** TZ, III—IV; IX—X. **Größe:** 27 cm, 100—200 g, < Haubentaucher. **Merkmale:** Kleinster Lappentaucher mit dem vergleichsweise dicksten Schnabel; kein weißes Flügelfeld; im Flug nur selten zu beobachten. **Stimme:** Lautes, helles Trillern, ♂♀ oft im Duett; Partnerruf „bi-ib" o.ä.; Warnruf hart „pit". **Lebensraum:** „So" planzenreiche oft kleine SF und FF; „Wi" eisfreie Gewässer aller Art. **Nest:** Im Wasser schwimmender Haufen von Wasserpflanzen. **Eier:** 4—6, frisch gelegt weiß, werden zunehmend schmutzig, 35—40 mm. **Brut:** 2 (—3), 20, ♂♀, IV—VII. **Junge:** Nfl, 44—48, ♂♀. **Imm:** 2—3. **Alter:** 1/13. **Nahrung:** Wasserinsekten und kleine Fische.

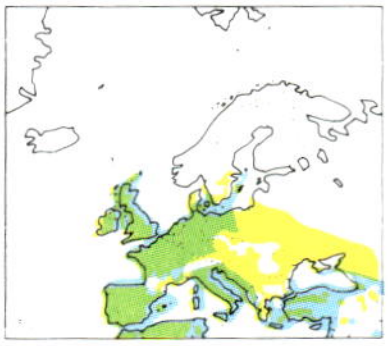

Andere Tauchvögel: Lappentaucher, Kormorane, Tauchenten und Alken. Die ungefähr gleichgroßen Kormorane haben hakenartige Schnabelspitzen. Alle anderen Tauchvögel sind kleiner und zumeist auch weniger gestreckt.

Im Fluge erscheinen die Seetaucher buckelig, da der ausgestreckte Hals leicht abwärts hängt.

Achte auf die Größe und Form des Schnabels, die Färbung und Zeichnung des Rückengefieders und die Verteilung heller und dunkler Partien an Kehle, Hals und Flanken.

Die größeren Lappentaucher zeigen im Flug ein auffälliges, weißes Flügelfeld.
Achte auf die Kopfzeichnung, im Winter auf das Ausmaß weißer Färbung an den Kopfseiten.

● **HAUBENTAUCHER** *Podiceps cristatus* **Status:** TZ; II—IV, IX—XI. **Größe:** 48 cm, 750—1200 g. **Merkmale:** Größter Lappentaucher mit dem längsten Hals; im Winterkleid hellere Wangen als die anderen Lappentaucher und dünner, weißer Streif zwischen dem Auge und dem dunklen Scheitel. **Stimme:** ♂♀—kontakt quarrend „rra rra.:" oder „köck köck"; im Duett „ktik.:"; Alarm, Drohen gedehnt „aäa"; oder hart „karr". **Lebensraum:** „So" größere SF mit Röhricht; „Wi" auch KM. **Nest:** Im Wasser schwimmender Haufen von Wasserpflanzen. **Eier:** 3—4, frisch weiß, werden zunehmend schmutzig, 55 mm. **Brut:** 1 (2), 28, ♂♀, IV—VII. **Junge:** Nfl, 71—79, ♂♀. **Imm:** 6. **Alter:** 2(1)/15/70%. **Nahrung:** Fische.

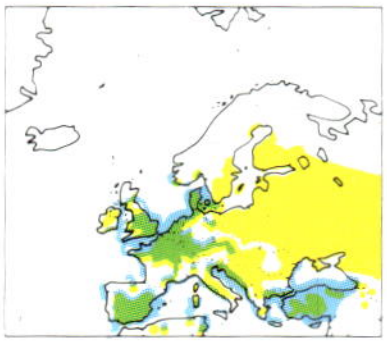

◑ **ROTHALSTAUCHER** *Podiceps griseigena* **Status:** TZ; III—IV, IX—XI. **Gefährdung:** R4. **Größe:** 43 cm, 700—900 g, ~ Haubentaucher. **Merkmale:** Größerer Taucher, wirkt untersetzter als Haubentaucher; Schnabel gelb und schwarz; Winterkleid Hals auch vorne grau, Scheitel bis zu den Augen dunkel. **Stimme:** Am Brutplatz wiederholt wiehernd „uöö-uöö..:" oft im Duett; entenartiges Quaken u.a. Rufe. **Lebensraum:** Pflanzenreiche SF mit Röhricht. **Nest:** Im Wasser schwimmender Haufen von Wasserpflanzen. **Eier:** 4—5, frisch weiß, werden zunehmend schmutzig, 50 mm. **Brut:** 1 (2), 22—25, ♂♀, IV—VII. **Junge:** Nfl, 72, ♂♀. **Imm:** 6. **Alter:** 2/?. **Nahrung:** Fische und Wasserinsekten.

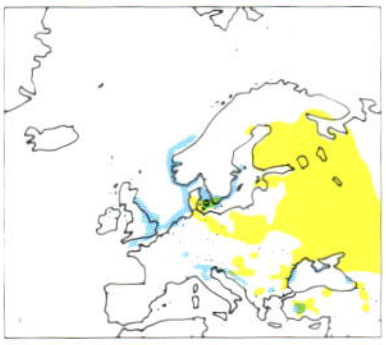

○ **OHRENTAUCHER** *Podiceps auritus* **Status:** TZ; III—V, IX—XI. **Größe:** 33 cm, 375—450 g, < Haubentaucher. **Merkmale:** Winterkleid vom Schwarzhalstaucher unterschieden durch helle Kopfseiten; Schnabel gerade. **Stimme:** Am Brutplatz tiefer, perlender Triller oft im Duett; nasal „jorrh" oder „greijar" u.a. Rufe. **Lebensraum:** „So" pflanzenreiche, flache SF; „Wi" eisfreie Gewässer aller Art auch KM. **Nest:** Im Wasser schwimmender Haufen von Wasserpflanzen. **Eier:** 4—5, frisch weiß, werden zunehmend schmutzig, 45 mm. **Brut:** 1 (2), 22—25, ♂♀, V—VII. **Junge:** Nfl, 55—60, ♂♀. **Imm:** 6. **Alter:** ? 2/?. **Nahrung:** „So" Kleinkrebse und Wasserinsekten; „Wi" vorwiegend Fische.

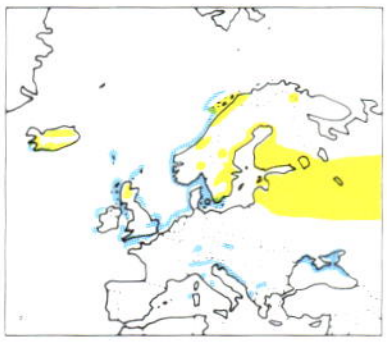

◑ **SCHWARZHALSTAUCHER** *Podiceps nigricollis* **Status:** TZ; III—V, IX—XII. **Gefährdung:** R5. **Größe:** 30 cm, 250—350 g, < Haubentaucher. **Merkmale:** Winterkleid von Ohrentaucher unterschieden durch graue Kopfseiten; aufgebogener Schnabel. **Stimme:** Am Brutplatz gedehnt flötend „chruii", kurz „dük"; Paarbalz schnellers Bibbern „bidwidewide..:". **Lebensraum:** „So" pflanzenreiche, flache SF oft mit Lachmöwenkolonie; „Wi" eisfreie Gewässer aller Art auch KM. **Nest:** Im Wasser schwimmender Haufen von Wasserpflanzen. **Eier:** 3—4, frisch weiß, werden zunehmend schmutzig, 43 mm. **Brut:** 1(2), 20—22, ♂♀, V—VI. **Junge:** Nfl, 35—40, ♂♀. **Imm:** 6. **Alter:** 1/?. **Nahrung:** Fische, Kleinkrebse, Wasserinsekten.

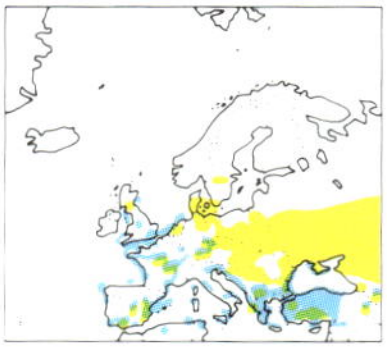

Ordnung Procellariiformes Röhrennasen um 95 Arten

Familie *Procellariidae* Sturmvögel: Weltweit 53 Arten.

Diese Familie umfaßt die Sturmvögel und die Sturmtaucher. Wie ihre Verwandten, die Albatrosse, sind sie alle hervorragend an ein Leben auf hoher See angepaßt. Die meisten, z.B. der Eissturmvogel, sind ausgezeichnete Segelflieger. Auf dem Land bewegen sie sich unbeholfen und sind daher an ihren Brutplätzen recht gefährdet. Die meisten Arten kommen nur in der Nacht an Land, können daher hier nur selten beobachtet werden. Die Sturmvögel legen nur ein Ei. Die Brut- und Brutpflegezeiten sind lang.

◑ **EISSTURMVOGEL** *Fulmarus glacialis* **Status:** Pelagisch, außer Brutzeit. **Gefährdung:** R5. **Größe:** 47 cm, 700—900 g, ~ Silbermöwe **Merkmale:** Einziger weißer Sturmvogel Europas, arktische auch grau; möwenähnlich am Flug aber leicht unterscheidbar, Flügel gestreckt und steif, schlägt selten mit den Flügeln, segelt und kurvt of dicht über dem Wasser; Nasenröhren auf dem Schnabel. **Stimme:** Am Brutplatz Gackern, Schnarren, Grunzen oft gereiht „aak-aak-arr.:" o.ä.; im Flug tief „kuu". **Lebensraum:** „So" FM; „Wi" HM, KM. **Nest:** Brutkolonie, Felsband ohne Nistmaterial. **Eier:** 1, weiß, 75 mm. **Brut:** 1, 52—53, ♂♀, V—VII. **Junge:** Nho, 46—50, ♂♀ **Imm:** O. **Alter:** 7—9/34/95%. **Nahrung:** Krebse, Fische, Tintenfische, Abfall, Aas. *

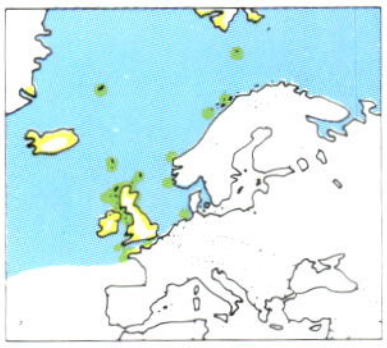

Die Flügel der Sturmvögel sind lang und schmal. Auf der Oberseite sind sie zumeist schwärzlich dunkel. Die Unterseite ist weiß. Gleitend mit wenigen eingeschobenen Flügelschlägen schweben sie an den Wellenkämmen entlang.
Die Bestimmung ist oft nicht leicht und erfordert einige Erfahrung. Der möwenähnliche Eissturmvogel ist die einzige helle Art Europas. Am Brutplatz ist er tagaktiv.
Achte auf das Färbungsmuster von Kopf und Bürzel wie auf die Ausdehnung der Weißfärbung der Unterseite. Stelle möglichst einen Größenvergleich mit anderen Arten an.

△ **GELBSCHNABEL-STURMTAUCHER** *Calonectris diomedea* **Status:** Pelagisch, außer Brutzeit. **Größe:** 46 cm, 700—800 g, < Silbermöwe. **Merkmale:** Größter Sturmtaucher des Mittelmeeres; graubraune Oberseite; keine dunkle Kopfkappe; folgt oft Fischerbooten; vergl. Kappensturmtaucher. **Stimme:** Am Brutplatz nasal jammernd „kjijiuua" o.ä.; möwenartig gackernd; auf See stumm. **Lebensraum:** „So" abgelegene Inseln; „Wi" HM. **Nest:** Brutkolonie; in Höhlen oder Felsspalten; kein Nistmaterial. **Eier:** 1, weiß, 70 mm. **Brut:** 1, 54, ♂♀, V—VII. **Junge:** Nho, 90, ♂♀. **Imm:** 0. **Alter:** 7—11/?. **Nahrung:** Vorwiegend Fisch und Tintenfisch.

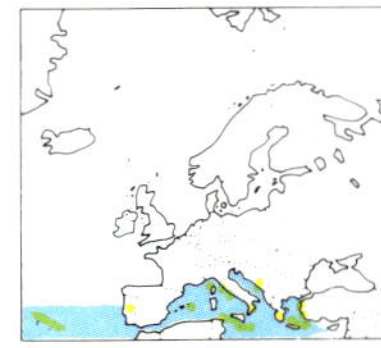

△ **KAPPENSTURMTAUCHER** *Puffinus gravis* **Status:** Pelagisch, außer Brutzeit. **Größe:** 46 cm, 800—900 g, < Silbermöwe. **Merkmale:** Großer Sturmtaucher des Südatlantiks, erscheint im Spätsommer und Herbst manchmal vor Europa; an dunkler Kappe und weißem Schwanzfleck vom Gelbschnabel-Sturmtaucher zu unterscheiden. **Stimme:** Auf See stumm. **Lebensraum:** HM. **Imm:** 0. **Alter:** ?/?. **Nahrung:** Vorwiegend Fisch und Tintenfisch.

△ **DUNKELSTURMTAUCHER** *Puffinus griseus* **Status:** Pelagisch, außer Brutzeit. **Größe:** 41 cm, 400—800 g, >Lachmöwe. **Merkmale:** Der einzige vor Europa vorkommende Sturmtaucher mit dunkler Unterseite; weißlicher Streif entlang der Mitte des Unterflügels. **Stimme:** Auf See stumm. **Lebensraum:** HM; brütet auf subantarktischen Inseln, „überwintert" Nordatlantik. **Imm:** 0. **Alter:** ?/10. **Nahrung:** Vorwiegend Fische.

△ **SCHWARZSCHNABEL—STURMTAUCHER** *Puffinus puffinus* **Status:** Pelagisch, außer Brutzeit. **Größe:** 35 cm, 350—450 g, ~ Lachmöwe. **Merkmale:** Häufigster Sturmtaucher Europas; deutlicher Kontrast zwischen schwarzer Ober- und weißer Unterseite; Unterart des westl. Mittelmeeres unterseits grau; folgt nur selten Schiffen. **Stimme:** Am Brutplatz Krähen, Quäken, Quarren in schneller Folge; auf See stumm. **Lebensraum:** „So" brütet an Küsten und auf Inseln; „Wi" KM, HM **Nest:** Brutkolonie; Erdhöhle oder Felsspalte; kein oder wenig Nistmaterial. **Eier:** 1, weiß, 60 mm. **Brut:** 1, 51—54, ♂♀, IV—VI. **Junge:** Nho, 70, ♂♀. **Imm:** 0. **Alter:** 5-7/29/90%. **Nahrung:** Fische und Tintenfische. *

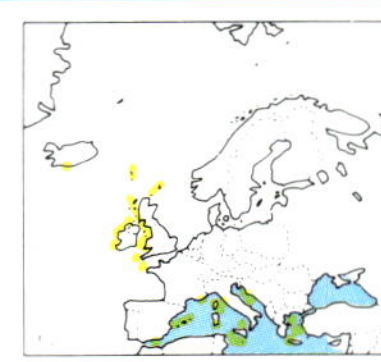

Familie *Hydrobatidae* Sturmschwalben: Weltweit 20 Arten.

Die Sturmschwalben sind die kleinsten Vögel der hohen See. An Land bewegen sie sich zwar etwas geschickter als die Sturmvögel,kommen aber nur in der Dunkelheit zu ihren Brutplätzen. Auch sie legen nur ein Ei. Die Brut- und Brutpflegezeiten sind lang.

△ **STURMSCHWALBE** *Hydrobates pelagicus* **Status:** Pelagisch, außer Brutzeit. **Größe:** 15 cm, 23—29 g, ~ Rauchschwalbe. **Merkmale:** Sehr klein; schwarz mit weißem Bürzel; flattert dicht über der Meeresoberfläche dahin. **Stimme:** Am Brutplatz Schnurren, das von „Schluckauf" unterbrochen wird; auf See stumm. **Lebensraum:** „So" nistet auf abgelegenen Inseln; „Wi" HM; nach Stürmen auch vor der Küste. **Nest:** Brutkolonie; Erdhöhlen, Felsspalten, unter Steinen, Mauerritzen; kein Nistmaterial. **Eier:** 1, weiß, 28 mm. **Brut:** 1, 38—50, ♂♀, V—VII. **Junge:** Nho, 56—73, ♂♀. **Imm:** 0. **Alter:** 4/20. **Nahrung:** Plankton, kleine Fischchen.

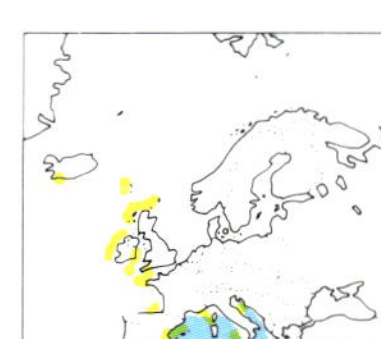

△ **WELLENLÄUFER** *Oceanodroma leucorhoa* **Status:** Pelagisch, außer Brutzeit. **Größe:** 20 cm, 40—50 g, > Rauchschwalbe. **Merkmale:** Größer als Sturmschwalbe; Schwanz gegabelt; auffälligeres, graues Band auf dem Flügel. **Stimme:** Am Brutplatz Schnurren ähnlich Sturmschwalbe, aber langsamer; auf See stumm. **Lebensraum:** „So" abgelegene Inseln; „Wi" HM. **Nest:** Brutkolonie; Erdhöhlen und auch andere Löcher und Spalten; kein Nistmaterial. **Eier:** 1, weiß, 33 mm. **Brut:** 1, 41—42, ♂♀, V—VII. **Junge:** Nho, 63—70, ♂♀. **Imm:** O. **Alter:** 4/24. **Nahrung:** Plankton, auch kleine Fischchen.

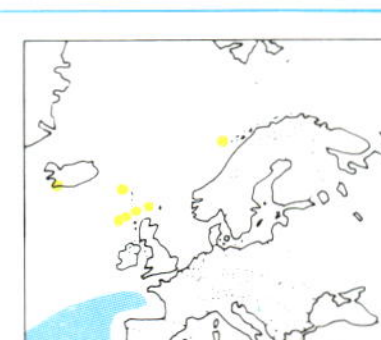

Die Sturmschwalben sind überwiegend schwarz. Ihr Bürzel ist weiß. Mit hängenden Beinen flattern sie dicht über den Wellen und picken dabei ihre Nahrung von der Wasseroberfläche. Sie schwimmen selten. In Küstennähe sind sie nur nach schweren Stürmen anzutreffen.

Achte auf die Form des Schwanzes.

Ordnung Pelicaniformes Ruderfüßer um 55 Arten

Familie *Sulidae Tölpel:* Weltweit 7 Arten.
Familie *Phalacrocoracidae Kormorane:* Weltweit 30 Arten.
Familie *Pelicanidae Pelikane:* Weltweit 7 Arten.

Die Tölpel, Kormorane und Pelikane sind große Vögel, die vorwiegend von Fischen leben. Zumeist sind es Seevögel. Sie haben Schwimmhäute an den Füßen. Auch die Hinterzehe ist mit der Innenzehe durch eine Schwimmhaut verbunden.

⦶ **BASSTÖLPEL** *Sula bassana* **Status:** Pelagisch, außer Brutzeit. **Größe:** 90 cm, 2800—3200 g, ~ Graugans. **Merkmale:** Großer, weißer Seevogel mit klobigem Schnabel und schwarzen Flügelspitzen; Junge dunkel braungrau. **Stimme:** Am Brutplatz Quarren „ärr", „urrah" o.ä.; Drohen rauh „arrr"; auf See zumeist stumm. **Lebensraum:** „So" abgelegene Inseln und Klippen; „Wi" HM, KM. **Nest:** Brutkolonie; auf Inselplateau oder breitem Felsband; Hügel aus Tang und Treibgut. **Eier:** 1, weiß, wird zunehmend schmutzig, 78 mm. **Brut:** 1, 44, ♂♀, IV—VI. **Junge:** Nho, 90, ♂♀. **Imm:** 40—60. **Alter:** 5-6/21/94%. **Nahrung:** Fisch und Tintenfisch.

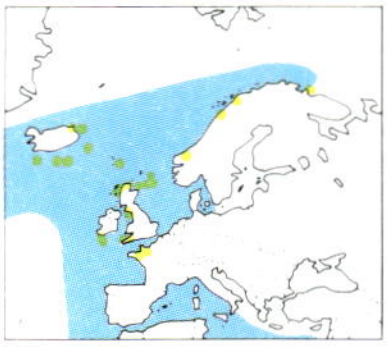

◑ **KORMORAN** *Phalacrocorax carbo* **Status:** TZ, W; VIII—III. **Gefährdung:** R2. **Größe:** 90 cm, 2000—2500 g, ~ Graugans. **Merkmale:** Brutzeit weiße Kehle, weißer Schenkelfleck; gelber Fleck an der Schnabelwurzel; Junge braun mit weißlicher Unterseite. **Stimme:** Am Brutplatz rauhes Krähen, Quarren „krah", „rärrk", „korr" o.ä.; im Flug und auf dem Wasser zumeist stumm. **Lebensraum:** SF, FF, FM. **Nest:** Brutkolonie; auf Bäumen oder Klippen; Äste, Zweige, Seetang u.a., ♂♀. **Eier:** 3—4, blaßblau mit kalkweißem Überzug, 65 mm. **Brut:** 1, 28—31, ♂♀, IV-VI. **Junge:** Nho, 50, ♂♀. **Imm:** 12 (+). **Alter:** 4—5/20/86-91%. **Nahrung:** Fische.

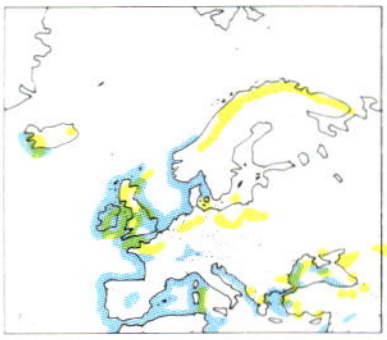

△ **KRÄHENSCHARBE** *Phalacrocorax aristotelis* **Status:** ST, TZ. **Größe:** 76 cm, 1750—2250 g, < Graugans. **Merkmale:** Brutzeit nach vorne gerichteter Schopf, Gefieder dunkelgrün glänzend; Winter dem Kormoran sehr ähnlich; Junge braun mit weißlicher Unterseite. **Stimme:** Am Brutplatz anhaltendes Quarren, das an Türknarren erinnert; im Flug und auf dem Wasser zumeist stumm. **Lebensraum:** FM. **Nest:** Brutkolonie; auf Klippen oder Felsinseln; Seetang, Zweige, ♂♀. **Eier:** blaßblau mit kalkweißem Überzug, 63 mm. **Brut:** 1, 30—31, ♂♀, III—VI. **Junge:** Nho, 53, ♂♀. **Imm:** 12 (+). **Alter:** 4/16/84%. **Nahrung:** Fische.

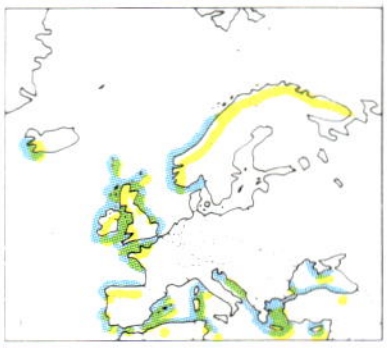

△ **ZWERGSCHARBE** *Phalacrocorax pygmeus* **Status:** TZ. **Größe:** 48 cm, 550—850 g, < Haubentaucher. **Merkmale:** Kleinster Kormoran Europas; kurzer Hals, langer Schwanz. **Stimme:** Am Brutplatz hohe, lange und kurze, tiefe Grunzlaute; im Flug und auf dem Wasser zumeist stumm. **Lebensraum:** SF, FF mit Röhricht. **Nest:** Brutkolonie; auf Baum oder im Röhricht; Zweige, Schilf u.a. **Eier:** 4—6, blaßblau mit kalkweißem Überzug, 47 mm. **Brut:** 1, 27—30, ♂♀, V—VII. **Junge:** Nho, 70, ♂♀. **Imm:** ?12. **Alter:** ?/?. **Nahrung:** Fische.

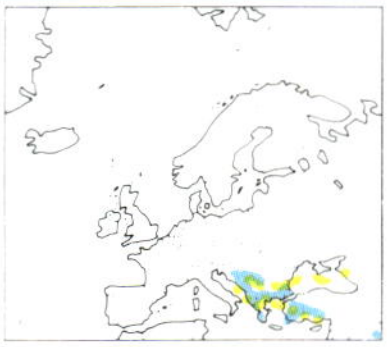

△ **ROSAPELIKAN** *Pelecanus onocrotalus* **Status:** Z. **Größe:** 140—180 cm, 10000—11000 g, ~ Höckerschwan. **Merkmale:** Vom Krauskopfpelikan durch reinweißes Gefieder (manchmal mit rosa Anflug) und Schopf unterschieden; im Flug Unterflügelrand schwarz. **Stimme:** Am Brutplatz dumpfes Knurren, Grunzen; im Flug und auf dem Wasser zumeist stumm. **Lebensraum:** SF, BF, flache KM. **Nest:** Brutkolonie; flache Bodenmulde; kein oder wenig Nistmaterial. **Eier:** 2, kalkweiß, 97 mm. **Brut:** 1, 30—35, ♂♀, IV-VII. **Junge:** Nho, 65—70, ♂♀. **Imm:** ?6. **Alter:** 3—4/? **Nahrung:** Fische bis zu 600 g.

△ **KRAUSKOPFPELIKAN** *Pelecanus crispus* **Status:** TZ. **Größe:** 160—180 cm, 10000-12000 g, ~ Höckerschwan. **Merkmale:** Gefieder gräulich weiß, kein Schopf; im Flug Unterflügelspitzen grau, nicht schwarz. **Stimme:** Am Brutplatz Knurren, Blöken, Grunzen, Fauchen; im Flug und auf dem Wasser zumeist stumm. **Lebensraum:** SF, BF, flache KM, auch kleinere Gewässer. **Nest:** Brutkolonie; oft im Röhricht; großer Haufen aus Schilf, Stöcken u.a., ♀ (♂). **Eier:** 2—3, kalkweiß, 94 mm. **Brut:** 1,32, ♀(♂), III—VI. **Junge:** Nho, 50—55, ♀(♂). **Imm:** ?6. **Alter:** 3—4/?. **Nahrung:** Fische bis zu einer Länge von 50 cm.

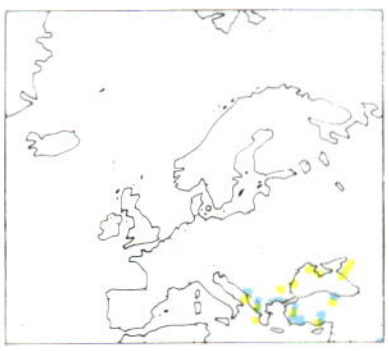

Die Tölpel sind Stoßtaucher. Die Kormorane tauchen aus dem Schwimmen. An Land sitzen sie oft mit zum Trocknen ausgebreiteten Flügeln. Die Pelikane fischen in der Mehrzahl von der Wasseroberfläche aus.

Achte bei den Kormoranen auf den Schopf, die weißen Partien am Kopf und an den Oberschenkeln wie auf die Längen von Hals und Schwanz. Bei den Pelikanen sind die Beinfarbe und das Ausmaß der Schwarzfärbung der Flügelunterseite kennzeichnend.

Ordnung Ciconiiformes Schreitvögel um 115 Arten

Familie *Ardeidae* Reiher und Dommeln. Weltweit 62 Arten.

Die Reiher und Dommeln sind große bis mittelgroße Fischfänger, die überwiegend an Süßgewässern leben. Mit ihren langen Beinen waten sie durch flaches Wasser. Ihre langen Hälse können sie vorschnellen. Mit den spitzen Schnäbeln greifen sie so die Beute. Sie nisten gewöhnlich in Brutkolonien auf Bäumen oder im Röhricht.

◑ ROHRDOMMEL *Botaurus stellaris* **Status:** TZ. **Gefährdung:** R2. **Größe:** 76 cm, 900—1100 g, < Graureiher. **Merkmale:** Gedrungener, brauner Reiher, der je nach Körperhaltung recht verschieden aussehen kann, z.B. Pfahlstellung; im Flug mit gerundeten Flügeln eulenartig, aber langer Schnabel und über den Schwanz ragende Beine. **Stimme:** Gesang ♂ 2 bis 3 leisen Grunzlauten folgt mehrfach wiederholt ein dumpfes „u-puuh"; Ruf rauh „aark". **Lebensraum:** SF, BF im Röhricht. **Nest:** Im Röhricht; Haufen aus Schilf u.a., ♀. **Eier:** 4—6, olivbraun; manchmal fein dunkelbraun::,53 mm. **Brut:** 1, 25—26, ♀, IV—VII. **Junge:** Nho, 50—55, ♀(?♂). **Imm:** 0. **Alter:** 1/11. **Nahrung:** Vorwiegend Fische, aber auch andere kleinere Wirbeltiere.

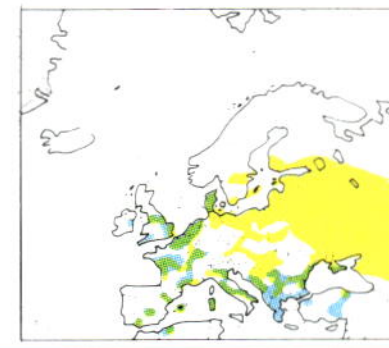

◑ ZWERGDOMMEL *Ixobrychus minutus* **Status:** Z; IV, VII—IX. **Gefährdung:** R2. **Größe:** 35 cm, 140—160 g, > Amsel. **Merkmale:** Kleinster Reiher Europas; ♂ Scheitel und Rücken grünlichschwarz, Unterseite und Flügeldecken gelblichweiß; ♀ Oberseite streifig dunkelbraun, Unterseite braungelb; im Flug helles Flügelfeld. **Stimme:** Gesang schwach „worh" in kurzen Abständen wiederholt; Ruf rauh „ker". **Lebensraum:** BF, SF im Röhricht u.a. Sumpfvegetation. **Nest:** Im Schilf oder niedrig auf Büschen und Bäumen; Haufen aus Schilf u.a. **Eier:** 5—6, weiß, 35 mm. **Brut:** 1, 17—19, ♀(♂). **Junge:** Nho, 25—30, können schon ab 17 im Schilf herumklettern, ♂♀, V—VII. **Imm:** 0. **Alter:** 1/(5). **Nahrung:** Kleine Fische, Amphibien, Insekten.

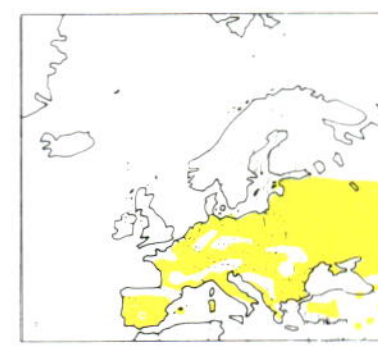

8 NACHTREIHER *Nycticorax nycticorax* **Status:** Z; IV—V, VII—X. **Gefährdung:** R5. **Größe:** 60 cm, 500—700 g, > Rabenkrähe. **Merkmale:** Auffällig schwarz, weiß und grau; Junge ähnlich Rohrdommel aber dunkler braun mit weißer Fleckung; im Flug gedrungen mit breiten Flügeln. **Stimme:** Am Brutplatz Krächzen und Quarren; Ruf heiser, rabenartig „ark" oder „wark" oft nachts. **Lebensraum:** BF, SF, FF dichte Ufervegetation. **Nest:** Brutkolonie; Bäume, Büsche, selten im Schilf; Plattform aus Zweigen, Schilf u.a. **Eier:** 3—5, hell grünlichblau, 50 mm. **Brut:** 1 (2), 21—22, ♀(♂), IV—VII. **Junge:** Nho, 40—50, ♂♀. **Imm:** 10. **Alter:** 1—2/21/77%. **Nahrung:** Fische, Amphibien, Insekten.

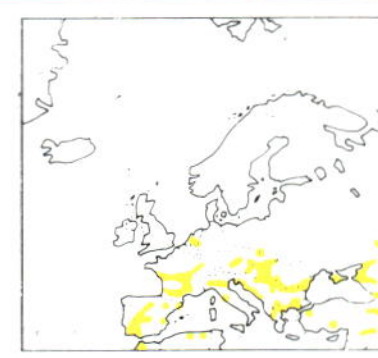

△ RALLENREIHER *Ardeola ralloides* **Status:** Z. **Größe:** 46 cm, 250—300 g, ~ Lachmöwe. **Merkmale:** Kleiner, dommelähnlicher, bräunlicher Reiher, der plötzlich weiß erscheint, wenn er die Flügel zum Abflug ausbreitet. **Stimme:** Zumeist stumm; Alarm hart „arrk" oder „karr" u.a. Rufe. **Lebensraum:** BF und dichte Ufervegetation. **Nest:** Brutkolonie; Röhricht oder Gebüsch; Schilf, Zweige u.a., ♀(♂). **Eier:** 4—6, blaß grünlichblau, 38 mm. **Brut:** 1, 22—24, ♀(♂), V-VII. **Junge:** Nho, 45, ♂♀. **Imm:** 0+. **Alter:** ?1/?. **Nahrung:** Kleine Fische, Amphibien, Insekten.

△ KUHREIHER *Bubulcus ibis* **Status:** ST, TZ. **Größe:** 51 cm, 300—400 g, < Graureiher. **Merkmale:** Kleiner, weißer Reiher mit gelbem Schnabel; Brutzeit Beine rötlich, sonst grünlich; Brutkleid gelbliche Federn auf Scheitel, Brust und Rücken. **Stimme:** Am Brutplatz gelegentlich Gackern unterbrochen von gedehntem Krähen; sonst zumeist stumm. **Lebensraum:** WL, WF, BF folgt oft weidendem Vieh. **Nest:** Brutkolonie; zumeist auf Bäumen auch abseits vom Wasser; Zweige, Schilf u.a., ♀(♂). **Eier:** 4—5, blaß grünlichblau, 38 mm. **Brut:** 1 (2), 22—26, ♂♀, V—VII. **Junge:** Nho, 30, ♂♀. **Imm:** 0. **Alter:** 2/15/75%. **Nahrung:** vorwiegend Insekten, oft solche, die von weidendem Vieh aufgescheucht werden.

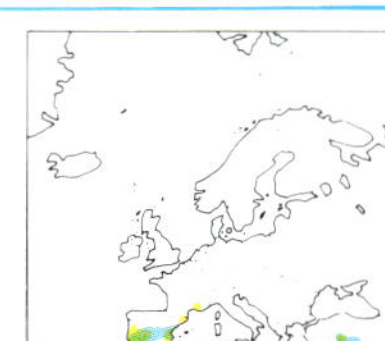

△ SEIDENREIHER *Egretta garzetta* **Status:** TZ. **Größe:** 56 cm, 450—550 g, < Graureiher. **Merkmale:** Kleiner weißer Reiher mit schwarzem Schnabel, Beine schwarz mit gelben Füßen; schwarze Form tritt selten auf. **Stimme:** Am Brutplatz gurgelnd „ualla-ualla.:", gedehntes „groar" u.a. Rufe; sonst zumeist stumm. **Lebensraum:** BF, flache SF und KM. **Nest:** Brutkolonie; Büsche und Bäume in Wassernähe; Zweige, ♂♀. **Eier:** 3—5, blaß grünlichblau, 47 mm. **Brut:** 1, 21—22, ♂♀, V—VII. **Junge:** Nho, 40—45, ♂♀. **Imm:** 0. **Alter:** 1/9. **Nahrung:** Kleine Fische und andere Wirbeltiere, Wasserinsekten.

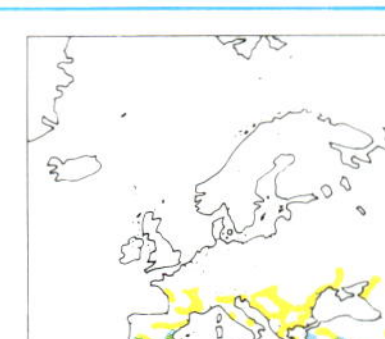

Die Reiher und Dommeln sind an ihren besonderen Proportionen (langer Hals, lange Beine) gut erkennbar. Sie haben breite, gerundete Flügel und fliegen mit langsamem Flügelschlag. Im Flug werden Kopf und Hals zurückgelegt (vergl. Störche und Kraniche) und die Beine nach hinten gestreckt.

Achte bei den weißen Reihern auf die Färbung von Schnabel und Beinen.

8 SILBERREIHER *Egretta alba* **Status:** TZ. **Größe:** 90 cm, 950—1050 g manchmal noch schwerer, ~ Graureiher. **Merkmale:** Einziger weißer Reiher von der Größe eines Graureihers; Beine und Füße schwärzlich; Brutzeit Schnabel schwarz mit gelber Basis, sonst fast ganz gelb. **Stimme:** Am Brutplatz gedehnt „rähr", „rroh-rroh" oder bellend „arrk"; sonst zumeist stumm. **Lebensraum:** SF, FF. **Nest:** Brutkolonie; im Röhricht, auf Bäumen; groß, Schilf, Zweige, ♂♀. **Eier:** 3—5, blaßblau, 62 mm. **Brut:** 1, 25—26, ♂♀, IV—VII. **Junge:** Nho, 42, ♂♀. **Imm:** 0. **Alter:** ?2/23/75%. **Nahrung:** Vorwiegend Fisch, bei Trockenheit Reptilien, Kleinsäuger u.a.

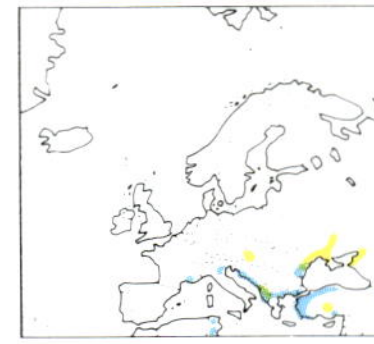

◑ **GRAUREIHER** *Ardea cinerea* **Status:** TZ. **Gefährdung:** R5. **Größe:** 90 cm, 1600—2000 g. **Merkmale:** Häufigster großer Reiher; Oberseite grau, Unterseite weißlich; im Fluge heben sich die schwarzen Schwungfedern vom grauen Rücken und den grauen Flügeldecken ab. **Stimme:** Am Brutplatz verschiedene gurgelnde und krächzende Rufe; im Flug oft laut, rauh „kräiik" o.ä. **Lebensraum:** BF, SF, FF auch KM, manchmal auch fernab vom Wasser. **Nest:** Brutkolonie: zumeist hohe Bäume, manchmal im Röhricht; Äste, Zweige, ♀(♂). **Eier:** 4—5, hellblau, 60 mm. **Brut:** 1, 25—26, ♂♀, II—VII. **Junge:** Nho, 50, ♂♀. **Imm:** 10—12. **Alter:** 2/25/70%. **Nahrung:** Vorwiegend Fisch, häufig auch Feldmäuse und andere Kleinsäuger. *

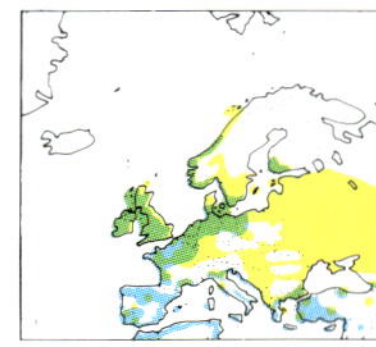

8 PURPURREIHER *Ardea pupurea* **Status:** Z. **Gefährdung:** R5. **Größe:** 80 cm, 600—1200 g, < Graureiher. **Merkmale:** Scheitel und Bauch schwarz, Hals und Brust rotbraun; Rücken dunkler als Graureiher, daher im Flug kein Kontrast zwischen Schwungfedern und übriger Oberseite. **Stimme:** Am Brutplatz verschiedene quarrende und krächzende Laute; Ruf rauh „arr" oder „kra" selten zu hören. **Lebensraum:** BF, SF, FF mit Röhricht und anderer dichter Ufervegetation. **Nest:** Brutkolonie; zumeist im Röhricht; Schilf u.a., ♂♀. **Eier:** 4—5, blaßblau, 56 mm. **Brut:** 1,26, ♀(♂), IV—VII. **Junge:** Nho, 45—50, ♂♀. **Imm:** 10—12. **Alter:** 1,25. **Nahrung:** Vorwiegend Fische, auch Wasserinsekten u.a.

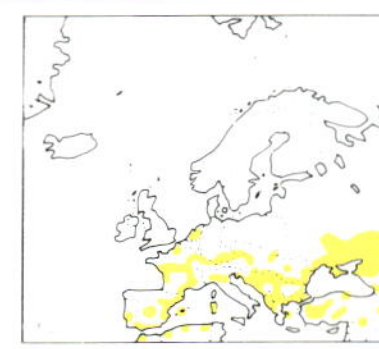

Familie *Ciconiidae* Störche: Weltweit 17 Arten.

Die Störche sind große bis sehr große Vögel mit langen Beinen und langen, spitzen Schnäbeln. Der Hals wird im Unterschied zu den Reihern nur selten gekrümmt gehalten.

◑ **WEISSTORCH** *Ciconia ciconia* **Status:** Z; III—IV, VIII—IX. **Gefährdung:** R2. **Größe:** 102cm, 3000—3500 g. **Merkmale:** Groß, weiß, schwarze Flügel; Beine und Schnabel rot. **Stimme:** Am Brutplatz Schnabelklappern und leises Zischen; sonst stumm; Junge Quarren, Piepsen u.a. Laute. **Lebensraum:** WF, BF auch WL und anderes Kulturland. **Nest:** Gebäude, Masten, Bäume; Äste, Zweige, Stroh u.a., ♂♀; das Nest kann viele Jahre lang benutzt werden. **Eier:** 3—5, weiß, 73 mm. **Brut:** 1,33—34, ♂♀, IV—VII. **Junge:** Nho, 58—64, ♂♀. **Imm:** 10—12. **Alter:** 4/26/79%. **Nahrung:** Größere Insekten, Regenwürmer, Amphibien, Kleinsäuger u.a.

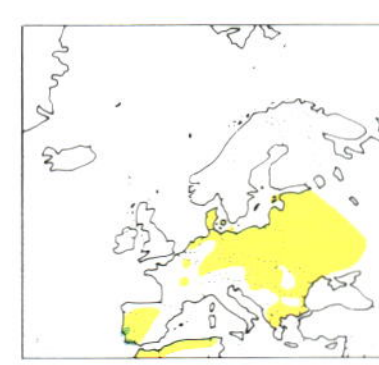

◑ **SCHWARZSTORCH** *Ciconia nigra* **Status:** Z; III—V, VIII—IX. **Gefährdung:** R2. **Größe:** 97 cm, ca. 3000 g, ~ Weißstorch. **Merkmale:** Groß, glänzend schwarz; Unterseite weiß; Beine und Schnabel rot. **Stimme:** Am Brutplatz leise „chüjuh" und Schnabelklappern; sonst stumm; Junge dumpf wimmernd. **Lebensraum:** MW, BF, WF, allgemein größere Wälder mit Feuchtgebieten. **Nest:** Großer Baum; Äste, Zweige, ♂♀; das Nest kann mehrere Jahre benutzt werden. **Eier:** 3—5, weiß, 66 mm. **Brut:** 1, 35—36, ♂♀, IV—VII. **Junge:** Nho, 63—71, ♂♀. **Imm:** 10—12. **Alter:** 3/18. **Nahrung:** Fische, andere kleine Wirbeltiere, Insekten. *

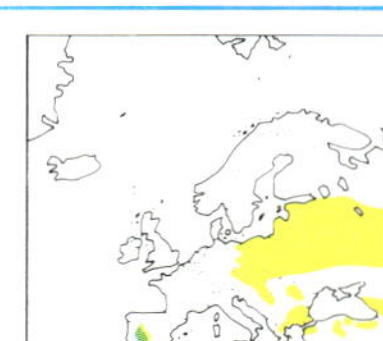

Familie *Threskiornithidae* Ibisse und Löffler: Weltweit um 30 Arten.

Größere, reiherähnliche Vögel mit langen Beinen, Hälsen und Schnäbeln. Der vordere Schnabelanschnitt der Löffler ist löffelartig verbreitert. Die Ibisse haben abwärtsgebogene Schnäbel. Die Löffler durchschnattern mit pendelnden Kopfbewegungen das flache Wasser. Die Ibisse stochern oft im weichen Grund.

△ **BRAUNSICHLER** *Plegadis falcinellus* **Status:** Z. **Größe:** 56 cm, 500—800 g, ~ Rabenkrähe. **Merkmale:** Erscheint gewöhnlich schwarz; Beine dunkel; Schnabel abwärts gebogen. **Stimme:** Am Brutplatz gedehntes, rauhes Krächzen; sonst zumeist stumm. **Lebensraum:** BF und andere flache Gewässer mit ausgedehntem Röhricht. **Nest:** Brutkolonie; im Röhricht, auf Bäumen; Schilf, Zweige; ♂♀. **Eier:** 3—4, blau, 52 mm. **Brut:** 1, 21, ♀(♂), V—VII. **Junge:** Nho, 45—50 können schon früh das Nest verlassen, ♂♀. **Imm:** 10—12. **Alter:** ?/20. **Nahrung:** Vorwiegend Insekten, Würmer, Weichtiere.

Im Fluge ist der Hals wie bei den Kranichen ausgestreckt und die nach hinten gerichteten Beine hängen wenig herab. Die beiden europäischen Arten sind Zugvögel. Sie überwintern in Afrika. Die Altstörche dieser Arten haben auffällig rote Schnäbel und Beine.

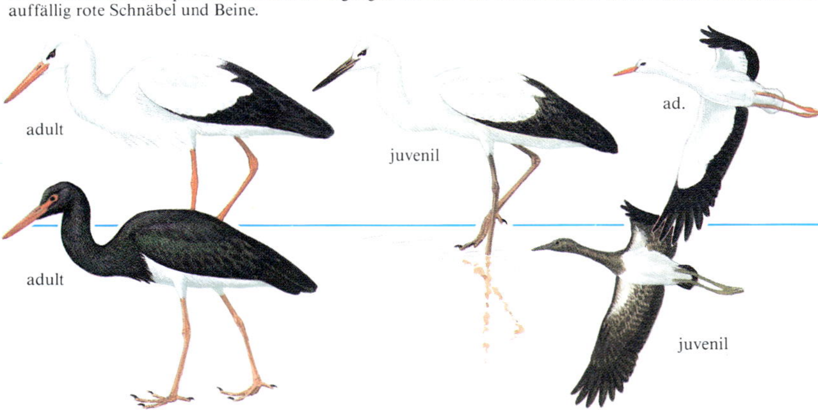

Im Unterschied zu den Reihern fliegen die Ibisse und Löffler mit vorgestrecktem Hals.
Achte auf die Schnabelform.

△ **LÖFFLER** *Platalea leucorodia* **Status:** Z; IV—V, VIII—IX. **Gefährdung:** R5. **Größe:** 86 cm, 1200—1700 g, ~ Graureiher. **Merkmale:** Schnabelspitze löffelartig; reiherähnlich, groß, weiß; Imm. mit schwarzen Flügelspitzen. **Stimme:** Am Brutplatz nasal „aak", Jaulen und Grunzen; sonst zumeist stumm. **Lebensraum:** BF und SF mit ausgedehntem Röhricht. **Nest:** Brutkolonie; im Röhricht, auf Bäumen; Schilf, Zweige, ♂♀. **Eier:** 3—5, weiß; wenig bis stark rötlichbraun::,67 mm. **Brut:** 1, 24—25, ♂♀, IV—VII. **Junge:** Nho, 45—50, ♂♀. **Imm:** 12—24. **Alter:** 3—4/28. **Nahrung:** Kleine Fische, Wasserinsekten u.a.

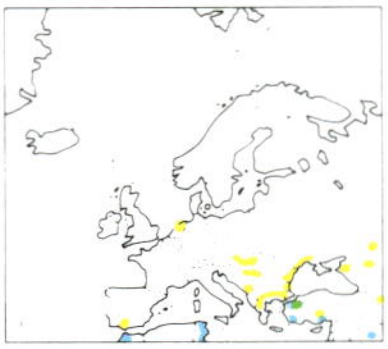

Ordnung Phoenicopteriformes Flamingos (eine Familie)

Familie *Phoenicopteridae* Flamingos: Weltweit 5 Arten.

Die Flamingos sind große Vögel mit sehr langen Beinen und Hälsen. Ihr Schnabel ist kurz und deutlich abwärtsgeknickt. Bei der Nahrungssuche wird er mit der Oberseite nach unten ins Wasser gehalten. Durch seine Innenstruktur ist er ein Seihapparat, mit dem kleinste Tiere und Pflanzen ausgefiltert werden können.

△ **FLAMINGO** *Phoenicopterus ruber* **Status:** TZ. **Größe:** 125—150 cm, 2500—3500 g, ♀ wenig kleiner als ♂, > Weißstorch. **Merkmale:** Weiß mit rosa Anflug, Flügel scharlachrot mit schwarzem Rand; Beine rosa; Schnabel blaßrosa, abgeknickter Spitzenteil schwarz. **Stimme:** Gänseartiges Schnattern und Trompeten. **Lebensraum:** KM, flache Lagunen und Salzseen. **Nest:** Brutkolonie; im Flachwasser; kegelförmiger Schlammhügel, ♀ (♂). **Eier:** 1, weiß wird zunehmend schmutzig, 89 mm. **Brut:** 1, 28—31, ♂♀, IV—VI. **Junge:** Pho, bleiben ca. 10 Tage im Nest, wandern dann mit anderen Jungen in der Nähe umher, 70—75, ♂♀. **Imm:** 24—36. **Alter:** 2—3/13. **Nahrung:** Pflanzliches und tierisches Plankton, Kleinkrebse, kleine Weichtiere u.a. *

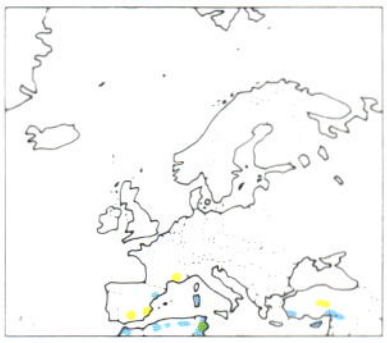

Ordnung Anseriformes Entenvögel um 150 Arten

Familie *Anatidae* Schwäne, Gänse, Enten: Weltweit 146 Arten.

Die Entenvögel sind eine große, weit verbreitete Gruppe von Wasservögeln. Sie haben Schwimmhäute zwischen den nach vorne gerichteten Zehen. Die meisten sind ausgezeichnete Schwimmer. Einige verbringen fast ihr ganzes Leben auf dem Wasser. Fast alle verlieren bei der Mauser gleichzeitig alle Flugfedern. Zeitweise sind sie daher flugunfähig.

● **HÖCKERSCHWAN** *Cygnus olor* **Status:** TZ. **Größe:** 152 cm, ♂ 12 000 g, ♀ 10 000 g. **Merkmale:** Schnabel orangerot mit schwarzem Höcker; Hals zumeist gebogen; im Flug pfeifendes Flügelgeräusch. **Stimme:** Leise schnarrend „kiorr" o.ä., Zischen; zumeist stumm. **Lebensraum:** SF, FF, KM. **Nest:** Manchmal kolonieartig; unzugängliche Ufer, Röhricht; großer Haufen aus Schilf u.a., ♂♀. **Eier:** 5—8, blaß grünlichweiß, 115 mm. **Brut:** 1, 34—38, ♀, IV—VI. **Junge:** Nfl, 120—150, ♂♀. **Imm:** 12. **Alter:** 3—4/20/80—95 %. **Nahrung:** Wasserpflanzen. *

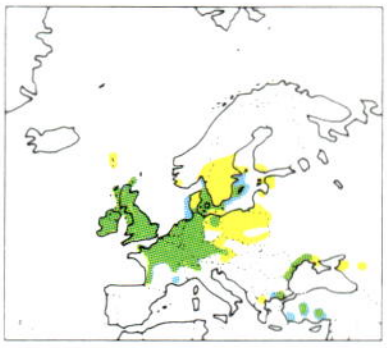

◐ **ZWERGSCHWAN** *Cygnus columbianus* **Status:** Z, W; III—IV, X—XII. **Größe:** 122 cm, ♂ 6500 g, ♀ 5700 g, < Höckerschwan. **Merkmale:** Kleinere der beiden Arten mit gelb-schwarzem Schnabel; am Schnabel Gelb gegen Schwarz stumpf abgesetzt. **Stimme:** Posaunend zumeist einsilbig; kein Flügelgeräusch. **Lebensraum:** „So" feuchte Tundra; „WI", WF, BF, weite Flußmarschen. **Nest:** Boden, nahe dem Wasser; Haufen aus Moosen und Flechten, ♀. **Eier:** 3—5, gelblichweiß, 102 mm. **Brut:** 1, 29—30, ♀, V—VI. **Junge:** Nfl, 40—45, ♂♀, werden den ganzen Winter über von den Eltern geführt. **Imm:** 12. Alter: 3—4/?. **Nahrung:** Gras, Wasserpflanzen.

◐ **SINGSCHWAN** *Cygnus cygnus* **Status:** Z, W; III—V, X—XII. **Größe:** 152 cm, ♂ 10000—11000 g, ♀ 8000—9000 g, ~ Höckerschwan. **Merkmale:** Größere der beiden Arten mit gelb-schwarzem Schnabel; am Schnabel Gelb gegen Schwarz spitz auslaufend. **Stimme:** Posaunend zwei- bis dreisilbig, ruffreudig; kein Flügelgeräusch. **Lebensraum:** „So", SF, BF des Nordens, feuchte Tundra; „Wi" WF, BF, weite Marschen, auch AL, WL. **Nest:** Boden, nahe dem Wasser; Haufen aus Pflanzen der Umgebung, ♂♀. **Eier:** 5—6, gelblichweiß, 113 mm. **Brut:** 1, 35, ♀, V—VI. **Junge:** Nfl, 78—96, ♂♀. **Imm:** 12. **Alter:** 4/?. **Nahrung:** Wasserpflanzen, Gras.

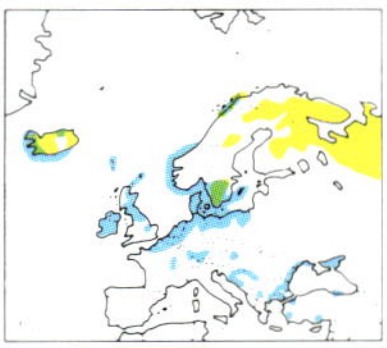

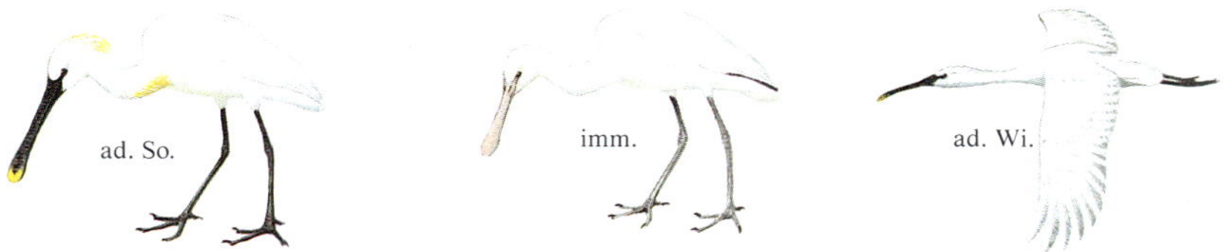

Die im Fluge auffällige rosarote Färbung und die markante Schnabelform machen die Flamingos unverwechselbar. Ein fliegender Flamingo ist auch aus großer Entfernung an dem sehr lang vorgestreckten, wenig unter der Körperachse getragenen Hals und an den nach hinten ragenden Beinen erkennbar.

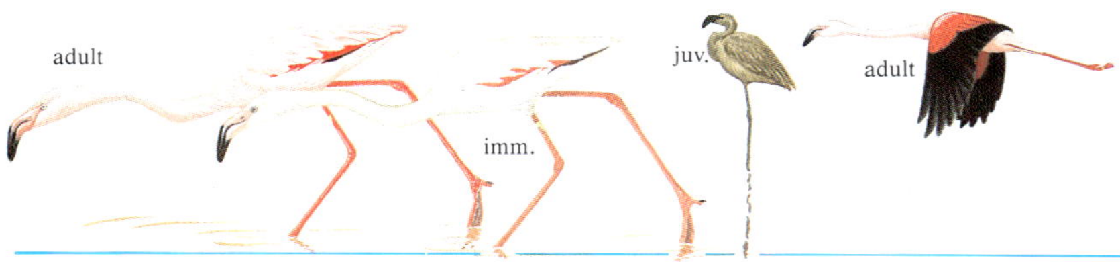

Gattung *Cygnus* Schwäne: Weltweit 7 Arten.

Die Schwäne sind sehr große Entenvögel. Die meisten sind ausgewachsen rein weiß. Die Geschlechter sehen gleich aus. Die Männchen sind wenig größer als die Weibchen. Alle fliegen mit vorgestrecktem Hals.

Achte auf die Schnabelfärbung und die Rufe.

Gattungen *Anser* und *Branta* Gänse: Weltweit 15 Arten.

Die Gänse sind größere zumeist grau, bräunlich oder schwarz gefärbte Schwimmvögel. Viele sind Zugvögel, die zwischen ihren arktischen Brutgebieten und den gemäßigten Winterquartieren weite Wege zurücklegen. Die meisten ernähren sich grasend an Land. Einige leben vorwiegend von Wasserpflanzen. Weite, ungestörte Grasländereien in Wassernähe sind für sie lebenswichtig. Die Gänse vereinigen sich zu großen, lärmenden Trupps. Sie fliegen oft in V-Formation.

⦶ **SAATGANS** *Anser fabalis* **Status:** Z, W; III—IV, IX—XI. **Größe:** 75 cm, ♂ 2600—3200 g, ♀ 2300—2800 g, ~ Graugans. **Merkmale:** Dunkler als Graugans; Schnabel orangegelb mit schwarzer Basis, Beine orangegelb. **Stimme:** Rauh, nasal „kä-jak", „gang-gang" o.ä.; ruft seltener als Graugans. **Lebensraum:** „SO" SF, FF in Taiga und Tundra; „Wi" WF, WL, AL. **Nest:** Flache Bodenmulde; Gras, Moos u.a., Dunen vom ♀, ♀. **Eier:** 4—6, rahmfarben, 84 mm. **Brut:** 1, 27—29, ♀, V—VII. **Junge:** Nfl, 56, ♂♀. **Imm:** 0. **Alter:** 3(2) /?. **Nahrung:** Gras, Saat.

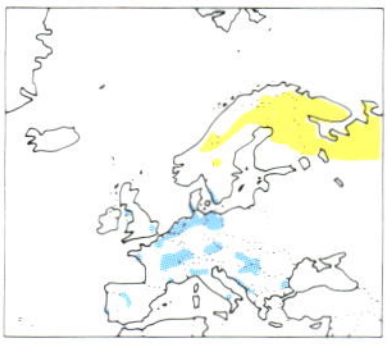

⦶ **KURZSCHNABELGANS** *Anser brachyrhynchus* **Status:** Z, W; IV, IX—XI. **Größe:** 70 cm, ♂ 2500—2700 g, ♀ 2200—2500 g, < Graugans. **Merkmale:** Sehr ähnlich Saatgans, aber kleiner, vielleicht zur gleichen Art gehörig; Schnabel rötlich und schwarz; Beine rötlich. **Stimme:** Schrill, rauh „ai-qui", „aa-wi" o.ä.; Stimmhöhe vergleichbar Bläß- und Zwerggans; ruffreudig. **Lebensraum:** Arktische Tundra oft felsige Hänge; „WI" WF, MM, WL, AL. **Nest:** Brutkolonie; flache Bodenmulde; Moos, Flechten u.a., Dunen vom ♀, ♀. **Eier:** 3—5, rahmfarben, 80 mm. **Brut:** 1, 26—27, ♀, V—VI. **Junge:** Nfl, 56, ♂♀. **Imm:** 0. **Alter:** 3 (2)/22/74%. **Nahrung:** „So" Gras, Wasserpflanzen; „Wi" Gras, Saat, auch Nachlese auf abgeernteten Feldern. *

⦶ **BLÄSSGANS** *Anser albifrons* **Status:** Z, W; III—V, IX—XII. **Größe:** 70 cm, ♂ 2100—2500 g, ♀, 1900—2200 g, < Graugans. **Merkmale:** Weißes Stirnband; Schnabel gelb bis rötlich; schwarze, breite Querbänder auf der Unterseite; Imm. ohne Stirn- und Bauchzeichnung. **Stimme:** Alle Rufe heller als bei der Graugans; Schnattern „klili", „kau-liau" o.ä.; ruffreudig. **Lebensraum:** „So" feuchte Tundra; „Wi" WF, MM auch WL. **Nest:** Lockere Brutkolonie; flache Bodenmulde; Pflanzen der Umgebung, Dunen vom ♀, ♀. **Eier:** 5—6, rahmweiß, 80 cm. **Brut:** 1, 27—28, ♀, VI—VII. **Junge:** Nfl, 40—43, ♂♀. **Imm:** 12. **Alter:** 3/18/72%. **Nahrung:** verschiedene Pflanzen, „Wi" vorwiegend Gras. *

⦶ **ZWERGGANS** *Anser erythropus* **Status:** Z; III—V, IX—XI. **Größe:** 60 cm, ♂ 1800—2000 g, ♀ 1400—1800 g, < Graugans. **Merkmale:** Kleinste graue Gans; weißes Stirnband reicht bis über das Auge; gelber Augenring; Schnabel auffällig kurz; Flügelspitzen überragen den Schwanz. Lebensraum: „So" Tundra mit Zwergsträuchern; „Wi" WF, MM, WL, AL. **Nest:** Flache Bodenmulde; Pflanzen der Umgebung, Dunen vom ♀, ♀. **Eier:** 4—6, rahmfarben, 77 mm. **Brut:** 1, 25—28, ♀, V—VII. **Junge:** Nfl, 35—40, ♂♀. **Imm:** 12. **Alter:** 3(2)/?. **Nahrung:** Verschiedene Pflanzen, „Wi" vorwiegend Gras.

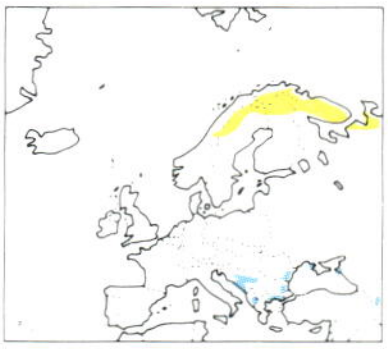

◑ **GRAUGANS** *Anser anser* **Status:** TZ; II—IV, IX—XII. **Größe:** 80 cm, ♂ 3400—3700 g, ♀ 2900—3100 g. **Merkmale:** Hellste der grauen Gänse; Schnabel orange; Beine fleischfarben; im Flug auffällig heller Vorderflügel. **Stimme:** Schnattern „gagaga..." oder „ang-ang...", lautes Trompeten u.a. Rufe; ruffreudig. **Lebensraum:** „So" SF, BF, WF; „Wi" WF, MM, WL, AL. **Nest:** Manchmal lockere Brutkolonie; feuchter Grund großer Schilfhaufen, trockener Grund flache Mulde mit wenig Nistmaterial, wenig Dunen vom ♀, ♀. **Eier:** 4—6, rahmfarben, 85 mm. **Brut:** 1, 27—28, ♀, IV—VI. **Junge:** Nfl, 50—60, ♂♀. **Imm:** 0. **Alter:** 3(2)/17/77%. **Nahrung:** Vorwiegend Gras und andere Pflanzen.

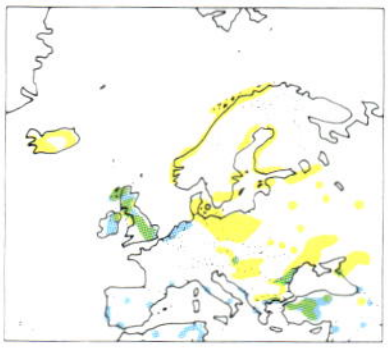

△ **ROTHALSGANS** *Branta ruficollis* **Status:** Z; III—V, IX—XI. **Größe:** 55 cm, ♂ 1200—1500 g, ♀ 1000—1200 g, ~Stockente. **Merkmale:** Kleine, bunte Gans; Hals und Brust auffällig kastanienbraun. **Stimme:** Schrill zweisilbig „ka-wa" u.a. Rufe. **Lebensraum:** „So" küstennahe Tundra; „Wi" WF, MM, WL, AL. **Nest:** Brutkolonie; flache Mulde; Gras, Dunen vom ♀, ♀. **Eier:** 4—5, gelblichweiß, 71 cm. **Brut:** 1, 25, ♀. **Junge:** Nfl, ?, ♂♀. **Imm:** 0. **Alter:** 2/?. **Nahrung:** Vorwiegend Gräser.

Bei den europäischen Arten kann zwischen den „grauen" Gänsen und den „schwarzen" Gänsen unterschieden werden.

Die „schwarzen" Gänse sind leicht auseinanderzuhalten. Jede Art hat ihr kennzeichnendes Färbungsmuster. Die „grauen" Gänse sind schwerer zu bestimmen. Hier kann die Kenntnis der Stimmen recht nützlich sein.

Achte bei den Gänsen mit stärkeren Farbkontrasten auf die Färbungsmuster und bei den grauen Gänsen auf die Färbung von Schnabel und Beinen.

⦶ **NONNENGANS** *Branta leucopsis* **Status:** Z,W; III—V, X—XII. **Größe:** 63 cm, ♂ 1600—2000 g, ♀ 1500—1800 g, <Graugans. **Merkmale:** „Schwarze“ Gans mit völlig weißem Gesicht. **Stimme:** Kläffend „kwä“, „wa“, „wak“, o.ä.; im Flug „gäk-gäk...“. **Lebensraum:** „So“ arktische Tundra; „Wi“ MM, WF, WL. **Nest:** Lockere Brutkolonie; oft auf Klippen und Felsblöcken; Bodenmulde; wenig Nistmaterial, Dunen vom ♀, ♀. **Eier:** 4—5, rahmfarben, 76 mm. **Brut:** 1, 24—25, ♀, V—VII. **Junge:** Nfl, 40—45, ♂♀. **Imm:** 0. **Alter:** 3(2)/19/86%. **Nahrung:** Vorwiegend Gräser. *

⦶ **RINGELGANS** *Branta bernicla* **Status:** Z, W; III—V, IX—XI. **Größe:** 58 cm, ♂ 1400—1600 g, ♀ 1300—1500 g, > Stockente. **Merkmale:** Einzige „schwarze“ Gans mit einem ganz schwarzen Kopf; weißer Fleck auf den Halsseiten, Junggänse ohne Halsfleck; zwei Formen — dunkelbäuchige brütet im arktischen Eurasien, hellbäuchige brütet auf Spitzbergen und Grönland. **Stimme:** Rauh, gedehnt „rrot“, „rronk“ o.ä.; im Flug kurz, hart „ak“ oder „ek“. **Lebensraum:** „So“ küstennahe, arktische Tundra; „Wi“ WM, MM, WF. **Nest:** Brutkolonie, flache Bodenmulde; Pflanzen der Umgebung, viel Dunen vom ♀, ♀. **Eier:** 3—5, rahmfarben, 70 mm. **Brut:** 1, 24—26, ♀, VI—VII. **Junge:** Nfl, 40, ♂♀. **Imm:** 12. **Alter:** 2—3/13+/86%. **Nahrung:** Gräser, im Watt Seegras. *

◑ **KANADAGANS** *Branta canadensis* **Status:** Aus N.-Amerika eingebürgert; Z, W, St; X—III. **Größe:** 95 cm, ♂ 4700—5000 g, ♀ 4300—4500 g, > Graugans. **Merkmale:** Größte der „schwarzen“ Gänse; weißes Kinnband. **Stimme:** Nasales, gedehntes Trompeten; im Flug hallend „a-hong“, „ai“ o.ä. **Lebensraum:** „So“ SF, FF, BF; „Wi“ WF, WL, AL. **Nest:** Lockere Brutkolonie; flache Bodenmulde; wenig Nistmaterial, Dunen vom ♀, ♀. **Eier:** 5—6, rahmfarben, 86 mm. **Brut:** 1, 28—30, ♀, IV—VI. **Junge:** Nfl, 40—48, ♂♀. **Imm:** 0. **Alter:** 3/24/78%. **Nahrung:** Pflanzen, vorwiegend Gräser. *

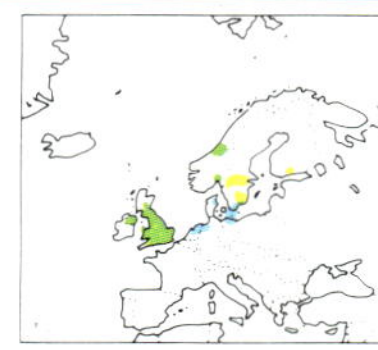

Gattungen *Tadorna, Alopochen* „Halbgänse“: Weltweit 14 Arten.

Größere, gänseähnliche Enten. Die Geschlechter sehen gleich aus. Die „Halbgänse“ halten sich vorwiegend auf dem Lande auf. Sie können recht schnell und geschickt laufen. Einige nisten in Höhlen.

▲ **NILGANS** *Alopochen aegyptiacus* **Status:** In Mitteleuropa zumeist aus Gefangenschaft. **Größe:** 70cm, ♂ 1900—2500 g, ♀ 1500—1800 g, > Stockente. **Merkmale:** Längerer Hals und längere Beine als Brand- und Rostgans; Schnabel und Beine rosarot. **Stimme:** Heiser „kek kek“, trompetend „teng teng“; erregt „teng teng-teng teng...“ **Lebensraum:** SF, FF. **Nest:** In großen Baumhöhlen oder dichter Vegetation; zumeist wenig Nistmaterial und Dunen, ♀. **Eier:** 8—9, rahmfarben, 70 mm. **Brut:** 1, 28—30, ♀. **Junge:** Nfl, 70—75, ♂♀. **Imm:** 12. **Alter:** 1—2/(6). **Nahrung:** Vorwiegend Gräser.

◑ **BRANDGANS** *Tadorna tadorna* **Status:** TZ; III—IV, X—XI, Mauserzug VII—VIII. **Größe:** 61 cm, ♂ 1100—1450 g, ♀ 850—1250 g, ~ Stockente. **Merkmale:** Größerer, weißer Vogel mit glänzend-grünem Kopf und rostrotem Brustband. **Stimme:** ♂ hoch pfeifend „tju-tju...tirr“; ♀ tief, schnatternd „ga ga ga..“, „ak-ak“, „ar-rak“ o.ä. **Lebensraum:** MM, SM, WM auch WF. **Nest:** Kaninchenbaue u.a. Erdhöhlen, dichte Vegetation; wenig Pflanzenmaterial, viel Dunen vom ♀, ♀. **Eier:** 8—10, rahmfarben, 66 mm. **Brut:** 1, 29—31, ♀, IV—VI. **Junge:** Nfl, 45—50, ♂♀. **Imm:** 12. **Alter:** 2/16/80%. **Nahrung:** Vorwiegend kleine Krebse und Weichtiere. *

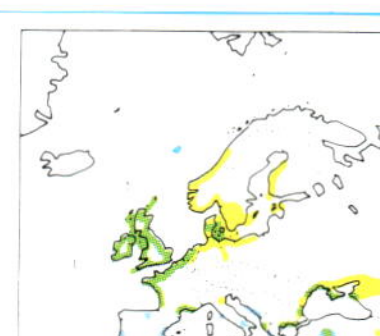

△ **ROSTGANS** *Tadorna ferruginea* **Status:** TZ. **Größe:** 64 cm, ♂ 1200—1500 g, ♀ 900—1250 g, ~Stockente. **Merkmale:** Hell rostbraun mit hellerem Kopf; im Flug großer, weißer Vorderflügel. **Stimme:** Nasal, laut „ang“ o.ä.; ♂ weich rollend „aerr“, „arorr“ o.ä., ♀ rauher und tiefer. **Lebensraum:** SF, FF in Steppe und G. **Nest:** Felsspalten, Erdlöcher, Baumhöhlen; wenig Nistmaterial, Dunen, ♀. **Eier:** 8—9, rahmfarben, 67 mm. **Brut:** 1, 28—29, ♀, V—VI. **Junge:** Nfl, 55, ♂♀. **Imm:** 0. **Alter:** ?2/?. **Nahrung:** Allesfresser- grüne Pflanzenteile, Samen, Kleinkrebse, Insekten u.a.

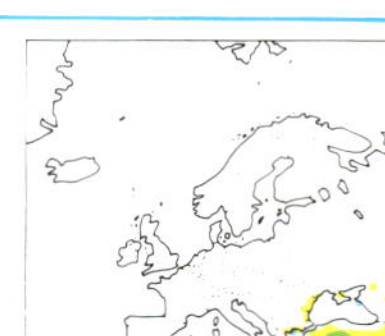

Die drei hier behandelten Arten haben gut kennzeichnende Färbungsmerkmale. Gemeinsam ist ihnen ein heller Vorderflügel und dunkle Flügelspitzen.

Gattungen *Anas, Aythya* u.a. Enten: Weltweit um 110 Arten.

Bei den Enten lassen sich einige Arten zu Gruppen mit gemeinsamen Merkmalen zusammenfassen. So sind die Eiderenten *(Somateria)*, die Samt- und Trauerente *(Melanitta)* wie auch die Eisenente *(Clangula)* Meeresenten, die wesentlich von Weichtieren leben. Die Säger *(Mergus)* mit dem schmalen, gezähnten Schnabel sind Fischjäger. Die Schwimm- oder Gründelenten *(Anas)* suchen ihre überwiegend pflanzliche Nahrung schwimmend oder auf dem Land. Die Tauchenten *(Aythya u.a.)* tauchen nach ihrer vorwiegend tierischen Nahrung.

▲ **MANDARINENTE** *Aix galericulata* **Status:** Parkvogel aus O.-Asien, an manchen Orten eingebürgert. **Größe:** 43 cm, ♂ 500—700 g, ♀ 400—600 g, < Stockente. **Merkmale:** ♂ auffällige Schmuckfedern; ♀ vorwiegend graubraun; angedeutete Haube; weißer, nach hinten ausgezogener Augenring. **Stimme:** ♂ pfeifend „wuik"; ♀ nasal „äk" oder „änk". **Lebensraum:** SF, FF mit baumbestandenen Ufern, auch VS. **Nest:** Baumhöhle; kein Nistmaterial, Dunen vom ♀. **Eier:** 9—12, rahmfarben, 49 mm. **Brut:** 1, 28—30, ♀. **Junge:** Nfl, 40—45, ♀. **Imm:** 3. **Alter:** 1/?. **Nahrung:** Vorwiegend grüne Pflanzenteile, Samen und Früchte, auch Insekten, Weichtiere u.a. *

◑ **PFEIFENTE** *Anas penelope* **Status:** TZ; III—V, IX—XI. **Gefährdung:** R6. **Größe:** 46 cm, ♂ 700—900 g, ♀ 500—850 g, <Stockente. **Merkmale:** ♂ rotbrauner Kopf mit rahmfarbenem Scheitel, im Flug auffallend weißer Vorderflügel; ♀ hohe Stirn, kurzer Schnabel, im Flug blaßgrauer Unterflügel. **Stimme:** ♂ schneidender Pfiff zwei-bis dreisilbig „wi-huu", „wij-uu" o.ä.; ♀ knarrend „warr" o.ä. oft gedehnt und gereiht. **Lebensraum:** „So" SF, BF, WF; „Wi" MM, WF auch WL. **Nest:** Boden, in dichtem Bewuchs, in Wassernähe; Mulde mit Pflanzenteilen der Umgebung, Dunen vom ♀, ♀. **Eier:** 8—9, rahmfarben, 54 mm. **Brut:** 1, 24—25, ♀, V—VII. **Junge:** Nfl, 40—45, ♀. **Imm:** 3. **Alter:** 1/18/53%. **Nahrung:** Gräser, Kräuter, Wurzeln.

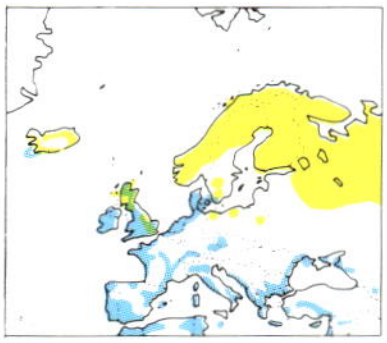

∅ **SCHNATTERENTE** *Anas strepera* **Status:** TZ; II—IV, IX—XI. **Gefährdung:** R5. **Größe:** 51 cm, ♂ 700—900 g, ♀ 650—850 g, ~ Stockente. **Merkmale:** ♂ grau mit schwarzem „Heck", weißer Flügelspiegel im Flug auffällig; ♀ ähnlich Stockente, aber weißer Flügelspiegel, der am gefalteten Flügel nicht immer gut sichtbar ist. **Stimme:** ♂ rauh, nasal „rüäb", „trüb" o.ä. und Grunzpfiff „fiid" o.ä.; ♀ ähnlich Stockente „rääk-räk..". **Lebensraum:** SF, FF, BF. **Nest:** Boden, im dichten Bewuchs; Pflanzenteile der Umgebung, Dunen vom ♀, ♀. **Eier:** 8—12, rahmfarben, 54 mm. **Brut:** 1, 24—26, ♀, IV—VI. **Junge:** Nfl, 45—50, ♀, IV—VI. **Imm:** 2. **Alter:** 1/13. **Nahrung:** Vorwiegend Wasserpflanzen.

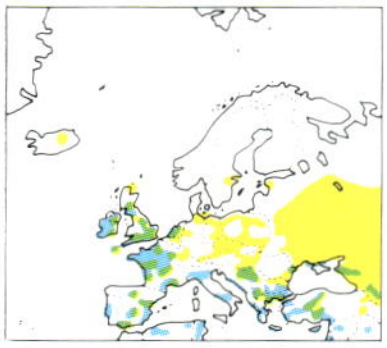

◑ **KRICKENTE** *Anas crecca* **Status:** TZ; II—IV, IX—XI. **Gefährdung:** R4. **Größe:** 35 cm, 250—400 g, < Stockente. **Merkmale:** Kleinste Gründelente; ♂ Kopf kastanienbraun mit grünem Bogenfleck an den Kopfseiten, rahmfarbener Fleck am „Heck". ♀ ähnlich Stockente, aber wesentlich kleiner, schwarz-grüner Flügelspiegel, weißlicher Bauch. **Stimme:** ♂ melodischer Pfiff „krük", „krilück" o.ä.; ♀ nasal qäkend „kee" oder „nää". **Lebensraum:** SF, FF, BF mit dichtem Bewuchs, „Wi" auch WM, KM. **Nest:** Boden, im dichten Bewuchs, in Wassernähe; Pflanzenteile der Umgebung, Dunen vom ♀, ♀. **Eier:** 8—11, rahmfarben, 46 mm. **Brut:** 1, 21—23, ♀, IV—VI. **Junge:** Nfl, 25—30, ♀. **Imm:** 3. **Alter:** 1/16/ bis 61%. **Nahrung:** Vorwiegend Pflanzen, auch Samen und Früchte, weniger wirbellose Kleintiere.

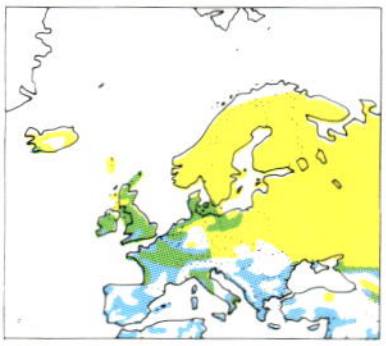

● **STOCKENTE** *Anas platyrhynchos* **Status:** TZ; II—IV, VIII—XII. **Größe:** 58 cm, 850—1400 g. **Merkmale:** Häufigste Ente des Binnenlandes; ♂ glänzend grüner Kopf, weißes Halsband, gelber Schnabel; ♀ braun mit blauem, weiß gesäumtem Flügelspiegel, Schnabel grünlich; in Städten viele Farbvariationen. **Stimme:** ♂ gedämpft „rähb" oder „räb-räb.."; ♀ gedehnt „waak waak.."; ruffreudig. **Lebensraum:** SF, FF, BF, „Wi" auch WM, KM. **Nest:** Boden, im dichten Bewuchs, auch auf Bäumen, Gebäuden u.a.; Pflanzenteile der Umgebung, Dunen vom ♀, ♀. **Eier:** 9—13, rahmfarben bis grünlich, 57 mm. **Brut:** 1, 27—28, ♀, IV—VI. **Junge:** Nfl, 50—60, ♀. **Imm:** 3. **Alter:** 1(2)/29/52%. **Nahrung:** Allesfresser, Pflanzen und wirbellose Kleintiere.

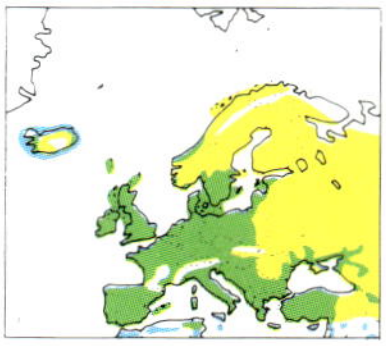

Die genaue Beobachtung des Verhaltens kann bei der Bestimmung der Enten sehr nützlich sein. So sollte man darauf achten, ob sie regelmäßig oder nur gelegentlich tauchen. An Land sitzen die Tauchenten zumeist dicht am Wasser. Weitab vom Wasser findet man gewöhnlich nur Gründelenten. Im Brutkleid sind die Erpel leicht zu erkennen. Im Ruhekleid gleichen sie oft den Enten.

Die Enten sind oft sehr schwer zu unterscheiden. Bei der Bestimmung einer Ente achte man daher auch auf den Erpel, mit dem sie vergesellschaftet ist.

Achte allgemein auf die Kopfzeichnung, auf die Ausbildung eines Schopfes und das Farbmuster der Flügel.

◑ **SPIESSENTE** *Anas acuta* **Status:** Z; II—IV, IX—XI. **Gefährdung:** R5. **Größe:** ♂ 66 cm, ♀ 56 cm, ♂ 750—1050 g, ♀ 600—850 g, ~ Stockente. **Merkmale:** ♂ brauner Kopf, langer Hals, lange Schwanzspieße; ♀ ähnlich Pfeifenten-♀ aber schlanker, längerer Hals, spitzer Schwanz. **Stimme:** ♂ leise, melodisch „wüühr" o.ä.; ♀ quakt ähnlich Stockente; wenig ruffreudig. **Lebensraum:** „So" SF, BF, „Wi" vorwiegend WM, KM. **Nest:** Boden, oft ohne Deckung; Pflanzenteile der Umgebung, Dunen vom ♀, ♀. **Eier:** 7—9, rahmfarben bis grünlich, 54 mm. **Brut:** 1, 22—24, ♀ IV—VI. **Junge:** Nfl, 40—45, ♀. **Imm:** 3. **Alter:** 1(2)/27/52%. **Nahrung:** Verschiedene Pflanzen, Samen und Früchte, auch wirbellose Kleintiere.

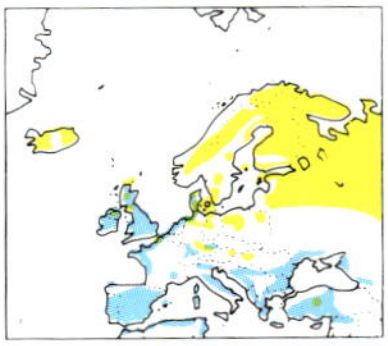

◑ **KNÄKENTE** *Anas querquedula* **Status:** Z; III—IV, VII—X. **Gefährdung:** R4. **Größe:** 38 cm, 300—440 g, < Stockente. **Merkmale:** Wenig größer als Krickente; ♂ auffälliger, weißer Überaugenstreif, im Flug hell blaugrauer Vorderflügel; ♀ sehr ähnlich Krickenten-♀ aber heller, mehr gefleckt, weißliche Kopfzeichnung. **Stimme:** ♂ ratternd, knarrend „qurrr" oder ‚trrr"; ♀ kurz, einsilbig „gäk", „knäk" o.ä.; wenig ruffreudig. **Lebensraum:** SF, BF mit dichtem Bewuchs. **Nest:** Boden, im hohen Gras; Pflanzenteile der Umgebung, Dunen vom ♀, ♀. **Eier:** 8—11, rahmfarben, 45 mm. **Brut:** 1, 21—23, ♀, IV—VI. **Junge:** Nfl, 35—40, ♀. **Imm:** 3. **Alter:** 1/20. **Nahrung:** Pflanzen und wirbellose Kleintiere.

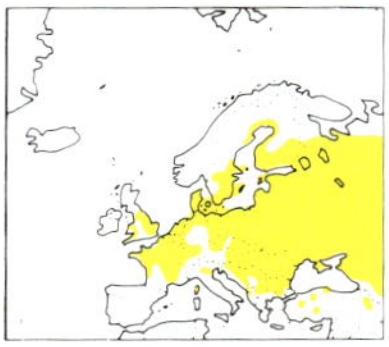

◑ **LÖFFELENTE** *Anas clypeata* **Status:** TZ; III—IV, IX—XI. **Gefährdung:** R5. **Größe:** 51 cm, 500—700 g, < Stockente. **Merkmale:** Löffelschnabel; ♂ rotbraune Flanken, weiße Brust; ♀ grüner Flügelspiegel, im Flug hellgrüner Vorderflügel. **Stimme:** ♂ selten kurz, dumpf „tuck-tuck" oder „klack-klack.."; ♀ ein- bis viersilbiges Quaken, gedehnt „wa-ak wa-ak" o.ä. **Lebensraum:** „So" BF, SF mit dichtem Bewuchs, „Wi" auch überschwemmte, versumpfte WF. **Nest:** Boden, in Wassernähe; Pflanzenteile der Umgebung, Dunen vom ♀, ♀. **Eier:** 9—11, rahmfarben oder grünlichgrau, 52 mm. **Brut:** 1, 22—23, ♀, IV—VI. **Junge:** Nfl, 40—45, ♀. **Imm:** 3. **Alter:** 1/21/56%. **Nahrung:** Seiht kleinste Tiere und Pflanzenteile aus dem Wasser.

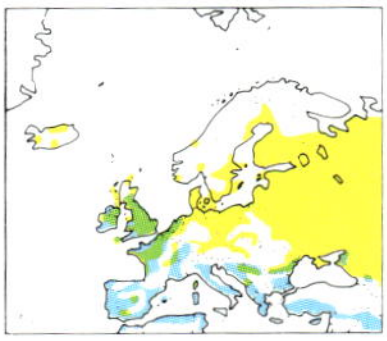

△ **MARMELENTE** *Marmonetta angustirostris* **Status:** TZ. **Größe:** 41 cm, ♂ 500—600 g, ♀ 400—550 g, < Stockente. **Merkmale:** ♂ und ♀ gleich; hellgefleckt, dunkler Augenstreif, angedeutete Haube. **Stimme:** ♂ nasal, leise „jiib" o.ä.; ♀ schrill „pliip-pliip"; zumeist stumm. **Lebensraum:** SF, FF mit dichtbewachsenem Ufer. **Nest:** Boden, im dichten Bewuchs; Pflanzenteile der Umgebung, Dunen vom ♀, ♀. **Eier:** 7—14, rahmfarben bis bräunlich, 46 mm. **Brut:** 1, 25—27, ♀, V—VII. **Junge:** Nfl, ?, ♀. **Imm:** 3. **Alter:** 1/?. **Nahrung:** Wahrscheinlich überwiegend Pflanzen.

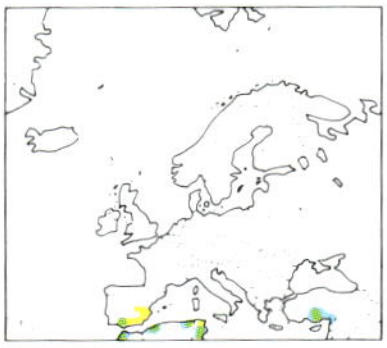

◑ **KOLBENENTE** *Netta rufina* **Status:** TZ; II—IV, X—XI. **Gefährdung:** R5. **Größe:** 56 cm, 1000—1300 g, ~ Stockente. **Merkmale:** ♂ rotbrauner, dicker Kopf, roter Schnabel; ♀ helle Wangen, dunkler Scheitel. **Stimme:** ♂ kurz, laut „bät" oder „brät"; ♀ kurz, hart „rä-rr"; wenig ruffreudig. **Lebensraum:** SF mit viel Röhricht. **Nest:** Boden, im dichten Bewuchs; Pflanzenteile der Umgebung, Dunen vom ♀, ♀. **Eier:** 8—11, rahmfarben bis blaßgrün, 58 mm. **Brut:** 1, 26—28, ♀, V—VI. **Junge:** Nfl, 45—50, ♀. **Imm:** 3. **Alter:** 1(2)/(7). **Nahrung:** Vorwiegend Wasserpflanzen.

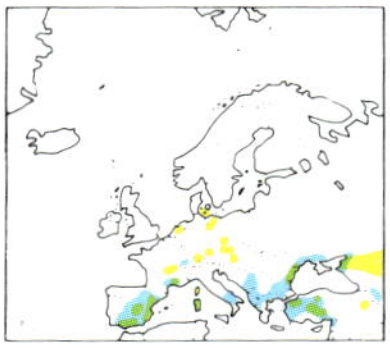

● **TAFELENTE** *Aythya ferina* **Status:** TZ, W; IX—IV. **Größe:** 46 cm, 700—1100 g, < Stockente. **Merkmale:** Im Flug Flügelband undeutlich, grau nicht weiß; ♂ kastanienbrauner Kopf, hellgrauer Rücken; ♀ hellerer Rücken als andere Aythya-Arten. **Stimme:** ♂ leise „wi-warr" o.ä.; ♀ nasal „rarr-rarr.."; zumeist stumm. **Lebensraum:** SF mit Röhricht, „Wi" auch offene Gewässer wie Stauseen o.ä. **Nest:** Boden, im dichten Bewuchs oder Röhricht; Pflanzenteile der Umgebung, Dunen vom ♀, ♀. **Eier:** 8—10, blaßgrünlich, 61 mm. **Brut:** 1, 25, ♀, IV—VI. **Junge:** Nfl, 50—55, ♀. **Imm:** 3. **Alter:** 1(2)/(10). **Nahrung:** Wasserpflanzen, auch kleine wirbellose Wassertiere.

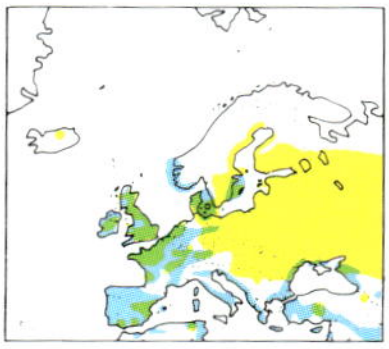

◑ **MOORENTE** *Aythya nyroca* **Status:** TZ; IV—V, X—XI. **Gefährdung:** R1. **Größe:** 41 cm, 650—800 g, < Stockente. **Merkmale:** Leuchtend weißer Unterschwanz; ♂ dunkel kastanienbraun; ♀ ähnlich Reiherenten-♀, aber nie weiß am Schnabelgrund. **Stimme:** ♂ leise schnaufend „wräijo" auch heiser „kjä-kjä.."; ♀ schnarrend „gjärr-gjärr.."; zumeist stumm. **Lebensraum:** SF mit dichtem Bewuchs, BF, „Wi" auch auf offenen Gewässern. **Nest:** Boden; im dichten Bewuchs am Wasserrand; Pflanzenteile der Umgebung, Dunen vom ♀, ♀. **Eier:** 8—10, rahmfarben bis bräunlich, 52 mm. **Brut:** 1, 25—27, ♀, V—VI. **Junge:** Nfl, 55—60, ♀. **Imm:** 3. **Alter:** 1/(8). **Nahrung:** Vorwiegend Wasserpflanzen, auch Insekten u.a. Wirbellose.

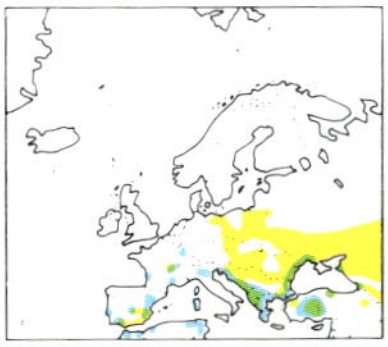

ad. ♀
ad. ♂
ad. ♂ Ruhekleid
ad. ♀
ad. ♂
ad. ♀
ad. ♂
ad. ♂ Ruhekleid
ad. ♀
ad. ♂
ad. ♀
ad. ♂
ad. ♂ Ruhekleid
ad. ♀
ad. ♂
ad. ♂
ad. ♀
ad. ♀
ad. ♂
ad. ♀
ad. ♂
ad. ♂ Ruhekleid
ad. ♀
ad. ♂
ad. ♀
ad. ♂
ad. ♂ Ruhekleid
ad. ♀
ad. ♂
ad. ♀
ad. ♂
ad. ♂ Ruhekleid
ad. ♀
ad. ♂

● **REIHERENTE** *Aythya fuligula* **Status:** TZ, W; X—IV. **Größe:** 43 cm, 550—900 g, < Stockente. **Merkmale:** ♂ glänzend schwarz mit weißen Flanken, Schopf; ♀ braun, kleiner Schopf, oft weiß um den Schnabelgrund; ♂ und ♀ im Flug weißes Flügelband. **Stimme:** ♂ kollernder, unreiner Triller „gügügürr"; ♀ kurz, hart „krrök"; zumeist stumm. **Lebensraum:** SF mit Röhricht, „Wi" auch offene Gewässer wie Stauseen u.ä. **Nest:** Boden, im dichten Bewuchs, Wassernähe; Pflanzenteile der Umgebung, Dunen vom ♀, ♀. **Eier:** 8—11, blaßgrünlich, 58 mm. **Brut:** 1, 25, ♀, IV—VI. **Junge:** Nfl, 45—50, ♀. **Imm:** 3. **Alter:** 1/15/54%. **Nahrung:** Kleine Weichtiere und andere Wirbellose, auch Wasserpflanzen.

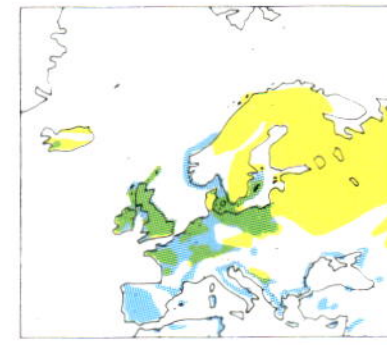

⌽ **BERGENTE** *Aythya marila* **Status:** Z, W; IX—IV. **Größe:** 48 cm, 700—1100 g, < Stockente. **Merkmale:** ♂ schwarz-weiß wie Reiherenten-♂, aber mit hellgrauem Rücken, kein Schopf; ♀ ähnlich Reiherenten-♀ aber kein Schopf, viel Weiß am Schnabelgrund. **Stimme:** ♂ leise „weiarr" oder „wik-wik-wiu"; ♀ tief, rauh „kurr"; zumeist stumm. **Lebensraum:** „So" SF, „Wi" fast ausschließlich KM. **Nest:** Boden, im Bewuchs; Pflanzenteile der Umgebung und Dunen vom ♀, ♀. **Eier:** 8—11, blaßgrünlich, 63 mm. **Brut:** 1, 26—28, ♀, V—VI. **Junge:** Nfl, 40—45, ♀(♂). **Imm:** 3. **Alter:** 1—2/13/48%. **Nahrung:** Kleine Wirbellose, bevorzugt Weichtiere, wenig Pflanzen.

◑ **EIDERENTE** *Somateria mollissima* **Status:** TZ, W; X—IV. **Größe:** 58 cm, 1200—2800 g, > Stockente. **Merkmale:** Flacher, fast stirnloser Kopf; ♂ schwarzer Bauch, weißer Rücken; ♀ braun, dicht dunkel gebändert. **Stimme:** ♂ dumpf an- und absteigend „hu-huu"; ♀ rauh „ok" oder „gok". **Lebensraum:** KM. **Nest:** Lockere Brutkolonie; Boden, im dichten Bewuchs, zwischen Felsblöcken, Geröll u.a. zumeist einige hundert Meter vom Strand; Pflanzenteile der Umgebung mit viel Dunen vom ♀, ♀. **Eier:** 4—6, blaß grünlichgrau, 77 mm. **Brut:** 1, 25—28, ♀, IV—VI. **Junge:** Nfl, 65—75, ♀. **Imm:** ♀ 3, ♂ bis 36. **Alter:** 2—3/18/80%. **Nahrung:** Vorwiegend Muscheln und Schnecken.

△ **PRACHTEIDERENTE** *Somateria spectabilis* **Status:** TZ. **Größe:** 56 cm, 1500—1800 g, ~ Stockente. **Merkmale:** ♂ vorne weiß, hinten schwarz, Schnabel orange, Schnabelbasis breit aufgetrieben; ♀ ähnlich Eiderenten-♀, Schnabel kürzer, Stirn höher. **Stimme:** ♂ kollernd „huu-u-u-u" auch kurz „huúu"; ♀ dumpf klopfend „gog-gog.:". **Lebensraum:** „So" SF der Tundra, „Wi" KM. **Nest:** Flache Bodenmulde; wenig Nistmaterial, viel Dunen vom ♀, ♀. **Eier:** 4—5, olivbräunlich, 67 mm. **Brut:** 1, 22—24, ♀, VI—VII. **Junge:** Nfl, ?, ♀. **Imm:** ♀ 3, ♂ länger. **Alter:** 3/(6). **Nahrung:** Vorwiegend Muscheln, Schnecken, andere kleinere Wirbellose.

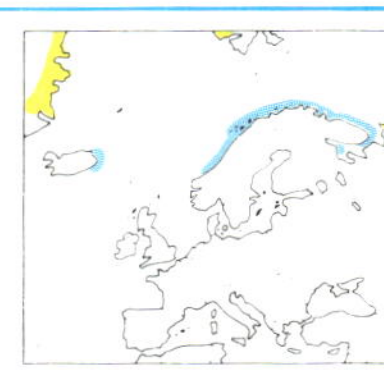

△ **SCHECKENTE** *Polysticta stelleri* **Status:** TZ. **Größe:** 46 cm, 700—950 g, < Stockente. **Merkmale:** ♂ weißer Kopf, schwarz-weißer Rücken, rotbraune Unterseite; ♀ ähnlich Eiderenten-♀ kleiner, weiß eingefaßter, blauer Flügelspiegel. **Stimme:** ♂ zumeist stumm; ♀ im Schwarm ruffreudig schnell, stotternd „ä-ä-ä-ä-är". **Lebensraum:** „So" SF der Tundra, „Wi" KM. **Nest:** Bodenmulde; Pflanzenteile der Umgebung, viel Dunen vom ♀, ♀. **Eier:** 6—8, blaß olivgrün, 61 mm. **Brut:** 1,?, ♀, VI—VII. **Junge:** Nfl, ?, ♀. **Imm:** 3. **Alter:** 3/?. **Nahrung:** Schnecken, Muscheln, Krebse u.a. Wirbellose.

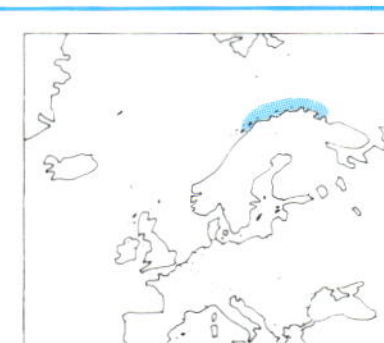

△ **KRAGENENTE** *Histrionicus histrionicus* **Status:** St. **Größe:** 43 cm, 500—700 g, < Stockente. **Merkmale:** ♂ bunt — weiß, blau, rotbraun; ♀ dunkelbraun, helle Flanken, 3 weißliche Flecke an der Kopfseite. **Stimme:** ♂ mäuseartiger, trillernder Pfiff; ♀ rauh, krächzend „ek-ek.:". **Lebensraum:** „So" FF mit schneller Strömung, „Wi" KM. **Nest:** Boden, im dichten Bewuchs; wenig Nistmaterial und Dunen vom ♀, ♀. **Eier:** 5—7, rahmfarben bis rötlichbraun, 58 mm. **Brut:** 1, 27—29, ♀, VI—VII. **Junge:** Nfl, 60—70, ♀. **Imm:** 3—9. **Alter:** 1/?. **Nahrung:** „So" vorwiegend Insekten, „Wi" kleine Meerestiere.

⌽ **EISENTE** *Clangula hyemalis* **Status:** Z, W; X—IV. **Größe:** ♂ 53 cm, ♀ 41 cm, 600—900 g, < Stockente. **Merkmale:** Runder Kopf, kurzer Schnabel, keine weiße Flügelzeichnung; ♂ „Wi" vorwiegend weiß mit schwarzer Zeichnung, „So" Kopf, Hals, Brust schwarz und Gesichtsfeld weiß, lange Schwanzspieße; ♀ grauweiß und braun, auffälliger Wangenfleck. **Stimme:** ♂ jodelnd „gauloiik", ruffreudig; ♀ wenig auffällig. **Lebensraum:** „So" SF der Tundra, „Wi" KM. **Nest:** Bodenmulde im Bewuchs oder an Felsblock; Pflanzenteile der Umgebung, Dunen vom ♀, ♀. **Eier:** 6—9, gelblich bis grünlich, 54 mm. **Brut:** 1, 24—29, ♀, VI—VII. **Junge:** Nfl, 35—40, ♀. **Imm:** 3. **Alter:** 2/?/72%. **Nahrung:** „Wi" Krebse, Schnecken, Muscheln, „So" vorwiegend Insekten.

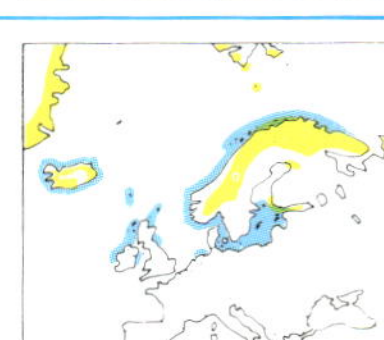

ad. ♀
ad. ♂
ad. ♂ Ruhekleid
ad. ♀
ad. ♂
ad. ♀
ad. ♂
ad. ♂ Ruhekleid
ad. ♀
ad. ♂
ad. ♀
ad. ♂
ad. ♂ Ruhekleid
ad. ♀
ad. ♂
ad. ♂
ad. ♀
ad. ♂ Ruhekleid
ad. ♀
ad. ♂
ad. ♀
ad. ♂
ad. ♂ Ruhekleid
ad. ♀
ad. ♂
ad. ♀
ad. ♂
ad. ♂ Ruhekleid
ad. ♀
ad. ♂
ad. ♂ Wi.
ad. ♂ Wi.
ad. ♂ So.
ad. ♂ So.
ad. ♀ So.
ad. ♀ Wi.

⦶ **TRAUERENTE** *Melanitta nigra* **Status:** Z, W; IX—IV. **Größe:** 48 cm, ♂ 1300—1450 g, ♀ 1200—1300 g, < Stockente. **Merkmale:** ♂ ganz schwarz, orangefarbener Schnabelfleck; ♀ dunkelbraun, helle Wangen (vergl. Kolbenente). **Stimme:** ♂ tief flötend „dü", „düit" o.ä.; ♀ „knarr" oder nasal, trompetend „drüng"; im Schwarm flötend „pjü-pjü..". **Lebensraum:** „So", SF, MF der Tundra, „Wi" KM. **Nest:** Bodenmulde; wenig Nistmaterial, Dunen vom ♀, ♀. **Eier:** 6—8, rahmfarben bis gelblichbraun, 65 mm. **Brut:** 1, 30—31, ♀, VI—VII. **Junge:** Nfl, 45—50, ♀. **Imm:** 3. **Alter:** 2—3/16/77%. **Nahrung:** „So" vorwiegend Insekten, „Wi" überwiegend Muscheln und Schnecken.

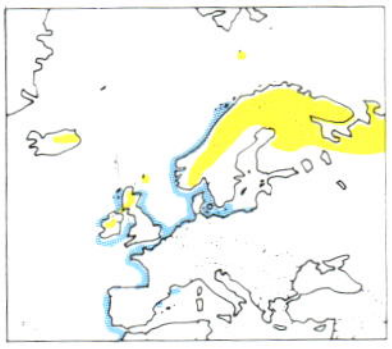

⦶ **SAMTENTE** *Melanitta fusca* **Status:** Z, W; X—V. **Größe:** 56 cm, ♂ 1200—2000 g, ♀ 1100—1250 g, ~ Stockente. **Merkmale:** Weißer Flügelspiegel; ♂ schwarz; ♀ dunkelbraun, hellere Wangenflecke. **Stimme:** ♂ pfeifend „huör-örr" o.ä.; ♀ am Brutplatz vibrierend „bra-braa.."; zumeist stumm. **Lebensraum:** „So" SF, auch Schärenküste, „Wi" KM. **Nest:** Bodenmulde im Bewuchs; wenig Nistmaterial, viel Dunen vom ♀, ♀. **Eier:** 7—9, rahmfarben bis hellbräunlich, 71 mm. **Brut:** 1, 27—28, ♀, VI—VII. **Junge:** Nfl, 50—55, ♀. **Imm:** 3. **Alter:** 2(3)/13. **Nahrung:** Insekten, kleine Meerestiere, vorwiegend Muscheln und Schnecken.

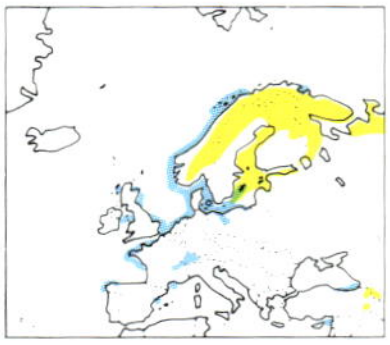

△ **SPATELENTE** *Bucephala islandica* **Status:** St. **Größe:** 53 cm, ♂ 1150—1300 g, ♀ 700—950 g, < Stockente. **Merkmale:** Sehr ähnlich Schellente; ♂ weißer, großer, halbmondförmiger Fleck vor dem Auge, mähnenartige Haube, Kopf schwarz mit Purpurglanz; ♀ bis auf Kopfform wie Schellente. **Stimme:** ♂ leise grunzend „kakaa" o.ä.; ♀ laut gackernd „gä-gä-gä-gärr"; zumeist stumm; Fluggeräusch wie Schellente. **Lebensraum:** SF, FF. **Nest:** Löcher und Spalten in Felsen und Klippen; kein Nistmaterial, Dunen vom ♀, ♀. **Eier:** 8—11, bläulichgrün, 62 mm. **Brut:** 1, 28—30, ♀, V—VI. **Junge:** Nfl, ?, ♀. **Imm:** 3. **Alter:** 2/?. **Nahrung:** Kleine wirbellose Wassertiere.

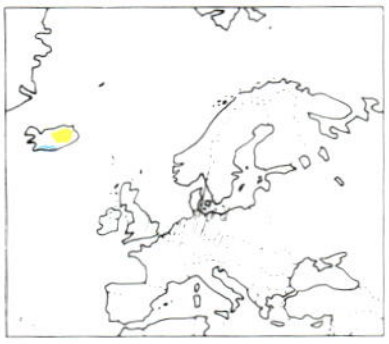

◑ **SCHELLENTE** *Bucephala clangula* **Status:** Z, W; X—IV. **Gefährdung:** R5. **Größe:** 46 cm, ♂ 820—1150 g, ♀ 600—900 g, < Stockente. **Merkmale:** Großer, „dreieckiger" Kopf; ♂ schwarz-weiß, Kopf schwarzgrün glänzend, runder weißer Fleck vor dem Auge. ♀ schokoladenbrauner Kopf, Oberseite grau. **Stimme:** ♂ nasal „rätsch-rärr" oder „quikiikirr"; ♀ rauh „graar grar" o.ä.; zumeist stumm; Fluggeräusch pfeifend, schellend „wi wi wi..". **Lebensraum:** „So" SF, „Wi" SF, KM. **Nest:** Baumhöhle, Nistkasten; kein Nistmaterial, Dunen vom ♀, ♀. **Eier:** 8—11, bläulichgrün, 59 mm. **Brut:** 1, 29—30, ♀, V—VI. **Junge:** Nfl, 57—66, ♀. **Imm:** 3. **Alter:** 2/17/63%. **Nahrung:** Kleinere Wassertiere, Krebse, Weichtiere, Insekten.

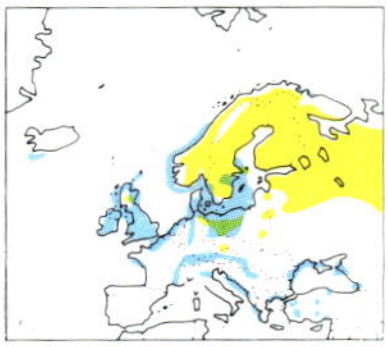

⦶ **ZWERGSÄGER** *Mergus albellus* **Status:** Z, W; IX—IV. **Größe:** 41 cm, ♂ 600—800 g, ♀ 500—650 g, < Stockente. **Merkmale:** Klein; ♂ vorwiegend weiß mit schwarzer Zeichnung; ♀ grau mit rotbrauner Kappe und weißen Wangen. **Stimme:** ♂ hölzern, knirrend „gig gig gigeörr"; ♀ quakend „gå gå.."; zumeist stumm. **Lebensraum:** „So", SF in waldreicher Umgebung, „Wi" auch offene Gewässer, geschützte Meeresbuchten. **Nest:** Baumhöhle; kein Nistmaterial, Dunen vom ♀, ♀. **Eier:** 7—9, rahmfarben bis hell rotbraun, 52 mm. **Brut:** 1, 26—28, ♀, V—VI. **Junge:** Nfl, ?, ♀. **Imm:** 3. **Alter:** ?2/?. **Nahrung:** Vorwiegend kleine Fische, „So" auch Wasserinsekten.

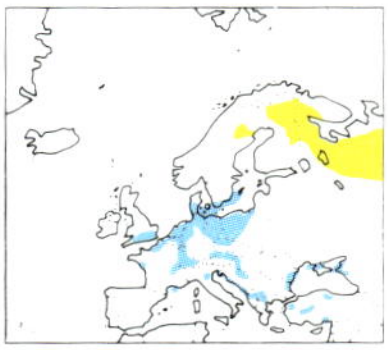

◑ **MITTELSÄGER** *Mergus serrator* **Status:** TZ, W; X—IV. **Gefährdung:** R5. **Größe:** 55 cm, 1000—1250 g, ~ Stockente. **Merkmale:** ♂ zottige Doppelhaube, rotbraunes Brustband; ♀ ähnlich Gänsesäger-♀, aber braunerer Rücken, ineinander verlaufende Halsfärbung, deutlichere Haube. **Stimme:** ♂ heiser „gwäng" oder „kriki-räh"; ♀ gereiht „rag-rag.." o.ä. **Lebensraum:** „So" SF, FF, Meeresbuchten, „Wi" KM. **Nest:** Boden, im hohen Bewuchs oder zwischen Steinen, selten Baumhöhle; Pflanzenteile der Umgebung, Dunen vom ♀, ♀. **Eier:** 8—11, grünbräunlich, 66 mm. **Brut:** 1, 31—32, ♀, V—VII. **Junge:** Nfl, 60—65, ♀ **Imm:** 3. **Alter:** 2/9. **Nahrung:** Vorwiegend Fische.

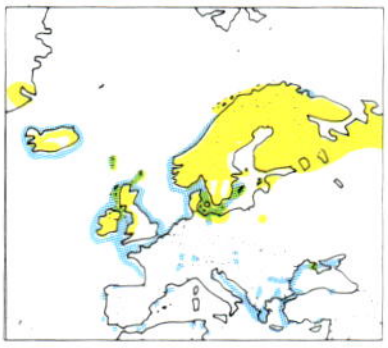

◑ **GÄNSESÄGER** *Mergus merganser* **Status:** TZ, W; X—IV. **Gefährdung:** R3. **Größe:** 62 cm, ♂ 1550—1650 g, ♀ 1050—1250 g, > Stockente. **Merkmale:** ♂ weißer als Mittelsäger-♂, Haube nicht struppig; ♀ grauer Rücken, Farben am Hals scharf gegeneinander abgesetzt. **Stimme:** ♂ mit erhobenem Schnabel „auig-a" und glockenartig, quakend „rüh-rah"; ♀ kurz „aik-aik" u.a. Rufe. **Lebensraum:** „So" SF, FF zumeist in bewaldeter Umgebung, „Wi" SF, FF, seltener KM. **Nest:** Baumhöhle, auch Bodenhöhle; wenig bis kein Nistmaterial, Dunen vom ♀, ♀. **Eier:** 7—12, rahmfarben bis gelblich, 66 mm. **Brut:** 1, 30—34, ♀, V—VII. **Junge:** Nfl, 60—70, ♀. **Imm:** 3. **Alter:** 2/10/60%. **Nahrung:** Vorwiegend Fische.

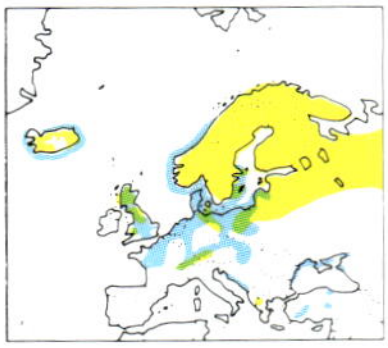

adult ♂
adult ♀
ad. ♀
ad. ♂

adult ♂
adult ♀
ad. ♀
ad. ♂

adult ♂
adult ♀
ad. ♀
ad. ♂

adult ♂
adult ♀
ad. ♀
ad. ♂

adult ♂
adult ♀
ad. ♀
ad. ♂

adult ♂
adult ♀
ad. ♀
ad. ♂

adult ♂
adult ♀
ad. ♀
ad. ♂

▲ **SCHWARZKOPF-RUDERENTE** *Oxyura jamaicensis* **Status:** Aus N.-Amerika in England eingebürgert. **Größe:** 41 cm, ♂ 550—800 g, ♀ 350—650 g, < Stockente. **Merkmale:** ♂ rotbraun, schwarze Kappe, weiße Wangen, Schwanz oft aufgerichtet; ♀ sehr ähnlich Weißkopf-Ruderenten-♀, undeutlicher Wangenstreif. **Stimme:** Zumeist stumm; leises Quaken und andere Laute; Flügel- und Schnabelgeräusche. **Lebensraum:** SF, FF mit bewachsenen Ufern. **Nest:** Schwimmender Haufen aus Schilf u.a. im Röhricht; ♀. **Eier:** 6—10, bräunlichweiß, 63 mm. **Brut:** 1, 25—26, ♀, V—VII .**Junge:** Nfl, 50—55, ♂ ♀. **Imm:** 3. **Alter:** 2(1)/?. **Nahrung:** Vielfältig — grüne Pflanzen, Samen, Früchte, Insekten.

△ **WEISSKOPF-RUDERENTE** *Oxyura leucocephala* **Status:** TZ. **Größe:** 46 cm, 700—900 g, < Stockente. **Merkmale:** Oft steil aufgerichteter, langer Schwanz, an der Basis aufgetriebener Schnabel ist in der Brutzeit leuchtend blau; ♂ Kopf weiß, schmaler Scheitel schwarz; ♀ breiter Wangenstreif. **Stimme:** Zumeist stumm, gelegentlich hartes, tiefes Knarren. **Lebensraum:** SF mit viel Röhricht, Brackwasserlagunen. **Nest:** Schwimmender Haufen aus Schilf u.a. im Röhricht; ♀. **Eier:** 5—10, weiß, 66 mm. **Brut:** 1, 25—26, ♀,V—VII. **Junge:** Nfl,?, ♀. **Imm:** 3. **Alter:** ?/?. **Nahrung:** Vorwiegend Wasserpflanzen, auch Insekten u.a.

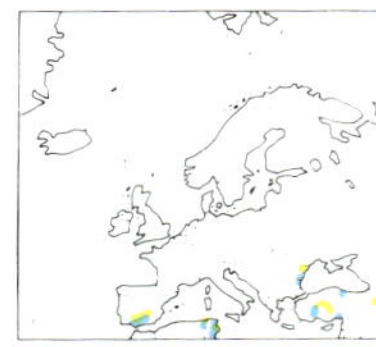

Ordnung Accipitriformes Greifvögel um 220 Arten.

Die Ordnung umfaßt alle Greifvögel, ausgenommen die Falken und Neuweltgeier. Bei den meisten Arten sind die Weibchen größer als die Männchen. Die Reifezeit mit mehreren Jugendkleidern dauert bei den größeren Arten oft mehrere Jahre. Auch die Alterskleider sind teilweise recht variabel. Eine Altersbestimmung ist daher in manchen Fällen schwierig.

△ **BARTGEIER** *Gypaetus barbatus* **Status:** St. **Größe:** 110 cm, 5000—7000 g. **Merkmale:** Sehr groß; lange, im Vergleich mit anderen Geiern schmale, spitze Flügel; langer Keilschwanz. **Stimme:** Zumeist stumm; Flugbalz pfeifend „fiijj", manchmal trillernd. **Lebensraum:** G. **Nest:** Höhlen und Nischen in Steilwänden; Äste und Zweige, ♂ ♀. **Eier:** 1—2, weiß bis gelbbräunlich; braun::, 86 mm. **Brut:** 1, 55—60, ♀ (♂), II—IV. **Junge:** Nho, 100—110, ♂ ♀. **Imm:** 36+. **Alter:** 5 oder mehr/?. **Nahrung:** Fleisch frischtoter Tiere; Knochen, die er zerkleinert, indem er sie aus der Höhe auf Felsen fallen läßt; auch Aas.

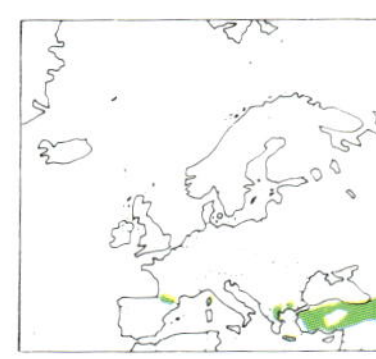

△ **SCHMUTZGEIER** *Neophron percnopterus* **Status:** Z; III—V, VIII—IX. **Größe:** 62 cm, 1600—2200 g, > Mäusebussard. **Merkmale:** Kleiner als andere Geier; gelblich bis schmutzig weiß; lange, schwarz-weiße Flügel; Keilschwanz. **Stimme:** Zumeist stumm; erregt leises Miauen, Zischen, Grunzen. **Lebensraum:** Weite Verbreitung vom G bis in S. **Nest:** Felsvorsprünge und Höhlen, auch Gebäude, Bäume; Äste und Zweige, ♂ ♀. **Eier:** 2, schmutzig weiß bis rötlich; verschieden braun::. **Brut:** 1, 42, ♂ ♀, IV—VII. **Junge:** Nho, 70—90, ♂ ♀. **Imm:** 36+. **Alter:** 4—5/?. **Nahrung:** Aas, oft an Müllhalden.

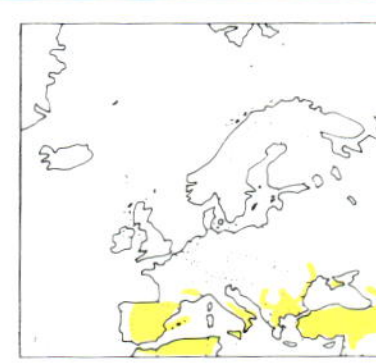

△ **GÄNSEGEIER** *Gyps fulvus* **Status:** TZ. **Größe:** 100 cm, ♂ 7500—10500 g, ♀ 8000—11000 g. **Merkmale:** Sehr groß; breite Flügel; der hellbraune Körper kontrastiert mit den dunklen Flügeln und dem dunklen Schwanz; Kopf und Kragen weiß; gesellig. **Stimme:** Zumeist stumm; erregt Fauchen, Keckern, Röhren, Zetern. **Lebensraum:** G, kommt zur Nahrungssuche auch in die Ebene. **Nest:** Gesellig; in Höhlen und Spalten an Felsen; Zweige, ♂ ♀. **Eier:** 1, weiß, manchmal wenig rostbraun::, 92 mm. **Brut:** 1, 52, ♂ ♀, II—V. **Junge:** Nho, 110—115, ♂ ♀. **Imm:** 12. **Alter:** 5—6/?. **Nahrung:** Aas großer Tiere.

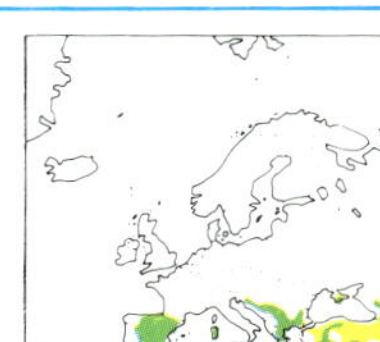

△ **MÖNCHSGEIER** *Aegypius monachus* **Status:** St. **Größe:** 104 cm, 7000—12500 g. **Merkmale:** Sehr groß; ganz schwarz; breite Flügel. **Stimme:** Zumeist stumm; erregt Krächzen, Zischen; am Brutplatz laut, ansteigend „kokoko". **Lebensraum:** Ebene und G. **Nest:** Baum, selten Felsen; Zweige, ♂ ♀. **Eier:** 1, weiß; manchmal wenig rotbraun::, 90 mm. **Brut:** 1, 50—55, ♂ ♀, II—V. **Junge:** Nho, 100—120, ♂ ♀. **Imm:** 12—24. **Alter:** ?5—6/(6). **Nahrung:** Aas großer Tiere.

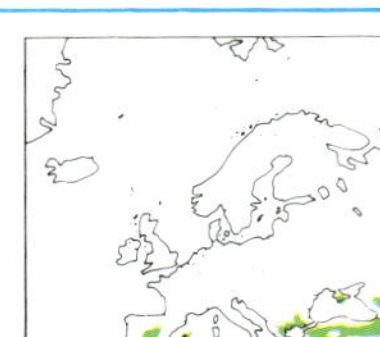

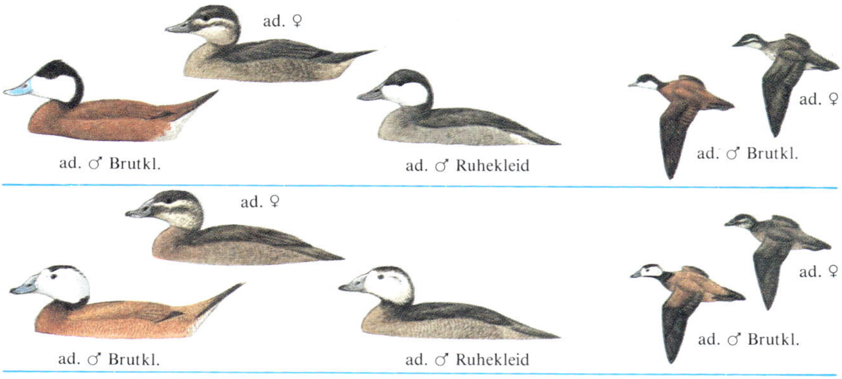

Gattung *Gyps* u.a. Altweltgeier: Weltweit 14 Arten.

Die Geier sind zumeist große Vögel mit wenig befiederten Köpfen und Hälsen. Sie können so ungehindert in Kadavern fressen. Sie sind ganz vorzügliche Segelflieger, die lange Zeit ohne Flügelschlag in Aufwindzonen kreisen. Da sie auf thermische Aufwinde angewiesen sind, fliegen sie erst, nachdem sich am Vormittag die Luft ausreichend erwärmt hat. Die häufigste Art, der Gänsegeier, tritt oft in Trupps auf.

Achte auf die Flügel- und Schwanzform.

Familie *Pandionidae* Fischadler: Weltweit 1 Art.

Der Fischadler greift mit den Fängen im Sturzflug Fische. Als Anpassung an diese Jagdweise sind seine Schenkel nur kurz befiedert. Die Unterseiten seiner Zehen sind stark aufgerauht. Die schlüpfrige Beute kann so sicher gehalten werden. Der Fischadler ist fast über die ganze Erde verbreitet. Wo er in kälteren Regionen brütet, ist er ein Zugvogel.

◑ **FISCHADLER** *Pandion haliaetus* **Status:** Z; II—IV, IX—X. **Gefährdung:** R1. **Größe:** 55 cm, ♂ 1200—1750 g, ♀ 1200—2050 g, ~ Mäusebussard. **Merkmale:** Gewöhnlich in Wassernähe; lange, gewinkelte Flügel; weiße Unterseite; dunkles Band vom Auge zum schwarzbrauen Rücken. **Stimme:** Erregt schreiend „jhp-jihp.:"; gestört „kiu kiu.:". **Lebensraum:** SF, FF, KM oft mit baumbestandenen Ufern. **Nest:** Großer Baum, Klippe, selten sogar Boden; großer Bau aus Ästen, Zweigen u.a.; ♂ ♀. **Eier:** 2—3, weiß bis rahmfarben; stark dunkelbraun::, 62 mm. **Brut:** 1,37, ♀ (♂), IV—V. **Junge:** Nho, 44—59, ♂ ♀. **Imm:** 6. **Alter:** 3/32/81,5%. **Nahrung:** Fast ausschließlich Fische.

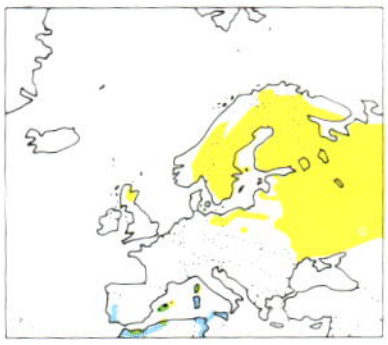

Familie *Accipitridae* Greife: Weltweit um 200 Arten.
Gattungen *Haliaeetus, Circaetus, Aquila* u.a. „Adler".

Die „Adler" sind mittelgroße bis große Greifvögel mit breiten Flügeln und nicht sonderlich langen Schwänzen. Da die Seeadler und der Schlangenadler weder miteinander noch mit den eigentlichen Adlern *(Aquila)* näher verwandt sind, handelt es sich hier nicht um eine systematische Gruppe. Die „Adler" sehen aber alle ähnlich aus und können leicht miteinander verwechselt werden. Zum besseren Vergleich werden sie daher hier gemeinsam vorgestellt.

◑ **SEEADLER** *Haliaeetus albicilla* **Status:** TZ; II—IV, IX—XI. **Gefährdung:** R2. **Größe:** 70—90 cm, ♂ 3100—5500 g, ♀ 4100—7000 g, > Mäusebussard. **Merkmale:** Sehr großer, wuchtiger Adler; keilförmiger Schwanz, beim Altvogel weiß. **Stimme:** Langgezogenes ansteigendes Jauchzen „kjau kjau.:"oft von ♂ und ♀ im Duett; gestört hart „kra" oder „ga"; ruffreudig. **Lebensraum:** SF, FF, KM. **Nest:** Großer Baum, Felsen, seltener Boden; großer Bau aus Ästen, Zweigen, ♀ ♂. **Eier:** 2, mattweiß, 76 mm. **Brut:** 1, 36—42, ♀ (♂), III—VI. **Junge:** Nho, 70—75, ♂ ♀. **Imm:** 60+. **Alter:** 5—6/20/70%. **Nahrung:** Wasservögel, Fische u.a. Wirbeltiere, auch Aas.

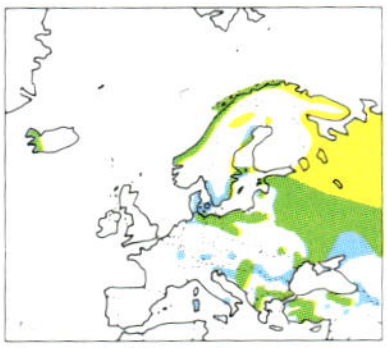

♙ **SCHLANGENADLER** *Circaetus gallicus* **Status:** Z; III—IV, IX—X. **Gefährdung:** R1. **Größe:** 66 cm, ♂ 1100—2000 g, ♀ 1300—2300 g, >Mäusebussard. **Merkmale:** Unterseite bis auf Kehle und Vorderbrust weiß; rüttelt häufig. **Stimme:** Klagend „djii" oder rauh „ok"; im Balzflug melodisch „gjü gjü.:"; ruffreudig. **Lebensraum:** Verschiedenste L vom G bis zur Küste. **Nest:** Spitze kleinerer Bäume; dürftiger Bau aus Zweigen, ♂ ♀. **Eier:** 1, weiß, 73 mm. **Brut:** 1, 45—47, ♀ (♂), V—VII. **Junge:** Nho, 70—75, ♂ ♀. **Imm:** 0. **Alter:** 3—4/18. **Nahrung:** Vorwiegend Reptilien, vor allem Schlangen.

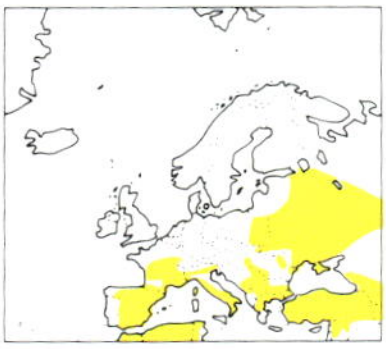

◑ **SCHREIADLER** *Aquila pomarina* **Status:** Z, III—IV, IX—XI. **Gefährdung:** R1. **Größe:** 64 cm, 1200—1750 g, >Mäusebussard. **Merkmale:** Dem Schelladler sehr ähnlich; kleiner und heller; Schwanzwurzel schmaler; Imm. weniger gefleckt. **Stimme:** Melodisch pfeifend „tjück tjück.:"; ♂ im Balzflug gedehnter Pfiff „wiik". **Lebensraum:** Gegenden, in denen MW und L miteinander wechseln, oft in Wassernähe. **Nest:** Großer Baum; größerer Bau aus Ästen, Zweigen, ♂ ♀. **Eier:** 2, weiß; braunrot::, 63 mm. **Brut:** 1, 38—41, ♀, IV—VI. **Junge:** Nho, 50—58, ♂ ♀. **Imm:** 48+. **Alter:** 4—6/17. **Nahrung:** Vorwiegend Kleinsäuger.

♙ **SCHELLADLER** *Aquila clanga* **Status:** Z; III—IV, X—XI. **Größe:** 70 cm, ♂ 1650—1950 g, ♀ 1750—2500 g, >Mäusebussard. **Merkmale:** Dem Schreiadler sehr ähnlich; Schwanzwurzel breit, Schwanz kurz; Altvogel erscheint einfarbig dunkelbraun, Jungvogel mit vielen weißlichen Flecken. **Stimme:** Kläffend „jib jib..chäb chäb" auch gedehnt heisere Pfiffe „chro-chro-chrüo.:". **Lebensraum:** W in der Nähe von SF, FF, BF. **Nest:** Großer Baum, in Steppe auch Busch; großer Bau aus Ästen, Zweigen, ♂ ♀. **Eier:** 2, grauweiß, ungezeichnet oder braun::, 67 mm. **Brut:** 1, 42—44, ♀, V—VI. **Junge:** Nho, 63—77, ♂ ♀. **Imm:** 48+. **Alter:** ?/?. **Nahrung:** Kleinsäuger u.a. kleinere Wirbeltiere, gelegentlich Aas.

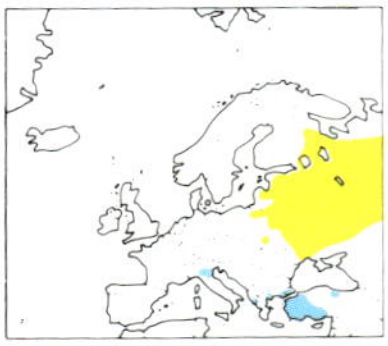

Gewöhnlich halten sich die Fischadler in Wassernähe auf. Sie fliegen möwengleich gleitend über das Wasser und sitzen gern auf einem Baum oder Pfahl am Ufer. Sie fliegen oft im Rüttelflug auf der Stelle und können auch kreisend segeln.

Achte auf die im Flug auffällige Winkelung der langen, schmalen Flügel.

im Flug von unten

Ein wesentliches Erkennungsmerkmal der „Adler“ ist ihre Größe. Um sie von anderen, ebenfalls segelnden Greifen besser unterscheiden zu können, sollte man versuchen, andere Vögel, etwa auf sie hassende Krähen, zum Größenvergleich heranzuziehen. Die Gefiederfärbung ist nicht immer ein sicheres Merkmal, da die meisten „Adler“ Jugendkleider besitzen, die sich über mehrere Jahre wandeln können. Auch die Alterskleider sind oft recht variabel.

Achte beim Flugbild auf die Form von Flügeln und Schwanz wie auf besondere Flugweisen.

△ **KAISERADLER** *Aquila heliaca* **Status:** TZ. **Größe:** 80 cm, ♂ 2450—2700 g, ♀ 3150—4000 g, > Mäusebussard. **Merkmale:** Weißer Schulterfleck; Altvogel fahlgelber Oberkopf und Nacken; Flügel werden im Flug gerade gehalten; Schwanz kurz. **Stimme:** Tiefer und rauher als Steinadler; im Flug dumpf „üärr"; Balz bellend „krau krau.:". **Lebensraum:** L mit lockerem Baumbestand, Steppen, BF auch W. **Nest:** Großer, oft einzelstehender Baum; oft sehr großer Bau aus Ästen, Zweigen, ♂ ♀. **Eier:** 2, weiß bis rotbräunlich; spärlich braun::, 73 mm. **Brut:** 1, 43—45, ♀(♂), II—IV. **Junge:** Nho, 63—67, ♂ ♀. **Imm:** 48—60. **Alter:** 4—5/?. **Nahrung:** Mittelgroße bis kleine Säugetiere, seltener Vögel.

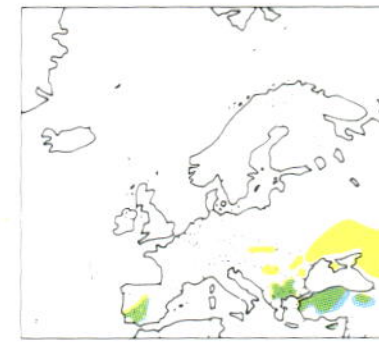

◑ **STEINADLER** *Aquila chrysaetos* **Status:** St. **Gefährdung:** R2. **Größe:** 80 cm recht variabel, ♂ 2850—4500 g, ♀ 3850—6700 g, > Mäusebussard. **Merkmale:** Groß; segelt mit leicht v-förmig angehobenen Flügeln; Imm. weißer Schwanz mit breiter, schwarzer Endbinde, Weiß am Unterflügel. **Stimme:** Rauh „hijäh" ähnlich Bussard und gereiht „kjeck kjeck.:". **Lebensraum:** G auch Ebenen. **Nest:** Felsnischen, großer Baum; großer Bau aus Ästen, Zweigen, ♂ ♀. **Eier:** 2, weiß; braun::. 77 mm. **Brut:** 1, 43—45, ♀(♂), III—V. **Junge:** Nho, 65—70, ♂ ♀. **Imm:** 36+. **Alter:** 3—4/26. **Nahrung:** Säugetiere bis Fuchsgröße, Vögel, Aas.

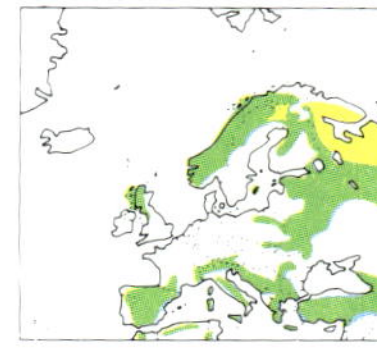

△ **ZWERGADLER** *Hieraaetus pennatus* **Status:** Z; III—IV, IX—X. **Größe:** 50 cm, ♂ 500—800 g, ♀ 850—1250 g, ~ Mäusebussard. **Merkmale:** Langer, wenig gerundeter Schwanz; zwei Färbungsphasen: 1. Oberseite hellbraun, Unterseite weiß, 2. dunkelbraun mit hellerem Schwanz. **Stimme:** Im Flug ansteigend „kji kji.:"; ruffreudig. **Lebensraum:** LW, NW, MW mit Lichtungen. **Nest:** Baum; großer Bau aus Ästen, Zweigen, ♂ ♀. **Eier:** 2, weiß; braun::, 55 mm. **Brut:** 1, 36—38, ♀(♂), IV—VI. **Junge:** Nho, 50—55, ♂ ♀. **Imm:** 0. **Alter:** ?/?. **Nahrung:** Vorwiegend kleine bis mittelgroße Vögel, weniger Kleinsäuger.

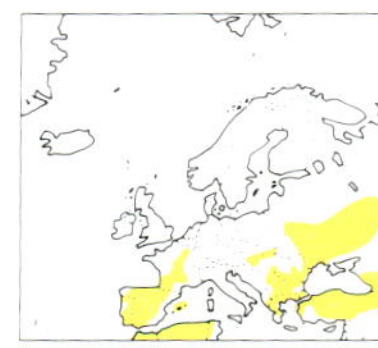

△ **HABICHTSADLER** *Hieraaetus fasciatus* **Status:** St. **Größe:** 70 cm, 1600—2500 g, > Mäusebussard. **Merkmale:** Altvögel helle Unterseite mit breitem, schwarzem Band durch den Unterflügel und am Schwanzende; Imm. erst rostbraun, dann dunkelbraun schwer bestimmbar. **Stimme:** Gedehnt „gjiiok" oft mehrfach wiederholt; Balz „jüb-jüb.:". **Lebensraum:** „So" G, „Wi" Ebenen, Wüsten. **Nest:** Felsnische, Baum; Äste, Zweige, ♂ ♀. **Eier:** 2, weiß; wenig braun::, ≣, 69 mm. **Brut:** 1, 37—40, ♀(♂), II—III. **Junge:** Nho, 60—65, ♂ ♀. **Imm:** 0—12+. **Alter:** 4—5/?. **Nahrung:** Mittelgroße Säugetiere und Vögel.

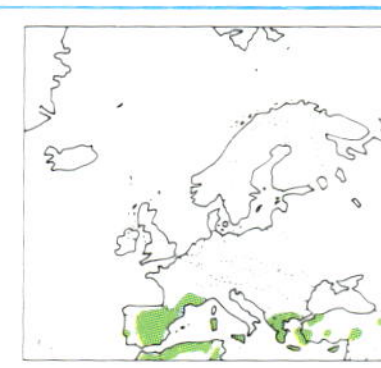

Gattungen *Buteo, Milvus, Pernis, Elanus* Bussarde, Milane u.a.: weltweit um 35 Arten.

Die Bussarde sind kleinere Verwandte der echten Adler (Aquila) und haben daher weitgehend das gleiche Aussehen. Im Flug erscheinen ihre Flügel breit und die Schwänze fächerartig. Sie greifen vorwiegend lebende Beute. Ihre Gefiederfärbung ist sehr variabel.

Die Milane sind an den recht langen und vergleichsweise schmalen Flügeln wie an dem schwach bis deutlich gegabelten Schwanz erkennbar. Sie leben zu einem wesentlichen Anteil von Aas.

● **WESPENBUSSARD** *Pernis apivorus* **Status:** Z; IV—V, VIII—X. **Gefährdung:** R4. **Größe:** 55 cm, 600—1100 g, ~ Mäusebussard. **Merkmale:** Färbung sehr variabel; Schwanz mit zwei dunklen Bändern an der Basis und Endband; im Flug Flügel und Schwanz schmaler und länger als beim Mäusebussard; Kopf kleiner als bei anderen, ähnlichen Greifen. **Stimme:** Im Flug melodisch, hell „dülilü" oder „düh"; kreisende Familien im Spätsommer ruffreudig. **Lebensraum:** W mit Lichtungen in L. **Nest:** Hoher Baum; Zweige, oft auf altem Nest anderer Vogelart, ♂ ♀. **Eier:** 2, weiß bis rötlich rahmfarben; stark rotbraun::, 51 mm. **Brut:** 1, 30—35, ♀(♂), V—VII. **Junge:** Nho, 40—44, ♂ ♀. **Imm:** 6—12. **Alter:** ?/29. **Nahrung:** Vorwiegend Larven von Wespen, deren Nester er ausgräbt, auch kleine Wirbeltiere.

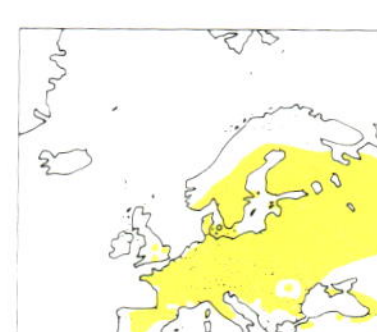

△ **GLEITAAR** *Elanus caeruleus* **Status:** St. **Größe:** 33 cm, 200—250 g, ~ Turmfalke. **Merkmale:** Klein; grauweiß mit schwarzen Schultern. **Stimme:** Scharf, aber nicht laut „krii-äh". **Lebensraum:** L mit einzelnen Bäumen oder Lichtungen im W. **Nest:** Einzelstehender Baum; Zweige, ♀(♂). **Eier:** 3—4, rahmfarben; braun::, 39 mm. **Brut:** 1, 26, ♀(♂), III—V. **Junge:** Nho, 30—35, ♀ ♂. **Imm:** 6. **Alter:** ?1—2/?. **Nahrung:** Insekten, kleine Säugetiere und Vögel.

Achte bei den Bussarden auf die Farbmuster von Flügelunterseite und Schwanz, bei den Milanen auf die Flügel- und Schwanzform.

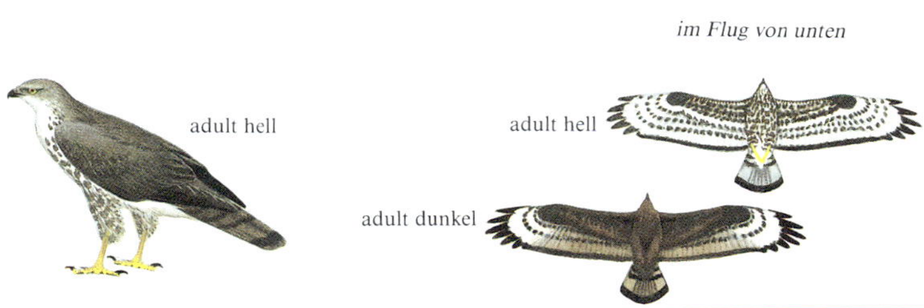

◑ **SCHWARZMILAN** *Milvus migrans* **Status:** TZ; III—IV, VIII—X. **Gefährdung:** R4. **Größe:** 56 cm, 650—950 g, ~ Mäusebussard. **Merkmale:** Dunkelbrauner Greif, der mit leicht geknickten Flügeln fliegt; Schwanz nur wenig gegabelt erscheint manchmal eher wie gerade abgeschnitten. **Stimme:** Schrill, rollend „wi-häää"; auch Einzelrufe „hüih" oder „glihüh". **Lebensraum:** Im W. L mit Bäumen oder W in der Nähe von SF, FF; im S. und O. auch trockene Gegenden, S, Müllhalden. **Nest:** Baum; Zweige, Papier, Lumpen u.a., ♂ ♀. **Eier:** 2—3, mattweiß; ungezeichnet oder verschieden rotbraun::, 53 mm. **Brut:** 1, 34—38, ♀, IV—VI. **Junge:** Nho, 40—42, ♂ ♀. **Imm:** 10—12. **Alter:** ?/24/78%. **Nahrung:** Vielseitig, Aas, tote Fische, kleine Wirbeltiere, Insekten, Abfälle.

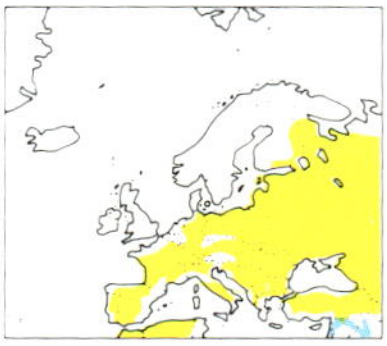

◑ **ROTMILAN** *Milvus milvus* **Status:** TZ; II—IV, IX—XI. **Gefährdung:** R3. **Größe:** 61 cm, ♂ 750—1050 g, ♀ 950—1300 g, ~ Mäusebussard. **Merkmale:** Lange, leicht gewinkelte Flügel; langer, tief gegabelter Schwanz. **Stimme:** Gedehnt pfeifend „wiiuu", „düüh" o.ä.; Balz klagend „djüh wiuwiu..wiuu". **Lebensraum:** W mit größeren Lichtungen, L mit Baumgruppen. **Nest:** Baum; Zweige, manchmal altes Krähen- oder Bussardnest, ♀(♂). **Eier:** 2—3, weiß; rötlichbraun::, 57 mm. **Brut:** 1, 31—32, ♀,IV—V. **Junge:** Nho, 50—60, ♂ ♀. **Imm:** 10—12. **Alter:** 2/26/82%. **Nahrung:** Vielseitig, kleine Wirbeltiere, Aas, Abfälle.

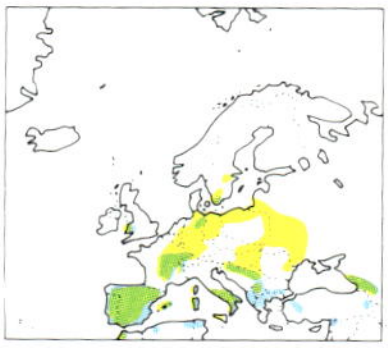

● **MÄUSEBUSSARD** *Buteo buteo* **Status:** TZ, W; II—III, IX—X. **Größe:** 54 cm, ♂ 550—850 g, ♀ 700—1200 g. **Merkmale:** Färbung sehr variabel von dunkelbraun bis fast weiß; breite Flügel; breiter, feingebänderter Schwanz; weißlicher Unterflügel mit dunklerer Zone am Ansatz der Handschwingen. **Stimme:** Miauend, nasal „hijäh". **Lebensraum:** Weit verbreitet vom M bis G; bevorzugt landwirtschaftlich genutzte L mit Baumgruppen und W. **Nest:** Baum, Felsen, selten Boden; größerer Bau aus Ästen, Zweigen, ♂ ♀. **Eier:** 2—4, weiß; rötlichbraun::, 57 mm. **Brut:** 1, 36—38, ♀(♂), IV—VI. **Junge:** Nho, 50—55, ♂ ♀. **Imm:** 0. **Alter:** 3(2)/25/81%. **Nahrung:** Vorwiegend Kleinsäuger wie Feldmaus u.a., auch Aas. *

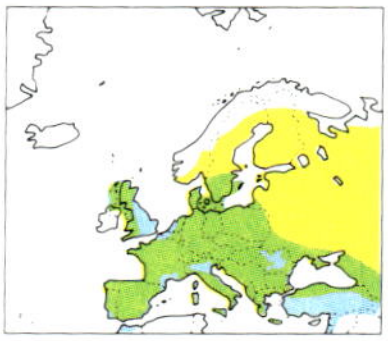

△ **ADLERBUSSARD** *Buteo rufinus* **Status:** TZ. **Größe:** 54 cm, ♂ 600—1200 g, ♀ 950—1750 g, ~ Mäusebussard. **Merkmale:** Sehr variabel; gewöhnlich mehr rostbraun als Mäusebussard; Schwanzunterseite hell bräunlich, nicht gebändert; die östlichen Mäusebussarde können ganz ähnlich aussehen. **Stimme:** Im Flug rein „jüü" oder „jüüoa"; wenig ruffreudig. **Lebensraum:** Trockene Ebenen, Steppen, seltener G. **Nest:** Felsen, Boden, selten Baum; Äste, Zweige, ?♂ ♀. **Eier:** 3—4, weiß; rotbraun::, 55 mm. **Brut:** 1,32—34,? ♀,III—V. **Junge:** Nho, 40—42, ♂ ♀. **Imm:** 0. **Alter:** ?/?. **Nahrung:** Verschiedene kleine Säugetiere, auch Reptilien.

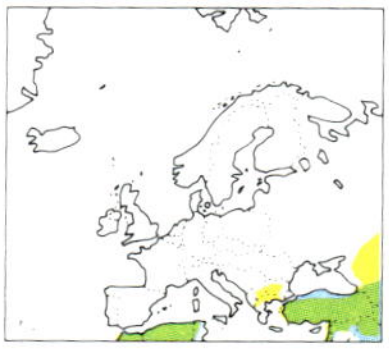

○ **RAUHFUSSBUSSARD** *Buteo lagopus* **Status:** Z, W; X—IV. **Größe:** 55 cm, ♂ 600—950 g, ♀ 950—1300 g, ~ Mäusebussard. **Merkmale:** Variabel; gewöhnlich hellerer Kopf als Mäusebussard; weiß wirkende Unterflügel mit dunklem Fleck an dem Ansatz der Handschwingen; weißer Schwanz mit dunkler Endbinde. **Stimme:** „Wi" schweigsam; am Brutplatz miauend-pfeifend „hiijü". **Lebensraum:** „So" Tundra, offenes Fjell, „Wi" L wie Mäusebussard. **Nest:** Felsen, Baum; Zweige, ♂ ♀. **Eier:** 3—4, weiß, rötlichbraun::, 55 mm. **Brut:** 1, 28—31, ♀(♂), V—VI. **Junge:** Nho, 39—43, ♂ ♀. **Imm:** 10—14. **Alter:** 2—3/11. **Nahrung:** Vorwiegend Kleinsäuger wie Wühlmäuse und Lemminge; jagt häufig im Rüttelflug; das Beuteangebot beeinflußt Brut und Zug.

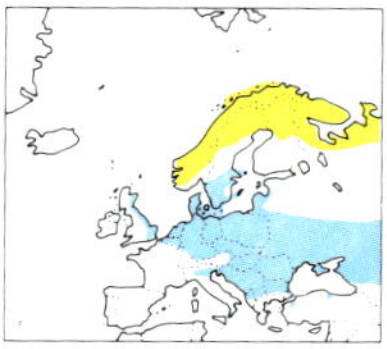

Gattung *Circus* Weihen: Weltweit 9 Arten.

Die Weihen sind mittelgroße Greife mit schlankem Körper, langen, schmalen Flügeln und recht langem Schwanz. Sie fliegen zumeist niedrig mit gaukelndem Flug über ihr Jagdgebiet, Wiesen, Moor und Röhricht, dahin.

Die alten Weihenmännchen sind an ihren charakteristischen Färbungen leicht zu erkennen. Bis zur vollen Ausbildung des Alterskleides brauchen die Männchen der größten Art, der Rohrweihe, mindestens zwei Jahre. Auch das Alterskleid ist hier variabel.

◑ **ROHRWEIHE** *Circus aeruginosus* **Status:** TZ; II—IV, IX—X. **Gefährdung:** R5. **Größe:** 52 cm, ♂ 400—650 g, ♀ 550—800 g, ~ Mäusebussard. **Merkmale:** Größte Weihe; kein weißer Bürzel; ♂ braun, nur am Flügel und Schwanz grau; ♀ dunkelbraun mit hellem Kopf und hellen Schultern. **Stimme:** Gewöhnlich stumm; Balz ♂ gepreßt, nasal „quiä" gestört, ein schnelles Keckern. **Lebensraum:** SF, FF, BF mit großen Röhrichtzonen. **Nest:** Manchmal polygam; im Röhricht; Haufen aus Schilf, Zweigen u.a.; ♀. **Eier:** 4—5, bläulichweiß, 50 mm. **Brut:** 2, 31—38, ♀, IV—V. **Junge:** Nho, 35—40, ♂ ♀. **Imm:** ♂24, ♀ 0. **Alter:** 2—3/17/74%. **Nahrung:** Vögel, vorwiegend Wasservögel, auch kleine Säugetiere.

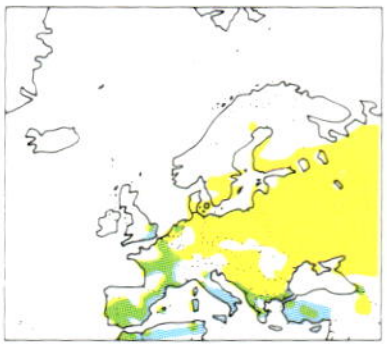

im Flug von unten

Die Weibchen von Korn-, Wiesen- und Steppenweihe sind einander sehr ähnlich. Sie haben einen weißen Bürzel und einen gebänderten Schwanz.

Achte auf die Bürzelfärbung und die Flügelzeichnung.

im Flug von oben

Circus cyaneus **Status:** TZ; III—IV, IX—XI. **Gefährdung:** R2. —400 g, ♀ 400—700 g, < Mäusebussard. **Merkmale:** ♂ hell- warz, Bürzel weiß; ♀ braun, großer, weißer Bürzelfleck, auf- wanz, sehr ähnlich Wiesenweihen-♀. **Stimme:** Wenig ruf- pfeifend „piiu" oder „fiije" und meckernd mehrsilbig „kje kje.:"; als ♂. **Lebensraum:** Bevorzugt L wi HL, WL, WF, MF auch AL. **Nest:** polygam; Boden, im Bewuchs; Zweige, Halme, ♀. **Eier:** 4—6, bläulichweiß, 46 mm. **Brut:** 1, 29—31, ♀, V—VI. **Junge:** Nho, 32—42, ♀ (♂). **Imm:** 0. **Alter:** 1—2/17/72%. **Nahrung:** Kleinsäuger und Vögel.

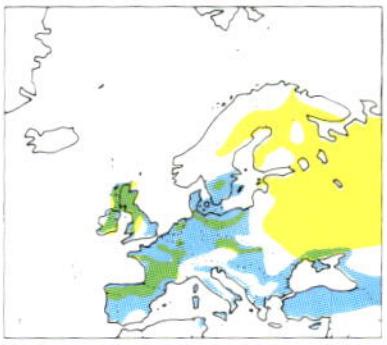

8 **STEPPENWEIHE** *Circus macrourus* **Status:** Z; III—IV, IX—X. **Gefährdung:** R6. **Größe:** 45 cm, ♂ 300—350 g, 400—450 g, < Mäusebussard. **Merkmale:** ♂ wie Kornweihen-♂, aber blasser, kein Weiß am Bürzel; ♀ und Imm. sehr ähnlich Korn- und Wiesenweihe, weniger Weiß am Bürzel. **Stimme:** Zumeist stumm; am Brutplatz erregt „kiek", bei Abwehr hell „gigigig-kirrk". **Lebensraum:** Wie Kornweihe, aber auch trockene Steppen. **Nest:** Boden, im Bewuchs; Flache Mulde mit Halmen u.a. ausgelegt; ? ♀. **Eier:** 4—5, bläulichweiß, 45 mm. **Brut:** 1, 29—30, ♀, V—VI. **Junge:** Nho, 34—35, ♂ ♀. **Imm:** 0. **Alter:** 2—3/?. **Nahrung:** Kleinsäuger, Vögel, Insekten.

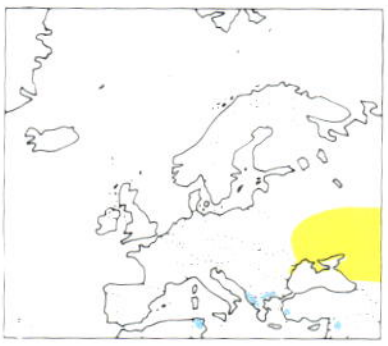

◑ **WIESENWEIHE** *Circus pygargus* **Status:** Z; III—V, VIII—X. **Gefährdung:** R2. **Größe:** 44 cm, ♂ 225—300 g, ♀ 300—450 g, < Mäusebussard. **Merkmale:** Kleinste Weihe; ♂ schwarze Flügelbinde, Unterseite rostfarben gestreift; ♀ sehr ähnlich Korn- und Steppenweihen-♀; weißer Bürzelfleck nicht sehr ausgeprägt. **Stimme:** Wenig ruffreudig; im Brutrevier mehrsilbig keckernd „kjek-kjek-kjek-kjrk", ♂ ruft scharf, abgehackt, ♀ hoch pfeifend. **Lebensraum:** WF, BF. **Nest:** Boden, im Bewuchs; Schilf, Zweige, Gras; ♀ (♂). **Eier:** 4—5, bläulichweiß, 42 mm. **Brut:** 1, 28—29, ♀, V—VI. **Junge:** Nho, 35—40, ♂ ♀. **Imm:** 10—14. **Alter:** 2—3/16. **Nahrung:** Kleinsäuger, Vögel, auch Insekten.

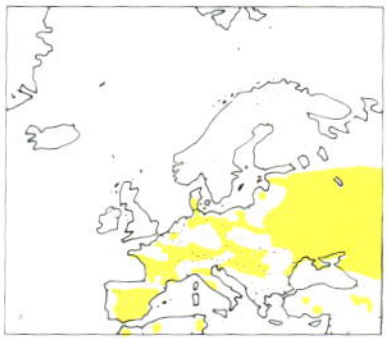

Gattung *Accipiter* Habicht, Sperber: Weltweit 43 Arten.

Habicht und Sperber gehören zu einer weit verbreiteten Gruppe von waldbewohnenden Greifen. Die meisten dieser Greife sind auf Vogelfang spezialisiert. Ihr Beutespektrum reicht vom kleinsten Singvogel bis zum größten Hühnervogel. Zwischen den Geschlechtern besteht ein deutlicher Größenunterschied. Die Weibchen sind immer größer als die Männchen. Die kurzen, runden Flügel und der lange Schwanz erlauben es diesen Greifen, sich gewandt zwischen Bäumen und Büschen zu bewegen.

● **HABICHT** *Accipiter gentilis* **Status:** St, N-Europa TZ; III—IV, X—XI. **Gefährdung:** R5. **Größe:** ♂ 50 cm, ♀ 60 cm, ♂ 500—1100 g, ♀ 800—1350 g, ~ Mäusebussard. **Merkmale:** Breite, gerundete Flügel, recht langer, zumeist wenig gefächerter Schwanz; heller Überaugenstreif; weiße Unterschwanzdecken. **Stimme:** Gestört am Horst schrill „gikgikgik.:"; Paarkontakt ♀ bussardähnlich „jühijä". **Lebensraum:** W mit Lichtungen, auch L mit Gehölzen. **Nest:** Baum im W; Äste, Zweige, ♀ (♂). **Eier:** 3—4, hell bläulichweiß, 57 mm. **Brut:** 1, 35—38, ♀, IV—V. **Junge:** Nho, 35—42, ♂ ♀. **Imm:** 14—16. **Alter:** 2—3/19/89%. **Nahrung:** Vorwiegend Vögel von Drossel- bis Taubengröße, auch kleinere Säugetiere. *

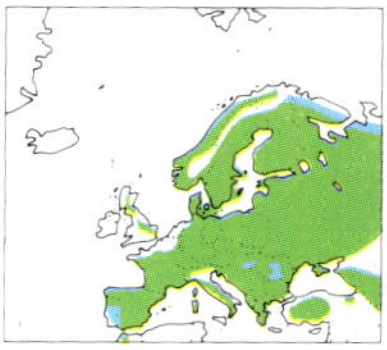

● **SPERBER** *Accipiter nisus* **Status:** TZ; III—IV, IX—XI. **Gefährdung:** R5. **Größe:** ♂ 30 cm, ♀ 38 cm, ♂ 100—200 g, ♀ 200—350 g, ~ Turmfalke. **Merkmale:** Kurze, runde Flügel, langer Schwanz; ♀ wie kleiner Habicht, aber ohne auffällig weiße Unterschwanzdecken. **Stimme:** Am Nest anhaltend, hell „gigigi.:"; Flugbalz weich „gjü-gjü.:". **Lebensraum:** L mit Gehölzen, W mit Lichtungen. **Nest:** Baum oft im Fichtenstangenholz; Zweige, ♀ (♂). **Eier:** 3—5, kalkweiß; unregelmäßig braun::, 40 mm. **Brut:** 1, 33—35, ♀, V—VI. **Junge:** Nho, 24—30, ♂ ♀. **Imm:** 12+. **Alter:** 1—2/16/60% **Nahrung:** Vorwiegend kleine Vögel bis Drosselgröße. *

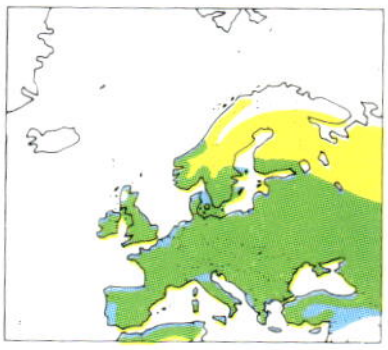

KURZFANGSPERBER *Accipiter brevipes* **Status:** Z. **Größe:** 33—38 cm, 150—275 g, ~ Turmfalke, Größenunterschied der Geschlechter geringer als beim Sperber. **Merkmale:** Sehr ähnlich Sperber; weiß wirkender Unterflügel, Spitzen der Schwingen schwarz; ♂ graue Wangen, blasserer Rücken; ♀ Oberseite grauer als Sperber-♀; ziehen in Trupps. **Stimme:** Alle Rufe vom Sperber verschieden; am Nest stakkato „widewide.:"; im Flug bellend „jeff-jeff-.:". **Lebensraum:** LW. **Nest:** Baum; Zweige, ? ♀. **Eier:** 3—5, bläulichweiß; selten grau bis braun::, 41 mm. **Brut:** 1, 30—35, ♀, V—VI. **Junge:** Nho, 40—45, ♂ ♀. **Imm:** 12. **Alter:** 1—2/?. **Nahrung:** Große Insekten, Reptilien, auch Vögel.

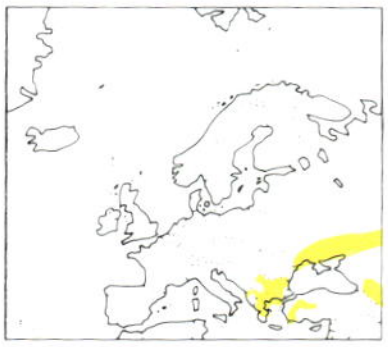

Sie jagen zumeist vom Ansitz aus oder streichen dicht über den Boden an Hecken und Gehölzen entlang. Sie fliegen schnell und sind recht heimlich. Es ist daher oft schwer, sie zu erkennen.

Achte auf die Größe, die weißen Unterschwanzdecken und den Überaugenstreif.

Ordnung *Falconiformes* „Falkenvögel“ 61 Arten

Familie *Falconidae* Falken: Weltweit 44 Arten. Gattung *Falco* „echte Falken“: Weltweit 36 Arten.

Die hier getrennten Greife und Falken werden zumeist in einer Ordnung vereinigt. Die Falken sind durch den typischen Zahn am Oberschnabel, schwache Fänge und schmale, spitze Flügel gekennzeichnet. Ihr Flug ist reißend schnell und geradlinig. Viele Falken fangen ihre Beute im Sturzflug in der Luft. Sie nisten in Felsennischen oder alten Baumnestern anderer Vögel.

△ **RÖTELFALKE** *Falco naumanni* **Status:** Z; II—IV, VIII—X. **Größe:** 30 cm, ♂ 90—170 g, ♀ 140—210 g, ~ Turmfalke. **Merkmale:** Ähnlich Turmfalke; ♂ Oberseite ungefleckt, erscheint daher leuchtend rotbraun, kein Bartstreif; ♀ wie Turmfalken-♀, aber Flügeloberseite mit schiefergrauem Fleck, Klauen hell hornfarben, nicht schwarz. **Stimme:** Heiser, scheppernd „tsche tsche“ u.ä., erregt heller „ki-chit“; in der Kolonie ruffreudig. **Lebensraum:** L auch gebirgig, S. **Nest:** Oft Brutkolonie; Felsspalten, Mauerritzen, Gebäude; kein Nistmaterial. **Eier:** 3—5, bräunlichweiß; rotbraun::, 35 mm. **Brut:** 1, 28—29, ♀, IV—VI. **Junge:** Nho, 28—30, ♂ ♀. **Imm:** 0. **Alter:** 1—2/(6). **Nahrung:** Vorwiegend Insekten, auch Kleinsäuger, wenig Vögel.

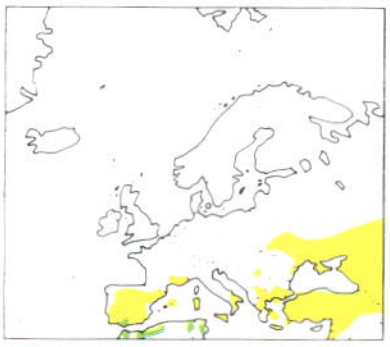

● **TURMFALKE** *Falco tinnunculus* **Status:** TZ; III—IV, IX—XI. **Größe:** 34 cm, ♂ 190—240 g, ♀ 220—300 g. **Merkmale:** Kleiner, über fast ganz Europa verbreiteter Greifvogel, der regelmäßig rüttelt und oft an Straßen, Bahndämmen usw. zu sehen ist; ♂ auf dem rotbraunen Rücken gefleckt; ♀ Rücken gebändert. **Stimme:** Zur Brutzeit häufig Rufreihen „kji kji..“, ♀ heiserer als ♂. **Lebensraum:** AL, WL auch VS. **Nest:** Alte Krähen- oder Elsternester, Gebäudenischen, Felsspalten; kein Nistmaterial. **Eier:** 3—6, Grundfarbe weißlich; manchmal so stark gefleckt, daß sie rotbraun aussehen, 40 mm. **Brut:** 1, 27—29, ♀, IV—VI. **Junge:** Nho, 27—32, ♂ ♀. **Imm:** 0. **Alter:** 1—2/16/66%. **Nahrung:** Vorwiegend Mäuse, auch Insekten.

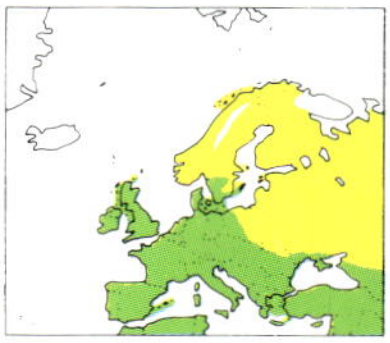

△ **ROTFUSSFALKE** *Falco vespertinus* **Status:** Z, (Invasionen); III—V, IX—X. **Größe:** 30 cm, ♂ 115—170 g, ♀ 130—200 g, < Turmfalke. **Merkmale:** ♂ dunkelgrau mit rotbraunen Hosen; ♀ ähnlich Baumfalke, aber Oberkopf hell rostfarben; gesellig. **Stimme:** In der Brutkolonie ruffreudig, weich „giä-giä..“, erregt laut, hart „ki-ki..“. **Lebensraum:** L mit Baumgruppen, Gehölzen. **Nest:** Brutkolonie und einzeln; Baumnester anderer Vögel wie Saatkrähen, Elstern. **Eier:** 3—5, weiß bis hellrostbraun; dicht bis sehr dicht dunkelrotbraun::, 37 mm. **Brut:** 1, 22—25, ♂ ♀, V—VI. **Junge:** Nho, 26—28, ♂ ♀. **Imm:** ♀ 0, ♂ 5. **Alter:** 1—2/12. **Nahrung:** Insekten, Kleinsäuger u.a. kleine Wirbeltiere.

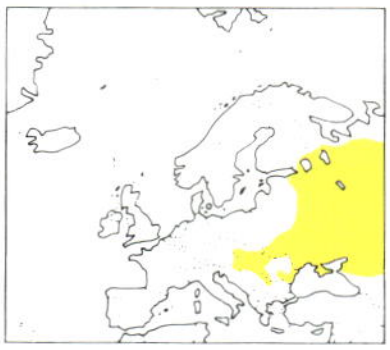

○ **MERLIN** *Falco columbarius* **Status:** TZ; III—IV, IX—X. **Größe:** 30 cm, ♂ 125—250 g, ♀ 150—300 g, < Turmfalke. **Merkmale:** Kleinster Falke; ♂ Oberseite grau, Unterseite rostfarben gestreift, Schwanz grau mit schwarzem Endband, kein Bartstreif; ♀ Oberseite dunkelbraun, Unterseite erscheint hell gestreift. **Stimme:** Gestört schrill, kichernd „ji-ji-..“; ♀ ruft rauher als ♂. **Lebensraum:** HL, MF „Wi“ auch AL, WL. **Nest:** Boden, im Bewuchs, Baum in altem Nest; kein Nistmaterial. **Eier:** 3—5, hell sandfarben; stark bis sehr stark rotbraun::, 40 mm. **Brut:** 1, 28—32, ♀, V—VI. **Junge:** Nho, 28—32, ♂ ♀. **Imm:** 0. **Alter:** 1/11. **Nahrung:** Vorwiegend kleine Vögel.

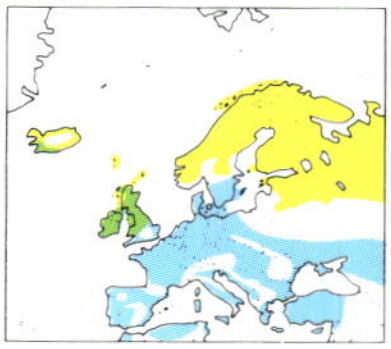

● **BAUMFALKE** *Falco subbuteo* **Status:** Z; IV—V, IX—XI. **Gefährdung:** R4. **Größe:** 34 cm, ♂ 130—230 g, ♀ 140—340 g, ~ Turmfalke. **Merkmale:** Lange, schmale, spitze Flügel, vergleichsweise kurzer Schwanz, gleicht einem großen Mauersegler; rostbraune „Hosen“ und Unterschwanzdecken; Unterseite längsgestreift. **Stimme:** Ruft nur im Brutrevier; gereiht „giu-giu..“, auch gedehntes Lahnen „gjä-gjä..“. **Lebensraum:** L mit W, Gehölzen und Baumgruppen. **Nest:** Baum; zumeist altes Krähennest; kein Nistmaterial. **Eier:** 2—3, gelblichbraun; dicht, fein rotbraun::, 42 mm. **Brut:** 1, 28—31, ♀, V—VII. **Junge:** Nho, 28—34, ♂ ♀. **Imm:** 12+. **Alter:** 2(1)/11. **Nahrung:** Große Insekten, kleine Vögel, z.B. Schwalben.

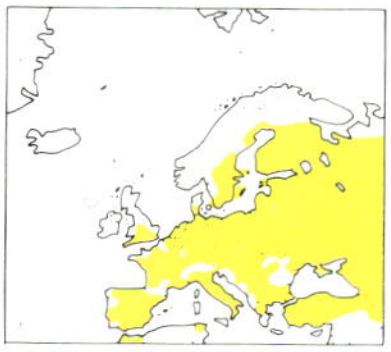

ELEONORENFALKE *Falco eleonorae* **Status:** Z; IV—V, X—XI. **Größe:** 38 cm, 350—450 g, >Turmfalke. **Merkmale:** Schlank mit langem Schwanz; Färbung variiert zwischen baumfalkenähnlich hell und einfarbig braunschwarz, kein Vogel gleicht dem anderen, helle und dunkle Phase am häufigsten. **Stimme:** Gereiht „kjär-kjär..“ oder „gäk-gäk..“; in der Brutkolonie ruffreudig. **Lebensraum:** Felseninseln im Mittelmeer. **Nest:** Brutkolonie; Felsbänder, Spalten, Höhlen; kein Nistmaterial. **Eier:** 2—3, weiß bis rötlichweiß, rotbraun schattiert, 42 mm. **Brut:** 1, 28, ♀, VII—VIII. **Junge:** Nho, 35—40, ♂ ♀. **Imm:** 0. **Alter:** 2(1)/(6). **Nahrung:** Vorwiegend kleine Vögel, auch Insekten.

*

Die Ähnlichkeit der Gestalt und die zumeist nur flüchtige Beobachtungsmöglichkeit machen die Bestimmung oft schwierig. Nur die Turmfalken fliegen im Rüttelflug auf der Stelle. Die einzelnen Arten sind verschieden groß und teilweise charakteristisch gefärbt.

Achte auf die Kopfzeichnung, die Farbe des Scheitels, die Größe des Bartstreifs und das Flugbild, also Flügelbreite, Schwanzlänge usw.

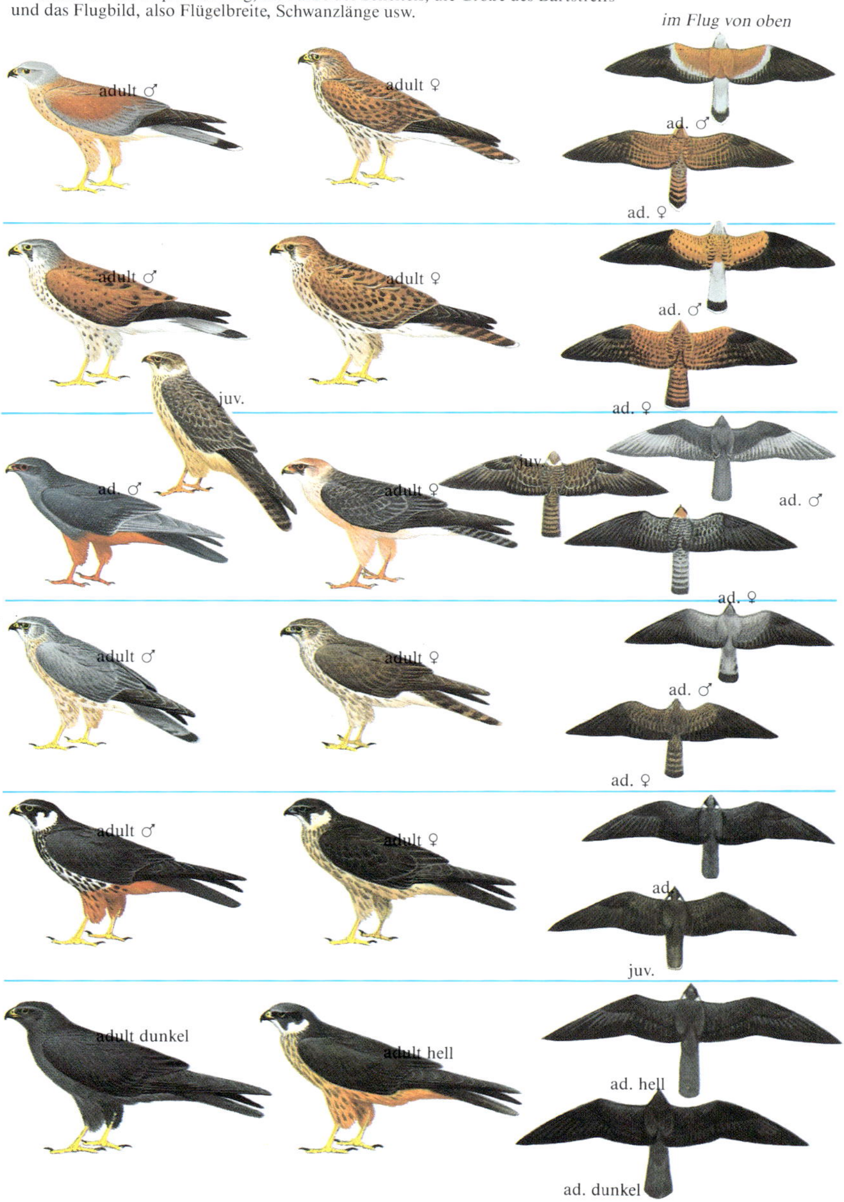

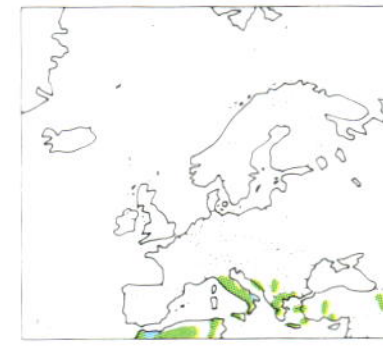

LANNER *Falco biarmicus* **Status:** St. **Größe:** ♂ 37 cm, ♀ 47 cm, ♂ 500—600 g, ♀ 700—900 g, < Mäusebussard. **Merkmale:** Ähnlich Wanderfalke, Oberseite mehr braun, Scheitel rotbraun. **Stimme:** Ruft selten; weniger laut und durchdringend als Wanderfalke „kre-kre.:" oder „kjeck-kjeck.:"; unreines Lahnen „kwäh.:". **Lebensraum:** Waldarme, felsige G bis Halbwüsten. **Nest:** Felssims, seltener altes Baumnest; kein Nistmaterial. **Eier:** 3—4, Grundfarbe weiß; sehr stark rotbraun::, 52 mm. **Brut:** 1, 32—35, ♂ ♀, III—IV. **Junge:** Nho, 44—46, ♂ ♀. **Imm:** 10—12. **Alter:** ?/?. **Nahrung:** Vorwiegend kleine bis mittelgroße Vögel.

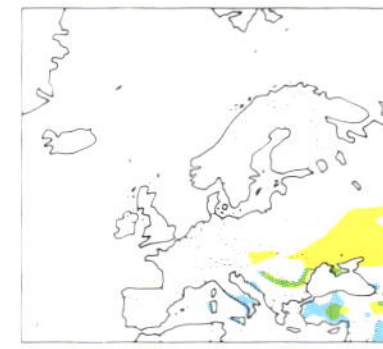

△ **WÜRGFALKE** *Falco cherrug* **Status:** TZ; III—IV, IX—XI. **Größe:** ♂ 45 cm, ♀ 55 cm, ♂ 750—1000 g, ♀ 1000—1300 g, ~ Mäusebussard. **Merkmale:** Ähnlich Wanderfalke; Oberseite dunkel- bis hellbraun; Kopf weißlich; Bartstreif kaum ausgebildet. **Stimme:** Wenig ruffreudig; gereiht „kek-kek.:" u.ä. **Lebensraum:** Ebenen, Steppen, Halbwüsten. **Nest:** Altes Baumnest anderer Vogelart, Felssims; kein Nistmaterial. **Eier:** 3—5, rahmfarben bis braungelb; stark braunrot::, 54 mm. **Brut:** 1, 28—30, ♂ ♀, IV—V. **Junge:** Nho, 40—45, ♂ ♀. **Imm:** 0. **Alter:** ?2/?. **Nahrung:** Vorwiegend kleine Säugetiere.

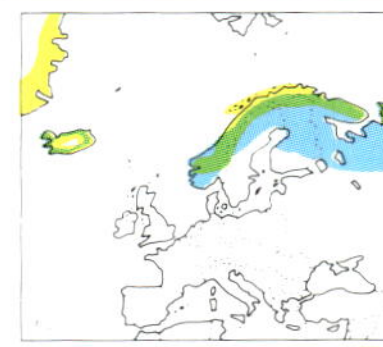

△ **GERFALKE** *Falco rusticolus* **Status:** TZ. **Größe:** ♂ 53 cm, ♀ 56 cm, ♂ 800—1300 g, ♀ 1400—2100 g, > Mäusebussard. **Merkmale:** Größter Falke; variiert von fast weiß bis dunkelgrau, einige Imm. bräunlich; fast ohne Bartstreif. **Stimme:** Tiefer, weniger schrill als Wanderfalke „kääa-kääa.:". **Lebensraum:** Felsiges Fjell und FM. **Nest:** Felssims, selten altes Baumnest; kein Nistmaterial. **Eier:** 3—4, gelblichweiß bis hell rostbraun; fein rot oder rotbraun::, 59 mm. **Brut:** 1, 35, ♀(♂), IV—V. **Junge:** Nho, 46—49, ♂ ♀. **Imm:** 0. **Alter:** ?2/?. **Nahrung:** Mittelgroße Vögel wie Seevögel, Enten, Schneehühner.

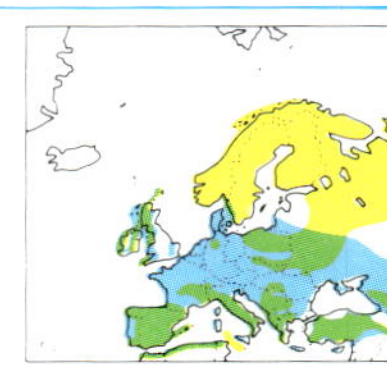

◑ **WANDERFALKE** *Falco peregrinus* **Status:** TZ; II—V, VIII—XI. **Gefährdung:** R2. **Größe:** ♂ 40 cm, ♀ 46 cm, ♂ 600—750 g, ♀ 900—1300 g, ~ Mäusebussard. **Merkmale:** Großer Falke mit ausgeprägtem Bartstreif; Gefieder oberseits schiefergrau, unterseits rahmfarben mit schwarzer Bänderung; im S. mehr braun. **Stimme:** Am Horst klagend ansteigendes Lahnen „gääi-gääi.:" oder gedehnt „gjii-gjii.:"; gestört rauh „gjägjä.:". **Lebensraum:** Tundra im N. bis Halbwüste im S.; L, lichte W, tiefere Lagen von G. **Nest:** N. zumeist Baum, S. zumeist Felsen, auch Gebäude; kein Nistmaterial. **Eier:** 3—4, weißlich; stark rotbraun überdeckt, 52 mm. **Brut:** 1, 29—32, ♀(♂), IV—VI. **Junge:** Nho, 35—42, ♂ ♀. **Imm:** 8—20. **Alter:** 2/16. **Nahrung:** Vorwiegend mittelgroße Vögel wie Krähen, Tauben, Drosseln u.a. *

Ordnung Galliformes Hühnervögel um 260 Arten

Die Hühnervögel sind eine für uns Menschen sehr wichtige Vogelordnung, da zu ihnen auch unsere Haushühner und Puten gehören.

Die Jungen der Hühnervögel können schon lange bevor sie ausgewachsen sind fliegen. Die Küken bilden dazu spezielle Flügelfedern aus (s.S. 29). Es ist daher schwer, den Zeitpunkt des Flüggewerdens genau anzugeben. Die meisten zu dieser Ordnung gehörenden Vögel sind vorwiegend Pflanzenfresser. Die Jungen nehmen aber zur Hauptsache Insekten auf, da sie für das schnelle Wachstum viel Eiweiß brauchen. Die Jungen gleichen zunächst weitgehend den alten Weibchen.

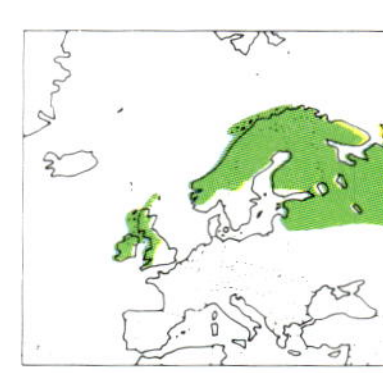

MOORSCHNEEHUHN/SCHOTTISCHES M. *Lagopus l.lagopus/L.l.scoticus* **Status:** St. **Größe:** 40 cm, 650—750 g, > Rebhuhn. **Merkmale:** Jahreszeitlich stark verschieden. Moorschneehuhn: Winter weiß mit schwarzem Schwanz; Sommer braun mit weißer Unterseite und weißen Flügeln. Schottisches M.: Immer dunkelbraun. **Stimme:** Gesang ♂ im Flug bellend „kau", dann „koar-karr-ka-wak-war", von Warte rollend „kjarr", dann schneller werdend „ka-ka..karrr"; Rufe ♂ „gog", „kok-wäh-gog". **Lebensraum:** HL, MF, im G tiefere Lagen. **Nest:** Boden, flache Mulde mit wenig Gras, Heide o.a. ausgelegt, ♀. **Eier:** 6—9, gelblich bis rötlich; stark dunkelbraun::, 46 mm. **Brut:** 1, 19—25, ♀, V—VII. **Junge:** Nfl, 30—35, ♂ ♀. **Imm:** 0. **Alter:** 1/8/35%. **Nahrung:** Pflanzen, insbesondere Spitzen von Heidesprossen. *

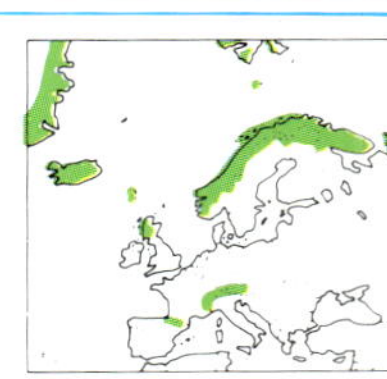

◑ **ALPENSCHNEEHUHN** *Lagopus mutus* **Status:** St. **Gefährdung:** R5. **Größe:** 35 cm, 400—600 g, > Rebhuhn. **Merkmale:** Winter weiß mit schwarzem Schwanz, ♂ mit schwarzem Zügelstreif; Sommer Oberseite grau, Flügel und Unterseite weiß. **Stimme:** Gesang ♂ im Flug knarrend „arr-arrr..ak ak ak"; Rufe ♂ hartes Knarren, ♀ gereiht „gog.:" u.a. **Lebensraum:** G, steinige Hänge oberhalb der Baumgrenze, im N. auch tiefere Lagen. **Nest:** Boden, flache Mulde, mit wenig Gras u.a. ausgelegt, ♀. **Eier:** 5—8, hell gelblich; stark dunkelbraun::, 44 mm. **Brut:** 1, 21—23, ♀, V—VII. **Junge:** Nfl, 70—84, ♂ ♀. **Imm:** 2—12. **Alter:** 1/?. **Nahrung:** Vorwiegend Pflanzen-Blätter, Knospen, Beeren. *

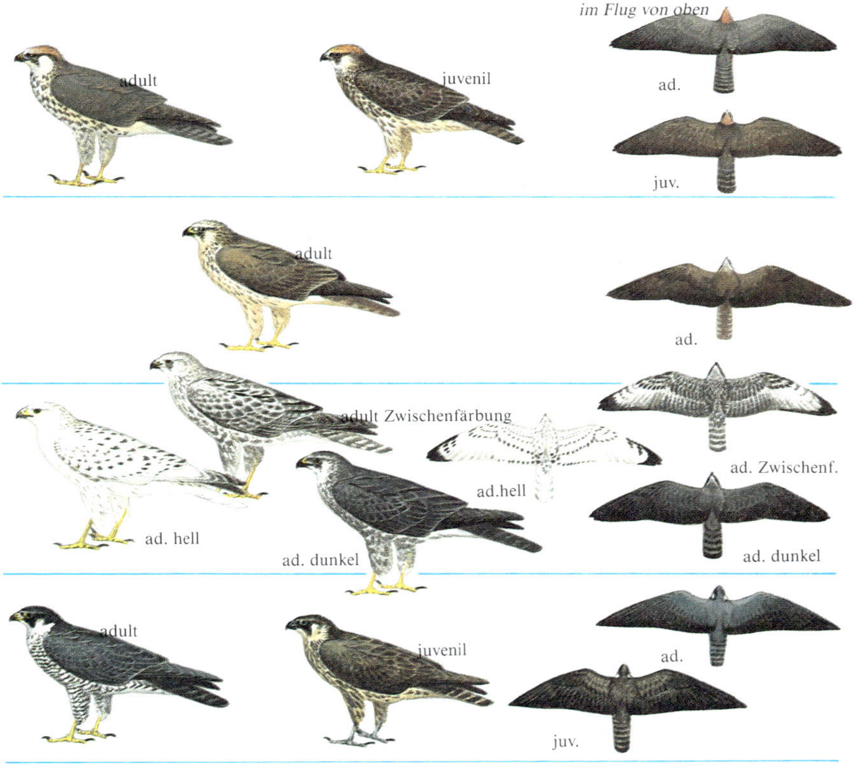

Familie *Tetraonidea* Rauhfußhühner: Weltweit 16 Arten.

Die Rauhfußhühner sind gedrungene Vögel mit kurzen, gerundeten Flügeln und befiederten Beinen.

Gewöhnlich fliegen sie auf kurze Entfernung „explosionsartig“ auf. Ihr Flügelschlag ist schwirrend schnell. Im Flug legen sie oft Gleitstrecken ein. Sie fliegen selten über größere Entfernungen.

Achte bei den Hennen auf die Größe und die Schwanzform. Der Schwanz der Birkhenne ist leicht gegabelt.

◑ **BIRKHUHN** *Tetrao tetrix* **Status:** St. **Gefährdung:** R2. **Größe:** ♂ 41 cm, ♀ 35 cm, ♂ 1000—1400 g, ♀ 750—1100 g, ~ Fasan. **Merkmale:** ♂ glänzend schwarzblau, leierförmiger Schwanz; ♀ graubraun, Schwanz leicht gegabelt. **Stimme:** Gesang ♂ bei Gemeinschaftsbalz anhaltendes Kullern, dazwischen zischendes Fauchen; ♀ lautes Gackern u.a. **Lebensraum:** HL, MF, WF, lichte W vom Tiefland bis G. **Nest:** Polygam, ♂ gemeinsam auf Balzplatz, werden dort von ♀ aufgesucht; flache Bodenmulde, mit Pflanzenteilen der Umgebung ausgelegt, ♀. **Eier:** 6—11, rahmfarben; braun::, 51 mm. **Brut:** 1, 25—27, ♀, IV—VI. **Junge:** Nfl, ?40—50, selbständig ca. 90, ♀. **Imm:** 0. **Alter:** ♂ 2—3, ♀ 1/6/40—60%. **Nahrung:** Vorwiegend Pflanzen — Knospen, Sprosse, Beeren.

◑ **AUERHUHN** *Tetrao urogallus* **Status:** St. **Gefährdung:** R2. **Größe:** ♂ 86 cm, ♀ 62 cm, ♂ 3400—4400 g, ♀ 1500—2000 g, > Fasan. **Merkmale:** ♂ sehr groß, überwiegend dunkelgrau, ♀ rostbraun mit rotbrauner Brust, Schwanz gerundet. **Stimme:** Gesang ♂ beschleunigtes Knappen „telak-telak.:", Pfropfenknall, Wetzen; Rufe rülpsendes „Kröhen" und „Worgen"; ♀ nasal „gok gok.:" **Lebensraum:** NW, MW mit Unterholz, Waldbeeren. **Nest:** Polygam, ♂ auf Balzplatz Baum- und Bodenbalz, wird von ♀ aufgesucht; Bodenmulde, mit wenig Pflanzenteilen der Umgebung ausgelegt, ♀. **Eier:** 7—11, hell gelblichbraun; fein braun::, 57 mm. **Brut:** 1, 24—26, ♀, IV—VI. **Junge:** Nfl, selbständig ca. 70—90, ♀. **Imm:** 0. **Alter:** ♀ 1, ♂ ?2—3/10/54—59%. **Nahrung:** Knospen, Sprosse, Beeren, Winter Koniferennadeln. *

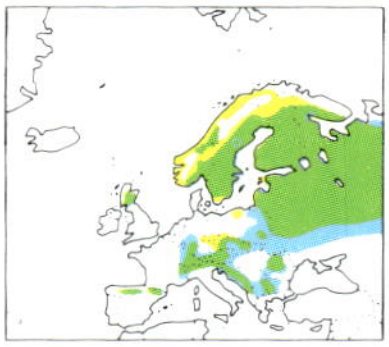

◑ **HASELHUHN** *Bonasa bonasia* **Status:** St. **Gefährdung:** R3. **Größe:** 35 cm, 300—450 g, ~ Rebhuhn. **Merkmale:** Klein, länglicher Schwanz mit schwarzer Endbinde, kleine Haube, hält sich viel in Bäumen auf; ♂ mit schwarzem Kehlfleck. **Stimme:** Gesang ♂ hohes, leises, meisenartiges Pfeifen; Rufe leise „wit-wit.:", „ititit.:" o.ä. **Lebensraum:** Naturnahe NW, MW, LW. **Nest:** Boden, flache Mulde, mit wenig Pflanzenteilen ausgelegt, ♀. **Eier:** 7—11, gelblichbraun; rötlichbraun::, 41 mm. **Brut:** 1, 25, ♀, IV—VI. **Junge:** Nfl, 30—40, selbständig ca. 90, ♀. **Imm:** 0. **Alter:** 1/7. **Nahrung:** Knospen, Blätter, Beeren.

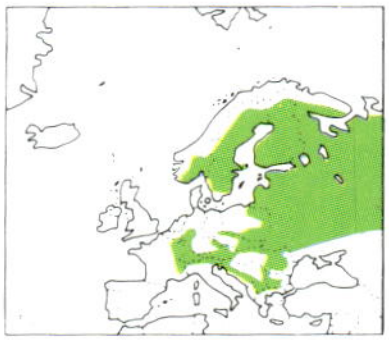

Familie *Phasianidae* Fasanen, Feldhühner: Weltweit 183 Arten.

Die „Fasanenartigen" bilden die größte Familie der Hühnervögel. Die Fasanen sind mittelgroße Vögel mit langen Schwänzen. Die Feldhühner sind kurzschwänzig und gedrungen. Bis auf die Wachtel sind alle europäischen Fasanen und Feldhühner Standvögel. Sie haben relativ kurze, gerundete Flügel. Beim Auffliegen erreichen sie schnell recht hohe Geschwindigkeiten. Ihr Flug dauert aber zumeist nicht lange.

● **FASAN** *Phasianus colchicus* **Status:** St, eingebürgert. **Größe:** ♂ bis 89 cm, ♀ bis 63 cm, ♂ 1050—1400 g, ♀ 900—1050 g. **Merkmale:** Herkunft von verschiedenen Unterarten, daher im Gefieder variabel; ♂ sehr langer Schwanz, Kopf mit roter, häutiger Gesichtsmaske; ♀ schlicht gelblich- bis gräulichbraun. **Stimme:** ♂ lautes „göö-gock" anschließend „Flügelburren"; beim Auffliegen laut, gereiht „gagarega.:". **Lebensraum:** BW, Waldrand, BF. **Nest:** Polygam; flache Bodenmulde, kein oder wenig Nistmaterial, ♀. **Eier:** 8—15, olivbraun, oliv, blaugrau, 36 mm. **Brut:** 1, 23—28, ♀, IV—VI. **Junge:** Nfl, selbständig ca. 70—80, ♀. **Imm:** 0. **Alter:** 1/8/42%. **Nahrung:** Vielfältig — grüne Sprosse, Körner, Beeren, Insekten. *

GOLDFASAN *Chrysolophus pictus* **Status:** St; Britische Inseln eingebürgert. **Größe:** ♂ bis 110 cm, ♀ 67 cm; 800—900 g, < Fasan. **Merkmale:** ♂ unverkennbar bunt; ♀ wie Fasanenhenne, Schwanz länger und stärker gebändert. **Stimme:** Rauh, laut „tschack.:". **Lebensraum:** BW. **Nest:** Boden, flache Mulde zumeist ohne Nistmaterial. **Eier:** 5—12, rahmfarben bis gelblich, 44 mm. **Brut:** 1, 22—23, ♀. **Junge:** Nfl, ?, ♀. **Imm:** 0. **Alter:** 1/?. **Nahrung:** Vorwiegend Pflanzen, auch Insekten.

DIAMANTFASAN *Chrysolophus amherstiae* **Status:** St; England eingebürgert. **Größe:** ♂ bis 170 cm, ♀ bis 70 cm, 600—700 g, < Fasan. **Merkmale:** ♂ sehr langer Schwanz bis 115 cm, Rücken dunkel, Unterseite weiß; ♀ wie Goldfasan. Mischlinge zwischen Gold- und Diamantfasan nicht selten. **Stimme:** Ähnlich Goldfasan. **Lebensraum:** BW. **Nest:** Boden, flache Mulde, wenig Nistmaterial. **Eier:** 6—11, rahmfarben bis gelblich, 50 mm. **Brut:** 1, 22—23, ♀. **Junge:** Nfl, ?, ♀. **Imm:** 0. **Alter:** 1/?. **Nahrung:** Pflanzen und kleine Wirbellose.

Fasanen leben in deckungsreichem Gelände mit Büschen und Bäumen. Die Rebhühner und Wachteln sind Vögel der freien Feldflur. Bei ihrer verborgenen Lebensweise ist ihre Anwesenheit am besten an den Stimmen erkennbar. Die Steinhühner kommen bevorzugt an trockenen, steinigen Hängen vor.

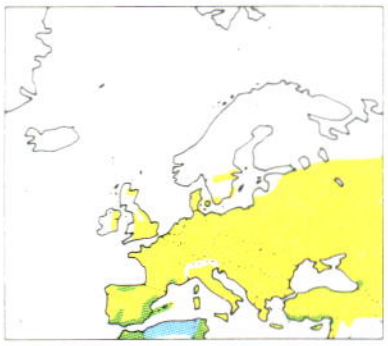

● **WACHTEL** *Coturnix coturnix* **Status:** TZ; IV—V, IX—XI. **Gefährdung:** R3. **Größe:** 18 cm, ♂ 70—100 g, ♀ 85—135 g, ~ Amsel. **Merkmale:** Sehr kleiner, versteckt lebender Hühnervogel, der seine Anwesenheit am ehesten durch die Stimme verrät; lebt zumeist einzeln, kann auf dem Zuge über das Mittelmeer in großen Scharen auftreten. **Stimme:** Typischer Wachtelschlag dreisilbig „pickwerwick" wird oft wiederholt. **Lebensraum:** AL, WL. **Nest:** Boden, flache Mulde, mit wenig Gras u.a. ausgelegt, ♀. **Eier:** 8—13, rahmfarben bis bräunlichgelb; stark dunkel- bis hellbraun::, 30 mm. **Brut:** 1 (?2), 17—20, ♀, IV—V. **Junge:** Nfl, selbständig 30—50, ♀. **Imm:** (0). **Alter:** 1/8. **Nahrung:** Vorwiegend Samen und kleine Wirbellose. *

CHUKARHUHN *Alectoris chukar* **Status:** St. **Größe:** 33 cm, ♂ 500—600 g, ♀ 450—550 g, > Rebhuhn. **Merkmale:** Die Steinhühner sind einander sehr ähnlich, die Verbreitungsgebiete überschneiden sich nicht s. Karten, die Stimmen sind charakteristisch; schwarzes Kropfband scharf begrenzt. **Stimme:** Gereiht, sich steigernd „tschuk-tschuk..tschukarr.:", tiefer und rauher als Steinhuhn. **Lebensraum:** Felsige Hänge, trockenes Kulturland. **Nest:** Boden, flache Mulde mit wenig Nistmaterial, ♀. **Eier:** 8—11, hellgelb bis braun; fein rötlich::, 43 mm. **Brut:** 1 (2), 22—24, bei 2 Gelegen eins ♂, eins ♀, III—IV. **Junge:** Nfl, ausgewachsen ca. 50, ♂ ♀. **Imm:** 2—4. **Alter:** 1/?. **Nahrung:** Vorwiegend Samen und Gräser.

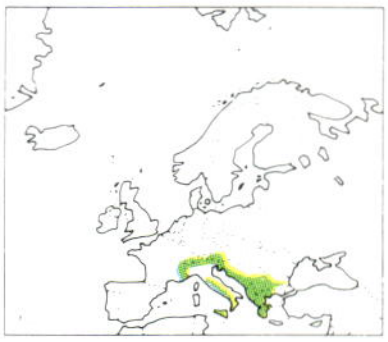

◑ **STEINHUHN** *Alectoris graeca* **Status:** St. **Gefährdung:** R5. **Größe:** 33 cm, ♂ 650—750 g, ♀ 500—650 g, > Rebhuhn. **Merkmale:** Wie Chukarhuhn; allgemeine Merkmale s. dort. **Stimme:** Wetzend, sich steigernd „dack dack..dackperwack dackperwack.:" auch höher „tsik tsik.:". **Lebensraum:** G steinige Hänge oberhalb Baumgrenze. **Nest:** Boden, versteckt im Bewuchs oder zwischen Steinen; flache Mulde mit wenig Nistmaterial, ♀. **Eier:** 8—14, gelblichrahmfarben; unregelmäßig rötlichbraun::, 42 mm. **Brut:** 1 (2), 24—26, wenn 2 Gelege eins ♂, eins ♀, V—VI. **Junge:** Nfl, ausgewachsen 50—60, ♂ ♀. **Imm:** 2—4. **Alter:** 1/?. **Nahrung:** Blätter, Samen, Insekten.

ROTHUHN *Alectoris rufa* **Status:** St; England eingebürgert. **Größe:** 34 cm, ♂ 500—550 g, ♀ 400—500 g, ~ Rebhuhn. **Merkmale:** Schwarzes Kropfband zur Brust hin nicht scharf begrenzt; allgemeine Merkmale s. Chukarhuhn. **Stimme:** Sich steigernd „tok-tok-korähräh-korährähräh.:". **Lebensraum:** Zumeist trockene L mit Gebüsch auch AL. **Nest:** Boden, versteckt im Bewuchs; flache Mulde mit wenig Nistmaterial, ♀. **Eier:** 8—11, gelblichweiß bis beigebraun; zumeist wenig rötlichbraun::, 42 mm. **Brut:** 1 (2), 23—24, wenn 2 Gelege eins ♂, eins ♀, V—VI. **Junge:** Nfl, ausgewachsen 50—60, ♂ ♀. **Imm:** 2—4. **Alter:** 1/6. **Nahrung:** Vorwiegend Samen und Sprosse.

FELSENHUHN *Alectoris barbara* **Status:** St. **Größe:** 33 cm, ~ Rebhuhn. **Merkmale:** Kein schwarzes Gesichts- und Kropfband; allgemeine Merkmale s. Chukarhuhn. **Stimme:** Sich steigernd „tk-tk..tike-tike-rät.:"; schriller Schrei „tschruih" o.ä. **Lebensraum:** Steinige Hänge, Halbwüsten, lichte BW. **Nest:** Boden, flache Mulde mit wenig Nistmaterial, ♀. **Eier:** 8—11, hell rahmfarben; unregelmäßig rötlichbraun::, 42 mm. **Brut:** 1 (2), 23—24, wenn 2 Gelege eins ♂, eins ♀, III—V. **Junge:** Nfl, ausgewachsen 50—60, ♂ ♀. **Imm:** 2—4. **Alter:** 1/?. **Nahrung:** Vorwiegend Pflanzen, auch Insekten.

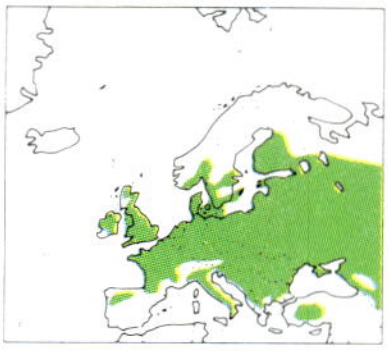

● **REBHUHN** *Perdix perdix* **Status:** St. **Gefährdung:** R3. **Größe:** 30 cm, 350—450 g. **Merkmale:** Gesicht hell rostfarben; keine auffälligen Flankenstreifen; dunkelbrauner Hufeisenfleck auf der Unterbrust, beim ♀ weniger ausgeprägt; Beine grau. **Stimme:** ♂ knarrend wie rostige Türangel „kjerrick" o.ä.; auffliegend „kerr-ititit.:". **Lebensraum:** L mit ausreichend Deckung AL, WL, HL. **Nest:** Boden, versteckt im dichten Bewuchs; flache Mulde, mit trockenem Gras, Blättern u.a. ausgelegt, ♀. **Eier:** 10—20, rotbraun, braun, oliv, 37 cm. **Brut:** 1, 23—25, ♀, IV—VI. **Junge:** Nfl, ausgewachsen ca. 90—100, ♂ ♀. **Imm:** 2—4. **Alter:** 1/7. **Nahrung:** Grüne Pflanzenteile, Getreide, Unkrautsamen, Insekten.

Ordnung Gruiformes Kraniche, Rallen u.a. um 190 Arten

Eine große Ordnung, mit 12 recht unterschiedlichen Familien.

Familie *Turnicidae* Kampfwachteln: Weltweit 15 Arten.

Kleine wachtelähnliche Vögel, bei denen die ♀ oft lebhafter gefärbt sind als die ♂. ♀ haben mehrere ♂, die auch die Eier ausbrüten müssen.

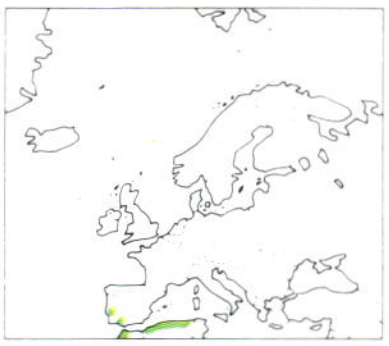

LAUFHÜHNCHEN *Turnix sylvatica* **Status:** St. **Größe:** 15 cm, ♂ ca. 60 g, ♀ ca. 70 g. **Merkmale:** Wachtelähnlich, klein; rostfarbene Brust, Flankenflecke; bestes Merkmal Stimme, da sehr verborgen lebend. **Stimme:** Gedämpftes Muhen „kruu". **Lebensraum:** BW. **Nest:** Boden, im dichten Bewuchs; flache Mulde, mit wenig Gras u.a. ausgelegt, ♂ ♀. **Eier:** 4, rostbräunlich; dicht, fein braun::, 21 mm. **Brut:** ♀ legt mehrere Gelege für verschiedene ♂, 12—14, ♂, IV—VIII. **Junge:** Nfl, ausgewachsen 30, ♂. **Imm:** 0. **Alter:** ?1/?. **Nahrung:** Samen und Insekten.

adult ♂
adult ♀
juv.
ad. ♂
adult
juvenil
ad.
ad.
adult
juvenil
ad.
ad.
adult
juvenil
ad.
ad.
adult
juvenil
ad.
ad.
adult
juvenil
ad.
ad.
ad. ♂
ad. ♀
juv.
ad. ♂

Familie *Rallidae* Rallen, Wasserhühner: Weltweit 124 Arten.

Die Rallen und Wasserhühner bilden die artenreichste Familie der Ordnung. Dichtes Röhricht und ähnliche Pflanzenbestände der Verlandungszonen sind ihr bevorzugter Lebensraum. Hier leben sie recht verborgen. Ihre Jungen sind Nestflüchter. Daher ist auch über das Familienleben und die Verbreitung einiger Arten wenig bekannt. Am besten und leichtesten gelingt der Nachweis durch die Stimme. Außerhalb der Fortpflanzungszeit sind sie aber wenig ruffreudig.

● **WASSERRALLE** *Rallus aquaticus* **Status:** TZ; III—IV, IX—X. **Gefährdung:** R4. **Größe:** 28 cm, ♂ 100—190 g, ♀ 85—135 g, > Amsel. **Merkmale:** Schnabel lang, rot mit dunkler Spitze; Flanken auffällig schwarz-weiß gestreift; Unterschwanzdecken gelblichweiß. **Stimme:** Gesang ♂ kurz, scharf, sich steigernd „tjük-tjük..tjüirr"; Rufe Quieken, Kreischen, Knurren. **Lebensraum:** BF, dichte, hohe Untervegetation. **Nest:** Boden, im dichten Bewuchs nahe am oder im Wasser; umfangreicher Napf aus Schilf, Uferpflanzen, ♂ ♀. **Eier:** 6—11, rahmfarben bis hell bräunlich; rötlichbraun::, 36 mm. **Brut:** 2, 19—22, ♂ ♀, V—VII. **Junge:** Nfl, 20—30, ♂ ♀. **Imm:** 0—3. **Alter:** 1/6. **Nahrung:** Insekten, Weichtiere; wenig pflanzliche Nahrung.

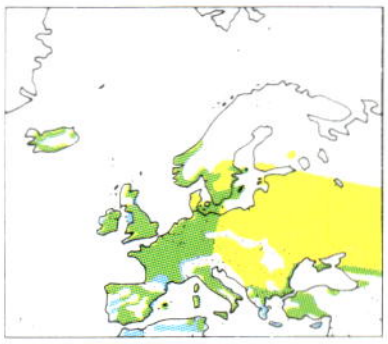

◑ **TÜPFELSUMPFHUHN** *Porzana porzana* **Status:** Z; III—IV, VIII—XI. **Gefährdung:** R3. **Größe:** 23 cm, 60—115 g, ~ Star. **Merkmale:** Schnabel kurz, gelbgrün mit roter Basis; Oberseite weiß gefleckt; Unterschwanzdecken gelb. **Stimme:** Gesang ♂ oft wiederholt, laut „hwit hwit.:"; Rufe ♀ ähnlich Gesang ♂, aber weicher; im Brutrevier leise „wu", Knurrlaute gedehnt „brurr.:" oder „brurr-brurr.:". **Lebensraum:** BF im Randbereich der Röhrichte. **Nest:** Boden, in dichtem Bewuchs; dicker Napf aus Stengeln, Blättern u.a., ♂ ♀. **Eier:** 8—12, olivrostfarben; stark rötlichbraun und grau::, 34 mm. **Brut:** 2, 18—19, ♂ ♀, IV—VI. **Junge:** Nfl, 25, ♂ ♀. **Imm:** 0—3. **Alter:** 1/7. **Nahrung:** Kleine Wirbellose, Pflanzenteile.

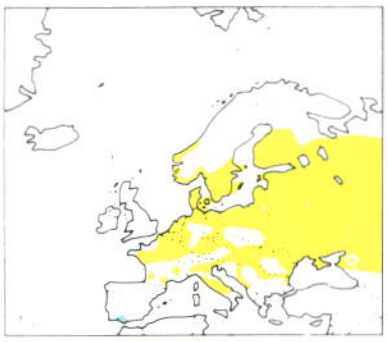

◑ **KLEINES SUMPFHUHN** *Porzana parva* **Status:** Z; III—IV, IX—XI. **Gefährdung:** R5. **Größe:** 19 cm, 35—60 g, ~ Feldlerche. **Merkmale:** Beine grün; ♂ Flügeldecken nicht weiß gestreift, keine Flankenstreifung; ♀ Unterseite rahmfarben, Kehle hell. **Stimme:** Gesang ♂ gereiht, beschleunigend, abfallend „gaik gaik.:"; Ruf ♀ unverpaart Triller „kikerrr". **Lebensraum:** BF, dichter Uferbewuchs auch kleiner Gewässer. **Nest:** Boden, im dichten Bewuchs; Napf aus Stengeln, Halmen u.a., ?♂ ♀. **Eier:** 7—9, gelblich rostbraun; fein braun:: und ≡, 29 mm. **Brut:** ?2, 21—23, ♂ ♀, V—VII. **Junge:** Nfl, 45—50, ♂ ♀. **Imm:** 3—4. **Alter:** 1/(6). **Nahrung:** Kleine Wirbellose, bevorzugt aus dem Wasser; Samen, Pflanzenteile.

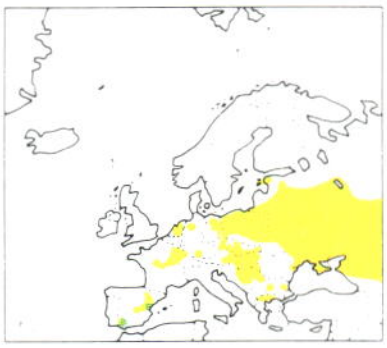

◑ **ZWERGSUMPFHUHN** *Porzana pusilla* **Status:** Z; III—IV, IX—X. **Gefährdung:** R6. **Größe:** 18 cm, 40—50 g, ~ Feldlerche. **Merkmale:** Ähnlich kleines Sumpfhuhn, aber Beine gelb, Oberseite mit feinen weißen Flecken und Streifen, Flanken gestreift; ♂ und ♀ gleich. **Stimme:** Gesang ♂ hölzern, knarrend „tirrri" o.ä.; Rufe ♂ gereizt gereiht „kjor-kjor..kje.:", im Brutrevier Ticken, Rätschen, Knurren. **Lebensraum:** BF dichter Uferbewuchs auch kleinerer Gewässer. **Nest:** Boden, im dichten Bewuchs; kleiner Napf aus Blättern, Gras, ?♂ ♀. **Eier:** 6—8, gelblichrostbraun; stark braun ≡ und ::, 29 mm. **Brut:** ?2, 17—20, ♂ ♀, V—VI. **Junge:** Nfl, 35, ♂ ♀. **Imm:** 3—4. **Alter:** 1/?. **Nahrung:** Vorwiegend Wasserinsekten, auch Pflanzenteile und Samen.

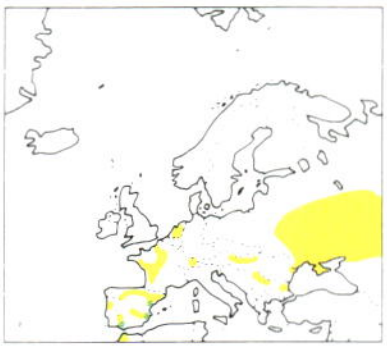

◑ **WACHTELKÖNIG** *Crex crex* **Status:** Z; III—V, IX—XI. **Gefährdung:** R3. **Größe:** 27 cm, 135—200 g, < Rebhuhn. **Merkmale:** Typischer Wiesenvogel; im Flug rostbraune Flügel, baumelnde Beine. **Stimme:** Gesang ♂ stundenlang wiederholt, auch bei Nacht „rerrp-rerrp.:". **Lebensraum:** WL, WF mit hohem, dichtem Gras. **Nest:** Boden, im dichten Bewuchs; Polster aus trockenem Gras, ? ♀. **Eier:** 8—12, blaß grünlich oder bräunlich; rotbraun und grau::, 37 mm. **Brut:** ?2, 16—19, ♀, V—VII. **Junge:** Nfl, ausgewachsen ca. 60, ♀ oder ♂ ♀. **Imm:** 0. **Alter:** 1/6. **Nahrung:** Insekten und andere kleine Wirbellose, auch Pflanzenteile.

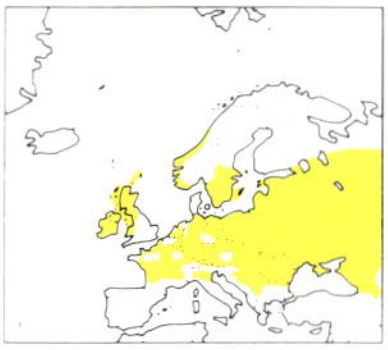

PURPURHUHN *Porphyrio porphyrio* **Status:** ST. **Größe:** 48 cm, ♂ 750—1000 g, ♀ 500—900 g, > Bläßhuhn. **Merkmale:** Großes, massiges Teichhuhn ohne Weiß im Gefieder. **Stimme:** Laut und variabel, Trompeten, Kreischen u.a.; auch bei Nacht. **Lebensraum:** BF, Uferbereiche mit dichtem Röhricht. **Nest:** Boden, im dichten Bewuchs; napfförmiger Bau aus Wasser- und Uferpflanzen, ♂ ♀. **Eier:** 3—5, rahmfarben bis rostbraun; rötlichbraun oder grau::, 55 mm. **Brut:** 1 (?2), 23—25, ♀(♂), III—VI. **Junge:** Nfl, ausgewachsen ca. 60, ♂ ♀. **Imm:** 4—9. **Alter:** ?/?. **Nahrung:** Vorwiegend Wasserpflanzen.

Die Rallen schlüpfen zumeist durch dichten Bewuchs. Sie sind nur selten über längere Zeit zu beobachten. Allen gemeinsam ist eine mehr oder weniger ausgeprägte Flankenstreifung. Die Wasserhühner schwimmen häufiger auch auf dem offenen Wasser. Sie sind überwiegend einfarbig dunkel.

Achte bei den Rallen auf die Schnabelform, die Beinfärbung und die Flankenzeichnung und bei den Wasserhühnern auf den Schnabel, die Stirn und die Unterschwanzdecken.

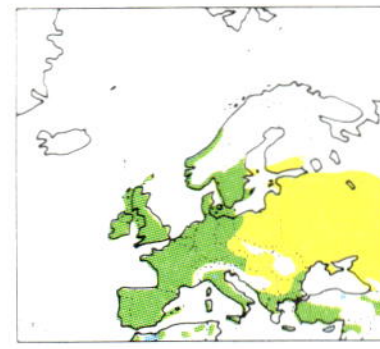

● **TEICHHUHN** *Gallinula chloropus* **Status:** TZ; III—IV, IX—XI. **Größe:** 35 cm, ♂ 250—420 g, ♀ 260—373 g, < Bläßhuhn. **Merkmale:** Unterschwanzdecken und Seitenband weiß; Stirn rot; häufiges Schwanzzucken. **Stimme:** Gurgelnd „kürrk"; Alarm gereiht, scharf „ick-ick.:"; ♂ im Brutrevier Kurzrufe mit abschließendem Schrei „bak-bak.. rraii". **Lebensraum:** Bewachsene Ufer von SF, FF auch in S. **Nest:** Boden, im dichten Bewuchs; Napf oder Plattform aus Pflanzenteilen der Umgebung, ♂ ♀. **Eier:** 5—9, grauweiß, gelblichbraun, grünlich; rötlichbraun und blaugrau::, 45 mm. **Brut:** 2(3), 21—22, ♂ ♀, IV—VI. **Junge:** Nfl, 40—50, ♂ ♀ und Geschwister der vorhergegangenen Brut. **Imm:** 4—9. **Alter:** 1/15. **Nahrung:** Vielfältig — Pflanzen und kleinere Tiere.

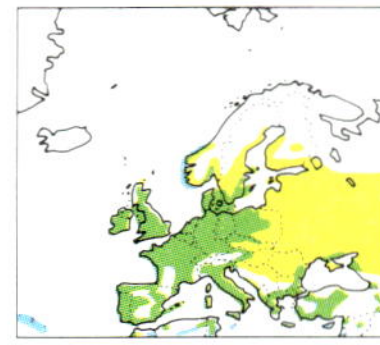

● **BLÄSSHUHN** *Fulica atra* **Status:** TZ; III—IV, IX—XI. **Größe:** 38 cm. ♂ 650—900 g, ♀ 575—800 g. **Merkmale:** Wirkt einfarbig schwarzgrau; Stirn weiß; im Flug schmale, weiße Flügelkante sichtbar; schwimmt und taucht. **Stimme:** Normalruf ♂ kurz, metallisch knallend „pix"; Normalruf ♀ laut „köw"; weitere Rufe bei verschiedenen Anlässen, ruffreudig. **Lebensraum:** „So" SF, FF mit bewachsenen Ufern; „Wi" auch auf großen, offenen Wasserflächen. **Nest:** Boden, im Bewuchs, im oder am Wasser; größerer Napf aus abgestorbenen Pflanzenteilen der Umgebung, ♂ ♀. **Eier:** 6—10, hell bräunlich; fein dunkelbraun::, 53 mm. **Brut:** 1(2), 21—24, ♂ ♀, IV—VI. **Junge:** Nfl, ausgewachsen 55—60, ♂ ♀. **Imm:** 4—9. **Alter:** 1/18/75 %. **Nahrung:** Vorwiegend Wasserpflanzen, kleinere Tiere.

KAMMBLÄSSHUHN *Fulica cristata* **Status:** St. **Größe:** 41 cm, ♂ 750—900 g, ♀ 500—800 g, ~ Bläßhuhn. **Merkmale:** Wie Bläßhuhn, aber zwei kleine, rote Stirnhöcker, kein Weiß am Flügel. **Stimme:** Verschiedene laute Rufe dumpf „kwou", tief „hu-hu.:", nasal quäkend „wäa". **Lebensraum:** SF, FF mit ausgedehnten Röhrichtzonen. **Nest:** Boden, im Bewuchs, im oder am Wasser; größerer Napf aus abgestorbenen Pflanzenteilen der Umgebung, ♂ ♀. **Eier:** 5—7, hell rostfarben; fein braun::, 52 mm. **Brut:** 1(?), 18—20, ♂ ♀, V—?. **Junge:** Nfl, ausgewachsen 55—60, ♂ ♀. **Imm:** 4—9. **Alter:** ?1/(6). **Nahrung:** Vorwiegend Wasserpflanzen, aber auch kleine Tiere.

Familie *Gruidae* Kraniche: Weltweit 14 Arten.

Die Kraniche sind große bis sehr große Vögel mit langen Beinen und Hälsen. Mit den Reihern und Störchen ver-

◑ **KRANICH** *Grus grus* **Status:** Z; III—IV, IX—XI. **Gefährdung:** R2. **Größe:** 115 cm, 4000—7000 g, > Graureiher. **Merkmale:** Sehr groß, Standhöhe ca. 110 cm; schreitet langsam; verlängertes Schultergefieder hängt buschig über den Schwanz. **Stimme:** Balz lautes, gemeinschaftliches Trompeten; Flugruf laut, rollend „krruh", „krürr" u.ä., im Flug ruffreudig. **Lebensraum:** BF, MF auch Bruchwälder; auf dem Zug auch großflächige WF, AL, WL. **Nest:** Boden, trocken oder im seichten Wasser; großer Haufen aus Pflanzen der nächsten Umgebung, ♂ ♀. **Eier:** 2, variabel blaugrau, oliv, rötlichbraun; braun:: und ≡, 96 mm. **Brut:** 1, 28—30, ♂ ♀, V—VI. **Junge:** Nfl, 65—70, ♂ ♀. **Imm:** 12—18. **Alter:** ?4—6/?. **Nahrung:** Vorwiegend Pflanzen, auch Wirbellose und kleine Wirbeltiere.

*

Familie *Otididae* Trappen: Weltweit 21 Arten.

Die Trappen sind mittelgroße bis sehr große Vögel, die entfernt an langbeinige Hühnervögel erinnern. Sie leben im offenen, baumlosen Gelände. Beim Gehen und Laufen ist ihr Kopf hoch erhoben. Erschreckt drücken sie sich oder laufen davon. Sie fliegen mit vorgestrecktem Hals. Ihre Flügel sind breit und auffallend schwarz-weiß.

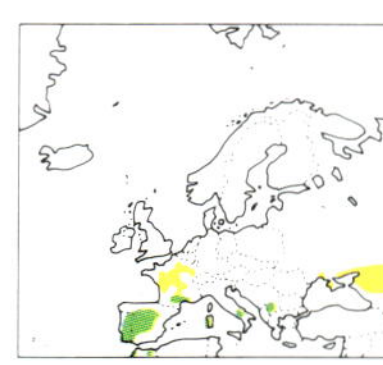

♗ **ZWERGTRAPPE** *Tetrax tetrax* **Status:** St. **Größe:** 44 cm, 600—950 g, ~ Fasan. **Merkmale:** Wirkt wie ein größerer, langbeiniger Hühnervogel; tarnfarben, am Boden schwer erkennbar; im Flug sehr auffällige weiße Flügel mit schwarzen Spitzen. **Stimme:** Gesang ♂ ständig wiederholtes, hartes, kurzes „trrt", Flugruf kurz „dag", „kiak" u.a. **Lebensraum:** Ausgedehnte AL, WL, Steppen. **Nest:** Boden, flache Mulde ohne Nistmaterial. **Eier:** 3—5, grünoliv bis olivbraun; verschwommen braun ≡, 52 mm. **Brut:** 1, 20—22, ♀, V—VII. **Junge:** Nfl, 50—55, ♀. **Imm:** 0. **Alter:** 1—2/?. **Nahrung:** Überwiegend Blätter, Sprosse, Samen; auch Insekten u.a. Kleintiere.

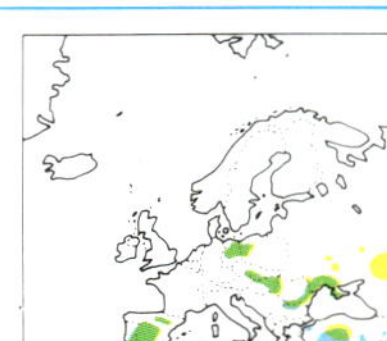

◑ **GROSSTRAPPE** *Otis tarda* **Status:** St. **Gefährdung:** R1. **Größe:** ♂ 90 cm, ♀ 74 cm, ♂ 7000—18000 g, ♀ 3500—4100 g, ~ Höckerschwan. **Merkmale:** Sehr groß; im Flug Flügel vorwiegend weiß mit schwarzem Hinterrand; ♂ wesentlich größer als ♀; ♂ mit langem Backenbart und rostrotem Brustband. **Stimme:** Nicht auffällig, wenig stimmfreudig. **Lebensraum:** Weite, baumlose Ebenen, Steppen, großflächige AL. **Nest:** Polygam, Balz der ♂ auf weiträumigem Balzplatz; Boden, flache Mulde mit wenig Pflanzenmaterial der nächsten Umgebung. **Eier:** 2—3, grünlich bis olivbraun; braun:: und ≡, 79 mm. **Brut:** 1, 21—28, ♀, IV—VII. **Junge:** Nfl, selbständig ca. 35, ♀. **Imm:** ♀ ca. 24; ♂ bis 72. **Alter:** ♂ 5—6, ♀ 3—4/?. **Nahrung:** Vielseitig, vorwiegend Pflanzenteile, aber auch Wirbellose und kleine Wirbeltiere.

glichen, sind ihre
Schnäbel kurz. Sie ziehen zumeist in größeren Scharen in V-Formation. Im Flug strecken sie den Hals aus.

Ordnung Charadriiformes Watvögel, Möwen, Alken u.a. um 315 Arten.

Die Ordnung umfaßt 16 Familien. Es sind Boden- und Wasservögel, die in der Mehrzahl an den Küsten und in Feuchtgebieten des Binnenlandes vorkommen.

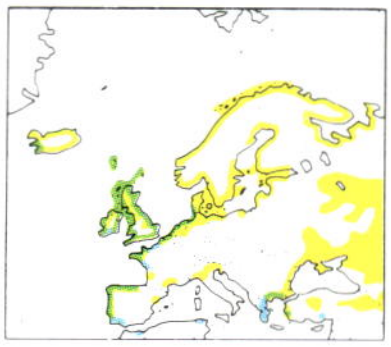

◑ **AUSTERNFISCHER** *Haematopus ostralegus* **Status:** TZ; II—IV, VII—X. **Größe:** 43 cm, 400—700 g, > Lachmöwe. **Merkmale:** Körper schwarz-weiß, Schnabel und Beine rot. **Stimme:** Gesang ♂ im Singflug anhaltend wiederholt, wohlklingend „tülie"; Trillerzeremonie sich steigernder Triller gleichzeitig von mehreren Vögeln; Ruf im Flug laut „kliip.:". **Lebensraum:** SM, WM, FM; küstennahe AL, WL, auch im Binnenland. **Nest:** Boden, Sand-, Kiesstrand, Wiese, Felsen; flache Senke mit wenig Pflanzenteilen, Muschelscherben, Steinchen u.a., ♂ ♀. **Eier:** 2—4, gelblich bis rotbräunlich; verschieden stark schwarz-braun::, 57 mm. **Brut:** 1, 24—27, ♂ ♀, IV—VII. **Junge:** Nfl, 35—42, ♂ ♀. **Imm:** 12. **Alter:** 2/36. **Nahrung:** Bodentiere aus dem Gezeitenbereich, Muscheln, Schnecken, Ringelwürmer, Krabben.

Familie *Recurvirostridae* Säbelschnäbler, Stelzenläufer: Weltweit 7 Arten.

Die Säbelschnäbler und Stelzenläufer sind weiß-schwarze Watvögel mit langen bis sehr langen Beinen. Ihre Nahrung suchen sie im flachen Wasser oder wäßrigen Schlamm. In Europa kommt jeweils nur eine Art vor.

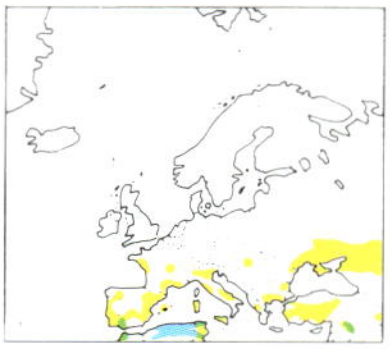

⚲ **STELZENLÄUFER** *Himantopus himantopus* **Status:** Z; III—IV, VIII—X. **Gefährdung:** R6. **Größe:** 38 cm, 160—200 g, ~ Kiebitz. **Merkmale:** Schwarzer Rücken, weiße Unterseite; sehr lange rote Beine, die im Flug weit nach hinten gestreckt werden. **Stimme:** Gereiht „küik.:"; erregt heiser-nasal „kijt.:". **Lebensraum:** BF, brackige Binnengewässer, Küstenlagunen. **Nest:** Boden, im flachen Wasser oder auf schlammigem Ufer; trockener Standort Mulde mit wenig Nistmaterial, nasser Standort aufgeschichtete Pflanzenteile. **Eier:** 4, hell bräunlichgelb; schwarz::, 44 mm. **Brut:** 1, 22—25, ♂ ♀, V—VI. **Junge:** Nfl, 28—32, ♂ ♀. **Imm:** 9. **Alter:** 2/12. **Nahrung:** Kleine Wassertiere, bevorzugt Insekten, Kleinkrebse.

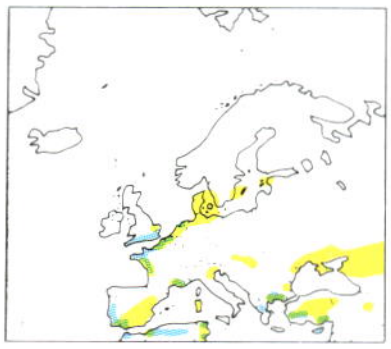

◑ **SÄBELSCHNÄBLER** *Recurvirostra avosetta* **Status:** Z; III—IV, VIII—X. **Größe:** 43 cm, 250—400 g, > Kiebitz. **Merkmale:** Schwarz-weiß mit deutlich aufwärtsgebogenem Schnabel. **Stimme:** Laut, wohlklingend „klüit.:", erregt schneller gereiht und heiser. **Lebensraum:** WM, brackige und salzige Flachgewässer. **Nest:** Brutkolonie; Boden, auf trockenem Schlamm, im niedrigen Bewuchs; flache Mulde mit wenig Pflanzenteilen. **Eier:** 4, blaß bräunlich-rostfarben; fein schwarz::, 51 mm. **Brut:** 1, 23—25, ♂ ♀, IV—VI. **Junge:** Nfl, 35—42, ♂ ♀. **Imm:** 3. **Alter:** 2(3)/25/78 %. **Nahrung:** Kleintiere aus dem Flachwasser und wäßrigen Schlick, bevorzugt Kleinkrebse, Borstenwürmer. *

Familie *Burhinidae* Triele: Weltweit 9 Arten.

Die Triele leben zumeist auf trockenem, steinigem Gelände. Ihr Federkleid ist farblich diesem Untergrund gut angepaßt. Sie sind vorwiegend dämmerungs- und nachtaktiv und haben daher sehr große Augen.

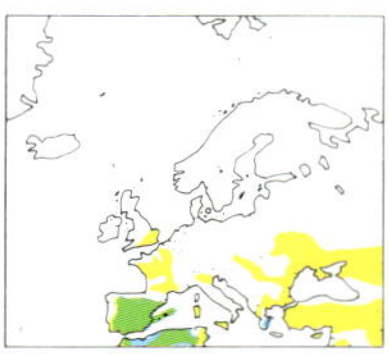

◑ **TRIEL** *Burhinus oedicnemus* **Status:** TZ; III—IV, IX—XI. **Gefährdung:** R1. **Größe:** 41 cm, 370—450 g, > Lachmöwe. **Merkmale:** Großer, runder Kopf mit auffällig gelbem Auge; Schnabel gelb mit schwarzer Spitze; am Boden 1, im Flug 2 weiße Flügelbinden; nachtaktiv. **Stimme:** Laut klagendes Flöten ähnlich Großem Brachvogel zweisilbig „kürrieh" oder rein „tülih"; auch schrill, hoch „quii". **Lebensraum:** Offenes, steiniges Gelände, Steppen, Halbwüsten, HL, weite Schotterbänke. **Nest:** Boden, flach ausgescharrte Mulde mit wenig Nistmaterial. **Eier:** 2, hell rahmbräunlich; dunkelbraun:: und gekritzelt, 54 mm. **Brut:** 1(2), 24—26, ♂ ♀, IV—VI. **Junge:** Nfl, 36—42, ♂ ♀. **Imm:** (2). **Alter:** 3(2)/16. **Nahrung:** Vorwiegend Wirbellose.

Familie *Haemapodidae* Austernfischer: Weltweit 6 Arten.

Die Austernfischer sind mittelgroße, schwarz-weiße oder schwarze Vögel mit auffällig gefärbten Schnäbeln und Beinen. Ihre bevorzugte Nahrung sind Muscheln, Schnecken und Krebse. Ihr Schnabelbau und spezielle Techniken ermöglichen es ihnen, an die Weichteile dieser Tiere heranzukommen. Außerhalb der Fortpflanzungszeit sammeln sie sich an den Küsten in oft sehr großen Scharen. In Europa kommt nur eine Art vor.

An der Schnabelform und der Beinfärbung sind Säbelschnäbler und Stelzenläufer leicht zu unterscheiden. Bezeichnend sind auch die Bewegungen bei der Nahrungssuche. Die Säbelschnäbler „durchsäbeln" das Wasser, indem sie den Kopf seitwärts hin- und herschwenken. Die Stelzenläufer picken nickend.

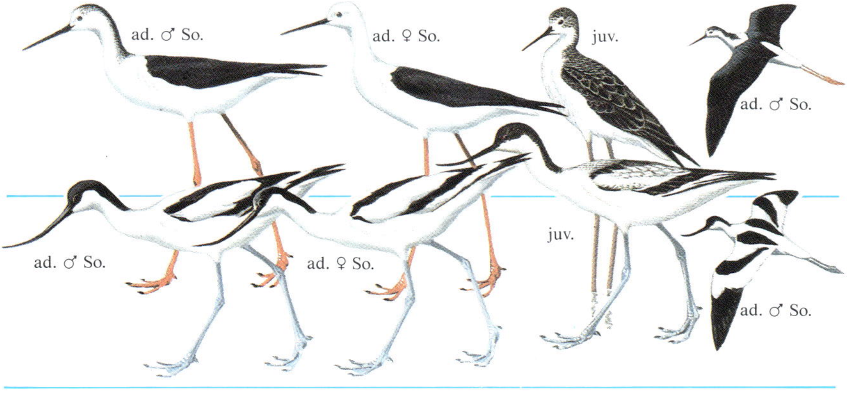

Von anderen Watvögeln unterscheiden sie sich durch den dicken Kopf, kurzen Hals und den vergleichsweise kurzen Schnabel. Gewöhnlich sind sie einzeln oder paarweise zu beobachten. Größere Trupps sind selten. Die bis in die Nacht hinein zu hörenden, markanten Rufe erleichtern den Nachweis. Die einzige Art Europas überwintert in Afrika.

Familie *Glareolidae* Brachschwalben, Rennvögel: Weltweit 14 Arten.

Mit ihrem runden Kopf und kurzen Schnabel wirken die Brachschwalben am Boden wie kurzbeinige Regenpfeifer. Im Flug haben sie mit ihren langen, spitzen Flügeln und gegabelten Schwänzen ein schwalbenähnliches Aussehen. Sie jagen auch wie Schwalben in der Luft.

△ **BRACHSCHWALBE** *Glareola pratincola* **Status:** In Europa Z; III—IV, VIII—X. **Gefährdung:** R6. **Größe:** 25 cm, 70—90 g, ~ Amsel. **Merkmale:** Kurzbeinig; gebogener Schnabel; Kehle hell rahmfarben, schwarz gerandet; im Flug wie große Schwalbe, weißer Bürzel, schwarze Schwanzgabel. **Stimme:** Ruft fast nur im Flug; seeschwalbenähnlich kurz, wiederholt „kit" oder „kjück". **Lebensraum:** Trockene Schlammflächen, kahle Uferzonen, Steppen, Savannen. **Nest:** Brutkolonie; Boden, flache Mulde ohne Nistmaterial. **Eier:** 3, grünlich- bis bräunlichrahmfarben; fein und grob dunkelbraun::, 32 mm. **Brut:** 1, 17—19, ♂♀, V—VI. **Junge:** Nfl, 25—30, ♂♀. **Imm:** 3. **Alter:** ?1/?. **Nahrung:** Vorwiegend im Flug gefangene Insekten.

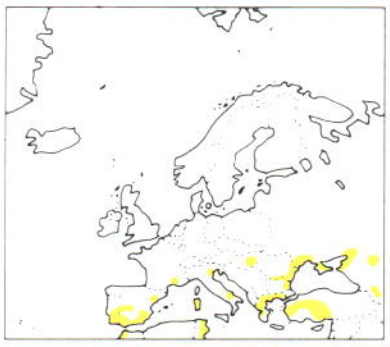

Familie *Charadriidae* Regenpfeifer: Weltweit 62 Arten.

Die Regenpfeifer sind großköpfige, kurzschnäblige Watvögel mit einer sehr typischen Bewegungsweise. Aufgerichtet laufen sie ein Stück, bleiben ruckhaft stehen, picken zu und laufen weiter. Die kleinen Arten bewegen beim Laufen die Beine so schnell, daß sie zu rollen scheinen.

● **FLUSSREGENPFEIFER** *Charadrius dubius* **Status:** Z; III—IV, VII—X. **Größe:** 15 cm, 30—50 g, ~ Feldlerche. **Merkmale:** Feine weiße Linie über der schwarzen Stirn; dunkler Schnabel; graugelbliche Beine; im Flug keine Flügelbinde; „So" nur Binnenland. **Stimme:** Gesang ♂ im Singflug heiser-kehlig „griä-griä.:"; Ruf Pfiff knapp zweisilbig, absinkend „piu", erregt scharf, gereiht „pi.:". **Lebensraum:** Kiesige Ufer von FF, Kiesgruben, Kiesaufschüttungen. **Nest:** Boden, flache Mulde zwischen Kieseln; mit Steinchen, Pflanzenteilen u.a. oder ohne Nistmaterial. **Eier:** 4, weißlichgrau bis blaß rostfarben; dunkelbraun::, 30 mm. **Brut:** 2, 24—25, ♂♀, IV—VII. **Junge:** Nfl, 24—27, ♂♀. **Imm:** 3. **Alter:** 1/10/65%. **Nahrung:** Vorwiegend Insekten.

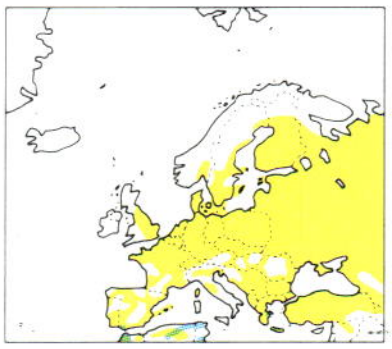

◑ **SANDREGENPFEIFER** *Charadrius hiaticula* **Status:** TZ; III—V, VIII—X. **Größe:** 19 cm, 55—75 g, > Feldlerche. **Merkmale:** Schnabel und Beine orangegelb; im Flug auffällige, weiße Flügelbinde. **Stimme:** Gesang ♂ zumeist im Singflug kehlig, heiser, gereiht „duije-duije.:", „djuwilu-djuwilu.:" u.ä.; Rufe weich „tüip" o.ä.; erregt gereiht, scharf „kiep-kiep.:". **Lebensraum:** SM, WM, seltener sandige oder schlammige Ufer von Binnengewässern. **Nest:** Boden, flach ausgescharrte Mulde zwischen Kieseln u.a., mit Muschelstückchen, Steinchen u.ä. ausgelegt. **Eier:** 4, blaß gräulich oder gelblichbraun; unterschiedlich schwärzlich::, 36 mm. **Brut:** 1—3, 23—25, ♂♀, IV—VII. **Junge:** Nfl, 24, ♂♀. **Imm:** 3. **Alter:** 1/10/60%. **Nahrung:** Insekten, Ringelwürmer u.a.

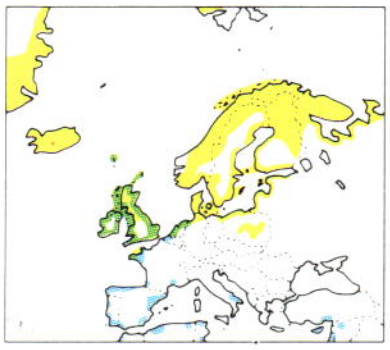

◑ **SEEREGENPFEIFER** *Charadrius alexandrinus* **Status:** Z; III—V, VIII—X. **Gefährdung:** R5. **Größe:** 16 cm, 40—60 g, ~ Feldlerche. **Merkmale:** Kein durchgehendes Brustband (auch Jungvögel der anderen Arten!); Beine schwärzlich; im Flug weiße Flügelbinde; ♂ und ♀ verschieden. **Stimme:** Gesang ♂ schnurrend „pittritritrirr.:" dazwischen „teke-teke.:"; Rufe lang „prrr", erregt „hüit". **Lebensraum:** SM, auch an salzigen Binnengewässern. **Nest:** Boden, flach ausgescharrte Mulde im Sand, Kies; ohne Nistmaterial oder mit Steinchen, Muschelstückchen u.a. **Eier:** 3, schmutzigweiß bis blaß rostgelb; fein schwarz::, ≡, 33 mm. **Brut:** 1—2, 24—27, ♂♀, IV—VI. **Junge:** Nfl, 26—31, ♂♀. **Imm:** 3. **Alter:** 1—2/10/60%. **Nahrung:** Insekten, Ringelwürmer, Kleinkrebse u.a.

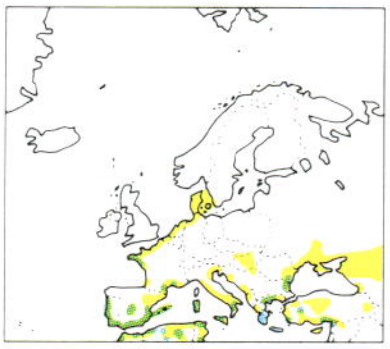

8 **MORNELLREGENPFEIFER** *Charadrius morinellus* **Status:** Z; IV—V, VIII—X. **Gefährdung:** R1. **Größe:** 22 cm, 90—145 g, ~ Amsel. **Merkmale:** Breiter, weißer Überaugenstreif; weißes, schmales Brustband; im Brutkleid rotbraune Unterseite, im Ruhekleid blaß gräulichbraun; ♀ wenig größer und intensiver gefärbt als ♂. **Stimme:** Gesang ♀ gereiht, pfeifend „pit-pit.:" im langsamen Singflug; im Abflug gereiht „dirr.:". **Lebensraum:** Tundra und entsprechende Gebiete im G, auf dem Zug auch HL, MF, MM. **Nest:** Boden, flache Senke, wenig oder kein Nistmaterial. **Eier:** 3, gelblich bis rötlichbraun; grob schwarzbraun::, 44 mm. **Brut:** 1(2), ♀ legt manchmal 2 Gelege, jedes für ein anderes ♂, 24—28, ♂(♀), V—VII. **Junge:** Nfl, 25—30, ♂(♀). **Imm:** 5. **Alter:** 1/?. **Nahrung:** Vorwiegend Insekten.

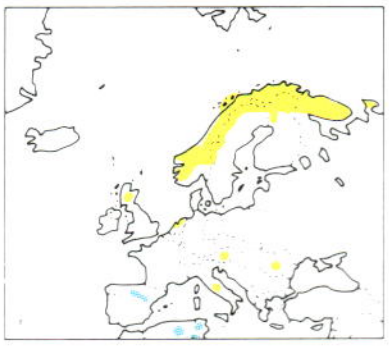

Die Brachschwalbe *(Glareola pratincola)* ist die einzige in Europa brütende Art. Im Unterschied zu der gelegentlich hier erscheinenden Schwarzflügelbrachschwalbe *(Glareola nordmanni)* hat sie kastanienbraune Unterflügel. Auch der sandfarbene Rennvogel *(Cursorius cursor)* Nordafrikas ist mehrfach in Europa beobachtet worden.

Achte bei den Brachschwalben auf die Färbung der Unterflügel.

Die großen Arten, Gold- und Kiebitzregenpfeifer, haben im Brutkleid eine schwarze und im Ruhekleid eine helle Unterseite. Die kleinen Arten unterscheiden sich durch markante Kopf- und Brustzeichnungen.

Achte bei den kleinen Arten auf die Zeichnungsunterschiede von Kopf und Brust, im Flug auch auf die der Flügel, bei den großen Arten auf die Oberseitenfärbung und die Farbe der Achselfedern.

◑ **GOLDREGENPFEIFER** *Pluvialis apricaria* **Status:** Z; III—V, IX—XI. **Gefährdung:** R2. **Größe:** 28 cm, 140—210 g, < Kiebitz. **Merkmale:** Oberseite goldgelb gefleckt; Achselfedern weiß (nur im Flug zu sehen); im Brutkleid Unterseite schwarz; oft mit Kiebitzen vergesellschaftet. **Stimme:** Gesang ♂ im Brutrevier und auch während des Herbstzuges pfeifend, trillernd „diidarüidarüi..drü-diiü" o.ä.; Ruf weich, melodisch „düh". **Lebensraum:** HL, MF, Tundra, auf dem Zuge WF, MM, WL, AL. **Nest:** Boden, im niedrigen Bewuchs; flache Mulde, mit Pflanzenteilen der nächsten Umgebung ausgelegt. **Eier:** 4, gelblich bis rostbraun; stark dunkelbraun::, 52 mm. **Brut:** 1, 28—31, ♂ ♀, V—VI. **Junge:** Nfl, 25—33, ♂ ♀. **Imm:** 3. **Alter:** 1/12. **Nahrung:** Insekten, Würmer u.a. kleine Wirbellose, auch Pflanzenteile.

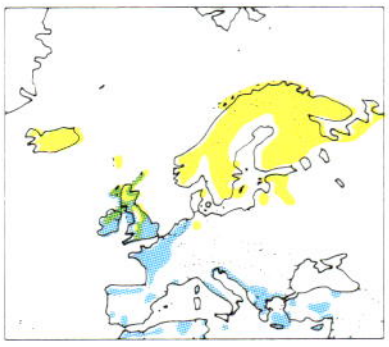

⦶ **KIEBITZREGENPFEIFER** *Pluvialis squatarola* **Status:** Z, (S), (W); III—V, VIII—XI. **Größe:** 28 cm, 170—240 g, ~ Kiebitz. **Merkmale:** Oberseite weißlich gefleckt; Achselfedern schwarz (nur im Fluge zu sehen); Bürzel und Schwanz weißlich; Brutkleid Unterseite schwarz. **Stimme:** Gesang ♂ im Schauflug „kü-di-lüü" ähnlich Gr. Brachvogel; Ruf zweisilbig, klagend „tlüuit" o.ä. **Lebensraum:** „So" Tundra; „Wi" und Zug WM, MM, SM. **Nest:** Boden, flache Mulde, mit wenig Moos, Flechten ausgelegt. **Eier:** 4, hell rostbraun oder grau; vorwiegend am stumpfen Pol dunkelbraun::, 52 mm. **Brut:** 1, 26—27, ♂ ♀, VI—VII. **Junge:** Nfl, 35—45, ♂ ♀. **Imm:** 3. **Alter:** 2—3/14. **Nahrung:** „So" vorwiegend Insekten, „Wi" Meeresringelwürmer, Kleinkrebse.

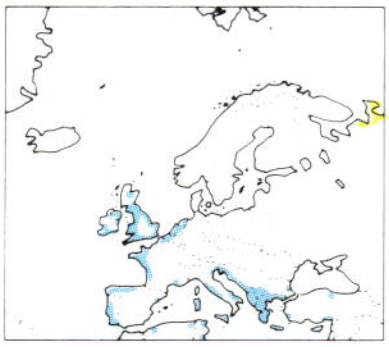

SPORNKIEBITZ *Vanellus spinosus* **Status:** In Europa Z. **Größe:** 27 cm, 125—160 g, < Kiebitz. **Merkmale:** Ähnlich Kiebitz, aber langbeiniger, ohne Schopf und auffallend schwarz-weiß. **Stimme:** Bei Störung am Brutplatz kurz, ständig wiederholt „pit.:" auch gedehnter, gereiht und mit rauhem „räh" verbunden. **Lebensraum:** Schütter bewachsenes Ödland, Salzsümpfe, sandige Uferzonen von SF, FF. **Nest:** Boden, flache Mulde, mit Pflanzenmaterial der Umgebung ausgelegt. **Eier:** 4, hell gelblichbraun bis olivbräunlich; stark schwarzbraun::, 40 mm. **Brut:** 1(2), 22—24, ♂ ♀, IV—?. **Junge:** Nfl, ?. **Imm:** 3. **Alter:** ?1/?. **Nahrung:** Vorwiegend Insekten.

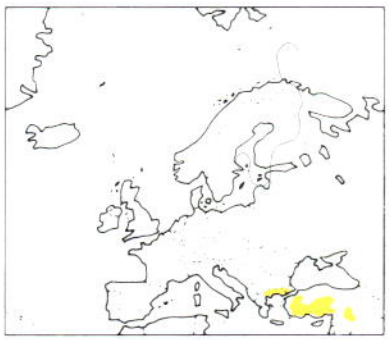

● **KIEBITZ** *Vanellus vanellus* **Status:** TZ; II—IV, IX—XI. **Größe:** 30 cm, 150—310 g. **Merkmale:** Weit verbreiteter Wiesenvogel mit auffälligem Schopf; gaukelnder Flug; ruffreudig; oft in großen Trupps. **Stimme:** Gesang ♂ beim taumelnden Schauflug „kchiuwitt-witwit-kchiuwit" o.ä.; Rufe im Flug heiser „kiar-rih", erregt scharf, klagend „wie" ständig wiederholt. **Lebensraum:** WL, beweidete WF, AL. **Nest:** Boden, im niedrigen Bewuchs; flache Mulde mit wenig oder reichlich Nistmaterial. **Eier:** 4, gelbbraun bis oliv; stark schwarzbraun::, 47 mm. **Brut:** 1, 26—28, ♀ (♂), IV—VI. **Junge:** Nfl, 35—40, ♂ ♀. **Imm:** 3. **Alter:** 1/23/68%. **Nahrung:** Vorwiegend Insekten wie Larven der Wiesenschnake u.a., auch Pflanzenteile.

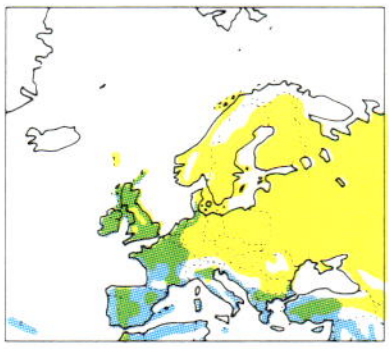

Familie *Scolopacidae* Schnepfenvögel: Weltweit 81 Arten.

Die Familie Schnepfenvögel ist vielgestaltig. In ihr ist, bis auf einige kleinere Familien und die Regenpfeifer, die Masse der Watvögel vereinigt. Zu ihr gehören die kleineren, teilweise nicht sonderlich langschnäbligen Strandläufer, die spitzschnäbligen Wasserläufer wie die großen Uferschnepfen und Brachvögel mit ihren sehr langen Schnäbeln. Auch die heimlich lebenden Schnepfen sind hier einzuordnen.

Gattung *Calidris* u.a. Strandläufer: Weltweit um 25 Arten.

⦶ **KNUTT** *Calidris canutus* **Status:** Z, (S), (W); IV—VI, VIII—X. **Größe:** 25 cm, 125—215 g, > Amsel. **Merkmale:** Gedrungen, pummelig wirkend; Hals, Beine kurz, Kopf und Schnabel ± gleich lang; stochern wenig, picken mehr von der Oberfläche; Brut- („So") und Ruhekleid („Wi") verschieden; oft in sehr großen Schwärmen. **Stimme:** Gesang ♂ im Singflug flötend, ähnlich Gr. Brachvogel; Rufe im Abflug „nut", „gjug", Zugruf gedämpft „wit-wit" o.ä. **Lebensraum:** „So" Tundra, „Wi" WM, SM. **Nest:** Boden, flache Mulde, mit Moos, Flechten ausgelegt. **Eier:** 4, blaß olivgrün; schwärzlich::, 43 mm. **Brut:** 1, 21—22, ♂ (♀), VI—VII. **Junge:** Nfl, ?18—20, ♂ (♀). **Imm:** 5. **Alter:** 2—3/16/68%. **Nahrung:** „So" vorwiegend Insekten, „Wi" vorwiegend marine Weichtiere, Ringelwürmer. *

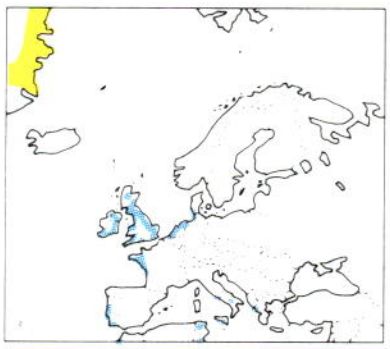

⦶ **SANDERLING** *Calidris alba* **Status:** Z, (W), (S); III—V, VIII—X. **Größe:** 20 cm, 45—85 g, > Feldlerche. **Merkmale:** Kleinerer Strandläufer; bevorzugt im Brandungsbereich, läuft mit den Wellen den Strand auf und ab; im Fluge deutliche Flügelbinde. **Stimme:** Gesang ♂ im schwirrenden Singflug gedehnt trillernd „twi-twi.:"; Ruf kurz „tjick", „twik", „tiwick" o.ä. **Lebensraum:** „So" Tundra, „Wi" SM, WM, FM. **Nest:** Boden, Geröllflächen mit niedrigem Bewuchs; tiefer Napf, mit Blättern u.a. Pflanzenteilen ausgelegt, ♀. **Eier:** 4, helloliv bis grünlich; olivbraun::, 35 mm. **Brut:** 1(2), bei 2 Bruten übernehmen ♂ und ♀ jeweils eine, 24—27, VI—VII. **Junge:** Nfl, 23—24, ♂ ♀ bzw. ♂ und ♀. **Imm:** 5. **Alter:** ?2/13. **Nahrung:** „So" Insekten, „Wi" marine Kleintiere aus dem Spülsaum.

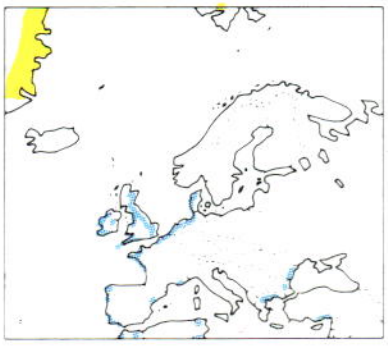

Es ist kaum möglich, für alle diese Vögel gemeinsame äußerliche Merkmale anzugeben. Die meisten Arten haben dunkle, heller gerandete Rückenfedern, die im Verbund einen gepunkteten, gefleckten oder gestreiften Eindruck ergeben. Fast alle sind Bodenbrüter, die tarnfarbene Eier legen. Die meisten sind ausgeprägte Zugvögel.

Die Bestimmung dieser Vögel, die im Verlauf des Jahres verschiedene Brut-, Ruhe- und Übergangskleider tragen können, ist oft nicht leicht. In Europa können auch Irrgäste aus Nordamerika und Asien auftreten.

Achte auf die Färbung und Zeichnung des Bürzels, auf die Besonderheiten der Flügelzeichnung und auf die Rückenfärbung.

○ **ZWERGSTRANDLÄUFER** *Calidris minuta* **Status:** Z; IV—V, VIII—X. **Größe:** 13 cm, 20—40 g, ~ Haussperling. **Merkmale:** Sehr klein; Schnabel kürzer als Kopf; Beine schwarz; Bürzelseiten hell, Schwanz dunkel; Jungvögel mit doppelter V-Zeichnung auf dem Rücken. **Stimme:** Gesang ♂ im Singflug fein klirrender Triller „tri-tri..“; Rufe im Fluge „kip“, „it“ o.ä., Abflug, Landung trillernd „dirrdirrit“. **Lebensraum:** „So“ sumpfige Tundra, „Wi“ schlammige Ufer von SF, FF, WM. **Nest:** Boden, oft unter Pflanzen; napfartige Vertiefung, mit Blättern, Gras ausgelegt. **Eier:** 4, helloliv bis bräunlichgelb; dunkelbraun::, 29 mm. **Brut:** 1(2), bei 2 Bruten übernehmen ♂ und ♀ jeweils eine, 20—21, VI—VII. **Junge:** Nfl, ?, ♂ ♀ bzw. ♂ und ♀. **Imm:** 5. **Alter:** 1/12. **Nahrung:** Insekten, „Wi“ auch marine Wirbellose.

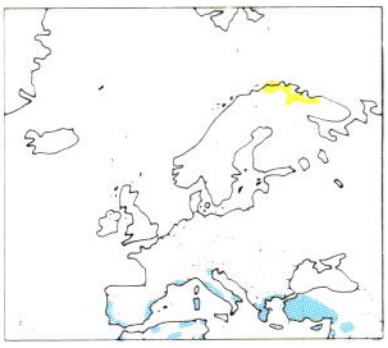

○ **TEMMINCKSTRANDLÄUFER** *Calidris temminckii* **Status:** Z; IV—V, VIII—X. **Größe:** 14 cm, 17—32 g, ~ Haussperling. **Merkmale:** Ähnlich Zwergstrandläufer, aber weiße Schwanzkanten, grünliche Beine; steigt aufgescheucht wie Bekassine steil auf. **Stimme:** Gesang ♂ im Schwirrflug oder von Warte schwirrender, zarter Triller; Ruf beim Abflug trillernd „tirr tir tir tir“. **Lebensraum:** „So“ Tundra, „Wi“ sumpfige, schlammige Ufer von SF, FF, selten WM. **Nest:** Boden, im niedrigen Bewuchs; flache Mulde, mit Gras, Blättern ausgelegt, ? ♀. **Eier:** 3—4, hell grünoliv bis bräunlichgelb; dunkelbraun::, 28 mm. **Brut:** 1(2), bei 2 Bruten übernehmen ♂ und ♀ jeweils eine, 21—22, VI—VII. **Junge:** Nfl, 15—18, ♂ ♀? bzw. ♂ und ♀. **Imm:** 3. **Alter:** ♀ 1, ♂ ?später/11/81%. **Nahrung:** Vorwiegend kleine Insekten. *

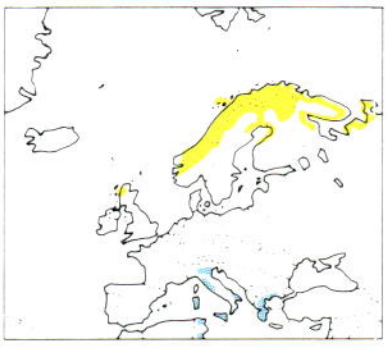

⦶ **MEERSTRANDLÄUFER** *Calidris maritima* **Status:** TZ, W; IX—V. **Größe:** 21 cm, 60—75 g, ~ Star. **Merkmale:** Mattgelbe Beine; gelbliche Schnabelbasis; zumeist an steinigen, felsigen Küsten; einzeln oder kleine Trupps oft mit Steinwälzer vergesellschaftet. **Stimme:** Gesang ♂ im Schauflug flötende Rufreihe „tuit tuit wütwüt..witwit..trü trü..“ entfernt grünspechtähnlich; Ruf bei Abflug kurz „wiit“ o.ä., „Wi“ wenig ruffreudig. **Lebensraum:** „So“ Tundra, „Wi“ FM, auch auf Molen, Steinpackungen usw. **Nest:** Boden, unbedeckt; Mulde, mit Blättern ausgelegt, ♂. **Eier:** 4, helloliv bis bläulichgrün; braun::, 37 mm. **Brut:** 1, 21—22, ♂(♀), VI—VII. **Junge:** Nfl, ca. 28, ♂. **Imm:** 3. **Alter:** 1/10. **Nahrung:** „So“ vorwiegend Insekten, „Wi“ vorwiegend kleine Schnecken.

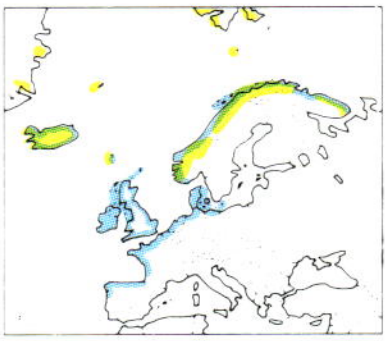

⦶ **SICHELSTRANDLÄUFER** *Calidris ferruginea* **Status:** Z, (S); IV—V, VII—IX. **Größe:** 19 cm, 45—90 g, < Star. **Merkmale:** Im Flug auffallend weißer Bürzel; Schnabel gut 1 1/2 mal Kopflänge und gleichmäßig gebogen; hochbeinig; „So“ rotbraun, „Wi“ ähnlich Alpenstrandläufer. **Stimme:** Gesang ♂ im Singflug und vom Boden Zwitschern, Trillern, Winseln u.a.; Rufe im Flug kurz, hell „tirr“, „tirri“, bei Nahrungssuche kurz „pit“, „ti“ o.ä. **Lebensraum:** „So“ arktische Tundra Sibiriens, „Wi“ WM, Schlammbänke an SF, FF. **Nest:** Boden, flache Mulde, mit Gras, Flechten ausgelegt. **Eier:** 4, oliv bis grünlich; dunkelbraun::, 36 mm. **Brut:** 1, ?, ♂ ♀, VI—VII. **Junge:** Nfl, ?, ♂ ♀. **Imm:** 5. **Alter:** 3/12. **Nahrung:** „So“ vorwiegend Insekten, „Wi“ marine Ringelwürmer, Kleinkrebse u.a. Wirbellose.

◑ **ALPENSTRANDLÄUFER** *Calidris alpina* **Status:** Z, (W), (S); III—V, VII—XI. **Gefährdung:** R2. **Größe:** 18 cm, 40—50 g, ~ Feldlerche. **Merkmale:** Häufigster Strandläufer, oft in sehr großen Schwärmen; Bürzelmitte dunkel; „So“ schwarzer Brustfleck. **Stimme:** Gesang ♂ im Schwirrflug oder am Boden heller Triller „drürr drürr driri..“; Rufe im Flug kurz, nasal „trirr“, „trih“. **Lebensraum:** „So“ MM, MF, Bergtundra, „Wi“ WM, auch Schlammflächen im Binnenland. **Nest:** Boden, in Grasbüschel, Heidekraut o.ä.; napfförmige Mulde, mit Blättern, Gras ausgelegt, ? ♀. **Eier:** 4, blaß oliv bis blaugrünlich; dunkelbraun::, 35 mm. **Brut:** 1, 21—22, ♂ ♀, V—VI. **Junge:** Nfl, 19—21, ♂(♀). **Imm:** 4. **Alter:** 1—2/20/75%. **Nahrung:** „So“ vorwiegend Insekten, „Wi“ marine Ringelwürmer, Kleinkrebse u.a. Wirbellose.

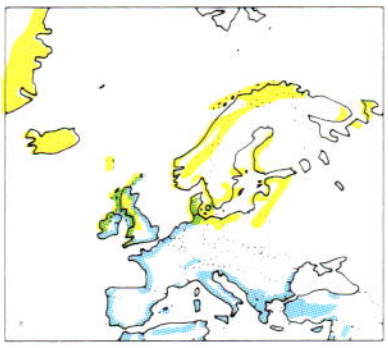

⦶ **SUMPFLÄUFER** *Limicola falcinellus* **Status:** Z; IV—V, VII—XI. **Größe:** 16 cm, 30—45 g, < Feldlerche. **Merkmale:** Kleiner als Alpenstrandläufer; Schnabel lang mit deutlich abgebogener Spitze; hinter dem Auge gegabelter Überaugenstreif. **Stimme:** Gesang ♂ im Singflug oder von Warte fein surrendes „tritri..tschri-tschri..“; Ruf beim Abflug kurz, rauh „dschri“ o.ä. **Lebensraum:** „So“ arktische MF, BF, „Wi“ schlammige Ufer von SF, FF, seltener WM. **Nest:** Boden, auf Bülte; Mulde, mit Blättern ausgelegt, ♂. **Eier:** 4, gelblichweiß bis grau; fein, dicht rötlich- bis dunkelbraun::, 32 mm. **Brut:** 1, 21, ♂ ♀, VI—VII. **Junge:** Nfl, ?, ♂ ♀. **Imm:** (3). **Alter:** ?/?. **Nahrung:** Kleine Wirbellose, auch Samen.

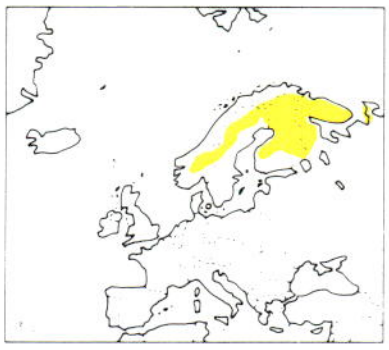

◑ **KAMPFLÄUFER** *Philomachus pugnax* **Status:** Z; III—V, VII—X. **Gefährdung:** R2. **Größe:** ♂ 29 cm, 130—230 g, ~ Kiebitz; ♀ 23 cm, 70—150 g, > Amsel. **Merkmale:** Oberseite wirkt schuppig; Beine und Schnabel grün, gelb, rötlich; Bürzelmitte dunkel; ♂ weit größer als ♀; „So“ ♂ mit verschiedenfarbigen Krausen und Ohrbüscheln. **Stimme:** Gewöhnlich stumm, bei Störung im Brutgebiet leises Quäken. **Lebensraum:** WF, MM, Tundra, auf dem Zug sumpfige Uferzonen von SF, FF. **Nest:** Polygam, ♂ auf Balzplatz, werden dort von ♀ aufgesucht; Boden, flache Mulde, mit Grashalmen ausgelegt, ♀. **Eier:** 4, weißlichgrün bis hell oliv; dunkelbraun::, 44 mm. **Brut:** ♂ ± mehrere, ♀ 1, 20—23, ♀, V—VI. **Junge:** Nfl, 25—28, ♀. **Imm:** 5. **Alter:** 1—2/11. **Nahrung:** Vorwiegend Wirbellose, auch Getreidekörner. *

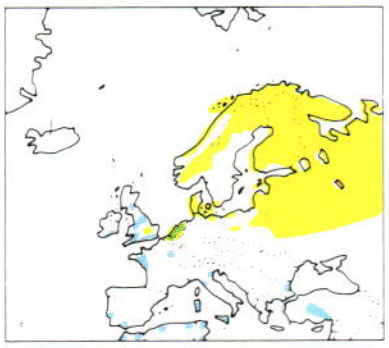

adult Sommer
adult Winter
juv.
ad. Wi.
adult Sommer
adult Winter
juv.
ad. Wi.
adult Sommer
adult Winter
juv.
ad. Wi.
adult Sommer
adult Winter
juv.
ad. Wi.
adult Sommer
adult Winter
juv.
ad. Wi.
adult Sommer
adult Winter
juv.
ad. Wi.
ad. ♀
ad. ♂ So.
ad. ♀
adult ♂ Winter
ad. Wi.

Gattungen *Gallinago, Scolopax* u.a. Schnepfen: Weltweit 21 Arten.

Sehr langschnäblige Vögel mit streifiger Kopfzeichnung. Die Schnepfen leben recht versteckt, zumeist im dichten Bodenbewuchs.

8 **ZWERGSCHNEPFE** *Lymnocryptes minimus* **Status:** Z, (W); III—IV, IX—XI. **Größe:** 19 cm, 35—70 g, ~ Feldlerche. **Merkmale:** Kleinste Sumpfschnepfe; fliegt geradlinig, fällt nach dem sprunghaften Auffliegen bald wieder ein; Schnabel wenig länger als Kopf; Schwanz ohne Weiß. **Stimme:** Gesang ♂ im Flug und vom Boden schnalzendes Klappern „loggitokk.:" wie fern galoppierendes Pferd; Ruf beim Abflug gedämpft „ätsch". **Lebensraum:** BF, MF, WF. **Nest:** Boden, im niedrigen Bewuchs; Mulde oder Napf, mit Gras, Blättern ausgelegt. **Eier:** 4, blaß oliv bis grünlich; fein und grob dunkelbraun::, 39 mm. **Brut:** 2, 24 länger?, ♀, VI—VII. **Junge:** Nfl, ?, ? ♀. **Imm:** 2. **Alter:** 1/(5). **Nahrung:** Vorwiegend kleine Wirbellose, Insekten, Würmer; auch Samen.

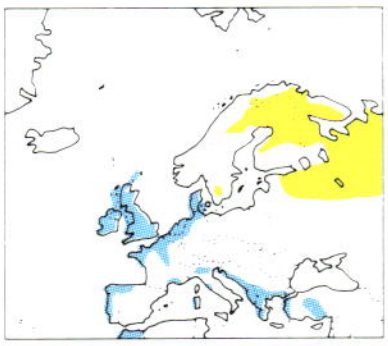

◑ **BEKASSINE** *Gallinago gallinago* **Status:** Z; III—IV, VIII—XI. **Gefährdung:** R3. **Größe:** 27 cm, 80—120 g, ~ Amsel. **Merkmale:** Häufigste Sumpfschnepfe; fliegt rätschend steil auf, Zickzackflug; Schwanzseiten mit wenig Weiß. **Stimme:** Beim Revierflug dumpf, brummendes Meckern („Himmelsziege"), das im Sturzflug durch die abgespreizten, äußeren Schwanzfedern erzeugt wird; Gesang klangvoll, tickendes „tüke-tüke.:"; Ruf beim Auffliegen einsilbig „ätsch". **Lebensraum:** BF, WF, MF. **Nest:** Boden, im Bewuchs verborgen; flache Mulde, mit Gras ausgelegt, ? ♀. **Eier:** 4, hellgrün bis olivbraun; fein und grob dunkelbraun::, 39 mm. **Brut:** 1(2), 18—20, ♀, IV—VI. **Junge:** Nfl, 19—20, ♂ ♀. **Imm:** 2. **Alter:** 1—2/12/48%. **Nahrung:** Vorwiegend Wirbellose, Insekten, Würmer; auch Samen.

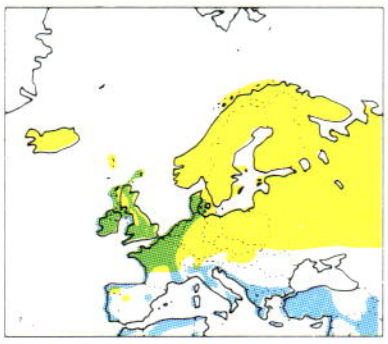

8 **DOPPELSCHNEPFE** *Gallinago media* **Status:** Z, IV—V, VIII—X. **Gefährdung:** R1. **Größe:** 28 cm, 160—190 g, > Amsel. **Merkmale:** Sehr ähnlich Bekassine, wirkt gedrungener; fliegt gewöhnlich stumm auf, Flug geradlinig; Schwanzkanten weiß. **Stimme:** ♂ bei Gemeinschaftsbalz Zwitschern „bibbellibibi.:", Knetern wie wenn über einen Kamm gestrichen wird, Quorren „orrorr" zu Strophe verbunden; beim Auffliegen selten „rhäb". **Lebensraum:** BF, MF, WF, auf dem Zug auch WL, AL. **Nest:** Polygam, ♂ nächtliche Balz auf Balzplätzen, werden von ♀ aufgesucht; Boden, im höheren Bewuchs; Mulde, mit Gras, Moos ausgelegt. **Eier:** 4, hell gräulich oder bräunlich; dunkel braun bis olivbraun::, 45 mm. **Brut:** ?1, 22—24, ♀, V—VII. **Junge:** Nfl, 21—28, ♀. **Imm:** 3. **Alter:** ?/?. **Nahrung:** Würmer, Insekten u.a. *

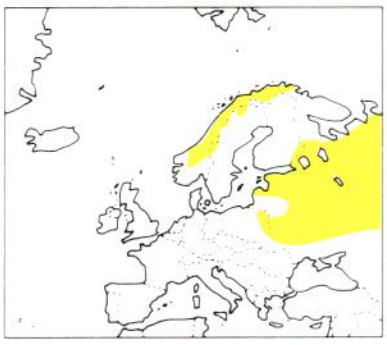

● **WALDSCHNEPFE** *Scolopax rusticola* **Status:** TZ, W; III—IV, X—XI. **Gefährdung:** R4. **Größe:** 34 cm, 250—420 g, ~Haustaube. **Merkmale:** Gedrungen, kurzbeinig, langschnäblig, Färbung wie Laubstreu; Flug oft eulenähnlich; dämmerungsaktiv. **Stimme:** ♂ im Singflug bei Dämmerung „Quorren" und „Puitzen" „quorr-quorr-worworr pitzi"; Ruf beim Auffliegen „dsched". **Lebensraum:** LW, MW, seltener NW, mit Kraut- und Strauchschicht, nicht zu trocken. **Nest:** Polygam?, ♂ mehrere ♀ und umgekehrt; Boden, im niedrigen Unterwuchs; Mulde, mit Laub u.a. ausgelegt. **Eier:** 4, rahmfarben bis rostbräunlich; hell- bis dunkelbraun fein und grob::, 44 mm. **Brut:** ♂ mehrere, ♀ 1, 22—23, ♀, III—VI. **Junge:** Nfl, 15—20, ♀. **Imm:** 2. **Alter:** ♀ 1, ♂ ?2/21/61%. **Nahrung:** Bodentiere wie Regenwürmer u.a. *

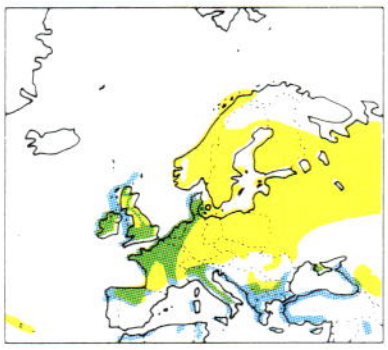

Gattung *Limosa* Uferschnepfen: Weltweit 4 Arten.
Gattung *Numenius* Brachvögel: Weltweit 8 Arten.

Die Uferschnepfen und Brachvögel sind große Watvögel mit sehr langen Schnäbeln, Hälsen und Beinen. Die ♀ sind größer und langschnäbliger als die ♂.

◑ **UFERSCHNEPFE** *Limosa limosa* **Status:** Z; III—IV, VII—X. **Gefährdung:** R4. **Größe:** 41 cm, ♂ 280—400 g, ♀ 300—500 g, > Kiebitz. **Merkmale:** Langer, gerader Schnabel, lange Beine; im Flug weiße Flügelbinde, weißer Schwanz mit breitem, schwarzem Endband; im Ruhekleid Oberseite eintönig. **Stimme:** Gesang ♂ im Singflug gereiht, laut „grutte-grutte.:" o.ä.; Rufe im Flug nasal „geg", bei Störung am Brutplatz nasal „quih-it" oder schnell „dididi" u.a. Rufe. **Lebensraum:** WF, auf dem Zug auch MM, WM. **Nest:** Boden, im hohen Gras; Mulde, mit Gras ausgelegt, ♀. **Eier:** 4, hellgrün bis olivbraun; dunkel olivbraun::, 55 mm. **Brut:** 1, 22—24, ♂ ♀, IV—VI. **Junge:** Nfl, 25—30, ♂ ♀. **Imm:** 3. **Alter:** 2(1)/16/63%. **Nahrung:** Wirbellose wie Regenwürmer, Insekten; auch Samen wie Reis u.a. Getreide.

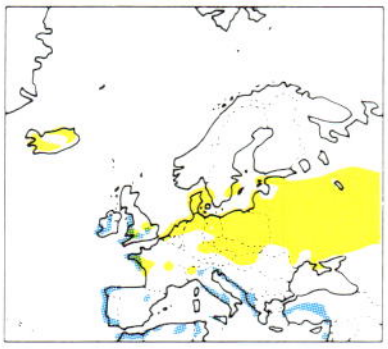

◐ **PFUHLSCHNEPFE** *Limosa lapponica* **Status:** Z, (S), (W); IV—V, VII—X. **Größe:** 38 cm, ♂ 280—380 g, ♀ 400—450 g, > Kiebitz. **Merkmale:** Wenig kleiner als Uferschnepfe, aber wesentlich kürzere Beine, ragen im Flug kaum über den Schwanz; Flügel einfarbig; Schwanz gebändert; im Ruhekleid Oberseite fleckig. **Stimme:** Gesang ♂ ähnlich dem der Uferschnepfe; Flugrufe im Schwarm tief „kirruk" und mehrsilbig „gägägä.:" **Lebensraum:** „So" MF, BF der Tundra, „Wi" WM. **Nest:** Boden; Mulde, mit Pflanzenteilen der nächsten Umgebung ausgelegt. **Eier:** 4, helloliv bis grünlich; dunkel- oder olivbraun::, 53 mm. **Brut:** 1, 20—21, ♂(♀), VI. **Junge:** Nfl, ?, ♂ ♀. **Imm:** 3. **Alter:** 2/18/71%. **Nahrung:** „So" Insekten, „Wi" marine Ringelwürmer, kleine Weichtiere, Kleinkrebse.

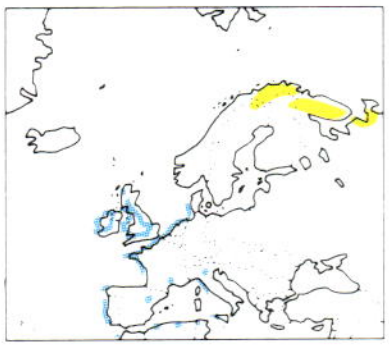

Die Sumpfschnepfen sind Bewohner sumpfiger, deckungsreicher Feuchtgebiete des Binnenlandes. Die Waldschnepfen leben im Wald.

Achte auf die Schwanzfärbung, die Schnabellänge, das Flugverhalten.

Die Uferschnepfen haben gerade oder leicht aufgebogene Schnäbel. Im Brutkleid sind sie rotbraun. Die Schnäbel der Brachvögel sind stark abwärts gebogen. Brachvögel sind im „So“ und „Wi“ gleich gefärbt.

Achte auf die Schnabelform sowie die Flügel-, Bürzel- und Schwanzzeichnung.

⦶ **REGENBRACHVOGEL** *Numenius phaeopus* **Status:** Z; III—V, VIII—X. **Größe:** 41 cm, 270—450 g, > Lachmöwe. **Merkmale:** Kleiner Brachvogel mit dunkel längsgestreiftem Kopf; schneller Flügelschlag und markanter Flugruf. **Stimme:** Gesang ♂ im Singflug flötend und trillernd ähnlich Gr. Brachvogel; Flugruf auch vor dem Abflug am Boden 6- bis 7-silbig zum Ende absinkend „bibibi.:" oder „tütütü.:". **Lebensraum:** „So" MF, WF, feuchte Tundra, „Wi" WM, MM auch WL, AL. **Nest:** Boden, auf freier Fläche; flache Mulde mit wenig Nistmaterial, ?♀. **Eier:** 3—4, grünlich bis olivbraun; braun::, 58 mm. **Brut:** 1, 27—28, ♂♀, V—VII. **Junge:** Nfl, 35—40, ♂♀. **Imm:** 2. **Alter:** 2/12/69%. **Nahrung:** „So" Insekten, „Wi" marine Krebse, Weichtiere, Ringelwürmer; Beeren.

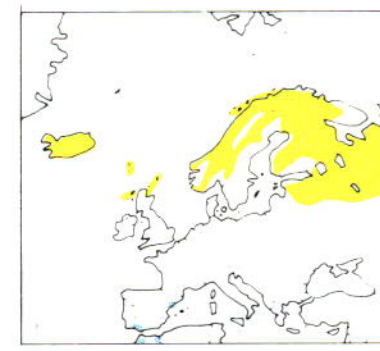

◑ **GROSSER BRACHVOGEL** *Numenius arquata* **Status:** Z, (W); III—V, VII—X. **Gefährdung:** R3. **Größe:** 55 cm, ♂ 575—800 g, ♀675—950 g, > Krähe. **Merkmale:** Groß, braun, mit sehr langem, abwärtsgebogenen Schnabel. **Stimme:** Gesang ♂ im Revierflug gedehntes, ansteigendes Flöten, vor der Landung absinkender Triller; Flugruf gezogenes Flöten „tlüih tlüih.:". **Lebensraum:** „So" WF, MF selten WL, AL, „Wi" WM, flache Uferzonen von SF, FF. **Nest:** Boden, im Bewuchs; flache Mulde, mit Pflanzenteilen der Umgebung ausgelegt, ?♀. **Eier:** 4, hellgrün bis mattoliv; dunkeloliv und braun::, 68 mm. **Brut:** 1, 27—29, ♂♀, V—VI. **Junge:** Nfl, 32—38, ♂♀. **Imm:** 2. **Alter:** 2/32/74%. **Nahrung:** „So" Insekten, Regenwürmer u.a. kleinere Tiere, „Wi" Krabben, Ringelwürmer, auch Beeren und Pflanzenteile.

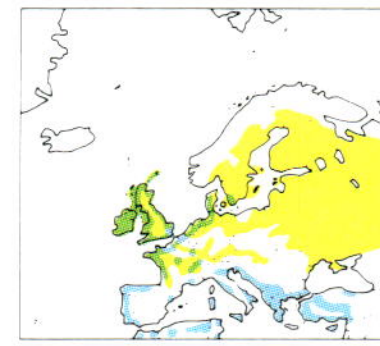

Gattungen *Tringa, Actitis* u.a. Wasserläufer: Weltweit 15 Arten.

Die Wasserläufer sind kleine bis mittelgroße Schnepfenvögel mit zumeist langen Beinen und längeren, spitzen, geraden oder leicht aufgebogenen Schnäbeln. Brut- und Ruhekleid sind bei den meisten Arten nur wenig verschieden.

⦶ **DUNKLER WASSERLÄUFER** *Tringa erythropus* **Status:** Z; III—V, VII—X. **Größe:** 30 cm, ♂ 135—170 g, ♀ 160—205 g, < Kiebitz. **Merkmale:** Rote Beine, aber kein weißer Fügelrand; bei Nahrungssuche zumeist tief im Wasser, oft schwimmend; Färbung „So" und „Wi" stark verschieden. **Stimme:** Gesang ♂ im Singflug melodisch, rollend „trrüie-trrüie.:"; Flugruf „tju-wit". **Lebensraum:** „So" Waldtundra, Strauchtundra in MF, BF, „Wi" WM, MM, flache Uferzonen von SF, FF. **Nest:** Boden, flache Mulde, mit wenig Gras, Kiefernnadeln u.a. ausgelegt. **Eier:** 4, grünlich oder oliv; schwarzbraun::, 47 mm. **Brut:** 1, ?, ♂, V—VI. **Junge:** Nfl, ?, ♂(♀), einige ♀ verlassen die Brut vor dem Schlüpfen. **Imm:** 3. **Alter:** ?1/6. **Nahrung:** Wasserinsekten, kleinere Krebse, auch Kaulquappen, Fischchen u.a.

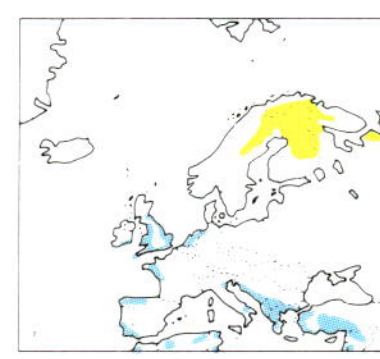

◑ **ROTSCHENKEL** *Tringa totanus* **Status:** Z, (W); III—IV, VII—X. **Gefährdung:** R3. **Größe:** 28 cm, ♂ 85—140 g, ♀ 110—155 g, < Kiebitz. **Merkmale:** Rote Beine, breiter, weißer Flügelrand; markante Rufe. **Stimme:** Gesang ♂ im Singflug anhaltend, flötend „tjü-tjü.:" o.ä.; Ruf im Flug und am Boden klangvoll flötend „tjüü", „tjü-düdü". **Lebensraum:** „So" WF, MM, „Wi" WM. **Nest:** Boden, versteckt in Grasbüschel o.ä.; flache Mulde, mit Gras u.a. ausgelegt, ♀. **Eier:** 4, hell- bis gelbbraun; dunkelbraun::, 45 mm. **Brut:** 1, 24, ♂♀, IV—VI. **Junge:** Nfl, 25—30, ♂♀, ♀ verläßt die Jungen oft bevor sie flügge sind. **Imm:** 3. **Alter:** 1—2/17/69%. **Nahrung:** Insekten, im WM Kleinkrebse, Ringelwürmer u.a. Wirbellose.

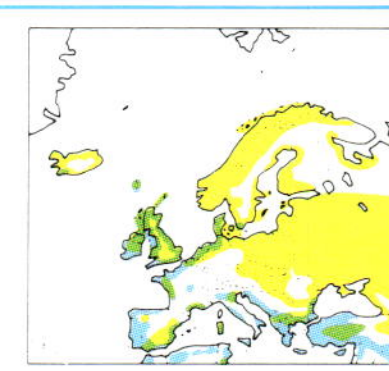

△ **TEICHWASSERLÄUFER** *Tringa stagnatilis* **Status:** Z; III—V, VIII—X. **Größe:** 23 cm, 55—90 g, ~ Amsel. **Merkmale:** Ähnlich Grünschenkel, aber kleiner; ausgesprochen langbeinig, Schnabel fein und gerade, helles Gesicht; im Flug überragen die Beine den Schwanz weit. **Stimme:** Ruf beim Abflug oder im Flug kurz „kjü", „tju" oder gereiht „djüdjüdjü.:"; wenig ruffreudig. **Lebensraum:** Uferbereiche von SF mit niedrigem Bewuchs, Sümpfe und Flachgewässer in Steppen; an der Küste selten. **Nest:** Einzeln oder in lockerer Brutkolonie; Boden, im Gras; flache Mulde, mit Gras ausgelegt. **Eier:** 4, rahmfarben bis gelbbräunlich; fein und grob dunkel- und schwarzbraun::, 39 mm. **Brut:** 1, ?, ♂♀, V—VI. **Junge:** Nfl, ?, ♂♀. **Imm:** 3. **Alter:** ?1/?. **Nahrung:** Kleinkrebse, Wasserinsekten u.a. kleine Wirbellose.

⦶ **GRÜNSCHENKEL** *Tringa nebularia* **Status:** Z; IV—V, VII—IX. **Größe:** 31 cm, 140—270 g, ~ Kiebitz. **Merkmale:** Größer, heller als Rotschenkel, ohne Weiß im Flügel; Beine grün, überragen den Schwanz im Flug deutlich; Schnabel grau, leicht aufgebogen; ausgedehnter, weißer Rückenkeil; markanter Flugruf. **Stimme:** Gesang ♂ von Warte oder im Singflug flötend „tju-i tju-i.:"; Flugruf hart, keifend „kjückjükjük.:". **Lebensraum:** „So" MF, BF, feuchte HL in Tundra und Taiga, „Wi" WM, sumpfige Ufer von SF, FF. **Nest:** Boden, im Bewuchs; flache Mulde, mit Pflanzenteilen ausgelegt, ♀. **Eier:** 4, grauweiß, gelboliv, rahmfarben; schwarz- auch rötlichbraun::, 51 mm. **Brut:** 1, 24, ♂♀, V—VI. **Junge:** Nfl, 25—31, ♂♀. **Imm:** 3. **Alter:** 2/12. **Nahrung:** Wasserinsekten, kleinere Krebse, Ringelwürmer, kleine Fische.

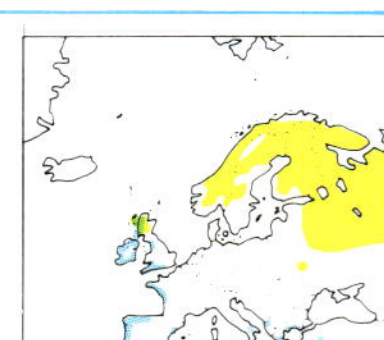

Sie bewohnen Sümpfe, feuchte Wiesen, Moore und kommen auch in sumpfigen Wäldern vor. Bei der Nahrungssuche im flachen Wasser oder auf dem Land fangen sie die Beute pickend, seltener stochernd.

◑ **WALDWASSERLÄUFER** *Tringa ochropus* **Status:** Z; III—V, VII—IX. **Gefährdung:** R5. **Größe:** 23 cm, 70—90 g, ~ Star. **Merkmale:** Ähnlich Bruchwasserläufer, aber kontrastreiche Oberseite, dunkle Unterflügel, grüne Beine; oft einzeln, fliegt ähnlich Bekassine steil auf, dabei markanter Ruf. **Stimme:** Gesang ♂ und ♀ im Singflug und von Warte motivreiche Strophe „gägjörluid-gägjörluid.:" o.ä.; Ruf beim Abflug, im Flug „tjuit it-it-it". **Lebensraum:** „So" W mit sumpfigen Lichtungen, „Wi" BF, sumpfige Ufer von SF, FF. **Nest:** Gewöhnlich altes Baumnest anderer Vögel, bevorzugt Drosseln. **Eier:** 4, rahmfarben bis grünlich; fein rötlichbraun::, 39 mm. **Brut:** 1, 20—23, ♂(♀), V—VI. **Junge:** Nfl, springen aus dem Nest, 28, ♂(♀). **Imm:** 3. **Alter:** 1/10. **Nahrung:** Insekten, Kleinkrebse u.a. kleine Wirbellose.

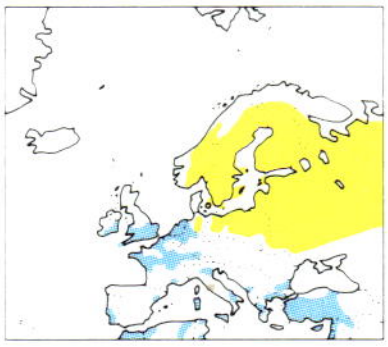

◑ **BRUCHWASSERLÄUFER** *Tringa glareola* **Status:** Z; IV—V, VII—X. **Gefährdung:** R2. **Größe:** 20 cm, 50—90 g, ~ Star. **Merkmale:** Ähnlich Waldwasserläufer, aber Oberseite heller und gefleckt, Unterflügel hell; auf dem Zug gesellig; erregt Körperwippen (auch Waldwasserläufer); markanter Ruf. **Stimme:** Gesang ♂ und ♀ im Singflug entfernt heidelerchenähnlich „trihte-trihte.:" o.ä.; Ruf beim Abflug, im Flug hell „gip-gib-gib". **Lebensraum:** Feuchte MF, BF, auf dem Zug flache Uferzonen von SF, FF. **Nest:** Boden, oft erhöht auf Bülte o.ä., auch in alten Baumnestern; Bodenmulde, mit wenig Gras, Blättern ausgelegt. **Eier:** 4, hellgrün bis -oliv; grob und fein dunkelbraun::, 38 mm. **Brut:** 1, 22—23, ♂ ♀, V—VI. **Junge:** Nfl, 30, ♂(♀). **Imm:** 3. **Alter:** 1/9. **Nahrung:** Vorwiegend Wasserinsekten.

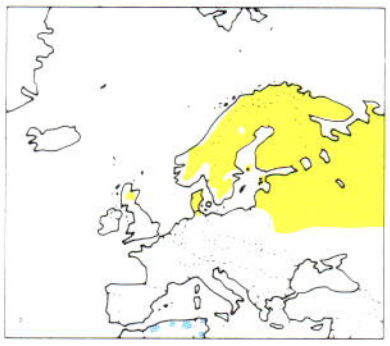

△ **TEREKWASSERLÄUFER** *Xenus cinereus* **Status:** Z; IV—V, VII—X. **Größe:** 23 cm, 60—90 g, ~ Star. **Merkmale:** Gelbe, recht kurze Beine; aufgebogener Schnabel; im Flug Weiß im Flügel, aber deutlich weniger als Rotschenkel; wippt und fliegt ähnlich Flußuferläufer. **Stimme:** Gesang melodisch, anhaltend „dlüririrrih.:"; Ruf rotschenkelähnlich „düdü.:" zumeist 2- bis 3-silbig. **Lebensraum:** Schwemmland und sumpfige Ufer von größeren FF, auf dem Zug Schlammflächen, WM. **Nest:** Boden, im dichten Bewuchs; flache Mulde, mit Pflanzenteilen ausgelegt. **Eier:** 4, gelblichbraun bis hellrostbraun; dunkelbraun::, 39 mm. **Brut:** 1, 21—23, ♂ ♀, VI. **Junge:** Nfl, ?, ♂ ♀. **Imm:** 3. **Alter:** ?1/(5). **Nahrung:** Insekten, Kleinkrebse u.a. kleine Wirbellose; auch Samen.

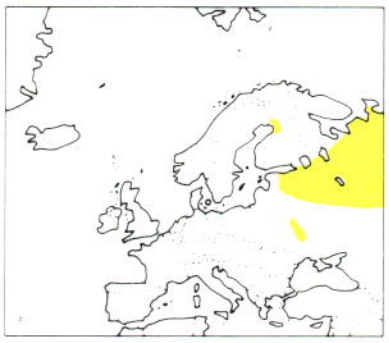

◑ **FLUSSUFERLÄUFER** *Actitis hypoleucos* **Status:** Z; III—V, VII—IX. **Gefährdung:** R2. **Größe:** 20 cm, 40—60 g, > Feldlerche. **Merkmale:** Kurzbeinig; Oberseite erscheint einfarbig olivbraun; weiße Flügelbinde; wippt wie Bachstelze; fliegt mit schwirrendem Flügelschlag. **Stimme:** Gesang im Singflug oder von Warte anhaltende Folge von „di-di..dii-de-dii-di.:"; Ruf beim Abflug und im Flug hell, schneidend „hihdidi.:". **Lebensraum:** Kiesige Ufer von FF, SF, auf dem Zug sandige, steinige, schlammige Uferzonen. **Nest:** Boden, auf Kies oder Sand unter Staude o.ä.; flache Mulde, mit wenig Pflanzenteilen ausgelegt, ♀. **Eier:** 4, weißlich bis gelblich; rötlichbraun::, 36 mm. **Brut:** 1, 21—22, ♂ ♀, V—VI. **Junge:** Nfl, 26—28, ♂ ♀. **Imm:** 4. **Alter:** 1—2/10. **Nahrung:** Vorwiegend Insekten.

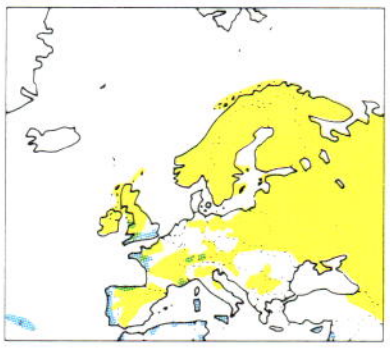

△ **DROSSELUFERLÄUFER** *Actitis macularia* **Status:** Irrgast aus Nordamerika, Brutversuch in Schottland. **Größe:** 20 cm, 35—50 g. **Merkmale:** „Wi" wie Flußuferläufer; „So" Unterseite mit runden, schwarzen Flecken; Schnabelbasis gelblich rosa. **Stimme:** Rauher als vom Flußuferläufer. **Lebensraum:** Sandige, kiesige Ufer von schnellfließenden FF auch SF, auf dem Zug und „Wi" BF, Uferzonen von SF, FF, oft sehr kleine Gewässer, Küste. **Nest:** Boden, oft im dichten Bewuchs; flache Mulde mit wenig Pflanzenteilen; ♀ kann für mehrere ♂ Gelege legen. **Eier:** 4, gelblichbraun; rötlichbraun::, 36 mm. **Brut:** ♂ 1, ♀ bis 4, 21—22, oft nur ♂. **Junge:** Nfl, 18—21, oft nur ♂. **Imm:** 4. **Alter:** 1—2/?. **Nahrung:** Vorwiegend Insekten u.a. kleine Wirbellose.

Gattung *Arenaria* Steinwälzer: Weltweit 2 Arten.

Die Steinwälzer sind mittelgroße, regenpfeiferähnliche Watvögel mit kurzen, leicht aufgeworfenen Schnäbeln. Sie bevorzugen steinige Strände, wo sie mit schnellen Kopfbewegungen Tang und Steine umwenden, um die darunter versteckten Kleintiere zu fangen (Name).

⦶ **STEINWÄLZER** *Arenaria interpres* **Status:** Z, (S), (W); IV—V, VII—X. **Gefährdung:** R1. **Größe:** 23 cm, 80—110 g, ~ Amsel. **Merkmale:** Orangegelbe Beine; kurzer, aufgeworfener Schnabel; erscheint im Flug stark gemustert; dreht bei Nahrungssuche Tang, Steine u.a. um. **Stimme:** Gesang ♂ im Singflug oder von Warte nasal „tivit-tivit tititi.:"; Rufe im Flug hölzern „kök-kök.:" und einzeln „giu", Trupp bei Nahrungssuche „kjük", „gik" o.ä. **Lebensraum:** „So" FM, küstennahe Tundra, „Wi" WM, FM, bevorzugt Spülsaum. **Nest:** Boden, unter Staude oder frei; flache Mulde mit oder ohne Nistmaterial, ♀. **Eier:** 4, grünlich oder helloliv; gelblich- bis schwarzbraun::, 40 mm. **Brut:** 1, 22—24, ♀(♂), VI. **Junge:** Nfl, 19—21, ♂(♀). **Imm:** 3. **Alter:** 2/20/78%. **Nahrung:** Insekten, Kleinkrebse u.a.

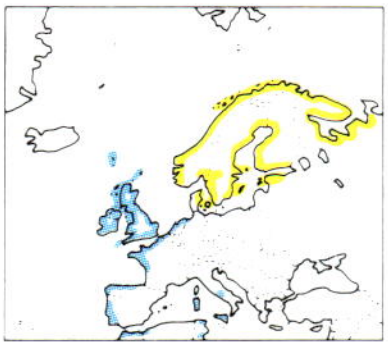

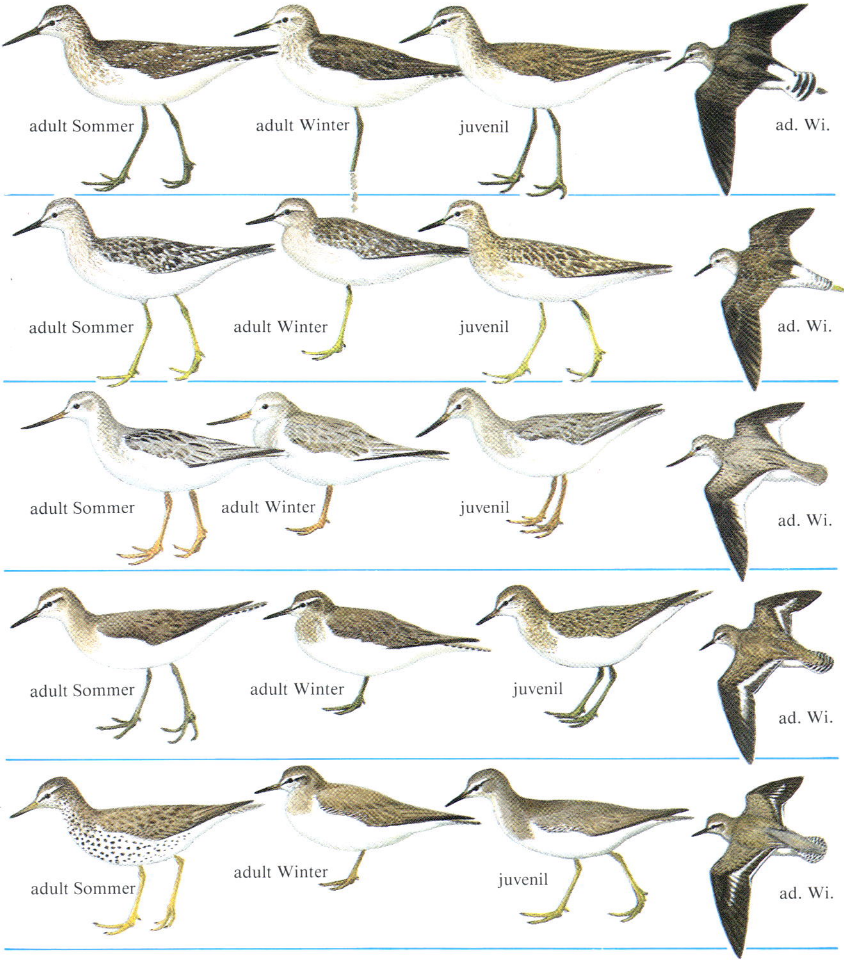

In Europa lebt nur eine Art, die an den Küsten Skandinaviens brütet. Übersommernde und überwinternde Vögel können auch außerhalb der Zugzeiten an den Stränden Mitteleuropas beobachtet werden.

Achte auf die Beinfärbung und die auffällige Musterung.

Familie *Phalaropodidae* Wassertreter: Weltweit 3 Arten.

Die Wassertreter sind kleine, zumeist sehr vertraute Watvögel, die korkleicht, kreisend auf dem Wasser schwimmen. Den Winter verbringen die europäischen Arten pelagisch auf hoher See.

Ⓘ **ODINSHÜHNCHEN** *Phalaropus lobatus* **Status:** Z, „Wi" pelagisch auf warmen Meeren; IV—V, VII—X. **Größe:** 18 cm, 25—50 g, ~ Feldlerche. **Merkmale:** Nadelfeiner, schwarzer Schnabel; Ruhekleid Oberseite streifig, deutliche Flügelbinde. **Stimme:** Ruf beim Abflug kurz „pit", erregt auch „pritt". **Lebensraum:** „So" kleinere SF der Tundra, „Wi" tropische M. **Nest:** Boden, in Grasbüschel; ausgetretene Mulde, mit Gras ausgelegt, ♂ ♀. **Eier:** 4, helloliv bis olivbräunlich, fein und grob schwarzbraun::, 30 mm. **Brut:** ♀ 2, ♂ 1, 17—21, ♂, VI—VII. **Junge:** Nfl, 16—18, ♂. **Imm:** 4. **Alter:** 1/5. **Nahrung:** „So" kleine Wasserinsekten, „Wi" marine Kleinkrebse u.a. kleine, marine Wirbellose.

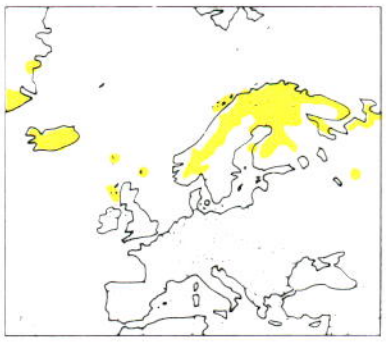

△ **THORSHÜHNCHEN** *Phalaropus fulicarius* **Status:** Z, „Wi" pelagisch auf tropischen Meeren; IV—VI, VIII—X. **Größe:** 20 cm, 50—75 g, < Star. **Merkmale:** Schnabel kräftig „So" gelb, „Wi" mit heller Basis; Ruhekleid Oberseite erscheint einfarbig, Flügelbinde nicht ausgeprägt. **Stimme:** Rufe im Flug kurz „wit", „prip" auch gereiht „kikiki.:". **Lebensraum:** „So" hocharktische Küsten, „Wi" tropische M. **Nest:** Boden, frei oder im hohen Gras; flache Mulde, mit Gras, Blättern ausgelegt, ♂. **Eier:** 4, helloliv bis olivbräunlich, fein und grob schwarzbraun::, 30 mm. **Brut:** ♂ 1, ♀ 2, 18—20, ♂, VI—VII. **Junge:** Nfl, 16—18, ♂. **Imm:** 4. **Alter:** 1/?. **Nahrung:** „So" kleine Wasserinsekten, „Wi" kleine marine Wirbellose.

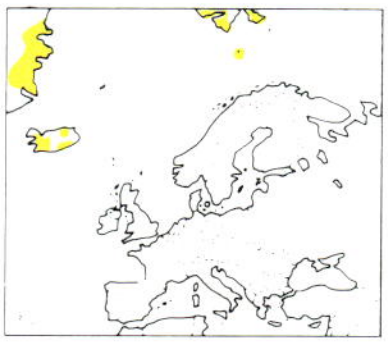

Familie *Stercorariidae* Raubmöwen: Weltweit 6 Arten.

Die Raubmöwen sind Seevögel von möwenähnlichem Aussehen. Ihr Gefieder ist zumindest auf der Oberseite immer dunkel. Ihre Schnäbel sind an der Spitze hakenartig gekrümmt. Sie verfolgen andere Vögel, z.B. Möwen und Seeschwalben, im Flug und zwingen diese, ihre Beute fallen zu lassen.

Ⓘ **SPATELRAUBMÖWE** *Stercorarius pomarinus* **Status:** Z, außer Brutzeit pelagisch; IV—VI, IX—XI. **Größe:** 51 cm, 550—900 g, < Silbermöwe. **Merkmale:** Mittlere Schwanzfedern verlängert, stumpf endend und gedreht; helle Phase viel häufiger als dunkle. **Stimme:** Gereiht, bellend „kek kek.:" o.ä.; ♂ im Brutgebiet jauchzt möwenähnlich „ag-aag-ag.:" o.ä.; Alarm am Nest 2-silbig „witsch-juh" o.ä. **Lebensraum:** „So" sumpfige, arktische Tundra, „Wi" HM, gelegentlich KM. **Nest:** Boden, flache Mulde im Moos u.a., mit oder ohne Nistmaterial. **Eier:** 2(3), rostbräunlich bis braun; schwarzbraun::, 65 mm. **Brut:** 1, 25—27, ♂ ♀, VI—VII. **Junge:** Pho, 31—32, ♂ ♀. **Imm:** ?24—36. **Alter:** ?/?. **Nahrung:** „So" vorwiegend Lemminge u.a. Kleinsäuger, „Wi" Fisch, Aas; jagt anderen Seevögeln die Beute ab.

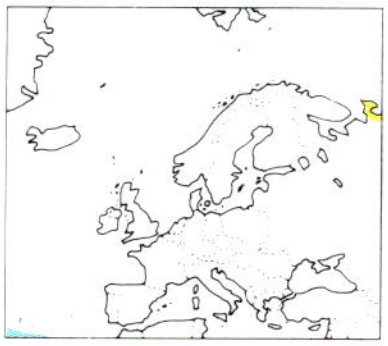

Ⓘ **SCHMAROTZERRAUBMÖWE** *Stercorarius parasiticus* **Status:** Z, außer Brutzeit pelagisch; IV—V, IX—XI. **Größe:** 46 cm, 380—600 g, > Lachmöwe. **Merkmale:** Häufigste kleinere Raubmöwe; verlängerte Schwanzfedern enden spitz; Gefieder variabel, Übergänge zwischen heller und dunkler Phase. **Stimme:** Jauchzen „giijo giijo giijo"; nasal quäkend „ih-är" o.ä. **Lebensraum:** „So" MF, HL in Küstennähe, „Wi" HM, KM, häufigste Raubmöwe an den Küsten. **Nest:** Lockere Brutkolonien; Boden, flache Mulde in Gras, Heidekraut, wenig oder kein Nistmaterial, ♂ ♀. **Eier:** 2, grünlich oder braungrau; dunkel-, hellbraun::, 57 mm. **Brut:** 1, 25—28, ♂ ♀, V—VII. **Junge:** Pho, 25—30, ♂ ♀. **Imm:** 24—36. **Alter:** 4—5/18. **Nahrung:** „So" Kleinsäuger, Eier, Vögel, Beeren, „Wi" Fisch, jagt anderen Seevögeln die Beute ab.

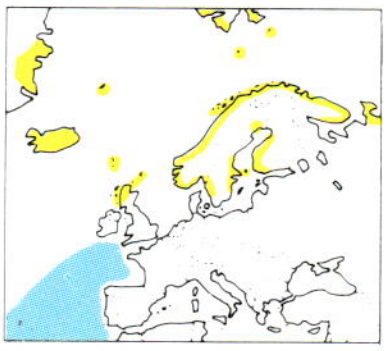

Ⓘ **FALKENRAUBMÖWE** *Stercorarius longicaudus* **Status:** Z, außer Brutzeit pelagisch; IV—V, VIII—XI. **Größe:** 55 cm, 250—450 g, ~ Lachmöwe. **Merkmale:** Mittlere Schwanzfedern sehr lang, enden spitz; klein, zierlich, Flug elegant, seeschwalbenartig; dunkle Phase sehr selten, helle Phase zumeist ohne Brustband. **Stimme:** Allgemein schriller als andere Raubmöwen; Jauchzen „kreck kreck..kliukliu.:"; Alarm „krek". **Lebensraum:** „So" trockene Tundra, Fjell, „Wi" HM, selten an Küsten. **Nest:** Lockere Brutkolonie; Boden, flache Mulde, kein oder wenig Nistmaterial. **Eier:** 2, hellgrün bis braun; hellgrau oder dunkelbraun::, 55 mm. **Brut:** 1, 23—25, ♂ ♀, V—VI. **Junge:** Pho, 24—26, ♂ ♀. **Imm:** ?. **Alter:** ?/?. **Nahrung:** „So" Kleinsäuger, Insekten, Beeren, „Wi" vorwiegend Fisch.

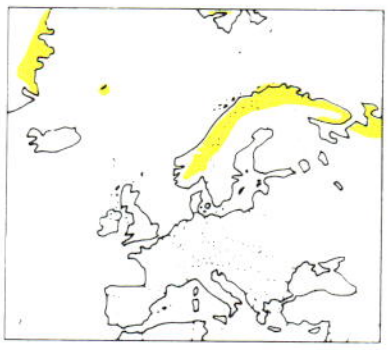

Ⓘ **SKUA** *Stercorarius skua* **Status:** Z, außer Brutzeit pelagisch; III—IV, IX—X. **Größe:** 58 cm, 1200—1650 g, ~ Silbermöwe. **Merkmale:** Größte und gedrungenste Raubmöwe; Flügel wirken kurz und breit; Unterseite immer dunkel; großes, weißes Flügelfeld. **Stimme:** Am Brutplatz rauh „erää-ak" o.ä., auch bellend „ok-ok.:"; Jauchzen ähnlich Großmöwen. **Lebensraum:** „So" HL, MF in Küstennähe, „Wi" KM, HM. **Nest:** Lockere Brutkolonie in der Nähe anderer Seevogelkolonien; Boden, im Bewuchs, flache Mulde, kein oder wenig Nistmaterial. **Eier:** 2, oliv-, gelb-, rötlichbraun; unterschiedlich stark dunkelbraun::, 71 mm. **Brut:** 1, 29, ♀(♂), V—VI. **Junge:** Pho, 42—49, ♂ ♀. **Imm:** 12. **Alter:** 7—8/16/93%. **Nahrung:** Fisch, Vögel, Kleinsäuger, Aas.

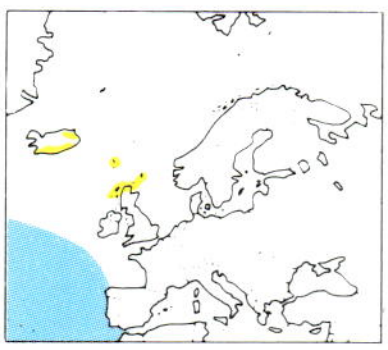

Die ♀ sind bei der Balz aktiver als die ♂. Sie sind auch wenig größer und lebhafter gefärbt. Ein ♀ kann für mehrere ♂ Eier legen. Die ♂ sorgen alleine für die Brut.

Achte auf die Schnabelform und die Färbung wie Zeichnung des Rückens („Wi").

Die Skua ist gut silbermöwengroß, wirkt aber gedrungener. Die langschwänzigen Raubmöwen sind deutlich kleiner. Sie treten in hellen und in dunklen Farbphasen auf. Die Jungvögel dieser Arten sind alle sehr ähnlich dunkel gebändert. Schwanzspieße sind bei ihnen kaum ausgebildet.

Achte auf Weiß im Flügel, auf die Ausbildung der mittleren Schwanzfedern und auf die Färbung.

Familie *Laridae* Möwen: Weltweit 44 Arten.

Die Möwen sind zwar eine der allgemein gut bekannten Vogelgruppen, die Unterscheidung der einzelnen Arten fällt aber oft nicht leicht. Sie sind überwiegend Küstenvögel. Einige Arten kommen auch bis weit in das Binnenland hinein vor. Als „Allesfresser" haben sie sich zunehmend Müllplätze u.ä. als Nahrungsquelle erschlossen.

⧖ **SCHWARZKOPFMÖWE** *Larus melanocephalus* **Status:** TZ; III—IV, VIII—X. **Größe:** 39 cm, 220—350 g, ~ Lachmöwe. **Merkmale:** Der Lachmöwe sehr ähnlich, aber Vorderrand des Flügels nicht weiß, Flügelspitzen weiß und nicht schwarz; Brutkleid Kopf und Oberhals tief schwarz. **Stimme:** Quäkend, nasal „äa", „kläa", „äa-a" o.ä. **Lebensraum:** „So" MM, BF, Lagunen, Salzseen, bevorzugt in Küstennähe, „Wi" vorwiegend KM, HM. **Nest:** Brutkolonie; Boden, flache Mulde mit Gras, Federn u.a. ausgelegt, ♂ ♀. **Eier:** 3, gelblich bis rostbraun; dunkelbraun::, 54 mm. **Brut:** 1, 23—25, ♂ ♀, V—VI. **Junge:** Pho, 35—40, ♂ ♀. **Imm:** 12. **Alter:** 2—3/15. **Nahrung:** Insekten, Fisch, Weichtiere, Abfälle.

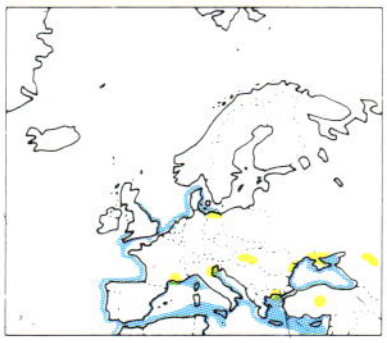

◑ **ZWERGMÖWE** *Larus minutus* **Status:** Z, (W); IV—V, VIII—XI. **Gefährdung:** R6. **Größe:** 28 cm, 90—150 g, < Lachmöwe. **Merkmale:** Sehr klein; Brutkleid Kopf bis in den Nacken schwarz; Flügel ohne schwarze Spitzen, oben hellgrau, unten schieferschwarz; Immat. ähnlich immat. Dreizehenmöwe, aber kein Nackenband, Schwanzende gerade, nicht ausgeschnitten. **Stimme:** Hell „kik-ki-ki.:" o.ä. **Lebensraum:** „So" BF, sumpfige, pflanzenreiche SF, „Wi" KM. **Nest:** Brutkolonie; Boden, oft im flachen Wasser; Haufen aus Röhrichtteilen, ♂ ♀. **Eier:** 3, olivgrün bis rostbraun; fein schwarzbraun::, 42 mm. **Brut:** 1, 23—25, ♂ ♀, V—VII. **Junge:** Pho, 21—24, ♂ ♀. **Imm:** 12. **Alter:** 2—3/6. **Nahrung:** „So" vorwiegend Insekten, „Wi" Fisch, marine Wirbellose.

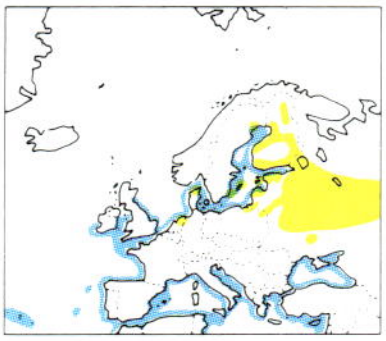

△ **SCHWALBENMÖWE** *Larus sabini* **Status:** Z, außer Brutzeit pelagisch; IV—V, VIII—XI. **Größe:** 33 cm, 150—210 g, ~ Lachmöwe. **Merkmale:** Gegabelter Schwanz; Vorderflügel schwarz, Flügelhinterkante weiß; Brutkleid grauer Kopf; Flug seeschwalbenartig. **Stimme:** Seeschwalbenähnlich „kiärr" u.a. Rufe. **Lebensraum:** „So" Küsten im Bereich der arktischen Tundra, „Wi" HM, seltener KM. **Nest:** Brutkolonie oft mit Küstenseeschwalbe vergesellschaftet; Boden, flache Mulde, mit Pflanzenteilen der Umgebung ausgelegt. **Eier:** 2(3), oliv bis rostbraunoliv; braun::, 44 mm. **Brut:** 1, 23—26, ♂ ♀, IV—VII. **Junge:** Pho, 35, ♂ ♀. **Imm:** 12. **Alter:** ?/?. **Nahrung:** „So" vorwiegend Insekten, „Wi" Fisch und marine Wirbellose.

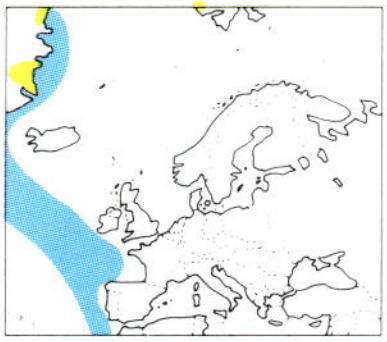

● **LACHMÖWE** *Larus ridibundus* **Status:** TZ, W; III—IV, VIII—X. **Größe:** 36 cm, 225—350 g. **Merkmale:** Häufigste, kleinere Möwe Europas; Flügel mit reinweißer Vorderkante und schwarzen Spitzen; Brutkleid dunkelbrauner Kopf, Nacken weiß. **Stimme:** Quarrend „kwärr" oder heller „kirr", „kirrah" o.ä; bei Störung kurz, hart „krak". **Lebensraum:** „So" BF, pflanzenreiche SF, MM, „Wi" weit verbreitet Binnenland und Küsten, bevorzugt VS, IS. **Nest:** Brutkolonie; Boden, Pflanzeninseln, Bülten, im Flachwasser; Haufen aus Röhrichtteilen, ♂ ♀. **Eier:** 3, helloliv, grünlich bis rostbräunlich; dunkelbraun::, 52 mm. **Brut:** 1, 23—26, ♂ ♀, IV—VII. **Junge:** Pho, 35, ♂ ♀. **Imm:** 12. **Alter:** 2—3/32/60-85%. **Nahrung:** Sehr vielfältig, Insekten, marine Wirbellose, Fisch, Abfall; folgen dem Pflug. *

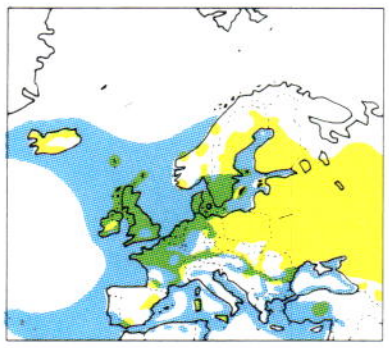

DÜNNSCHNABELMÖWE *Larus genei* **Status:** TZ; III—IV, IX—X. **Größe:** 43 cm, 250—350 g, ~ Lachmöwe. **Merkmale:** Ähnlich einer großen, schlanken Lachmöwe im Winterkleid; Schnabel „So" rot, „Wi" gelb; Brutkleid zart rosa Unterseite; Immat. gelbe Beine, ohne braune Flügelzeichnung. **Stimme:** Rauh „grah" oder gereiht „groah-grah.:". **Lebensraum:** „So" flache Küsten, Lagunen, SF, „Wi" KM. **Nest:** Brutkolonie; Boden ohne Bewuchs, Mulde, mit Pflanzenresten ausgelegt. **Eier:** 2—3, rahmweiß; dunkelbraun::, 56 mm. **Brut:** 1, 22, ♂ ♀, V—VI. **Junge:** Pho, ?, ♂ ♀. **Imm:** 12. **Alter:** ?/23. **Nahrung:** Vorwiegend Fisch.

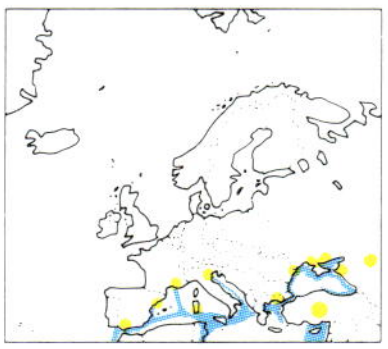

◑ **STURMMÖWE** *Larus canus* **Status:** TZ, W; III—IV, VIII—XI. **Größe:** 41 cm, 300—500 g, < Silbermöwe. **Merkmale:** Schnabel und Beine gelblichgrün; Schnabel ohne roten Fleck; deutlich kleiner als Silbermöwe. **Stimme:** Allgemein höher und schriller als Silbermöwe; Ruf im Flug „kia", „kiau" o.ä.; Alarm „gä-gäg"; Jauchzen schrill „ä-ä-ä-iii-ä.:". **Lebensraum:** „So" MM, SM, SF, BF, „Wi" vorwiegend Küsten, küstennahes Binnenland AL, WL, S. **Nest:** Brutkolonie; Boden, feuchter Grund Anhäufung von Pflanzenteilen, trockener Grund ausgescharrte Mulde, ♂ ♀. **Eier:** 2—3, grünlich, helloliv, gelbbräunlich; braun bis schwarz::, 58 mm. **Brut:** 1, 22—28, ♂ ♀, V—VII. **Junge:** Pho, 35—40, ♂ ♀. **Imm:** 12. **Alter:** 2—4/24. **Nahrung:** Sehr vielfältig, marine Wirbellose, Insekten, Regenwürmer, Abfall.

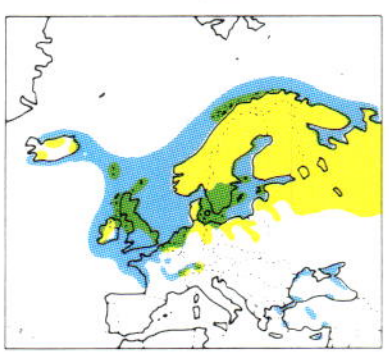

◑ **DREIZEHENMÖWE** *Rissa tridactyla* **Status:** Außer Brutzeit pelagisch. **Größe:** 41 cm, 300—500 g, ~ Lachmöwe. **Merkmale:** Schnabel gelb; Beine schwarz; Flügelende mit schwarzem Dreieck ohne Weiß; Immat. im 1. Jahr mit dunklem Zickzackband über die Flügel und breitem Nackenband (vergl. Zwergmöwe). **Stimme:** In der Kolonie laut „kitiwäik"; im Flug einzeln oder gereiht „gog" o.ä. oft weinend. **Lebensraum:** „So" steile FM, „Wi" auf See. **Nest:** Brutkolonie; kleine Felsvorsprünge, Simse und Nischen an Gebäuden; fester Bau aus Tang, Schlamm, Gras u.a., ♂ ♀. **Eier:** 2—3, blaß gelblich, bräunlich oder oliv; oliv, grau, schwarzbraun::, 55 mm. **Brut:** 1, 25—32, ♂ ♀, V—VII. **Junge:** Nho, 33—54 (gewöhnlich ca. 43), ♂ ♀. **Imm:** 12. **Alter:** 4—5/21/86%. **Nahrung:** Kleine Fische, marine Wirbellose.

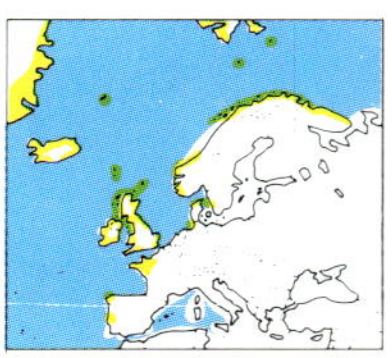

Die Jungmöwen tragen Jugendkleider, die sich oft über mehrere Zwischenkleider zum Altvogelkleid entwickeln. Bei mehreren Arten sind Sommer- und Winterkleid stark verschieden.

Achte auf die Beinfärbung, die Größe, Form und Färbung des Schnabels und auf die Verteilung von Schwarz und Weiß an den Flügelspitzen.

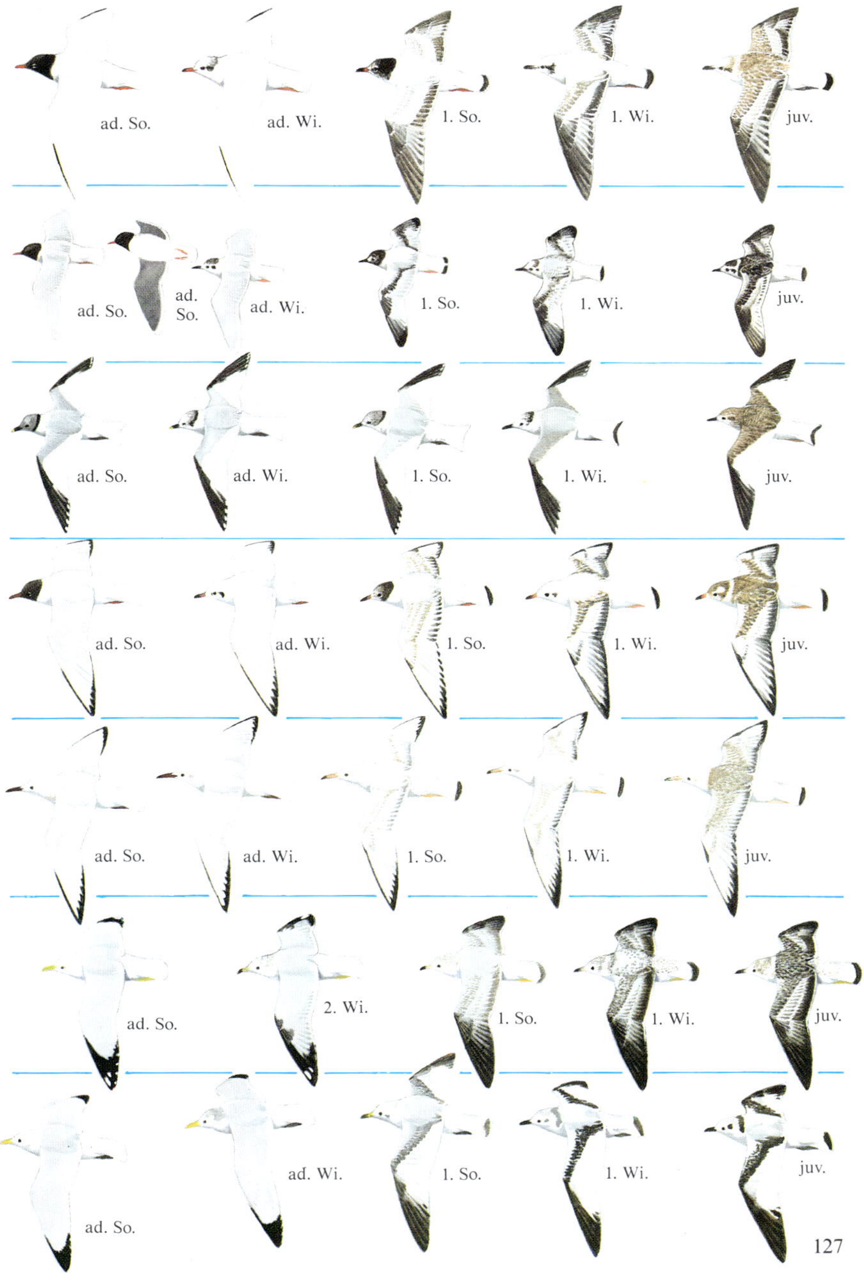

KORALLENMÖWE *Larus audouinii* **Status:** St. **Größe:** 50 cm, ?550—800 g, < Silbermöwe. **Merkmale:** Ähnlich einer kleinen Silbermöwe, aber dunkelgrüne Beine, roter Schnabel mit schwarzer Binde und gelber Spitze; Flügelenden mit wenig Weiß erscheinen dunkel; Immat. hellbrauner Rücken, grauer Scheitel, gelber Schnabel. **Stimme:** Ruf „hau", „koär" o.ä., Alarm „gagaga"; Jauchzen ähnlich andere Großmöwen. **Lebensraum:** Kleine Felseninseln im Mittelmeer, KM. **Nest:** Brutkolonie; Boden, zwischen Stauden, Steinen; flache Mulde, mit Tang u.a. ausgelegt, ♂♀. **Eier:** 2—3, hell olivbräunlich bis oliv; wenig braunoliv bis schwarz::, 64 mm. **Brut:** 1, 28—29, ♂♀, V—VI. **Junge:** Pho, 35—40, ♂♀. **Imm:** 12—24. **Alter:** ?/?. **Nahrung:** Vorwiegend Fisch.

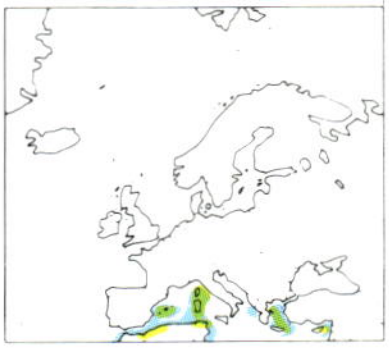

◑ **HERINGSMÖWE** *Larus fuscus* **Status:** TZ; III—IV, VIII—XI. **Größe:** 55 cm, 650—1000 g, ~ Silbermöwe. **Merkmale:** Mittelgroße Möwe mit dunkelgrauem (Westeuropa) oder schwarzgrauem (Skandinavien) Rücken; Beine gelb. **Stimme:** Ähnlich Silbermöwe, aber tiefer, rauher; Ruf „äo", „äa" o.ä.; Alarm unrein „gagaga"; Jauchzen heulend „kjau-kjau.:". **Lebensraum:** „So" SM, MM, FM bevorzugt bewachsene Inseln, auch küstennahe MF, BF; „Wi" Küsten, küstennahes Binnenland. **Nest:** Brutkolonie; Boden, flache Mulde, mit Pflanzenteilen ausgelegt, ♂♀. **Eier:** 3, grün, oliv bis rostbraun; stark dunkelbraun::, 68 mm. **Brut:** 1, 24—27, ♂♀, V—VI. **Junge:** Pho, 30—40, ♂♀. **Imm:** 36—48. **Alter:** 4/26/90%. **Nahrung:** Sehr vielfältig, Fisch, marine Wirbellose, Abfall, folgt dem Pflug. *

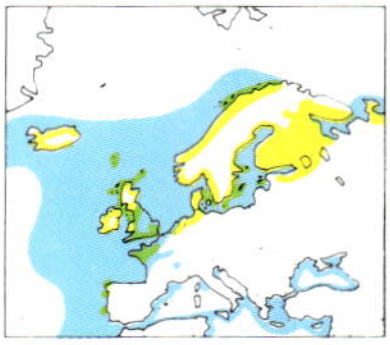

◑ **SILBERMÖWE** *Larus argentatus* **Status:** TZ, W, (S); III—IV, IX—XI. **Größe:** 60 cm, 750—1250 g. **Merkmale:** Groß mit grauem Rücken; Schnabel gelb mit rotem Fleck am Unterschnabelwinkel; Beine fleischfarben (Skandinavien, Westeuropa), gelb (andere Unterarten). **Stimme:** Ruf klangvoll „kiau"; Alarm klar „gagaga"; Jauchzen laut trompetend „kiija-klija-klia-kjaa-kjau.:". **Lebensraum:** „So" SM, MM, FM, auch S; „Wi" Küsten, küstennahes Binnenland, S. **Nest:** Brutkolonie; Boden, Felsband, Hausdach; Haufen aus Gras, Tang u.a., ♂♀. **Eier:** 3, grünlich, helloliv, sandbräunlich; schwarzbraun, schwarz::, 70 mm. **Brut:** 1, 28—30, ♂♀, IV—VI. **Junge:** Pho, 35—40, ♂♀. **Imm:** 48. **Alter:** 3—5/32/90%. **Nahrung:** Sehr vielfältig; „So" mehr natürlich, „Wi" mehr Abfall, Aas u.ä. *

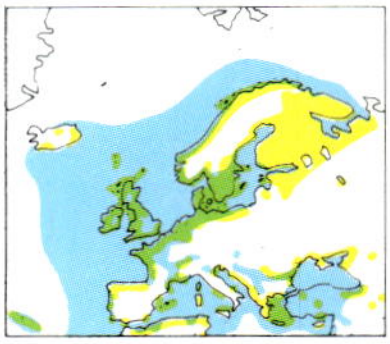

△ **POLARMÖWE** *Larus glaucoides* **Status:** TZ; IV—V, X—XI. **Größe:** 60 cm, ?750—1000 g, ~ Silbermöwe. **Merkmale:** Hellgrauer Rücken; Flügel ohne Schwarz; Schnabel gelb mit rotem Fleck; Immat. Oberseite blaßbraun, Schnabel fleischfarben mit schwarzer Spitze; beim Stehen überragen die Flügel den Schwanz deutlich. **Stimme:** Ähnlich Silbermöwe, aber höher. **Lebensraum:** „So" arktische Küsten, „Wi" Küsten des N-Atlantik. **Nest:** Brutkolonie; Boden, auf Felsbändern; Haufen aus Pflanzenteilen, Federn u.a. **Eier:** 2—3, blaß rotbraun; groß dunkelbraun::, 76 mm. **Brut:** 1, ?, ♂♀, V—VI. **Junge:** Pho, ?, ♂♀. **Imm:** 48. **Alter:** ?/?. **Nahrung:** Fisch, auch Aas.

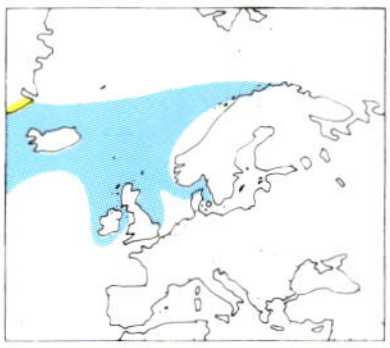

⦶ **EISMÖWE** *Larus hyperboreus* **Status:** TZ; III—IV, IX—XI. **Größe:** 70 cm, 1000—2200 g, variiert zwischen Silber- und Mantelmöwe. **Merkmale:** Wie Polarmöwe, Schnabel aber größer und klobiger; beim Stehen überragen die Flügel den Schwanz kaum; Augenring gelb (Polarmöwe rot). **Stimme:** Ähnlich Silbermöwe, aber heller. **Lebensraum:** „So" arktische Küsten, „Wi" Küsten des N-Atlantik. **Nest:** Brutkolonie; Boden, auf flachem Grund oder Felsen; Haufen aus Pflanzenteilen, Federn u.a. **Eier:** 3, helloliv bis sandbraun; braunoliv bis schwarz::, 77 mm. **Brut:** 1, 27—28, ♂♀, V—VI. **Junge:** Pho, 45—50, ♂♀. **Imm:** 48. **Alter:** ?/21. **Nahrung:** Sehr vielfältig — Vögel, Kleinsäuger, Aas, marine Wirbellose.

⦶ **MANTELMÖWE** *Larus marinus* **Status:** TZ, W, (S); III—IV, IX—XI. **Größe:** 70 cm, 1150—2150 g, > Silbermöwe. **Merkmale:** Sehr groß mit schwarzem Rücken und rosa Beinen. **Stimme:** Ähnlich Silbermöwe, aber deutlich tiefer; Ruf laut „krau"; Alarm tief „gagaga"; Jauchzen langsamer und weniger schrill als Silbermöwe. **Lebensraum:** „So" nördliche FM mit vorgelagerten Inseln, „Wi" Küsten N- und Mitteleuropas, küstennahes Binnenland. **Nest:** Brutkolonie oder einzeln; Boden, auf Felsen oder ebenem Grund; Haufen aus Gras, Tang, Zweigen u.a., ♂♀. **Eier:** 3, grünlich bis olivbraun; dunkelbraun::, 77 mm. **Brut:** 1, 27—28, ♂♀, V—VI. **Junge:** Pho, 49—56, ♂♀. **Imm:** 36—48. **Alter:** 4—5/20. **Nahrung:** Sehr vielfältig, Fisch, Vögel, Säugetiere, Aas, Abfälle, marine Wirbellose.

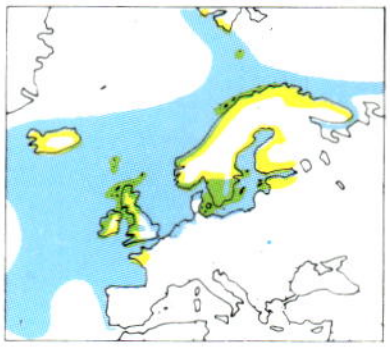

△ **ELFENBEINMÖWE** *Pagophila eburnea* **Status:** Wanderung mit der Packeisgrenze. **Größe:** 44 cm, 480—540 g, < Silbermöwe. **Merkmale:** Taubenartige Gestalt; kurze, schwarze Beine; Gefieder Altvogel einfarbig weiß, Jungvogel mit dunkler Fleckung. **Stimme:** Ruf ± zweisilbig „prii-är", Jauchzen gezogen, abfallend „kiiier kiiier.:"; Alarm zirpend „grii-grii.:". **Lebensraum:** HM im Bereich des arktischen Pack- und Treibeises. **Nest:** Brutkolonie; Felsbänder, Steilküsten, flache Geröllstrände, auch küstennahes Binnenland; flache Mulde, mit Tang, Gras u.a. ausgelegt, ♂♀. **Eier:** 1—2, helloliv bis sandbraun; dunkelbraun, oliv, grau::, 61 mm. **Brut:** 1, ca. 25, ♂♀, VI—VII. **Junge:** Pho, 35 (?+), ♂♀. **Imm:** 24(?36). **Alter:** 1/13. **Nahrung:** Marine Wirbellose, kleine Fische, auch Aas u.ä.

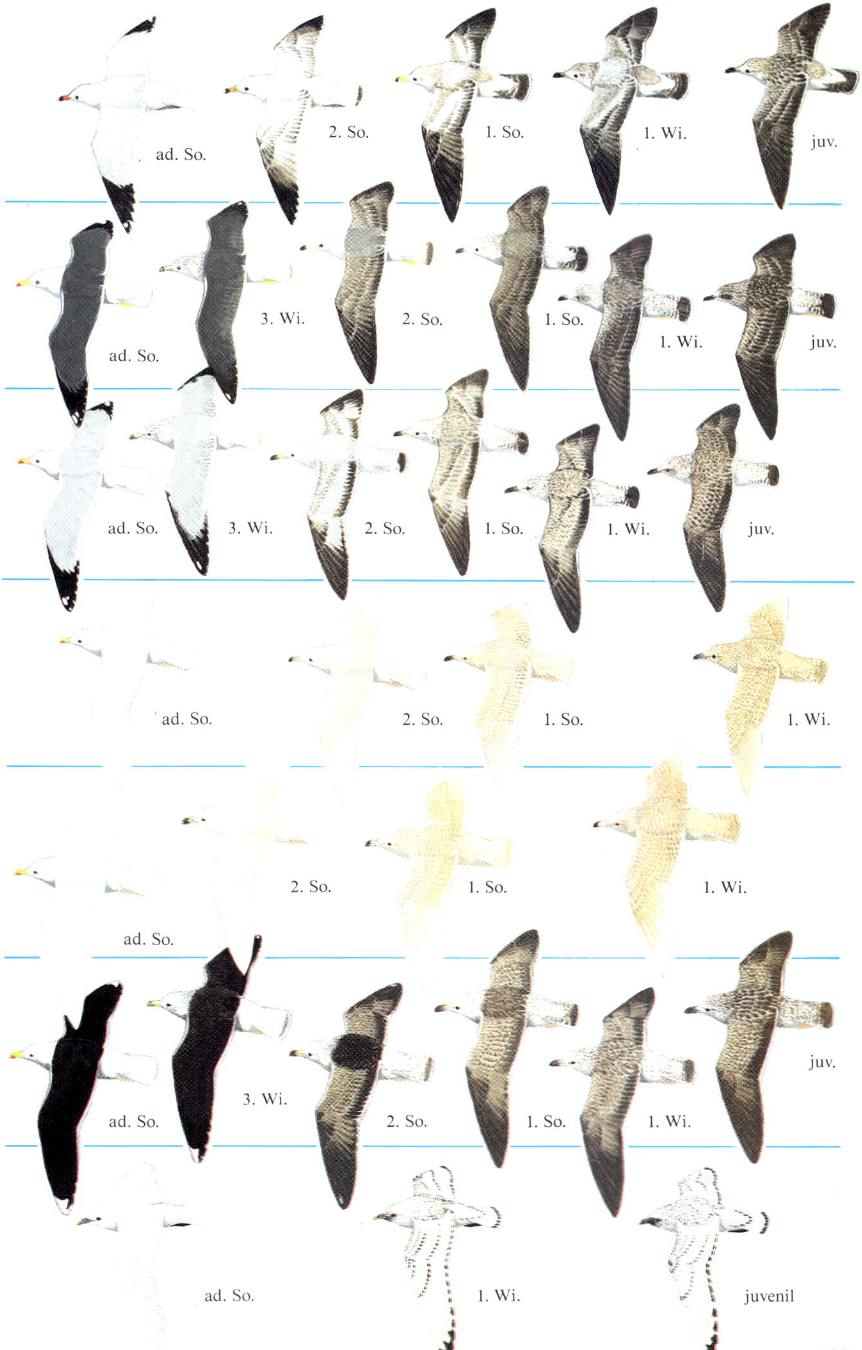
ad. So.
2. So.
1. So.
1. Wi.
juv.
ad. So.
3. Wi.
2. So.
1. So.
1. Wi.
juv.
ad. So.
3. Wi.
2. So.
1. So.
1. Wi.
juv.
ad. So.
2. So.
1. So.
1. Wi.
ad. So.
2. So.
1. So.
1. Wi.
ad. So.
3. Wi.
2. So.
1. So.
1. Wi.
juv.
ad. So.
1. Wi.
juvenil

Familie *Sternidae* Seeschwalben: Weltweit 41 Arten.

Die Seeschwalben sind kleinere Verwandte der Möwen. Sie haben einen zumeist tief gegabelten Schwanz, lange, schmale Flügel und einen schlanken, spitzen Schnabel. Ihr Flug, bei dem die leicht gewinkelten Flügel tiefausholend, langsam bewegt werden, ist leicht und wendig. Die meisten Arten ernähren sich stoßtauchend. Sie stehen rüttelnd über dem Wasser und schießen dann im Sturzflug herab.

8 **LACHSEESCHWALBE** *Gelochelidon nilotica* **Status:** Z; IV—V, VII—IX. **Gefährdung:** R2. **Größe:** 38 cm, 200—300 g, ~ Lachmöwe. **Merkmale:** Ähnlich der Brandseeschwalbe, aber ganz schwarzer, kurzer, klobiger Schnabel, Schwanz kurz, grau, vergleichsweise wenig gegabelt; stehend hochbeinig. **Stimme:** Nasal, durchdringend „gluwik“, „gewik“ o.ä.; Alarm „gägägäg“. **Lebensraum:** SM, MM, Lagunen, Salzseen, SF. **Nest:** Dichte Brutkolonie; Boden, frei oder im niedrigen Bewuchs; flache Mulde mit wenig Pflanzenteilen. **Eier:** 2—3, hell gelbbräunlich; dunkel- bis schwarzbraun::, 49 mm. **Brut:** 1, 22—23, ♂♀, V—VI. **Junge:** Pho, 28—35, ♂♀. **Imm:** 3. **Alter:** ?3/16/77%. **Nahrung:** Jagt gern Insekten über Land, seltener Stoßtauchen.

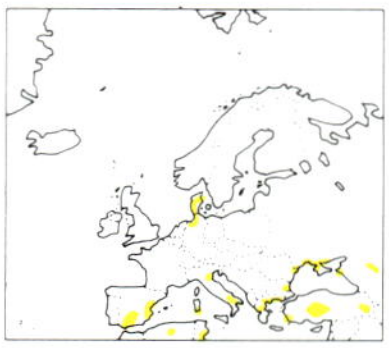

8 **RAUBSEESCHWALBE** *Sterna caspia* **Status:** Z, IV—V, VII—IX. **Gefährdung:** R1. **Größe:** 53 cm, 550—750 g, < Silbermöwe. **Merkmale:** Sehr große Seeschwalbe; Schnabel groß, kräftig, rot; Unterseite der Handschwingen dunkel. **Stimme:** Laut, rauh, keckernd „krräor“ o.ä.; erregt „kerrä“ o.ä. **Lebensraum:** SM auch Sand-, Kiesufer von SF, FF. **Nest:** Brutkolonie; Boden, auf Sand, Kies o.ä.; flache Mulde, kein oder wenig Nistmaterial. **Eier:** 2—3, hell rahmfarben bis gelbbraun; fein braun, grau::, 64 mm. **Brut:** 1, 20—22, ♂♀, V—VI. **Junge:** Pho, 26—30, ♂♀. **Imm:** 3. **Alter:** 3—4/26. **Nahrung:** Vorwiegend Fisch.

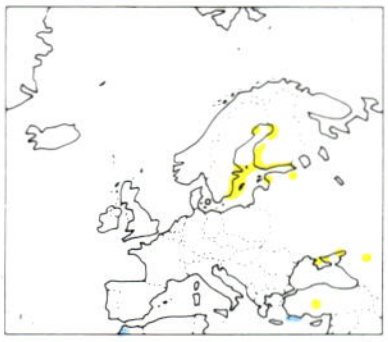

◑ **BRANDSEESCHWALBE** *Sterna sandvicensis* **Status:** Z; IV—V, VII—IX. **Gefährdung:** R5. **Größe:** 41 cm, 210—260 g, < Lachmöwe. **Merkmale:** Schnabel lang, schlank, schwarz mit gelber Spitze; Schwanz stärker gegabelt als bei Lachseeschwalbe, weiß; Federn am Hinterkopf bei Erregung gesträubt. **Stimme:** Ruf im Flug rauh, schneidend „kjirrik“ o.ä.; erregt kurz, scharf „krek“ o.ä. **Lebensraum:** SM seltener flache SF, bevorzugt Inseln. **Nest:** Dichte Brutkolonie; Boden, auf Sand oder Kies mit wenig Bewuchs; flache, gedrehte Mulde mit wenig oder ohne Nistmaterial. **Eier:** 1—2, rahmweiß bis gelblichbraun; dunkelbraun, grau::. **Brut:** 1, 21—24, ♂♀, V—VI. **Junge:** Pho, ca. 35, ♂♀. **Imm:** (3). **Alter:** 3—4/24. **Nahrung:** Kleine Fische. *

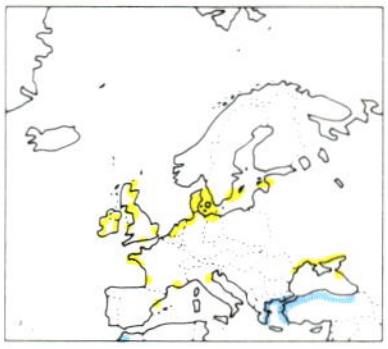

△ **ROSENSEESCHWALBE** *Sterna dougallii* **Status:** Z; IV—V, VII—IX. **Gefährdung:** R1. **Größe:** 38 cm, 90—130 g, > Amsel. **Merkmale:** Ähnlich Fluß-, Küstenseeschwalbe, aber Schnabel schwarz („So“ mit roter Basis); Schwanzspieße überragen beim Stehen die Flügel weit; Brutzeit rosa getönte Unterseite. **Stimme:** Kreischend, gedehnt „krer“, „ahrk“ o.ä. auch heiser, gereiht „kräk-kräk..“ o.ä. **Lebensraum:** SM, flache FM bevorzugt auf Inseln, immer an der Küste. **Nest:** Brutkolonie, oft mit Fluß- und/oder Küstenseeschwalbe; Boden, auf Sand, Kies, Geröll; flache Mulde oft unter Pflanzen, ohne Nistmaterial. **Eier:** 1—2, rahmfarben bis gelbbraun; dunkelbraun bis schwarz::, 44 mm. **Brut:** 1, ca. 22, ♂♀, VI. **Junge:** Pho, 21—28, ♂♀. **Imm:** 3. **Alter:** 2—3/16. **Nahrung:** Kleine Fische.

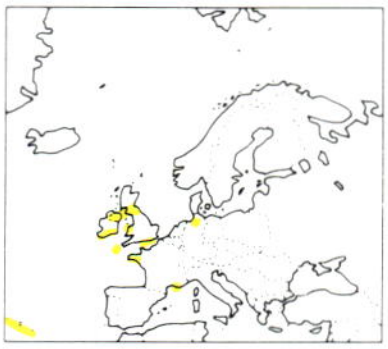

◑ **FLUSSEESCHWALBE** *Sterna hirundo* **Status:** Z; IV—V, IX—X. **Gefährdung:** R3. **Größe:** 35 cm, 90—150 g, > Amsel. **Merkmale:** Sehr ähnlich Küstenseeschwalbe, aber „So“ orangeroter Schnabel mit schwarzer Spitze; hochbeinig, Schwanzspieße überragen die Flügel nicht; Unterseite rein weiß. **Stimme:** Scharf, rauh „kiärrih“, „kik-kik..kirä“; erregt hart, gedehnt „kerr“, „karr“. **Lebensraum:** SM, flache FM, MM, auch Kies- und Schotterbänke von SF, FF. **Nest:** Brutkolonie, oft mit Küstenseeschwalbe; Boden, auf Sand, Kies, auch im Bewuchs; flache Mulde, trocken - kein, feucht - reichlich Nistmaterial. **Eier:** 2—3, rahmfarben, oliv bis rostbraun; braun bis schwarz::, 41 mm. **Brut:** 1, 22—26, ♂♀, V—VI. **Junge:** Pho, 21—26, ♂♀. **Imm:** 3. **Alter:** 1—2/25. **Nahrung:** Vorwiegend kleine Fische.

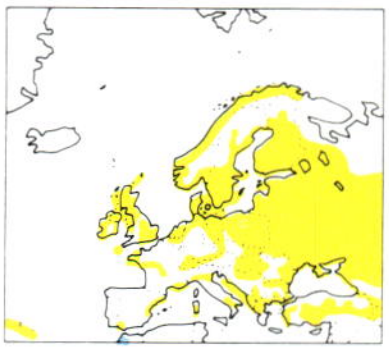

◑ **KÜSTENSEESCHWALBE** *Sterna paradisaea* **Status:** Z; IV—V, VII—X. **Gefährdung:** R4. **Größe:** 35 cm, 80—120 g, ~ Amsel. **Merkmale:** Sehr ähnlich Flußseeschwalbe, aber „So“ ganz roter Schnabel; kurzbeinig, Schwanzspieße überragen die Flügel; im Flug alle Handschwingen durchscheinend; Unterseite oft hellgrau. **Stimme:** Gedehnt, klingend „kriärr“; erregt hart „ki-ki..“; Angriff klickend „k-k-kjirr“. **Lebensraum:** SM, MM, flache FM, gern auf Inseln, im N. auch küstennahe Tundra, SF. **Nest:** Brutkolonie oft mit Flußseeschwalbe; Boden, auf Sand, Kies, kurzem Bewuchs; flache Mulde, kein oder wenig Nistmaterial. **Eier:** 1—3, gelblichbraun bis rostbraun; braun bis schwarz::, 40 mm. **Brut:** 1, 21—22, ♂♀, V—VI. **Junge:** Pho, 21—26, ♂♀. **Imm:** 3. **Alter:** 2/34/87%. **Nahrung:** Vorwiegend kleine Fische. *

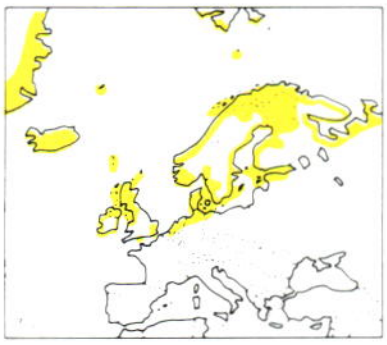

Bis auf wenige Ausnahmen sind die Seeschwalben Küstenvögel. Diese Arten sind überwiegend weiß und haben im Brutkleid schwarze Kappen. Die Arten der Gattung *Chlidonias* sind im Brutkleid dunkel. Sie brüten bevorzugt an Binnengewässern.

Achte auf die Bein- und Schnabelfärbung, auf die Verteilung hellerer und dunklerer Partien am Flügel und auf das Längenverhältnis von Flügeln und Schwanz.

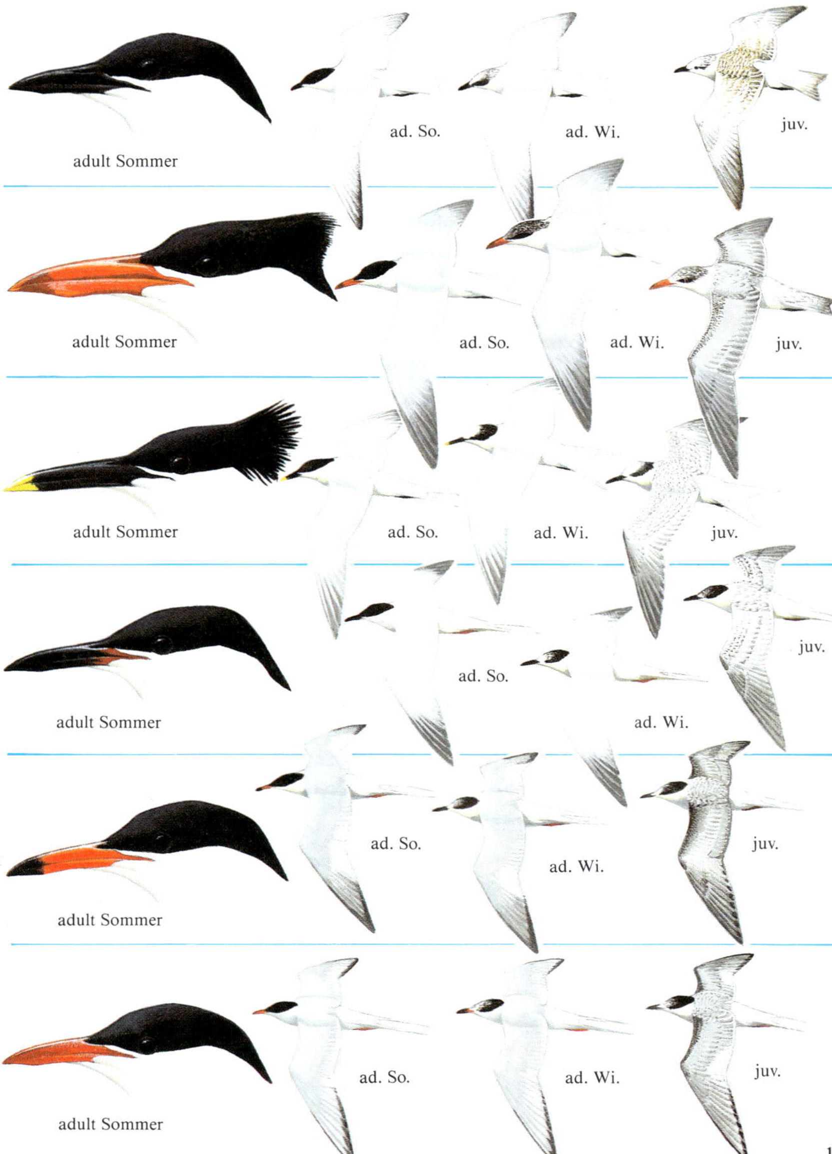

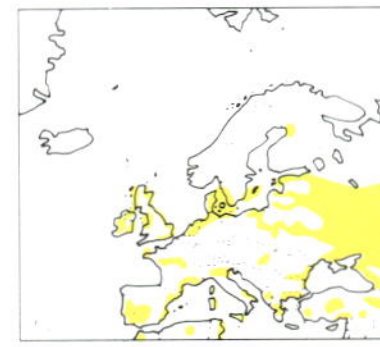

◑ **ZWERGSEESCHWALBE** *Sterna albifrons* **Status:** Z; IV—VI, VIII—X. **Gefährdung:** R3. **Größe:** 24 cm, 50—65 g, > Feldlerche. **Merkmale:** Kleinste Seeschwalbe; auch „So" mit weißer Stirn; gelber Schnabel mit schwarzer Spitze; orangegelbe Beine. **Stimme:** Heiser „wäd" oder hell schnarrend „krrit", dazwischen hart „kik-kik.:". **Lebensraum:** SM. **Nest:** Zumeist kleinere Brutkolonie; Boden, auf Sand, Kies; flache Mulde mit Muschelstücken, Steinchen u.ä. oder ohne Nistmaterial. **Eier:** 2—3, gelblich, gelblichbraun, blaß oliv; braun bis schwarzbraun::, 33 mm. **Brut:** 1, 19—22, ♂ ♀, V—VI. **Junge:** Pho, 15—17+, ♂ ♀. **Imm:** 3. **Alter:** 1—2/21/80%. **Nahrung:** Vorwiegend kleine Fische.

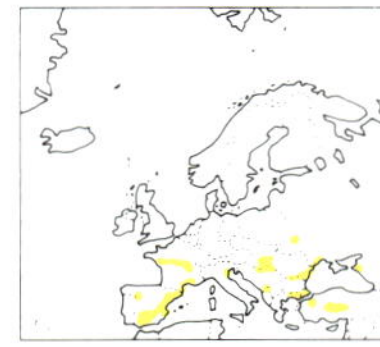

⚲ **WEISSBARTSEESCHWALBE** *Chlidonias hybrida* **Status:** Z; IV—VI, VIII—X. **Gefährdung:** R6. **Größe:** 24 cm, 80—95 g, ~ Star. **Merkmale:** „So" Körper dunkelgrau, Wangen weiß, Kappe schwarz; Schnabel und Beine rot; im Flug Unterflügel und Unterschwanz weiß. **Stimme:** Nasal, schnarrend „krek", „schräb" o.ä. **Lebensraum:** Flache SF, FF, BF, Lagunen, Reisfelder. **Nest:** Brutkolonie; im Wasser; Haufen aus Wasserpflanzen, Röhrichtteilen manchmal schwimmend, ♂ ♀. **Eier:** 3, blaß, gelblich bis braun; schwarzbraun::, 39 mm. **Brut:** 1, 18—20, ♀(♂), VI—VII. **Junge:** Pho, 23, ♂ ♀. **Imm:** 3. **Alter:** ?/?. **Nahrung:** Vorwiegend Insekten, auch kleine Fische.

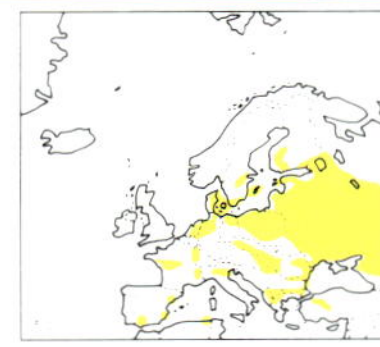

◑ **TRAUERSEESCHWALBE** *Chlidonias niger* **Status:** Z; IV—V, VIII—X. **Gefährdung:** R2. **Größe:** 24 cm, 50—75 g, > Feldlerche. **Merkmale:** Wenig gegabelter Schwanz, wird von den Flügeln weit überragt; „So" schwarzgrau, „Wi" schwarze Schulterflecke; fliegt niedrig, gaukelnd über das Wasser, pickt von der Wasseroberfläche. **Stimme:** Trocken „kriër", „krie-e-rick"; wenig ruffreudig. **Lebensraum:** Flache, bewachsene, oft recht kleine SF, BF und MF mit Wasserflächen; auf dem Zuge auch Küsten. **Nest:** Brutkolonie; zumeist im Wasser auf Schwimmpflanzen o.ä.; Haufen aus Wasserpflanzen, Röhrichtteilen, ♂ ♀. **Eier:** 3, gelblich- bis olivbraun; schwarz, braun::, 35 mm. **Brut:** 1, 14—17, ♂ ♀, V—VI. **Junge:** Pho, 21—28, ♂ ♀. **Imm:** 3. **Alter:** ?2/17. **Nahrung:** Vorwiegend Insekten, auch kleine Fische.

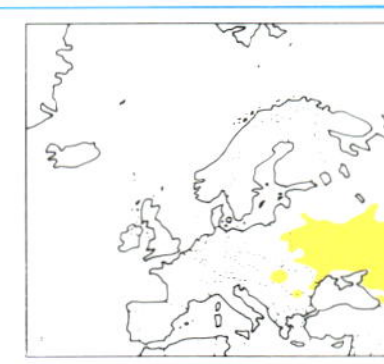

⚲ **WEISSFLÜGELSEESCHWALBE** *Chlidonias leucopterus* **Status:** Z; V—VI, VIII—X. **Gefährdung:** R6. **Größe:** 24 cm, 50—75 g, > Feldlerche. **Merkmale:** Ähnlich Trauerseeschwalbe, aber „So" Oberflügel, Bürzel, Schwanz weiß; Flügelunterseite schwarz; Schnabel rot; „Wi" keine Schulterflecke, Schnabel dunkel. **Stimme:** Kurz, rauh „trä", „triit", „kerr" o.ä. **Lebensraum:** Flache, bewachsene SF. **Nest:** Brutkolonie; zumeist im Wasser auf Schwimmpflanzen o.ä.; Haufen aus Wasserpflanzen, Röhrichtteilen, ♂ ♀. **Eier:** 2(3), gelblich- bis olivbraun; schwarz, braun::, 34 mm. **Brut:** 1, 18—22, ♂ ♀, V—VI. **Junge:** Pho, 24—25, ♂ ♀. **Imm:** 3. **Alter:** ?/?. **Nahrung:** Vorwiegend Insekten, auch kleine Fische.

Familie *Alcidae* Alken: Weltweit 21 Arten.

Die Alken sind mittelgroße bis kleine, schwarz-weiße Seevögel, die an Land hoch aufgerichtet sitzen oder watscheln. Sie sind Tauchjäger, die zum Vortrieb unter Wasser ihre kurzen, schmalen Flügel einsetzen. Ihr Flug, mit schnell schwirrendem Flügelschlag, ist geradlinig. Die Füße werden im Flug als Steuerflächen nach hinten gestreckt.

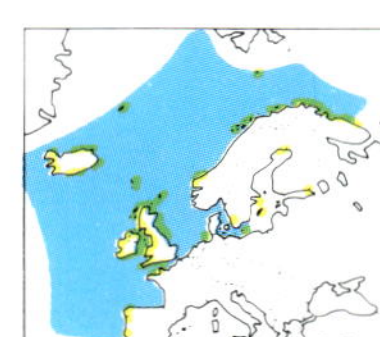

◑ **TROTTELLUMME** *Uria aalge* **Status:** TZ; außer Brutzeit pelagisch. **Gefährdung:** R5. **Größe:** 42 cm, 850—1130 g, ~ Haubentaucher. **Merkmale:** Oberseite dunkelbraun (S.) bis schwarz (N.), Unterseite weiß; Schnabel lang, gerade, ohne Zeichnung; Variante „Ringellumme" mit weißer „Brille". **Stimme:** Individuell verschieden, rauh krähend „arrah", „o'orr" o.ä. **Lebensraum:** „So" steile FM, KM, „Wi" HM, KM. **Nest:** Brutkolonie dicht gedrängt auf Simsen steiler Klippen; kein Nest. **Eier:** 1, birnenförmig, Färbung sehr variabel weißlich bis blau; auf verschiedenste Weise dunkel::, 81 mm. **Brut:** 1, 28—34, ♂ ♀, V—VI. **Junge:** Pho, werden von ♂ ♀ gefüttert, verlassen den Brutplatz mit 18—24, werden auf See von ♂(♀) betreut. **Imm:** 24. **Alter:** 4/32/90—95%. **Nahrung:** Fisch. *

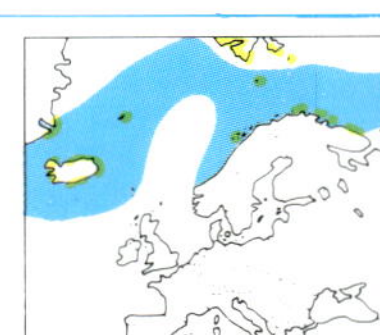

▲ **DICKSCHNABELLUMME** *Uria lomovia* **Status:** TZ; außer Brutzeit pelagisch. **Größe:** 42 cm, 750—1050 g, ~ Haubentaucher. **Merkmale:** Wie Trottellumme; Schnabel dicker mit weißer Linie zum Schnabelwinkel; „Wi" schwarze Kappe reicht bis unter das Auge. **Stimme:** Ähnlich Trottellumme, aber rauher und tiefer. **Lebensraum:** „So" steile FM an arktischen KM, „Wi" HM, KM. **Nest:** Brutkolonie dicht gedrängt auf Simsen steiler Klippen; kein Nest. **Eier:** 1, birnenförmig, Färbung sehr variabel weißlich, bräunlich, bläulich; auf verschiedene Weise dunkel::, 80 mm. **Brut:** 1, 28—35, ♂ ♀, V—VI. **Junge:** Pho, werden von ♂ ♀ gefüttert, verlassen den Brutplatz mit 18—25, werden auf See von ?♂, ?♀ betreut. **Imm:** 24. **Alter:** 4/32/90—95%. **Nahrung:** Fisch.

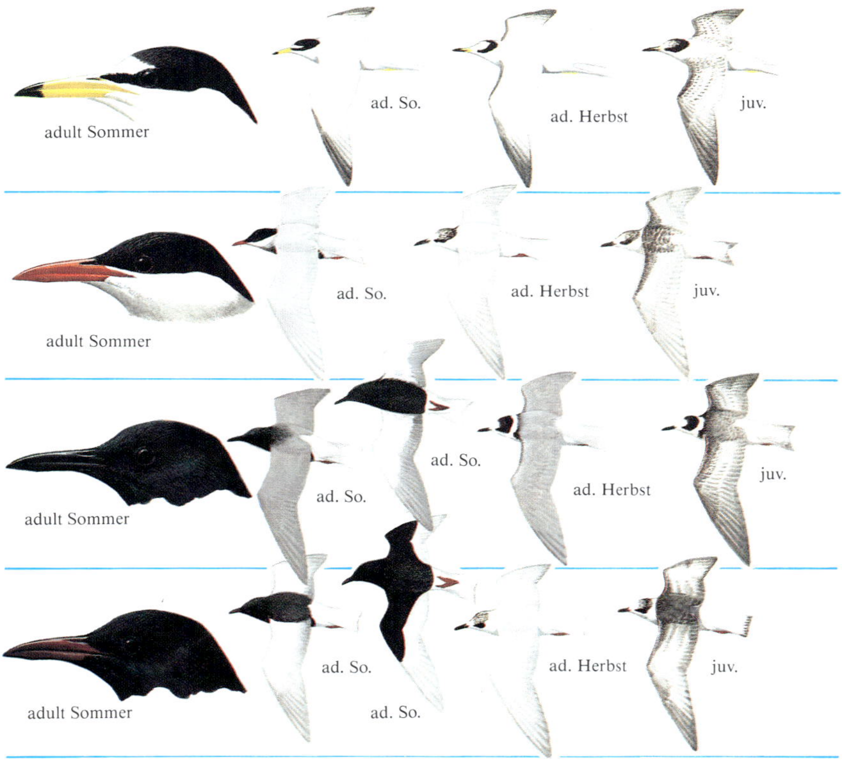

Achte auf die Schnabelform und -färbung wie auf die Verteilung von Schwarz und Weiß am Kopf.

◑ **TORDALK** *Alca torda* **Status:** TZ; außer Brutzeit pelagisch. **Gefährdung:** R5. **Größe:** 41 cm, 500—750 g, ~ Bläßhuhn. **Merkmale:** Hoher, seitlich abgeflachter Schnabel mit weißer Querlinie; „Wi" schwarze Kappe reicht bis auf die Wangen. **Stimme:** Tief knarrend „arr", „orr" auch gereiht „arr-o-urorr.:" o.ä. **Lebensraum:** „So" steile FM, KM, „Wi" HM, KM. **Nest:** Lockere Brutkolonien; Nischen, Spalten, Höhlen im Gestein, kein Nest. **Eier:** 1, Färbung sehr variabel weißlich, bräunlich, grünlich; auf verschiedene Weise braun, schwarz::, 73 mm. **Brut:** 1, 26—32, ♂ ♀, V—VI. **Junge:** Pho, werden von ♂ ♀ gefüttert, verlassen den Brutplatz mit 14—22, werden auf See vom ♂ betreut. **Imm:** 24. **Alter:** 4—5/20/90—95%. **Nahrung:** Fisch.

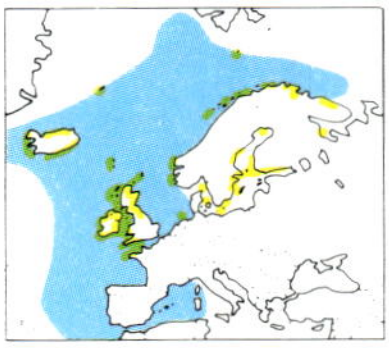

⦶ **GRYLLTEISTE** *Cepphus grylle* **Status:**TZ; außer Brutzeit pelagisch. **Größe:** 34 cm, 340—490 g, ~ Teichhuhn. **Merkmale:** „So" schwarz mit großem, weißem Flügelfleck; „Wi" schwarz-weiße Oberseite, heller Kopf; Beine rot. **Stimme:** Hohes, leises Pfeifen bis Trillern „ssii", „ist-ist-ist.:", „düsi-düsi.:" u.a. **Lebensraum:** „So" FM, „Wi" KM, HM. **Nest:** Kleine, lockere Brutkolonie; Höhlen, Spalten in Fels, zwischen Geröll; kein Nest. **Eier:** 1(2), weißlich, hell rostbraun oder bläulichgrün; schwarz, hellgrau, braun::, 58 mm. **Brut:** 1, 21—24, ♂ ♀, V—VI. **Junge:** Nho, 35, ♂ ♀. **Imm:** 12. **Alter:** 2/20. **Nahrung:** Fische, Krebse.

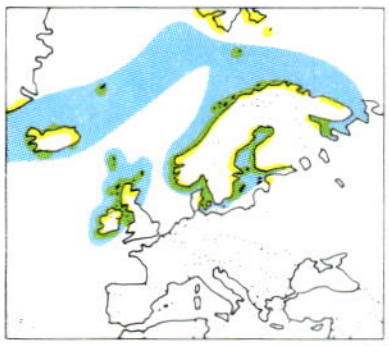

⦶ **KRABBENTAUCHER** *Alle alle* **Status:** TZ; außer Brutzeit pelagisch. **Größe:** 20 cm, 130—180 g, > Amsel. **Merkmale:** Kleinster Alk im Atlantik; Schnabel kurz, kegelförmig; „halslos" runder Kopf auf untersetztem Körper. **Stimme:** Am Brutplatz hohes, schrilles Plärren „prrr", „krië" oder gereiht „ga-ga-garak.:", „gägägä.:" u.a. **Lebensraum:** „So" FM Nordatlantik, Eismeer, „Wi" HM, KM. **Nest:** Brutkolonie; Höhlen, Spalten in Felsen, Geröll; kein Nest. **Eier:** 1, blaßblau; gewöhnlich ungefleckt, 48 mm. **Brut:** 1, 24, ♂ ♀, VI—VII. **Junge:** Nho, 21—28, ♂ ♀. **Imm:** ?12. **Alter:** ?2/?. **Nahrung:** Kleinere Krebse.

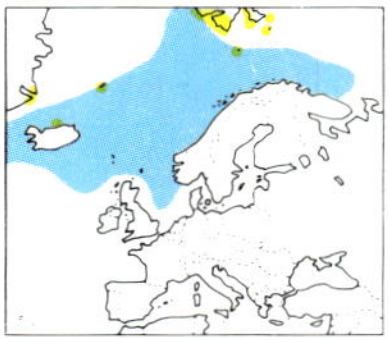

8 **PAPAGEITAUCHER** *Fratercula arctica* **Status:** TZ; außer Brutzeit pelagisch. **Gefährdung:** R1. **Größe:** 30 cm, 320—550 g, ~ Teichhuhn. **Merkmale:** „So" Schnabel hoch, dreieckig, seitlich abgeflacht, rot, blau, gelb; „Wi" Schnabel weniger hoch und weniger stark gefärbt, da Schnabelscheide „gemausert" wird. **Stimme:** Wenig stimmfreudig; am Brutplatz tief „arr" und anhaltendes Knurren. **Lebensraum:** „So" bergige Küsten, KM, „Wi" HM, KM. **Nest:** Brutkolonie; selbstgegrabene u.a. Erdhöhle, Felsspalten, unter Geröll; Mulde am Ende eines 1—2 m langen Ganges mit ungeordneten Pflanzenteilen. **Eier:** 1, weiß; gewöhnlich ungefleckt, 61 mm. **Brut:** 1, 39—43, ♂ ♀, IV—VI. **Junge:** Nho, 38—44, ♂ ♀. **Imm:** 24. **Alter:** 4/22/95%. **Nahrung:** Fisch, Krebse. *

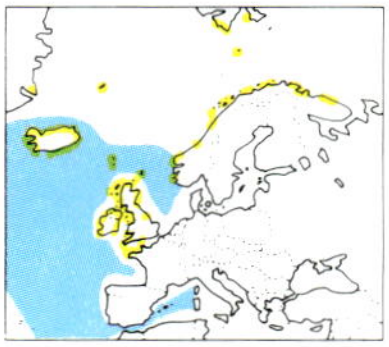

Ordnung Columbiformes Taubenvögel um 320 Arten

Familie *Columbidae* Tauben: Weltweit um 300 Arten.

Die Tauben sind in der Mehrzahl mittelgroße Vögel mit kleinen Köpfen und einer weichen Wachshaut an der Basis des Oberschnabels. Sie sind beinahe weltweit verbreitet. Ihre Nahrung besteht aus Pflanzenteilen wie Samen, Früchten und Blättern. Sie saugen beim Trinken das Wasser ein. In ihrem Kropf entsteht gegen Ende der Brut die sogenannte Kropfmilch, mit der die Jungen in den ersten Lebenstagen gefüttert werden. Die europäischen Tauben sind vorwiegend grau oder braun.

● **TÜRKENTAUBE** *Streptopelia decaocto* **Status:** St; ab ca. 1935 Ausbreitung vom Balkan über Europa. **Größe:** 32 cm, 150—225 g, < Straßentaube. **Merkmale:** Schlank; Oberseite hell, einfarbig bräunlichgrau; schmales, schwarzes Nackenband; im Flug Schwanz mit breiter, weißer Endbinde. **Stimme:** Revierruf verschieden betont „gu-gúu-gu", erregt heiser „chrräi" o.ä. **Lebensraum:** VS. **Nest:** Baum oder Gebäude; dünne Plattform aus Zweigen, ♂ ♀. **Eier:** 2, weiß, 31 mm. **Brut:** 2—3, manchmal noch häufiger; 14—16, ♂ ♀, III—X. **Junge:** Nho, 17+ verlassen das Nest oft schon bevor ganz ausgewachsen, ♂ ♀. **Imm:** 2—3. **Alter:** 1/14/71%. **Nahrung:** Samen, Blätter, Beeren, Tierfutter, Zivilisationsabfälle. *

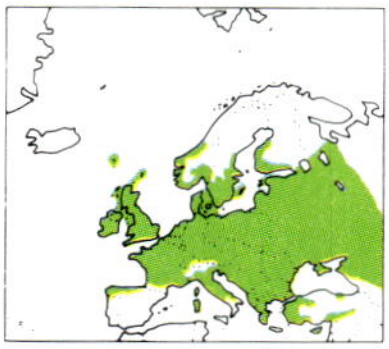

● **TURTELTAUBE** *Streptopelia turtur* **Status:** Z; III—V, VIII—X. **Größe:** 27 cm, 100—500 g, < Straßentaube. **Merkmale:** Klein und schlank; Oberseite rostbraun mit dunklen Flecken; schwarz-weiß gestreifter Fleck an den Halsseiten. **Stimme:** Revierruf ♂ und ♀ schnurrend „turrr turrr.:". **Lebensraum:** BW, Waldrand, VS. **Nest:** Strauch, Baum; flache Plattform aus Zweigen, ♂ ♀. **Eier:** 2, weiß, 31 mm. **Brut:** 2(3), 13—14, ♂ ♀, V—VII. **Junge:** Nho, ca. 20, ♂ ♀. **Imm:** 2—3. **Alter:** 1/13. **Nahrung:** Samen, Blätter, Früchte, Beeren.

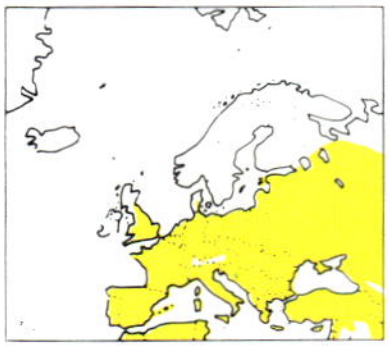

Achte auf Weiß an Flügel, Bürzel oder Schwanz und auf die Zeichnung der Halsseiten.

● **FELSENTAUBE** (Straßentaube) *Columba livia* **Status:** St; die wilde Felsentaube ist die Stammform aller Haus- und Straßentauben. **Größe:** 33 cm, 240—300 g. **Merkmale:** Wildfarben mit weißlichem Bürzel und zwei schwarzen Flügelbinden. **Stimme:** Gurren „ku-ru-ku“ o.ä. **Lebensraum:** Wildform — Felsen, FM; Hausform — IS, VS. **Nest:** Simse, Höhlen von Felswänden, an und in Gebäuden; Lage aus Zweigen, Halmen, Papier u.a., ♂ ♀. **Eier:** 2, weiß, 39 mm. **Brut:** 3—6, 16—19, ♂ ♀, Bruten in allen Monaten möglich. **Junge:** Nho, 35—37, ♂ ♀. **Imm:** 0. **Alter:** 1/(6). **Nahrung:** Getreide, Brot u.a. Gebäck, Samen, Knospen, Triebe. *

● **HOHLTAUBE** *Columba oenas* **Status:** TZ; III—IV, X—XI. **Gefährdung:** R3. **Größe:** 33 cm, 250—340 g, ~ Straßentaube. **Merkmale:** Ähnlich Straßentaube, aber kein Weiß an Flügel und Bürzel; Halsseiten glänzend grün. **Stimme:** Heulend, in rascher Folge „kuhu u up“ oder „hu-ru“ u.ä. **Lebensraum:** LW, MW, Kiefern-W; AL mit Gehölzen; Obstplantagen, Alleen, Parks. **Nest:** Baumhöhle zumeist vom Schwarzspecht, Fels- und Gebäudenische, in Küstendünen auch Kaninchenbaue u.ä.; unordentlicher Bau aus Zweigen, Halmen, Blättern u.a., ♂ ♀. **Eier:** 2, weiß, 38 mm. **Brut:** 2—3 manchmal mehr, 16—18, ♂ ♀, III—IX. **Junge:** Nho, 20—30 sind beim Verlassen des Nestes noch nicht ganz ausgewachsen, ♂ ♀. **Imm:** 2—5. **Alter:** 1/16/65%. **Nahrung:** Samen, Früchte, Beeren, Blätter. *

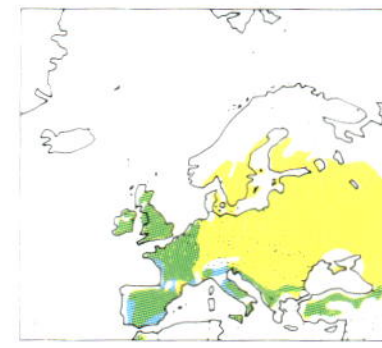

● **RINGELTAUBE** *Columba palumbus* **Status:** TZ; III—IV, IX—XI. **Größe:** 41 cm, 450—520 g, > Straßentaube. **Merkmale:** Groß; weiße Flecke an den Halsseiten; im Flug breite, weiße Flügelbänder. **Stimme:** Revierruf rhythmisch, dumpf „ruhgu gugu“ u.ä.; Nestruf knurrend „huh rkuh“ u.ä. **Lebensraum:** L mit Gehölzen, Waldrand, Lichtungen, VS. **Nest:** Baum, Busch, Nischen und Simse an Gebäuden; oft dürftige Plattform aus Zweigen, ♂ ♀. **Eier:** 2, weiß, 41 mm. **Brut:** 2—3, 16—17, ♂ ♀, IV—IX. **Junge:** Nho, 33—34, ♂ ♀. **Imm:** 2—5. **Alter:** 1/16/64%. **Nahrung:** Blätter, Samen, Früchte. *

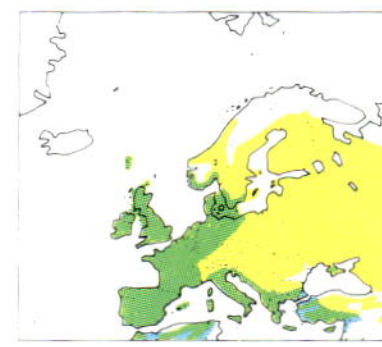

Familie *Pteroclidae* Flughühner: Weltweit 16 Arten.

Bodenvögel in Trockengebieten. Rebhuhngroß mit kurzen, befiederten Beinen. Unternehmen regelmäßige Abend- und Morgenflüge zu den oft weit entfernten Wasserstellen. Trinken saugend. ♂ tragen im saugfähigen Brustgefieder den Jungen Wasser zu. Gesellig, oft in größeren Schwärmen. Flügel ausgesprochen spitz endend. Flug reißend schnell. ♂ und ♀ verschieden.

SANDFLUGHUHN *Pterocles orientalis* **Status:** Asiatische Population Z; iberische, nordafrikanische Population St. **Größe:** 34 cm, 400—550 g, > Rebhuhn. **Merkmale:** Schwarzer Bauch; Schwanzfedern nicht verlängert. **Stimme:** Flugruf „djürr-rürr-rürr“; Pfiffe wie „hüüju“ o.ä. **Lebensraum:** Wüstensteppe mit steinigem Grund, extensiv genutztes, trockenes Kulturland. **Nest:** Flache, gescharrte Bodenmulde ohne Nistmaterial. **Eier:** 2—3, Färbung variabel, gewöhnlich rahmfarben bis rötlichbraun; verschiedenfarbig dunkel:: und ≣, 47 mm. **Brut:** 1—2, 21—22, ♂ ♀, IV—VI. **Junge:** Nfl, ?, ♂ ♀. **Imm:** 0. **Alter:** ?1/?. **Nahrung:** Pflanzenteile, Samen.

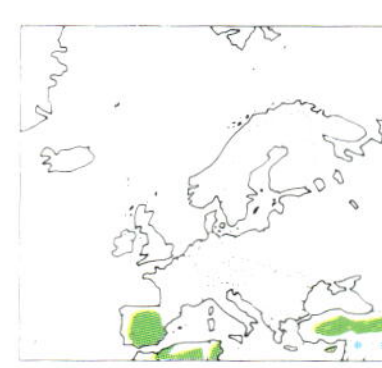

SPIESSFLUGHUHN *Pterocles alchata* **Status:** St. **Größe:** 37 cm, 200—280 g, ~ Rebhuhn. **Merkmale:** Weißer Bauch; deutliche Schwanzspieße. **Stimme:** Flugruf nasal „gäo“, „gang“, „gang..grarr“. **Lebensraum:** Trockene L von steinigen Hängen bis zu ausgetrockneten Schlammflächen an der Küste und in Randgebieten von Sümpfen. **Nest:** Flache, gescharrte Bodenmulde ohne Nistmaterial. **Eier:** 2—3, rahmfarben bis rostfarben; unterschiedlich dunkel:: und ≣, 46 mm. **Brut:** 1(?2), 19—20, ♂ ♀, IV—VI. **Junge:** Nfl, ? können mit 28 fliegen, ♂ ♀. **Imm:** 2—3. **Alter:** ?/?. **Nahrung:** Pflanzenteile, Samen.

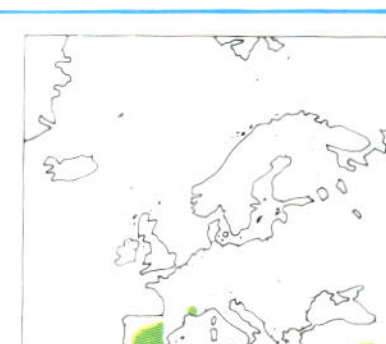

△ **STEPPENHUHN** *Syrrhaptes paradoxus* **Status:** TZ; gelegentliche Invasionen nach Westeuropa. **Größe:** 40 cm, 230—300 g, ~ Rebhuhn. **Merkmale:** Schwarzes Bauchfeld; Schwanzspieße lang. **Stimme:** Rufe zwei- bis dreisilbig wie „giög“, „göluck“, „karwack“. **Lebensraum:** Halbwüste, trockene Steppe. **Nest:** Flache, gescharrte Bodenmulde, gewöhnlich ohne Nistmaterial. **Eier:** 2—3, rahmfarben bis rötlichbraun; variabel dunkel:: und ≣, 43 mm. **Brut:** 2 (—3), 28, ♂ ♀, V—VII. **Junge:** Nfl, ?, ♂ ♀. **Imm:** 3. **Alter:** ?1/?. **Nahrung:** Pflanzenteile, Samen. *

Achte auf die Zeichnung der Unterseite und das Vorhandensein bzw. Fehlen langer Schwanzspieße. Die Stimmen sind deutlich verschieden.

Ordnung Psittaciformes Papageien (eine Familie)

Familie *Psittacidae* Papageien: Weltweit um 330 Arten.

In der Mehrzahl tropische und subtropische Vögel mit hohem, gekrümmtem, stark beweglichem Oberschnabel und Greiffuß — zwei Zehen nach vorne und zwei nach hinten. Zumeist Höhlenbrüter. Junge werden aus dem Kropf gefüttert. In Europa nur Gefangenschaftsflüchtlinge.

▲ **HALSBANDSITTICH** *Psittacula krameri* **Status:** St; ausgesetzt oder aus Gefangenschaft entkommen. **Größe:** 41 cm (mit Schwanz), 100—150 g, > Amsel. **Merkmale:** Grün mit langem Schwanz; ♂ mit Halsband. **Stimme:** Kreischend „kriäk" o.ä., oft schnell gereiht. **Lebensraum:** Savannen, Kulturland, Plantagen; in Europa überwiegend VS, im Winter an Futterstellen. **Nest:** Baumhöhle, kein Nistmaterial. **Eier:** 3—5, weiß, 31 mm. **Brut:** 1, 22—28, ♀, ?. **Junge:** Nho, ca. 55, ♂ ♀. **Imm:** 0. **Alter:** 2(3)/?. **Nahrung:** Früchte, Samen, Knospen, Blätter, im Winter viel Vogelfutter. *

Ordnung Cuculiformes Kuckucksvögel um 150 Arten

Familie *Cuculidae* Kuckucke: Weltweit um 130 Arten.

Schlanke, kleinere bis mittelgroße Baumvögel mit zwei nach vorne und zwei nach hinten gerichteten Zehen.

△ **HÄHERKUCKUCK** *Clamator glandarius* **Status:** Z; III—IV, VI—VIII. **Größe:** 39 cm, 140—170 g, < Elster. **Merkmale:** Entfernt elsternähnlich; Haube mit Schopf; Schwanz lang, gestuft, weiß gesäumt; Rücken dunkelbraun, stark weiß gefleckt. **Stimme:** Gesang ♂ gezogen, dumpfer werdend „ki-u", „krio" o.ä. Rufe rauhes Keckern, auch elsternartiges Schackern. **Lebensraum:** Kulturland mit BW, Gehölzen, Baumgruppen, dort wo die Wirtsvögel, Elstern und Krähen, vorkommen. **Nest:** Kein eigenes; legt Eier in Nester von Rabenvögeln, bevorzugt Elstern. **Eier:** Bis 18 Eier pro Legeperiode; grünlichblau; dunkel::, 32 mm. **Brutdauer:** 12—14. **Junge:** Nho, 16—24; schlüpfen eher und wachsen schneller als die Jungen der Wirtsvögel. **Imm:** 8—20. **Alter:** ?1/?. **Nahrung:** Insekten, vor allem haarige Raupen. *

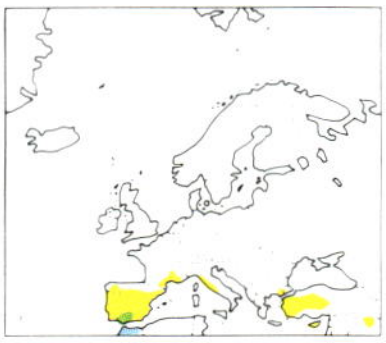

● **KUCKUCK** *Cuculus canorus* **Status:** Z; IV—V, VIII—IX. **Größe:** 33 cm, 105—130 g, < Straßentaube. **Merkmale:** Im Flug wie spitzflügliger Sperber; Schwanz lang, gestuft, weiß gefleckt; Bauch quer gebändert; selten oben braun und ganze Unterseite gebändert. **Stimme:** Gesang ♂ „kuckuck", bei Verfolgung des ♀ auch fauchend „hachhach"; ♀ kichernd „kwickwick.:". **Lebensraum:** L aller Art; abhängig von Wirtsvögeln. **Nest:** Kein eigenes, legt jeweils 1 Ei in Nest von laubsänger- bis drosselgroßem, insektenfressendem Singvogel. **Eier:** Bis 25 pro Legeperiode; Färbung den Wirtsvogeleiern ± angepaßt, 23 mm. **Brutdauer:** ca. 12. **Junge:** Nho, 20—23; Junges schiebt Eier und andere Junge aus dem Nest. **Imm:** 6—9. **Alter:** 1/13. **Nahrung:** Insekten, vor allem haarige Raupen. *

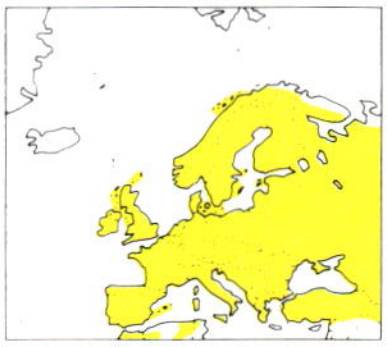

Ordnung Strigiformes Eulen um 140 Arten

Familie *Tytonidae* Schleiereulen: Weltweit um 10 Arten. Familie *Strigidae* Ohreulen und Käuze: Weltweit um 130 Arten.

Die Eulen sind in der Mehrzahl nächtlich lebende Jäger. Sie haben runde Köpfe und große, nach vorn gerichtete Augen. Ihre Beute, Säugetiere, Vögel und auch Insekten, orten sie vorwiegend mit dem Gehör. Die ♀ sind gewöhnlich größer als die ♂. Das brütende ♀ wird vom ♂ mit Nahrung versorgt. Zwischen den Jungen bestehen oft starke

● **SCHLEIEREULE** *Tyto alba* **Status:** St. **Gefährdung:** R4. **Größe:** 34 cm, ♂ 290—340 g, ♀ 330—460 g, < Rabenkrähe. **Merkmale:** Herzförmiger, weißer Gesichtsschleier; lange Beine; Unterseite W.- und S.-Europa weiß, O.- und N.-Europa gelbbraun, Augen schwarz, Flug schwankend. **Stimme:** Revierruf ♂ heiseres, gedehntes Kreischen; Abwehr Fauchen, Schnabelknappen, Rauschen; Bettelruf der Jungen Schnarchen. **Lebensraum:** L insbesondere Kulturland in der Nähe von S. **Nest:** Geschützte Nische in Scheunen, Kirchtürmen u.a. Gebäuden; kein Nistmaterial oder Lage alter Gewölle. **Eier:** 4—7, weiß, 40 mm. **Brut:** 1—2, 30—32, ♀, IV—VI. **Junge:** Nho, 55—65, ♂ ♀. **Imm:** 0. **Alter:** 1(2)/18. **Nahrung:** Mäuse und andere Kleinsäuger.

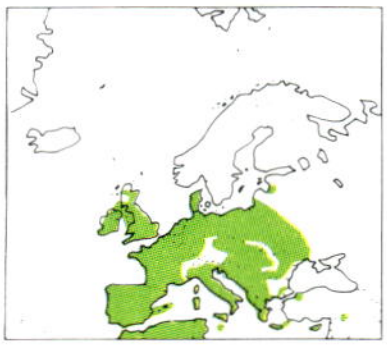

♙ **ZWERGOHREULE** *Otus scops* **Status:** Z; III—IV, VIII—X. **Gefährdung:** R6. **Größe:** 19 cm, ♂ 75—80 g, ♀ 90—95 g, ~ Amsel. **Merkmale:** Kleine Eule mit Federohren; rindenartige Tarnfärbung; zitronengelbe Augen. **Stimme:** Reviergesang ♂ nasales, kurzes, ständig wiederholtes Flöten „djuh" oder „djut"; ♀ höher, weicher „djüt"; auch ♂ und ♀ im Duett. **Lebensraum:** L mit Gehölzen, BW, Waldrand, VS. **Nest:** Baumhöhle, Nischen und Spalten an Gebäuden und Felsen; kein Nistmaterial. **Eier:** 4—5, weiß, 31 mm. **Brut:** 1, 24—25, ♀, V—VI. **Junge:** Nho, 21—29, ♂ ♀. **Imm:** 0. **Alter:** ?1/?. **Nahrung:** Überwiegend große Insekten, auch kleine Wirbeltiere.

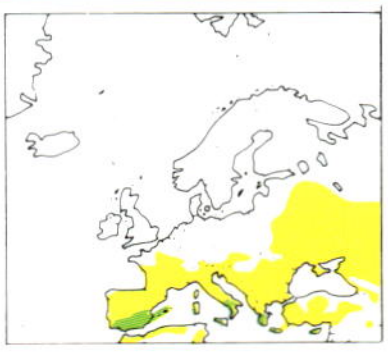

Die beiden europäischen Arten sind Brutparasiten. Sie legen ihre Eier in die Nester fremder Vögel und lassen ihre Jungen von diesen Pflegeeltern ausbrüten und aufziehen. Viele Kuckucksarten versorgen ihre Jungen selbst.

Alters- und Größenunterschiede, da die Brut schon mit der Ablage des ersten Eis beginnt. Die Jungen verlassen das Nest, bevor sie ausgewachsen sind. Sie verraten sich durch ihre charakteristischen Rufe.

Bis auf die Schneeeule, sind alle europäischen Eulen braun oder grau. Sie sind daher auf ihren Ruheplätzen nur schwer zu entdecken. Bei Tage sollte man auch auf hassende Kleinvögel achten.

Achte auf die Form des Gesichtsschleiers (Federkranz um die Augen), auf das Vorhandensein bzw. Fehlen von Federohren und, wenn möglich, auf die Augenfarbe.

◑ **UHU** *Bubo bubo* **Status:** St. **Gefährdung:** R3. **Größe:** 65—70 cm, ♂ 1500—2000 g, ♀ 2300—3000 g, viel > Mäusebussard. **Merkmale:** Sehr große Eule mit Federohren; Augen orangegelb; im Flug breitflüglig, Flügelunterseite hell. **Stimme:** Reviergesang ♂ gereiht, dumpf „uúoo"; ♀ rauher, höher, zweisilbig „u-hu"; auch ♂ und ♀ im Duett; Bettelruf der Jungen heiser „chjüjöö". **Lebensraum:** Abwechslungsreiche Landschaft mit W, Felsen, aber auch L bis Steppe. **Nest:** Höhle oder Nische an Felsen, durch Bewuchs gedecktes Felsband oder -überhang, Baumhöhlen und alte Baumhorste; kein Nistmaterial. **Eier:** 2—4, weiß, 60 mm. **Brut:** 1, 34—36, ♀, III—V. **Junge:** Nho, 50—60, ♂ ♀. **Imm:** 2—3. **Alter:** 2—3/21+. **Nahrung:** Säugetiere bis Hasengröße, Vögel bis Graugansgröße, Amphibien, große Insekten. *

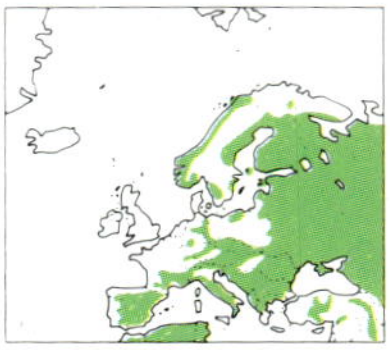

△ **SPERBEREULE** *Surnia ulula* **Status:** St. **Größe:** 35—40 cm, ♂ 250—375 g, ♀ 325—380 g, > Straßentaube. **Merkmale:** Greifvogelähnlich, Schwanz lang, Flügel im Flug kurz und spitz; dämmerungs- und tagaktiv; sitzt gern frei auf Baumspitze o.ä. **Stimme:** Reviergesang ♂ kullernder Triller „hu hu hu uuuu.:"; ♀ ähnlich, aber mehr unsauber, heiser; auch Triller wie „kiiiiiirrl", Wiehern und Kreischen. **Lebensraum:** Nordischer NW, bevorzugt lichte Bestände mit Mooren, Lichtungen. **Nest:** Baumhöhlen, alte Nester anderer Vögel; kein Nistmaterial. **Eier:** 6—10, weiß, 40 mm. **Brut:** 1, 25—30, ♀, IV—VI. **Junge:** Nho, 25—35, ♂ ♀. **Imm:** 2—4. **Alter:** 1/?. **Nahrung:** Kleine Wirbeltiere, vorwiegend Wühlmäuse.

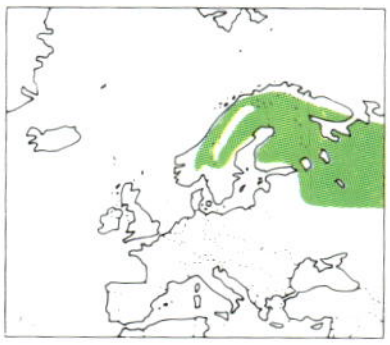

△ **SCHNEEEULE** *Nyctea scandiaca* **Status:** TZ; X—III. **Größe:** 55—65 cm, ♂ 1500—2000 g, ♀ 1900—2400 g, > Mäusebussard. **Merkmale:** Weiß mit graubrauner Fleckung und Bänderung, ♂ weniger gezeichnet als ♀; großer, runder Kopf; Flug bussardartig; sitzt zumeist frei auf Warte oder Boden; dämmerungs- und tagaktiv. **Stimme:** Reviergesang ♂ rauh, bellend „chruh.:"; ♀ höher, heiserer „chsü"; daneben Gackern u.a. Rufe. **Lebensraum:** „So" Tundra, „Wi" L wie HL, WL, WF, MF, MM, SM. **Nest:** Flache, gescharrte Mulde; manchmal wenig Moos, Federn, ♀. **Eier:** 4—8, manchmal mehr; weiß, 57 mm. **Brut:** 1, 30—33, ♀, V—VII. **Junge:** Nho, 43—50, ♂ ♀. **Imm:** 0. **Alter:** ?2/9+. **Nahrung:** Kleinere Säugetiere, bevorzugt Lemminge, Vögel. *

◑ **SPERLINGSKAUZ** *Glaucidium passerinum* **Status:** St. **Gefährdung:** R4. **Größe:** 16 cm, 50—80 g, ~ Star. **Merkmale:** Sehr kleine Eule mit wenig ausgebildetem Gesichtsschleier; ruckartige Schwanzbewegung. **Stimme:** ♂ im Brutrevier monoton wiederholter Pfiff „düh" o.ä., bei Revierabgrenzung ansteigende „Tonleiter"; ♀ ähnlich wie ♂, aber weniger rein; Lockruf weich „düo" o.ä. **Lebensraum:** W, bevorzugt reich gegliederter NW. **Nest:** Baumhöhle, vor allem alte Spechthöhle; kein Nistmaterial. **Eier:** 4—7, weiß, 29 mm. **Brut:** 1, 28—30, ♀, IV—V. **Junge:** Nho, 27—34, ♂ ♀. **Imm:** 2—14. **Alter:** 1/6. **Nahrung:** Kleine Säugetiere und Vögel.

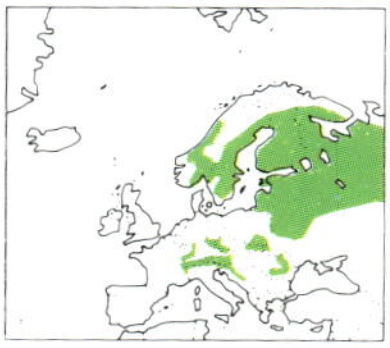

● **WALDKAUZ** *Strix aluco* **Status:** St. **Größe:** 38 cm, ♂ 330—440 g, ♀ 420—590 g, ~ Rabenkrähe. **Merkmale:** Gedrungene, mittelgroße Eule ohne Federohren; Augen schwarz; im Flug kurze, breite Flügel. **Stimme:** Reviergesang ♂ Heulen mit anschließendem Roller „huúu...hu-uuuuu"; ♀ schrill „kiuwitt", gelegentlich auch von ♂; Bettelruf der Jungen zunächst fein, gezogen „szieh", wird zunehmend zweisilbig zu „kuwit". **Lebensraum:** W mit Lichtungen, Kulturland mit größeren Gehölzen, VS. **Nest:** Baumhöhle, Höhlen an und in Gebäuden, alte Nester anderer Vögel; kein Nistmaterial. **Eier:** 2—3, weiß, 47 mm. **Brut:** 1, 28—30, ♀, III—IV. **Junge:** Nho, 32—37, ♂ ♀. **Imm:** 2. **Alter:** 1(2)/18/74%. **Nahrung:** Mäuse und andere Kleinsäuger, Vögel, Frösche u.a.

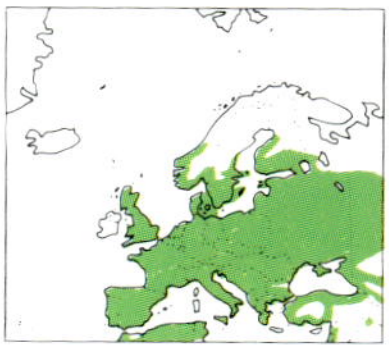

◑ **HABICHTSKAUZ** *Strix uralensis* **Status:** St. **Gefährdung:** R1. **Größe:** 60 cm, ♂ 680—750 g, ♀ 820—970 g, ~ Mäusebussard. **Merkmale:** Ähnlich Waldkauz, aber wesentlich größer; Schwanz lang und kräftig gebändert; Augen dunkel und verhältnismäßig klein. **Stimme:** Reviergesang ♂ gereiht, dumpf „húuh uhuhu huhu.:" o.ä.; ♀ ähnlich, aber mehr krächzend; Rufe ♂ und ♀ kläffend „wau-wau" oder „kwä-kjö"; Herbstgesang schallend „koraah" o.ä. **Lebensraum:** Reich gegliederte, große W mit Lichtungen. **Nest:** Baumhöhle, alte Horste anderer Vögel; kein Nistmaterial. **Eier:** 2—4, weiß, 46 mm. **Brut:** 1, 27—29, ♀, III—V. **Junge:** Nho, 30—40, ♂ ♀. **Imm:** (2). **Alter:** 3—4/14/90%. **Nahrung:** Mäuse und andere Kleinsäuger, Vögel u.a. kleinere Wirbeltiere.

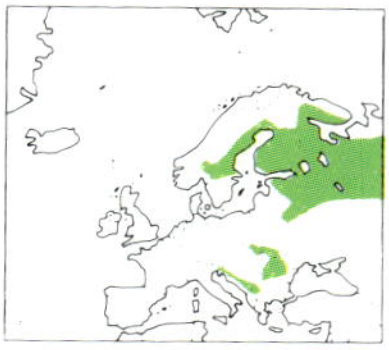

△ **BARTKAUZ** *Strix nebulosa* **Status:** St. **Größe:** 70 cm, ♂ 550—1100 g, ♀ 700—1250 g, > Mäusebussard. **Merkmale:** Fast uhugroß, aber ohne Federohren; Gesichtsschleier mit konzentrischer Ringzeichnung; Augen gelb und verhältnismäßig klein. **Stimme:** Reviergesang ♂ gereiht, dumpf „hóo hóo.:"; ♀ ähnlich, aber rauher; Junge außerhalb des Nestes „oo-ih". **Lebensraum:** Hochstämmiger NW mit Lichtungen, Mooren. **Nest:** Große Baumnester anderer Vögel; kein Nistmaterial. **Eier:** 3—5, weiß, 54 mm. **Brut:** 1, 28—30, ♀, IV—VI. **Junge:** Nho, 60—65, ♂ ♀. **Imm:** (2). **Alter:** 2(1)/(7). **Nahrung:** Wühlmäuse u.a. Kleinsäuger, Vögel.

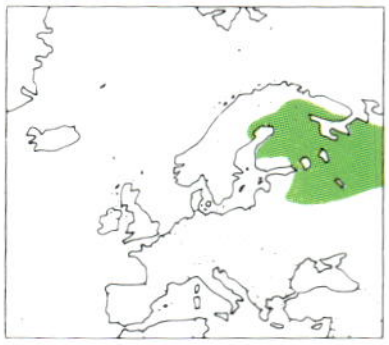

adult
adult
adult
adult
ad. ♀
ad. ♂
ad. ♂
ad. ♀
adult
adult
adult
adult
adult
HABICHTK.
adult
adult
adult
BARTK.

● **WALDOHREULE** *Asio otus* **Status:** TZ, W; X—III. **Größe:** 36 cm, ♂ 210—270 g, ♀ 240—330 g, ~ Straßentaube. **Merkmale:** Mittelgroß, schlank; große Federohren; Augen orangegelb; im Flug Flügel und Schwanz länger und schlanker als beim Waldkauz. **Stimme:** Reviergesang ♂ dumpf „huh" in kurzen Abständen wiederholt; Rufe bellend „uäk" oder „kuä" u.a.; Junge außerhalb des Nestes anhaltendes Fiepen „szie" o.ä.; ♂ bei Flugbalz Flügelklatschen. **Lebensraum:** Waldrand, L mit Gehölzen; Winter auch VS, oft größere Schlafgemeinschaften. **Nest:** Baumnest anderer Vögel wie Elster, Krähe; kein Nistmaterial. **Eier:** 3—5, weiß, 41 mm. **Brut:** 1, 25—30, ♀, IV—VI. **Junge:** Nho, 30+, ♂ ♀. **Imm:** 0. **Alter:** 1/28/70%. **Nahrung:** Feldmaus u.a. Kleinnager, seltener andere kleine Wirbeltiere, Insekten.

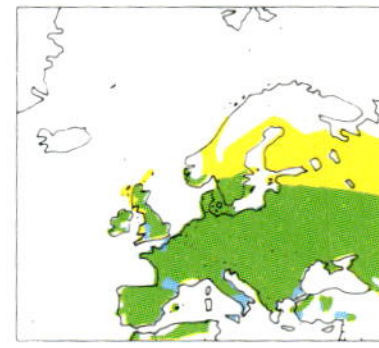

◑ **SUMPFOHREULE** *Asio flammeus* **Status:** TZ, W; III—IV, IX—XI. **Gefährdung:** R3. **Größe:** 38 cm, ♂ 260—310 g, ♀ 290—350 g, ~ Straßentaube. **Merkmale:** Dämmerungs- und tagaktiv; Suchflug niedriges Gleiten mit leicht angehobenen Flügeln, Gaukeln, Rütteln; Augen gelb; Federohren klein. **Stimme:** Reviergesang ♂ dumpf, ansteigend „bu bu bu.:"; ♀ schleifend „tsucha"; Rufe glucksend, bellend, schnarchend; Bettelruf der Jungen schnarchend „kschija"; bei Balz Flügelklatschen. **Lebensraum:** Tundra, MF, WF, HL, BF, SM. **Nest:** Bodenmulde im Bewuchs; Nistmaterial aus der näheren Umgebung. **Eier:** 4—8, weiß, 40 mm. **Brut:** 1, bei reichlichem Wühlmausvorkommen auch 2; 24—29, ♀, IV—VI. **Junge:** Nho, 24—27, ♂ ♀. **Imm:** 0. **Alter:** 1/13. **Nahrung:** Wühlmäuse u.a. kleinere Wirbeltiere.

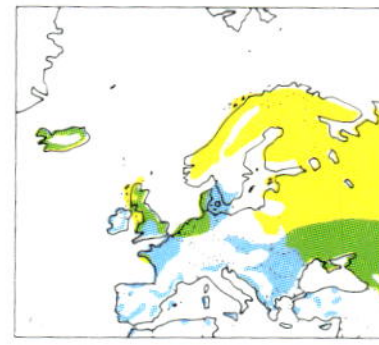

● **STEINKAUZ** *Athene noctua* **Status:** St. **Gefährdung:** R3. **Größe:** 22 cm, ♂ 140—180 g, ♀ 150—200 g, > Amsel. **Merkmale:** Kleine Eule mit niedriger Stirn und flachem Kopf; Schwanz kurz; Bewegungen ruckartig, Knicksen, Schwanzzucken; Flug wellenförmig; dämmerungs- auch tagaktiv. **Stimme:** Reviergesang ♂ tief, nasal, ansteigend „guhg", das ständig wiederholt wird; Rufe miauend, bellend, keckernd; Bettelruf der Jungen heiser, zunehmend schnarchend „chriih". **Lebensraum:** WL, AL mit Kopfweiden o.ä., Streuobstwiesen, VS. **Nest:** Baumhöhlen, Nistkästen; Höhlen und Spalten an Gebäuden, Felsen; kein Nistmaterial. **Eier:** 2—5, weiß, 36 mm. **Brut:** 1, 27—28, ♀, IV—VI. **Junge:** Nho, 30—36, ♂ ♀. **Imm:** 0. **Alter:** 1/16/65%. **Nahrung:** Mäuse, Vögel, Insekten, Regenwürmer u.a. Wirbellose.

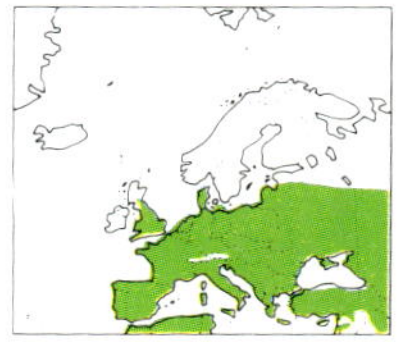

◑ **RAUHFUSSKAUZ** *Aegolius funereus* **Status:** St. **Gefährdung:** R5. **Größe:** 25 cm, ♂ 90—120 g, ♀ 120—210 g, > Amsel. **Merkmale:** Ähnlich Steinkauz, aber Kopf groß mit hoher Stirn und ausgeprägtem, runden Gesichtsschleier; sitzt zumeist steil aufrecht; Zehen befiedert; nur bei Nacht aktiv. **Stimme:** Reviergesang ♂ ansteigend, lauter werdend „hu-hu-hu.:", kann zum Roller gesteigert werden; Rufe ♀ laut „kjäck" oder „guik guik.:"; Rufe auch waldkauzähnlich „kjuwitt", Schnalzen, Kläffen u.a.; Bettelruf der Jungen außerhalb des Nestes heiser „chöch", „tziech" o.ä. **Lebensraum:** Reich gegliederter NW mit Lichtungen. **Nest:** Baumhöhle, bevorzugt Schwarzspechthöhle; kein Nistmaterial. **Eier:** 3—7, weiß, 33 mm. **Brut:** 1, 25—32, ♀, III—V. **Junge:** Nho, 28—36, ♂ ♀. **Imm:** 0. **Alter:** 1/(8). **Nahrung:** Mäuse, Vögel.

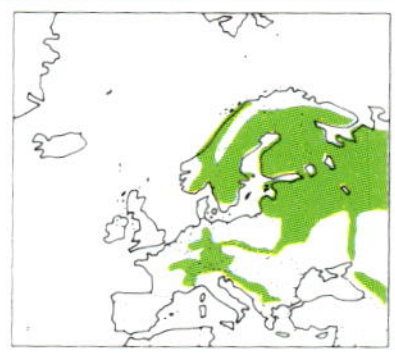

Ordnung Caprimulgiformes Schwalmvögel um 165 Arten

Familie *Caprimulgidae* Nachtschwalben: Weltweit 76 Arten.

Schlanke, lang- und spitzflüglige Vögel, die bei Nacht im Flug Insekten jagen. Sie haben einen kleinen Schnabel mit einem sehr breiten Mundspalt, der weit geöffnet als Insektenkäscher dient. Ruhen bei Tage auf dem Boden oder in Längsrichtung auf einem Ast. Gefieder tarnfarben, rindenartig gezeichnet. Die meisten Arten leben in den Tropen. In Europa nur zwei Arten.

● **ZIEGENMELKER** *Caprimulgus europaeus* **Status:** Z; IV—V, VIII—X. **Gefährdung:** R3. **Größe:** 27 cm, 75—100 g, ~ Star. **Merkmale:** Im Flug mit langem Schwanz und langen, spitzen Flügeln greifvogelähnlich; dämmerungs- und nachtaktiv. **Stimme:** Reviergesang ♂ anhaltendes, auf- und abschwellendes Schnurren „errr-örrr-errr.:"; Rufe im Flug „ruit", „kuik" o.ä.; bei Störung rauh „ak", „wak" o.ä.; am Brutplatz klappendes Flügelklatschen. **Lebensraum:** HL, W, vor allem Kiefernwald mit großen Lichtungen, Kahlschläge. **Nest:** Auf trockenem, pflanzenfreien Boden; kein Nistmaterial. **Eier:** 2, weißlich bis hellgrau; groß bläulich und braun::, 32 mm. **Brut:** 1—2, 17—18, ♀ (♂), VI—VII. **Junge:** Pho, flugfähig mit 16—17, ♂ ♀. **Imm:** 0. **Alter:** 1/(8). **Nahrung:** Fliegende Insekten.

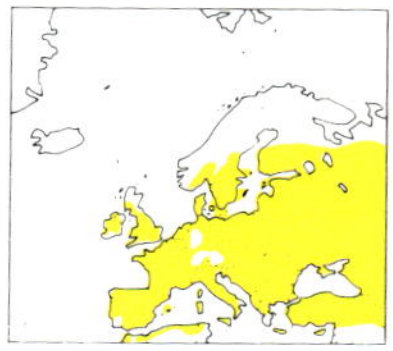

ROTHALSZIEGENMELKER *Caprimulgus ruficollis* **Status:** Z. **Größe:** 31 cm, ?, wenig größer als die Nachtschwalbe. **Merkmale:** Heller als Nachtschwalbe mit rötlichem Nackenband und weißer Kehle; ♂ und ♀ mit Weiß an Flügeln und Schwanz. **Stimme:** Reviergesang ♂ gereiht, klopfend „kutuk kutuk.:". **Lebensraum:** Trockenes, locker bewaldetes Gelände, buschige Halbwüsten. **Nest:** Auf trockenem, pflanzenfreien Boden; kein Nistmaterial. **Eier:** 2, weiß bis grau; gelblichbraun und grau::, 31 mm. **Brut:** ?2, ?. **Junge:** Pho, ?, ♂ ♀. **Imm:** 3. **Alter:** ?1/?. **Nahrung:** Große, fliegende Insekten.

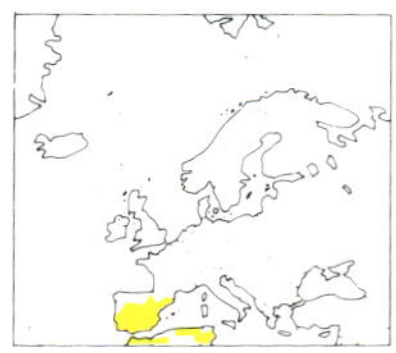

Achte auf das Ausmaß der Weißfärbung an Kehle und Schwanz. Die Stimmen sind kennzeichnend.

Ordnung Apodiformes Segler und Kolibris um 440 Arten

Familie *Apodidae* Segler: Weltweit um70 Arten.

Vögel des freien Luftraums mit langen, schmalen Flügeln und kurzen, oft gegabelten Schwänzen. Jagen im Flug Insekten. Der kurze Schnabel mit breitem Mundspalt kann weit geöffnet werden. Die Segler können fliegend übernachten. Sie bleiben außerhalb der Brutzeit wohl wochenlang in der Luft. Die Jungen können bei kaltem Wetter und unzureichender Versorgung die Körpertemperatur senken. Das Nest wird teilweise aus Speichel gebaut.

● **MAUERSEGLER** *Apus apus* **Status:** Z; IV—V, VII—VIII. **Größe:** 16 cm, 36—50 g, > Rauchschwalbe. **Merkmale:** Einziger dunkelbäuchiger Segler außerhalb des Mittelmeerraumes; bis auf die weißliche Kehle rußschwarz; fliegen oft in größeren Gruppen. **Stimme:** Im Flug schrilles, hohes Kreischen wie „sriih", „briiss" o.ä. **Lebensraum:** IS, VS, kann jagend weite Strecken zurücklegen, oft über Gewässern. **Nest:** Höhlungen, Spalten, Nischen an Gebäuden, die direkt angeflogen werden können; im Flug gegriffene Federn, Halme u.a., die mit Speichel verklebt werden, ♂ ♀. **Eier:** 2—4, weiß, 25 mm. **Brut:** 1, 18—25, ♂ ♀, V—VI. **Junge:** Nho, 37—56, ♂ ♀. **Imm:** 6—8. **Alter:** 4/21/85%. **Nahrung:** Fliegende Insekten. *

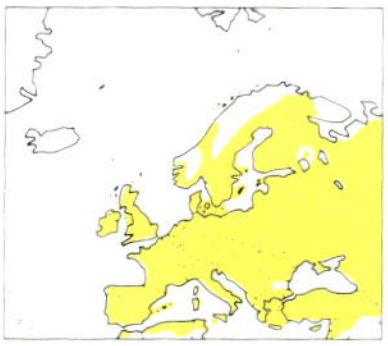

FAHLSEGLER *Apus pallidus* **Status:** Z. **Größe:** 16 cm, 38—45 g, > Rauchschwalbe. **Merkmale:** Sehr ähnlich Mauersegler, aber blasser, bräunlicher; weißlicher Kehlfleck deutlicher; Armschwingen wenig heller als der übrige Flügel; Oberseite fleckig. **Stimme:** Ähnlich Mauersegler, aber nicht so schrill. **Lebensraum:** IS, VS, Felswände, Klippen, kann wie Mauersegler im Verbreitungsgebiet überall erscheinen. **Nest:** Spalten, Nischen, an Gebäuden, Felsspalten; Federn, Blätter u.a., im Flug gegriffen, werden am Nistplatz mit Speichel verklebt, ♂ ♀. **Eier:** 2—3, weiß, 26 mm. **Brut:** 1—2, 20—23, ♂ ♀, IV—VI. **Junge:** Nho, 44—49, ♂ ♀. **Imm:** 6—8. **Alter:** ?/?/75%.**Nahrung:** Fliegende Insekten.

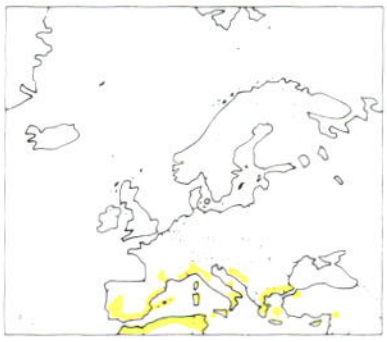

◑ **ALPENSEGLER** *Apus melba* **Status:** Z; III—IV, VIII—IX. **Gefährdung:** R5. **Größe:** 22 cm, 80—120 g, ~ Amsel. **Merkmale:** Deutlich größer als Mauersegler; Unterseite weiß mit braunem Kropfband; Oberseite braun; Schwanz nicht sehr tief gegabelt. **Stimme:** Im Flug scharfer, gedehnter Triller „trirririri.:", bei dem die einzelnen Elemente zu hören sind. **Lebensraum:** Felsige G, FM, IS. **Nest:** In Spalten, Nischen, Höhlen von Felswänden, Gebäuden; Blätter, Federn, Haare u.a. werden im Flug geschnappt und dann mit Speichel verklebt, ♂ ♀. **Eier:** 3, weiß, 31 mm. **Brut:** 1, 17—23, ♂ ♀, V—VI. **Junge:** Nho, 45—55, ♂ ♀. **Imm:** 6—8. **Alter:** 2—3/26/79%. **Nahrung:** Fliegende Insekten.

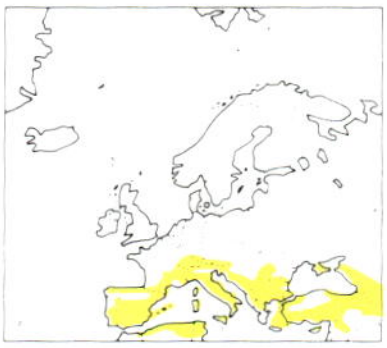

KAFFERNSEGLER *Apus caffer* **Status:** TZ. **Größe:** 14 cm, 18—28 g, ~ Rauchschwalbe. **Merkmale:** Weißer Bürzel, gegabelter Schwanz (Haussegler Apus affinis aus Nordafrika hat auch weißen Bürzel, aber ungegabelten Schwanz). **Stimme:** Wenig ruffreudig; am Nest zwitschernd „prsuit prsuit.:". **Lebensraum:** VS, IS. **Nest:** Übernimmt Schwalbennester, vor allem der Rötelschwalbe, kann auch selber ein Nest bauen; eingetragene Federn, Halme u.a. werden mit Speichel verklebt, ♂ ♀. **Eier:** 2, weiß, 23 mm. **Brut:** ?2, 19—22, ♂ ♀, IV—VI. **Junge:** Nho, 41—53, ♂ ♀. **Imm:** 6—8. **Alter:** ?/(10+). **Nahrung:** Fliegende Insekten.

Ordnung Coraciiformes Rackenvögel um 190 Arten

Familie *Meropidae* Bienenfresser: Weltweit 23 Arten. Familie *Coraciidae* Racken: Weltweit 16 Arten. Familie *Upupidae* Wiedehopfe: Weltweit 1 Art.

Die Bienenfresser, Racken und der Wiedehopf haben ihre Hauptverbreitungen in den Tropen der Alten Welt.

Die Bienenfresser sind zumeist recht bunt. Sie haben lange Flügel, schlanke, leicht gekrümmte Schnäbel und oft verlängerte, mittlere Schwanzfedern. Sie leben gesellig und graben ihre Brutröhren in sandige Steilwände. Ihre Insektenbeute jagen sie nach Schwalbenart in der Luft.

⩟ **BIENENFRESSER** *Merops apiaster* **Status:** Z; IV—V, VIII—IX. **Gefährdung:** R6. **Größe:** 28 cm, 45—75 g, ~ Star. **Merkmale:** Gefieder bunt, Oberseite kastanienbraun, Unterseite blaugrün, Kehle gelb; mittlere Schwanzfedern verlängert; gesellig in Trupps; fängt fliegende Insekten vom Ansitz aus oder schwalbenartig. **Stimme:** Flugruf klangvoll, kurz trillernd „rüpp" o.ä., wird oft gereiht. **Lebensraum:** Sonnige L mit Gehölzen und sandigen, trockenen Wänden, oft in Gewässernähe. **Nest:** Brutkolonie; in Sandwand gegrabene Höhle, selten auch in ebenem Grund; kein Nistmaterial, ♂ ♀. **Eier:** 6—7, weiß, 26 mm. **Brut:** 1, 20—22, ♂ ♀, V—VII. **Junge:** Nho, 20—25, ♂ ♀. **Imm:** 4—8. **Alter:** 1—2/?. **Nahrung:** Größere, fliegende Insekten wie Bienen, Wespen, Libellen, Schmetterlinge u.a.

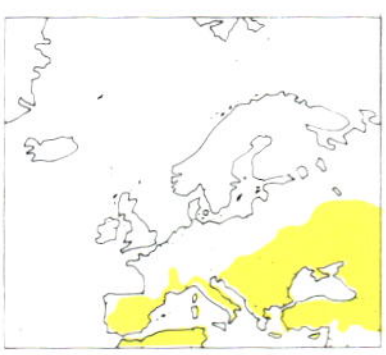

In Europa nur vier Arten, die überwiegend an Gebäuden brüten. Von den ähnlichen Schwalben unterscheiden sie sich durch die langen, sichelförmigen Flügel. Bis auf den großen Alpensegler sind sie auf der Unterseite dunkel.
Achte auf Weiß am Bürzel und auf die Schwanzform.

Die Racken sind häherähnliche, lebhaft gefärbte Vögel mit kräftigem, an der Spitze hakigem Schnabel. Sie jagen Insekten und auch kleine Wirbeltiere von Ansitzwarten aus und brüten in Höhlen.
Die aufrichtbare Federhaube und das Farbmuster machen den Wiedehopf unverkennbar.

◑ **BLAURACKE** *Coracias garrulus* **Status:** Z; IV—V, VIII—IX. **Gefährdung:** R1. **Größe:** 31 cm, 110—155 g. < Eichelhäher. **Merkmale:** Gestalt einer kleinen Krähe; sitzt gern frei auf Leitungen oder anderen Warten; Flug taubenartig geradlinig, dabei erscheinen die Flügel blau mit schwärzlichen Schwingen. **Stimme:** Beim aufsteigenden und abstürzenden Revierflug ♂ rauh, hart „rärrärrärr..“; Ruf rauh, hölzern „rack-rack..“. **Lebensraum:** L mit Baumgruppen, Waldrand, Waldinseln in Steppen. **Nest:** Baumhöhlen, im S. auch Fels- und Erdlöcher; kein Nistmaterial. **Eier:** 3—5, weiß, 35 mm. **Brut:** 1, 17—19, ♂ ♀, V—VI. **Junge:** Nho, 26—28, ♂ ♀. **Imm:** 3—6. **Alter:** 1—2/(9+). **Nahrung:** Größere Insekten, kleine Eidechsen u.a.

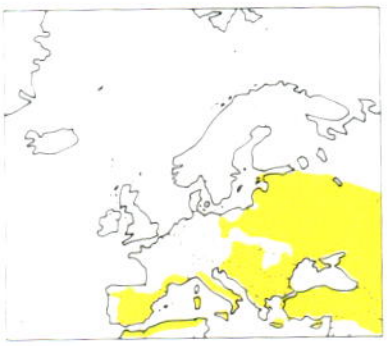

◑ **WIEDEHOPF** *Upupa epops* **Status:** Z; III—IV, VIII—IX. **Gefährdung:** R2. **Größe:** 28 cm, 55—80 g, ~ Star. **Merkmale:** Große, aufgerichtete Haube; im Flug mit den runden, gebänderten Flügeln wie ein sehr großer, schwarz-weißer Schmetterling; wellenförmiger, schmetterlingshafter Flug. **Stimme:** Reviergesang dumpf, gedämpft „upu-pup“ o.ä., oft gereiht; am Nest Krächzen. **Lebensraum:** Warmtrockene L mit Baumgruppen, Gehölzen und kurzrasigen Flächen; überwiegend Bodenvogel. **Nest:** Baumhöhlen, Spalten, Löcher an Felsen, Gebäuden und auch im Boden; kein Nistmaterial. **Eier:** 5—8, schmutzig grau, grün, gelb, 26 mm. **Brut:** 1(2), 16—18, ♀, V—VII. **Junge:** Nho, 26—29, ♂ ♀. **Imm:** 0. **Alter:** 1/?. **Nahrung:** Größere Insekten, kleine Eidechsen u.a.

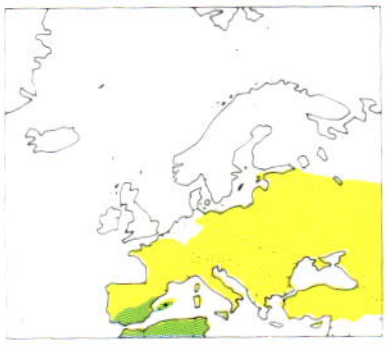

Familie *Alcedinidae* Eisvögel: Weltweit 90 Arten.

Die Eisvögel sind kleine bis mittelgroße Vögel mit gedrungenem Körper, einem großen Kopf und einem kräftigen, spitzen Schnabel. Ihr Gefieder ist zumeist ausgesprochen bunt. Sie sind entweder waldbewohnende Kleintierjäger oder stoßtauchende Fischer. Die meisten brüten in selbstgegrabenen Erdhöhlen. Die Federn der Jungen sind bis kurz vor dem Ausfliegen von Hornscheiden umgeben („Stachelkleid“)

● **EISVOGEL** *Alcedo atthis* **Status:** TZ; II—III, VIII—X. **Gefährdung:** R4. **Größe:** 16 cm, 40—45 g, > Haussperling. **Merkmale:** Oberseite glänzend blau, Unterseite orangebraun; sitzt auf trockenem Ast o.ä. über dem Wasser oder fliegt schwirrend dicht über das Wasser dahin. **Stimme:** Gesang bei der Balz hell „tji-tie-ih“ o.ä.; Lockruf kurz „tji“, erregt schärfer „tjii“, auch rauh „khrit-rit-rit“ o.ä. **Lebensraum:** Klare SF und langsam fliegende FF mit gutem Bestand an kleinen Oberflächenfischen und sandigen, erdigen Steilufern; „Wi“ auch an der Küste. **Nest:** Selbstgegrabene Höhle in steile Uferböschung o.ä.; kein Nistmaterial, ♂ ♀. **Eier:** 5—7, weiß, 23 mm. **Brut:** 2, 19—21, ♂ ♀, IV—VII. **Junge:** Nho, 23—27, ♂ ♀. **Imm:** 0. **Alter:** 1/15. **Nahrung:** Kleine Fische, Wasserinsekten u.a. kleine Wassertiere.

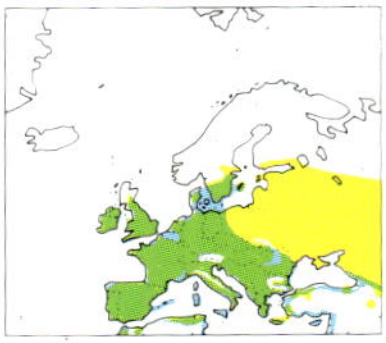

Ordnung Piciformes Spechtvögel um 380 Arten

Familie *Picidae* Spechte: Weltweit um 210 Arten.

An das Baumleben angepaßte Klettervögel mit zumeist festem, kantigem Meißelschnabel, weit vorstreckbarer Zunge, kräftigen Kletterfüßen und einem versteiften Stützschwanz. Ihre Nahrung sind Insekten, die sie oft unter der

● **WENDEHALS** *Jynx torquilla* **Status:** Z; IV—V, VIII—IX. **Gefährdung:** R4. **Größe:** 16 cm, 30—45 g, > Haussperling. **Merkmale:** Gestalt nicht spechtartig, eher wie größerer Sperlingsvogel; sitzt aufrecht, hüpft auf dem Boden mit erhobenem Schwanz, fliegt wellenförmig; Gefieder mit brauner Rindenzeichnung. **Stimme:** Gesang ♂ und ♀ Serie ansteigender „kjä-kjä..“, auch im Duett; Warnruf laut an- und absteigend „teck-teck..“ o.ä.; Bettellaute der Jungen in der Bruthöhle wetzend „zit-zit..“. **Lebensraum:** Lichte W, Gehölze wie Gärten, Parks, Obstkulturen. **Nest:** Natürliche Baumhöhlen, Spechthöhlen, Nistkästen; kein Nistmaterial. **Eier:** 7—10, weiß, 21 mm. **Brut:** 1(2), 12—14, ♂ ♀, V—VI. **Junge:** Nho, 18—22, ♂ ♀. **Imm:** 0. **Alter:** 1/10. **Nahrung:** Insekten, vorwiegend Ameisen.

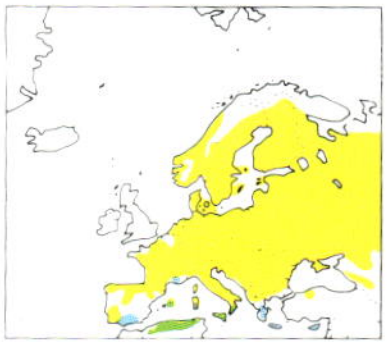

● **GRAUSPECHT** *Picus canus* **Status:** St. **Größe:** 25 cm, 125—165 g, > Amsel. **Merkmale:** Sehr ähnlich Grünspecht, aber Kopf und Unterseite grau; Bartstreif schmal; ♀ ohne Rot am Kopf; häufiger am Boden. **Stimme:** Brutperiode, seltener im Herbst, Reihe rein klingender „kü-kü-kü..“, wird zum Schluß hin langsamer und sinkt ab, nicht lachend; Ruf bei Erregung gepreßt „kük“, auch gereiht „kick keck-keck..“; Junge in der Höhle rauh „tschetschet..“; schneller Trommelwirbel, anhaltender als von Bunt- und Kleinspecht. **Lebensraum:** Lockere W, bevorzugt LW, größere Gehölze. **Nest:** Selbstgezimmerte Höhle zumeist in Laubbaum; kein Nistmaterial, ♂ ♀. **Eier:** 7—9, weiß, 28 mm. **Brut:** 1, 14—15, ♂ ♀, V—VI. **Junge:** Nho, 24—28, ♂ ♀. **Imm:** 3. **Alter:** 1/(6). **Nahrung:** Ameisen u.a. Insekten.

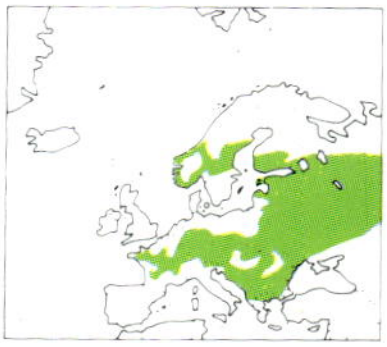

● **GRÜNSPECHT** *Picus viridis* **Status:** St. **Größe:** 32 cm, 180—220 g, ~ Eichelhäher. **Merkmale:** Oberseite grün, Unterseite hellgrün, Bürzel grüngelb, Oberkopf rot, ausgeprägte, schwarze Gesichtsmaske mit breitem Bartstreif; oft auf dem Boden. **Stimme:** Brutperiode hartes, kehliges Lachen „kjü-kjü-kjü..“, bleibt in Geschwindigkeit und Tonhöhe gleich, ♀ weicher und heiserer als ♂; Rufe „kjäk“, „kjuck“ u.a.; Junge in der Höhle keckern lärmend; trommelt sehr selten, schwach, unregelmäßig. **Lebensraum:** Lockere W, zumeist LW, MW; Gehölze wie Parks o.ä. **Nest:** Selbstgezimmerte Höhle oder Höhle anderer Spechte zumeist in Laubbaum; kein Nistmaterial, ♂ ♀. **Eier:** 5—7, weiß, 32 mm. **Brut:** 1, 17—19, ♂ ♀, IV—VI. **Junge:** Nho, 23—27, ♂ ♀. **Imm:** 3. **Alter:** 1/7. **Nahrung:** Ameisen u.a. Insekten.

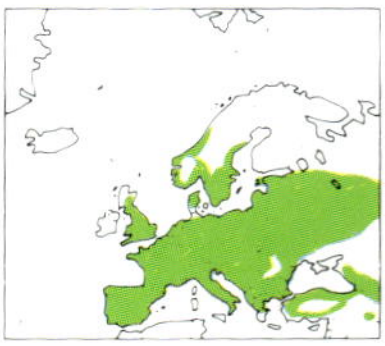

Das Hauptverbreitungsgebiet der Eisvögel liegt in den Tropen der Alten Welt. In Europa kommt nur eine Art, der Eisvogel, vor. Die nördlichen und östlichen Populationen sind Zugvögel. Die Altvögel der südwestlichen Vorkommen verlassen ihre Brutreviere nur, wenn sie durch Vereisung dazu gezwungen werden.

Rinde oder aus dem Holz herausmeißeln, auch Sämereien. Sie brüten in der Mehrzahl in selbstgezimmerten Baumhöhlen. Ihr Flug ist wellenförmig. Viele können wirbelnd mit dem Schnabel trommeln.

Ausgenommen die australische Region, sind die Spechte über alle Kontinente verbreitet. In Europa kommen 10 Arten vor. Bis auf den Wendehals zeigen sie alle die typischen Spechtmerkmale. Bei der Bestimmung machen vor allem die Buntspechte (Picoides) Schwierigkeiten.

Achte allgemein auf die Färbung und Zeichnung des Kopfes und bei den Buntspechten auf das Muster der schwarz-weißen Rückenzeichnung.

● **SCHWARZSPECHT** *Dryocopus martius* **Status:** St. **Größe:** 45 cm, 300—350 g, < Rabenkrähe. **Merkmale:** Größter Specht des Gebietes; schwarz mit Rot am Kopf; Flug geradlinig, eichelhäherähnlich. **Stimme:** Revierruf hellklingende Rufreihe gezogen beginnend, dann in schneller Folge, „kwoih-kwih-kwihkwihkwik..."; Flugruf laut „kürr-kürr.."; Standortruf gezogen, abfallend „kliööh"; Junge im Nest rhythmisches Keckern; langsamer, anhaltender Trommelwirbel. **Lebensraum:** NW, MW mit Altholzbeständen. **Nest:** Selbstgezimmerte Höhle in alter Buche; Kiefer o.a. Baum, zumeist hoch am Stamm unterhalb der Krone; kein Nistmaterial, ♂ ♀. **Eier:** 4—6, weiß, 34 mm. **Brut:** 1, 12—14, ♂ ♀, IV—V. **Junge:** Nho, 24—28, ♂ ♀. **Imm:** ?3. **Alter:** 1/7+. **Nahrung:** Im Holz lebende Insekten, Ameisen u.a.

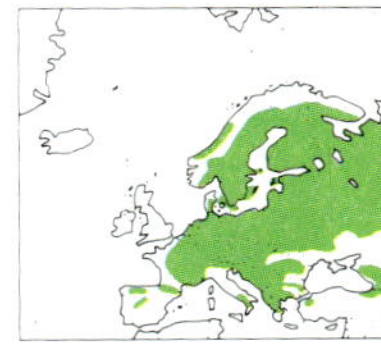

◑ **DREIZEHENSPECHT** *Picoides tridactylus* **Status:** St. **Größe:** 22 cm, 60—75 g, ~ Star. **Merkmale:** Kein Rot; Rücken durchgehend weiß; getrennter Bart- und Hinteraugenstreif; ♂ mit gelbem Scheitel. **Stimme:** Wenig ruffreudig, Einzelruf weicher, tiefer als Buntspecht „güg" o.ä.; ♂ und ♀ trommeln, Wirbel lang, ratternd, letzte Schläge beschleunigt. **Lebensraum:** Reichgegliederte NW mit totem Holz. **Nest:** Selbstgezimmerte Höhle in Nadelbaum; kein Nistmaterial, ♂ ♀. **Eier:** 3—5, weiß, 23 mm. **Brut:** 1, 12—14, ♂ ♀, V—VI. **Junge:** Nho, 22—23, ♂ ♀. **Imm:** 0. **Alter:** ?/?. **Nahrung:** Holzlebende Insekten, Baumsaft.

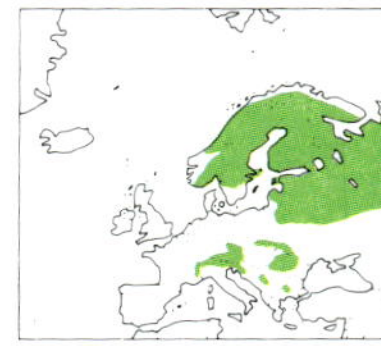

● **BUNTSPECHT** *Picoides major* **Status:** St, im N. TZ bis Z. **Größe:** 23 cm, 70—90 g, ~ Amsel. **Merkmale:** Häufigster Specht; Große, weiße Schulterflecke, Rücken schwarz; durchgehender Bartstreif, mit Streif zum Genick; ♀ ohne Rot am Kopf, ♂ roter Nacken, Imm. roter Scheitel. **Stimme:** Ruf hell, scharf „kix", in Erregung mehrfach wiederholt; Junge in der Höhle zirpen laut; ♂ und ♀ trommeln, kurzer, schneller Wirbel mit betontem Anfang und leicht verklingendem Ende. **Lebensraum:** W aller Art, Gehölze, Parks, Gärten. **Nest:** Selbstgezimmerte Baumhöhle; kein Nistmaterial, ♂(♀). **Eier:** 4—7, weiß, 26 mm. **Brut:** 1, 15—16, ♂ ♀, IV—VI. **Junge:** Nho, 20—24, ♂ ♀. **Imm:** 3—4. **Alter:** 1/11. **Nahrung:** Sommer vorwiegend Insekten, Winter mehr Früchte, Samen, vor allem Koniferensamen. *

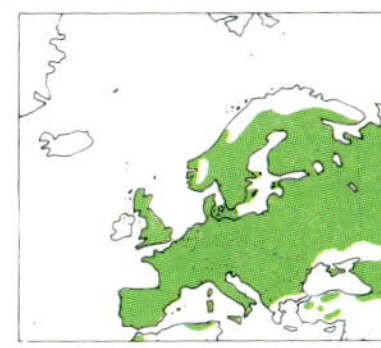

BLUTSPECHT *Picoides syriacus* **Status:** St. **Größe:** 23 cm, 70—90 g, ~ Amsel. **Merkmale:** Sehr ähnlich Buntspecht, aber kein durchgehendes, schwarzes Band zwischen Bartstreif und Nacken. **Stimme:** Ruf weicher als Buntspecht „kjük", „gig" o.ä., auch gereiht; Trommeln ähnlich Buntspecht, aber seltener. **Lebensraum:** Lichter LW, Auwaldstreifen, Gehölze wie Parks, Obstgärten. **Nest:** Selbstgezimmerte Baumhöhle; kein Nistmaterial, ♂ ♀. **Eier:** 4—7, weiß, 26 mm. **Brut:** 1, 12—14, ♂ ♀, IV—VI. **Junge:** Nho, 17—25, ♂ ♀. **Imm:** 3—4. **Alter:** 1/?. **Nahrung:** Insekten und das ganze Jahr über viel Samen und Früchte.

● **MITTELSPECHT** *Picoides medius* **Status:** St. **Gefährdung:** R3. **Größe:** 22 cm, 50—80 g, ~ Star. **Merkmale:** Wie Buntspecht weiße Schulterflecke; ♂ und ♀ mit rotem Scheitel, nicht schwarz eingefaßt wie bei immat. Buntspecht; Bartstreif reicht nicht bis zum Schnabel und Nacken. **Stimme:** Zu Beginn der Brutzeit quäkendes Schreien „quää-quää.."; erregt scheltende Rufreihe „geg-gegegeg.."; Trommeln langsam, ungleichmäßig, sehr selten. **Lebensraum:** LW, Auwald und Gehölze mit Bestand alter Eichen. **Nest:** Selbstgezimmerte Höhle in Laubbaum; kein Nistmaterial, ♂ ♀. **Eier:** 4—7, weiß, 24 mm. **Brut:** 1, 12—14, ♂ ♀, IV—VI. **Junge:** Nho, 22—23, ♂ ♀. **Imm:** 0. **Alter:** 1/8. **Nahrung:** Insekten, im Winter auch Samen.

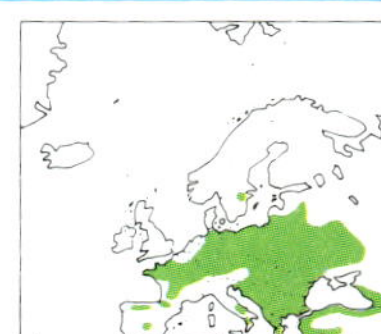

◑ **WEISSRÜCKENSPECHT** *Picoides leucotos* **Status:** St. **Gefährdung:** R3. **Größe:** 25 cm, 100—115 g, ~ Amsel. **Merkmale:** Keine Schulterflecke; durchgehende, weiße Rückenbänderung, erstes Band breiter als die übrigen; weißer Hinterrücken; Bartstreif bis zum Schnabel. **Stimme:** Einzelruf leise, weich „kjük", Rufreihe hell „kjik kjik.." o.ä.; ♂ und ♀ trommeln, Wirbel lang, gegen das Ende hin beschleunigt. **Lebensraum:** LW, MW mit viel Altholz und abgestorbenen Bäumen. **Nest:** Selbstgezimmerte Höhle überwiegend in totem oder teilweise morschem Laubbaum; kein Nistmaterial, ♂ ♀. **Eier:** 3—5, weiß, 28 mm. **Brut:** 1, 12—14, ♂ ♀, IV—VI. **Junge:** Nho, 24—28, ♂ ♀. **Imm:** 0. **Alter:** 1/?. **Nahrung:** Holzbewohnende Insekten, auch Früchte, Samen.

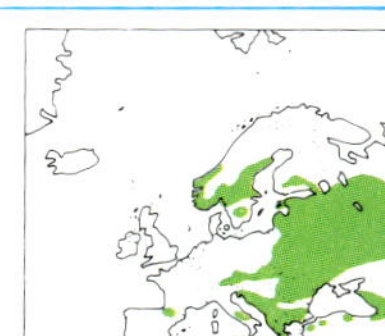

● **KLEINSPECHT** *Picoides minor* **Status:** St. **Größe:** 15 cm, 18—22 g, ~ Haussperling. **Merkmale:** Kleinster Specht des Gebietes; kein Schulterfleck; Rücken schwarz-weiß gestreift; kein Rot an den Unterschwanzdecken. **Stimme:** Rufreihe entfernt turmfalkenähnlich „ki-ki-ki..", Einzelruf buntspechtähnlich „kik"; ♂ und ♀ trommeln, Wirbel lang, gleichmäßig. **Lebensraum:** Lichte LW, MW, Weichholzbestände, auch Gehölze wie Parks, Obstgärten. **Nest:** Selbstgezimmerte Höhle in totem oder morschem Baum; kein Nistmaterial, ♂ ♀. **Eier:** 4—6, weiß, 19 mm. **Brut:** 1, 12—14, ♂ ♀, IV—VI. **Junge:** Nho, 18—20, ♂ ♀. **Imm:** 0. **Alter:** 1/7. **Nahrung:** Vorwiegend Insekten.

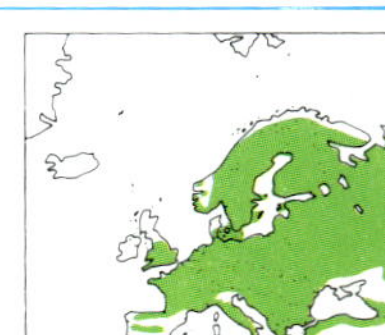

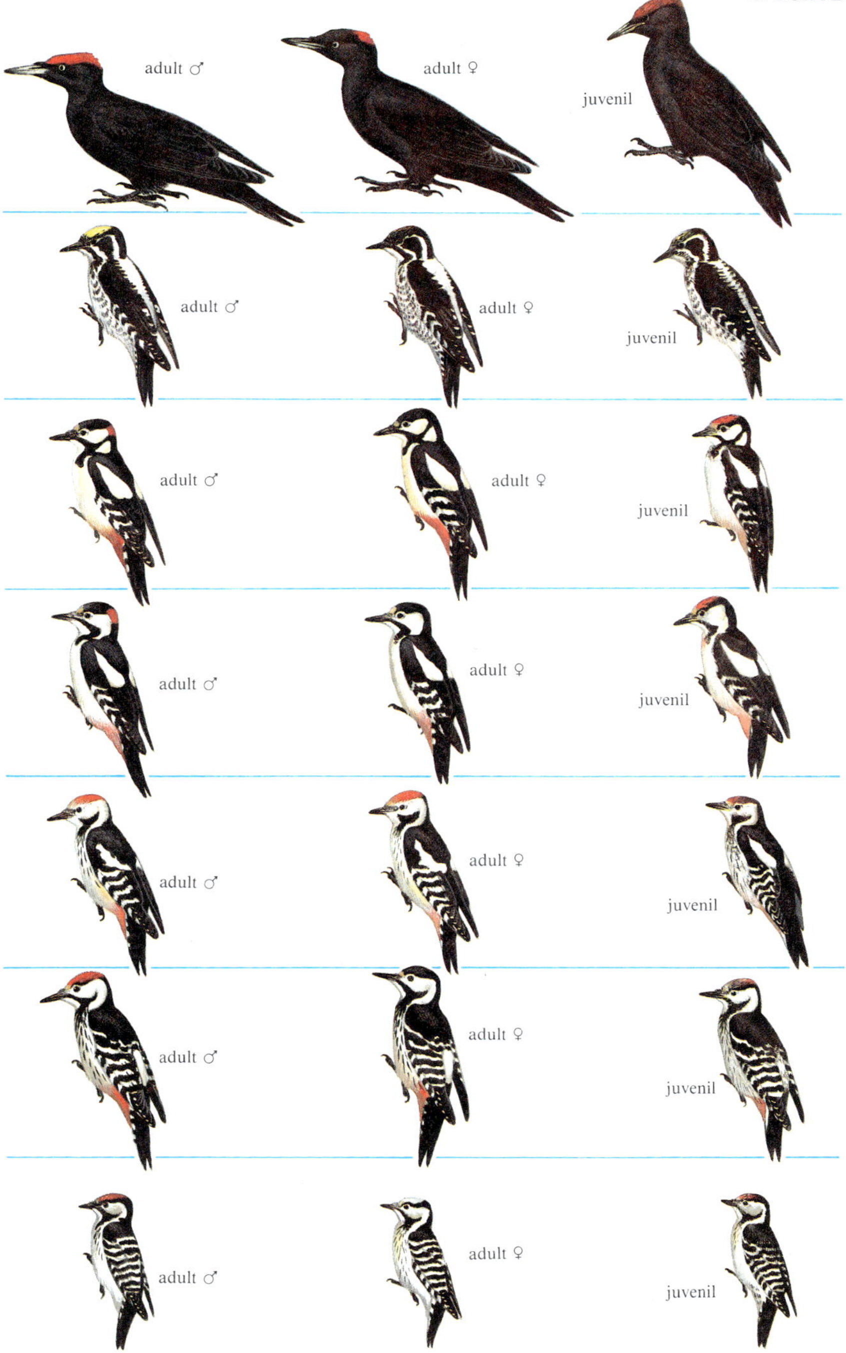
adult ♂
adult ♀
juvenil
adult ♂
adult ♀
juvenil
adult ♂
adult ♀
juvenil
adult ♂
adult ♀
juvenil
adult ♂
adult ♀
juvenil
adult ♂
adult ♀
juvenil
adult ♂
adult ♀
juvenil

Ordnung Passeriformes Sperlingsvögel um 5070 Arten

Familie *Alaudidae* Lerchen: Weltweit 76 Arten.

Bodenvögel der offenen Landschaft mit erd- bis sandfarbenem Gefieder, das dem Untergrund hervorragend angepaßt ist. ♂ und ♀ sehen weitgehend gleich aus (Ausnahme Mohrenlerche). Die Schnäbel sind recht schlank und spitz und an die gemischte Kost aus Insekten und kleinen Sämereien angepaßt. Die ♂ singen vielfach im Flug. Die Lerchen sind Bodenbrüter. Ihre Jungen verlassen das Nest, bevor sie flügge sind, und verbergen sich einzeln in der Umgebung. Außerhalb der Brutzeit oft in mehr oder weniger großen Trupps. Je nach der Lage des Brutgebietes sind die Lerchen St, TZ oder Z.

△ **KALANDERLERCHE** *Melanocorypha calandra* **Status:** St. **Größe:** 19 cm, 53—70 g, > Feldlerche. **Merkmale:** Große, robuste Lerche mit gelbem, kompaktem Schnabel und schwarzem Fleck auf den Halsseiten; im Flug Flügelhinterrand und Schwanzseiten weiß. **Stimme:** Gesang ♂ in größerer Höhe im kreisenden Singflug, anhaltendes Trillern mit zahlreichen Imitationen anderer Vogelstimmen. **Lebensraum:** L wie Steppen, trockene HL, AL, WL. **Nest:** Boden, im Schutz höherer Pflanzen; in Mulde Napf aus trockenem Gras, Halmen, mit feinen Pflanzenfasern ausgelegt, ♂. **Eier:** 4—5, grauweiß; dicht und fein braun::, 24 mm. **Brut:** 2, ?, ♀, IV—VII. **Junge:** Nho, ?, ♂ ♀. **Imm:** 3. **Alter:** ?1/?. **Nahrung:** Insekten, Sämereien.

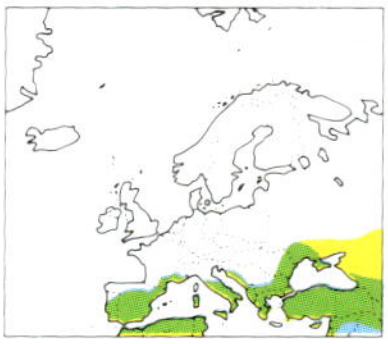

△ **KURZZEHENLERCHE** *Calandrella brachydactyla* **Status:** Z; III—IV, X—XI. **Größe:** 14 cm, 19—25 g, < Feldlerche. **Merkmale:** Heller als Feldlerche; Brust ungestreift; ± deutlicher, dunkler Fleck an den Halsseiten; Flug wellenförmig; außerhalb Brutzeit in koordiniert fliegenden Trupps. **Stimme:** Gesang ♂ Singflug mit Fallen, Gleiten, Aufsteigen, kurze, trillernde Strophen wie „dip-dip kiki.:" mit eingeschalteten Imitationen; Flugruf „tschirr". **Lebensraum:** Trockenes, ebenes Ödland, Steppen, AL. **Nest:** Boden im Schutz von Bewuchs; in Mulde tiefer Napf aus trockenem Gras, mit Haaren, Federn ausgelegt, ♂. **Eier:** 3—5, weißlich bis sandbraun; grau und braun::, 20 mm. **Brut:** 2, 13, ♀(♂), IV—VII. **Junge:** Nho, 12, ♂ ♀. **Imm:** 3. **Alter:** ?1/?. **Nahrung:** Insekten, Sämereien.

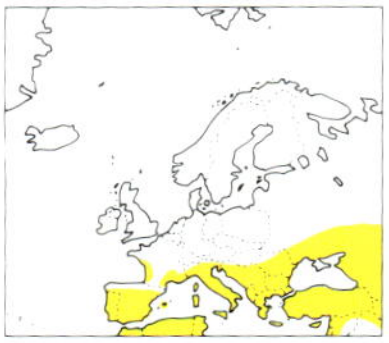

△ **STUMMELLERCHE** *Calandrella rufescens* **Status:** TZ. **Größe:** 14 cm, 22—28 g, < Feldlerche. **Merkmale:** Sehr ähnlich Kurzzehenlerche, aber mit gestreifter Brust und ohne Halsseitenflecke; Flug wellenförmig; außerhalb der Brutzeit in Trupps. **Stimme:** Gesang ♂ im flatternden Singflug ähnlich Kurzzehenlerche, kurze, trockene Triller mit eingeschalteten Imitationen; Flugruf trocken „prrit". **Lebensraum:** Trockene, ebene L wie Steppen, Halbwüsten, AL, trockene Sumpfränder. **Nest:** Boden im Schutz von Pflanzenbüschel; Napf aus trockenen Halmen, Wurzeln, mit Pflanzenfasern ausgelegt, ?. **Eier:** 3—4, weißlich bis sandbraun; grau und braun::, 20 mm. **Brut:** ?, ?, ?, IV—?. **Junge:** Nho, ?, ♂ ♀. **Imm:** 3. **Alter:** ?1/?. **Nahrung:** Insekten. Sämereien.

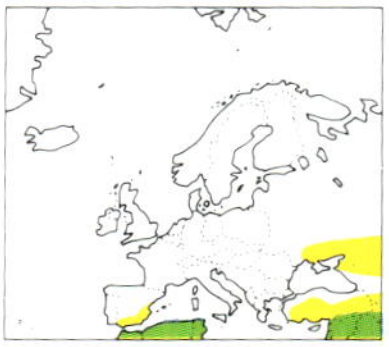

DUPONTLERCHE *Chersophilus duponti* **Status:** St. **Größe:** 16 cm, ? g, ~ Feldlerche. **Merkmale:** Einziger bodenlebender Singvogel des Gebietes mit langem, leicht abwärtsgebogenem Schnabel; Brust stark gestreift; heller Überaugenstreif; rennt schnell von Deckung zu Deckung. **Stimme:** Gesang ♂ im Singflug nasales Flöten, auch Schnarren; Flugruf flötend „wiht". **Lebensraum:** Trockene Steppen, Halbwüsten. **Nest:** Boden im Schutz von Pflanzenbüschel; in Mulde Napf aus trockenen Pflanzenteilen, ?. **Eier:** 3—4, weiß; stark violettbraun, -grau::, 24 mm. **Brut:** ?2, ?, ?, III—?. **Junge:** Nho, ?, ♂ ♀. **Imm:** 0. **Alter:** ?1/?. **Nahrung:** Insekten, Sämereien.

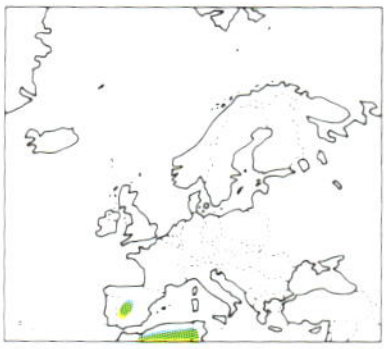

● **HAUBENLERCHE** *Galerida cristata* **Status:** St. **Größe:** 17 cm, 35—45 g, ~ Feldlerche. **Merkmale:** Lange, zumeist aufgerichtete Haube; Schwanzränder bräunlichgelb; im Flug Unterflügel matt rötlich. **Stimme:** Gesang ♂ von einer Warte oder im kreisenden Singflug feldlerchenähnliches Flöten, Zwitschern mit vielen Imitationen; Ruf flötend „dü-djü-dür-dli" o.ä., im Flug nasal „schwüid". **Lebensraum:** Trockene L, Ödland, VS, IS, Bauplätze, Bahndämme u.ä. **Nest:** Boden im Schutz von Pflanzenbüschel, Stein o.ä.; in Mulde Napf aus Halmen u.a., mit feinem Gras, Haaren ausgelegt, ♂ ♀. **Eier:** 3—5, hellgrau bis bräunlich; rötlichbraun, grau::, 23 mm. **Brut:** 2(3), 12—13, ♀, IV—VI. **Junge:** Nho, ca. 13—15, ♂ ♀. **Imm:** 3. **Alter:** ?1/?. **Nahrung:** Insekten, Sämereien.

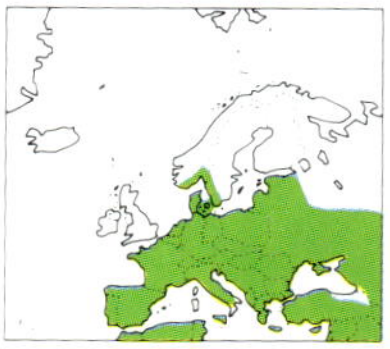

THEKLALERCHE *Galerida theklae* **Status:** St. **Größe:** 17 cm, 34—41 g, ~ Feldlerche. **Merkmale:** Von der Haubenlerche kaum zu unterscheiden, Schnabel wenig kürzer, Unterflügel grau. **Stimme:** Gesang ♂ im kreisenden Singflug oder von einer Warte melodisches Schwätzen, Pfeifen mit Ruf und Imitationen; Ruf flötend „da-dü-dije" mit Betonung auf der letzten Silbe, im Flug „dschüi". **Lebensraum:** Trockene L auch mit Büschen und Bäumen, Kulturland abseits von S, steinige Berghänge. **Nest:** Boden im Bewuchs; Napf aus trockenem Gras u.a., mit feinerem Gras ausgelegt. **Eier:** 3—5, weißlichgrau bis bräunlich; rötlichbraun, grau::, 23 mm. **Brut:** 2, 12—13, ♀, IV—VI. **Junge:** Nho, ca. 13—15, ♂ ♀. **Imm:** 3. **Alter:** ?1/?. **Nahrung:** Insekten, Sämereien.

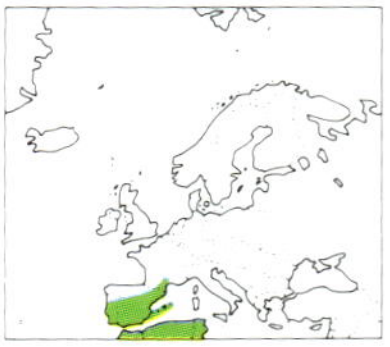

Die Bestimmung der Lerchen ist nicht leicht. Die Gesänge spielen dabei eine wesentliche Rolle.
Achte auf die Schnabelform, die Ausbildung einer Haube und die Färbung und Zeichnung von Brust und Schultern.

● **HEIDELERCHE** *Lullula arborea* **Status:** TZ; II—III, IX—X. **Gefährdung:** R3. **Größe:** 15 cm, 24—36 g, < Feldlerche. **Merkmale:** Schwanz kurz, ohne weißen Rand; helle Überaugenstreifen, die sich im Genick treffen; schwarz-weißer Flügelrand; fledermausähnliches Flugbild. **Stimme:** Gesang ♂ von Warte wie Baumspitze oder im kreisenden Singflug melancholisch absinkend, gereiht „tlü-tlü-tlü.:"; Ruf melodisch, mehrsilbig „trütrilü" o.ä. **Lebensraum:** HL, Waldlichtungen und -ränder, „Wi" auch AL. **Nest:** Boden im Bewuchs; Napf aus Gras, Moos mit feinem Gras, Haaren ausgelegt, ♂ ♀. **Eier:** 3—4, weißlichgrau bis hellsandfarben; braun, rotbraun, grau::, 22 mm. **Brut:** 2, 14, ♀, IV—VI. **Junge:** Nho, 11—13, ♂ ♀. **Imm:** 3. **Alter:** 1/?. **Nahrung:** Insekten, Sämereien.

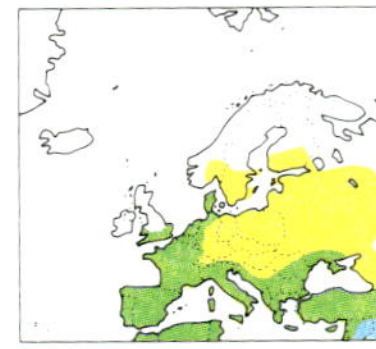

● **FELDLERCHE** *Alauda arvensis* **Status:** TZ; II—III, IX—X. **Größe:** 18 cm, 33—45 g. **Merkmale:** Häufigste Lerche des Gebietes; Rücken und Brust streifig braun; kurze, aufrichtbare Haube; Schwanz mit weißen Außenkanten; „Wi" in Trupps. **Stimme:** Gesang ♂ im Singflug, der aus einem steilen Anstieg, anhaltendem Rütteln in der Höhe und gleitendem bis sturzflugartigem Abstieg besteht, anhaltendes Trillern; Flugruf schmatzend „tschrl", „trrlit" o.ä. **Lebensraum:** AL, HL, WL. **Nest:** Boden, im Bewuchs; Napf aus Gras, mit feinem Gras, Haaren ausgelegt, ♀. **Eier:** 3—5, schmutzigweiß, bräunlich, grünlich; stark braun oder oliv::, 24 mm. **Brut:** 2(3), 11—12, ♀, IV—VII. **Junge:** Nho, 18—20, ♂ ♀. **Imm:** 3. **Alter:** 1/12. **Nahrung:** Insekten, Sämereien.

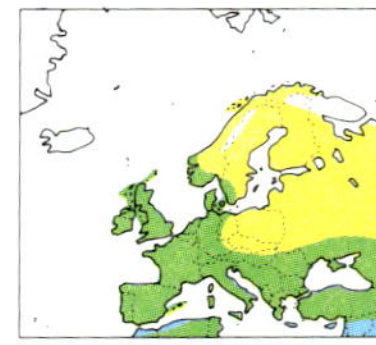

OHRENLERCHE *Eremophila alpestris* **Status:** Im N. Z, W; XI—III. **Größe:** 16 cm, 33—45 g, ~ Feldlerche. **Merkmale:** Kopf schwarz und gelb gezeichnet; ♂ mit kleinen, schwarzen „Federohren"; Kopfzeichnung im Winter undeutlich; Winter in Trupps. **Stimme:** Gesang ♂ vom Boden oder im Singflug schnelles, hohes, variables Zwitschern; Flugruf rein „siit-di-dit" o.ä., beim Abflug „psiit", „wiit" o.ä. **Lebensraum:** „So" felsige Tundra, „Wi" MM, SM; im S. ganzjährig steinige Hänge im G. **Nest:** Boden im Schutz von Pflanzenbüschel oder Stein; Napf aus Gras, Stengeln, mit feinen Fasern, Haaren ausgelegt, ?. **Eier:** 4, blaß grünlichweiß; dicht, fein rotbraun, schwärzlich::, 23 mm. **Brut:** 1—2, 10—14, ♀, V—VII. **Junge:** Nho, 12+, ♂ ♀. **Imm:** 2—3. **Alter:** 1/?. **Nahrung:** Insekten, Sämereien.

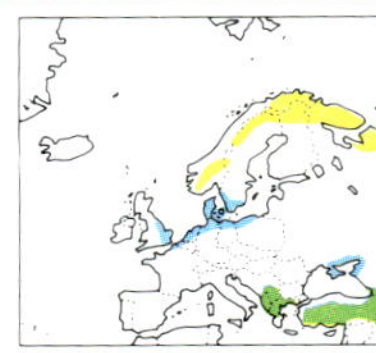

Familie *Hirundinidae* Schwalben: Weltweit 74 Arten.

Schlanke Vögel mit langen, schmalen Flügeln und zumeist gegabeltem Schwanz. Elegante, wendige Flieger, die im Flug Insekten fangen. Bis auf die Felsenschwalbe ausgesprochene Zugvögel. Brüten gesellig, oft in großen Kolonien in und an Gebäuden, an Felswänden oder in sandigen Steilwänden.

● **UFERSCHWALBE** *Riparia riparia* **Status:** Z; IV—V, VIII—IX. **Gefährdung:** R4. **Größe:** 12 cm, 12—18 g, < Rauchschwalbe. **Merkmale:** Kleine Schwalbe; erdbraune Oberseite, weiße Unterseite mit braunem Brustband; Schwanz schwach gegabelt. **Stimme:** Gesang kurzes, schwaches Schwätzen; Flugruf scheuernd „tschrd" o.ä. **Lebensraum:** L mit SF, FF und geeigneten Nistwänden. **Nest:** Brutkolonie; selbstgegrabene Röhre in sandiger Steilwand zumeist um 60 cm tief, Nistkammer mit Halmen, Federn ausgelegt, ♂ ♀. **Eier:** 4—5, weiß, 18 mm. **Brut:** 2, 14, ♂ ♀, V—VII. **Junge:** Nho, 19, ♂ ♀. **Imm:** 6. **Alter:** 1/8. **Nahrung:** Im Flug, zumeist über Wasser gefangene Insekten.

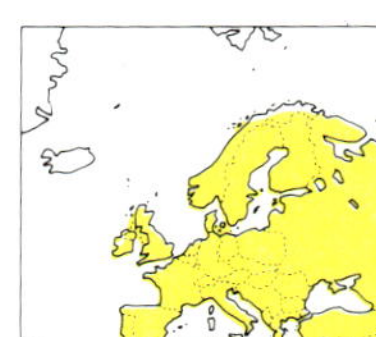

● **RAUCHSCHWALBE** *Hirundo rustica* **Status:** Z; IV, IX—X. **Größe:** 19 cm, 16—25 g. **Merkmale:** Häufigste Schwalbe des Gebiets; rotbraune Stirn und Kehle, schwarzes Brustband, lang ausgezogener Schwanz; Färbung und Schwanzlänge bei Jungen weniger ausgeprägt. **Stimme:** Gesang schnelles, melodisches Zwitschern mit eingeschobenem gezogenen, hellen Schnurren; Ruf zwei- oder mehrsilbig „widwid.:". **Lebensraum:** Ländliche S und deren Umgebung. **Nest:** In Stallungen, Scheunen u.a. Gebäuden; auf Balken o.ä., Viertelkugel aus Schlamm, Pflanzenteilen, mit Federn ausgelegt, ♂ ♀. **Eier:** 4—6, weiß; schwach rötlichbraun::, 20 mm. **Brut:** 2(3), 14—16, ♀, V—VII. **Junge:** Nho, 17—24, ♂ ♀. **Imm:** 6—8. **Alter:** 1/16. **Nahrung:** Im Flug gefangene Insekten. *

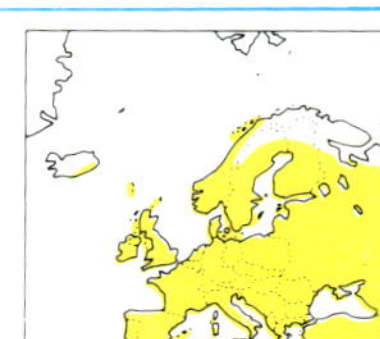

△ **RÖTELSCHWALBE** *Hirundo daurica* **Status:** Z; IV, IX—X. **Größe:** 18 cm, 18—21 g, ~ Rauchschwalbe. **Merkmale:** Ähnlich Rauchschwalbe; Bürzel und Nackenband rotbraun; kein Brustband; Schwanz kürzer, ohne weiße Flecke. **Stimme:** Gesang verhaltenes, teilweise nasal quäkendes Schwätzen; Flugruf gezogen, nasal „wüid" o.ä. **Lebensraum:** L mit Felsen, FM, VS, stets in Gewässernähe. **Nest:** In Höhlen, Gebäuden, unter Brücken; retortenförmiger Bau mit Eingangsröhre unter horizontaler Fläche; Schlamm, Pflanzenteile, mit wenig Federn ausgelegt, ♂ ♀. **Eier:** 3—5, weiß; schwach, fein rötlichbraun::, 20 mm. **Brut:** 2, 14—15, ♂ ♀, IV—VII. **Junge:** Nho, 23—25, ♂ ♀. **Imm:** 6—8. **Alter:** 1/8. **Nahrung:** Im Flug gefangene Insekten.

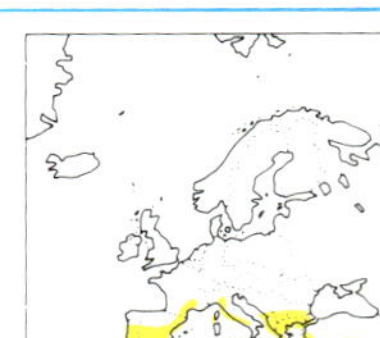

Achte auf die Schwanzform, die eine auch auf größere Entfernung erkennbare, markante Silhouette ergibt. Rauch- und Rötelschwalbe haben einen langen, tief gegabelten Schwanz. Der Schwanz der Mehlschwalbe ist deutlich, aber nicht tief gegabelt. Die Uferschwalbe hat einen schwach gegabelten Schwanz. Der Schwanz der Felsenschwalbe ist nicht gegabelt. Weitere Unterscheidungsmerkmale sind die Färbung der Unterseite, Ausbildung bzw. Fehlen eines Brustbandes und die Bürzelfärbung. Vergleiche auch Segler (s.S. 144).

◑ **FELSENSCHWALBE** *Ptyonoprogne rupestris* **Status:** TZ; III, IX—X. **Gefährdung:** R2. **Größe:** 14 cm, 20—22 g, ~ Rauchschwalbe. **Merkmale:** Ähnlich Uferschwalbe, aber dunklere Unterseite ohne Brustband, ungegabelter Schwanz mit weißer Fleckenbinde. **Stimme:** Gesang anhaltendes, kehliges, leises Schwätzen; Flugruf leise „pit-pit", „tritt", „pritit" o.ä. **Lebensraum:** Trockenwarme Felslandschaft von der Ebene bis ins G. **Nest:** Lockere Brutkolonie; Felsspalten, -simse, unter Überhängen; Viertelkugel aus Schlamm mit Pflanzenteilen, Federn ausgelegt, ♂ ♀. **Eier:** 3—5, weiß; manchmal fein rötlichbraun::, 21 mm. **Brut:** 1—2, 14, ♀, V—VII. **Junge:** Nho, 25—26, ? ♂ ♀. **Imm:** 3. **Alter:** 1/?. **Nahrung:** Im Flug gefangene Insekten.

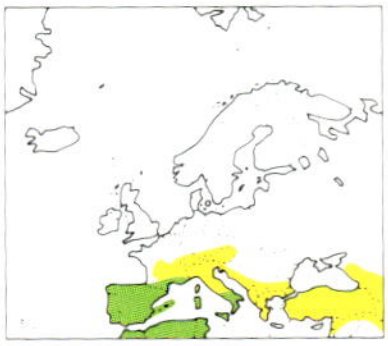

● **MEHLSCHWALBE** *Delichon urbica* **Status:** Z; IV—V, IX—X. **Größe:** 12 cm, 15—21 g, ~ Rauchschwalbe. **Merkmale:** Unterseite und Bürzel leuchtend weiß; Schwanz kurz, wenig gegabelt; steigt oft steil auf. **Stimme:** Gesang verhaltenes Schwätzen; Flugruf häufig wiederholt „prt", „pr-prt", klingt als wenn Kieselsteine aneinander gerieben werden; Alarm schrill „zier", „ziürr". **Lebensraum:** VS, insbesondere ländliche S und deren Umgebung. **Nest:** Lockere bis dichte Brutkolonie; an Gebäuden unter Dachvorsprüngen o.ä., auch an Felsen; Halbkugel mit Flugloch an der Oberkante aus Schlamm, Pflanzenteilen, mit Federn, Pflanzenteilen ausgelegt, ♂ ♀. **Eier:** 4—5, weiß, 19 mm. **Brut:** 2—3, 14, ♂ ♀, V—VIII. **Junge:** Nho, 19—22, ♂ ♀. **Imm:** 0. **Alter:** 1/15. **Nahrung:** Im Flug gefangene Insekten.

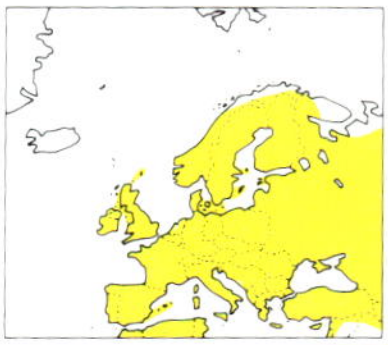

Familie *Motacillidae* Stelzen und Pieper: Weltweit 54 Arten.

Schlanke, zumeist hochbeinige und langschwänzige, insektenfressende Vögel, die sich vorwiegend auf dem Boden aufhalten.

Die Pieper sind lerchenähnlich braun, oft mit dunkel gestreifter Brust. Sie laufen schnell. Ihre Singflüge sind auffällig und kennzeichnend. Sie brüten am Boden. Ihre Jungen verlassen das Nest oft schon bevor sie flügge sind.

△ **SPORNPIEPER** *Anthus novaeseelandiae* **Status:** Im N. Z. **Größe:** 18 cm, 27—37 g, ~ Feldlerche. **Merkmale:** Sehr großer Pieper, der vorwiegend im Herbst (IX—X) erscheint; deutlicher Überaugenstreif, kräftig gestreifte Brust, langer Schwanz, helle Beine; aufrechte Haltung, sitzt oft auf Buschspitzen, Leitungen u.ä. **Stimme:** Gesang im Überwinterungsgebiet sperlingsartig schilpend; Rufe kurz, hart „tip" oder mehr trillernd „tsrip", „rrihp", aufgejagt „rrüpp rüpp.:". **Lebensraum:** „Wi" MM, WF. **Nest:** Boden, im Bewuchs; in Mulde Napf aus trockenem Gras u.a., ?. **Eier:** 4—6, grau bis gelblichbraun; schwarzbraun, grau::, 22 mm. **Brut:** ?1, ?14, ?, VI—VII. **Junge:** Nho, ?, ♂ ♀. **Imm:** 0. **Alter:** 1/5. **Nahrung:** Insekten, Sämereien.

Brütet in Asien, Australien, Afrika. In Westeuropa regelmäßig Durchzügler aus Sibirien.

◑ **WASSERPIEPER** *Anthus spinoletta* **Status:** TZ, W; IX—IV. **Gefährdung:** R5. **Größe:** 17 cm, 21—30 g, < Feldlerche. **Merkmale:** Groß, stelzenähnlich; Unterarten: Bergpieper *(A. s. spinoletta)* oben grau; unten „So" weiß, „Wi" gestreift; Schwanzseiten weiß; Strandpieper *(A. s. petrosus u.a.)* oben olivbraun; unten gelboliv, stark gefleckt; Schwanzseiten grau. **Stimme:** Gesang ♂ im Singflug ähnlich Baum-, Wiesenpieper, aber weniger klangvoll; Ruf „psri", „psiet" o.ä. **Lebensraum:** „So" Bergp. G oberhalb Baumgrenze, Strandp. FM; „Wi" FM, MM, SM. **Nest:** In Felsspalten, unter Pflanzen; Schale aus Gras, Moos mit Haaren, Fasern ausgelegt, ♀. **Eier:** 4—5, schmutzigweiß; stark braun, grau::, 21 mm. **Brut:** 2, 14, ♀, IV—VI. **Junge:** Nho, 16, ♂ ♀. **Imm:** 0. **Alter:** 1/9. **Nahrung:** Insekten, Sämereien.

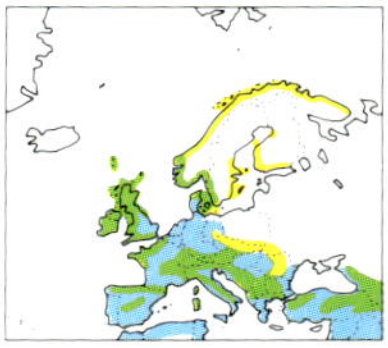

● **BAUMPIEPER** *Anthus trivialis* **Status:** Z; IV—V, IX. **Größe:** 15 cm, 20—25 g, ~ Haussperling. **Merkmale:** Sehr ähnlich Wiesenpieper; Brust mehr gelblich, rötliche Beine; sitzt gern auf Bäumen. **Stimme:** Gesang ♂ im Singflug, stummer Aufstieg und fallschirmartiges Niedergleiten, dabei anhaltendes, melodisches Trillern, Schmettern, das mit gezogenem „sië sië.:" endet; Flugruf unrein, absinkend „psi", „psië". **Lebensraum:** Lichte W, Waldränder, HL mit Bäumen. **Nest:** Boden, im dichten Bewuchs; Napf aus Gras, Blättern, Moos, mit feinem Gras, Fasern, Haaren ausgelegt, ♀ (♂). **Eier:** 4—6, sehr variabel bräunlich, bläulich, rosa; verschieden stark braun, oliv, schwärzlich::, 21 mm. **Brut:** 1(2), 13—14, ♀, V—VII. **Junge:** Nho, 12—13, ♂ ♀. **Imm:** 0. **Alter:** 1/8. **Nahrung:** Insekten, Sämereien.

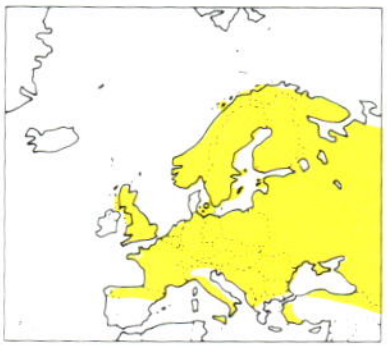

● **WIESENPIEPER** *Anthus pratensis* **Status:** TZ; III—V, IX—XI. **Größe:** 14 cm, 16—25 g, ~ Haussperling. **Merkmale:** Sehr ähnlich Baumpieper; Brust nur schwach gelblich, Oberseite oliv, Beine bräunlich; zumeist am Boden. **Stimme:** Gesang ♂ im Singflug, schräger Aufstieg vom Boden und fallschirmartiges Niedergleiten, dabei anhaltendes, einfaches Flöten, Trillern, das mit kurzem Schnarren und leisem „jüjüjü.:" oder „si si.:" endet; Ruf beim Auffliegen und im Flug spitz „ist-ist.:". **Lebensraum:** MF, WF, Tundra; „Wi" auch WL, AL. **Nest:** Boden, im dichten Bewuchs; einfache Schale aus Gras u.a., mit Fasern, Haaren ausgelegt, ♀. **Eier:** 4—5, lichtgrau bis bräunlich; dicht, fein braun, grau::, 20 mm. **Brut:** 2, 13—14, ♀, IV—VI. **Junge:** Nho, 13—14, ♂ ♀. **Imm:** 0. **Alter:** 1/8. **Nahrung:** Insekten, Sämereien.

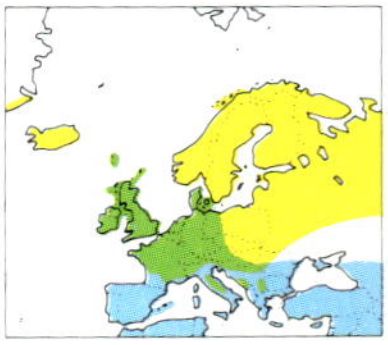

Die Stelzen sind kontrastreicher gefärbt und langschwänziger als die Pieper. Ihr Flug ist ausgeprägt wellenförmig. Eine auffällige Verhaltensweise ist das häufige Schwanzwippen. ♂ und ♀, ebenso Alte und Junge oft recht verschieden. Nester am Boden oder erhöht.

Die Unterscheidung der Pieper gelingt am leichtesten durch die Rufe und Gesänge. Achte auch auf das Ausmaß der Streifung von Ober- und Unterseite und auf die Beinfärbung. Die gelben Stelzen unterscheiden sich durch die Schwanzlänge und die Färbung der Oberseite.

◑ **BRACHPIEPER** *Anthus campestris* **Status:** Z; IV—V, VIII—IX. **Gefährdung:** R2. **Größe:** 16 cm, 20—28 g, ~ Haussperling. **Merkmale:** Hell sandbraun; Altvogel Unterseite ungestreift; heller Überaugenstreif; Haltung und Aussehen stelzenähnlich. **Stimme:** Gesang ♂ von einer Warte oder im in Bögen aufsteigenden und steil abstürzenden Singflug, monoton wiederholt „tschrlih", „zrliu" o.ä.; Flugruf schilpend „psja", „tschrl". **Lebensraum:** Trockenwarme HL, Dünen, Steppen. **Nest:** Boden, unter Pflanzenstaude; größerer Napf aus Gras, Blättern, Wurzeln, mit Fasern, Haaren ausgelegt, ?. **Eier:** 4—5, weißlich; stark braun, grauviolett::, 22 mm. **Brut:** ?2, 13—14, ♀(♂), V—VI. **Junge:** Nho, ?, ♂ ♀, V—VI. **Imm:** 2—8. **Alter:** 1/?. **Nahrung:** Sommer vorwiegend Insekten, Winter mehr Sämereien.

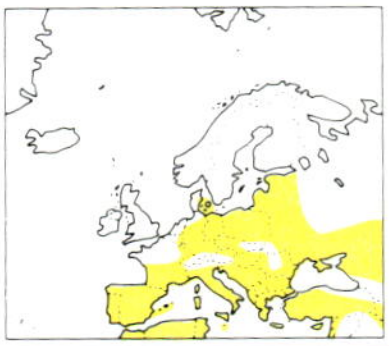

○ **ROTKEHLPIEPER** *Anthus cervinus* **Status:** Z; IV—V, IX—X. **Größe:** 14 cm, 16—23 g, < Haussperling. **Merkmale:** Ähnlich Wiesenpieper, aber stärker gestreift; „So" vor allem ♂ weinrot getönte Brust, individuell verschieden. **Stimme:** Gesang ♂ im Singflug ähnlich Baumpieper, Beginn „ziü-ziü..", dann Trillern, Rattern, Ende gedehntes, absinkendes, zweistimmiges Pfeifen, Schluß Schnarren; Flugruf scharf, hoch, gedehnt „psiëh", „psüe". **Lebensraum:** „So" Strauchtundra, Fjell; „Wi" L wie HL, WL mit Büschen. **Nest:** Boden, in Graspolster, unter Staude; Schale aus Gras mit Fasern, Haaren ausgelegt. **Eier:** 5—6, variabel oliv, sandfarben, rosa u.a.; fein bis grob braun, grau::, 19 mm. **Brut:** 1, 12—14, ♀, VI—VII. **Junge:** Nho, 11—13, ♂ ♀. **Imm:** 0. **Alter:** 1/?. **Nahrung:** Insekten, Sämereien.

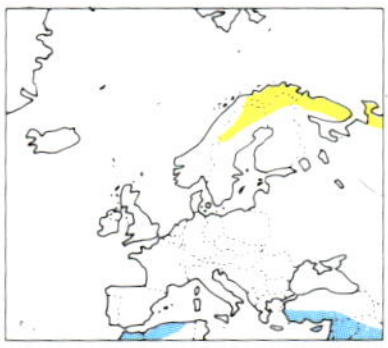

● **SCHAFSTELZE** *Motacilla flava* **Status:** Z; IV, VIII—X. **Größe:** 17 cm, 16—22 g, < Bachstelze. **Merkmale:** Oberseite olivgrün, Unterseite gelb; ♀ und Jungvogel blasser als ♂; mehrere Unterarten, ♂ unterscheiden sich in der Kopffärbung, *M.f.flava* (Mitteleuropa) Kopf blaugrau, *M.f.flavissima* (Großbritannien) Kopf gelb, weitere mit dunklem bis schwarzem Kopf. **Stimme:** Gesang ♂ unauffällig, kurz „zier-zier.."; Flugruf scharf „psie". **Lebensraum:** WF, MF, BF. **Nest:** Boden, im dichten Bewuchs; Napf aus Gras, Wurzeln, dick mit Haaren ausgelegt, ♀. **Eier:** 5—6, hell sandfarben; dicht, fein rostbraun::, 19 mm. **Brut:** 2, 13, ♀, V—VII. **Junge:** Nho, 13, ♂ ♀. **Imm:** 3. **Alter:** 1/8. **Nahrung:** Vorwiegend Insekten, auch Sämereien. *

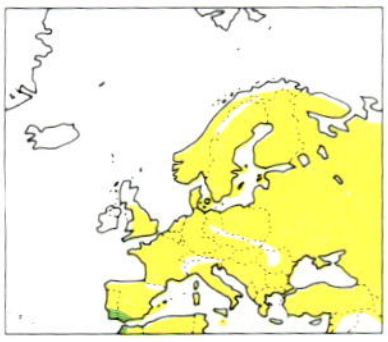

● **GEBIRGSSTELZE** *Motacilla cinerea* **Status:** TZ; III, X. **Größe:** 18 cm, 15—23 g, ~ Bachstelze. **Merkmale:** Ähnlich Schafstelze, aber sehr langer Schwanz, graue Oberseite; ständiges Schwanzwippen; Flug ausgeprägt wellenförmig. **Stimme:** Gesang ♂ von Warte, seltener im Singflug, spitz „zi-zi..zürit" o.ä., auch schwatzend mit Trillern, Imitationen; Flugruf scharf, spitz „ziss-zississ". **Lebensraum:** „So" an schnellfließenden, kleineren FF; „Wi" auch an großen FF, SF. **Nest:** In Nischen, Spalten der Uferböschung, unter Brücken o.ä.; Napf aus Zweigen, Moos, Gras, mit Haaren ausgelegt, ♀. **Eier:** 4—6, gelblich bis rötlichbraun; schwach rotbraun::, 19 mm. **Brut:** 2, 13—14, ♀, IV—VI. **Junge:** Nho, 12, ♂ ♀. **Imm:** 9. **Alter:** 1/(6). **Nahrung:** Insekten u.a. kleine Wirbellose des Süßwassers.

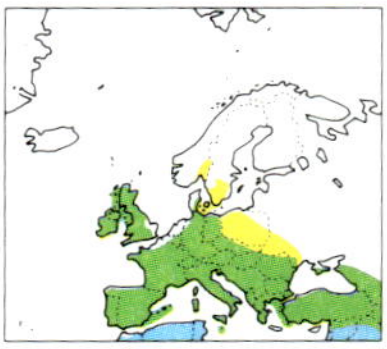

● **BACHSTELZE** *Motacilla alba* **Status:** TZ; III, X. **Größe:** 18 cm, 19—27 g. **Merkmale:** Weiß-schwarz, ständig wippender Schwanz; Unterarten: *M.a.alba* (Europa) Oberseite grau, *M.a.yarellii* (Britische Inseln) Oberseite schwarz (= Trauerbachstelze). **Stimme:** Gesang unauffälliges Schwätzen, selten zu hören; Flugruf einsilbig „zit", „psit", mehrsilbig „ziti", „zilipp" o.ä. **Lebensraum:** L gern in Wassernähe, VS. **Nest:** Boden bis in größere Höhe, in Höhlen, Spalten, Halbhöhlen an Gebäuden, Bäumen, Gestein u.a.; Haufen aus Halmen, Zweigen, Moos u.a., Mulde mit Haaren, Federn ausgelegt, ♀. **Eier:** 5—6, grau- bis bläulichweiß; fein grau::, 21 mm. **Brut:** 2, 13—14, ♀, IV—VII. **Junge:** Nho, 14—16, ♂ ♀. **Imm:** 3. **Alter:** 1/10. **Nahrung:** Insekten, Sämereien.

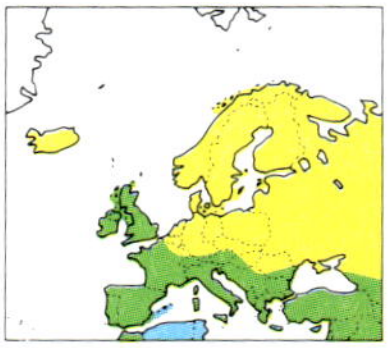

Familie *Bombycillidae* Seidenschwänze: Weltweit 8 Arten.

Staren- bzw. würgerähnliche, kleinere Singvögel. Einziger Vertreter in Europa der Seidenschwanz. Gewöhnlich ziehen die Seidenschwänze aus ihren nordischen Brutgebieten wenig südlich. In manchen Jahren kommt es zu invasionsartigen Wanderungen nach Mitteleuropa, die wahrscheinlich durch den Ausfall der Beerennahrung im Norden ausgelöst werden.

○ **SEIDENSCHWANZ** *Bombycilla garrulus* **Status:** Z, (W); X—III. **Größe:** 18 cm, 40—68 g, < Star. **Merkmale:** Gedrungene Gestalt, große Haube, kurzer Schwanz mit gelber Endbinde; Handschwingen mit siegellackroten Endplättchen; Flug starenähnlich. **Stimme:** Im Flug und im Sitzen hoch, schrill „sirr", „srii". **Lebensraum:** „So" nordische NW mit beerentragender Strauch-, Krautschicht; „Wi" BW, VS mit beerentragenden Bäumen, Sträuchern. **Nest:** In Nadelbaum; Napf aus Zweigen, Moos, Gras, mit Haaren, Dunen ausgelegt, ?. **Eier:** 4—6, hell bläulich; schwach schwarz, grau::, 25 mm. **Brut:** 1, 13—14, ♀, VI—VII. **Junge:** Nho, 15—17, ♂ ♀. **Imm:** 3. **Alter:** ?1/13. **Nahrung:** Im Winter vorwiegend Beeren, Früchte. *

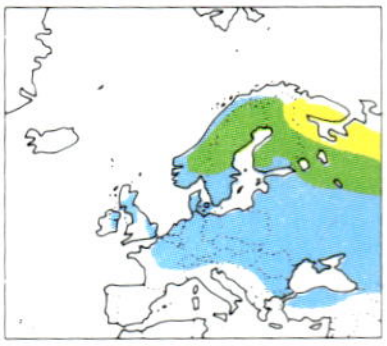

Seidenschwänze erscheinen zumeist in größeren Trupps. Gewöhnlich sind sie wenig scheu. Mit ihrer gedrungenen Gestalt, der rötlichbraunen Färbung und der auffälligen Haube sind sie unverkennbar.

Familie *Cinclidae* Wasseramseln: Weltweit 4 Arten.

Die Wasseramseln sind die am besten an ein Wasserleben angepaßten Singvögel. Sie können tauchen und auf dem Boden der Bäche entlanglaufen, um dort Wasserinsekten und andere kleine Wassertiere zu fangen.

◑ **WASSERAMSEL** *Cinclus cinclus* **Status:** St bis TZ, (W). **Gefährdung:** R4. **Größe:** 18 cm, 55—75 g, ~ Star. **Merkmale:** Gedrungener, kurzschwänziger Vogel mit weißer Kehle und Brust. **Stimme:** Gesang ♂ und ♀ anhaltendes Schwätzen mit Trillern und unrein kratzenden Elementen; Ruf unrein „zit", „zrik". **Lebensraum:** „So" klare, schnellfließende, kleinere FF; „Wi" auch größere FF, SF. **Nest:** In Spalte, Höhlung der Uferböschung, Sims unter Brücke u.a.; überdachter Bau aus Moos, Gras mit trockenem Laub ausgelegt, ♂ ♀. **Eier:** 4—6, weiß, 26 mm. **Brut:** 2, 16, ♀, IV—VII. **Junge:** Nho, 19—25, ♂ ♀. **Imm:** 3. **Alter:** 1/8. **Nahrung:** Wasserinsekten, Flohkrebse u.a. kleine Wirbellose des Süßwassers.

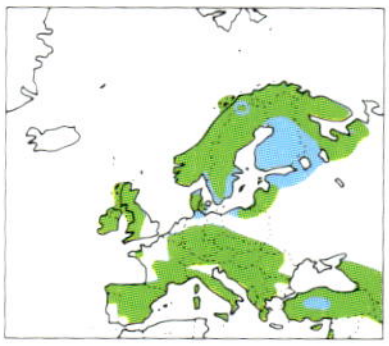

Familie *Troglodytidae* Zaunkönige: Weltweit 59 Arten.

Kleine, kurzschwänzige, rundflüglige, insektenfressende Singvögel, die bis auf den über Eurasien und N.-Amerika verbreiteten Zaunkönig alle nur auf dem amerikanischen Doppelkontinent vorkommen.

Das Zaunkönig-♂ baut mehrere Nester und fordert verschiedene ♀ zur Besichtigung auf. Wenn ein ♀ ein Nest annimmt, polstert es die Höhlung aus und legt die Eier hinein. Hat das ♀ mit der Brut begonnen, versucht das ♂ für ein weiteres Nest ein ♀ zu finden.

● **ZAUNKÖNIG** *Troglodytes troglodytes* **Status:** St bis TZ. **Größe:** 12 cm, 8—13 g, viel < Haussperling. **Merkmale:** Sehr klein; kurzer, meist aufgerichteter Schwanz; huscht schnell durchs Geäst; Flug schwirrend. **Stimme:** Gesang ♂ laut schmetternde Folge von Trillern, singt fast das ganze Jahr über; Rufe gereiht, hart „tek tek.:". **Lebensraum:** Unterholzreiche W, BW, gern in Gewässernähe. **Nest:** ♂ polygam; Boden oder erhöht, in dichtem Bewuchs, Nischen, Spalten, Höhlungen an Baum, Böschung, Mauer u.a.; kugelförmiger Bau aus Blättern, Moos, Gras, ♂; Polster Federn, ♀. **Eier:** 5—6, weiß; fein schwarz, rotbraun::, 17 mm. **Brut:** ♂ bis 4, ♀ 1—2, 14—15, ♀, V—VII. **Junge:** Nho, 16—17, ♀(♂). **Imm:** 0. **Alter:** 1/6. **Nahrung:** Vorwiegend Insekten. *

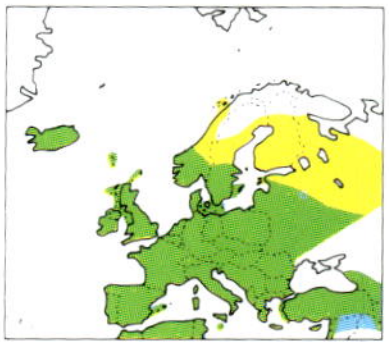

Familie *Prunellidae* Braunellen: Weltweit 13 Arten.

Die Braunellen sind unauffällige Vögel mit rot- bis graubrauner, zumeist dunkel gestreifter Oberseite und grauer, oft rostrot gezeichneter Unterseite. Sie halten sich viel im Bewuchs auf dem Boden auf.

● **HECKENBRAUNELLE** *Prunella modularis* **Status:** TZ; III—IV, IX—X. **Größe:** 14 cm, 19—24 g, ~ Haussperling. **Merkmale:** Gefiederfärbung ähnlich Haussperling-♀, aber bleigrau an Kopf und Brust, feiner Schnabel; langsamer, schlurfender Gang; häufiges Flügelzucken. **Stimme:** Gesang ♂ von exponierter Warte helles, oft leise beginnendes, auf- und absteigendes Klirren, schon früh im Jahr zu hören. **Lebensraum:** BW, Schonungen, VS. **Nest:** Paarverhalten s.o.; in dichtem Busch, Baum; Napf aus Zweigen, Moos, Blättern mit Haaren, Moos ausgelegt, ♀. **Eier:** 4—5, hellblau, 20 mm. **Brut:** 2(3), 12, ♀, IV—VI. **Junge:** Nho, 12, ♂ ♀. **Imm:** 0. **Alter:** 1/9. **Nahrung:** Insekten, feine Sämereien. *

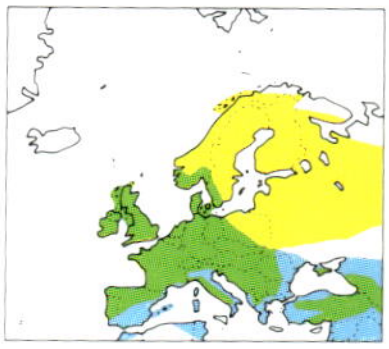

◑ **ALPENBRAUNELLE** *Prunella collaris* **Status:** TZ; IV, X. **Gefährdung:** R5. **Größe:** 18 cm, 25—35 g, ~ Feldlerche. **Merkmale:** Große Ausgabe der Heckenbraunelle, aber bunter; rostbraune Flanken, weiße, dicht schwarz gefleckte Kehle; wippt mit dem Schwanz. **Stimme:** Gesang ♂ von Warte oder im Singflug heckenbraunellen-, auch lerchenähnliches Schwätzen, Trillern; Ruf hell, oft gereiht „drürr", Flugruf schilpend „schirr", „zerre" o.a. **Lebensraum:** Sonnige Hänge im G oberhalb Baumgrenze; Winter auch tiefer. **Nest:** Boden, in Felsspalte o.ä.; Napf aus Stengeln, Wurzeln, mit Moos, Haaren ausgelegt, ?. **Eier:** 3—4, hellblau, 23 mm. **Brut:** 2, 15, ♂ ♀, V—VII. **Junge:** Nho, 16+, ♂ ♀. **Imm:** 0. **Alter:** 1/?. **Nahrung:** Insekten, Sämereien.

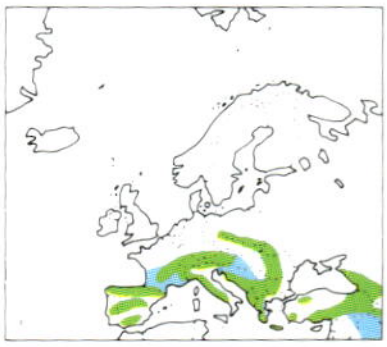

Die Wasseramsel fliegt zumeist geradlinig, mit schwirrendem Flügelschlag dicht über das Wasser dahin. Wenn sie im Bachbett auf einem Stein sitzt, knickst sie oft ausgiebig. Die mitteleuropäische Unterart *C.c.aquaticus* hat einen rotbraunen Bauch. Die nordeuropäische Unterart *C.c.cinclus* ist unterseits dunkelbraun.

Die geringe Größe, die schnell huschenden Bewegungen, der oft steil aufgerichtete, kleine Schwanz und die laute Stimme machen den Zaunkönig leicht erkennbar.

Die Heckenbraunellen, wahrscheinlich auch andere Braunellen, haben ein recht verwickeltes Paarverhalten. Die Territorien werden nicht von ♂ und ♀ gemeinsam, sondern von den Geschlechtern getrennt besetzt. Die ♂ versuchen dabei, möglichst viele ♀ in ihren übergreifenden Territorien zu vereinnahmen. Das kann zu Beziehungen eines ♂ mit mehreren ♀ bzw. eines ♀ mit mehreren ♂ führen.

Die Lebensräume der in Europa vorkommenden Braunellen sind deutlich getrennt. Sie haben schlanke, spitze Schnäbel und ein sperlingsähnlich gefärbtes Gefieder.

Familie *Turdidae* Drosseln: Weltweit 304 Arten.

Diese große Singvogelfamilie umfaßt neben den echten Drosseln auch die kleineren Schmätzer, „Kehlchen“, Nachtigallen u.a. Den Sommer über leben sie zumeist von Insekten, die sie hüpfend, auch rennend erhaschen oder von einer Warte aus in der Luft greifen. Im Herbst können sie ihre Ernährung stark auf Beeren umstellen. Die Jungvögel sind gefleckt.

△ **HECKENSÄNGER** *Cercotrichas galactotes* **Status:** Z; IV—V, VIII—IX. **Größe:** 15 cm, 20—27 g, ~ Haussperling. **Merkmale:** Drosselähnlich, bräunlich mit langem, gestuften, rostbraunem Schwanz, der am Ende schwarz-weiß gesäumt ist; Schwanz oft aufgerichtet und gefächert; sitzt oft auffällig auf Busch; Nahrungssuche am Boden. **Stimme:** Gesang ♂ von Warte oder im Singflug lautes, melodisches Flöten, Trillern, dann leiseres Schwätzen; Ruf laut, hart „teck teck.:“. **Lebensraum:** BW, Gärten, Obstpflanzungen, Kaktushecken. **Nest:** Im Gebüsch; unordentlicher Napf aus Stengeln, Gras u.a., mit Haaren, Federn ausgelegt, ♂ ♀. **Eier:** 4—5, weiß, manchmal bläulich, grünlich; dicht, fein braun, rot::, 22 mm. **Brut:** 1—2, ?, ♀, V—VI. **Junge:** Nho, ?, ♂ ♀. **Imm:** 3. **Alter:** ?1/?. **Nahrung:** Vorwiegend Insekten.

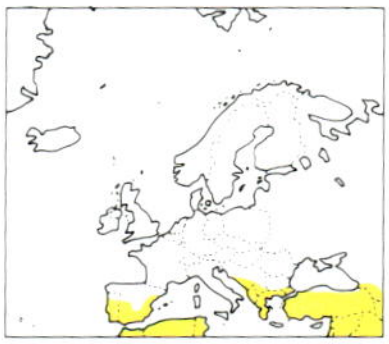

● **ROTKEHLCHEN** *Erithacus rubecula* **Status:** TZ; III, IX—X. **Größe:** 14 cm, 16—22 g. **Merkmale:** Stirn, Kehle, Brust orangerot; Oberseite, Schwanz olivbraun; hüpft oft am Boden; ruckt mit Flügeln und Schwanz; recht vertraut. **Stimme:** Gesang ♂, Herbst, Winter auch ♀, lange melancholisch klingende Strophe, Beginn hohe, reine Töne, dann kurze, absinkende flötende, trillernde Motive; Ruf kurz „zik“, einzeln oder gereiht. **Lebensraum:** Lichte W mit Strauchschicht, BW, VS. **Nest:** In dichtem Gestrüpp, Gerank, Baumloch o.ä.; backofenförmig aus Blättern, Gras, Moos, mit feinen Wurzeln, Haaren ausgelegt, ♀. **Eier:** 4—6, weißlich; fein, dicht rötlich::, 20 mm. **Brut:** 2(3), 13—14, ♀, IV—VI. **Junge:** Nho, 12—15, ♂ ♀. **Imm:** 3. **Alter:** 1/13. **Nahrung:** Insekten, Würmer, Sämereien, Beeren. *

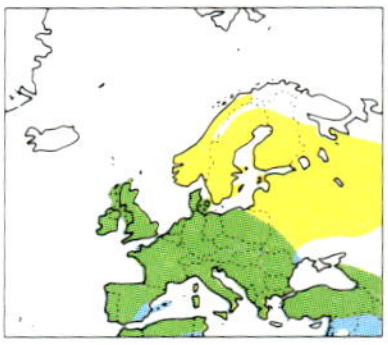

◑ **SPROSSER** *Luscinia luscinia* **Status:** Z; IV—V, VIII. **Größe:** 16 cm, 22—32 g, ~ Haussperling. **Merkmale:** Sehr ähnlich Nachtigall, aber Brust dunkel gewölkt, Oberseite mehr olivbraun, Schwanz weniger rotbraun. **Stimme:** Gesang ♂ ähnlich Nachtigall, aber langsamer, härter, ohne gedehntes Crescendo-Motiv. **Lebensraum:** Feuchte LW mit dichtem Unterholz, oft an Seeufern. **Nest:** Boden, im dichten Bewuchs, zwischen Wurzeln, Fallholz; Napf aus Laub, Gras, Zweigen, mit feinen Gräsern, Wurzeln ausgelegt, ♀. **Eier:** 4—6, olivbraun bis blaugrau, sehr variabel, 22 mm. **Brut:** 1, 13, ♀, V—VI. **Junge:** Nho, 12, verlassen das Nest bevor flügge, ♂ ♀. **Imm:** 2. **Alter:** 1/9. **Nahrung:** Insekten, Beeren.

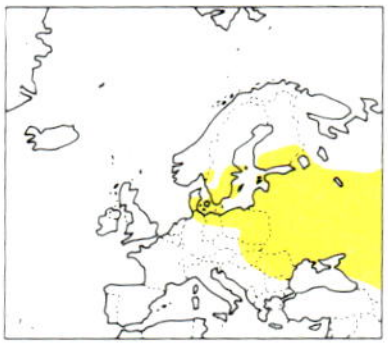

● **NACHTIGALL** *Luscinia megarhynchos* **Status:** Z; IV, VIII—IX. **Größe:** 16 cm, 18—27 g, ~ Haussperling. **Merkmale:** Unscheinbar braun mit rostrotem Schwanz; hochbeinig; macht auf dem Boden weite Sprünge; Flügel werden oft hängend getragen. **Stimme:** Gesang ♂ zumeist aus dichtem Busch, wohlklingende Strophen mit Flöten, Schluchzen „tjuk-tjuk.:“, gedehntem, reintonigem Cresscendo „dü dü.:“; Rufe klagend, ansteigend „hüid“ (Sprosser gleichbleibend „hiid“), hart, knarrend „karr“. **Lebensraum:** BW, lichter W mit dichtem Unterholz. **Nest:** Boden, oder wenig erhöht in Gestrüpp, Kraut; Napf aus Laub, Gras, mit feinem Gras, Haaren ausgelegt, ♀. **Eier:** 4—5, olivbraun, 21 mm. **Brut:** 1, 13—14, ♀, V—VI. **Junge:** Nho, 12—13, ♂ ♀. **Imm:** 2. **Alter:** 1/8. **Nahrung:** Insekten, Beeren.

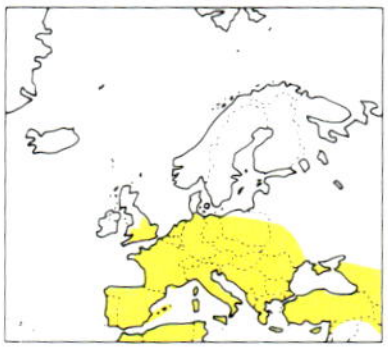

◑ **BLAUKEHLCHEN** *Luscinia svecica* **Status:** Z; III—IV, VIII—IX. **Gefährdung:** R2. **Größe:** 14 cm, 15—23 g, ~ Rotkehlchen. **Merkmale:** Rostrote Schwanzwurzel; ♂ „So“ blaue Kehle mit weißem Punkt *(L.s.cyanecula)*, mit rotem Punkt *(L.s.svecica)*. **Stimme:** Gesang ♂ von Warte, auch im Singflug, lange, mit „djipdjip.:“ beginnende Strophen, dann variabel mit Imitationen; Ruf hart „tak“, „tak“. **Lebensraum:** BF, Randzone zwischen Röhricht und Sumpfwald, im N. Tundra. **Nest:** Boden, im dichten Bewuchs; Napf aus Gras, Wurzeln, Moos, mit feinem Gras, Haaren ausgelegt, ♀. **Eier:** 5—6, grünlich; sehr dicht rötlichbraun::, 19 mm. **Brut:** 1—2, 14—15, ♀, IV—VI. **Junge:** Nho, 14, verlassen Nest bevor flügge, ♂ ♀. **Imm:** 2. **Alter:** 1/?. **Nahrung:** Vorwiegend Insekten, auch Beeren, Sämereien. *

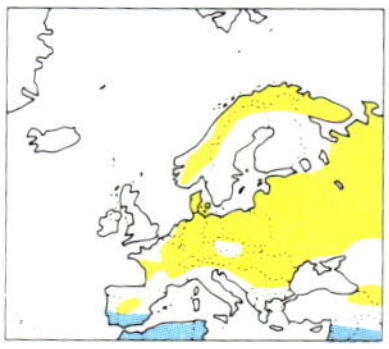

△ **BLAUSCHWANZ** *Tarsiger cyanurus* **Status:** Z; IV—V, VIII—IX. **Größe:** 14 cm, 13—19 g, ~ Rotkehlchen. **Merkmale:** Orangebraune Flanken; ♂ Oberseite blau; ♀ und Jungvögel Bürzel, Schwanzseiten matt blau; Knicksen, Schwanzwippen. **Stimme:** Gesang ♂ andauerndes, hohes Pfeifen „titi-trilih-tititi.:“ o.ä.; Ruf ähnlich Hausrotschwanz „fih fih..dag-dag“ u.a. **Lebensraum:** Dichte, sumpfige NW. **Nest:** Boden oder wenig erhöht, in Höhlen, Spalten an Böschungen, Bäumen, Geröll; Napf aus Gras, Wurzeln, Moos, mit feinem Gras, Haaren ausgelegt, ?. **Eier:** 3—5, weiß; oft zart rotbraun::, 18 mm. **Brut:** 1—2, ?, ♀, V—VII. **Junge:** Nho, ca. 15, ♂ ♀. **Imm:** 3. **Alter:** 1/?. **Nahrung:** Vorwiegend Insekten.

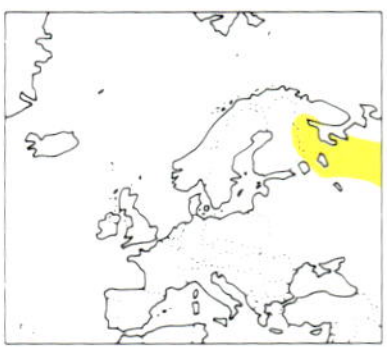

Die meisten Schmätzer, „Rotschwänze“ und „Kehlchen“ sind markant gefärbt und gezeichnet. Achte auf die Färbung und Zeichnung von Gesicht, Kehle und Schwanz.

● **HAUSROTSCHWANZ** *Phoenicurus ochrurus* **Status:** TZ; III, X. **Größe:** 14 cm, 14—19 g, ~ Rotkehlchen. **Merkmale:** Rostroter, ständig vibrierender Schwanz; ♀ vor allem auf der Unterseite dunkler als Gartenrotschwanz-♀. **Stimme:** Gesang ♂ zweiteilig „jirr-titi.:“, dann kratzend „krch-titülili“; Ruf tonlos „fid tk-tk“. **Lebensraum:** VS bis IS, Felshänge. **Nest:** In Nischen, Spalten an Gebäuden, Felsen; Haufen aus Gras, Stengeln, Moos, mit Haaren, Federn ausgelegt, ♀. **Eier:** 4—6, weiß, 19 mm. **Brut:** 2, 12—13, ♀, IV—VII. **Junge:** Nho, 16—18, ♂♀. **Imm:** 2. **Alter:** 1/8. **Nahrung:** Vorwiegend Insekten, auch Beeren. *

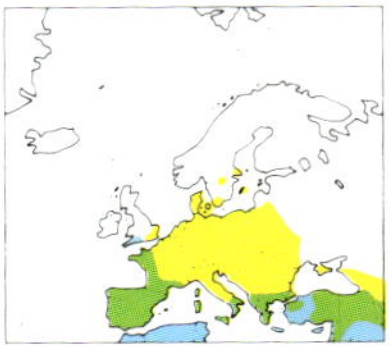

● **GARTENROTSCHWANZ** *Phoenicurus phoenicurus* **Status:** Z; IV, IX—X. **Größe:** 14 cm, 12—20 g, ~ Rotkehlchen. **Merkmale:** Rostroter, vibrierender Schwanz; Unterseite in allen Kleidern heller als Hausrotschwanz. **Stimme:** Gesang ♂ „jüh jik-jik.:“ gefolgt von Schnalzen, Schnarren mit Imitationen. **Lebensraum:** Lichte LW, MW, VS. **Nest:** In Baumhöhle, Spalte, Nische an Gebäuden, Felsen; lockerer Bau aus Gras, Moos, Fasern, Haaren, mit Haaren, Federn ausgelegt, ♀. **Eier:** 5—7, hellblau, 19 mm. **Brut:** 1(2), 13—14, ♀, V—VII. **Junge:** Nho, 14—16, ♂♀. **Imm:** 2. **Alter:** 1/9. **Nahrung:** Vorwiegend Insekten.

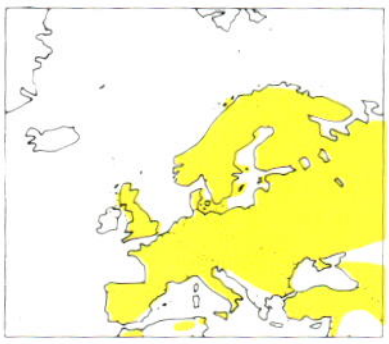

● **BRAUNKEHLCHEN** *Saxicola rubetra* **Status:** Z; IV—V, VIII—IX. **Gefährdung:** R3. **Größe:** 12,5 cm, 16—24 g, ~ Rotkehlchen. **Merkmale:** Heller Überaugenstreif; im Flug weiße Flecke auf den Schwanzseiten. **Stimme:** Gesang ♂ kurze Strophen aus rauhem Schnalzen, Knarren, Flöten mit Imitationen; Ruf abwechselnd hart „tk tk.:“ und weich „djü“. **Lebensraum:** Feuchte HL, WF, MF, mit Büschen, Hecken. **Nest:** Boden, unter dichter Staude, Busch; Napf aus Gras, Moos, mit wenig Haaren ausgelegt, ♀. **Eier:** 5—7, grünlichblau; rötlichbraun::, 19 mm. **Brut:** 1—2, 13—14, ♀, V—VI. **Junge:** Nho, 13—14, ♂♀. **Imm:** 2. **Alter:** 1/5. **Nahrung:** Vorwiegend Insekten.

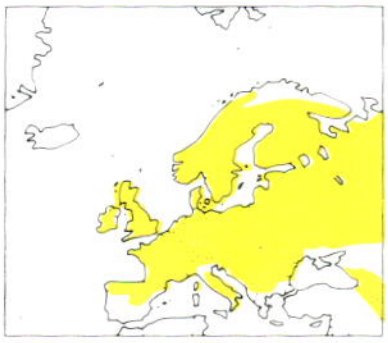

● **SCHWARZKEHLCHEN** *Saxicola torquata* **Status:** TZ; II—III, X. **Gefährdung:** R4. **Größe:** 12,5 cm, 14—17 g, ~ Rotkehlchen. **Merkmale:** Sitzt oft gut sichtbar auf Buschspitze oder anderer Warte; ♂ Kopf schwarz, ♂♀ rostrote Brust, kein Überaugenstreif. **Stimme:** Gesang ♂ kurze Strophen aus Pfeifen, Kratzen mit Imitationen; Ruf hart „fit tack-tack“, als ob Steine zusammengeschlagen würden. **Lebensraum:** Trockene WL, HL, mit Büschen, Hecken. **Nest:** Niedrig im dichten Bewuchs, oft mit tunnelartigem Zugang; Napf aus Gras, Moos, ♀. **Eier:** 5—6, hellblau; rötlichbraun::, 19 mm. **Brut:** 2(3), 14—15, ♀, IV—VII. **Junge:** Nho, 14—16, ♂♀. **Imm:** 2. **Alter:** 1/5. **Nahrung:** Vorwiegend Insekten.

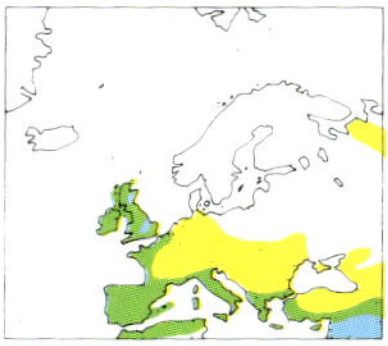

ISABELLSCHMÄTZER *Oenanthe isabellina* **Status:** Z; III—IV, VIII—IX. **Größe:** 16 cm, 22—35 g, ~ Haussperling. **Merkmale:** Groß, langbeinig, blaß; Weiß am Schwanz ausgedehnter als beim Steinschmätzer-♀. **Stimme:** Gesang ♂ gepfiffene Imitationen, kein Schwätzen; Ruf kurz „tschr“ oder „tijp“. **Lebensraum:** Vegetationsarme Steppe, Steinwüste. **Nest:** Boden, in Spalte, Höhle; Napf aus Gras, Wurzeln, Haaren, mit Haaren ausgelegt, ♀. **Eier:** 4—6, weißblau, 22 mm. **Brut:** ?2, 15, ♀, II—VI. **Junge:** Nho, ?, ♂♀. **Imm:** 2. **Alter:** ?1/?. **Nahrung:** Vorwiegend Insekten.

● **STEINSCHMÄTZER** *Oenanthe oenanthe* **Status:** Z; III—IV, IX—X. **Gefährdung:** R4. **Größe:** 15 cm, 17—41 g, ~ Haussperling. **Merkmale:** Schwarz-weißes Schwanzmuster; ♂ Rücken grau; ♀ Brust kräftiger gefärbt als bei anderen Schmätzern. **Stimme:** Gesang ♂ kurzes, gepreßtes Schwätzen mit Schmatzen, Pfeifen; Ruf hart, hölzern „tk tk.:“, dazwischen „fid“ oder „jif“. **Lebensraum:** Ödland, HL mit kurzem, schütterem Bewuchs. **Nest:** Boden, in Spalte, Höhle; Haufen aus Gras, Moos, Stengeln, flache Mulde mit Haaren, Federn ausgelegt, ♀. **Eier:** 4—6, weißlichblau, 22 mm. **Brut:** 1—2, 15, ♀, IV—VI. **Junge:** Nho, 15, ♂♀. **Imm:** 2. **Alter:** ?1/?. **Nahrung:** Vorwiegend Insekten. *

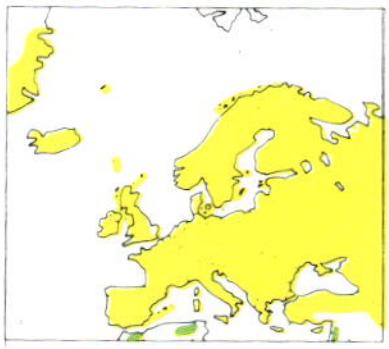

TRAUERSCHMÄTZER *Oenanthe leucura* **Status:** St. **Größe:** 18 cm, ? g, > Haussperling. **Merkmale:** In allen Kleidern, auch Imm., schwarz oder schwarzbraun. **Stimme:** Gesang ♂ kurze Strophe, Beginn „tschak-tschak“, dann gezogenes, rauhes Schwätzen; Ruf „tschek“. **Lebensraum:** Trockene, vegetationsarme Geröllhänge, Felsen, FM. **Nest:** Boden, in Spalte, Höhle; Napf aus Gras, Stengeln, Laub, mit Federn, Haaren ausgelegt, ♀. **Eier:** 4—6, blaßblau; verschieden rotbraun::, 22 mm. **Brut:** 2, ?, ♀, III—V. **Junge:** Nho, ?, ♂♀. **Imm:** 0. **Alter:** ?1/?. **Nahrung:** Vorwiegend Insekten.

ad. ♂
ad. ♀
juv.
ad. ♀
ad. ♂
ad. ♀
juv.
ad. ♀
ad. ♂
ad. ♀
juv.
ad. ♀
ad. ♂
ad. ♀
juv.
ad. ♀
ad. ♂
ad. ♀
juv.
ad. ♀
ad. ♂
ad. ♀
juv.
ad. ♀
ad. ♂
ad. ♀
juv.
ad. ♀

△ **NONNENSCHMÄTZER** *Oenanthe pleschanka* (auch mit Mittelmeerschmätzer zu einer Art verbunden) **Status:** Z; III—IV, VIII—IX. **Größe:** 14 cm, 15—22 g, ~ Rotkehlchen. **Merkmale:** ♂ schwarz-weiße Oberseite; ♀ von denen anderer Arten kaum unterscheidbar. **Stimme:** Gesang Schwätzen mit Pfeifen, Schmatzen, variabel; Ruf hart „tschäk tschäk.:". **Lebensraum:** Trockene, vegetationsarme G, Geröllhänge. **Nest:** Boden, in Höhle, Spalte; Napf aus Gras, Stengeln, mit feinem Gras, Federn ausgelegt, ♀. **Eier:** 4—5, blaßblau, 20 mm. **Brut:** 2, ?, ♀, V—VI. **Junge:** Nho, ?, ♂ ♀. **Imm:** 2. **Alter:** 1/?. **Nahrung:** Vorwiegend Insekten.

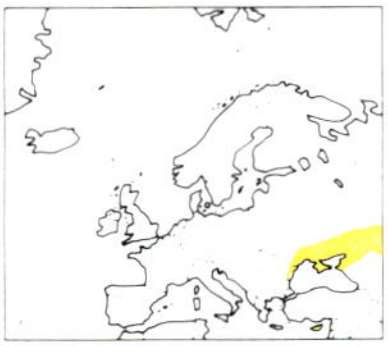

△ **MITTELMEERSCHMÄTZER** *Oenanthe hispanica* (s. Nonnenschmätzer) **Status:** Z; III—IV, IX—X. **Größe:** 14 cm, 15—22 g, ~ Rotkehlchen. **Merkmale:** Weiß auf Schwanz ausgedehnter, Flügel schwärzer als beim Steinschmätzer; ♂ mit schwarzen Wangen, weißer oder auch schwarzer Kehle; ♀ dunklere Wangen als Steinschmätzer-♀. **Stimme:** Gesang ♂ kurze, schmetternde Strophe mit Imitationen; Ruf trocken „dsed", danach Pfiff „fiüd". **Lebensraum:** Trockene, oft steinige L mit Büschen, Bäumen. **Nest:** Boden, unter Stein, im dichten Bewuchs; flacher Napf aus Gras, Moos, mit Fasern, Haaren ausgelegt, ♀. **Eier:** 4—5, hellblau; manchmal fein rötlichbraun::, 20 mm. **Brut:** 2, ?, ♀, V—VII. **Junge:** Nho, ?, ♂ ♀. **Imm:** 2. **Alter:** 1/?. **Nahrung:** Vorwiegend Insekten.

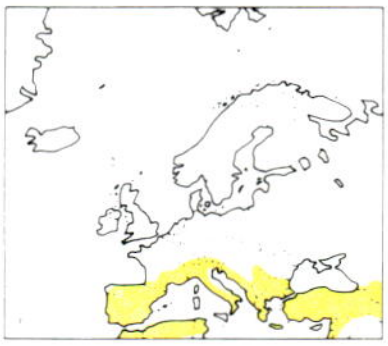

⧖ **STEINRÖTEL** *Monticola saxatilis* **Status:** Z; IV—V, VIII—IX. **Gefährdung:** R1. **Größe:** 19 cm, 42—65 g, ~ Star. **Merkmale:** ♂ auffällig bunt; ♀ schuppig braun mit rostrotem Schwanz; sitzt oft erhöht auf Stein o.ä., wippt mit dem Schwanz. **Stimme:** Gesang ♂ von Warte und im Singflug klangreines Flöten mit Imitationen; Ruf kurz, verhalten „tack tack.:". **Lebensraum:** Trocken-warme Felshänge, Geröllfelder. **Nest:** Boden, in Spalte, Höhle; Haufen aus Gras, Wurzeln, Moos; Mulde mit feinem Gras ausgelegt, ♀. **Eier:** 4—5, hell grünlichblau, 26 mm. **Brut:** 1, 14—15, ♀, V—VI. **Junge:** Nho, 14—16, ♂ ♀. **Imm:** 3. **Alter:** ?1/?. **Nahrung:** Insekten, Beeren, Früchte.

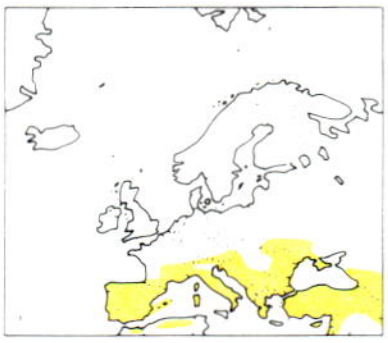

△ **BLAUMERLE** *Monticola solitarius* **Status:** TZ; IV, IX. **Größe:** 20 cm, 37—54 g, ~ Star. **Merkmale:** ♂ schieferblau mit dunkleren Flügeln und Schwanz, kann schwarz erscheinen; ♀ dunkel graubraun, hell, schuppig gefleckt. **Stimme:** Gesang ♂ von Warte seltener im Singflug kurze, laute reinklingend flötende Strophe, abfallend ähnlich Fitis; Rufe hart „tak-tak.:", schnarrend „trr". **Lebensraum:** Felsige Hänge, FM, Gemäuer. **Nest:** In Spalten, Höhlen an Fels, Gemäuer; Napf aus Moos, Gras, mit feinen Wurzeln, Gras ausgelegt, ♀. **Eier:** 4—5, weißblau, 27 mm. **Brut:** 1(2), 12—13, ♀, IV—VI. **Junge:** Nho, 16—17, ♂ ♀. **Imm:** 3. **Alter:** ?1/?. **Nahrung:** Insekten, Beeren, Früchte.

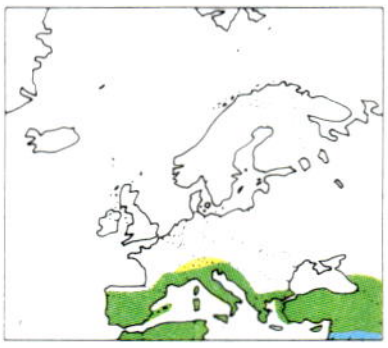

Gattung *Turdus* „echte Drosseln": Weltweit 64 Arten.

Die Drosseln sind mittelgroße Singvögel mit spitzen, aber doch kräftigen Schnäbeln, mit denen sie sowohl Insekten fangen als auch Beeren und Früchte pflücken und zerkleinern können. Sie halten sich viel auf dem Boden auf, wo sie das Laub nach Nahrung durchsuchen und Regenwürmer aus dem Boden ziehen.

◐ **RINGDROSSEL** *Turdus torquatus* **Status:** TZ; III—IV, IV—XI. **Größe:** 24 cm, 90—130 g, ~ Amsel. **Merkmale:** Amselähnlich, aber weißer, halbmondförmiger Brustfleck, schuppiges Gefieder, helles Feld auf dem Armflügel; (nicht mit gescheckten Amseln verwechseln). **Stimme:** Gesang ♂ Flöten, im Klang wie Amsel, in den Wiederholungen wie Singdrossel; Ruf hart, klickend, gereiht „tak-tak.:". **Lebensraum:** Im S. G, lichte W an Baumgrenze; im N. Bergtundra, MF. **Nest:** Zumeist Boden, in Felsnische, unter Busch, auch in Busch, Baum; Napf aus Gras, Moos, Blättern, mit feinem Gras ausgelegt, ♂♀. **Eier:** 4—5, bläulichgrün; rötlichbraun::, 30 mm. **Brut:** 2, 14, ♂ ♀, IV—VI. **Junge:** Nho, 14, ♂ ♀. **Imm:** 3. **Alter:** 1/(8). **Nahrung:** Verschiedenste Wirbellose, Beeren, Früchte.

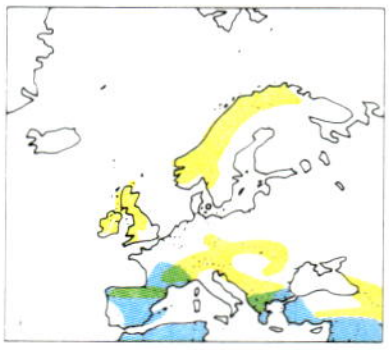

● **AMSEL** *Turdus merula* **Status:** TZ; III—IV, X—XI. **Größe:** 25 cm, 80—110 g. **Merkmale:** ♂ schwarz mit orangegelbem Schnabel; ♀ dunkelbraun mit hellerer Unterseite; sehr häufig; Schecken sind nicht selten. **Stimme:** Gesang ♂ getragenes, lautes, melodisches Flöten ohne Wiederholungen, endet mit gepreßt, schnirpsenden Tönen; Rufe anhaltend „tix tix.:", „tschink tschink.:", aufgescheucht schrilles Zetern. **Lebensraum:** Lichte W, BW, VS. **Nest:** Baum, Busch, auch an, in Gebäuden; Napf aus Gras, Wurzeln, Stengeln, Laub; Mulde mit Erde ausgeschmiert und mit feinem Gras, Blättern u.a. ausgelegt, ♀. **Eier:** 3—5, bläulichgrün; dicht rostrot::, 29 mm. **Brut:** 2, 13—15, ♀, IV—VII. **Junge:** Nho, 12—15, ♂ ♀. **Imm:** 3. **Alter:** 1/16. **Nahrung:** Regenwürmer, Insekten, Beeren, Früchte. *

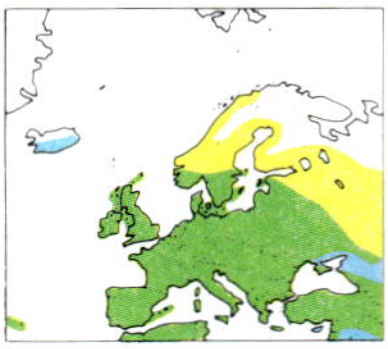

Die Gestalt ist bei allen Drosseln ähnlich. Bei den braunen, unterseits gefleckten Drosseln muß man auf bestimmte Färbungs- und Zeichnungsmerkmale achten. Bei den dunklen Drosseln sind die Geschlechter verschieden.

Achte auf die Kopfzeichnung und die Färbung von Flanken und Unterflügeln.

● **WACHOLDERDROSSEL** *Turdus pilaris* **Status:** TZ, (W); III—V, X—XI. **Größe:** 26 cm, 80—140 g, ~ Amsel. **Merkmale:** Erscheint bunt; Kopf, Bürzel grau; Rücken kastanienbraun; Schwanz schwarz; im Flug auffällig helle Unterflügel. **Stimme:** Gesang vorwiegend im Flug hartes, schrilles Schwätzen; Rufe im Flug lautes Schackern „tschak-tschak.:", Hassen schnarrend „terr-terr.:". **Lebensraum:** L mit Baumgruppen, Gehölzen; Waldrand; Winter auch VS. **Nest:** Kleinere Brutkolonie; Baum; Napf aus Gras, Moos, Zweigen; Mulde mit Lehm ausgestrichen und mit feinem Gras ausgelegt, ♀. **Eier:** 4—6, grünlichblau; rostrot::, 29 mm. **Brut:** 1(2), 13—14, ♀, IV—VI. **Junge:** Nho, ca. 14, ♂ ♀. **Imm:** 3. **Alter:** 1/18. **Nahrung:** Insekten, Regenwürmer, Beeren. *

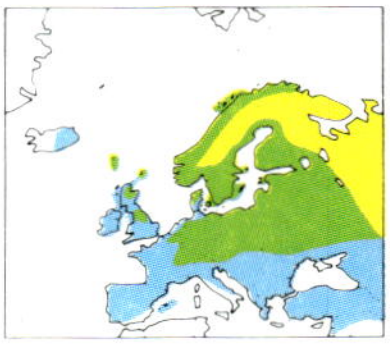

● **SINGDROSSEL** *Turdus philomelos* **Status:** TZ; III—IV, IX—X. **Größe:** 23 cm, 65—90 g, < Amsel. **Merkmale:** Oberseite olivgrau, Unterseite rahmgelb mit kleinen, dunklen Flecken; im Flug Unterflügel hell orange. **Stimme:** Gesang ♂ von hoher Warte laut, klangrein geflötete mehrsilbige Motive, die zwei- bis dreimal wiederholt werden; Rufe im Flug kurz, hoch „zip", „zick", erregt „duk duk.:", kann sich zu Zetern steigern. **Lebensraum:** W, BW, VS. **Nest:** Baum, Busch; Napf aus Gras, Zweigen, Wurzeln, Moos; Mulde mit Lehm, Schlamm glatt ausgestrichen, ♀. **Eier:** 3—5, hellblau; spärlich schwarz::, 28 mm. **Brut:** 2(3), 12—14, ♀, IV—VII. **Junge:** Nho, 12—15, ♂ ♀. **Imm:** 3. **Alter:** 1/14. **Nahrung:** Gehäuseschnecken, die sie auf einem Stein aufhackt, Insekten, Regenwürmer, Beeren. *

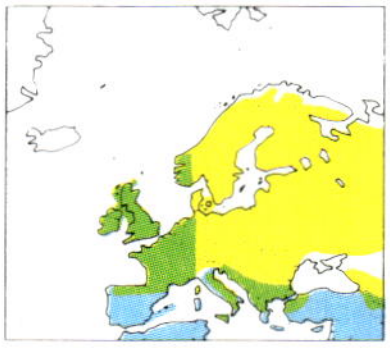

○ **ROTDROSSEL** *Turdus iliacus* **Status:** TZ; III—IV, X—XI. **Gefährdung:** R6. **Größe:** 21 cm, 55—75 g, < Amsel. **Merkmale:** Ähnlich Singdrossel, aber markanter, heller Überaugenstreif, rotbraune Flanken, im Flug rotbraun am Unterflügel. **Stimme:** Gesang Beginn kurzes, absteigendes Flötenmotiv „trü trü tri" o.ä., dann Schwätzen mit Schnarren, Kratzen; Ruf hoch, gedehnt „ziih", oft beim nächtlichen Zug zu hören. **Lebensraum:** „So" lichte, nordische W; „Wi" L mit Büschen, Hecken, Gehölzen. **Nest:** Baum, Busch; Napf aus Gras, Zweigen, Moos, Flechten; Mulde mit Schlamm ausgestrichen, mit feinem Gras ausgelegt, ♀. **Eier:** 5—6, hell-, grünlichblau; dicht, fein rotbraun::, 26 mm. **Brut:** 2, 12—14, ♀, V—VII. **Junge:** Nho, 12—14, ♂ ♀. **Imm:** 3. **Alter:** 1/19. **Nahrung:** Insekten, Würmer, Beeren.

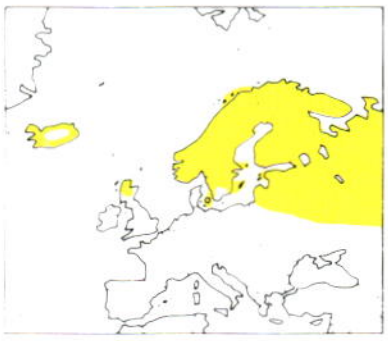

● **MISTELDROSSEL** *Turdus viscivorus* **Status:** TZ; II—III, X—XI. **Größe:** 27 cm, 110—140 g, > Amsel. **Merkmale:** Ähnlich Singdrossel, aber weit größer, oberseits grauer, unterseits gröber gefleckt; im Flug Unterflügel weiß; wenig gesellig, „Wi" nicht in Trupps. **Stimme:** Gesang ♂ von hoher Warte amselartig, aber weniger klangvoll und mit gelegentlicher Motivwiederholung; Ruf im Flug hart schnärrend „trrr" oder gereiht „tschrtschr.:". **Lebensraum:** W, BW, zunehmend auch VS. **Nest:** Baum, Busch oft recht hoch; Napf aus Gras, Zweigen, Wurzeln, Moos, Laub; mit Erde verfestigt und mit feinem Gras ausgelegt, ♀. **Eier:** 3—5, grünlichblau; fein, grob rötlichbraun::, 31 mm. **Brut:** 2, 13—14, ♀, IV—VI. **Junge:** Nho, 14—16, ♂ ♀. **Imm:** 3. **Alter:** 1/11. **Nahrung:** Insekten, Würmer, Beeren.

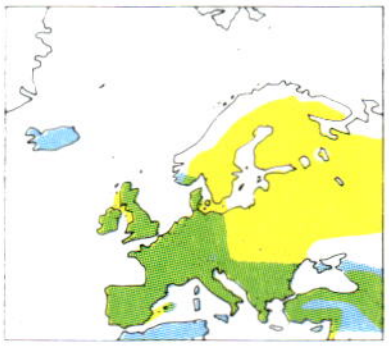

Familie *Sylviidae* Grasmücken: Weltweit 339 Arten.

Kleine bewegliche, insektenfressende Vögel mit schlankem, spitzen Schnabel. Die wesentlichen, in Europa vorkommenden Gattungen sind: Schwirle *(Locustella)*, Rohrsänger *(Acrocephalus)*, Spötter *(Hippolais)*, Grasmücken im engeren Sinne *(Sylvia)*, Laubsänger *(Phylloscopus)*. In diesen Gattungen gibt es viele sehr ähnliche Arten, die nach dem Aussehen kaum oder nicht unterschieden werden können. Ausgenommen einige Grasmücken, sehen die Geschlechter gleich aus. Die Jungvögel gleichen den Alten. Bei einigen jungen Grasmücken ist die Färbung der Augen und Augenringe weniger intensiv als bei den Altvögeln.

♙ **SEIDENSÄNGER** *Cettia cetti* **Status:** St. **Gefährdung:** R6. **Größe:** 14 cm, 12—18 g, ~ Rotkehlchen. **Merkmale:** Versteckt lebend, am besten an der Stimme erkennbar; Oberseite dunkel rotbraun, Unterseite heller, Schwanz gerundet. **Stimme:** Gesang ♂ von schnell wechselnden Singplätzen unvermittelt laut einsetzend „zit-zit-zit-da-zit.:"; Ruf schmatzend, kurz „tschuk", „tschik". **Lebensraum:** BW in Gewässernähe. **Nest:** ♂ oft polygam; Boden in dichter Vegetation oder erhöht in Busch; Körbchen aus Blättern, Stengeln, Gras, mit feinem Gras, Haaren, Federn ausgelegt, ♀. **Eier:** 4—5, hell kastanienbraun bis ziegelrot, 18 mm. **Brut:** 1, ?, ♀, IV—VI. **Junge:** Nho, ?, ♂ ♀. **Imm:** 0. **Alter:** 1/(5). **Nahrung:** Vorwiegend Insekten.

△ **CISTENSÄNGER** *Cisticola juncidis* **Status:** St. **Größe:** 10 cm, 6—8 g, < Rotkehlchen. **Merkmale:** Sehr klein; Oberkopf längsgestreift; Schwanz kurz, stufig rund mit schwarz-weißen Enden; auffälliger Singflug. **Stimme:** Gesang ♂ im wellenförmig auf- und absteigenden Singflug hoch, scharf „tsip tsip.:"; Ruf „twüd-twüd-twü.:" o.ä. **Lebensraum:** WF, BF, WL, AL. **Nest:** In Gras-, Binsenstaude; länglicher, beutel-, birnenförmiger Bau; Halme werden mit Spinnweben verbunden, Höhlung mit Gras, Pflanzenwolle ausgelegt, ?. **Eier:** 4—6, weiß bis hellblau; oft rötlich, purpurn, schwarz::, 15 mm. **Brut:** 2(3), ca. 12, ♂ ♀, IV—VI. **Junge:** Nho, ?, ♂ ♀. **Imm:** 0. **Alter:** 1/?. **Nahrung:** Insekten.

Das wohl beste Unterscheidungsmerkmal für diese kleinen Sänger ist die Stimme. Die Schwirle, Rohrsänger und Spötter haben recht lange Schnäbel und eine flache, in den Schnabel überleitende Stirn. Die Grasmücken haben eine hohe Stirn.

Streifungen auf Kopf und Rücken, Flügelbinden und bei den Grasmücken auch die Farbe der Augen und Augenringe können bei der Unterscheidung der Arten dienlich sein.

● **FELDSCHWIRL** *Locustella naevia* **Status:** Z; IV—V, VIII—IX. **Größe:** 13 cm, 11—15 g, < Rotkehlchen. **Merkmale:** Lebt versteckt im dichten Bewuchs, fliegt ungern, am besten an der Stimme erkennbar; Oberseite dunkel, schuppig längsgestreift, Schwanz stufig gerundet. **Stimme:** Gesang ♂ von niedriger Warte, aus dichtem Bewuchs langanhaltendes, monotones, heuschreckenartiges Schwirren; Ruf scharf „pitt", erregt „tek-tek.:", „tschäk". **Lebensraum:** WF mit Büschen, BW, MF, AL. **Nest:** In Gras-, Binsenhorst, hohem Kraut; Napf in dichten Bewuchs eingeflochten; Laub, Gras, mit Haaren, Fasern ausgelegt, ♂ ♀. **Eier:** 5—6, weißlich rosa; dicht, fein rötlich::, 18 mm. **Brut:** 2, 13—15, ♂ ♀, V—VII. **Junge:** Nho, 10—12+, ♂ ♀. **Imm:** 0. **Alter:** 1/5. **Nahrung:** Vorwiegend Insekten.

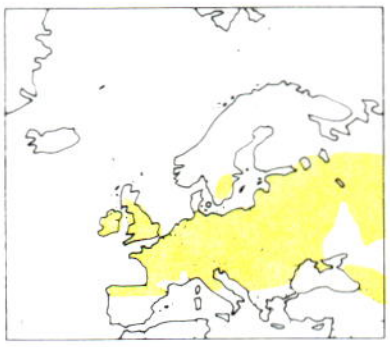

◑ **SCHLAGSCHWIRL** *Locustella fluviatilis* **Status:** Z; V, VIII. **Größe:** 15 cm, 16—22 g, ~ Rotkehlchen. **Merkmale:** Ähnlich Feldschwirl, aber Oberseite ungestreift, Unterseite schwach gefleckt und gestreift; Schwanz stufig rund; bewegt sich meist zu Fuß im dichten Bewuchs. **Stimme:** Gesang ♂ aus dem Bewuchs langanhaltendes rhythmisches Wetzen „dze-dze-dze.:", vor allem bei Dämmerung und nachts. **Lebensraum:** Sumpfiger BW, BF mit Gebüsch, Waldlichtung mit dichtem Bewuchs. **Nest:** Boden, im dichten Bewuchs; Napf aus Laub, Halmen, Schilfblättern, mit feinem Gras, Haaren ausgelegt, ?. **Eier:** 5—6, weiß; dicht, fein rot, braun::, 19 mm. **Brut:** 1, 13, ?, V—VII. **Junge:** Nho, ?, ♂ ♀. **Imm:** 0. **Alter:** 1/?. **Nahrung:** Vorwiegend Insekten.

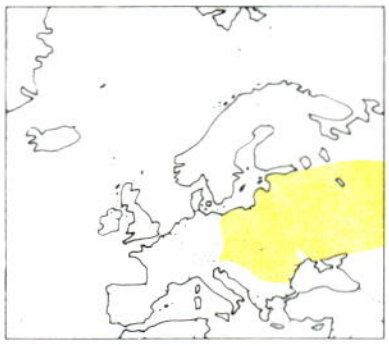

◑ **ROHRSCHWIRL** *Locustella luscinioides* **Status:** Z; IV, VIII—IX. **Gefährdung:** R5. **Größe:** 14 cm, 13—16 g, ~ Rotkehlchen. **Merkmale:** Ähnlich Feldschwirl, aber Ober- und Unterseite ungefleckt; weit weniger heimlich als Feld-, Schlagschwirl. **Stimme:** Gesang ♂ von der Spitze eines Schilfhalmes anhaltendes Schwirren eingeleitet durch tiefe, tickende Laute; Schwirren tiefer, mehr trillernd als beim Feldschwirl; Rufe tickend „pit pit.:", scharf „zick", „zit". **Lebensraum:** BF, dichte, große Schilfbestände. **Nest:** Boden, in Seggenbülte o.ä., auch erhöht zwischen Schilf; Napf aus Schilfblättern, mit Fasern, Blättchen ausgelegt, ♀. **Eier:** 4—6, weißlich; braun, grau::, 20 mm. **Brut:** 2, 12, ♀, V—VII. **Junge:** Nho, 12—14, ♀(♂). **Imm:** 0. **Alter:** 1/?. **Nahrung:** Insekten.

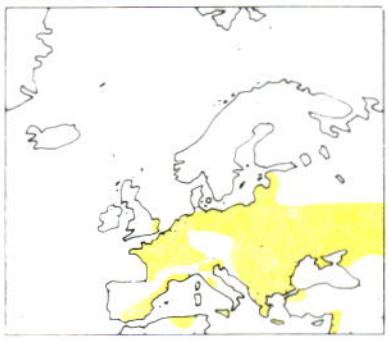

△ **MARISKENSÄNGER** *Acrocephalus melanopogon* **Status:** TZ; IV, IX. **Größe:** 13 cm, 10—14 g, < Rotkehlchen. **Merkmale:** Ähnlich Schilfrohrsänger, aber Oberkopf, Kopfseiten dunkler, Rücken rötlichbraun; Schwanz oft hochgestellt und gefächert. **Stimme:** Gesang ♂ freisitzend auf erhöhter Warte ähnlich Sumpf-, Teichrohrsänger mit leisem, nachtigallenähnlichem Crescendo „düh-dü.:"; Ruf hart „tak", „trt-trt.:". **Lebensraum:** BF, Röhrichte mit Rohrkolben. **Nest:** In Röhricht, Gebüsch über, am Wasser; Napf aus Schilf, Stengeln, Gras, mit Schilfrispen, Federn ausgelegt, ?. **Eier:** 3—4, weißlich; dicht, fein helloliv::, 18 mm. **Brut:** 2, ?, ?. **Junge:** Nho, ?, ♂ ♀. **Imm:** 0. **Alter:** 1/?. **Nahrung:** Insekten.

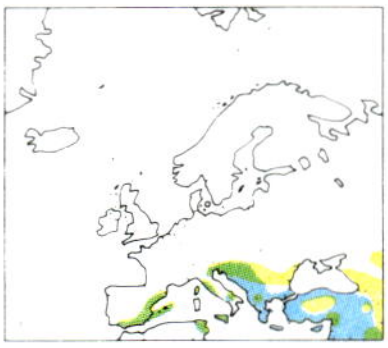

◑ **SEGGENROHRSÄNGER** *Acrocephalus paludicola* **Status:** Z; IV—V, VIII—IX. **Gefährdung:** R1. **Größe:** 13 cm, 10—14 g, < Rotkehlchen. **Merkmale:** Ähnlich Schilfrohrsänger, aber heller, Kopf mit gelblichem Scheitel- und Überaugenstreif; Bürzel wie Rücken gestreift; Brust, Flanken schwach gestrichelt. **Stimme:** Gesang ♂ im steil aufsteigenden Singflug oder von Warte kurze Strophe mit Rattern und anschließendem Flöten „trrtrtr-jü-jü.:" o.ä.; Ruf ratternd „trr" o.ä. **Lebensraum:** BF mit großen Seggen-, Binsenbeständen. **Nest:** In dichtem Bewuchs nahe dem Boden; Napf aus Gras, Spinnweben, Pflanzenwolle, mit Federn ausgelegt, ?. **Eier:** 5—6, weißlich; sehr dicht olivbräunlich::, 18 mm. **Brut:** 1, ?, ♂ ♀, V—VII. **Junge:** Nho, ?, ♂ ♀, V—VI. **Imm:** 0. **Alter:** 1/?. **Nahrung:** Insekten.

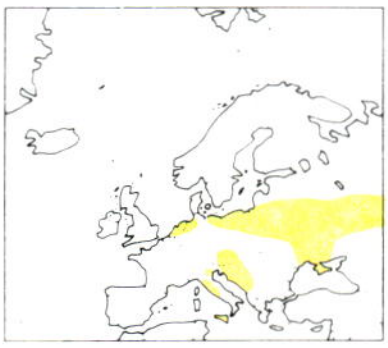

● **SCHILFROHRSÄNGER** *Acrocephalus schoenobaenus* **Status:** Z; IV, IX—X. **Gefährdung:** R4. **Größe:** 13 cm, 10—13 g, < Rotkehlchen. **Merkmale:** Rahmfarbener Überaugenstreif; Rücken längsgestreift; Bürzel ungestreift rostbraun. **Stimme:** Gesang ♂ von Warte oder im kurz ansteigenden und steil, gleitend absteigenden Singflug anhaltend, hart schnarrend „trr-trr.:", dazwischen mehr flötend mit Imitationen; Ruf scharf „tsrr", „karr". **Lebensraum:** BF mit Röhricht, Büschen. **Nest:** Boden bis wenig erhöht, in Uferbewuchs eingebaut; länglicher Napf aus Gras, Schilf, Moos, Spinnweben, mit feinem Pflanzenmaterial ausgelegt, ♀. **Eier:** 5—6, blaß grünlich bis bräunlich; sehr dicht gelblichgrau::, 18 mm. **Brut:** 1—2, 13—14, ♀, V—VII. **Junge:** Nho, 12—14, ♂ ♀. **Imm:** 0. **Alter:** 1/7. **Nahrung:** Insekten. *

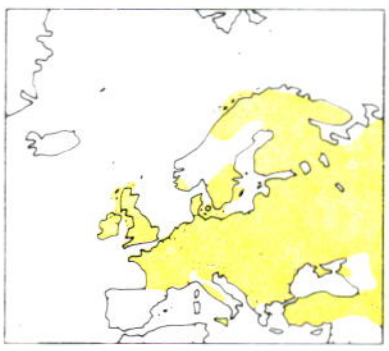

△ **BUSCHROHRSÄNGER** *Acrocephalus dumetorum* **Status:** Z; V, IX. **Größe:** 12,5 cm, 10—14 g, < Rotkehlchen. **Merkmale:** Vom Teich- und Sumpfrohrsänger nur an Strukturmerkmalen des Flügels und an der Stimme zu unterscheiden. **Stimme:** Gesang ♂ von erhöhter Warte in Busch, Baum anhaltend mit viel Imitationen ähnlich Sumpfrohrsänger, aber langsamer, lauter, mit mehrfacher Motivwiederholung, singt auch nachts. **Lebensraum:** BF mit Gebüsch, BW, Waldrand. **Nest:** Boden bis erhöht, an Zweig, Halme gehängt; tiefer Napf aus Gras, Pflanzenwolle, Spinnweben, mit feinem Gras, Haaren ausgelegt, ?. **Eier:** 4—5, weißlich; fein, grob grün, graubraun::, 18 mm. **Brut:** 1, ?, ?, V—VII. **Junge:** Nho, 11+, ♂ ♀. **Imm:** 0. **Alter:** 1/?. **Nahrung:** Insekten.

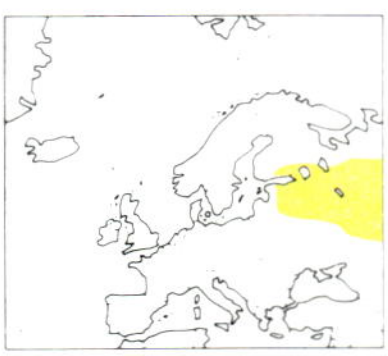

adult
adult
adult
adult
adult
immatur
adult
immatur
adult

●**SUMPFROHRSÄNGER** *Acrocephalus palustris* **Status:** Z; V, IX. **Größe:** 12,5 cm, 11—15 g, < Rotkehlchen. **Merkmale:** Von Teichrohrsänger sicher nur an Strukturmerkmalen des Flügels und an der Stimme zu unterscheiden; Altvögel mehr olivbraun; anderer Lebensraum. **Stimme:** Gesang ♂ aus dichtem Busch rhythmische Reihung von Imitationen mit Schnalzen; Ruf hart „tak", „tsar". **Lebensraum:** BW gern mit Brennessel-, Dornengestrüpp, BF mit Gebüsch. **Nest:** Zwischen Stengel gehängter Napf aus Gras, Stengeln, mit feinem Gras ausgelegt, ♀(♂). **Eier:** 4—5, bläulichweiß; locker grob und fein olivbraun, grünlich, grau::, 19 mm. **Brut:** 1, 12, ♂ ♀, V—VII. **Junge:** Nho, 10—14, ♂ ♀. **Imm:** 0. **Alter:** 1/8. **Nahrung:** Insekten. *

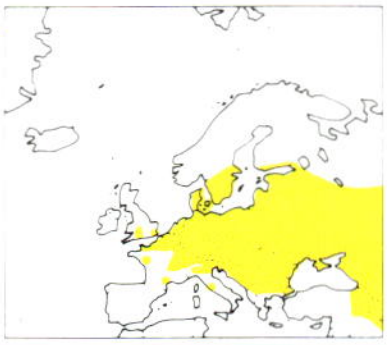

●**TEICHROHRSÄNGER** *Acrocephalus scirpaceus* **Status:** Z; V, IX—X. **Größe:** 12,5 cm, 10—15 g, < Rotkehlchen. **Merkmale:** s. Sumpf- und Buschrohrsänger; Altvögel mehr bräunlich; anderer Lebensraum. **Stimme:** Gesang ♂ aus dichtem Röhricht anhaltend schnarrend, knarrend, wetzend mit zwei- bis dreifacher Motivwiederholung „tiri tiri tiri tier tier tier zäck zäck.:"; Rufe kurz, hart „kra", „ward", wetzend „wäd". **Lebensraum:** BF mit Schilfbeständen. **Nest:** Oft kolonieartig; zwischen Schilfhalme gehängter, tiefer Napf aus Gras, Schilfblüten, Blättern, mit feinem Gras, Haaren ausgelegt, ♀. **Eier:** 3—5, grünlichweiß bis blaugrün; unregelmäßig dunkelgrau::, 18 mm. **Brut:** 2, 11—12, ♂ ♀, V—VII. **Junge:** Nho, 10—14 verlassen das Nest oft früher, ♂ ♀. **Imm:** 0. **Alter:** 1/12. **Nahrung:** Insekten. *

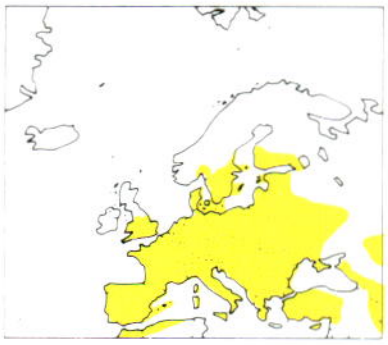

●**DROSSELROHRSÄNGER** *Acrocephalus arundinaceus* **Status:** Z; V, VIII—IX. **Gefährdung:** R3. **Größe:** 19 cm, 25—37 g, < Star. **Merkmale:** Ähnlich Teichrohrsänger, aber viel größer, auffallender Überaugenstreif. **Stimme:** Gesang ♂ aus Schilf rauh knarrend, schnarrend, Motive zwei- bis dreimal wiederholt „karre karre kri krik görk görk görk.:" o.ä.; Ruf hart „karr", „ark". **Lebensraum:** BF mit großen, reinen Schilfbeständen. **Nest:** Zwischen Schilfhalme gehängter, tiefer Napf aus Halmen, Schilfblüten, Gras, mit Fasern, Haaren, Federn ausgelegt, ♀. **Eier:** 4—6, bläulichgrün bis hellblau; dicht, grob oliv, braun, blaugrau::, 23 mm. **Brut:** 1, 14—15, ♂ ♀, V—VII. **Junge:** Nho, 12+, ♂ ♀. **Imm:** 0. **Alter:** 1/9. **Nahrung:** Insekten.

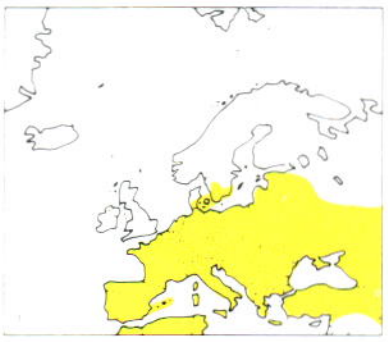

△ **BLASSSPÖTTER** *Hippolais pallida* **Status:** Z; IV, VIII. **Größe:** 13,5 cm, 10—13 g, ~ Rotkehlchen. **Merkmale:** Fahloliv mit heller Unterseite; langer Schnabel; flache Stirn; zusammengelegte Flügel reichen nur bis zum Schwanzansatz. **Stimme:** Gesang ♂ aus dichtbelaubtem Baum, Busch anhaltendes, hartes, kehliges Schwätzen ohne Imitationen; Rufe hart, ratternd „tset-tset.:", „trerr", „tsr". **Lebensraum:** L mit Büschen, Hecken, Bäumen, auch VS. **Nest:** In Busch; fester Napf aus Zweigen, Stengeln, Gras, mit feinem Gras, Fasern ausgelegt, ♂ ♀. **Eier:** 3—4, schmutzigweiß; wenig schwarz::, 17 mm. **Brut:** 2, 12—13, ♀, V—VI. **Junge:** Nho, 11—13, ♂ ♀. **Imm:** 0. **Alter:** 1/?. **Nahrung:** Insekten, auch Beeren.

OLIVENSPÖTTER *Hippolais olivetorum* **Status:** Z; IV—V, VII—VIII. **Größe:** 15 cm, ? g, > Rotkehlchen. **Merkmale:** Groß mit auffällig langem Schnabel; Armschwingen mit weißlichen Säumen; Beine bläulich. **Stimme:** Gesang ♂ aus Olivenbaum ähnlich Blaßspötter, aber lauter, langsamer, an Drosselrohrsänger erinnernd, keine Imitationen; Ruf tief „tak tak.:", „tak-trr.:". **Lebensraum:** Bevorzugt weite, lichte Olivenhaine, auch ähnliches Laubholz. **Nest:** Niedrig in Olivenbaum o.a. Baum, Busch; fester Napf aus Gras, Fasern, Wurzeln, mit Pflanzenwolle, Haaren, Federn ausgelegt, ?. **Eier:** 3—4, blaßviolett; schwach, unregelmäßig schwärzlich::, 22 mm. **Brut:** 1, 13, ♀(?♂), V—VI. **Junge:** Nho, 14+, ♂ ♀. **Imm:** 0. **Alter:** ?1/?. **Nahrung:** Wahrscheinlich vorwiegend Insekten.

●**GELBSPÖTTER** *Hippolais icterina* **Status:** Z; V, VIII. **Größe:** 13,5 cm, 12—22 g, ~ Rotkehlchen. **Merkmale:** Gelbe Unterseite; helle Säume der Handschwingen bilden Flügelfleck; von Laubsänger durch langen Schnabel, flache Stirn, waagerechte Sitzhaltung unterschieden. **Stimme:** Gesang ♂ aus dichter Baumkrone anhaltendes, lautes, scharfes Schwätzen, Motive werden wiederholt, mit gedehntem Schnalzen, viele Imitationen; Ruf hart „te te.:". **Lebensraum:** Lichte LW, L mit großen Bäumen, Gehölzen, VS. **Nest:** In Busch, Baum; in Astgabel eingebauter, fester Napf aus Halmen, Gras, außen mit Birkenrinde, Papierfetzen belegt, ♂ ♀. **Eier:** 4—5, rosa bis violett; wenig schwarz::, 18 mm. **Brut:** 1, 13, ♂ ♀, VI—VII. **Junge:** Nho, 13, ♂ ♀. **Imm:** 0. **Alter:** 1/6. **Nahrung:** Vorwiegend Insekten.

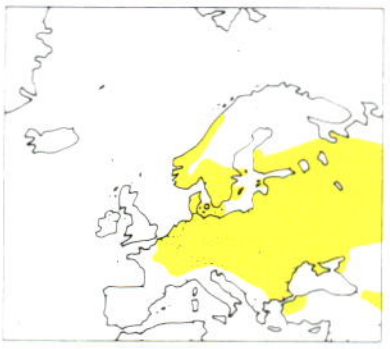

△ **ORPHEUSSPÖTTER** *Hippolais polyglotta* **Status:** Z; IV—V, VIII—IX. **Größe:** 13 cm, 9—16 g, < Rotkehlchen. **Merkmale:** Sehr ähnlich Gelbspötter, Flügelfleck nur angedeutet, Flügel kurz, Beine weniger bläulich. **Stimme:** Gesang ♂ von Buschspitze o.ä. anhaltendes, teils schnelles Schwätzen, dazwischen langsamer mit wiederholten Doppelmotiven „trü-wäd-trü-wäd.:", Sperlingstschilpen, Imitationen; Ruf metallisch „tak", „tschek". **Lebensraum:** BW, Baumreihen in sonniger Lage. **Nest:** In Busch, Baum; in Astgabel eingebauter, fester Napf aus Stengeln, Gras, Pflanzenwolle, Spinnweben, mit Fasern, Haaren ausgelegt, ♀. **Eier:** 3—5, rosa; spärlich schwarz::, 18 mm. **Brut:** 1—2, 12—13, ♀, V—VI. **Junge:** Nho, 12—13, ♂ ♀. **Imm:** 0. **Alter:** 1/?. **Nahrung:** Vorwiegend Insekten.

adult

adult

adult

adult

adult

adult Frühling

adult Herbst

adult Frühling

adult Herbst

SARDENGRASMÜCKE *Sylvia sarda* **Status:** St. **Größe:** 12 cm, ? g, < Rotkehlchen. **Merkmale:** Klein mit langem, oft aufgerichtetem Schwanz; ♂ wirkt schiefergrau, ♀ wenig heller; roter Augenring; Flug zuckend. **Stimme:** Gesang ♂ von Warte oder im Singflug hastig vorgetragene, kurze Motive mit einigen Pfiffen; Ruf kurz, trocken „tsig" oder „tatr" o.ä. **Lebensraum:** Niedere Macchie u.a. BW. **Nest:** Niedrig in Busch; Napf aus Halmen, Laub, Flechten, außen mit Spinnweben, Wolle belegt, mit feinem Gras, Haaren ausgelegt, ?. **Eier:** 3—4, weißlich bis blaßgrünlich; oliv, bräunlichgrau:: vor allem am stumpfen Pol, 18 mm. **Brut:** 2, 11—12, ♀(♂), IV—VI. **Junge:** Nho, ?, ♂♀. **Imm:** 3. **Alter:** ?1/?. **Nahrung:** Insekten.

PROVENCEGRASMÜCKE *Sylvia undata* **Status:** St, in harten Wintern oft große Verluste. **Größe:** 12,5 cm, 10—12 g, < Rotkehlchen. **Merkmale:** Ähnlich Sardengrasmücke, aber purpurbraune Unterseite, weißliche Schwanzkanten, weiß gefleckte Kehle, Augen und Augenring rot; Flug niedrig, zuckend. **Stimme:** Gesang ♂ von Warte oder im Singflug kurze, eilige Strophen mit Rattern, feinen Pfiffen; Ruf nasal gedehnt „djärr", „djärr-där". **Lebensraum:** HL mit Ginster, niedrige Macchie. **Nest:** Niedrig in Gestrüpp; Napf aus Gras, Moos, außen mit Spinnweben, Wolle belegt, mit feinem Gras, Haaren ausgelegt, ♂♀. **Eier:** 3—5, weißlich bis blaßgrünlich; variabel oliv, rötlichbraun::, 18 mm. **Brut:** 2, 12—13, ♀(♂), IV—V. **Junge:** Nho, 13—15, ♂♀. **Imm:** 0. **Alter:** 1/?. **Nahrung:** Insekten, Beeren.

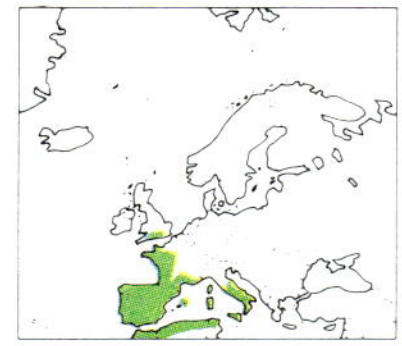

BRILLENGRASMÜCKE *Sylvia conspicillata* **Status:** St. **Größe:** 12,5 cm, 8—10 g, < Rotkehlchen. **Merkmale:** Ähnlich Dorngrasmücke, aber kleiner, kontrastreicher gefärbt; Kopf grau, weißer Augenring, rötliche Brust, Beine hellgelb. **Stimme:** Gesang ♂ von Buschspitze oder im Singflug kurze, schnell gesungene Strophen mit melodischem Pfeifen, auch Kratzen; Ruf gedehntes, hölzernes Schnarren „trrr.:". **Lebensraum:** Küstenstreifen mit hohen Quellerbeständen, niedriges Gestrüpp. **Nest:** Niedrig in dichtem Busch; Napf aus Gras, Laub, Wurzeln, mit Pflanzenwolle, Haaren ausgelegt, ?. **Eier:** 4—5, blaß grünlich bis bräunlich; fein grünlichgrau, oliv::, 17 mm. **Brut:** 2, 12—14, ♂♀, III—VI. **Junge:** Nho, 12—13, ♂♀, IV—V. **Imm:** 0. **Alter:** ?1/?. **Nahrung:** Insekten.

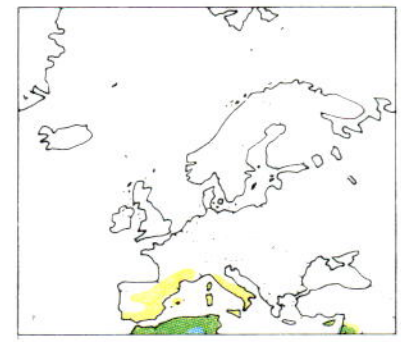

△ **WEISSBARTGRASMÜCKE** *Sylvia cantillans* **Status:** Z; III—IV, VIII—IX. **Größe:** 12 cm, 9—13 g, < Rotkehlchen. **Merkmale:** ♂ ähnlich Provencegrasmücke, aber weißer Bartstreif, kürzerer, weiß gesäumter Schwanz; ♀ ähnlich Brillengrasmücke, aber rotes Auge. **Stimme:** Gesang ♂ von Warte in Busch, Baum, auch im Singflug Strophen aus schnell aufeinanderfolgenden, hoch pfeifenden, kratzenden Lauten, ähnlich Samtkopfgrasmücke, weniger ratternd; Ruf hart, leise „tek tek.:". **Lebensraum:** Hohe Macchie, unterholzreicher, immergrüner W. **Nest:** Niedrig in Busch; Napf aus Gras, Stengeln, Gespinnsten, mit Haaren ausgelegt, ?. **Eier:** 3—4, grünlichweiß; fein dunkelbraun, grauviolett::, 17 mm. **Brut:** 2, 11—12, ♀, IV—VI. **Junge:** Nho, 11—12, ♂♀. **Imm:** 0. **Alter:** 1/?. **Nahrung:** Insekten.

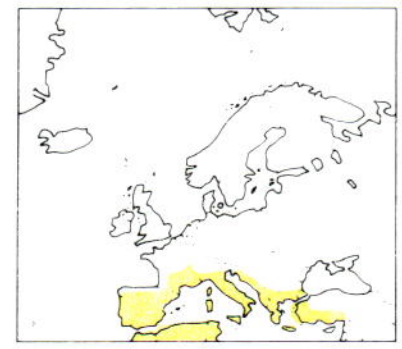

△ **SAMTKOPFGRASMÜCKE** *Sylvia melanocephala* **Status:** St. **Größe:** 13,5 cm, ? g, < Rotkehlchen. **Merkmale:** Gerundeter Schwanz mit weißen Kanten; ♂ schwarze Kopfkappe bis über die Augen, weiße Kehle, Auge und Augenring rot; ♀ viel blasser. **Stimme:** Gesang ♂ von Warte oder im gaukelnden Singflug aufeinanderfolgende Strophen mit hartem Rattern, feinen Pfeiflauten; Ruf hart ratternd „trrtrr.:", „trrr titi.:" o.ä. **Lebensraum:** BW. **Nest:** In Busch, Baum; Napf aus Gras, Pflanzenwolle, Gespinnsten, mit feinem Gras, Haaren ausgelegt, ♂♀. **Eier:** 3—4, weißlich, hellgrünlich, rötlich; grau, braun, rostbraun::, 17 mm. **Brut:** 1, 11—12, ♀(♂). **Junge:** Nho, 11—12, ♂♀, III—VI. **Imm:** 0. **Alter:** 1/?. **Nahrung:** Insekten, Beeren, manchmal Nektar.

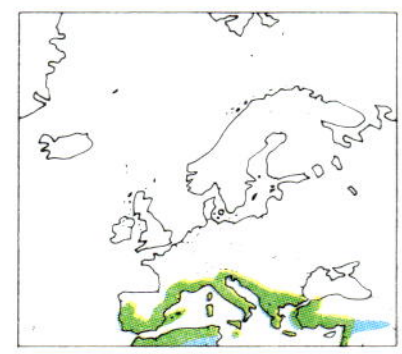

SCHUPPENGRASMÜCKE *Sylvia melanothorax* **Status:** St, nur auf Cypern. **Größe:** 13,5 cm, ? g, < Rotkehlchen. **Merkmale:** Ähnlich Samtkopfgrasmücke; ♂ Unterseite schuppig schwarz gefleckt; ♀ Kehle, Brust dunkel gepunktet. **Stimme:** Ähnlich Samtkopfgrasmücke. **Lebensraum:** BW. **Nest:** Niedrig in Busch; Napf aus Laub, Gras, Borke, mit feinem Gras, Haaren ausgelegt, ♀. **Eier:** 4—5, weißlichgrün; fein olivbraun, violettgrau::, 17 mm. **Brut:** ?2, ?, ?, IV—VI. **Junge:** Nho, ?, ?. **Imm:** 0. **Alter:** 1/?. **Nahrung:** Insekten, auch Beeren.

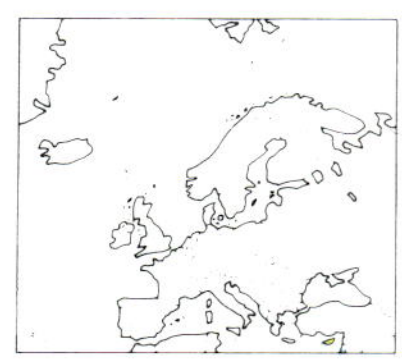

MASKENGRASMÜCKE *Sylvia rueppelli* **Status:** Z; II—III, VIII—IX. **Größe:** 14 cm, ? g, ~ Rotkehlchen. **Merkmale:** ♂ Kopf, Kehle schwarz mit weißem Bartstreif; ♀ ähnlich Samtkopfgrasmücken-♀, Kehlfleck, Bartstreif nur angedeutet. **Stimme:** Gesang ♂ von Warte oder im flatternden Singflug hart ratternde, rollende Strophen mit einzelnen reinen Tönen; Ruf hart ratternd „trr", „tet tet trr" o.ä. **Lebensraum:** Niedriges Gestrüpp, Macchie, an felsigen Hängen. **Nest:** Niedrig in Dornbusch; Napf aus Stengeln, Gras, mit Fasern, Haaren ausgelegt, ?. **Eier:** 4—5, weißlichgrün bis grau; dicht olivbraun bis gelblich::, 18 mm. **Brut:** ?2, 13, ♂♀, IV—V. **Junge:** Nho, ?, ♂♀. **Imm:** 0. **Alter:** 1/?. **Nahrung:** Insekten, auch Beeren.

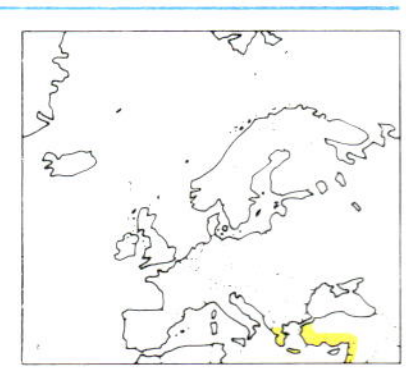

ad. ♂ So.
ad. ♀ So.
juv.
ad. ♂ So.
ad. ♀ So.
juv.
ad. ♂ So.
ad. ♀ So.
juv.
ad. ♂ So.
ad. ♀ So.
juv.
ad. ♂ So.
ad. ♀ So.
juv.
ad. ♂ So.
ad. ♀ So.
juv.
ad. ♀ So.
juv.
ad. ♂ So.

△ **ORPHEUSGRASMÜCKE** *Sylvia hortensis* **Status:** Z; IV, IX—X. **Größe:** 15 cm, 20—27 g, > Rotkehlchen. **Merkmale:** Groß; dunkler Kopf, weiße Kehle, auffällig gelbweißes Auge (bei Jungen dunkel), Schwanz mit weißen Kanten. **Stimme:** Gesang ♂ von Warte oder aus Baum volltönende, melodische Strophen, im Klang ähnlich Amsel mit Imitationen, Wiederholungen, im O. variabler als im W.; Ruf kurz „tak", „tek-tek.:". **Lebensraum:** Lichter W mit viel Unterholz, Waldrand, BW mit Bäumen, Gärten. **Nest:** In kleinem Baum, Busch; Napf aus Stengeln, Gras, Zweigen, außen mit Spinnweben belegt, mit feinem Gras ausgelegt, ?. **Eier:** 4—5, grünlichweiß; spärlich blaugrau, braun::, 20 mm. **Brut:** ?2, 13, ♂ ♀, V—VI. **Junge:** Nho, 12—14, ♂ ♀. **Imm:** 5—8. **Alter:** 1/?. **Nahrung:** Insekten, Beeren, Früchte.

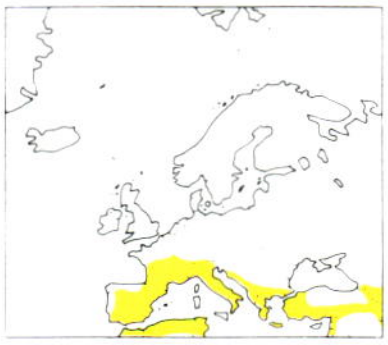

◑ **SPERBERGRASMÜCKE** *Sylvia nisoria* **Status:** Z; IV—V, IX—X. **Gefährdung:** R2. **Größe:** 15 cm, 21—35 g, > Rotkehlchen. **Merkmale:** Groß; Altvögel gesperberte Unterseite, zwei weiße Flügelbinden, gelbes Auge; Jungvögel ähnlich Gartengrasmücke. **Stimme:** Gesang ♂ von Buschspitze oder im horizontalen Singflug flötend ähnlich Gartengrasmücke, aber tiefer, mit schnarrenden Lauten; Ruf ratternd „örr", „trr trr.:", auch hart „tak-tak.:". **Lebensraum:** BW mit Dornendickichten. **Nest:** In dichtem Busch, Dorngestrüpp; in Astgabel lockerer, tiefer Napf aus Halmen, Gras, mit Spinnweben belegt, mit feinen Wurzeln, Haaren ausgelegt, ♀ (♂). **Eier:** 4—6, grauweiß; hellblaugrau::, 21 mm. **Brut:** 1(2), 12—15, ♂ ♀, V—VI. **Junge:** Nho, 12—15, ♂ ♀. **Imm:** 5—8. **Alter:** ?1/10. **Nahrung:** Insekten, Beeren.

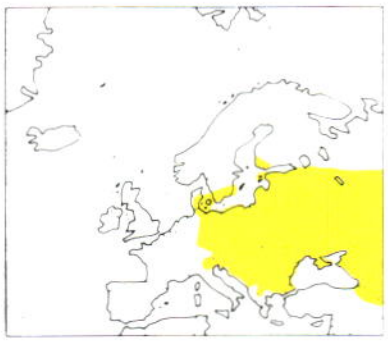

● **KLAPPERGRASMÜCKE** *Sylvia curruca* **Status:** Z; IV, IX—X. **Größe:** 13,5 cm, 10—16 g, ~ Rotkehlchen. **Merkmale:** Oberseite, auch Flügel, grau; Kopfseiten dunkel, weiße Kehle. **Stimme:** Gesang ♂ von Warte in Busch, Baum, sehr selten im Singflug zweiteilige Strophe mit kurzem, leisem, schwätzenden Vorgesang, dann lautes, hölzernes Klappern „dlidlidli.:"; Ruf kurz, scharf „tak", „tze". **Lebensraum:** BW, Gärten, Parks; G bis über Waldgrenze. **Nest:** Niedrig in dichtem Busch, Gestrüpp; Napf aus Zweigen, Gras, Wurzeln, außen mit Gespinnsten belegt, mit feinen Wurzeln, Haaren ausgelegt, ♂ ♀. **Eier:** 4—6, weißlich; braun, grau::, 17 mm. **Brut:** 1—2, 11, ♂ ♀, V—VI. **Junge:** Nho, 11, ♂ ♀. **Imm:** 0. **Alter:** 1/7. **Nahrung:** Insekten, Beeren.

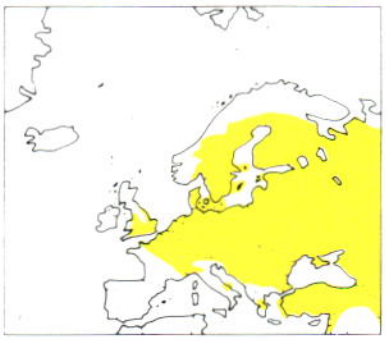

● **DORNGRASMÜCKE** *Sylvia communis* **Status:** Z; IV, IX—X. **Größe:** 14 cm, 12—18 g, ~ Rotkehlchen. **Merkmale:** Bräunliche Oberseite, rostfarbene Armschwingensäume, weiße Kehle; ♂ mit grauem Kopf. **Stimme:** Gesang ♂ von Buschspitze oder im aufsteigenden Singflug kurze, oft wiederholte Strophen aus rauhem Schwätzen, dann leiernd „di-du-di-doi-di-da" o.ä.; Ruf nasal „woid-woid.:" u.a. **Lebensraum:** L mit dichten Büschen, Hecken. **Nest:** Niedrig in Busch, Staude; lockerer Napf aus Halmen, Wurzeln, außen mit Pflanzenwolle, Gespinnsten belegt, mit Fasern, Haaren ausgelegt, ♂ ♀. **Eier:** 4—6, rahmfarben bis grünlichweiß; oliv, verschieden braun::, 19 mm. **Brut:** 1—2, 11—13, ♂ ♀, V—VII. **Junge:** Nho, 10—12, ♂ ♀. **Imm:** ?. **Alter:** 1/9. **Nahrung:** Insekten, Beeren, Früchte. *

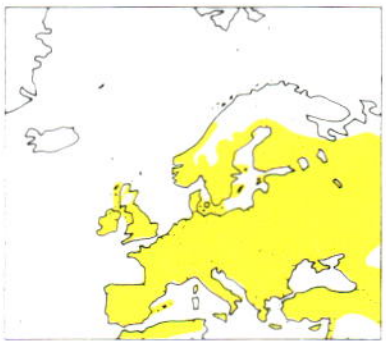

● **GARTENGRASMÜCKE** *Sylvia borin* **Status:** Z; IV—V, VIII—IX. **Größe:** 14 cm, 16—23 g, ~ Rotkehlchen. **Merkmale:** Ohne Gefiedermerkmale, braungrau mit rundem Kopf, Schnabel wirkt kürzer, stärker als bei anderen Grasmücken. **Stimme:** Gesang ♂ aus Baum, Busch wohltönendes, gleichmäßig schwätzendes Flöten mit tieferen, orgelnden Tönen; Ruf anhaltend, rhythmisch „wet-wet.:". **Lebensraum:** Lichter W mit dichtem Unterholz, hohe Hecken, Gebüsche. **Nest:** Niedrig in dichtem Busch, hohem Kraut; lockerer Napf aus Gras, Zweigen, Moos, mit feinem Gras, Haaren ausgelegt, ♂ ♀. **Eier:** 4—5, weißlich, schwach bräunlich, grünlich; grob, fein verschieden braun, grau::, 20 mm. **Brut:** 1—2, 12, ♂ ♀, V—VII. **Junge:** Nho, 10+, ♂ ♀. **Imm:** 0. **Alter:** 1/7. **Nahrung:** Insekten, Beeren, Früchte.

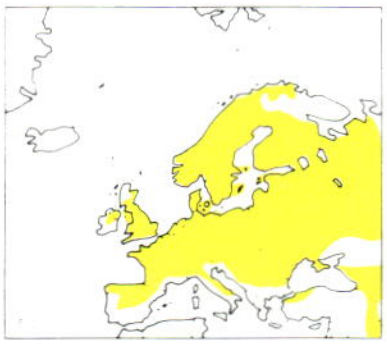

● **MÖNCHSGRASMÜCKE** *Sylvia atricapilla* **Status:** Z; IV, IX—X. **Größe:** 14 cm, 14—20 g, ~ Rotkehlchen. **Merkmale:** Graubraun, bis auf die Kopfkappe ohne besondere Merkmale; ♂ Oberkopf bis zu den Augen schwarz, ♀ und Jungvögel Oberkopf rötlichbraun. **Stimme:** Gesang ♂ aus Busch, Baum zweiteilige Strophen aus schwätzendem Vorgesang und klar, laut flötendem Motivgesang; Ruf kurz, hart „tak". **Lebensraum:** Lichter LW, MW mit Unterholz, BW, Parks und Gärten mit Gebüsch. **Nest:** Niedrig in Busch, Gestrüpp, Kraut; Napf aus Gras, Wurzeln, Pflanzenwolle, Dunen, mit feinem Gras, Haaren ausgelegt, ♂ ♀. **Eier:** 4—5, grünlichweiß bis hellbräunlich; dicht dunkelbraun, grau::, 20 mm. **Brut:** 1—2, 10—12, ♂ ♀, V—VII. **Junge:** Nho, 10—13, ♂ ♀. **Imm:** 0. **Alter:** 1/7. **Nahrung:** Insekten, Beeren, Früchte.

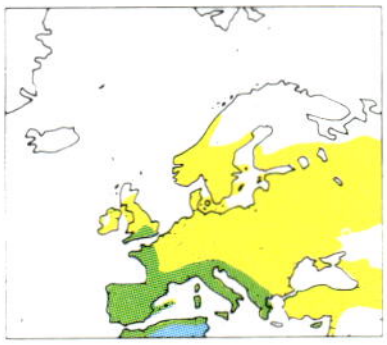

ad. ♀ So.
ad. ♂ So.
juvenil
ad. Wi.
adult Sommer
juvenil und
1. Winter
neues Gefieder ad.
abgenutztes
Gefieder ad.
ad. ♂ So.
ad. ♀ So.
juvenil
adult
juvenil
ad. ♂ So.
ad. ♀ So.
juvenil

◑ **GRÜNLAUBSÄNGER** *Phylloscopus trochiloides* **Status:** Z; V—VI, VIII—IX. **Größe:** 11 cm, 7—9 g, < Rotkehlchen. **Merkmale:** Sehr ähnlich Fitis und Zilpzalp, aber helle, oft undeutliche Flügelbinde, deutlicherer Überaugenstreif. **Stimme:** Gesang ♂ aus Baum schneller werdende Rufe „wizip.:" o.ä., Triller, fitisartiges Flöten; Ruf wie Gesanganfang „wizip", „zlilip" o.ä. **Lebensraum:** Lichte LW, MW, Gehölze, auch Parks, Gärten. **Nest:** Boden, im dichten Bewuchs; kugeliger Haufen mit seitlichem Eingang aus Gras, Moos, Laub, mit Haaren ausgelegt, ♀. **Eier:** 4—6, weiß, 15 mm. **Brut:** 1, ?, ♀, VI—VII. **Junge:** Nho, ?, ♂ ♀. **Imm:** 0. **Alter:** 1/?. **Nahrung:** Insekten.

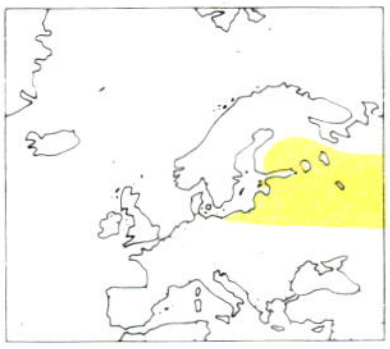

△ **WANDERLAUBSÄNGER** (Nordischer L.) *Phylloscopus borealis* **Status:** Z; V—VI, VIII. **Größe:** 12 cm, 9—12 g, < Rotkehlchen. **Merkmale:** Sehr ähnlich Fitis und Zilpzalp, aber deutlicher heller Überaugenstreif, dunkler Augenstreif, eine, selten zwei weißliche Flügelbinden, weiße Kehle. **Stimme:** Gesang ♂ aus Baum einige knarrende „zrik.:", klanghaftes Schwirren ähnlich Waldlaubsänger oder Schlagschwirl; Ruf kurz „zrik" o.ä., ratternd „tr-tr.:". **Lebensraum:** Nordischer W, gern Waldrand, Uferwald mit dichtem Unterwuchs. **Nest:** Boden, im Bewuchs; backofenförmiger Bau mit seitlichem Eingang aus Gras, Moos, Laub, mit Wurzeln, Haaren ausgelegt, ♀. **Eier:** 5—6, weißlich; spärlich dunkelrotbraun::, 16 mm. **Brut:** 1, 13, ♀, VI—VII. **Junge:** Nho, 12, ♂ ♀. **Imm:** 0. **Alter:** 1/?. **Nahrung:** Insekten. *

△ **GELBBRAUENLAUBSÄNGER** *Phylloscopus inornatus* **Brutgebiet:** Nördliches Sibirien, Mittel- und S.-O.Asien. **Status:** Z; erscheint in Westeuropa vorwiegend IX—X. **Größe:** 10 cm, 5—8 g, < Rotkehlchen. **Merkmale:** Sehr klein; zwei deutliche, helle Flügelbinden, gelblicher Überaugenstreif. **Stimme:** Gesang ♂ aus Baum Serie einfacher Doppellaute zu Triller beschleunigt; Ruf laut „wihst", „wihszihst". **Lebensraum:** Lichte NW, MW, Birkenwälder, BW. **Nest:** Boden, im Bewuchs; überdachter Bau mit seitlichem Eingang aus Gras, Moos, Laub, mit feinem Gras, Haaren ausgelegt, ?. **Eier:** 5—6, weiß; fein rotbraun::, 14 mm. **Brut:** 1, ?, ?, VI—VII. **Junge:** Nho, ?, ?. **Imm:** 0. **Alter:** 1/?. **Nahrung:** Insekten.

◑ **BERGLAUBSÄNGER** *Phylloscopus bonelli* **Status:** Z; IV—V, VIII—IX. **Größe:** 11,5 cm, 7—9 g, < Rotkehlchen. **Merkmale:** Ähnlich Fitis und Zilpzalp, aber Oberseite hell olivgrau, Bürzel grünlichgelb, Unterseite hell weißlich. **Stimme:** Gesang ♂ aus Baum kurzer, langsam schwirrender Triller aus gleichen Elementen, entfernt ähnlich Klappergrasmücke oder Zaunammer; Ruf zweisilbig „ho-ihd" o.ä. **Lebensraum:** NW, MW, in Bergland, G, bevorzugt sonnige Hänge. **Nest:** Boden, im Bewuchs; backofenförmiger Bau mit seitlichem Eingang aus Gras, Laub, mit feinem Gras, Haaren ausgelegt, ♀. **Eier:** 4—6, weiß; fein, dicht rötlichbraun::, 16 mm. **Brut:** 1, 13, ♀, V—VI. **Junge:** Nho, 10—12, ♂ ♀. **Imm:** 0. **Alter:** 1/?. **Nahrung:** Insekten.

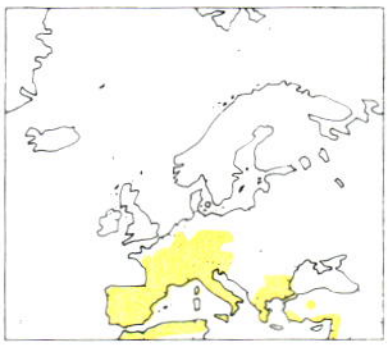

● **WALDLAUBSÄNGER** *Phylloscopus sibilatrix* **Status:** Z; IV, VIII—IX. **Größe:** 12,5 cm, 7—12 g, < Rotkehlchen. **Merkmale:** Größer als Fitis und Zilpzalp; Kehle und Brust gelb, gelber Überaugenstreif, Unterseite weiß. **Stimme:** Gesang ♂ aus Baum, im schwirrenden Singflug sich beschleunigendes Schwirren „sib-sib-sibsirrr.:", dazwischen gedehntes Flöten „düh-düh.:"; Ruf weich „düh". **Lebensraum:** Hochstämmiger LW mit wenig Unterwuchs wie Buchenwald, auch NW mit LW-Inseln. **Nest:** Boden, im Bewuchs o.a. Deckung; kugelförmiger Bau mit seitlichem Eingang aus Halmen, Farn, Gras, mit feinem Gras, Haaren ausgelegt, ♀. **Eier:** 5—7, weiß; dicht dunkelrotbraun, purpurgrau::, 16 mm. **Brut:** 1, 13, ♀, V—VI. **Junge:** Nho, 11—12, ♂ ♀. **Imm:** 0. **Alter:** 1/?. **Nahrung:** Insekten.

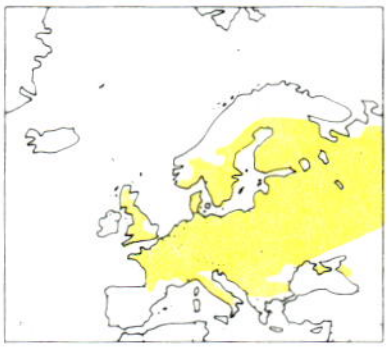

● **ZILPZALP** *Phylloscopus collybita* **Status:** Z; III—IV, IX—X. **Größe:** 11 cm, 6—9 g, < Rotkehlchen. **Merkmale:** Sehr ähnlich Fitis, beste Unterscheidungsmerkmale Stimme und Strukturmerkmale des Flügels; Oberseite olivgrau, Unterseite schmutzigweiß, Beine gewöhnlich schwärzlich. **Stimme:** Gesang ♂ aus Busch, Baum monotone Folge wie „zalp zilp zelp zalp.:"; Ruf einsilbig „hüid". **Lebensraum:** W, Gehölze, Parks, Gärten, wichtig ist Wechsel von Freiflächen mit Bäumen, Gebüsch. **Nest:** Boden im Bewuchs, erhöht in Dickicht, Gerank; kugelförmiger Bau mit seitlichem Eingang aus Halmen, Ranken, Moos, Laub? mit Federn ausgelegt, ♀. **Eier:** 5—6, weiß; spärlich purpurbraun, hellrötlichbraun::, 15 mm. **Brut:** 1—2, 13, ♀, IV—VI. **Junge:** Nho, 13—14, ♂ ♀. **Imm:** 0. **Alter:** 1/6. **Nahrung:** Insekten. *

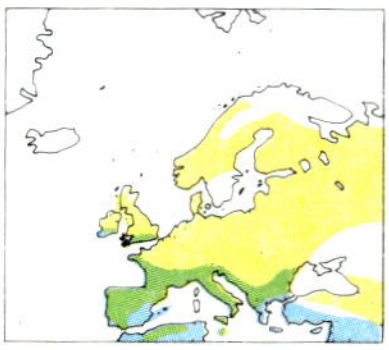

● **FITIS** *Phylloscopus trochilus* **Status:** Z; II—IV, IX—X. **Größe:** 11 cm, 8—10 g, < Rotkehlchen. **Merkmale:** Sehr ähnlich Zilpzalp, beste Unterscheidungsmerkmale die Stimme und Strukturmerkmale des Flügels; Beine gewöhnlich hellbraun, Beinfarbe aber kein sicheres Kennzeichen. **Stimme:** Gesang ♂ aus Busch, Baum melodisch, abfallend „didi die düe dea dea deida da"; Ruf weich, leise zweisilbig „huit" o.ä. **Lebensraum:** LW, MW, Gehölze, BW mit Bäumen, Parks. **Nest:** Boden, im Bewuchs, erhöht in Busch, Gerank; kugelförmiger Bau mit seitlichem Eingang aus Gras, Stengeln, Moos, mit feinem Gras, Federn ausgelegt, ♀. **Eier:** 6—7, weißlich; gleichmäßig braunrot::, 15 mm. **Brut:** 1, 13, ♀, IV—VI. **Junge:** Nho, 13—14, ♂ ♀. **Imm:** 0. **Alter:** 1/7. **Nahrung:** Insekten. *

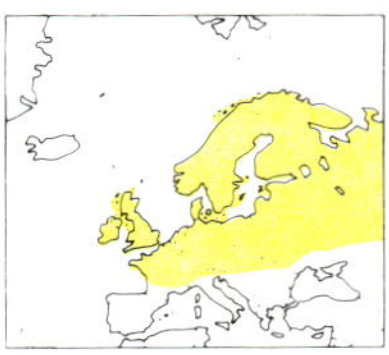

adult Frühling
adult Herbst
juvenil
adult Frühling
adult Herbst
juvenil
adult Frühling
adult Herbst
juvenil
adult Frühling
adult Herbst
juvenil
adult Frühling
adult Herbst
juvenil
adult Frühling
adult Herbst
juvenil
juvenil
adult Frühling
adult Herbst

Gattung *Regulus* Goldhähnchen: Weltweit 3 Arten.

Die Goldhähnchen sind die kleinsten Vögel Europas. Sie haben kurze Schwänze und feine, kleine Schnäbel. Durch ihre markante Kopfzeichnung mit dem auffällig gelb oder orange gefärbten Scheitel sind sie leicht zu erkennen. Sie leben bevorzugt im Nadelwald, kommen aber außerhalb der Brutzeit auch in Laubgehölzen vor.

● **WINTERGOLDHÄHNCHEN** *Regulus regulus* **Status:** TZ, (W); III—IV, X—XI. **Größe:** 9 cm, 5—7 g, viel < Rotkehlchen. **Merkmale:** Sehr klein; schwarz eingefaßter gelber (♀) oder orange gefärbter (♂) Scheitel, zwei helle Flügelbinden. **Stimme:** Gesang ♂ aus Nadelbaum feines, hohes, auf-, absteigendes Wispern wie „da-didedi.:" mit kurzem, zwitschernden Endschnörkel; Ruf hoch, fein „sri-sri.:". **Lebensraum:** NW, Winter auch in anderen W, Gehölzen. **Nest:** Hohe Fichte, Tanne o.ä. Nadelbaum; in die herabhängenden Zweige eines Astes eingebauter kugeliger Napf aus Moos, Flechten, Haaren, Gespinnsten, mit Federn ausgelegt, ♂ ♀. **Eier:** 7—8, gelblichweiß; sehr dicht blaßrotbraun::, 14 mm. **Brut:** 2, 16, ♀, IV—VI. **Junge:** Nho, 18—20, ♂ ♀. **Imm:** 2—3. **Alter:** 1/7. **Nahrung:** Kleine Insekten.

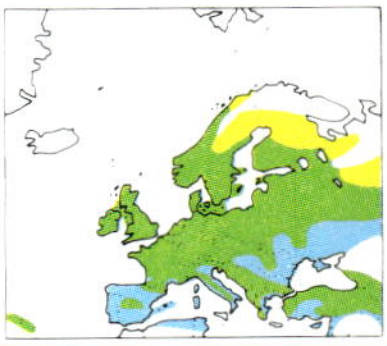

● **SOMMERGOLDHÄHNCHEN** *Regulus ignicapillus* **Status:** TZ. **Größe:** 9 cm, 5—7 g, viel < Rotkehlchen. **Merkmale:** Weißer Überaugenstreif, schwarzer Augenstreif, goldfarbener Schulterfleck. **Stimme:** Gesang ♂ aus Nadelbaum sehr hoch, leicht ansteigend, zum Schlußtriller lauter werdend „sisi..sirr.:"; Ruf fein, hoch „sisi.:". **Lebensraum:** Bevorzugt NW, auch MW, LW, im S. immergrüne W. **Nest:** Nadelbaum o.a. dichtes Gezweig; in Zweige gehängter, kugeliger Napf aus Moos, Flechten, Spinnweben, mit Federn ausgelegt, ♀(♂). **Eier:** 7—9, rosa; fein rotbraun::, am stumpfen Pol verdichtet, 13 mm. **Brut:** 2, 14—15, ♀, V—VII. **Junge:** Nho, 19—20, ♂ ♀. **Imm:** 2—3. **Alter:** 1/(4). **Nahrung:** Kleine Insekten.

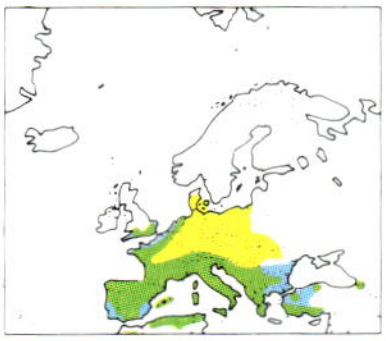

Familie *Muscicapidae* Fliegenschnäpper: Weltweit um 150 Arten.

Die Fliegenschnäpper sind über Eurasien und Afrika verbreitet. Sie sind zumeist kurzbeinig und haben flache, recht breite Schnäbel mit längeren Borsten in den Schnabelwinkeln. In der Mehrzahl sind sie Insektenfänger, die vom Ansitz aus fliegende Insekten in der Luft oder auch Bodeninsekten erhaschen.

● **GRAUSCHNÄPPER** *Muscicapa striata* **Status:** Z; IV—V, IX—X. **Größe:** 14 cm, 13—19 g, ~ Rotkehlchen. **Merkmale:** Braungrau mit gestreifter Brust; sitzt aufrecht auf exponierten Warten, von denen er zu akrobatischen Fangflügen auf fliegende Insekten startet. **Stimme:** Gesang unauffällige Folge kurzer, hastiger, hoher Töne wie „zizi-sri-zrü-tsr.:"; Ruf scharf „zi-tk-tk", „zek zek.:", gedehnt „zit". **Lebensraum:** Lichte Baumbestände, Waldrand, VS. **Nest:** In Halbhöhlen, Nischen, Absätzen an Bäumen, Gebäuden, in Kletterpflanzen, Spalieren; Napf aus Gras, Moos, Wurzeln, mit Haaren, Fasern ausgelegt, ♂ ♀. **Eier:** 4—5, weißlichgrün; grob, fein rötlichbraun::, 19 mm. **Brut:** 2, 12—14, ♂ ♀, V—VI. **Junge:** Nho, 12—15, ♂ ♀. **Imm:** ?. **Alter:** 1/9. **Nahrung:** Vorwiegend fliegende Insekten.

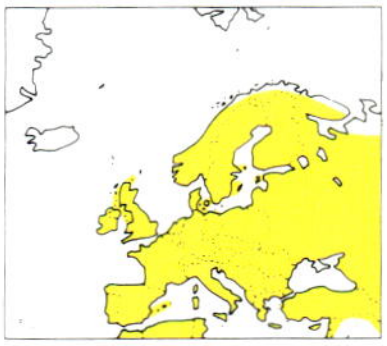

◑ **ZWERGSCHNÄPPER** *Ficedula parva* **Status:** Z; IV—V, IX—X. **Größe:** 11,5 cm, 8—13 g, deutlich < Rotkehlchen. **Merkmale:** Klein; alte ♂ ähnlich Rotkehlchen, aber mit Weiß an der Schwanzbasis; ♀ und junge ♂ schlicht graubraun; schwarz-weiße Schwanzzeichnung bei Schwanzzucken oder im Flug gut erkennbar. **Stimme:** Gesang ♂ reintonig, abfallend „tvi-tvi..dlü-tvi-dlü-tvi.:" o.ä.; Rufe hoch „zit", schnurrend „tzrr". **Lebensraum:** Hochstämmiger LW, MW mit geschlossenem Kronendach. **Nest:** In Astlöchern, Nischen, Spalten an Baumstämmen; Napf aus Moos, Laub, Fasern, mit feinen Halmen, Haaren ausgelegt, ♂ ♀. **Eier:** 5—6, blaßblau; fein rotbraun::. **Brut:** 1, 12—13, ♀, V—VI. **Junge:** Nho, 16, ♂ ♀. **Imm:** 2. **Alter:** 1/9. **Nahrung:** Insekten. *

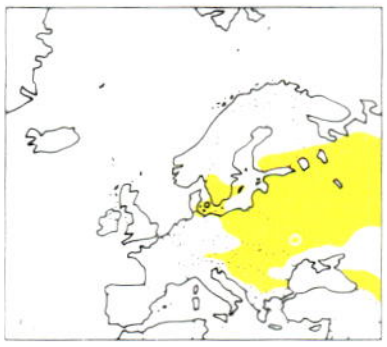

◑ **HALSBANDSCHNÄPPER** *Ficedula albicollis* **Status:** Z; IV—V, VIII—IX. **Größe:** 13 cm, (12,5 g), < Rotkehlchen. **Merkmale:** ♂ im Brutkleid mit weißem Halsband, Bürzel; Weiß an Stirn, Flügel ausgedehnter als beim Trauerschnäpper (in S.-O.-Europa Halbringschnäpper F. semitorquata ♂ Halsband im Nacken nicht geschlossen); ♀ und ♂ Ruhekleid nur angedeutetes Halsband. **Stimme:** Gesang ♂ hoch, hastig, unrein „zit-zit-zit-trü-zit-trü-zit"; Ruf fein „sieb", „hiit" o.ä. **Lebensraum:** LW, MW, Parks, Gärten. **Nest:** In Höhlen, Halbhöhlen von Bäumen, Nischen, Spalten an Gebäuden, Nistkästen; Haufen aus Gras, Moos, Fasern, mit feinerem Material ausgelegt. **Eier:** 5—8, hellblau, 18 mm. **Brut:** 1, 12—13, ♀, V—VI. **Junge:** Nho, 13—16, ♂ ♀. **Imm:** 2. **Alter:** 1/?. **Nahrung:** Insekten.

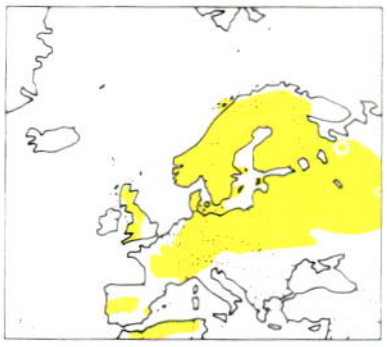

● **TRAUERSCHNÄPPER** *Ficedula hypoleuca* **Status:** Z; IV—V, VIII—IX. **Größe:** 13 cm, 9—15 g, < Rotkehlchen. **Merkmale:** ♂ Oberseite schwarz, Unterseite, Stirn, Flügelfleck weiß, in Mittel-, O.-Europa statt schwarz graubraun; ♀ schlicht graubraun; zuckt mit Flügeln, Schwanz. **Stimme:** Gesang ♂ auf-, absteigend „psi-tschu-tschi-tschu.:"; Ruf kurz „bit", hart „tk", auch „bit tk tk". **Lebensraum:** W mit hohen, alten Bäumen, Parks, Gärten. **Nest:** In Höhlen, Halbhöhlen von Bäumen, Nischen, Spalten an Gebäuden, Nistkästen; Haufen aus Laub, Gras, Moos, mit Fasern, auch Wolle, Federn ausgelegt, ♀. **Eier:** 5—8, blaßbläulich, 18 mm. **Brut:** 1, 12—13, ♀, V—VI. **Junge:** Nho, 16, ♂ ♀. **Imm:** 2. **Alter:** 1/9. **Nahrung:** Insekten, Herbst auch Beeren. *

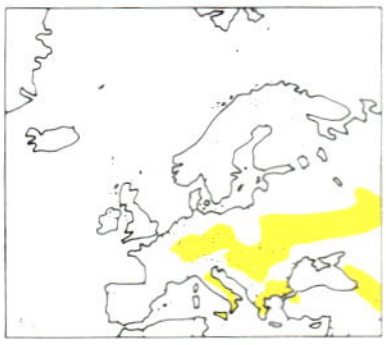

Die nördlicheren Populationen der beiden europäischen Arten verlassen im Spätherbst ihre Brutgebiete. Im Winter schließen sich die Goldhähnchen zu größeren Trupps zusammen.

Winter- und Sommergoldhähnchen lassen sich an der Kopfzeichnung unterscheiden.

Die wenigen europäischen Fliegenschnäpper sind recht leicht auseinanderzuhalten. Schwierigkeiten machen nur die ♀ von Trauer- und Halsbandschnäpper, wie die ♂ dieser Arten im Ruhekleid.

Achte auf weiße Zeichnung an Stirn, Hals und Schwanz wie auf Fleckung an der Brust.

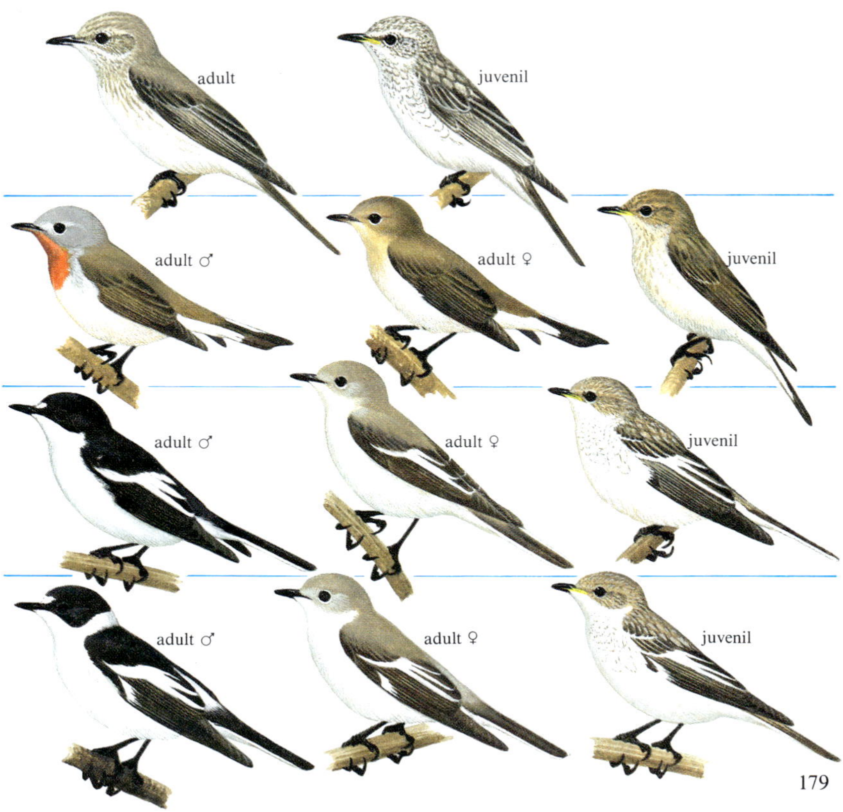

Familie *Paradoxornithidae* Papageischnäbel: Weltweit 19 Arten.

Zentral- und ostasiatische Singvögel mit zumeist gedrungenem, kräftigen Schnabel. In Europa nur eine, vom allgemeinen Erscheinungsbild abweichende Art, die Bartmeise, die in Verhalten und Bewegung an Meisen erinnert.

◑ **BARTMEISE** *Panurus biarmicus* **Status:** St; in kalten Wintern hohe Verluste. **Gefährdung:** R5. **Größe:** 16 cm, 12—18 g, ~ Kohlmeise. **Merkmale:** Langer, gestufter Schwanz, Oberseite zimtbraun; ♂ Kopf blaugrau, schwarzer Bartstreif; „Wi“ oft in Trupps. **Stimme:** Gesang leise, unauffällig zwitschernde, schnurrende Reihung von Rufen; Rufe im Flug nasal „dsching-dsching“, gestört kurz „tik“, „tschip“. **Lebensraum:** Große Schilfbestände. **Nest:** Dicht über dem Boden zwischen Schilfstengeln, auf Bülten, Pflanzenhorsten; tiefer Napf aus trockenen Schilfblättern, mit Schilfrispen ausgelegt, ♂♀. **Eier:** 5—7, rahmfarben; dunkelbraun::, ≡, 17 mm. **Brut:** 2—4, 12—13, ♂♀, III—VII. **Junge:** Nho, 9—12+, ♂♀. **Imm:** 0. **Alter:** 1/6. **Nahrung:** Insekten, Sämereien.

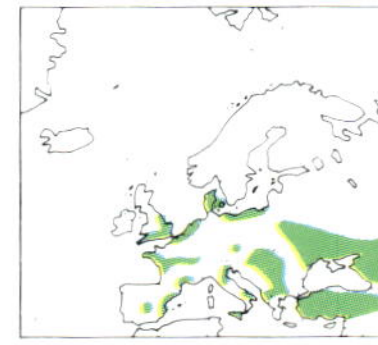

Familie *Paridae* Meisen: Weltweit 46 Arten. Familie *Aegithalidae* Schwanzmeisen: Weltweit 7 Arten. Familie *Remizidae* Beutelmeisen: Weltweit 9 Arten.

Die Meisen und die ihnen ähnlichen Schwanz- und Beutelmeisen sind kleine, lebhafte, baumbewohnende Vögel, die in gleichem Maße von Insekten und Samen leben. Ihre kräftigen, kurzen, spitzen Schnäbel eignen sich sowohl

● **SUMPFMEISE** *Parus palustris* **Status:** St. **Größe:** 11,5 cm, 9—12 g, < Kohlmeise. **Merkmale:** Sehr ähnlich Weidenmeise; schwarzglänzende Kappe, kein helles Flügelfeld; bestes Unterscheidungsmerkmal die Stimme. **Stimme:** Gesang ♂, seltener ♀ entweder läutend „zi-wüd-zi-wüd.:“ o.ä. oder klappernd „tji-tji.:“ o.ä.; Rufe scharf, abfallend „tjü“, „pistjü“ o.ä., gestört „zitjüdädädädä“. **Lebensraum:** LW mit Unterholz, Gehölze, Obstgärten, Parks; nicht im Sumpf. **Nest:** In Baumhöhle, auch selbstgezimmert in morsches Holz; Napf aus Moos, mit Haaren, wenig Federn ausgelegt, ♀. **Eier:** 6—8, weiß; rotbraun::, 16 mm. **Brut:** 1, 13, ♀, IV—VI. **Junge:** Nho, 16—18, ♂♀. **Imm:** 0. **Alter:** 1/10. **Nahrung:** Sommer vorwiegend Insekten, Winter viel Samen.

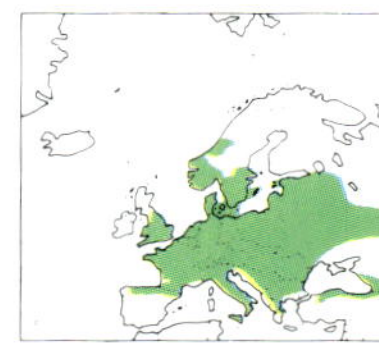

TRAUERMEISE *Parus lugubris* **Status:** St. **Größe:** 14 cm, 16—17 g, ~ Kohlmeise. **Merkmale:** Größer als Sumpf-, Weidenmeise; kräftiger Schnabel, Kappe rußbraun, ausgedehnter, schwarzer Kehlfleck, Wangen weiß. **Stimme:** Gesang Reihe gedämpfter, nicht klangreiner Motive „tr-wiü-wiü.:“; Rufe ein- bis dreisilbig „ssi“, schnärrend „zitrr“. **Lebensraum:** Lichter LW, MW, Obst-, Weingärten. **Nest:** In Baumhöhle; Napf aus Moos, Gras u.a., mit Federn ausgelegt, ♀. **Eier:** 5—7, weiß; rötlichbraun::, 17 mm. **Brut:** 1—2, ?, ♀, IV—V. **Junge:** Nho, ?, ♂♀. **Imm:** 0. **Alter:** 1/?. **Nahrung:** Insekten, Samen.

● **WEIDENMEISE** *Parus montanus* **Status:** St. **Größe:** 11,5 cm, 9—12 g, < Kohlmeise. **Merkmale:** Sehr ähnlich Sumpfmeise, aber mattschwarze Kappe, helle Handschwingensäume. **Stimme:** Gesang Reihe reiner, gedehnter, abfallender Laute „ziüziü.:“, Alpen und Osteuropa gleichbleibend „zie-zie.:“; Ruf gedehnt, nasal „däh.:“, oft „zi-däh-däh.:“. **Lebensraum:** Bevorzugt feuchten LW mit Weichhölzern, auch MW bis in Hochlagen des G. **Nest:** Zumeist selbstgezimmerte Höhle in totem, morschen Baum, ♀; Holzfasern, -späne, mit wenig Haaren, Federn gepolstert, ♀. **Eier:** 6—9, weiß; rötlichbraun::, 16 mm. **Brut:** 1, 13, ♀, IV—V. **Junge:** Nho, 18, ♂♀. **Imm:** 0. **Alter:** 1/9. **Nahrung:** Insekten, Samen.

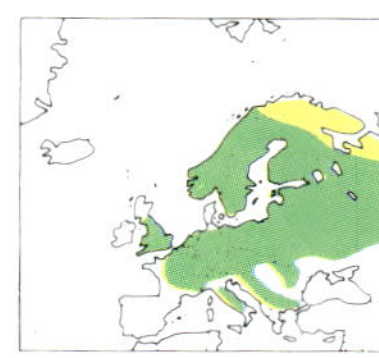

LAPPLANDMEISE *Parus cinctus* **Status:** St. **Größe:** 13,5 cm, 12—16 g, ~ Kohlmeise. **Merkmale:** Ähnlich Sumpf-, Weidenmeise, aber größer, Kappe dunkelbraun, rotbräunliche Flanken, feiner Schnabel. **Stimme:** Gesang Reihe gleicher, gezogener Laute „tschi-tschi.:“; Ruf ähnlich Weidenmeise laut „tschä“, „zit-tschätschä.:“. **Lebensraum:** NW, MW der nordischen Taiga. **Nest:** In Baumhöhle, die erweitert werden kann; Napf aus Moos, mit Haaren ausgelegt, ♀. **Eier:** 6—9, weiß; hellrot, rotbraun::, 16 mm. **Brut:** 1, 14, ♀, V—VI. **Junge:** Nho, 19, ♂♀. **Imm:** 0. **Alter:** 1/?. **Nahrung:** Insekten, Samen.

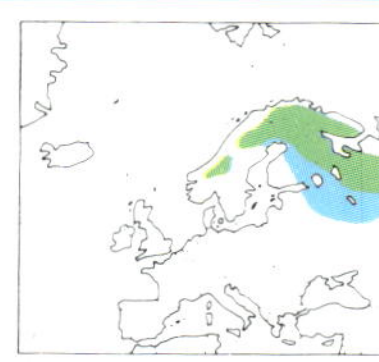

● **HAUBENMEISE** *Parus cristatus* **Status:** St. **Größe:** 11,5 cm, 10—13 g, < Kohlmeise. **Merkmale:** Graubraun ohne Flügelbinde; spitze Haube; schwarze, spitz c-förmige Wangenzeichnung. **Stimme:** Gesang wahrscheinlich nur gereihte Rufe; Ruf hart, trillernd „gürr“, auch „zizi-gürr“ o.ä. **Lebensraum:** NW. **Nest:** Baumhöhle, auch von ♀ selbst in morsches Holz geschlagen, Nistkästen; Napf aus Moos, mit Wolle, Haaren ausgelegt, ♀. **Eier:** 5—8, weiß; rostrot::, 16 mm. **Brut:** 1, 13—15, ♀, IV—VI. **Junge:** Nho, 16—20, ♂♀. **Imm:** 3. **Alter:** 1/(5). **Nahrung:** Insekten, Samen.

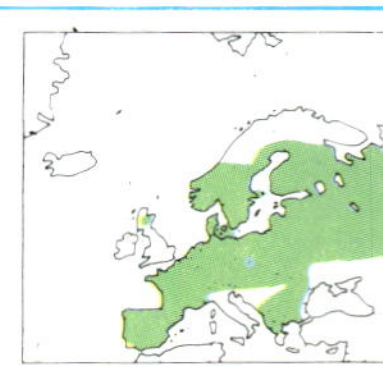

Die Bartmeise ist auf große Schilfbestände spezialisiert. Hier ist sie an ihrem geradlinig schwirrenden Flug und an ihren Rufen leicht zu erkennen.

für das Greifen kleiner Insekten als auch für das Aufmeißeln harter Samenschalen. Schwanz- und Beutelmeise bauen kunstvolle Nester. Die Meisen sind Höhlenbrüter. Die meisten Meisen lassen sich an der Gefiederfärbung gut erkennen. Die Unterscheidung der bräunlichen Meisen mit schwarzer Kappe fällt nicht leicht. Achte auf die Ausdehnung des Kehlflecks, helle Zeichnung am zusammengefalteten Flügel und auf die Rufe und Gesänge.

● **TANNENMEISE** *Parus ater* **Status:** St. **Größe:** 11,5 cm, 8—10 g, < Kohlmeise. **Merkmale:** Ähnlich Kohlmeise, aber kleiner, Unterseite ohne Gelb, weißer Nackenfleck, zwei weiße Flügelbinden. **Stimme:** Gesang ♂ Serien von abwechselnd auf- und absteigenden Lauten, ähnlich Martinshorn „zewi-zewi.:", „zitüi-zitüi.:" o.ä., ♀ singen leiser und nur, wenn allein. Rufe fein „si", erregt auf- oder absteigend, rein oder heiser „tüi", „tji", „sitjü" u.a. **Lebensraum:** NW, im S. auch LW. **Nest:** In Baumhöhle, auch am Boden in Erdhöhle o.ä., Nistkasten; Napf aus Moos, mit Wolle, Pflanzenwolle ausgelegt, ♀. **Eier:** 7—11, weiß; spärlich rötlich::, 15 mm. **Brut:** 1(2), 14, ♀, IV—VI. **Junge:** Nho, 16—19, ♂ ♀. **Imm:** 2—3. **Alter:** 1/7. **Nahrung:** Insekten, Samen. *

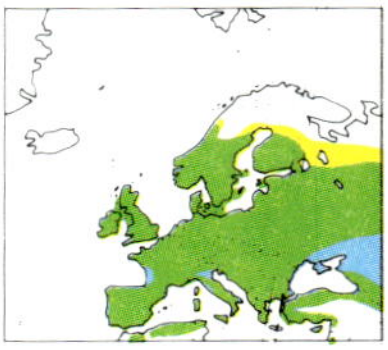

● **BLAUMEISE** *Parus caeruleus* **Status:** St. **Größe:** 11,5 cm, 9—12 g, < Kohlmeise. **Merkmale:** Blaue, weißgerandete Kappe, schwarzer Augenstreif; Rücken graugrün; Unterseite gelb, bei manchen ♂ mit schmalem, schwarzen Streif auf Bauchmitte. **Stimme:** Gesang ♂ silberhell mit einigen hohen, reinen Eingangslauten, dann Triller „ti-ti-ti-tirr", „zi-zii-tütütü.:", jedes ♂ singt mehrere Strophentypen; Rufe leise „ti-ti.:", „tui" o.ä., erregt nasal, ansteigend „tscherretetetet". **Lebensraum:** LW, MW, VS, BW, Winter häufig an Futterstellen. **Nest:** In Baumhöhlen, Mauerlöchern, Nistkästen; Napf aus Moos, mit Haaren, Wolle ausgelegt, ♀. **Eier:** 6—12, weiß; spärlich rötlich::, 15 mm. **Brut:** 1, 13—14, ♀, IV—VI. **Junge:** Nho, 18—20, ♂ ♀. **Imm:** 2—3. **Alter:** 1/12/30%. **Nahrung:** Insekten, Samen. *

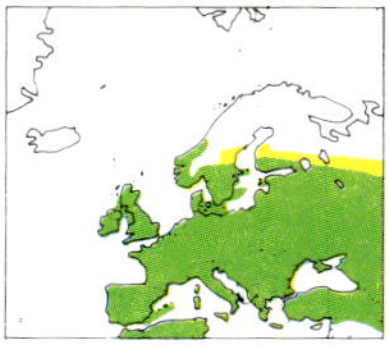

● **KOHLMEISE** *Parus major* **Status:** St. **Größe:** 14 cm, 16—21 g. **Merkmale:** Schwarzer Kopf mit weißen Wangen; gelbe Unterseite mit schwarzem Mittelstreif. **Stimme:** Gesang ♂ kurze Strophen aus sich wiederholenden Motiven „dschi-dschi-dschi", „zü-ti-zü-ti.:", „zizibe-zizibe.:" u.a., jedes ♂ singt mehrere Strophentypen; Rufe vielfältig „zi", „pink", erregt zeternd „zi pink dädädä" u.a. **Lebensraum:** W, vor allem Waldrand, VS, BW, Winter häufig an Futterstellen. **Nest:** In Baumhöhlen, Mauerlöchern, Nistkästen; Napf aus Moos, Gras u.a., mit Wolle, Haaren ausgelegt, ♀. **Eier:** 5—11, weiß; blaßrot, ziegelrot::, 18 mm. **Brut:** 1—2, 12—14, ♀, IV—VI. **Junge:** Nho, 19—21, ♂ ♀. **Imm:** 2—3. **Alter:** 1/5/50%. **Nahrung:** Insekten, Samen. *

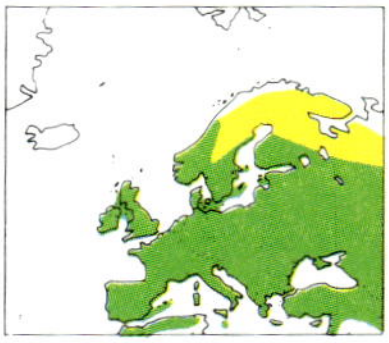

● **SCHWANZMEISE** *Aegithalos caudatus* **Status:** TZ, (W). **Größe:** 14 cm, 7—9 g, < Kohlmeise. **Merkmale:** Kleiner Körper mit langem Schwanz; Färbung schwarz, weiß, rosa; Kopf in N.-, O.-Europa weiß, sonst mit breitem, dunklem Augenstreif; sehr gesellig. **Stimme:** Gesang ♂ und ♀ leises Zirpen, Trillern; Rufe kurz, spitz „sie", „ziit", knarrend „tserr", „pserrp". **Lebensraum:** LW, MW mit dichtem Unterwuchs, Parks. **Nest:** Dichtes Gestrüpp, Nadelbaum, Laubbaum in Astgabel nahe am Stamm; geschlossener Beutel, Eingang seitlich, oben, aus Spinnweben, Haaren, Moos, außen mit Flechten, Birkenrinde belegt, innen mit Federn ausgelegt, ♂ ♀. **Eier:** 7—12, weiß; manchmal fein rot::, 14 mm. **Brut:** 1, 13—14, ♀, IV—VI. **Junge:** Nho, 15—16, ♂ ♀. **Imm:** 1—2. **Alter:** 1/8. **Nahrung:** Vorwiegend kleine Insekten. *

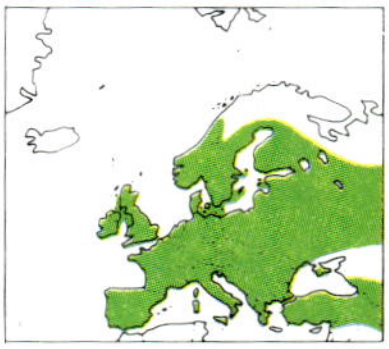

◑ **BEUTELMEISE** *Remiz pendulinus* **Status:** St bis TZ. **Größe:** 11 cm, 8—11 g, < Kohlmeise. **Merkmale:** Grauer Kopf, schwarze Augenmaske, Rücken rotbraun; Jungvögel einheitlich hellbraun. **Stimme:** Gesang ♂ gezogener Ruf, dazwischen gereiht kurze Laute „siiüü-tlü-tlü-sit-sit-sit-siiüü". **Lebensraum:** BF mit Büschen, Bäumen, bebuschte, bewaldete Uferstreifen. **Nest:** An herabhängenden Zweig gehängt, oft über Wasser; geschlossener Beutel mit oben angesetzter Eingangsröhre aus Fasern, Haaren, Samenwolle von Weide, Pappel, ♂ ♀. **Eier:** 6—8, weiß, 16 mm. **Brut:** 1, 13—14, ♀, IV—VII. **Junge:** Nho, 16—18, ♂ ♀. **Imm:** 3—9. **Alter:** 1/?. **Nahrung:** Insekten, Samen von Schilf und Rohrkolben.

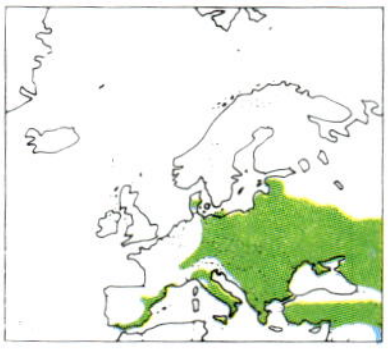

Familie *Tichodromidae* Mauerläufer: Weltweit 1 Art.
Familie *Sittidae* Kleiber: Weltweit 21 Arten.
Familie *Certhiidae* Baumläufer: Weltweit 6 Arten.

Der Mauerläufer ist ein Felsenkletterer, der nur in Hochgebirgen Europas und Asiens vorkommt. Die kurzschwänzigen Kleiber klettern mit dem Kopf voran auf- und abwärts. Die kleinen, langschwänzigen Baumläufer klettern dagegen an den Baumstämmen nur aufwärts und stützen sich dabei mit dem Schwanz ab.

◑ **MAUERLÄUFER** *Tichodroma muraria* **Status:** St. **Gefährdung:** R5. **Größe:** 16,5 cm, 15—20 g, ~ Haussperling. **Merkmale:** Auffällige schwarz-rote, weiß gefleckte Flügel, die beim ruckweisen Klettern flatternd bewegt werden. **Stimme:** Gesang ♂ und ♀ Strophe aus 4 bis 5 ansteigenden, reinen Pfeiftönen, anschließend gezogener tiefer Pfiff; Rufe unbedeutend kurz, schilpend „zui" u.a. **Lebensraum:** Felswände im Hochgebirge; Winter in tieferen Lagen. **Nest:** In Höhle, Spalte von Felswand, auch Mauer; flacher Napf aus Moos, Gras, mit Haaren, Federn ausgelegt, ♀. **Eier:** 4—5, weiß; vereinzelt rostbraun::, 21 mm. **Brut:** 1, 18—19, ♀, V—VI. **Junge:** Nho, 21—26, ♂ ♀. **Imm:** 0. **Alter:** ?1/?. **Nahrung:** Insekten.

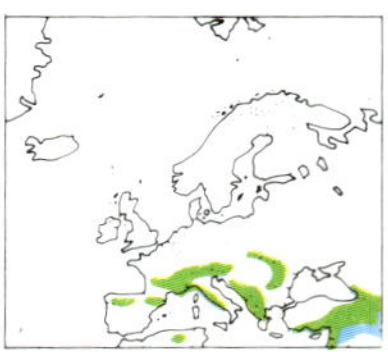

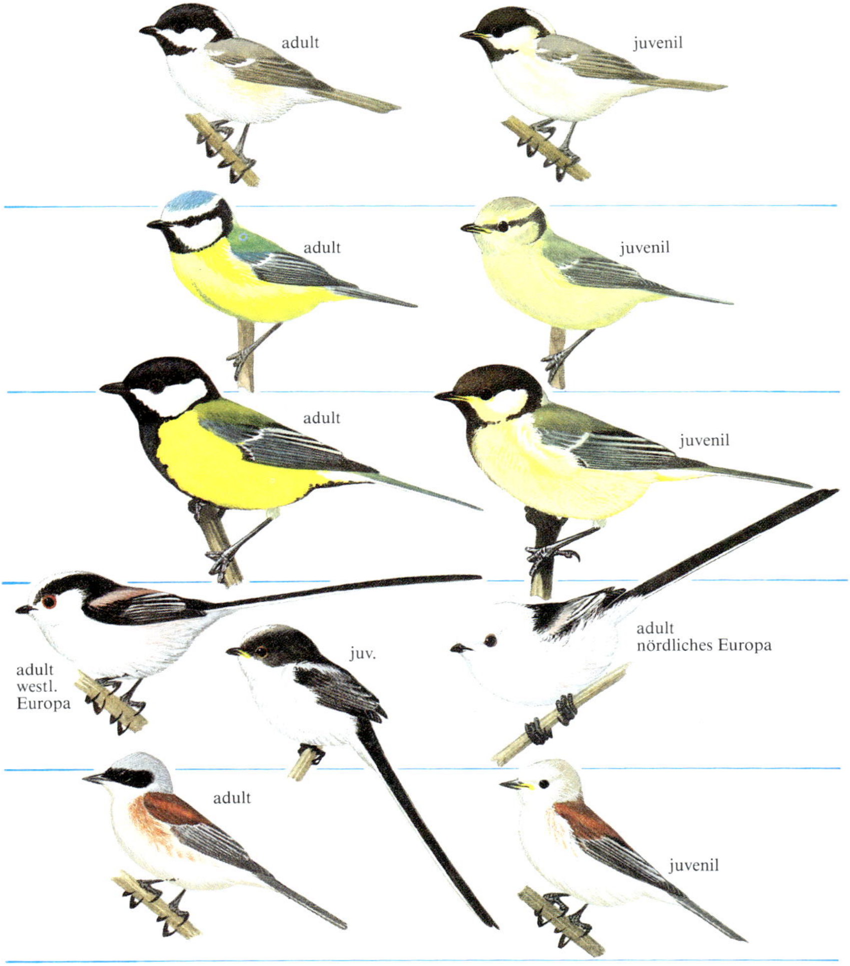

Achte bei den Kleibern auf die Flankenfärbung und die Kopfzeichnung. Die beiden Baumläufer lassen sich im Freiland eigentlich nur an den Stimmen auseinanderhalten.

KORSENKLEIBER *Sitta whiteheadi* **Status:** St, nur auf Korsika. **Größe:** 12 cm, um 13 g, < Haussperling. **Merkmale:** Kleiner Kleiber mit weißem Überaugenstreif; Gefieder ohne Braun; ♂ schwarze Kappe. **Stimme:** Gesang Reihung gedehnter, reiner, ansteigender Pfiffe „dühdüh.:" o.ä., auch schnell, rollend; Ruf rätschend „wäd wäd.:". **Lebensraum:** Gebirgswälder, bevorzugt mit korsischer Kiefer. **Nest:** In Baumhöhle; Eingang wird nicht vermauert; Unterlage aus Holzspänen, Borkenstücken, Moos, mit Haaren ausgelegt, ?. **Eier:** 5—6, weiß, spärlich dunkelrot, rötlichbraun::, 17 mm. **Brut:** ?1, ?, ♀, IV—V. **Junge:** Nho, 22—25, ♂♀. **Imm:** 0. **Alter:** ?1/?. **Nahrung:** Insekten, Kiefernsamen.

● **KLEIBER** *Sitta europaea* **Status:** St. **Größe:** 14 cm, 19—24 g, ~ Haussperling. **Merkmale:** Gedrungener Klettervogel mit langem, dolchförmigen Schnabel, dunklem Augenstreif, kastanienbraunen Flanken; klettert auch kopfabwärts. **Stimme:** Gesang unterschiedlich schnelle Triller „wiwiwi.:"; Rufe laut „tuit", hart „titi-tirr", auch zusammen „tuit-titit" o.ä., im Flug gedehnt „diud". **Lebensraum:** LW, MW, Alleen, Parks. **Nest:** In Baumhöhle, Nistkasten; Eingang wird bis auf Flugloch mit lehmiger Erde verklebt; Unterlage aus Rindenstücken, Laub, ♀(♂). **Eier:** 5—8, weiß; schwach hellrot, rötlichbraun::, 19 mm. **Brut:** 1, 14—15, ♀, IV—V. **Junge:** Nho, 23—25, ♂♀. **Imm:** 0. **Alter:** 1/9. **Nahrung:** Insekten, Samen. *

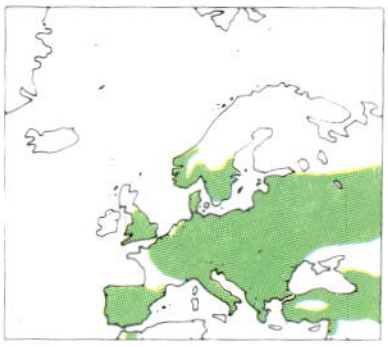

FELSENKLEIBER *Sitta neumayer* **Status:** St. **Größe:** 14 cm, um 34 g, ~ Haussperling. **Merkmale:** Ähnlich Kleiber, aber insgesamt heller, ohne weiße Fleckung am Schwanz. **Stimme:** Gesang laut, variabel, Beginn oft schnell, hoch „ititit.:", dann absinkende Pfiffe „tuit-tuit.:", auch wechselnd „tju-dji.:"; Rufe gedehnt „piäd", rätschend „wäd wäd.:", kurz „pit", „tirr-pititit". **Lebensraum:** Felshänge, Schluchten, FM. **Nest:** In Felsspalte, unter Überhang; an Felsen geklebte Halbkugel aus Schlamm, Lehm mit kleiner, aufgesetzter Eingangsröhre, mit Moos, Haaren, Federn ausgelegt, ?. **Eier:** 6—10, weiß; gelblich-, rötlichbraun::, 21 mm. **Brut:** 1—2, 14—15, ♀, III—V. **Junge:** Nho, ?, ♂♀. **Imm:** 0. **Alter:** ?1/?. **Nahrung:** Vorwiegend Insekten.

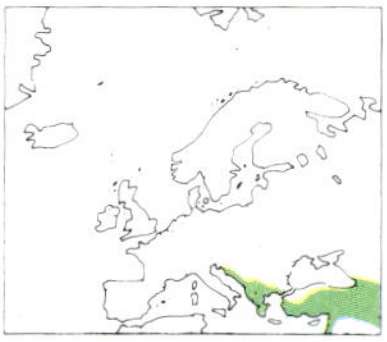

● **WALDBAUMLÄUFER** *Certhia familiaris* **Status:** St. **Größe:** 12,5 cm, 8—12 g, viel < Haussperling. **Merkmale:** Klein; Oberseite rindenfarbig; feiner, abwärtsgebogener Schnabel; klettert an Baumstämmen flink aufwärts; von dem sehr ähnlichen Gartenbaumläufer kaum zu unterscheiden. **Stimme:** Gesang ♂ zwei aufeinanderfolgende Triller, beide beginnen hoch, fallen ab, 1. langsam, 2. schnell mit Endschnörkel; erinnert an Blaumeise; Ruf hoch, scharf „srii", „srii-tsitsitsi". **Lebensraum:** NW, MW, bevorzugt glattstämmige Bäume. **Nest:** Hinter loser Rinde, in Baumspalt; Napf aus Reisig, Gras, Moos, mit Federn, feinem Gras ausgelegt, ♂♀. **Eier:** 5—6(9), weiß; rostbraun::, 16 mm. **Brut:** 1—2, 14—15, ♀, IV—VI. **Junge:** Nho, 14—15, ♂♀. **Imm:** 0. **Alter:** 1/9. **Nahrung:** Insekten.

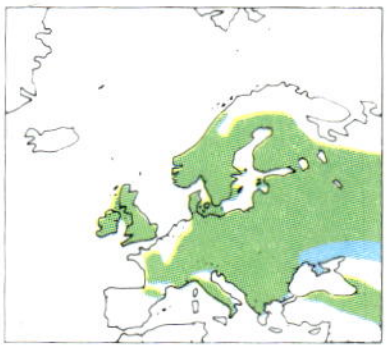

● **GARTENBAUMLÄUFER** *Certhia brachydactyla* **Status:** St. **Größe:** 12,5 cm, 8—12 g, viel < Haussperling. **Merkmale:** Sehr ähnlich Waldbaumläufer, aber Unterseite mehr bräunlich, Bürzel nicht abgesetzt tabakbraun; Schnabel länger, Hinterkralle kürzer (nur in der Hand erkennbar). **Stimme:** Gesang ♂ während des Kletterns kurze, fein gepfiffene Strophe „tütitü tirüisri"; Rufe laut, gereiht „tüt", „tüi", hoch, fein „sri". **Lebensraum:** LW, MW, Parks, Alleen, bevorzugt Bäume mit rauher Rinde. **Nest:** In Baumspalte, -höhle, hinter abstehender Rinde, Nistkasten; Material wie Waldbaumläufer, ♂♀. **Eier:** 6—7, weiß; rotbraun::, am stumpfen Pol verdichtet, 16 mm. **Brut:** 1—2, 15, ♀, IV—VI. **Junge:** Nho, 16—17, ♂♀. **Imm:** 0. **Alter:** 1/6. **Nahrung:** Insekten.

Familie *Oriolidae* Pirole: Weltweit 28 Arten.

Die Pirole sind drosselgroße Vögel mit leicht abwärtsgebogenem, kräftigen Schnabel, die sich bevorzugt in den Kronen großer Bäume aufhalten. Ihr Hauptverbreitungsgebiet sind die Tropen der Alten Welt. Viele Arten sind leuchtend schwarzgelb oder schwarz-rot gefärbt. Die ♀ sind zumeist schlichter als die ♂. Die Pirole ernähren sich von Insekten und Früchten.

● **PIROL** *Oriolus oriolus* **Status:** Z; IV—V, VIII—IX. **Größe:** 24 cm, 65—67 g, < Amsel. **Merkmale:** ♂ goldgelb und schwarz; ♀ und Jungvögel oberseits grüngelb, Unterseite schwach gestreift; Flug wellenförmig. **Stimme:** Gesang ♂ aus Baumkrone wohlklingend, flötend, mit typischen Tonsprüngen „düdlio", „düliolíu" u.ä.; Rufe rauh, rätschend „räh", „rai", im Flug scharf „jik-jik.:". **Lebensraum:** LW, Parks, Obstgärten, Alleen, auch kleinere Bestände großer Laubbäume. **Nest:** Hoch in Laubbaum; in Astgabel am Außenrand der Krone gehängter Napf aus um die Zweige geflochtenen Halmen, mit Grasrispen, Wolle ausgelegt. ♂♀. **Eier:** 3—4, weißlich bis hellrosa; spärlich purpur-, dunkelbraun::, 31 mm. **Brut:** 1, 14—15, ♀(♂), V—VI. **Junge:** Nho, 14—15, ♂♀. **Imm:** 0. **Alter:** 1/?. **Nahrung:** Insekten, Früchte.

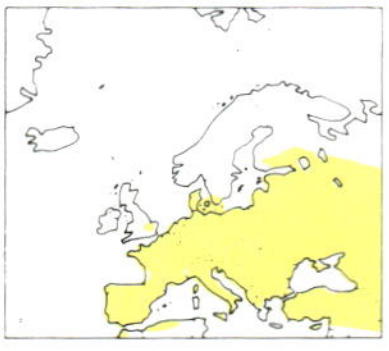

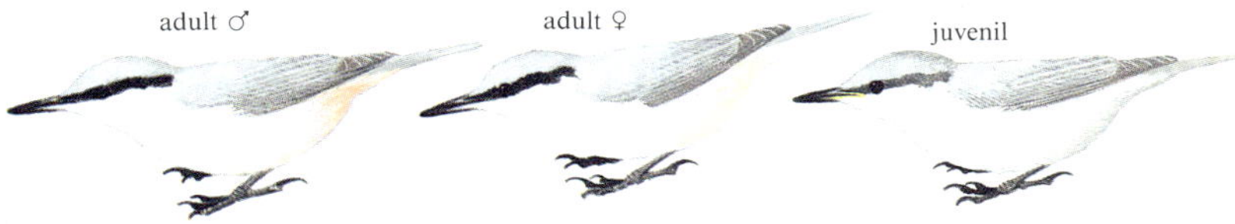

Obgleich der Pirol so auffällig gefärbt ist, läßt er sich im dichten Blätterdach nur schwer beobachten. Er verrät sich aber durch seine markante Stimme.

Familie *Laniidae* Würger: Weltweit um 70 Arten.

Die Würger sind im Aussehen und Verhalten greifvogelähnliche Singvögel. Sie haben hakig gebogene Schnäbel und Greiffüße mit spitzen Klauen. Sie bewohnen offenes, buschiges Gelände. Hier sitzen sie nach Beute spähend frei auf einer Warte, von der aus sie Jagd auf größere Insekten und kleine Wirbeltiere machen. Wird die Beute nicht gleich verzehrt, wird sie als Vorrat auf Dornen oder Stacheldrahtspitzen gespießt. Der Flug der Würger ist flach wellenförmig. Sie rütteln häufig. Ihre Rufe sind rauh. Der Gesang ist leise und wohltönend mit Imitationen.

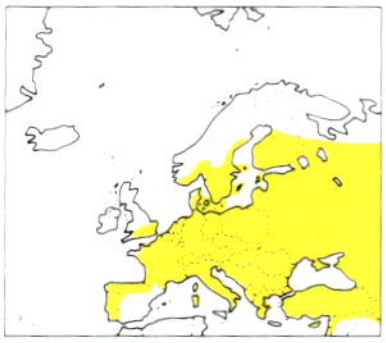

● **ROTRÜCKENWÜRGER/NEUNTÖTER** *Lanius collurio* **Status:** Z; IV—V, VIII—IX. **Gefährdung:** R3. **Größe:** 17 cm, 22—47 g, > Haussperling. **Merkmale:** ♂ Rücken rotbraun, Kopf grau, schwarze Augenmaske; ♀ und Jungvögel Oberseite braun, Unterseite gesperbert; beim Sitzen Schwanzzucken und -drehen. **Stimme:** Gesang ♂ leises, Schwätzen mit Imitationen, Rufe rauh „dschä", hart „trrtr-trt", rätschend „dschrää", kurz „tek". **Lebensraum:** BW mit Dorngestrüpp. **Nest:** Zumeist in dichtem Dornendickicht; Napf aus Stengeln, Gras, Moos, mit Fasern, Haaren, Dunen ausgelegt, ♂ ♀. **Eier:** 5—6, sehr variabel grünlich, rostbräunlich, rahmfarben; am stumpfen Pol stark dunkel::, 23 mm. **Brut:** 1, 13—16, ♀, V—VI. **Junge:** Nho, 14, ♂ ♀. **Imm:** 3—9. **Alter:** 1/7. **Nahrung:** Insekten, kleine Wirbeltiere.

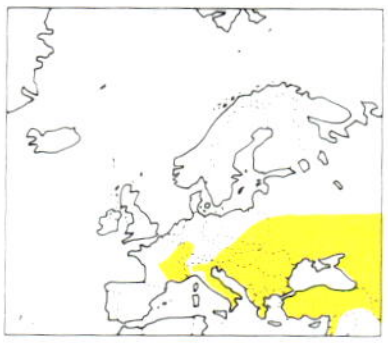

◑ **SCHWARZSTIRNWÜRGER** *Lanius minor* **Status:** Z; IV—V, VIII—IX. **Gefährdung:** R2. **Größe:** 20 cm, 40—65 g, ~ Star. **Merkmale:** Ähnlich Raubwürger, aber schwarze Augenmaske auch über der Stirn, Unterseite rötlich überhaucht; Flug geradlinig, schnurrend; gesellig. **Stimme:** Gesang ♂ leise schwätzend mit Imitationen; Rufe rauh „tschek", knarrend „tr tr.:", zeternd „gägä.:". **Lebensraum:** L mit lichten Laubbaumbeständen, BW. **Nest:** Zumeist in Baum, auch niedriger in Busch; Napf aus Zweigen, Gras, krautigen Stengeln, mit Federn, feinem Gras, Wolle ausgelegt, ♂ ♀. **Eier:** 5—6, grünlich oder rahmfarben; oliv, olivbraun, grau::, 25 mm. **Brut:** 1, 15, ♀(♂), V—VI. **Junge:** Nho, 14, ♂ ♀. **Imm:** 3. **Alter:** 1/?. **Nahrung:** Große Insekten, kleine Wirbeltiere.

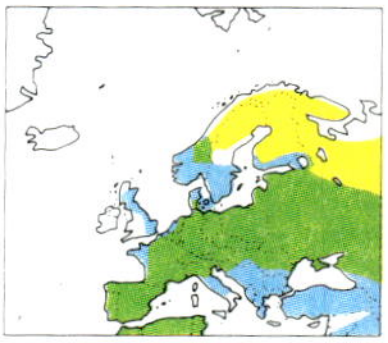

◑ **RAUBWÜRGER** *Lanius excubitor* **Status:** TZ; III—IV, X—XI. **Gefährdung:** R2. **Größe:** 24 cm, 55—80 g, ~ Amsel. **Merkmale:** Gefieder grau-schwarz-weiß; Stirn grau, schwarze Augenmaske, weißer Überaugenstreif; Flug stark bogig, rüttelt oft. **Stimme:** Gesang ♂ in Abständen wiederholte Kurzstrophen metallisch klingend „üü-tschrii", „tlü-driüh" u.ä., auch kontinuierliches Schwätzen mit Imitationen. Rufe elsternartiges Schackern, hart „wäd-wäd.:". **Lebensraum:** L mit Büschen, Bäumen, BW. **Nest:** In Busch, Baum; Napf aus Reisig, Gras, Moos, mit Fasern, Haaren, Federn ausgelegt, ♂ ♀. **Eier:** 5—7, weiß, grünlich, bräunlich; stark braun, oliv::, 26 mm. **Brut:** 1, 15, ♀, IV—VI. **Junge:** Nho, 19—20, ♂ ♀. **Imm:** 0. **Alter:** 1/?. **Nahrung:** Große Insekten, kleine Wirbeltiere.

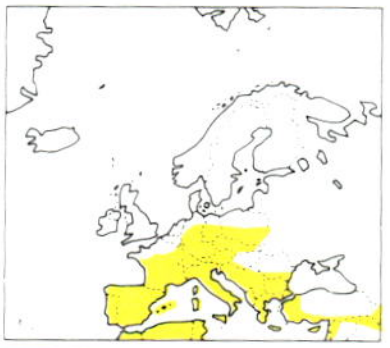

◑ **ROTKOPFWÜRGER** *Lanius senator* **Status:** Z; IV—V, VIII—IX. **Gefährdung:** R2. **Größe:** 17 cm, 35—45 g, > Haussperling. **Merkmale:** Oberkopf, Nacken rotbraun; Flügel dunkel mit großem, weißem Schulterfleck und weißer Binde; Bürzel im Flug leuchtend weiß. **Stimme:** Gesang ♂ und ♀ anhaltendes, manchmal hartes Schwätzen mit Imitationen; Rufe ratternd, hölzern, oft gereiht „dsched-dsched.:", „dschä-dschä.:", knarrend „tr tr tr.:". **Lebensraum:** L mit lockerem Baumbestand, BW, Waldränder. **Nest:** Zumeist hoch in Baum, seltener Busch; Napf aus Wurzeln, Stengeln, mit Federn, Wolle, Haaren ausgelegt, ♂ ♀. **Eier:** 5—6, blaßgrün bis rahmfarben; grau, braun::, 23 mm. **Brut:** 1, 16, ♀, IV—VI. **Junge:** Nho, 19—20, ♂ ♀. **Imm:** 3—9. **Alter:** 1/?. **Nahrung:** Große Insekten, kleine Wirbeltiere.

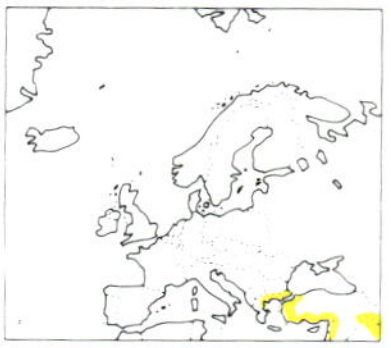

MASKENWÜRGER *Lanius nubicus* **Status:** Z; III—IV, VIII—IX. **Größe:** 17 cm, um 35 g, > Haussperling. **Merkmale:** Oberseite schwarz; Stirn, Überaugenstreif, Schulterfleck weiß; ♀ Oberseite mehr grau; sitzt gern verdeckt, seltener auf freier Warte. **Stimme:** Geang ♂ anhaltendes, kehliges, teils kratzendes Schwätzen ähnlich Teichrohrsänger; Rufe hart „tsr", gedämpft, tief „rad". **Lebensraum:** L mit Büschen, Bäumen, Olivenhaine, BW. **Nest:** In Baum, Busch; Napf aus Wurzeln, Halmen, Stengeln, mit feinen Wurzeln, Fasern, Federn ausgelegt, ?. **Eier:** 4—6, rahmfarben bis gelbbraun; ringartig am stumpfen Pol braun, grau::, 21 mm. **Brut:** 1(2), 15, ♂ ♀, V—VI. **Junge:** Nho, ?, ♂ ♀. **Imm:** 3—9. **Alter:** ?1/?. **Nahrung:** Vorwiegend große Insekten.

Familie *Corvidae* Rabenvögel: Weltweit um 110 Arten.

Die Rabenvögel sind fast über die ganze Erde verbreitet. Zu ihnen gehören die größten Singvögel. In Anpassungsfähigkeit und Intelligenz übertreffen sie die meisten anderen Vögel. Nur wenige sind auf eine bestimmte Nahrung wie Samen und Früchte spezialisiert. Zumeist ist das Nahrungsspektrum weit. Die kräftigen Schnäbel und Beine machen auch eine weitgehend räuberische Lebensweise möglich. Die ♂ und ♀ gleichen sich im Gefieder. Die Jungen ähneln den Altvögeln. Die meisten europäischen Arten sind Standvögel oder Teilzieher, wobei die nördlichen

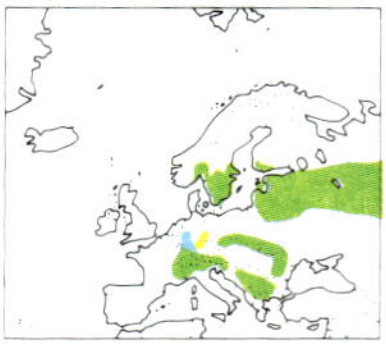

◑ **TANNENHÄHER** *Nucifraga caryocatactes* **Status:** St, Invasionen aus N.-O. nach Mitteleuropa. **Größe:** 32 cm, 160—250 g, ~ Eichelhäher. **Merkmale:** Dunkelbraun mit weißer Tropfenfleckung; im Flug auffällig weiß an Unterschwanzdecken, Schwanzende; oft wenig scheu. **Stimme:** Rufe hart, schnarrend „kärr-kärr.:", leises Schnarren „krärrr.:", dohlenähnlich „jäk" u.a.; Gesang leises Schwätzen. **Lebensraum:** NW der nördlichen Taiga und der mitteleuropäischen G. **Nest:** In Nadelbaum; Bau aus Zweigen, Stengeln, Moos, Erde, Mulde mit feinem Gras, Flechten, Fasern ausgelegt, ?. **Eier:** 3—4, variabel weißlich bis bläulich; fein bräunlich::, 34 mm. **Brut:** 1, 17—19, ♂ ♀, III—V. **Junge:** Nho, 21—28, ♂ ♀. **Imm:** 0. **Alter:** ?1/(8). **Nahrung:** Koniferensamen, Nüsse, Früchte, auch Insekten.

Die alten Würger lassen sich, mit Ausnahme der beiden grauen Arten, leicht an dem Farbmuster erkennen. Achte bei den grauen Arten auf das Ausmaß der schwarzen Kopfzeichnung und auf die Färbung der Brust. Die Jungvögel von Rotrücken- und Rotkopfwürger können an dem Fehlen bzw. Vorhandensein einer hellen Flügelbinde unterschieden werden.

Populationen im Winter innerhalb Europas nach Süden und Westen wandern.

Die Häher und Elstern haben alle ein kontrastreich gezeichnetes Gefieder. Sie sind daher leicht zu erkennen. Die schwarzen Krähen und Raben können bei der Bestimmung einige Schwierigkeiten machen. Achte auf graue Federpartien, auf Form und Färbung des Schnabels und im Flug auf die Schwanzform.

● **EICHELHÄHER** *Garrulus glandarius* **Status:** St, (W). **Größe:** 34 cm, 140—190 g. **Merkmale:** Rötlichbrauner Körper, Schwanz schwarz, Bürzel weiß, Flügel mit weißem und blau-weiß gebändertem Feld, Kopffedern aufrichtbar; verschiedene Unterarten. **Stimme:** Rufe lautes Rätschen „schräit", bussardähnlich „hiiäh" u.a.; Gesang anhaltendes, leises, variables Schwätzen. **Lebensraum:** W, Gehölze, Parks. **Nest:** In Baum, Busch; Bau aus Zweigen, Stengeln, Mulde mit feinen Wurzeln ausgelegt, ♂ ♀. **Eier:** 5—6, hell olivgrün bis bläulich; fein braun::, 32 mm. **Brut:** 1, 16, ♂ ♀, IV—VI. **Junge:** Nho, 20, ♂ ♀. **Imm:** 0. **Alter:** 1/18. **Nahrung:** Vielseitig — Samen, Früchte, Insekten, Eier und Nestjunge u.a., versteckt Eicheln, Nüsse usw.

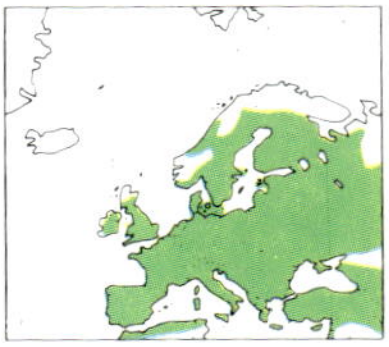

△ **UNGLÜCKSHÄHER** *Perisoreus infaustus* **Status:** St. **Größe:** 31 cm, um 150 g, < Eichelhäher. **Merkmale:** Graubraun mit Rostbraun an Flügel und Schwanz; wenig scheu; klettert oft meisenartig im Gezweig. **Stimme:** Rufe verhalten „tschär", eichelhäherartiges Rätschen, Imitationen von Mäusebussard, Habicht u.a.; Gesang leises, variables Schwätzen. **Lebensraum:** Nördlicher NW, Birkenwald. **Nest:** Zumeist in Nadelbaum nahe am Stamm; Napf aus Zweigen, Moos, mit Haaren, Federn, Flechten ausgelegt, ♀ (♂). **Eier:** 4, weißlich bis blaßblau; olivbraun, grau::, 30 mm. **Brut:** 1, 18—20, ♀, IV—V. **Junge:** Nho, 21—24, ♂ ♀. **Imm:** 0. **Alter:** 1/(9). **Nahrung:** Vielseitig — Koniferensamen, Beeren, Insekten, Eier und Nestjunge, Essensreste.

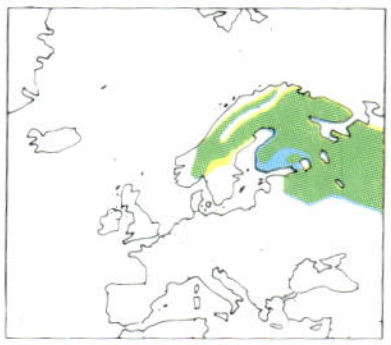

BLAUELSTER *Cyanopica cyanus* **Status:** St. **Größe:** 34 cm, um 75 g, < Elster. **Merkmale:** Auffällig langer Schwanz; Kopf, bis auf weiße Kehle, schwarz; Flügel, Schwanz blau; Flug elsternartig; gesellig in lärmenden Trupps. **Stimme:** Rufe im Trupp ständig nasal, hochgezogen „chräii", auch kurz „gröd", „grid", bei Störung gezogen „grääe.:". **Lebensraum:** Lichter LW, NW, Olivenhaine, Gärten. **Nest:** Kleine, lockere Brutkolonie; in Baum, Busch; Napf aus Zweigen, Wurzeln, Erde, mit Fasern, Haaren ausgelegt, ♂ ♀. **Eier:** 5—7, rahmfarben bis helloliv; spärlich braun::, 28 mm. **Brut:** 1, ?, ♀, IV—V. **Junge:** Nho, ?, ♂ ♀. **Imm:** 0. **Alter:** ?1/?. **Nahrung:** Vorwiegend Insekten, auch Samen, Früchte. *

● **ELSTER** *Pica pica* **Status:** St. **Größe:** 46 cm, 200—250 g. **Merkmale:** Schwarzweiß mit langem Schwanz; Flug flatternd mit Gleitphasen. **Stimme:** Rufe hart, schackernd „tschäk-tschäk.:", „gek-gek.:", nasal, gedehnt „gräh-gä.:", hoch „kjak", „kik" u.a.; Gesang anhaltendes krächzendes, variables Schwätzen. **Lebensraum:** L mit Gehölzen, Waldrand, BW, VS. **Nest:** In Baum, Busch; großer Bau aus Zweigen, locker überdacht, mit Erde verfestigt, Mulde mit feinen Wurzeln, Fasern ausgelegt, ♂ ♀. **Eier:** 5—7, grünlichgrau bis bläulich; olivbraun, grau::, 34 mm. **Brut:** 1, 17—18, ♀, III—V. **Junge:** Nho, 22—27, ♂ ♀. **Imm:** 0. **Alter:** 1/15. **Nahrung:** Vielseitig — Insekten, kleine Wirbeltiere, Samen, Früchte, Abfälle.

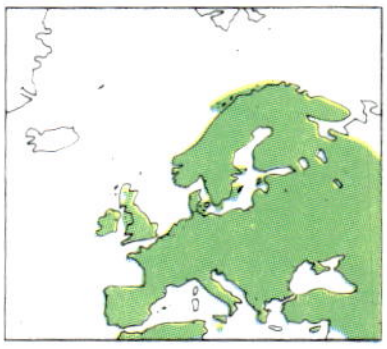

◑ **ALPENDOHLE** *Pyrrhocorax graculus* **Status:** St. **Größe:** 38 cm, um 240 g, < Rabenkrähe. **Merkmale:** Schwarz mit gelbem, nicht auffallend langem Schnabel, roten Beinen; gesellig, oft wenig scheu. **Stimme:** Rufe scharf, leicht ansteigend „dschirr", scharf, abfallend „pijä" und Kombinationen; ruffreudig. **Lebensraum:** Hochgebirge bis Schneegrenze, im Winter tiefer. **Nest:** In Felshöhle, -spalte, auch an Gebäuden; Bau aus Zweigen, Wurzeln, Gras, mit feinem Gras, Fasern ausgelegt, ?. **Eier:** 4—5, weißlich bis rostbräunlich; olivbraun, dunkelbraun::, 39 mm. **Brut:** 1, 17—21, ♀, IV—VI. **Junge:** Nho, 25—30, ♂ ♀. **Imm:** 0. **Alter:** ?1/11. **Nahrung:** Insekten, kleine Wirbeltiere, Beeren, Küchenabfälle.

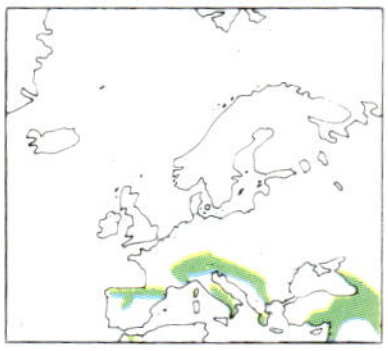

◑ **ALPENKRÄHE** *Pyrrhocorax pyrrhocorax* **Status:** St. **Größe:** 40 cm, 280—360 g, < Rabenkrähe. **Merkmale:** Schwarz mit langem, abwärtsgebogenem, rotem (Junge orangen) Schnabel; rote Beine; akrobatische Flugspiele; Flügel beim Segeln stark gefingert. **Stimme:** Rufe im Flug rauh, gedehnt „kijarr", gezogen „kraah", kurz „tschaf" u.a. **Lebensraum:** Steile Felswände im G, FM. **Nest:** In Nische, Spalte an Felsen; Bau aus Zweigen, Stengeln, Gras, Mulde mit Haaren, Wolle, Fasern ausgelegt, ♂ ♀. **Eier:** 3—5, grünlich bis blaß gelbbraun; olivbraun, grau::, 40 mm. **Brut:** 1, 17—18, ♀, IV—VI. **Junge:** Nho, 38, ♂ ♀. **Imm:** 0. **Alter:** 1/17. **Nahrung:** Insekten, Regenwürmer u.a. Wirbellose, die oft im Boden stochernd gefangen werden.

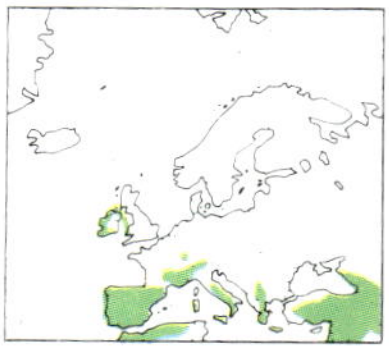

● **DOHLE** *Corvus monedula* **Status:** TZ, (W); II—V, X—XI. **Größe:** 33 cm, 220—270 g, < Rabenkrähe. **Merkmale:** Kleinster schwarzer Rabenvogel; Nacken grau; Augen hell; gesellig, oft mit Krähen vergesellschaftet. **Stimme:** Rufe ständig, auch im Flug kurz „kja", schnarrend „kjarr", gereiht „kjerr.:" u.a. **Lebensraum:** AL, WL, VS. **Nest:** Brutkolonie; in Spalten, Nischen, Höhlungen an Felsen, Gebäuden, auch Baumhöhlen; Bau aus Zweigen, Mulde mit Wolle, Federn, Gras ausgelegt, ♂ ♀. **Eier:** 4—6, blaß bläulichgrün; schwarzbraun, olivbraun::, 36 mm. **Brut:** 1, 18—19, ♀, IV—VI. **Junge:** Nho, 30—35, ♂ ♀. **Imm:** 3—4. **Alter:** 1/14. **Nahrung:** Insekten u.a. Wirbellose, Samen, Früchte, Abfälle auf Müllhalden.

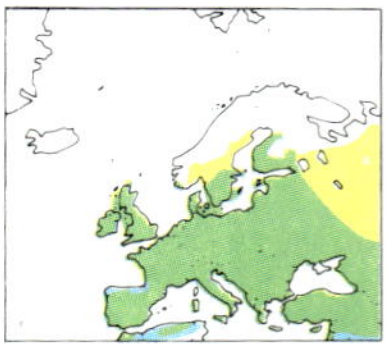

adult
juvenil
ad.
adult
juvenil
ad.
adult
juvenil
ad.
adult
juvenil
ad.
adult
juvenil
ad.
adult
juvenil
ad.
adult
juvenil
ad.

● **SAATKRÄHE** *Corvus frugilegus* **Status:** TZ, (W); II—IV, X—XI. **Größe:** 46 cm, 460—520 g, ~ Rabenkrähe. **Merkmale:** Grauweiße, federlose Schnabelbasis (bei Jungvögeln noch befiedert); schlanker, dolchförmiger Schnabel; herabhängende Schenkelfedern erscheinen beim Gehen hosenartig; gesellig, zumeist in großen Flügen. **Stimme:** Rufe tief, rauh „korr", „krah", dohlenartig „kjä", „kju" u.a. **Lebensraum:** AL, WL mit Gruppen hoher Bäume. **Nest:** Brutkolonie; in Kronen hoher Bäume; großer Bau aus Zweigen, Mulde mit Gras, Laub, Haaren, Moos ausgelegt, ♀ (♂). **Eier:** 4—6, bläulich bis grünlich; braun, dunkeloliv::, 40 mm. **Brut:** 1, 16—19, ♀, IV—V. **Junge:** Nho, 29—30, ♂ ♀. **Imm:** 6—8. **Alter:** ?1/20. **Nahrung:** Insekten u.a. Wirbellose, Samen, Keimlinge, Abfälle auf Müllhalden.

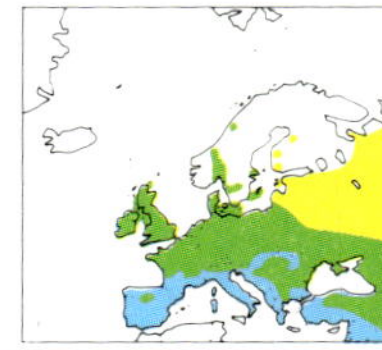

● **RABEN-/NEBELKRÄHE** *Corvus corone* **Status:** St/TZ, (W); II—III, IX—XI. **Größe:** 47 cm, 540—600 g. **Merkmale:** Schwarzer, kräftiger Schnabel; keine hosenartigen Schenkelfedern; zumeist paarweise; Rabenkrähe *(C.c.corone)* schwarz; Nebelkrähe *(C.c.cornix)* Rücken, Unterseite grau; Mischlinge in allen Übergängen. **Stimme:** Rufe krächzend, wiederholt „krah", rauh, quarrend „rarr-rarr" u.a. **Lebensraum:** In fast allen Lebensräumen Europas, bevorzugt Kulturland mit Gehölzen. **Nest:** Einzeln in hohem Baum, auch an Felsen; großer Bau aus Zweigen, Mulde mit Fasern, Haaren, Federn ausgelegt, ♂ ♀. **Eier:** 4—6, hellblau bis grünlich; dunkelbraun, grau::, 43 mm. **Brut:** 1, 19, ♀, IV—V. **Junge:** Nho, 26—35, ♂ ♀. **Imm:** 0. **Alter:** 1—2/15. **Nahrung:** Vielseitig — Insekten, kleine Wirbeltiere, Aas, Samen u.a. *

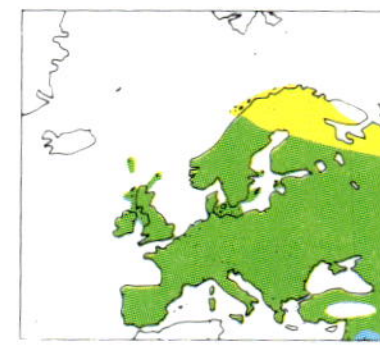

◑ **KOLKRABE** *Corvus corax* **Status:** St. **Größe:** 64 cm, um 1250 g, > Rabenkrähe. **Merkmale:** Groß; klobiger Schnabel; Kehlfedern zottig; im Flug Schwanzende keilförmig; segelt oft, akrobatische Flugspiele; zumeist paarweise, „Wi" auch in Trupps. **Stimme:** Rufe tief, rauh, gurgelnd „grog", „krak", „kroar", hoch, metallisch „klong" u.a.; Gesang leises Schwätzen, oft mit verschiedensten Imitationen. **Lebensraum:** In fast allen Lebensräumen Europas. **Nest:** In hohem Baum, auf Felssims; großer Bau aus Ästen, Zweigen, Mulde mit Gras, Moos, Haaren ausgelegt, ♂ ♀. **Eier:** 4—6, grünlich bis bläulich; dunkel-, olivbraun, grau::, 50 mm. **Brut:** 1, 21, ♀, III—IV. **Junge:** Nho, 35—40, ♂ ♀. **Imm:** 0. **Alter:** 2—3/16. **Nahrung:** Vielfältig — Insekten, Samen, Früchte, kleinere Wirbeltiere, Aas.

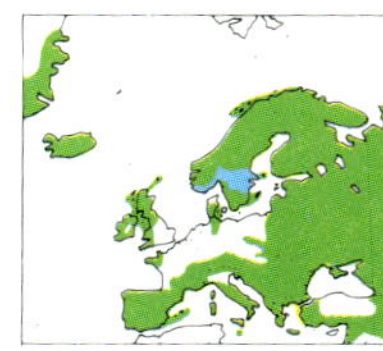

Familie *Sturnidae* Stare: Weltweit um 110 Arten.

Das Hauptverbreitungsgebiet der Stare sind die Tropen der Alten Welt. In Europa kommen nur drei Arten vor. Die meisten Stare sind untersetzte Vögel mit langem, spitzen Schnabel. Sie sind sehr gesellig und vereinen sich oft zu großen Schwärmen.

● **STAR** *Sturnus vulgaris* **Status:** TZ; III—IV, IX—X; Jungstare, VI—VIII. **Größe:** 21 cm, 75—90 g. **Merkmale:** „So" schwarz mit grünviolettem Glanz, Schnabel gelb; „Wi" weißlich gefleckt, Schnabel dunkel; Junge fahlbraun; oft in riesigen Schwärmen. **Stimme:** Gesang ♂ von Warte mit flatternden Flügelbewegungen anhaltendes Schwätzen mit Rätschen, Pfiffen, Knacken, verschiedensten Imitationen; ♀ singen leiser, kürzer; Rufe gedehnt, heiser „ärr-wrr", „squar". **Lebensraum:** WL, AL, VS. **Nest:** Baumhöhle, Löcher, Spalten an Gebäuden, Nistkasten; Unterlage aus Gras, Laub, Stengeln, mit Federn, Wolle, Moos gepolstert, ♂ ♀. **Eier:** 4—6, hellblau, 30 mm. **Brut:** 1—2, 12—13, ♂ ♀, IV—VI. **Junge:** Nho, 20—22, ♂ ♀. **Imm:** 3—4. **Alter:** 1(2)/20. **Nahrung:** Insekten u.a. Wirbellose; Beeren, Früchte. *

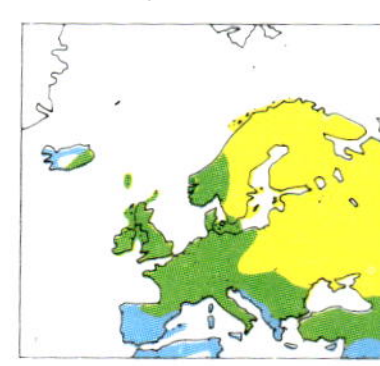

EINFARBSTAR *Sturnus unicolor* **Status:** St. **Größe:** 21 cm, um 80 g, ~ Star. **Merkmale:** Sehr ähnlich Star, aber „So" Gefieder völlig ungefleckt, „Wi" Fleckung schwächer. **Stimme:** Gesang ♂ wie Star, nur lauter, lärmender mit gedehnten an- und absteigenden Pfiffen; Rufe scheppernd „kökökökörr", gedehnter Pfiff. **Lebensraum:** Kulturland, lichte W, VS. **Nest:** Baumhöhle, Löcher, Spalten an Gebäuden, Felsen; Unterlage aus Gras, Stengeln u.a., mit Federn, Haaren, Wolle gepolstert, ?. **Eier:** 4, hellblau, 29 mm. **Brut:** ?, 12—13, ♀, IV—VI. **Junge:** Nho, 21—23, ♂ ♀. **Imm:** 3—4. **Alter:** 1/?. **Nahrung:** Vielseitig — vorwiegend Wirbellose.

△ **ROSENSTAR** *Sturnus roseus* **Status:** Z; ?. **Größe:** 21 cm, um 80 g, ~ Star. **Merkmale:** Alte: Kopf, Flügel, Schwanz schwarz, Körper rosa; Junge: wie Star, nur blasser. **Stimme:** Gesang ♂ anhaltendes, rauhes, teilweise kreischendes Schwätzen; Rufe rauh, rätschend „tschrep-tschrep", „tschä-tschä" u.a. **Lebensraum:** L, teilweise felsig, AL, WL. **Nest:** Brutkolonie; in Löchern, Spalten an Felsen, Gemäuer, zwischen Steinblöcken am Boden; Unterlage aus Halmen, Stengeln, Laub u.a., mit Fasern, Haaren, Federn gepolstert, ?. **Eier:** 5—6, hellblau, 29 mm. **Brut:** ?1, 12—14, ♀, V—VI. **Junge:** Nho, 21—23, ♂ ♀. **Imm:** 4—12. **Alter:** ?1/11. **Nahrung:** Vorwiegend Heuschrecken u.a. Insekten. *

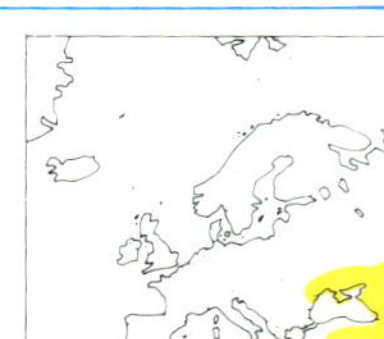

Die drei europäischen Arten sind Höhlenbrüter. Bei der Nahrungssuche auf dem Boden laufen sie trippelnd.
Als einer der häufigsten Vögel ist der Star wohl allgemein bekannt. Nur die zunächst fast einfarbig hell graubraunen Jungstare können bei der Bestimmung einige Mühe bereiten. Sie treten aber immer in charakteristischen Schwärmen auf.

Familie *Passeridae* Sperlinge: Weltweit um 30 Arten.

Die Sperlinge sind kleine, kräftige Vögel mit dickem Schnabel und zumeist wenig farbigem Gefieder. Sie nisten in Höhlungen oder bauen überdachte Baumnester, die nicht kunstvoll gewoben sind, sondern aus einer unordentlichen Anhäufung von Nistmaterial bestehen. Mit dem Haussperling gehört zu dieser Familie eine der erfolgreichsten Vogelarten der Erde.

● **HAUSSPERLING** *Passer domesticus* **Status:** St. **Größe:** 14,5 cm, 22—32 g. **Merkmale:** ♂ grauer Scheitel, rotbrauner Nacken, schwarzer Kehllatz; beim Italiensperling *(P.d.italie)*, wahrscheinlich Mischform von Haus-/Weidensperling, ♂ Oberkopf ganz rotbraun; ♀ und Junge ohne markante Kennzeichen. **Stimme:** Gesang ♂ ständig wiederholt „tschilp"; Rufe weich „wäd", zeternd „tschet-tschet.:", im Flug „tschuip" u.a. **Lebensraum:** VS, IS. **Nest:** Lockere Brutkolonie; in Löchern, Spalten an Gebäuden, in Gerank, Nistkasten, selten in Baum; unordentlicher, oft überdachter Bau aus Stroh, Papier u.a., mit Haaren, Federn ausgelegt, ♂ ♀. **Eier:** 3—6, weißlich bis grünlich; braun, grau::, 22 mm. **Brut:** 2—3, 12—14, ♀, IV—VII. **Junge:** Nho, 14—16, ♂ ♀. **Imm:** 0. **Alter:** 1/12. **Nahrung:** Sämereien, auch Insekten. *

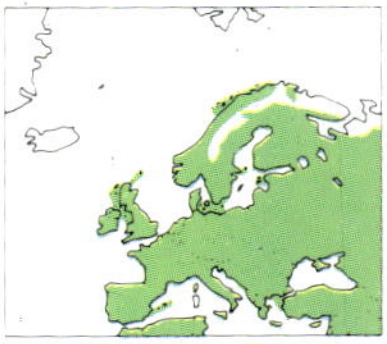

WEIDENSPERLING *Passer hispaniolensis* **Status:** TZ; ?. **Größe:** 14,5 cm, um 30 g, ~ Haussperling. **Merkmale:** ♂ rotbrauner Oberkopf, weiße Kopfseiten, schwarze Brust, schwarz gestreifte Flanken; ♀ und Junge wie Haussperling, aber Flanken schwach, dunkel gestreift. **Stimme:** Gesang ♂ anhaltend „tschilp", „tschäji.:", „tschesi" u.a.; Rufe wie Haussperling. **Lebensraum:** Kulturland mit Bäumen, Büschen, VS. **Nest:** Kleine Brutkolonie; in dichtem Busch, Baum, Gerank, auch Löcher, Spalten an Gebäuden u.ä.; kugelförmiger Bau mit Seiteneingang aus Halmen, Stengeln, mit Federn, Haaren ausgelegt, ♂ ♀. **Eier:** 5—6, weißlich; weniger dicht als beim Haussperling ::, 23 mm. **Brut:** 2—3, 12, ♀, IV—VII. **Junge:** Nho, 12—15, ♂ ♀. **Imm:** 0. **Alter:** 1/9. **Nahrung:** Vorwiegend Sämereien, auch Insekten. *

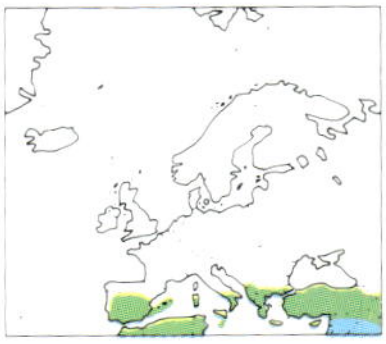

● **FELDSPERLING** *Passer montanus* **Status:** St, im N.-O. TZ. **Größe:** 14 cm, 19—25 g, < Haussperling. **Merkmale:** ♂ und ♀ gleich; rotbrauner Oberkopf, schwarzer Ohrfleck, kleiner, schwarzer Kehlfleck. **Stimme:** Gesang ♂ anhaltend, wiederholt „tsche tsche.:", „tschju tschju.:"; Rufe hart, hölzern „tek-tek.:", gereiht „dschäd", hell „zwit" u.a. **Lebensraum:** Kulturland mit Gehölzen, Parks, Obstgärten, Gärten. **Nest:** Manchmal kolonieartig; in Baumhöhle, Spalte, Höhlung an Gebäude, Nistkasten, ♂ ♀. **Eier:** 4—6, weißlich bis rahmfarben; dicht dunkelbraun, grau::, 19 mm. **Brut:** 2—3, 12—14, ♂ ♀, IV—VI. **Junge:** Nho, 12—14, ♂ ♀. **Imm:** 0. **Alter:** 1/10. **Nahrung:** Sämereien, Insekten.

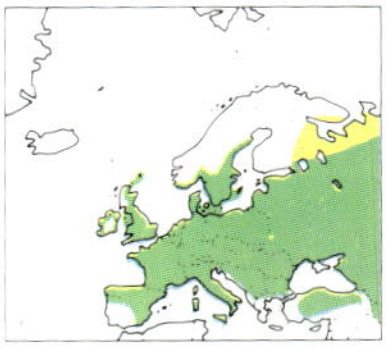

⚲ **STEINSPERLING** *Petronia petronia* **Status:** St. **Gefährdung:** R1. **Größe:** 14 cm, um 30 g, ~ Haussperling. **Merkmale:** Ähnlich Haussperling-♀, aber gestreifter Kopf, gelber Kehlfleck, Schwanzfedern an den Spitzen weiß gefleckt. **Stimme:** Gesang ♂ Folge von nasalen, quäkenden Rufen „bäidlid.:" o.ä.; Ruf nasal, hochgezogen „bäi", „bäije". **Lebensraum:** Felshänge, Steinbrüche, Gemäuer, AL, WL. **Nest:** In Spalten, Löchern an Felsen, Gemäuer, Baumhöhlen, auch in Erdlöchern; unordentlicher Bau aus Halmen, Stengeln, Gras, mit Haaren, Federn ausgelegt, ?. **Eier:** 5—6, weißlich; dicht rotbraun, dunkelbraun::, 22 mm. **Brut:** 2, 12—14, ♀, IV—VI. **Junge:** Nho, 21, ♂ ♀. **Imm:** 0. **Alter:** 1/?. **Nahrung:** Sämereien, Insekten.

◑ **SCHNEEFINK** *Montifringilla nivalis* **Status:** St. **Gefährdung:** R5. **Größe:** 18 cm, um 40 g, > Haussperling. **Merkmale:** grauer Kopf; Schnabel, Kehlfleck schwarz; Schwanzseiten weiß; Flügel weiß mit schwarzen Handschwingen; zuckt häufig mit dem Schwanz; gesellig. **Stimme:** Gesang ♂ Folge verschiedener, tschilpender Laute „twi-tju-twi-tju.:" o.ä.; Rufe unrein „tsi", „zjih", erregt kurz „prrt" u.a. **Lebensraum:** Felshänge im G oberhalb der Baumgrenze, Winter tiefer. **Nest:** In Felsnische, -spalte, Erdloch, an Gebäuden; Napf aus Gras, Moos, Laub, mit Federn, Haaren ausgelegt, ?. **Eier:** 4—5, weiß, 23 mm. **Brut:** 1—2, 13—14, ♀ (♂), V—VI. **Junge:** Nho, 21, ♂ ♀. **Imm:** 3. **Alter:** 1/?. **Nahrung:** Vorwiegend Sämereien, auch Insekten, Essensabfälle.

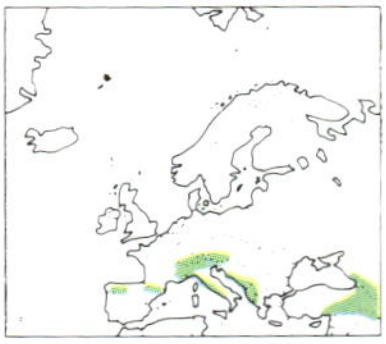

In Europa kommen 5 Arten vor, wobei die Beziehung von Haus- und Weidensperling nicht ganz klar ist (s.S. 59).

Im Unterschied zu den meisten Finken haben die Sperlinge einen nicht oder kaum gegabelten Schwanz. Der Schneefink ist unverkennbar. Achte bei den anderen Sperlingen auf Weiß am Schwanzende, gelben Kehlfleck, schwarzen Wangenfleck, Färbung und Zeichnung von Kopf und Brust.

Familie *Fringillidae* Finken: Weltweit um 130 Arten.

Die Finken sind kleinere, körnerfressende Singvögel mit einer fast weltweiten Verbreitung. Sie haben stumpf- bis gestreckt kegelförmige Schnäbel mit Schneiden und Rinnen zum Öffnen harter Samenschalen. Die ♂ und ♀ sind in der Gefiederfärbung oft stark verschieden. Die ♂ sind teilweise auffällig bunt. Die Jungen gleichen den ♀. Die napfförmigen Nester bauen sie frei in Bäume und Büsche. Die Jungen werden vielfach mit Insekten gefüttert.

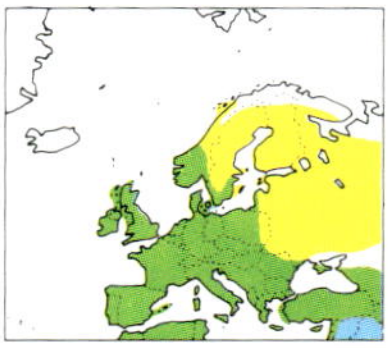

● **BUCHFINK** *Fringilla coelebs* **Status:** TZ; II—III, IX—X. **Größe:** 15 cm, 19—24 g, ~ Haussperling. **Merkmale:** Zwei weiße Flügelbinden, ♂ Kopf blaugrau, Unterseite rötlichbraun; ♀ schlicht oliv-, graubraun. **Stimme:** Gesang ♂ „Finkenschlag" schmetternde Strophe aus drei abfallenden Teilen und Endschnörkel, ♂ singen verschiedene Strophentypen; Rufe laut „pink", „Regenruf" wiederholt „wrüt", „huit" o.ä. lokal verschieden, im Flug verhalten „djüb". **Lebensraum:** W, Gehölze, Baumbestände aller Art. **Nest:** In Baum, Busch; fester Napf aus Gras, Fasern, Moos, mit Haaren, Federn ausgelegt, ♀. **Eier:** 4—5, bläulich, rosa gewölkt; spärlich grob, fein purpurbraun::, 20 mm. **Brut:** 1, 12—13, ♀, IV—VI. **Junge:** Nho, 13—14, ♂♀. **Imm:** 0. **Alter:** 1/14. **Nahrung:** Sämereien, Knospen, Sommer auch Insekten. *

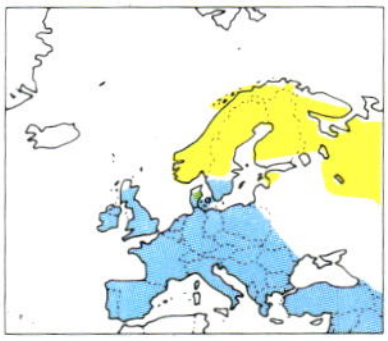

○ **BERGFINK** *Fringilla montifringilla* **Status:** Z, (W); III—V, IX—XI. **Größe:** 14,5 cm, 23—29 g, ~ Haussperling. **Merkmale:** Ähnlich Buchfink, aber weißer Bürzel; orange an Brust, Schulter; Winter oft in großen Scharen. **Stimme:** Gesang ♂ anhaltende, monotone Folge gedehnter „dijääi", „dsää"; Rufe nasal, gequetscht, quäkend „dschäe", „quäig", Flugruf kurz, hart „tjek", „jäg". **Lebensraum:** Lichter, nordischer NW, LW, MW; Winter oft in Buchen-, Hainbuchenwäldern. **Nest:** In Baum, Busch; fester Napf aus Gras, Moos, außen mit Flechten, Birkenrinde belegt, mit Haaren, Federn ausgelegt, ♀. **Eier:** 5—7, hellblau, rosa gewölkt; spärlich grob, fein dunkelbraun::, 20 mm. **Brut:** 1, 13—14, ♀, V—VII. **Junge:** Nho, 14, ♂♀. **Imm:** 0. **Alter:** 1/9. **Nahrung:** Baumsamen u.a. Sämereien, Sommer auch Insekten. *

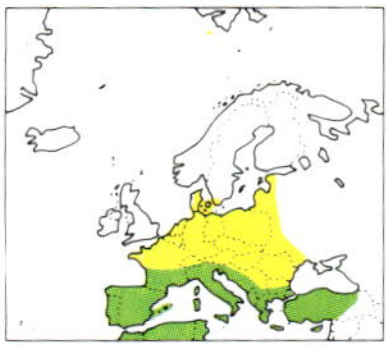

● **GIRLITZ** *Serinus serinus* **Status:** TZ; III—IV, IX—X. **Größe:** 11,5 cm, 12—15 g, < Haussperling. **Merkmale:** Klein; auffällig kurzer Kegelschnabel; gelber Bürzel, Schwanz ohne Gelb; gesellig. **Stimme:** Gesang ♂ von Warte oder im flatternden Singflug anhaltendes, schwirrendes Zwitschern; Rufe hoch, nasal „schwid", erregt breit „dschäi", im Flug kurzer, hoher Triller „girr", „psitirr". **Lebensraum:** L mit Baumgruppen, Parks, Gärten. **Nest:** In dichtem Busch, Baum (oft Nadelbaum) außen am Ast; fester Napf aus Gras, Wurzeln, Moos, mit Haaren, Federn ausgelegt, ♀. **Eier:** 3—5, bläulichweiß; rotbraun, lila::, 16 mm. **Brut:** 2, 13, ♀, IV—VI. **Junge:** Nho, 13—17, ♂♀. **Imm:** 2—3. **Alter:** 1/9. **Nahrung:** Vorwiegend Sämereien u.a. Pflanzenteile.

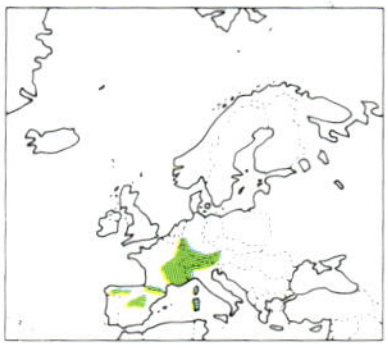

◑ **ZITRONENGIRLITZ** *Serinus citrinella* **Status:** St. **Gefährdung:** R5. **Größe:** 12 cm, um 15 g, < Haussperling. **Merkmale:** Klein; grüngelb ohne auffällige Streifung (ausgenommen Junge); Nacken, Halsseiten grau; Schwanz ohne auffallendes Gelb. **Stimme:** Gesang ♂ von Warte oder im kreisenden Singflug anhaltendes, klirrendes Zwitschern, ähnlich Girlitz und Stieglitz; Rufe klagend „zi-ä", im Flug metallisch „dit-dit.:" o.ä. **Lebensraum:** Lichte, hochgelegene NW im G, Winter in tieferen Lagen. **Nest:** In Baum; Napf aus Gras, Wurzeln, Flechten, mit Fasern, Haaren, Federn ausgelegt, ?. **Eier:** 4—5, weißlichblau bis hellgrünlich; spärlich dunkelbraun, purpurn::, 17 mm. **Brut:** ?2, 13—14, ♀, IV—VI. **Junge:** Nho, 17—18, ♂♀. **Imm:** 3. **Alter:** ?1/?. **Nahrung:** Sämereien.

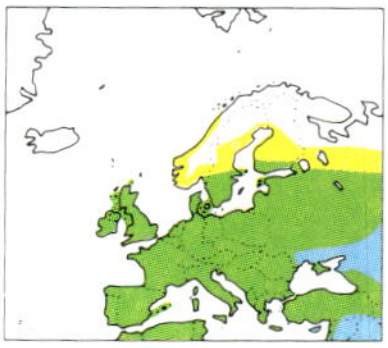

● **GRÜNLING** *Chloris chloris* **Status:** TZ, (W); II—IV, IX—XI. **Größe:** 14,5 cm, 25—34 g, ~ Haussperling. **Merkmale:** Graugrün mit leuchtendem Gelb am Flügel und an der Schwanzbasis; ♀ blasser als ♂; Jungvögel gestreift. **Stimme:** Gesang ♂ von Warte oder im gaukelnden Singflug anhaltende, melodische Triller, dazwischen gedehntes Knätschen „dijäiih" o.ä.; Rufe gezogen, nasal „diu", „dschwuid", im Flug klanghafte, harte Triller „gigi.:". **Lebensraum:** Lichter W, VS, Winter an Futterstellen. **Nest:** In Busch, Baum; Napf aus Gras, Stengeln, Moos, mit Fasern, Haaren ausgelegt, ♀. **Eier:** 4—6, weißlich bis blaßblau; spärlich dunkel rostbraun, schwärzlich::, 21 mm. **Brut:** 2(3), 13—14, ♀, IV—VII. **Junge:** Nho, 13—16, ♂♀. **Imm:** 3. **Alter:** 1/13. **Nahrung:** Vorwiegend Sämereien.

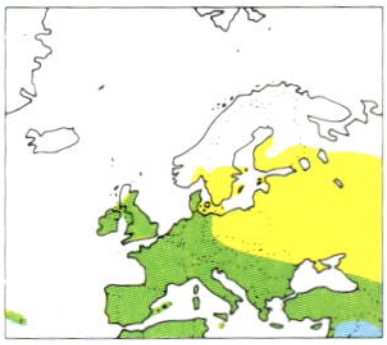

● **STIEGLITZ** *Carduelis carduelis* **Status:** TZ, (W); III—IV, X—XI. **Größe:** 12 cm, 14—18 g, < Haussperling. **Merkmale:** Rotes Gesicht; breite gelbe Flügelbinde, auch bei bräunlichen Jungvögeln; gesellig. **Stimme:** Gesang ♂ einzeln in Baumwipfel, „Wi" auch im Schwarm, Strophen aus Rufreihen, Trillern, nasal, gedehntem Knätschen „ziärr" o.ä.; Rufe schnell „dudidelit" o.ä., scharf „zidid", erregt nasal, hochgezogen „wäi". **Lebensraum:** L mit Gehölzen, Obstgärten, Alleen, Parks. **Nest:** In Baum, außen am Ast; fester, dickwandiger Napf aus Gras, Moos, Gespinnsten, mit Pflanzen-, Tierwolle ausgelegt, ?. **Eier:** 5—6, weißlichblau; spärlich dunkelbraun::, 17 mm. **Brut:** 2(3), 12—13, ♀, IV—VI. **Junge:** Nho, 13—15, ♂♀. **Imm:** 3. **Alter:** 1/8. **Nahrung:** Samen von Disteln u.a. Sämereien. *

Die meisten Finken sind an ihrem Färbungsmuster leicht zu erkennen. Achte auf die Form und Stärke des Schnabels, auf die Kopffärbung, auf die Flügelzeichnung und auf Weiß an Bürzel und Schwanz.

Bei den bräunlichen Hänflingen und Birkenzeisigen ist die Unterscheidung schwieriger. Achte auf die Lage roter Federpartien und auf die Farbe von Kehle und Schnabel. Die Flugsilhouetten der Finken sind sehr ähnlich. Achte auf die Flugrufe.

● **ZEISIG** *Carduelis spinus* **Status:** TZ, (W); IX—IV. **Größe:** 12 cm, 10—14 g, < Haussperling. **Merkmale:** Klein; grüngelb; Flügelbinde, Schwanzkanten, Bürzel gelb; ♂ schwarze Kappe, Kinn; gesellig, „Wi" in größeren Schwärmen. **Stimme:** Gesang ♂ einzeln aus Baumkrone, „Wi" auch im Schwarm, anhaltendes, schnelles Schwätzen mit Imitationen, dazwischen gedehntes, nasales Knätschen; Rufe wehmütig, rein „tüli", „tsii", im Flug kurz, trocken „tetet.:". **Lebensraum:** „So" NW, MW; „Wi" oft in Erlenbeständen. **Nest:** Hoch in Nadelbaum, außen am Ast; fester Napf aus Reisern, Gras, Moos, mit Haaren, Wolle, Federn ausgelegt, ♀. **Eier:** 4—5, weißlichblau; spärlich rostbraun::, 16 mm. **Brut:** 2, 12, ♀, IV—VI. **Junge:** Nho, 15, ♂ ♀. **Imm:** 3. **Alter:** 1/11. **Nahrung:** Baumsamen u.a. Sämereien, Insekten.

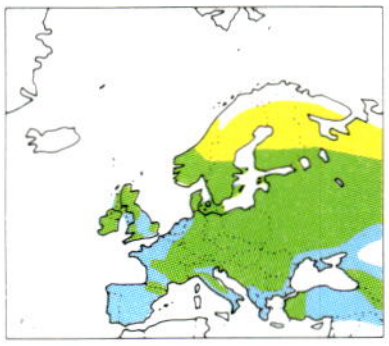

● **HÄNFLING** *Carduelis cannabina* **Status:** TZ, (W); III—IV, IX—X. **Größe:** 13,5 cm, 15—20 g, < Haussperling. **Merkmale:** Bräunlich; weiße Schwingen-, Schwanzfederkanten, dunkler Schnabel; ♂ im Brutkleid rote Stirn, Brust; gesellig, „Wi" in Trupps. **Stimme:** Gesang ♂ schnelle Rufreihen „gigi.:", Folge von Trillern, gedehnten Lauten, Pfiffen, klingt oft nasal, unrein; Rufe im Flug kurz „gege.:", „djek djek", erregt gedehnt, nasal „djüe", „glü". **Lebensraum:** L mit Gebüsch, HL mit Wacholder, BW, Waldrand, „Wi" AL. **Nest:** Manchmal kolonieartig; in dichtem Busch; Napf aus Gras, Stengeln, Moos, mit Haaren, Wolle ausgelegt, ♀. **Eier:** 4—6, schmutzigweiß bis hellblau; spärlich rotbraun::, 18 mm. **Brut:** 2(3), 12—13, ♀, IV—VII. **Junge:** Nho, 11—13, ♂ ♀. **Imm:** 0. **Alter:** 1/9. **Nahrung:** Sämereien.

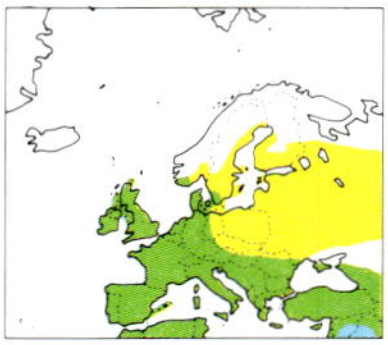

⌽ **BERGHÄNFLING** *Carduelis flavirostris* **Status:** TZ, (W); X—IV. **Größe:** 13,5 cm, 13—18 g, < Haussperling. **Merkmale:** Ähnlich Hänfling, aber ohne Rot an Kopf und Brust, mit heller Flügelbinde, Schnabel im Winter gelb; ♂ rosafarbener Bürzel; „Wi" in dichten Trupps. **Stimme:** Gesang ♂ einzeln, Spätwinter auch im Trupp, gequetschtes Zwitschern, Flöten mit gedehntem Schnarren; Rufe nasal, quäkend „wäo", „twäid" o.ä., im Flug dreisilbig „tjep-ep-ep". **Lebensraum:** HL, MF, Winter MM, SM. **Nest:** In kleinem Busch, Heidekraut, zwischen Geröll; Napf aus Gras, mit Wolle, Federn ausgelegt, ♀. **Eier:** 5—6, hellblau; vorwiegend am stumpfen Pol rotbraun::, 17 mm. **Brut:** 2, 12—13, ♀, V—VII. **Junge:** Nho, 14—15, ♂ ♀. **Imm:** 0. **Alter:** 1/6. **Nahrung:** Sämereien.

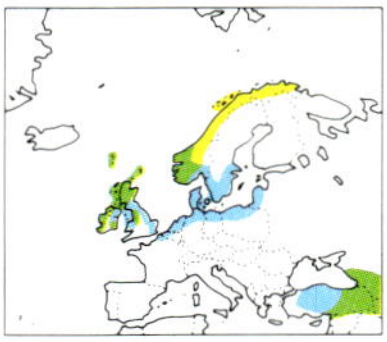

◑ **BIRKENZEISIG** *Carduelis flammea* **Status:** TZ, (W); X—IV. **Größe:** 13,5 cm, 10—14 g, < Haussperling. **Merkmale:** Ähnlich Hänfling; schwarzer Kehlfleck; helle Flügelbinden, aber keine weißen Schwingenkanten; roter Scheitel; ♂ ± rot an Kehle, Brust; gesellig, „Wi" in Trupps. **Stimme:** Gesang ♂ aus Baum oder im Singflug lockere Folge von rufartigen, schwirrenden Lautreihen „tsched..tschrr..dsched.:" o.ä., Klang unrein, reibend; Rufe nasal, hochgezogen „wäid", im Flug „dsched-dsched.:". **Lebensraum:** Lichte NW, nordische Erlen-, Birkenwälder, im G an Baumgrenze. **Nest:** In Baum, Busch; Napf aus Zweigen, Gras, mit Pflanzenwolle, Federn ausgelegt, ♀. **Eier:** 4—6, bläulichweiß; spärlich lila, braun::, 16 mm. **Brut:** 1—2, 12, ♀, V—VII. **Junge:** Nho, 12, ♂ ♀. **Imm:** 3. **Alter:** 1/8. **Nahrung:** Sämereien. ∗

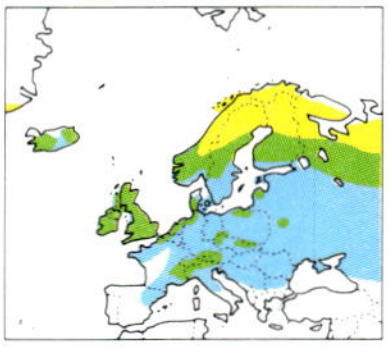

△ **POLARBIRKENZEISIG** *Carduelis hornemanni* **Status:** TZ. **Größe:** 13,5 cm, um 12 g, < Haussperling. **Merkmale:** Sehr ähnlich Birkenzeisig, aber insgesamt heller, weißer, ungestreifter Bürzel. **Stimme:** Ähnlich Birkenzeisig, Unterschiede bisher noch unbekannt. **Lebensraum:** Offene, sumpfige Strauchtundra. **Nest:** Erhöht im Gestrüpp, am Boden im Bewuchs; Napf aus Reisern, Gras, mit Federn, Haaren, Pflanzenwolle ausgelegt, ♀. **Eier:** 4—6, blaßblau; dunkel::, 17 mm. **Brut:** 1, 11—12, ♀, VI—VII. **Junge:** Nho, 11—12, ♂ ♀. **Imm:** 3. **Alter:** 1/?. **Nahrung:** Sämereien.

WÜSTENGIMPEL *Rhodopechys githaginea* **Status:** St. **Größe:** 12,5 cm, um 20 g, ~ Haussperling. **Merkmale:** Gedrungene Gestalt; hell graubraun mit dunkleren Flügeln, Schwanz; ♂ Brutkleid rosarot überflogen, roter Schnabel; gesellig, wenig scheu. **Stimme:** Gesang ♂ im kreisenden Bogenflug metallisch, nasal „ewääd wik wik ewääd.:"; Ruf im Flug trompetend „töd". **Lebensraum:** Trockene L, Wüsten in Nähe von Wasserstellen. **Nest:** In Höhlungen am Boden, Felsen, Gemäuer; Napf aus Gras, Stengeln, Reisern, mit Haaren, Wolle ausgelegt, ?. **Eier:** 3—5, hellblau; spärlich schwarz::, 18 mm. **Brut:** ?1, 13—14, ? ♀, IV—VI. **Junge:** Nho, 14, ? ♂ ♀. **Imm:** 3. **Alter:** 1/?. **Nahrung:** Sämereien, suchen regelmäßig Wasserstellen auf.

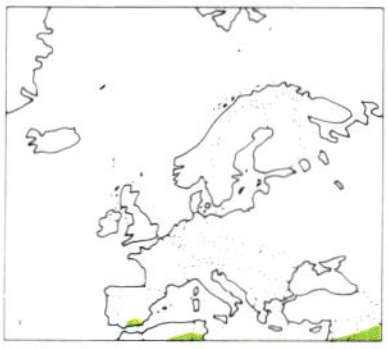

◑ **KARMINGIMPEL** *Carpodacus erythrinus* **Status:** Z; IV—V, VIII—IX. **Größe:** 14,5 cm, um 25 g, ~ Haussperling. **Merkmale:** Dickschnäblig; ♂ kaminrot an Kopf, Kehle, Brust, Bürzel; ♀ und Jungvögel schlicht braunoliv, Unterseite hell, dunkel gestreift, Flügel mit zwei hellen Binden. **Stimme:** Gesang ♂ wiederholte, kurze, gepfiffene Strophen mit steil an-, absteigenden Tönen „ti-tü-tehüt-ja", o.ä.; Rufe gepreßt, ansteigend „düei", „chräi", auch kurz „zit". **Lebensraum:** Lichte, unterholzreiche W auf feuchtem Grund. **Nest:** Niedrig in dichtem Busch, Nadelbaum; Napf aus Halmen, Stengeln, mit Fasern, Haaren ausgelegt, ♀. **Eier:** 3—6, hellblau; spärlich dunkelbraun::, 20 mm. **Brut:** 1, 12—14, ♀, V—VI. **Junge:** Nho, 12—16, ♂ ♀. **Imm:** 0. **Alter:** 1/?. **Nahrung:** Sämereien, Früchte, Insekten.

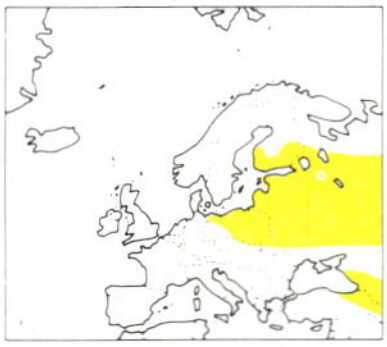

adult ♂
adult ♀
juv.
ad. ♀
ad. ♂ So.
ad. ♂ Wi.
ad. ♀ So.
juv.
ad. ♀ So.
ad. ♂ So.
ad. ♂ Wi.
ad. ♀ So.
juv.
ad. ♀ So.
ad ♂ So.
ad. ♂ Wi.
ad. ♀ So.
juv.
ad. ♀ So.
ad. ♂ So.
ad. ♂ Wi.
ad. ♀ So.
juv.
ad. ♀ So.
ad. ♂ So.
ad. ♂ Wi.
ad. ♀ So.
juv.
ad. ♀ So.
ad. ♂ So.
ad. ♂ Wi.
ad. ♀ So.
juv.
ad. ♀ So.

△ **BINDENKREUZSCHNABEL** *Loxia leucoptera* **Status:** St. **Größe:** 14,5 cm, um 30 g, ~ Haussperling. **Merkmale:** Ähnlich Fichtenkreuzschnabel, aber zwei weiße Flügelbinden, schlankerer Schnabel; hängt oft an Zapfen. **Stimme:** Gesang ♂ Reihung trillernder, schnarrender Tonfolgen; Ruf im Flug „wit-wit.:". **Lebensraum:** NW, vorwiegend Lärchenwälder. **Nest:** In Baumkrone; Napf aus Zweigen, Gras, mit feinem Gras, Haaren, Federn ausgelegt, ?. **Eier:** 3—4, bläulich-, grünlichweiß; spärlich dunkelviolett::, 21 mm. **Brut:** 1, ?, ?, III—VI. **Junge:** Nho, ?, ?. **Imm:** 3. **Alter:** 1/?. **Nahrung:** Vorwiegend Koniferensamen, vor allem von Lärche.

◑ **FICHTENKREUZSCHNABEL** *Loxia curvirostra* **Status:** St, Invasionen aus dem N. **Größe:** 16,5 cm, 28—40 g, > Haussperling. **Merkmale:** Kräftiger Schnabel mit gekreuzter Spitze; ♂ überwiegend rot; ♀ gelblichgrün; keine Flügelbinden; klettert, hangelt papageienartig. **Stimme:** Gesang ♂ von Warte, im Flug Reihung klarer flötender, schnarrender Lautfolgen „zid-zid que-di que-di trt.:" o.ä.; Ruf hart, metallisch „gip gip gip". **Lebensraum:** NW, bevorzugt Fichtenwald. **Nest:** Hoch in Nadelbaum; Napf aus Zweigen, Gras, mit feinem Gras, Haaren, Federn ausgelegt, ♀. **Eier:** 3—4, bläulichweiß; spärlich violett, schwarz::, 22 mm. **Brut:** 1, 13—16, ♀, I—IV abhängig vom Nahrungsangebot. **Junge:** Nho, 16—25, ♂ ♀. **Imm:** 12. **Alter:** 1/?. **Nahrung:** Vorwiegend Koniferensamen, vor allem von Fichte. *

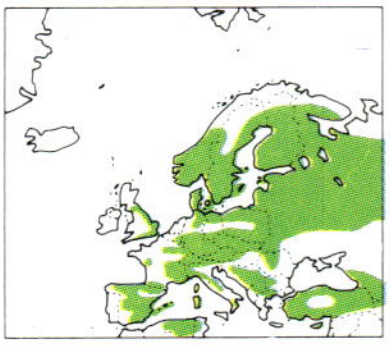

SCHOTTENKREUZSCHNABEL *Loxia scotica* (wahrscheinlich nur Unterart von Fichtenkreuzschnabel) **Status:** St. **Größe:** 16,5 cm, ?g, > Haussperling. **Merkmale:** Wie Fichtenkreuzschnabel, nur stärkerer Schnabel. **Stimme:** Wie Fichtenkreuzschnabel. **Lebensraum:** NW, bevorzugt Kiefernwald. **Nest:** Hoch in Kiefernwipfel; wie Fichtenkreuzschnabel, ♀. **Eier:** Wie Fichtenkreuzschnabel. **Brut:** 1, 13—15, ♀, II—VI abhängig vom Nahrungsangebot. **Junge:** Nho, 17—20, ♂ ♀. **Imm:** 12. **Alter:** ?1/?. **Nahrung:** Vorwiegend Koniferensamen, vor allem von Kiefer.

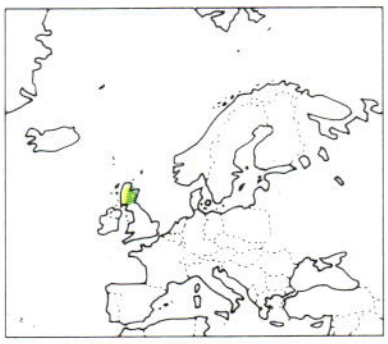

△ **KIEFERNKREUZSCHNABEL** *Loxia pytyopsittacus* **Status:** St, gelegentlich Invasionen. **Größe:** 17 cm, 35—45 g, > Haussperling. **Merkmale:** Sehr ähnlich Fichtenkreuzschnabel, aber größer; hoher, klobiger Schnabel. **Stimme:** Gesang ♂ von Warte, auch im Singflug Reihung klarer, teils harter Lautfolgen „tlip tlip..tschwengtschweng.:" o.ä. (in Klang, Aufbau wie Fichtenkreuzschnabel); Ruf hart, laut „djipdjip-djip". **Lebensraum:** NW, bevorzugt Kiefernwald. **Nest:** Hoch in Kiefernkrone; Napf aus Zweigen, Halmen, Moos, mit feinem Gras, Federn ausgelegt, ♀. **Eier:** 2—4, bläulichweiß; spärlich violett, schwarz::, 23 mm. **Brut:** 1, 14—16, ♀, III—IV (XII—VII) abhängig vom Nahrungsangebot. **Junge:** Nho, ca. 25, ♂ ♀. **Imm:** 12. **Alter:** ?1/?. **Nahrung:** Vorwiegend Koniferensamen, vor allem von Kiefer.

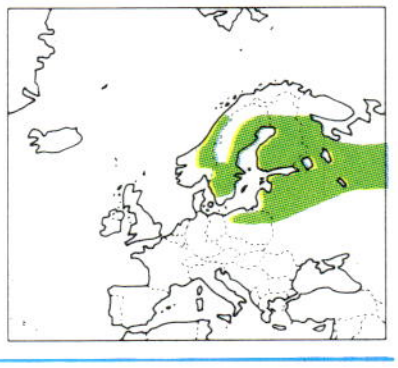

△ **HAKENGIMPEL** *Pinicola enucleator* **Status:** St, gelegentlich Invasionen bis Mitteleuropa. **Größe:** 20 cm, um 60 g, ~ Star. **Merkmale:** Ähnlich Kreuzschnabel, aber größer, längerer Schwanz, kurzer, nicht gekreuzter Schnabel; zwei weiße Flügelbinden; ♂ vorwiegend rosarot, ♀ rötlich olivgelb; gesellig. **Stimme:** Gesang ♂ Reihung lauter, variabler, teils hochgezogener Flötentöne; Ruf verhalten, flötend „tui-thu". **Lebensraum:** Nordische NW, MW. **Nest:** In Baum; lockerer Napf aus Zweigen, mit Gras, feinen Wurzeln, Moos ausgelegt, ♀. **Eier:** 3—5, blaugrün; dunkelbraun, schwarz::, 26 mm. **Brut:** 1, 13—14, ♀, V—VII. **Junge:** Nho, 14, ♂ ♀. **Imm:** 3. **Alter:** ?1/8. **Nahrung:** Knospen, Sämereien, Beeren.

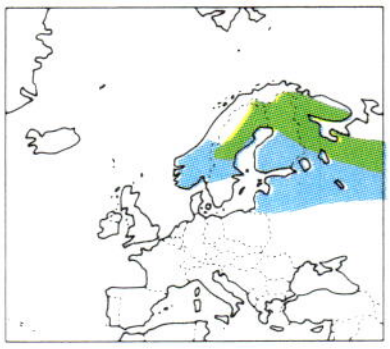

● **GIMPEL** *Pyrrhula pyrrhula* **Status:** St, Invasionen aus dem N. **Größe:** 15 cm, 21—27 g, > Haussperling. **Merkmale:** Wirkt rundlich; kurzer, dicker Kegelschnabel; Kappe, Flügel, Schwanz schwarz; Flügelbinde, Bürzel weiß; ♂ Unterseite rot, ♀ rötlichgrau. **Stimme:** Gesang ♂ zumeist heiser, nasal, gequetscht klingende Pfiffe, Triller, wenig auffällig; Rufe kurzer, abfallender Pfiff „diü" o.ä., im Flug leise „düt düt.:". **Lebensraum:** NW, MW, BW, Parks, Gärten. **Nest:** In dichtem Busch, kleinem Nadelbaum; Napf aus Zweigen, Halmen, mit feinem Gras, Haaren, Wurzeln ausgelegt, ♀. **Eier:** 4—6, hellblau; rotbraun, schwarz::, 20 mm. **Brut:** 2, 12—14, ♀, IV—VII. **Junge:** Nho, 12—16, ♂ ♀. **Imm:** 2—4. **Alter:** 1/17. **Nahrung:** Knospen, Sämereien, Beeren, auch Insekten.

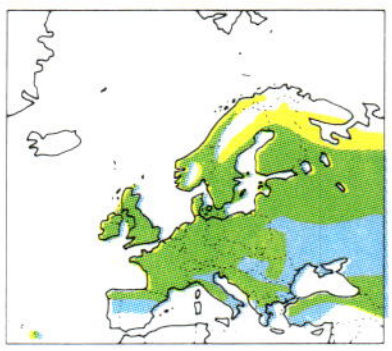

● **KERNBEISSER** *Coccothraustes coccothraustes* **Status:** St bis TZ. **Größe:** 18 cm, 48—62 g, ~ Star. **Merkmale:** Gedrungener Körper, großer Kopf mit mächtigem Kegelschnabel; weißes Flügelfeld, weißes Schwanzende. **Stimme:** Gesang ♂ von Baumspitze unauffällige Folge variabler Rufe „zik zik jiis zie-öh.:" u.ä., Ruf laut, schrill „ziiht", „zieck" o.ä. **Lebensraum:** LW, MW, Parks, Obstgärten. **Nest:** In Baum, hohem Busch; Unterlage aus Zweigen, Napf aus Wurzeln, Halmen, mit feinen Wurzeln, Haaren ausgelegt, ♀. **Eier:** 3—6, hell bläulichgrau bis bräunlich; spärlich schwarzbraun::, 24 mm. **Brut:** 1, 12—13, ♀, IV—VI. **Junge:** Nho, 11—14, ♂ ♀. **Imm:** 3. **Alter:** 1/10. **Nahrung:** Baumsamen, Kerne von Steinobst, Knospen, auch Insekten. *

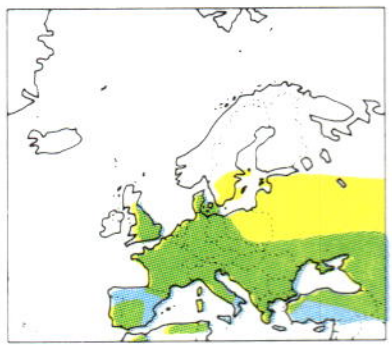

ad. ♂ Wi.
ad. ♀ So.
juv.
ad. ♀ So.
ad. ♂ So.
ad. ♂ Wi.
ad. ♀ So.
juv.
ad. ♂ So.
ad. ♀ So.
ad. ♂ Wi.
ad. ♀ So.
juv.
ad ♂ So.
ad. ♀ So.
ad. ♀ So.
juv.
ad. ♂ So.
ad. ♀ So.
ad. ♂ Wi.
ad. ♂
ad. ♀
juv.
ad. ♀
ad. ♂
ad. ♀
juv.
ad. ♀
ad. ♂
ad. ♀
juv.
ad. ♀

Familie *Emberizidae* Ammern: Weltweit um 280 Arten.

Die Ammern sind eine vorwiegend amerikanische Vogelfamilie. Die in Europa vorkommenden Arten gehören alle zur Unterfamilie Altweltammern (Emberizinae) und bis auf wenige Ausnahmen zur Gattung Emberiza. In der Größe, Gestalt und auch in den Verhaltensweisen sind sie einander daher recht ähnlich. Es sind körnerfressende, kleinere Vögel mit kurzem, an der Basis dickem Schnabel. Die Schnabelscheiden sind ± geschwungen und die Wangenpartie oft umrandet und abgesetzt.

⦶ **SPORNAMMER** *Calcarius lapponicus* **Status:** Z, (W); III—IV, IX—X. **Größe:** 15 cm, um 25 g, ~ Haussperling. **Merkmale:** Ähnlich Rohrammer; ♂ Brutkleid schwarzer Kopf ohne Bartstreif, rostbrauner Nacken; ♀, ♂ Ruhekleid gelber Schnabel, rötlicher Nacken. **Stimme:** Gesang ♂ im Singflug kurze, teils trillernde Strophe, erinnert an Heckenbraunelle; Rufe am Brutplatz „tjüb", „tije", „drü" u.a. **Lebensraum:** Fjell oberhalb Baumgrenze, Tundra; Winter MM, SM wie Ohrenlerche, Berghänfling, Schneeammer. **Nest:** Boden, im Bewuchs; Napf aus Wurzeln, Moos, mit feinem Gras, Haaren ausgelegt, ♀. **Eier:** 5—6, grünlich bis bräunlich; sehr dicht braun::, dazu schwarz::, ≡, 21 mm. **Brut:** 1, 12—14, ♀, V—VI. **Junge:** Nho, 8—10+, ♂♀. **Imm:** 3. **Alter:** 1/?. **Nahrung:** Feine Sämereien, Insekten.

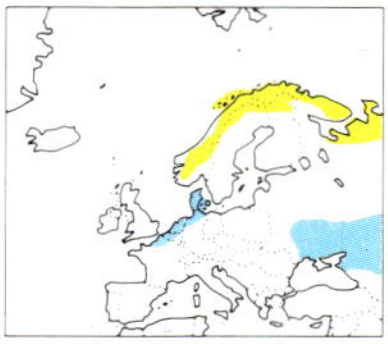

⦶ **SCHNEEAMMER** *Plectrophenax nivalis* **Status:** Z, W; IX—IV. **Größe:** 16,5 cm, 26—40 g, > Haussperling. **Merkmale:** Großes, weißes Flügelfeld, weiße Schwanzseiten; ♂ Brutkleid schwarz-weiß; ♀, ♂ Ruhekleid, Jungvögel bräunlich; „Wi" in dichtem Schwarm. **Stimme:** Gesang ♂ im Singflug kurze, schnell auf-, absteigende Strophe; Rufe im Trupp weich „djü", scharf „tsrr", im Flug kurzer Triller „tirr". **Lebensraum:** Fjell oberhalb Baumgrenze, kahle, felsige Tundra, arktische FM; Winter MM, SM. **Nest:** Zwischen Steinen, in Felsspalte; Napf aus Halmen, Flechten, mit Haaren, Federn ausgelegt, ♀. **Eier:** 4—6, gelblichgrau bis hellbläulich; rostbraun, dunkelbraun::, 21 mm. **Brut:** 1—2, 12—13, ♀, V—VII. **Junge:** Nho, 10—12+, ♂♀. **Imm:** 1—2. **Alter:** 1/8. **Nahrung:** Feine Sämereien, Insekten.

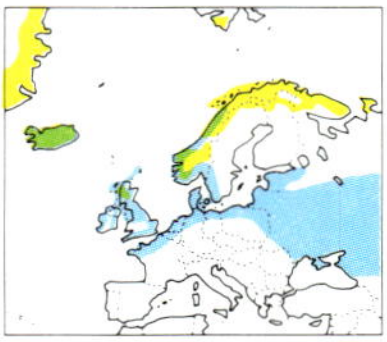

● **GOLDAMMER** *Emberiza citrinella* **Status:** St bis TZ. **Größe:** 16,5 cm, 24—30 g, ~ Haussperling. **Merkmale:** Gelber Kopf, rostbrauner Bürzel, weiße Schwanzkanten; ♀, Jungvögel weniger gelb, mehr streifig als ♂; „Wi" gesellig. **Stimme:** Gesang ♂ von Warte „zizizizizizi-zii-düü" o.ä. („wie wie wie wie hab ich dich lieb"); Rufe erregt wiederholt „tsr", „zik", im Flug gereiht „tirr.:". **Lebensraum:** L mit Büschen, Hecken, im W Lichtungen, Schonungen; Winter auch AL nahe VS. **Nest:** Auf oder dicht über Boden, im dichten Bewuchs; Napf aus Halmen, Wurzeln, mit feinem Gras, Haaren ausgelegt, ♀. **Eier:** 3—5, weißlich, rötlichgrau, bläulich; rötlich, schwarz ≡, ::, 22 mm. **Brut:** 2(3), 12—14, ♀, IV—VII. **Junge:** Nho, 12—13+, ♂♀. **Imm:** 3. **Alter:** 1/12. **Nahrung:** Feine Sämereien, Insekten.

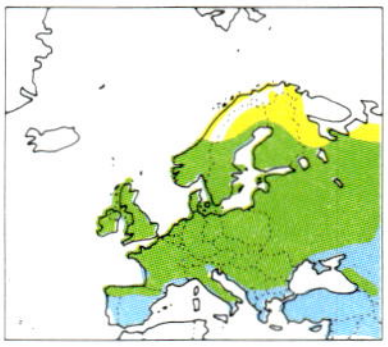

◑ **ZAUNAMMER** *Emberiza cirlus* **Status:** St. **Gefährdung:** R2. **Größe:** 16,5 cm, um 25 g, ~ Haussperling. **Merkmale:** Ähnlich Goldammer, aber olivgrauer Bürzel; ♂ Brutkleid schwarze Kehle. **Stimme:** Gesang ♂ von Warte klirrendes, monotones Klappern, ähnlich Klappergrasmücke; Rufe kurz, hoch „zieh", fein „zip" u.a. **Lebensraum:** L mit Bäumen, Büschen; Weingärten u.a. sonniges Kulturland. **Nest:** Zumeist wenig erhöht in Gestrüpp; Napf aus Halmen, Wurzeln, mit feinem Gras, Haaren ausgelegt, ♀(♂). **Eier:** 3—4, grauweiß bis hell rötlichbraun; schwarzbraun ≡, ::, 21 mm. **Brut:** 2(3), 11—13, ♀, IV—VII. **Junge:** Nho, 11—14, ♂♀. **Imm:** 3. **Alter:** 1/?. **Nahrung:** Feine Sämereien, Insekten.

◑ **ZIPPAMMER** *Emberiza cia* **Status:** TZ; III—IV, X—XI. **Größe:** 16 cm, um 25 g, ~ Haussperling. **Merkmale:** Bürzel ungestreift, rotbraun, weiße Schwanzkanten; ♂ grauer Kopf mit schwarzer Wangenzeichnung, ♀ matter, bräunlicher; oft ruckartiges Schwanzspreizen. **Stimme:** Gesang ♂ von Warte schnell vorgetragene, hell klingende Strophe, ähnlich Heckenbraunelle; Rufe kurz, hoch „zip", gedehnt „zii", im Flug kurz, hart, gereiht „trr.:". **Lebensraum:** Sonnige, steinige Hänge mit Büschen, Bäumen, Weinberge. **Nest:** Boden, wenig erhöht, im dichten Bewuchs, zwischen Steinen; Napf aus Halmen, Moos, mit feinem Gras, Haaren ausgelegt, ?. **Eier:** 4—6, schmutzigweiß; schwärzlich ≡, 21 mm. **Brut:** 1—2, 10—13, ♀, V—VI. **Junge:** Nho, 11—13, ♂♀. **Imm:** 3. **Alter:** 1/?. **Nahrung:** Feine Sämereien, Insekten.

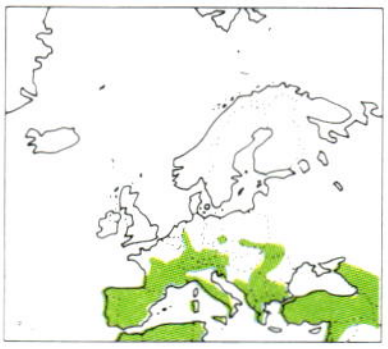

TÜRKENAMMER *Emberiza cineracea* **Status:** TZ. **Größe:** 16,5 cm, ? g, ~ Haussperling. **Merkmale:** Hell graubraun, gelbliche bis gelbe Kehle, grauer Bürzel; ♂ Kopf gräulichgelb, ♀ nur Kehle gelblich und schwach gestreift. **Stimme:** Gesang ♂ typisch ammernartig, soll aus wiederholten langen, dann beschleunigt kurzen Lauten wie „dir dir dir dudli-di" bestehen; Ruf kurz „kip". **Lebensraum:** Felsige, gering bewachsene Hänge; Europa nur in der Ägäis auf Lesbos, Chios. **Nest:** ?. **Eier:** ca. 3, weißlich graublau; schwärzlichbraun ≡, 21 mm. **Brut:** ?. **Junge:** Nho, ?, ?. **Imm:** 3. **Alter:** 1/?. **Nahrung:** Feine Sämereien, Insekten.

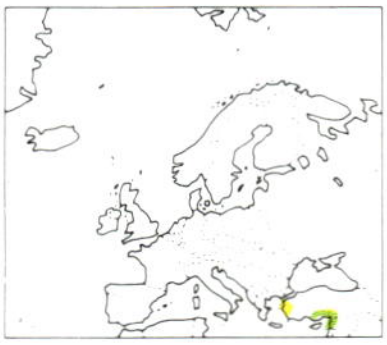

Die meisten der europäischen Ammern leben in offenem, mit Büschen und Hecken durchsetztem Gelände. Ihre Nester bauen sie am oder dicht über dem Boden. Die Jungen werden überwiegend mit Insekten gefüttert.

Im Brutkleid sind die Ammern-♂ in der Mehrzahl auffällig gefärbt. Achte bei ihnen bevorzugt auf die Farbverteilung am Kopf. Die ♀, ♂ im Ruhekleid und Jungvögel sind vielfach nur schwer bis fast nicht auseinanderzuhalten.

Achte auf Lage und Ausmaß weißer Zeichnung an Flügel und Schwanz, auf die Färbung von Schnabel, Schwingenkanten und Bürzel, auf einfarbige bzw. gestreifte Unterseite.

◑ **ORTOLAN** *Emberiza hortulana* **Status:** Z; IV—V, VIII—IX. **Gefährdung:** R2. **Größe:** 16,5 cm, 20—28 g, ~ Haussperling. **Merkmale:** ♂ graugrüner Kopf, Kehle, Augenring gelb, zimtbraune Unterseite; ♀, Jungvögel Brust gestreift; rötlicher Schnabel. **Stimme:** Gesang ♂ oft im Singflug melodisches, teils heiseres Flöten, Anfangslaute gleich hoch, Ende tiefer „ridri-dri-dri-jööj" u.ä.; Rufe „psië", kurz „bit". **Lebensraum:** AL mit Baumreihen, Waldrand. **Nest:** Boden, im Bewuchs; Napf aus Halmen, Wurzeln, mit feinem Gras, Haaren ausgelegt, ♀. **Eier:** 4—6, aschgrau bis schmutzigrosa; schwärzlich::, ≡, 20 mm. **Brut:** 2, 10—14+, ♀, V—VI. **Junge:** Nho, 10—15, ♂♀. **Imm:** 3. **Alter:** ?1/?. **Nahrung:** Feine Sämereien, Insekten.

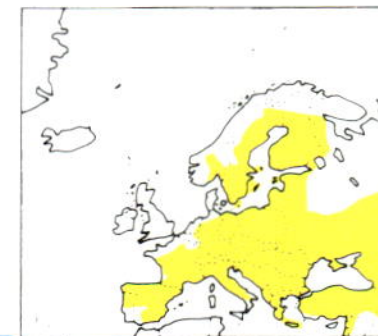

△ **GRAUORTOLAN** *Emberiza caesia* **Status:** Z; III—IV, VIII—IX. **Größe:** 16 cm, um 20 g, ~ Haussperling. **Merkmale:** Ähnlich Ortolan; ♂ grauer Kopf, Kehle, Bartstreif zimtbraun; ♀ matter, stärker gestreift; Jungvögel wie die von Ortolan, Zippammer. **Stimme:** Gesang ♂ wie „dü-dü-dü-düi" rein oder nasal unrein; Rufe „tsip", „djüb" u.a. **Lebensraum:** Steinige Hänge mit einzelnen Büschen, Bäumen, Halbwüsten. **Nest:** Boden, in dichtem Bewuchs, zwischen Steinen; Napf aus Halmen, Stengeln, Wurzeln, mit feinen Wurzeln, Haaren ausgelegt, ?. **Eier:** 4—6, schmutzigweiß bis gräulichblau; schwärzlich ≡, ::, 19 mm. **Brut:** 2, 11—12, ?, IV—VI. **Junge:** Nho, ?, ?. **Imm:** 3. **Alter:** ?1/?. **Nahrung:** Feine Sämereien, Insekten.

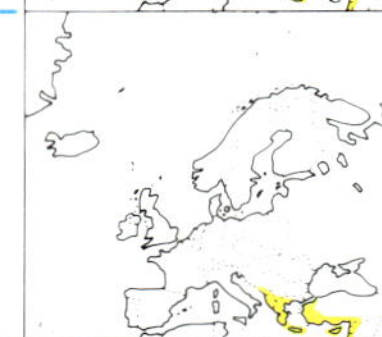

△ **WALDAMMER** *Emberiza rustica* **Status:** Z. **Größe:** 14,5 cm, um 18 g, ~ Haussperling. **Merkmale:** Brustband, Bürzel rostbraun; Überaugenstreif; ♂ Brutkleid schwarzer Kopf; ♀, ♂ Ruhekleid, Jungvögel matter, stärker gestreift. **Stimme:** Gesang ♂ Flöten ähnlich Rotkehlchen, Heckenbraunelle; Rufe hoch „twüit", kurz, hart „tik-tik.:". **Lebensraum:** BF mit Gebüsch, Bäumen, feuchter LW, MW. **Nest:** Boden oder wenig erhöht, in dichtem Bewuchs, Wurzelwerk; Napf aus Halmen, Stengeln, Moos, mit feinem Gras, Haaren ausgelegt, ?. **Eier:** 4—5, weiß- bis grünlichblau; dicht graubraun, oliv::, 20 mm. **Brut:** 1, 12—13, ♀, V—VII. **Junge:** Nho, ca. 14, ♂♀. **Imm:** 3. **Alter:** ?1/?. **Nahrung:** Feine Sämereien, Insekten.

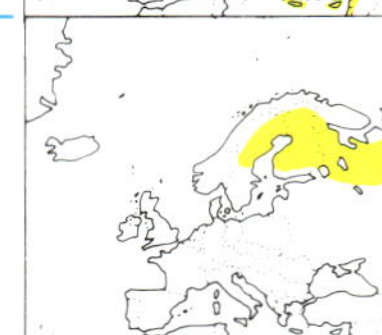

△ **ZWERGAMMER** *Emberiza pusilla* **Status:** Z; IV—V, IX—X. **Größe:** 13,5 cm, um 15 g, < Haussperling. **Merkmale:** Klein; ähnlich Rohrammer-♀, aber Wangen, Scheitel rotbraun, schwarz begrenzt, Beine rötlich; ♀ matter als ♂. **Stimme:** Gesang ♂ teils gereihte Laute, wechselnde Tonhöhen „zwi zwi zwi zwiehdi-di" u.ä.; Rufe scharf „zick", gedehnt „zieh". **Lebensraum:** Feuchte Strauchtundra mit Birken, Weiden. **Nest:** Boden, im dichten Bewuchs; Napf aus Halmen, Moos, Flechten, mit feinem Gras, Haaren ausgelegt, ?. **Eier:** 4—5, hellgrau bis grünlich; spärlich schwarzbraun::, ≡, 19 mm. **Brut:** 1 (2), 11—12, ♀, VI—VII. **Junge:** Nho, 6—8+, ♂♀. **Imm:** 3. **Alter:** ?1/?. **Nahrung:** Feine Sämereien, Insekten.

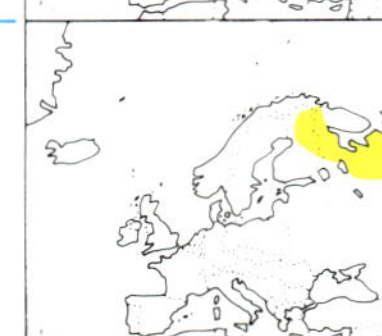

△ **WEIDENAMMER** *Emberiza aureola* **Status:** Z. **Größe:** 14 cm, um 20 g, ~ Haussperling. **Merkmale:** ♂ Unterseite gelb, Gesicht schwarz, braunes Brustband, auffällige Flügelbinden; ♀, Jungvögel ähnlich Goldammer-♀, aber längsgestreifter Kopf, helle Flügelbinden, Unterseite wenig gestreift. **Stimme:** Gesang ♂ ähnlich Ortolan, aber gedehnter; Rufe kurz „zick", „zip", weich „trssit". **Lebensraum:** L mit Birken, Weidengebüsch, oft feucht. **Nest:** In niedrigem, dichtem Busch, Boden im dichten Bewuchs; Napf aus Gras, mit feinem Gras, Haaren ausgelegt, ♂♀. **Eier:** 4—5, hell grünlichgrau; spärlich schwarz::, ≡, 21 mm. **Brut:** 1, 13, ♀, VI—VII. **Junge:** Nho, 13—15, ♂♀. **Imm:** 3. **Alter:** ?1/?. **Nahrung:** Feine Sämereien, Insekten.

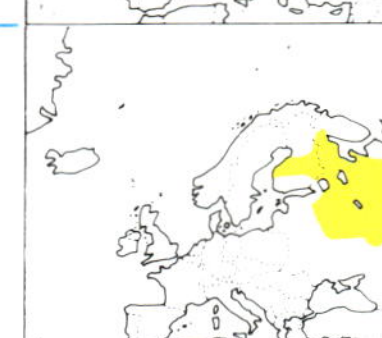

● **ROHRAMMER** *Emberiza schoeniclus* **Status:** TZ; II—III, X—XI. **Größe:** 15 cm, 15—22 g, ~ Haussperling. **Merkmale:** ♂ Brutkleid schwarzer Kopf, weißer Nacken-, Bartstreif; ♀, ♂ Ruhekleid, Jungvögel Bürzel grau, rostbraun gestreift, ± deutlicher Bartstreif. **Stimme:** Gesang ♂ schilpend „djip djip djipip tiö tetet" o.ä.; Rufe: gedehnt „zieh", stumpf „tschö", „psä". **Lebensraum:** BF mit Schilf o.a. dichtem Bewuchs. **Nest:** Boden, im dichten Bewuchs; Napf aus Halmen, mit feinen Halmen, Schilfrispen, Haaren ausgelegt, ♀. **Eier:** 4—5, grauviolett, bräunlich, grünlich; spärlich schwarz::, ≡, 20 mm. **Brut:** 2, 13—14, ♀ (♂), V—VII. **Junge:** Nho, 10—13+, ♂♀. **Imm:** 3. **Alter:** 1/11. **Nahrung:** Feine Sämereien, Insekten. *

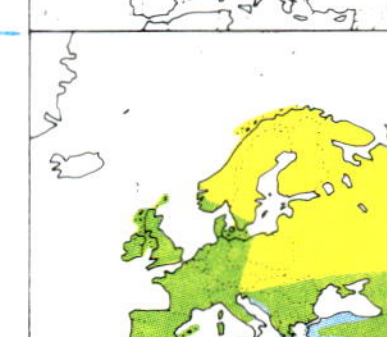

△ **KAPPENAMMER** *Emberiza melanocephala* **Status:** Z; IV—V, VIII—IX. **Größe:** 16,5 cm, um 35 g, ~ Haussperling. **Merkmale:** Schwanz ohne Weiß, gelbe Unterseite, läßt im Flug oft Beine baumeln; ♂ schwarze Kappe; ♀ wenig gezeichnet. **Stimme:** Gesang ♂ hell, schnarrend „irr irr irr tür-teredüde" o.ä. Rufe kurz „pit", gedehnt „zieh". **Lebensraum:** L mit Gebüsch, Baumgruppen, Obst-, Weingärten, Olivenhaine. **Nest:** In Busch, Kraut, am Boden, wenig erhöht; Napf aus Halmen, Stengeln, mit feinem Gras, Haaren ausgelegt, ♀. **Eier:** 4—5, hell graublau; grau, braun::, 22 mm. **Brut:** 1, ca. 14, ♀, V—VI. **Junge:** Nho, ? verlassen Nest bevor ganz flügge, ?♀. **Imm:** 3. **Alter:** ?1/?. **Nahrung:** Sämereien, Insekten.

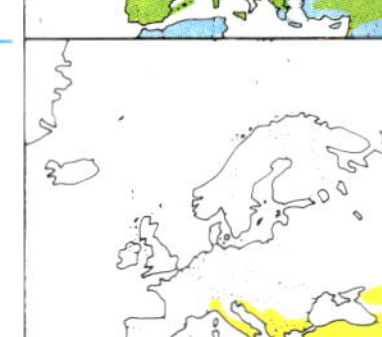

● **GRAUAMMER** *Miliaria calandra* **Status:** TZ; III—IV, IX—X. **Gefährdung:** R4. **Größe:** 18 cm, 38—55 g, > Haussperling. **Merkmale:** Groß; kräftiger Schnabel; graubraun; Beine hängen im Flug oft herab. **Stimme:** Gesang ♂ gereihte Laute, dann Klirren „pit pit..pitpit..schnirrps"; Rufe wiederholt „jüir", im Flug kurz „tick", „pit.:". **Lebensraum:** AL, WL, HL mit Büschen, Bäumen. **Nest:** ♂ oft polygam; Boden, wenig erhöht, in Kraut, Busch; Napf aus Halmen, Wurzeln, mit feinem Gras, Haaren ausgelegt, ♀. **Eier:** 3—5, schmutziggelb bis graublau; fein, grob grau, purpurn, schwarz::, ≡, 24 mm. **Brut:** 2(3), 12—13, ♀, IV—VI. **Junge:** Nho, 10—14+, ♀ (♂). **Imm:** 0. **Alter:** 1/10. **Nahrung:** Sämereien, Insekten.

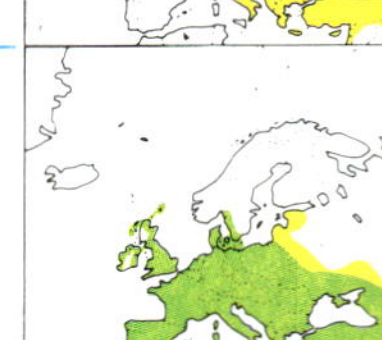

ad. ♂
So.
ad. ♂
Wi.
ad. ♀ So.
juv.
ad. ♀
So.
ad. ♂
So.
ad. ♂
Wi.
ad. ♀ So.
juv.
ad. ♀
So.
ad. ♂
So.
ad. ♂
Wi.
ad. ♀ So.
juv.
ad. ♀
So.
ad. ♂
So.
ad. ♂
Wi.
ad. ♀ So.
juv.
ad. ♀
So.
ad. ♂
So.
ad. ♂
Wi.
ad. ♀ So.
juv.
ad. ♀
So.
ad. ♂
So.
ad. ♂
Wi.
ad. ♀ So.
juv.
ad. ♀
So.
ad. ♂
So.
ad. ♂
Wi.
ad. ♀ So.
juv.
ad. ♀
So.
adult
juv.
ad.

Dritter Teil

Das Leben der Vögel

Das Junge im Ei

Schon im Ei kann ein Jungvogel seine Umgebung bewußt wahrnehmen. Einige Tage vor dem Schlüpfen reagiert er, wenn der brütende Altvogel das Nest verläßt bzw. zurückkommt, deutlich auf Abkühlung oder Erwärmung. Vogeljunge schlüpfen bevorzugt am Morgen, weit seltener zu anderen Tageszeiten. Sie müssen also schon im Ei über einen Tagesrhythmus verfügen, der auf die Außenwelt abgestimmt ist. Dieses Zeitempfinden mag durch den Brutablauf beeinflußt sein. Während des Tages wird die Bebrütung oft unterbrochen. In der Nacht bleiben die brütenden Vögel normalerweise durchgehend auf dem Nest.

Sicher spürt das Junge auch wie das Ei gewendet wird. Das Wenden soll zunächst den Embryo im Ei stabilisieren. Wenn er heranwächst, verlagert sich der Schwerpunkt aus dem Zentrum des Eis zu einer Seite. Durch das Wenden wird für die richtige Gleichgewichtslage gesorgt.

Anfänglich reicht dem Embryo der Sauerstoff, der durch die poröse Eischale und das ihn umgebende Eiklar hindurchdiffundiert. Das ausgeatmete Kohlendioxyd nimmt den umgekehrten Weg. Bald schon entwickelt sich jedoch außerhalb des eigentlichen Embryos ein Geflecht von Blutgefäßen. Der Sauerstoff wird jetzt durch die Wandungen dieser feinen Gefäße hindurch vom Blut aufgenommen und auf diesem Wege zum Embryo transportiert. Während der Embryonalentwicklung wird durch die Eischale hindurch Wasser verdunstet. Dadurch löst sich am stumpfen Pol die innere Eihaut. Es bildet sich eine Luftkammer. Einige Zeit vor dem Schlüpfen durchstößt das Junge mit dem Schnabel die Innenwand dieser Luftkammer und beginnt mit der direkten Atmung. Die endgültige Entwicklung der durchgängigen Lunge (s.S. 20) kann daher unter Luftzufuhr erfolgen. Eine nachträgliche Öffnung der überaus feinen Lungenröhrchen wäre nicht möglich. Sicher ist das mit ein Grund dafür, daß die Vögel die Vermehrung über Eier, trotz ihres sonst hohen Entwicklungsstandes, beibehalten haben. Neben der Atmung mit der sich differenzierenden Lunge bleibt die Sauerstoffversorgung durch das äußere Blutgefäßsystem zunächst noch erhalten. Erst wenn das Vogeljunge einige Stunden, manchmal auch Tage, vor dem Schlüpfen die Eischale durchbricht und endlich Außenluft atmen kann, bildet sich das embryonale Blutgefäßsystem zurück. Von nun an tritt der kleine Vogel mit der Außenwelt in direkten Kontakt.

Hören kann er schon vor dem Schlüpfen sicherlich. Sobald der Alarmruf der Eltern ertönt, wird es im Ei still. Das andauernde, leise Piepen hört schlagartig auf. Für manche Vogelarten ist es lebenswichtig, daß die Jungen und Eltern schon sehr frühzeitig in Stimmkontakt treten. Die jungen Trottellummen z.B. kommen auf einem sehr dicht bevölkerten Felsband zur Welt. Hier sitzen die Eltern und Jungen ganz eng beieinander. Jede der

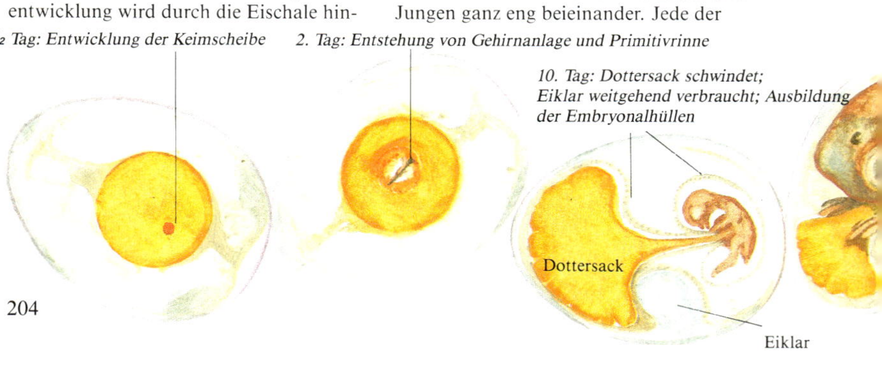

Eizahn eines Skuajungen

Eizahn eines Gänsesägerjungen

Frischgeschlüpfte und schlüpfende Wachteljunge

kleinen Lummen wird nur von den eigenen Eltern betreut. Die Alten und Jungen müssen sich daher zweifelsfrei erkennen können. Die Junglummen werden schon im Ei auf die Stimmen der Eltern geprägt, und die Eltern reagieren schon jetzt auf die feinen Rufe des Jungen. Für die Zukunft wird so jede Verwechslung ausgeschlossen.

Die Küken der Hühnervögel und anderer Nestflüchter müssen gleichzeitig das Nest verlassen, also auch möglichst zur gleichen Zeit schlüpfen. Die Entwicklung der Jungen im Ei muß daher irgendwie koordiniert werden. Diese Koordination wird durch die gegenseitige Beeinflussung über die Rufe im Ei bewirkt. Werden z.B. die Eier eines Wachtelgeleges jedes für sich schallisoliert bebrütet, schlüpfen die Küken in weit größeren Zeitabständen, als wenn zwischen den Eiern ein Lautkontakt besteht.

Schließlich kommt für das Vogeljunge der Tag, an dem es die Eischale sprengt. Dazu dienen ihm zwei spezielle Strukturen. Auf der Schnabelspitze sitzt ein harter Höcker, der Eizahn. Mit ihm wird die Eischale von innen durchgeschabt. Im Nacken hat sich ein starker, oberflächlich liegender Muskel, der Schlüpfmuskel, gebildet. Mit seiner Hilfe kann der Eizahn fest gegen die Schale gepreßt werden. Sich mit den Beinen abstoßend, führt das Junge im Ei rotierende Bewegungen aus. Das erste Loch wird so zu einem Schlitz rings um den stumpfen Pol erweitert. Dann wird die losgetrennte Kappe durch kräftige Schulter- und Beinbewegungen abgestemmt. Bei kleinen Vögeln mit dünnschaligen Eiern dauert der Schlüpfakt nur wenige Minuten. Die Jungen großer Vögel müssen während der Arbeit an der dicken Schale immer wieder Erholungspausen einlegen. Der ganze Vorgang kann sich dadurch über Stunden hinziehen.

Nun beginnt für das Junge unter der Obhut der Eltern ein völlig neuer Lebensabschnitt. Der Eizahn fällt bald ab, der Schlüpfmuskel wird zurückgebildet. Das Junge muß von nun an zum Überleben andere Organe und Verhaltensweisen einsetzen.

14. Tag: Embryonalbewegungen im Ei; Dottersack wird in die Körperhöhle eingezogen.

22. Tag: Junges durchbricht mit Hilfe des Eizahns die Schale.

Der Jungvogel

Nestflüchter und Nesthocker

Das Aussehen frisch geschlüpfter Vogeljunger ist recht unterschiedlich. Stark vereinfachend lassen sich zwei Typen unterscheiden, die Nestflüchter und Nesthocker.

Die Nestflüchter sind, wenn sie aus dem Ei kommen, schon weit entwickelt. Sie tragen ein dichtes Dunenkleid. Alle Sinnesorgane sind voll funktionsfähig. Viele verlassen schon am ersten Lebenstag das Nest und kehren hierher zumeist nie mehr zurück. Die Küken der Haushühner sind wohl das bekannteste Beispiel für diesen Jungentyp. Wie sie, werden auch die meisten anderen Nestflüchter zumindest von einem Elternteil geführt und bewacht. Ihre Nahrung müssen sie aber in der Mehrzahl allein finden. Derartig weit entwickelte Junge finden sich bei den See- und Lappentauchern, den Enten-, Hühner- und Watvögeln sowie den Rallen.

Das entgegengesetzte Extrem sind die Nesthocker. Sie sind beim Schlüpfen blind, fast nackt und völlig auf die Fürsorge der Eltern angewiesen. Zu diesem Typ gehören die Jungen der Röhrennasen, Reiher, Greifvögel, Spechte, Segler und der meisten Sperlingsvögel.

Nicht alle Vogeljungen lassen sich in diese grobe Einteilung einfügen. Die kleinen Ziegenmelker sind z.B. gleich gut befiedert und schon in einem recht frühen Stadium in der Lage, das Nest rutschend zu verlassen. Junge Möwen und Seeschwalben schlüpfen mit einem dichten Dunenkleid und offenen Augen. Sie sind weit beweglicher als die jungen Ziegenmelker. Sie laufen schon am ersten oder zweiten Lebenstag aus dem Nest und verstecken sich in dessen Nähe im Bewuchs. Sie bleiben an diesem Platz und lassen sich dort von den Eltern mit Futter versorgen. Sie werden daher als Platzhocker bezeichnet.

Die Unterschiede zwischen den beschriebenen Entwicklungstypen beziehen sich nicht allein auf das Federkleid und die Beweglichkeit. Sinnesorgane und Gehirn sind bei den Nestflüchtern gleich sehr viel weiter entwickelt als bei den Nesthockern. Die Nestflüchter müssen sich auf ihren oft weiten Wanderungen orientieren und auf die vielfältigsten Umweltreize reagieren. Sie müssen also von Anfang an ein sehr selbständiges Leben führen. Dagegen sind die Nesthocker zunächst nicht viel mehr als spezialisierte „Verdauungsapparate" mit der Fähigkeit, gewaltige Futtermengen zu verarbeiten. Ihre Sinnesleistung beschränkt sich darauf, die Ankunft der Alten am Nest möglichst frühzeitig zu erkennen und sie anzubetteln.

Zur Übergabe des Futters sind bestimmte auslösende Reize erforderlich. Der rote Fleck am Unterschnabelwinkel der Silbermöwen z.B. reizt die Jungen, nach ihm zu picken. Daraufhin würgen die Alten die Nahrung aus. Schnabelgestalt und -färbung wirken auch bei anderen Vögeln als Auslöser für Bettelhandlungen der Jungen. Nesthocker veranlassen die Altvögel durch Bettellaute und -bewegungen dazu, das mitgebrachte Fut-

Jedes der Buntspechtjungen versucht als erstes, ans Futter zu kommen.

Die Austernfischerjungen sind Nestflüchter, die zunächst noch gefüttert werden. Ihre Tarnfärbung schützt sie vor dem Entdecktwerden.

ter zu übergeben. Bei den anfangs noch blinden und nackten Nestlingen der Singvögel wird das Betteln durch die beim Landen der Alten entstehenden Erschütterungen des Nestes ausgelöst. Dann wird unter ständigen Bettelrufen und pendelnden Kopfbewegungen den Eltern der weit geöffnete Schnabel entgegengestreckt. Das Schnabelinnere, der Sperrachen, ist leuchtend gelb bis intensiv rot gefärbt. Durch schwarze, weiße oder sonstwie kontrastierende Flecke kann er zusätzlich noch in charakteristischer Weise gemustert sein. Bei jungen Höhlenbrütern sind häufig Rachenpapillen ausgebildet, die im Dämmerlicht reflektierend leuchten. Die Jungen der Spechte und Racken haben hellgelbe oder weiße wulstige Schnabelränder, die in der dunklen Höhle als leuchtendes Signal wirken.

Alljährlich sterben sehr viele Jungvögel an Nahrungsmangel oder werden von Raubfeinden gefressen. Erst, wenn sie selber fliegen können, steigen ihre Überlebenschancen beachtlich. Daher müssen sie möglichst schnell heranwachsen und entsprechend viel Nahrung erhalten. Die Nesthocker können zu ihrer Ernährung nichts beitragen. Sie sind ganz auf die Eltern angewiesen. Sie können aber durchaus untereinander um das von den Eltern herangeschaffte Futter konkurrieren. Das tun sie auch rücksichtslos. Ihre Beine, mit denen sie sich im Nest aufrichten können, wachsen zunächst weit schneller als die Flügel. Jedes Junge versucht, sich möglichst weit hochzustemmen, um als erstes ans Futter zu kommen. Die kleinen Spechte und anderen Höhlenbrüter balgen sich um den günstigen Platz unmittelbar am Flugloch. Nur wer hier sitzt, wird reichlich gefüttert. Geschwisterliche Liebe gibt es unter den Nestjungen nicht. Das stärkste Junge, das meistens auch das älteste ist, wird sich zuerst bedienen und seine Geschwister nicht früher zum Zuge kommen lassen, als bis es völlig gesättigt ist. Die größeren Jungen vieler Vögel, besonders die der Greifvögel, fallen hemmungslos über die kleineren Geschwister her. Sie töten sie oft und fressen sie manchmal sogar auf.

Hungrige Nesthocker können ihre Eltern durch lautes Betteln zu größerem Eifer anspornen. Laute Bettelrufe erhöhen aber auch das Risiko, daß ein Räuber auf die Jungen im Nest aufmerksam wird. Daher sind die Nestjungen der verhältnismäßig sicheren Höhlenbrüter, etwa der Spechte, weit lauter als die der freibrütenden Arten.

Die meisten, aber nicht alle Nestflüchter suchen ihre Nahrung gleich selbständig. Die kleinen Austernfischer folgen zwar den Eltern, werden von ihnen aber gefüttert. Auch die jungen Rallen werden in den ersten Lebenstagen von den Eltern mit Nahrung versorgt. Normalerweise bestehen die Aufgaben der Altvögel bei den Nestflüchtern darin, die Jungen zu den besten Futterplätzen zu leiten, sie vor Hitze, Kälte und Nässe zu schützen, sie zu bewachen und gegen Räuber zu verteidigen. Einige Wasservögel, z.B. die Lappentaucher und Schwäne, tragen ihre noch kleinen Jungen häufig auf dem Rücken. Die Taucherjungen werden sogar unter Wasser mitgenommen. Auf diese Weise sparen die Küken Bewegungsenergie, werden warmgehalten und vor den Gefahren, die über und unter Wasser lauern, bestens geschützt.

Jeder der beiden Entwicklungstypen hat seine besonderen Vorzüge. Die Eltern der Nestflüchter bringen ihre Jungen zur Nahrung. Die Küken müssen also nicht lange auf das Futter warten, sondern können sich selbst bedienen. Auf alle Fälle werden den Eltern weite Wege zur Nahrungsbeschaffung erspart. Die Jungen der Lappentaucher und mancher Alken folgen den Altvögeln bei den Fischzügen, werden aber noch längere Zeit gefüttert. Die Küken der Hühnervögel suchen ein jedes für sich nach Nahrung.

Da ein Vogeljunges kurz nach dem Schlüpfen für gewöhnlich nicht fliegen kann, sind alle Nestflüchter Boden- oder Wasservögel. Andere Bereiche, wie der höhere Bewuchs oder der Luftraum, können von ihnen nicht genutzt werden.

Die kleinen Nesthocker müssen sich nur wenig bewegen und zunächst auch noch nicht selber warmhalten. Sie sparen dadurch viel Energie, die sie für ein äußerst schnelles Wachstum einsetzen können (s.S. 224). Unter den kleinen Vögeln gibt es wohl deshalb kaum Nestflüchter, weil die Jungen einfach zu klein wären, um ihre Körpertemperatur selbständig aufrecht erhalten zu können (s.S. 224).

Für die jeweilige Festlegung einer Vogelart oder -gruppe auf einen bestimmten Jungentyp lassen sich auch noch weitere Gründe anführen. Die meisten Schwimm- und Tauchvögel sind schon wegen ihrer speziellen Körperproportionen kaum in der Lage, auf Bäumen zu brüten. Gewässer befinden sich zudem oft in offener Landschaft ohne Busch und Baum. Wasservögel sind daher in der Mehrzahl Bodenbrüter. Die Jungen dieser zumeist auch größeren Vögel wären als Nesthocker außerordentlich gefährdet. Als Nestflüchter oder Platzhocker sind sie weit sicherer. Einige Entenarten sind wohl erst nachträglich wieder zu Baumbrütern geworden. Sie nisten in Baumhöhlen und Nistkästen. Die Jungen springen kurz nach dem Schlüpfen aus dem hochgelegenen Nest. Sie sind so leicht und ihr Skelett noch so elastisch, daß sie den Fall stets unbeschadet überstehen.

Mauersegler

Das Wachstum

Die Vogeljungen, vor allem die Nesthocker, wachsen sehr schnell heran. Kurz nach dem Schlüpfen wiegt ein Rotkehlchen um 2 g. Nach ungefähr 11 Tagen ist es weitgehend ausgewachsen und wiegt nun um 20 g. Im Alter von zwei Wochen haben die meisten Jungen kleiner Vögel die Größe der Altvögel erreicht. Bei größeren Vögeln dauert dies länger. Junge Prachttaucher sind nach 45 Tagen annähernd ausgewachsen. Steinadler nach 70, Flamingos nach 75 und Höckerschwäne nach 120 Tagen. Oft ist bei größeren Vögeln auch nach Erreichen der vollen Flugfähigkeit das Wachstum noch nicht abgeschlossen.

Junge Haubentaucher sitzen häufig auf dem Rücken der Alten und können so auch tauchen. Kleine Teichrohrsänger klettern, bevor sie flügge sind, in den schützenden Schilfwald hinein.

In dem Verlauf der Jugendentwicklung gibt es zwischen den Vogelarten erhebliche Unterschiede. Wenn während der Nestlingszeit die Nahrung knapp wird, ist das für kleine Vögel in der Regel sehr gefährlich. Bleiben die Fütterungen aus, sterben sie schon nach wenigen Stunden. Mauersegler füttern ihre Jungen mit aus der Luft gefangenen Insekten. Da die Insekten in größeren Mengen nur bei warmem, nicht zu windigem Wetter fliegen, können die Altvögel oft nicht genügend Nahrung herbeischaffen. Die kleinen Mauersegler wachsen daher weit langsamer als die Jungen anderer Vögel ihrer Größe. Sie können ihre Körpertemperatur senken und dadurch kalte, nahrungsarme Tage ohne Schaden überstehen. In diesen Zeiten wird das Wachstum völlig eingestellt. Als Folge der Anpassung an ein stark wechselndes Nahrungsangebot wachsen die Mauersegler in verschiedenen Jahren unterschiedlich schnell heran. In warmen, sonnigen Sommern fliegen sie gewöhnlich im Alter von 5 Wochen aus. In kalten Sommern kann ihre Entwicklung bis zu 8 Wochen dauern.

Die jungen Höhlenbrüter, z.B. die Meisen, bleiben länger im Nest als die Jungen der Vögel, die frei in napfförmigen Nestern brüten. Die jungen Meisen sind in ihrer Bruthöhle weit sicherer als die kleinen Amseln in ihrem offenen, frei zugänglichen Nest. Die Freibrüter verlassen das Nest daher oft schon, bevor sie richtig fliegen können. Die Höhlenbrüter bleiben dagegen in der Bruthöhle bis sie voll entwickelt sind. Jede Vogelart hat im Verlauf ihrer Evolution die für sie günstigste Nistweise angenommen. Die Freibrüter können vergleichsweise leicht einen geeigneten Neststandort finden. Die brütenden Vögel können Raubfeinden leicht entkommen. Die Eier und Jungen sind aber kaum geschützt. Die Brut ist also in Höhlen und Spalten weniger gefährdet. Bruthöhlen sind aber knapp, und nicht jedes Brutpaar wird eine geeignete finden. Wird eine Bruthöhle von einem Nesträuber entdeckt, sind die brütenden Altvögel wie in einer Falle gefangen.

Da die Nestflüchter das Nest schon bald nach dem Schlüpfen verlassen, besteht nicht die Gefahr, daß die Eltern durch ihr ständiges Hin- und Herfliegen auf ihren Nachwuchs aufmerksam machen. Bei einer Bedrohung können die Jungen schnell auseinanderlaufen und sich getrennt verstecken oder drücken. Für das einzelne Junge wird dadurch die Aussicht, mit dem Leben davonzukommen, erheblich verbessert. Aus diesem Grunde verlassen auch die Jungen einiger am Boden brütender Nesthocker, z.B. die der Feldlerche und Grauammer, das Nest schon lange, bevor sie fliegen können. Zu weit dürfen sie sich vom Nest nicht entfernen, damit sie die Eltern ohne verräterischen Stimmaufwand auf sich aufmerksam machen können. Die Jungen mancher Vögel der Röhrichte verhalten sich ähnlich. Kleine Rohrsänger und Zwergdommeln klettern, bevor sie flügge sind, aus dem Nest in den deckenden Schilfwald hinein.

Weitgehend ausgewachsene Junge springen bei unmittelbarer Gefahr fluchtartig aus dem Nest und verteilen sich im schützenden Bewuchs. Auch wenn wenig Hoffnung auf ein Entkommen besteht, bietet sich durch dieses Verhalten doch eine geringe Chance zu überleben. Das geradezu explosionsartig anmutende Fluchtverhalten ist angeboren. Ist es einmal ausgelöst worden, kann es nicht mehr rückgängig gemacht werden. Die Jungen werden, so behutsam man sie auch ins Nest zurücksetzen mag, immer wieder herausspringen. Störungen an Nestern mit größeren Jungen sollten daher vermieden werden.

Die Jugendentwicklung

Die meisten Nesthocker bleiben im Nest, bis sie wenigstens etwas fliegen können. Normalerweise haben sie schon einige Tage vor dem Ausfliegen annähernd das Gewicht eines Altvogels erreicht. Während der letzten Tage im Nest nimmt das Gewicht kaum mehr zu. Jetzt wird alle Energie zur Vervollständigung des Gefieders gebraucht. Die Flügelfedern sind beim endgültigen Verlassen des Nestes zumeist noch nicht ganz ausgewachsen. Man findet daher oft noch nicht voll flugfähige Jungvögel, die auf einem Ast hocken oder am Boden umherhüpfen. Diese Kleinen sind in der Regel nicht von den Eltern verlassen. Sie brauchen keine Hilfe. Man sollte sie ganz in Ruhe lassen. Die Eltern sind bestimmt in der Nähe und werden ihren Nachwuchs auch außerhalb des Nestes versorgen.

Das Wachstum verläuft nicht bei allen Vogelarten nach dem gleichen Schema. Wohl läßt sich allgemein feststellen, daß auf eine Anfangsphase geringer Gewichtszunahme eine Zeit sehr schnellen Wachstums folgt und daß die steil ansteigende Wachstumskurve dann wieder abflacht bis schließlich die Endgröße erreicht ist. Die Länge dieser einzelnen Wachstumsphasen wie auch die Gesamtdauer der Jugendentwicklung sind aber äußerst unterschiedlich. Das Gewicht der Altvögel wird von vielen Singvogeljungen innerhalb weniger Tage erlangt. Dagegen wachsen Nestflüchter, die sich selbst versorgen müssen, weit langsamer. Eine junge Amsel braucht z.B. nur 12 bis 15 Tage, um das Nest verlassen zu können. Dagegen ist eine erwachsen ungefähr gleich schwere Wachtel erst nach 30 bis 50 Tagen annähernd so groß wie ein Altvogel.

Die jungen Röhrennasen, also die Sturmvögel und Sturmschwalben, und auch die Jungen der Eleonorenfalken lagern als Nestlinge so viel Fett an, daß ihr Gewicht das der Altvögel schließlich weit übertrifft. Junge Sturmtaucher können doppelt so schwer wie ihre Eltern werden. In der letzten Phase ihrer Entwicklung werden diese Jungvögel kaum mehr gefüttert. Zur abschließenden Differenzierung von Körper und Gefieder sind sie ganz auf ihre Fettreserven angewiesen.

Ein solcher Wachstumsmodus entstand sicher unter dem Einfluß eines wechselnden Nahrungsangebots. Zu Beginn der Nestlingszeit ist dieses Angebot noch groß. Es wird danach zunehmend geringer. Durch die „Vorratshaltung" kann die Nahrungsverknappung ausgeglichen werden. Bei den meisten Röhrennasen spielen die Fettreserven aber noch eine andere wichtige Rolle. Die Jungvögel sind, wenn sie voll flugfähig den Nistplatz verlassen, immer noch schwerer als die Eltern. Der gespeicherte Nahrungsvorrat ermöglicht es ihnen, gleich völlig auf sich gestellt weite Wanderungen zu unternehmen (s.S. 242). Die fetten Jungen einiger Röhrennasen und anderer Seevögel werden mancherorts von den Küstenbewohnern als Speise hoch geschätzt. Auf den kleinen Mittelmeerinseln wandern auch heute noch die kleinen Eleonorenfalken in den Kochtopf.

Wie schon bemerkt, lassen sich nicht alle Vogeljungen eindeutig den beiden Grundtypen, Nestflüchtern und Nesthockern, zuordnen. Die kleinen Flamingos bleiben z.B. nur die ersten 10 Lebenstage im Nest. Danach gesellen sie sich zu den anderen Jungen der Kolonie. So können geradezu riesige Verbände von Jungflamingos entstehen. Die Eltern erkennen ihre Jungen zwar an der Stimme, dennoch bleibt es ein Rätsel, wie sie in dem ungeheuren Stimmengewirr einer aus vielen Tausend Vögeln bestehenden Flamingokolonie zueinanderfinden.

Ein „Flamingokindergarten"

Eleonorenfalken füttern ihre Jungen mit durchziehenden Kleinvögeln.

Die Alkenjungen verlassen die Brutplätze in recht unterschiedlichen Entwicklungsstadien. Die kleinen Papageitaucher fliegen aus, wenn sie ungefähr 6 Wochen alt sind und um 70 % des Altvogelgewichtes erreicht haben. Sie brechen mitten in der Nacht auf und fliegen gleich weit auf die See hinaus, wo sie sich von nun an selber mit Nahrung versorgen. Die Eltern haben auf den Zeitpunkt des Abwanderns ihrer Jungen keinen direkten Einfluß. Gewöhnlich kommen sie noch einige Male mit Futter zu der leeren Höhle, bis ihr Brutfürsorgetrieb erlischt. Die jungen Gryllteisten verhalten sich ganz ähnlich. Die kleinen Trottellummen und Tordalken bleiben dagegen nur die ersten 14 bis 18 Tage auf den Felssimsen ihrer Brutkolonie. Wenn sie auf das Meer hinausschwimmen, sind sie noch lange nicht ausgewachsen. Der Lummensprung, der Aufbruch der Junglummen, ist ein aufregendes Ereignis. Er findet immer in der Abenddämmerung statt. Wahrscheinlich reicht den Kleinen das Licht noch aus, um sich zu orientieren. Für die räuberischen Möwen ist es dann schon zu dunkel. Es beginnt mit anhaltendem, lauten Rufen der Eltern, auf das die Jungen antworten. Dadurch animiert, wagen die Kleinen schließlich den Absprung. Wild mit den Flügelstummeln schwirrend, mehr fallend als flatternd, geht es in die Tiefe. Auch wenn sie statt im Wasser auf dem harten Felsen landen, werden sie kaum jemals ernsthaft verletzt. Sie rappeln sich auf, streben dem Wasser zu und schwimmen schließlich zu den rufenden Eltern hinaus. Damit ist aber noch nicht die ganze Variationsbreite der Jugendentwicklung bei den Alken erfaßt. Die Jungen des Silber- und des Japanalks vom nördlichen Pazifik verlassen die Bruthöhlen schon 2 bis 3 Tage nach dem Schlüpfen und schwimmen mit den Eltern davon. Ihre Körper sind dann zwar noch winzig klein, ihre Beine aber schon kräftig entwickelt.

Allgemein eilt bei den Nestflüchtern das Wachstum der Beine dem des übrigen Körpers voran. Alle kleinen Wasservögel und die meisten Watvögel können schon in den ersten Lebenstagen schwimmen und tauchen. Das Tauchen wird auch oft von den Jungen solcher Vogelarten beherrscht, die als Erwachsene dazu kaum mehr in der Lage sind. So können sich z.B. kleine Höckerschwäne und kleine Austernfischer tauchend in Sicherheit bringen.

Nur wenige Jungvögel können schon fliegen, bevor sie ausgewachsen sind. Die jungen Lummen und Tordalken machen immerhin schon sehr frühzeitig, wenn auch nur ein einziges Mal, beim Sprung vom Felsen von ihren Flügeln Gebrauch. Kleine Hühnervögel können wirklich fliegen. An den Flügeln der Küken bilden sich Hand- und Armschwingen, die zunächst noch weit kleiner als bei den erwachsenen Vögeln sind. Wenn die Junghühner annähernd zur Hälfte herangewachsen sind, beginnt die erste Flügelmauser. Die kleinen Schwungfedern werden durch normalgroße ersetzt.

Der Jungvogel wird selbständig

Nach dem Verlassen des Nestes ist das Ausmaß der Fürsorge, das ein Jungvogel durch die Eltern erfährt, sehr verschieden. Der junge Papageitaucher macht sich in Abwesenheit seiner Eltern auf den Weg. Junge Mauersegler fliegen aus, während die Altvögel unterwegs sind, um Futter zu besorgen. Bei beiden Arten ist mit dem Zeitpunkt, an dem die Jungen das Nest verlassen, die Brutpflege beendet. Das trifft auch auf die Röhrennasen zu. Bei den Sturmvögeln und Sturmschwalben hören die Alten sogar schon einige Zeit bevor die Jungen flügge sind mit den Fütterungen auf. Ein junger Schwarzschnabel-Sturmtaucher muß zumindest die letzten 14 Tage am Brutplatz ohne Nahrung auskommen. Wenn er endlich selber zur Wanderung aufbrechen kann, sind seine Eltern schon lange auf dem Wege ins Winterquartier vor den Küsten Südamerikas.

Die meisten Jungvögel müssen auch nach dem Verlassen des Nestes weiter versorgt werden. Der erste Schritt ins freie Leben ist für alle Jungvögel, ob sie als Nestflüchter schon bald nach dem Schlüpfen oder als Nesthocker nach längerer Geborgenheit das schützende Nest verlassen, äußerst gefahrvoll. Ohne über irgendwelche Erfahrungen zu verfügen, werden sie mit einer Welt voller Hindernisse und Gefahren konfrontiert. Immerhin sind ihnen viele sehr nützliche Verhaltensweisen angeboren. Sie reagieren gleich auf den Warnruf der Eltern, indem sie sich drücken oder verstecken. Auch die Techniken, die sie bei Nahrungssuche und -fang einsetzen, müssen sie nicht von Grund auf erlernen. Lernen müssen sie aber z.B., daß nicht jedes Insekt genießbar ist. Manche stechen sogar. Sie müssen also lernen, die genießbaren von den ungenießbaren und giftigen zu unterscheiden.

Die Jungen brauchen jetzt mehr Nahrung als je zuvor. Ihr Wachstum ist zwar weitgehend abgeschlossen, sie müssen aber ein bewegungsarmes Dasein im warmen Nest gegen ein aktives Leben in einer oft kalten Umgebung eintauschen. Zum Fliegen und zum Erhalt ihrer hohen Körpertemperatur benötigen sie viel zusätzliche Energie (s.S. 224 ff.). Es ist daher offensichtlich äußerst vorteilhaft, wenn der Schritt in die Selbständigkeit während einer Zeit mit großem Nahrungsangebot stattfindet (s.S. 224).

Sturmschwalbenjunges in der Bruthöhle.

Nicht immer verlassen die Jungen das Nest gleich endgültig. Junge Bienenfresser, Goldhähnchen und Schwalben kommen nach dem Ausfliegen noch mehrere Tage lang zum Übernachten ins Nest zurück. Hier sind sie verhältnismäßig sicher und können sich gegenseitig wärmen.

Die Dauer der Betreuung des flüggen Jungen ist je nach der Größe und Ernährungsweise der Vögel sehr verschieden. Kleine Singvögel, z.B. Meisen, versorgen die ausgeflogenen Jungen noch für eine Woche oder wenig länger. Natürlich versuchen die Jungvögel, so lange wie irgend möglich in der Obhut der Alten zu bleiben. Da aber viele Vogelarten jährlich mehrere Bruten aufziehen (s.S. 250), nützt den Jungen bald alles Betteln nichts mehr. Sie werden von den Eltern nicht mehr beachtet oder sogar vertrieben. Oft werden die Jungen, während die Mutter schon wieder auf einem neuen Gelege sitzt, noch eine Zeit lang von dem Vater betreut. Sobald die zweite Brut geschlüpft ist, müssen sie aber endgültig für sich selber sorgen. Bei einigen Singvögeln, z.B.

den Amseln, schließen sich die Jungen kurz nach dem Ausfliegen einem Elternteil eng an. Diese Bindung ist so stark, daß sie von dem anderen bald überhaupt nicht mehr beachtet werden.

Die Altvögel und Jungen erkennen sich bevorzugt an den Stimmen. Bei den Nestflüchtern, wo auf den Wanderungen der Familienzusammenhalt gewahrt bleiben muß, ist das unerläßlich. Das trifft auch für alle Koloniebrüter zu, bei denen Eltern und Junge im Gedränge ohne langes Suchen zueinander finden müssen.

Die akustische Kommunikation zwischen Alt- und Jungvogel ist wahrscheinlich auf beiden Seiten ohne langandauernden Lernvorgang möglich. Anders verhält es sich mit der Entwicklung des arteigenen Gesangs bei den Singvögeln. Hier ist der weitere Kontakt zu den Eltern oder mindestens doch zu Artgenossen notwendig. Vielfach ist zwar ein Grundmuster des Gesangs angeboren, zu seiner Ausformung müssen die jungen Vogelmännchen aber nach dem Flüggewerden, in einer Zeit besonderer Lernfähigkeit den Gesang vom Vater oder einem anderen territorialen Männchen hören können.

Die flüggen Jungen großer Vögel bleiben gewöhnlich weit länger als nur eine Woche in der Obhut der Eltern. Greifvogeljunge müssen zunächst die zum erfolgreichen Jagen notwendige Gewandtheit erlangen. Jungsperber bleiben noch bis zu einem Monat in der Nähe des Nestes und holen sich von dort die von den Alten abgelegte Beute. Sie können in dieser Zeit also ohne Nahrungssorgen ihre Jagdtechnik immer weiter vervollkommnen, bis sie schließlich auf zusätzliche Nahrung nicht mehr angewiesen sind. Eulen füttern ihre ausgeflogenen Jungen noch sehr lange. Die nächtliche Jagd erfordert Fertigkeiten, die nicht so schnell erlernt werden können. Junge Waldkäuze

Mehrere Monate, nachdem sie das Nest verlassen haben, werden die ausgewachsenen Waldkäuze immer noch gefüttert.

Ein Amsel-♂ füttert eine flügge Jungamsel.

Mit dem Herannahen der Brutzeit im Frühling werden die Altschwäne ihren vorjährige

verlassen z.B. das Nest Ende Mai oder Anfang Juni, werden aber von den Eltern oft bis in den September hinein mit Nahrung versorgt.

Junge Schwäne und Gänse bleiben noch länger mit den Eltern zusammen. Sie fliegen im Familienverband aus ihren nördlichen Brutgebieten in die südlichen Winterquartiere. Sie lernen auf diese Weise die Zugwege und Rastplätze kennen. Auch in den Überwinterungsgebieten verteidigen die Altvögel ihre Jungen weiter gegen gleichartige Konkurrenten. Die Jungvögel können so weitgehend ungestört weiden und für den weiten Rückflug Kräfte sammeln. Junggänse ohne Familienanschluß nehmen in einer Gänseschar stets eine ganz niedrige Rangstufe ein. Sie werden ständig bedrängt und von den besseren Weidegründen vertrieben.

Die Jungvögel vieler Vogelarten werden aus eigenem Antrieb immer selbständiger. Andere müssen von den Eltern regelrecht fortgejagt werden. Jungschwäne bleiben oft im Territorium der Eltern bis diese mit dem Nestbau beginnen. Dann werden die Altschwäne, vor allem die Männchen, zunehmend aggressiv. Sie greifen ihren vorjährigen, nun weitgehend erwachsenen Nachwuchs so lange an, bis dieser endlich das Feld räumt.

Die Sterblichkeit der Jungvögel

Vögel werden in eine höchst gefahrvolle Umwelt hineingeboren. Sehr viele gehen an Nahrungsmangel und durch Räuber zugrunde. Ein heranwachsender Jungvogel kann gewöhnlich noch kein Reservefett bilden (s.S. 229). Er muß täglich so viel Nahrung erhalten, daß er auch noch die Hungerzeit der Nacht überstehen kann. Reicht das am Tage erhaltene Futter dazu nicht aus, muß er verhungern. Ein kalter, regnerischer Tag, an dem die Eltern nicht genügend Nahrung auftreiben konnten, eine Störung oder eine andere Beeinträchtigung, die sie an der Nahrungssuche hinderten, können genügen, um die Kleinen im Nest zu töten. Die Jungen größerer Vögel sind schon eher in der Lage, einige Tage ohne ernsthafte Schäden zu hungern. Einige junge Nestflüchter verfügen in den ersten Tagen nach dem Schlüpfen noch über einen Nahrungsvorrat aus dem Ei. Der restliche Dotter wird mit dem ihn umschließenden Dottersack in die Leibeshöhle aufgenommen. Frischgeschlüpfte Stockentenküken können daher bis zu 48 Stunden ohne zusätzliche Nahrung überleben, junge Höckerschwäne im Höchstfall sogar bis zu 10 Tage. Die jungen Nesthocker müssen, bevor sie Reserven anlegen können, zunächst den für die Selbsterhaltung und das schnelle Wachstum notwendigen Bedarf decken.

An einigen daraufhin untersuchten Vogelarten konnte gezeigt werden, daß die Sterblichkeit im ersten Lebensjahr sehr groß ist. Normalerweise brütet ein Singdrosselpaar jährlich zwei Gelege aus. Je-

Jungen gegenüber immer aggressiver, bis sie sie schließlich aus ihrem Territorium vertreiben.

des Gelege besteht im Durchschnitt aus 4 Eiern. Von den potentiell 8 Jungen erreichen aber nur 0,67 die Brutreife. Es werden also nur aus 8% der abgelegten Eier erwachsene Singdrosseln. Da viele Paare die Eier vorzeitig verlieren und durch Nachgelege ersetzen, ist die mittlere Eizahl sicher größer als 8 und die Überlebensrate entsprechend noch niedriger. Wird bei der Berechnung der Sterblichkeit nicht von den Eiern, sondern von der Zahl der geschlüpften Jungen ausgegangen, erhält man natürlich höhere Werte. In einer detaillierten Untersuchung an einer Amselpopulation wurde ermittelt, daß jedes Paar jährlich im Durchschnitt 4,1 Junge aufzog. Von diesen Jungen konnte im Brutbestand des folgenden Jahres aber nur jedes sechste (17%) bestätigt werden. Ein Verlust von über 80% der Jungen und 90% der Eier erscheint ausgesprochen hoch. Die geschilderten Verhältnisse sind aber für die kleineren Singvögel Europas durchaus typisch. Bei den meisten werden höchstens aus 10% der jährlich gelegten Eier schließlich erwachsene Vögel. Die Überlebensrate größerer Vögel ist wenig höher. Aber auch hier werden aus maximal 15% der Eier oder 20% der geschlüpften Jungen brutreife Vögel. Viele Großvögel werden erst nach einigen Jahren geschlechtsreif. Daher wird bei ihnen mit den genannten Zahlen noch nicht die Jugendsterblichkeit erfaßt. Wenn z.B. nur 10% der Jungen das Brutalter erreichen und dieses Alter 4 Jahre beträgt, liegt die Überlebensrate pro Jahr bei 56% ($0{,}56^4 = 0{,}098$) (s.S. 286).

Die meisten Jungvögel sterben, kurz nachdem sie das Nest verlassen haben. Die im Lebenskampf unterlegenen werden schnell ausgemerzt. Oft sind es die Kleinsten und Schwächsten, ebenso aber auch die Ungeschicktesten und die mit dem geringsten Durchsetzungsvermögen. Die Stärkeren und Geschickteren überleben. Mit zunehmender Erfahrung steigt ihre Lebenserwartung. Bei den kleinen Singvögeln haben sich im Spätherbst die Überlebensraten der Jung- und Altvögel weitgehend angeglichen.

Anders ist die Situation bei den größeren, langlebigen Vögeln, die erst zweijährig oder in noch höherem Alter zu brüten beginnen. Hier wächst die Überlebensrate der jungen Vögel stetig von Jahr zu Jahr, bis sie sich nicht mehr von der der Erwachsenen unterscheidet. So wurde z.B. bei Höckerschwänen vom Flüggewerden (September) bis zum Sommer des folgenden Jahres, also in rund 9 Monaten, eine Sterblichkeit von ungefähr 33% festgestellt. Im ganzen folgenden Jahr betrugen die Verluste ebenfalls ca. 33% und lagen in den nächsten beiden Jahren bei 25%. Die jährliche Sterblichkeit der vierjährigen und älteren Brutschwäne betrug 20%.

Die Brutreife

Ein Jungvogel muß, um brutfähig zu werden, zumindest einen Winter überstehen. Viele erlangen die Brutreife aber erst nach einigen Lebensjahren. Die kleineren Sing- und Watvögel können einjährig mit der ersten Brut beginnen. Größere Watvögel, auch einige große Singvögel und mehrere Seeschwalben beginnen im Alter von 2 Jahren zu brüten. Kleine Möwen brüten mit 3 Jahren, größere, wie die Silbermöwe, mit 4 und die größten, die Mantelmöwen, erst mit 5 Jahren. Das Brutalter der Röhrennasen liegt besonders hoch. Schwarzschnabel-Sturmtaucher werden wahrscheinlich in einem Alter von 5 bis 6 Jahren brutfähig und Eissturmvögel sogar erst in einem Alter von 8 bis 9 Jahren. Von der Ausbildung des ersten, vollständigen Federkleides an wird ein Jungvogel als Immaturus (lateinisch unreif) bezeichnet. Die Zeitspanne dieser Altersstufe wird im Bestimmungsteil dieses Buches für jede Art angegeben. Die Angaben sollten aber mit Vorsicht verwendet werden. Exakt sind sie nur durch die Markierung von Jungvögeln und deren weitere Beobachtung zu erhalten. Damit auch nur wenige dieser Jungvögel im Brutbestand wiederzufinden sind, müssen sehr viele gekennzeichnet werden. Bei Arten, die erst nach einigen Jahren das Brutalter erreichen, muß die Beobachtung über eine lange Zeit andauern. Verständlicherweise sind diese aufwendigen Untersuchungen bisher erst an wenigen Vogelarten durchgeführt worden. Die Werte mußten daher teilweise auf nahverwandte Arten übertragen werden.

Nicht alle Individuen einer Art beginnen im gleichen Alter mit der ersten Brut. Das trifft auch auf solche Vögel zu, die schon einjährig brutreif sind. Eine Untersuchung an Höckerschwänen ergab z.B. für das Brutalter eine erhebliche Variationsbreite. 3% der Schwäne brüteten erstmalig im dritten, 43% im vierten, 35% im fünften, 15% im sechsten und 3% im siebenten Lebensjahr. Diese Unterschiede waren teilweise geschlechtsbezogen. Die Männchen vieler Vogelarten werden später als die Weibchen brutfähig. So zeigte eine Untersuchung an Staren in Holland, daß fast alle Weibchen einjährig mit der ersten Brut begannen.

Erst mit einem Alter von 3 Jahren beteiligen sich die jungen Birkhähne an der gefahrvollen Gemeinschaftsbalz.

Dagegen brüteten 75% der Männchen erst im zweiten Lebensjahr. Der Grund für dieses unterschiedliche Verhalten der Geschlechter schien ein unausgeglichenes Geschlechtsverhältnis zu sein. Die Zahl der Männchen übertraf die der Weibchen. Bei einem ausgeglichenen Geschlechtsverhältnis hätten wahrscheinlich alle Stare im ersten Jahr einen Brutpartner gefunden. Es gibt hier aber auch andere Zusammenhänge. Die Sperbermännchen, die wesentlich kleiner als die Weibchen sind, beteiligen sich oft schon einjährig an einer Brut. Die großen Weibchen sind gewöhnlich erst zweijährig so weit.

Männchen von Vogelarten mit einer Gemeinschaftsbalz (s.S. 256) kommen normalerweise später zur Fortpflanzung als die Weibchen. Auf den Balzplätzen dominieren die alten Männchen. Die jungen kommen kaum jemals zum Zuge. Birk- und Auerhähne haben frühestens in einem Alter von 3 Jahren eine Paarungschance.

Eine hinausgezögerte Brutreife ist zumeist gut begründet. Das Brüten ist ein gefahrvolles Unterfangen (s.S. 246). Bevor ein Jungvogel damit beginnen kann, muß er seine Fähigkeiten hinreichend entwickelt und genügend Erfahrungen gemacht haben. Erst, wenn es ihm keinerlei Mühe mehr macht, sich selbst zu ernähren, ist er auch in der Lage, die zusätzlichen Nahrungsmengen, die zur Eibildung und zur Versorgung der Jungen erforderlich sind, zu beschaffen (s.S. 244). Wenn ein Altvogel die Jungen im Nest füttert, steigt sein Energiebedarf um das drei- bis vierfache. Verständlicherweise können nur erfahrene und geschickte Vögel diese Leistung vollbringen. Bis diese Fähigkeiten voll entwickelt sind, dauert es nachweislich ein Jahr und länger. In einem Alter von 8 Monaten gelang es Brandseeschwalben, ungefähr alle 6 Minuten einen Fisch zu fangen. Zur gleichen Zeit waren die älteren Seeschwalben nahezu alle 4 Minuten erfolgreich. Junge Austernfischer verlieren im Winter an Gewicht, während die im gleichen Gebiet lebenden Altvögel ihr Gewicht halten können.

Jungvögel müssen also, bevor sie brutfähig sind, zunächst für sich selber sorgen können. Erst, wenn sie das hinreichend können, sind sie in der Lage, Junge aufzuziehen. Das genügt aber in den meisten Fällen noch nicht. Sie müssen auch fähig sein, sich gegen die arteigene Konkurrenz durchzusetzen. Sie müssen in der Lage sein, einen Brutpartner zu gewinnen und für sich wie ihren Nachwuchs den Lebensraum zu verteidigen. Die Männchen des Trauerschnäppers können z.B. durchaus im ersten Lebensjahr brüten. Es gelingt ihnen aber nur selten, eine wirklich brauchbare Nisthöhle zu besetzen. Überall dort, wo es schwer fällt gegen stärkere, ältere und erfahrene Mitbewerber zu bestehen, also dort, wo um Weibchen, Territorien und Nistplätze ein heftiger Konkurrenzkampf ausgefochten wird, werden die jungen Vögel nur in Ausnahmefällen gleich mit dem Erlangen der Geschlechtsreife auch mit der Fortpflanzung beginnen können.

Junge Brandseeschwalben sind beim Fischfang weniger erfolgreich als alte.

Die Mauser

Federn nutzen sich ab und müssen daher ersetzt werden (s.S. 32). Die Mauser ermöglicht es den Vögeln aber auch, die Struktur, Dichte und Färbung des Federkleides zu verändern. Bei vielen Vögeln ist daher ein von Alter, Geschlecht und Jahreszeit abhängiger Wandel zu beobachten.

Da zur Erneuerung des Gefieders zusätzliche Energie benötigt wird (s.S. 227) und die Vögel während dieser Zeit mehr oder weniger in der Flugfähigkeit behindert sind, mausern sie nicht in Zeiten knappen Nahrungsangebots oder während des Zuges.

Das Gefieder der Jungvögel

Vogeljunge kommen entweder ohne Federn oder mit einem dichten Federkleid zur Welt. Viele Nesthocker, z.B. die Kormorane, Spechte und Sperlinge, sind zunächst völlig nackt. Andere, wie Meisen und Fliegenschnäpper, sind von Beginn an schwach befiedert. Ihre wenigen Federn befinden sich auf Kopf und Rücken, da die im Nest geborgenen Jungen hier noch am ehesten Wärme verlieren. Einige kleine Nesthocker tragen aber auch gleich einen dichten Dunenpelz. Vollbefiederte Junge haben z.B. die Sturmvögel, Greifvögel und Eulen. Das dichteste Federkleid haben die kleinen Nestflüchter. Sie müssen gleich ohne zusätzlichen Wärmeschutz auskommen können. Einige von ihnen, die Watvögel, Seeschwalben und Regenpfeifer, haben eine vorzügliche Tarnfärbung. Die Dunen übernehmen zuerst alle Aufgaben, die an ein Federkleid gestellt werden. Konturfedern werden erst später ausgebildet. Der wasserdichte Daunenpelz kleiner Wasservögel, der Taucher und Entenvögel, ermöglicht es den Küken, kurz nach dem Schlüpfen zu schwimmen und zu tauchen.

Nacktgeborene Vogeljunge, z.B. die der Spechte, können gleich ein differenziertes Gefieder ausbilden. Andere, wie die Mauersegler, bekommen zunächst Dunen, die sie in einem Alter von rund 25 Tagen gegen ein richtiges Federkleid zu tauschen beginnen. Die Röhrennasen, die meisten Eulen und einige Nestflüchter

Frischgeschlüpfte Grünspechte sind nackt.

Das Merlinjunge trägt gleich einen dichten Dunenpelz.

Das Dunenkleid der kleinen Seeschwalben ist tarnfarben.

Das Dunenkleid des Zwergtauchers ist wasserdicht.

Die kleinen Mauersegler schlüpfen nackt, bekommen aber vor der endgültigen Befiederung noch ein Dunenkleid.

mausern, bevor sie die endgültigen Konturfedern erhalten, in ein zweites, verändertes Dunenkleid. Die primären Dunen können das größer werdende Junge nicht mehr voll bedecken. Für eine regelrechte Befiederung ist es aber noch nicht weit genug entwickelt. Das zweite Dunenkleid stellt also eine Zwischenlösung dar.

Die Jugendmauser

Das Jugendkleid vieler Vögel entspricht weitgehend dem Alterskleid. Es kann sich von diesem aber auch sehr unterscheiden. Junge Rotkehlchen sind z.B. noch einheitlich braun gefleckt. Ihnen fehlt die rostrote Brust der Altvögel. Das Jugendkleid verleiht seinem Träger in der Population eine neutrale Stellung. Er kann sich unbehelligt in den Territorien der erwachsenen Vögel aufhalten. Das oft unscheinbare Kleid dient aber sicher auch der Tarnung der noch nicht hinreichend erfahrenen Jungvögel.

Das erste Gefieder der Singvögel scheint von minderer Qualität zu sein. Vielleicht ist es für einen Jungvogel vorteilhafter, die verfügbare Energie mehr zum Wachstum als zur Federbildung einzusetzen. Auf alle Fälle verlieren viele Vögel ihr Erstgefieder schon nach kurzer Tragzeit. Sie mausern aus dem Jugend- in das erste Winterkleid. Bei den meisten kleineren Vögeln entspricht dieses Winterkleid dem der Altvögel. Größere Arten, die erst nach einigen Jahren die Brutreife erlangen, z.B. die Möwen, haben mehrere Jugendkleider, die mit zunehmendem Alter dem Gefieder der Erwachsenen immer ähnlicher werden.

Während der Jugendmauser müssen nicht alle Federn gewechselt werden. Die meisten jungen Singvögel erneuern nur ihre Körperfedern, das sogenannte Kleingefieder. Das Großgefieder, die großen Flügel- und Schwanzfedern bleiben weitgehend erhalten (s.S. 29). Das Großgefieder hat an dem Gewicht des Gesamtgefieders einen Anteil von 20 bis 25%. Sein Beitrag zur Isolation ist gering. Es ist daher sinnvoll, diese Federn solange zu erhalten, wie sie noch voll funktionsfähig sind. Die Schwung- und Schwanzfedern werden erst nach der Brutzeit des folgenden Jahres gemausert. Sie sind dann wenig mehr als ein Jahr alt. Einige Kleinvögel erneuern während der Jugendmauser auch das Großgefieder. Beispiele dafür sind die Spechte, einige Lerchen, die Sperlinge, der Star, die Schwanzmeise und die Grauammer. Auch junge Schwalben mausern die großen Federn, doch erst im Winterquartier, nachdem sie die Strapazen des Zuges hinter sich haben.

Bei großen Vögeln findet oft eine langandauernde Teilmauser statt. Eine junge Silbermöwe wechselt z.B. während der im Spätsommer des ersten Lebensjahres beginnenden Jugendmauser zunächst nur einen Teil des Kleingefieders. Der Federwechsel wird im Winter unterbrochen und im Frühling wieder fortgesetzt. Die Möwe wird auf diese Weise zunehmend heller. Das Großgefieder wird dann im Zuge der Vollmauser im folgenden Spätsommer erneuert. Die Jugendmauser der

Die junge Dreizehenmöwe erhält durch ihr Jugendkleid bei Konflikten eine neutrale Stellung.

Schwäne verläuft noch weniger saisongebunden. Die braunen Federn des Jungschwanes werden vom Herbst des Geburtsjahres an bis zum darauffolgenden Herbst stetig durch weiße ersetzt. Die Schwanenmännchen scheinen eher als die Weibchen mit der Mauser zu beginnen. Sie sind während des ersten Lebensjahres jederzeit weißer als ihre Schwestern.

Die Frühjahrsmauser

Einige Singvögel, wie Heckenbraunellen, Drosseln und Meisen machen keine Frühjahrsmauser durch. Viele andere Vögel mausern vor Beginn der Brutzeit in ein auffälliges Pracht- bzw. Brutkleid. Manche kehren schon im Brutkleid aus dem Winterquartier nach Europa zurück. Andere, z.B. Sanderling und Knutt, wechseln das Gefieder während des Zuges. Für zahlreiche Watvögel ist das Wattenmeer im Frühling als nahrungsreiches Mausergebiet von größter Bedeutung.

Für das Auftreten bzw. Ausbleiben einer Frühjahrsmauser gibt es keine einfache, allgemeingültige Erklärung. Die Schneehühner tauschen ihr weißes Winterkleid gegen das braune, jetzt weit besser tarnende Sommerkleid. Die Hauptaufgabe beider Kleider ist es, den Vogel möglichst unauffällig zu machen. See- und Lappentaucher bekommen im Früh-

Das Alpenschneehuhn trägt sowohl im Winter als auch im Sommer ein den jeweiligen Bedingungen angepaßtes Tarnkleid.

ling ein auffälliges Prachtkleid. Dieses Kleid ist mit seinen in Struktur und Färbung hervorgehobenen Federpartien sicher für die Balz und Paarbindung bedeutsam. Das erklärt aber nicht die Ausbildung des schlichten Winterkleides. Mit Tarnung kann das nicht viel zu tun haben. Mit den Tauchern leben im Winter auch viele Enten auf denselben Gewässern. Die Erpel tragen in dieser Zeit die weithin sichtbaren Prachtkleider. Der Unterschied in der Gefiederausbildung kann damit zusammenhängen, daß die Enten sich schon im Winter, die Taucher aber erst im Frühling verpaaren.

In der Ausbildung des Brutkleides gibt es zwischen den Watvogelarten erhebliche Unterschiede. Knutt, Sanderling, Sichel- und Alpenstrandläufer bekommen ein prächtiges „Hochzeitskleid". Zwerg- und Temminckstrandläufer bleiben viel schlichter. Die Kampfläuferhähne sind mit ihren vielfarbigen Krägen und Federbüschen imposante Erscheinungen. Gold- und Kiebitzregenpfeifer prangen im Sommer mit einer tiefschwarzen Brust. Die kleineren Arten, Sand-, Fluß- und Seeregenpfeifer, sehen dagegen das ganze Jahr über weitgehend gleich aus. Der Rotschenkel ändert sein Aussehen im Frühjahr kaum. Der Dunkle Wasserläufer hat dagegen im Winter ein hellgraues und im Sommer ein rußschwarzes Gefieder.

Obgleich beide Geschlechter eine Frühjahrsmauser durchmachen, bekommen bei vielen Singvögeln nur die Männchen ein Brutkleid. Zu diesen Arten gehören Schafstelze, Trauerschnäpper und einige Grasmücken. Gewöhnlich wird nur das Kleingefieder gewechselt. Das Großgefieder bleibt erhalten. Von dieser Regel stellt der Fitis eine unter den europäischen Sperlingsvögeln vielleicht einmalige Ausnahme dar. Er mausert die Schwungfedern zweimal im Jahr, und zwar zunächst im Spätsommer vor dem Herbstzug in Europa und dann in Afrika, bevor er wieder nach Norden fliegt. Unter den Zugvögeln ist er einer der kleinsten Fernwanderer. Vielleicht werden seine Flugfedern auf den weiten Zugwegen übermäßig beansprucht.

Die Umfärbung durch unvollständige Mauser und Gefiederabnutzung

Einige Vogelarten erhalten ihr Brutkleid durch eine Teilmauser. Der dunkelbraune bzw. schwarze Kopf von Lach- und Schwarzkopfmöwe entsteht z.B. durch die alleinige Mauser des Hals- und Kopfgefieders. Auch die schwarze Kopfkappe der Seeschwalben wird durch eine Teilmauser gebildet. Die übrigen Federn werden nicht gewechselt.

Beim Bergfinken verläuft die Umfärbung ins Prachtgefieder noch weniger aufwendig. Gegen Sommerende mausert das Männchen in ein unscheinbares Winterkleid, in dem die bräunlichen Farbtöne überwiegen. Diese Färbung kommt dadurch zustande, daß jede Feder einen bräunlichen Rand besitzt. Zum Frühling hin werden diese Federränder zunehmend abgenutzt, so daß die Farbkontraste des Brutkleides zum Vorschein kommen. Der schwarze Kopf des Rohrammermännchens entsteht auf die gleiche Weise. Auch andere Finken und Ammern erlangen ihr Prachtkleid durch diese energiesparende Farbänderung.

Das kontrastreiche Brutkleid des Bergfinken ♂ entsteht durch die Abnutzung der hellen Federränder des Winterkleides.

Die Brutmauser

Nachdem die Altvögel glücklich ihre Brut aufgezogen haben, besteht ihre vornehmste „Sorge“ darin, den Winter gut zu überstehen. Ihre Federn, vor allem das Großgefieder, sind ein Jahr lang stark beansprucht worden. Sie sind abgenutzt und müssen erneuert werden. Einige Arten müssen auch das weniger dichte Sommer- gegen ein gut isolierendes Winterkleid eintauschen. Das Brutgefieder eines Kernbeißers wiegt gegen Ende des Sommers um 1,08 g, das neue Wintergefieder dagegen 1,6 g.

Im Unterschied zu den Jungen vermausern die Altvögel auch das Großgefieder. Der Wechsel der Flügelfedern ist ein komplizierter Vorgang (s.S. 33). Es dürfen in der Flügelfläche keine zu großen Lücken entstehen. Dennoch wird das Flugvermögen eingeschränkt und der Energiebedarf erhöht.

Im zeitlichen Verlauf der Mauser bestehen zwischen den Vogelarten, aber auch innerhalb einer Art, erhebliche Differenzen. Der Mauserbeginn wird stark durch die jeweilige Beanspruchung des Vogels bestimmt. Während der Jungenaufzucht werden andere, energieaufwendige Vorgänge nach Möglichkeit unterbunden. Ausnahmsweise, etwa, wo in arktischen Regionen zum Aufziehen der Jungen nur wenig Zeit zur Verfügung steht, können die Altvögel schon kurz nach der Brut mit der Mauser beginnen. Das ist bei Eismöwen, auch bei Schnee- und Spornammern der Fall. Weiter südlich setzt der Gefiederwechsel der meisten Sperlingsvögel erst ein, wenn die Jungen das Nest verlassen haben. Bei Vögeln, die spät mit der Brut begonnen oder mehrere Bruten aufgezogen haben, kann die Mauser auch schon vor dem Flüggewerden der Jungen einsetzen.

An den Haubentauchern läßt sich gut zeigen, wie eng die Mauser der Altvögel an das Wachstum der Jungen gekoppelt ist. Oft kann man im Spätsommer Taucherpaare beobachten, die im Unterschied zu den Artgenossen noch das volle Brutkleid tragen. Fast alle diese Paare führen noch spät geschlüpfte Junge.

Der Verlust des Flugvermögens

Für Vogelarten, die sich wegen der hohen Flächenbelastung ihrer Flügel schon ohnehin in einem Grenzbereich der Flugfähigkeit bewegen (s.S. 43), muß der Verlust von Schwungfedern schwerwiegende Folgen haben. Einer dieser Vögel ist die Trottellumme. Sie hat das Problem dadurch gelöst, daß sie sämtliche große Flügelfedern gleichzeitig verliert und dadurch zeitweilig flugunfähig wird. Der Wechsel des Großgefieders setzt bei ihr erst ein, wenn die Junglummen den Brutfelsen verlassen haben und mit den Eltern auf die See hinausgeschwommen sind. Die Altlummen können also, obgleich sie in dieser Zeit nicht fliegen können, ihre Jungen weiter versorgen. Durch die gleichzeitige Erneuerung aller Schwungfedern wird die Flugbehinderung möglichst kurz gehalten (s.S. 33).

Während der Mauser büßen auch noch andere Vögel die Flugfähigkeit ein, und manche von ihnen betreuen in dieser Zeit ebenfalls noch nicht flügge Junge. Das trifft z.B. auf die Enten, Gänse und einige Vogelarten aus der Rallenverwandtschaft, wie Teichhuhn und Kranich, zu. Die Kraniche verhalten sich in dieser Beziehung recht ungewöhnlich. Sie mausern die Schwungfedern nicht in jedem Jahr. Sie können sie über zwei Jahre und noch länger tragen. Wenn dann die Großgefie-

Bei der Mauser wirft die Trottellumme zuerst alle Handschwingen ab (oben); sind diese zur Hälfte herangewachsen, werden die Armschwingen abgeworfen (Mitte); befiederter Flügel (unten).

dermauser einsetzt, werden alle Schwungfedern gleichzeitig abgeworfen.

In Europa gibt es keinen Sperlingsvogel, der im Verlauf der Mauser die Flugfähigkeit gänzlich verliert. Die Wasseramseln werfen mehrere Flügelfedern gleichzeitig ab und können dann nur noch unbeholfen fliegen. Den Schnee- und Spornammern steht während des kurzen, arktischen Sommers nur wenig Zeit für die Mauser zur Verfügung. Sumpfrohrsänger halten sich in ihrem südlichen Winterquartier nur kurzfristig auf. Alle drei Arten vermausern zugleich eine größere Anzahl von Federn und sind dadurch in ihrem Flugvermögen stark behindert.

Mauserunterschiede zwischen den Geschlechtern

Bei einigen Vogelarten mausern Männchen und Weibchen zu verschiedenen Zeiten. Wie alle Entenvögel, können auch Höckerschwäne während der Schwingenmauser nicht fliegen. Die Weibchen verlieren die Schwungfedern, bald nachdem die Jungen geschlüpft sind. Die Männchen werfen sie erst einen Monat später ab. So bleibt eines der beiden die ganze Zeit über flugfähig. Wichtiger ist aber, daß die Brut zunächst vom Männchen und darauf vom Weibchen gegen Angreifer durch kräftige Flügelschläge verteidigt werden kann. Solange die Federn wachsen, ist das nicht möglich, da sie dann sehr empfindlich sind. Wenn die Jungschwäne flügge werden, haben beide Eltern wieder voll befiederte Flügel. Höckerschwäne, die keine Jungen aufziehen, mausern unabhängig vom Geschlecht zur gleichen Zeit.

Der Gefiederwechsel verläuft bei einigen Greifvögeln ganz ähnlich. Die Weibchen von Habicht und Sperber brüten alleine und bleiben, nachdem die Jungen geschlüpft sind, noch bis zu zwei Wochen auf dem Nest, um die Kleinen zu hudern und zu beschützen. Sie werden über diese ganze Zeit vom Männchen mit Nahrung versorgt. Die Weibchen brauchen also nicht zu fliegen und können am Nistplatz ihre Flugfedern erneuern. Die Männchen müssen dagegen während der Brut- und der Nestlingszeit der Jungen höchst aktiv sein. Sie können mit der Mauser erst beginnen, nachdem die Jungen ausgeflogen sind. Bei den Turmfalken mausern die Männchen ungefähr zwei Wochen später als die Weibchen.

Das Schlichtkleid

Nach der Brutzeit tauschen viele Altvögel ihr Brutkleid gegen ein unauffälliges Schlichtkleid. In diesem Kleid sind die im Sommer kontrastreich gefärbten Singvogelmännchen während des Winters weniger auffällig und daher besser geschützt. Sie müssen aber schon im Spätwinter wieder mit der Mauser beginnen, um im Frühling rechtzeitig wieder die Signalwirkung des Prachtkleides einsetzen zu können.

Die Erpel verschiedenster Entenarten haben eine spezielle Mauserfolge entwickelt. Sie tragen fast das ganze Jahr über ihr buntes Brutkleid. Kurz vor der Hauptmauser im Spätsommer, bei der sie auch das Großgefieder wechseln und zeitweise flugunfähig werden, mausern sie die Körperfedern und erhalten ein Gefieder, das dem der Weibchen weitgehend entspricht. Sobald sie wieder fliegen können, mausern sie ins Brutkleid zurück. Die Tatsache, daß sie in wenig mehr als einem Monat das Kleingefieder zweimal wechseln, zeigt, daß sie in der Zeit der Flugunfähigkeit hochgradig gefährdet sein müssen. Im schlichten Kleid der Weibchen können sie sich besser verbergen als im weithin sichtbaren Prachtgefieder.

Wann und Wo wird gemausert

Zugvögel können sowohl in der Brutheimat als auch in der Winterherberge mausern. Gewöhnlich findet, wie bei den meisten Sperlingsvögeln, die Mauser vor dem Zug statt. Den Vögeln der nördlichen Breiten bleibt dazu kaum Zeit. Sie verlassen den Brutort, sobald die Jungen so weit sind, daß sie für sich selber sorgen können. Wenige Vogelarten mausern aber auch in der arktischen Region. Die nordischen Gänse wechseln das Gefieder, während sie Junge führen. Wenn die Junggänse flügge sind, haben die Alten ihr Federkleid voll erneuert. Der Familienverband kann sich geschlossen auf den Zug begeben.

Die meisten Watvögel verlassen die nordischen Brutgebiete vor der Mauser. Auf dem Zugweg können die verschiedenen Populationen unterschiedliche Mausergründe aufsuchen. Knutts beginnen mit der Kleingefiedermauser schon am Brutort, machen sich aber bald auf den Weg nach Süden. In riesigen Schwärmen sammeln sie sich jetzt im Wattenmeer der deutschen Bucht. In einer längeren Zugpause wird hier die Mauser fortgesetzt. Die Vögel der östlichen Populationen fliegen bald weiter bis zu der Küste Mauretaniens und wechseln erst hier das Großgefieder. Der Zug ins Winterquartier findet erst dann statt, wenn das Winterkleid vollständig ausgebildet ist. Einige Watvögel, z.B. Kiebitzregenpfeifer, Waldwasserläufer und manche Alpenstrandläufer, erneuern einige der Schwungfedern während einer längeren Zugrast, ziehen dann aber weiter und beenden die Mauser wahrscheinlich erst am Überwinterungsort. Turteltauben fangen schon im Brutgebiet mit dem Federwechsel an, unterbrechen ihn während des Zuges und setzen ihn in der Winterherberge fort.

Gartengrasmücke, Mauersegler und andere früh ziehende Arten verschieben die Mauser gänzlich auf den Winteraufenthalt. Die jeweils nah verwandten Arten, Mönchsgrasmücke und Alpensegler, bleiben länger in Europa und mausern hier. Ein frühzeitiger Aufbruch kann vor allem für solche Arten wichtig sein, die auch im Überwinterungsgebiet Territorien besetzen (s.S. 256). Ein Vogel, der zunächst in Europa noch eine langwierige Mauser durchmacht, würde die besten Areale besetzt vorfinden, wenn er schließlich im Winterquartier anlangt.

Bei der Mehrzahl der Vögel erfolgt kurz nach der Brutperiode oder bald nach dem Eintreffen in der Winterherberge eine Vollmauser. Einige verschieben den Federwechsel aber auf einen noch späteren Zeitpunkt. Die meisten Drossel- und Schilfrohrsänger mausern, nachdem sie in Afrika angekommen sind. Diejenigen aber, die am weitesten nach Süden vordringen, erneuern das Gefieder erst kurz vor dem Aufbruch ins Brutgebiet. Sie fliegen also mit noch völlig intakten Federn den weiten Weg in den Norden zurück. Wie die meisten Vögel, mausert der Sterntaucher seine Schwungfedern im Herbst. Die anderen Seetaucher, Prachttaucher, Eistaucher und Gelbschnabel-Eistaucher wechseln dagegen ihr Großgefieder erst im Spätwinter vor dem Beginn der Brutzeit.

Um das erhöhte Risiko während der Mauser möglichst gering zu halten, sind die verschiedensten Kompromisse zwischen den im Jahresverlauf wechselnden Beanspruchungen und dem Federwechsel verwirklicht worden. Dennoch ist die Mauserperiode eine Zeit gesteigerter Sterblichkeit und es kommt sehr darauf an, daß sie unter günstigen Bedingungen abläuft.

Im Herbst kann in einem Schwarm von Knutts die Gefiederfärbung in Abhängigkeit von Alter und Mauserzustand stark variieren.

Energiehaushalt und Ernährung

Alle Lebewesen brauchen Energie. Ein geringer Anteil dieser Energie kann durch die Sonnenwärme zugeführt werden. Viele wechselwarme Tiere, wie die Reptilien und Amphibien, sind von dieser Energiequelle in einem erheblichen Maße abhängig. Ihre Aktivität richtet sich nach der Umgebungstemperatur. Die Vögel gewinnen alle Lebensenergie aus der Nahrung. Die wichtigsten, in besonderem Maße energieabhängigen Vorgänge in einem Vogelkörper sind:

1. Die Erhaltung der Körpertemperatur. Vögel sind warmblütige Tiere mit einer weitgehend konstanten Temperatur.
2. Die Erhaltung des Körpers. Die Körpergewebe müssen ernährt und, wenn sie verbraucht oder beschädigt sind, ersetzt werden. Derartige Vorgänge laufen ständig ab. Sie können zu bestimmten Zeiten, etwa während der Mauser, sehr intensiv werden.
3. Die Verarbeitung und Umsetzung der Nahrung.
4. Die Bewegung. Insbesondere der Flug ist eine höchst energieaufwendige Bewegungsweise.
5. Das Körperwachstum. Das betrifft nicht nur junge Vögel. Auch in ausgewachsenen Vögeln kommt es zeitweilig zu Wachstumsvorgängen, z.B. bei der Reifung der Geschlechtsorgane oder der Eibildung (s.S. 34).

Der Energiebedarf

Der Energiebedarf eines Vogels ist von mehreren, verschiedenartigen Faktoren abhängig. Einer davon ist die Körpergröße. Von zwei Körpern gleicher Form, aber unterschiedlicher Größe hat der kleinere im Verhältnis zum Volumen die größere Oberfläche. Da das Volumen-Oberflächenverhältnis den Wärmeverlust aus dem Körper wesentlich bestimmt, hat das für kleine Vögel schwerwiegende Folgen. Letztlich wird dadurch festgelegt, wie klein ein Vogel werden kann. Irgendwann wird die Grenze erreicht, an der es nicht mehr gelingt, den Wärmeverlust durch Nahrungszufuhr auszugleichen. Die kleinsten Vögel, die Kolibris, von denen einige nur 2 g wiegen, leben in den warmen Tropen. Um kalte Nächte überstehen zu können, müssen sie auch hier in einen energiesparenden Starrezustand verfallen. Kein europäischer Vogel ist so klein wie ein Kolibri. Immerhin wiegen der Cistensänger und die Goldhähnchen auch nur um 6 g, die Schwanzmeise um 8 g und Tannenmeise wie Zaunkönig weniger als 10 g. Allen diesen Vogelarten kann es durchaus schwer fallen, eine kalte Nacht zu überdauern.

Natürlich hat die Umgebungstemperatur auf den Energiehaushalt eines Vogels einen sehr wesentlichen Einfluß. In kalter Luft verliert er weit mehr Wärme als bei hohen Temperaturen. Die zuvor erwähnten Arten müssen dauernd eine Körpertemperatur von 40 ° C aufrechterhalten. In einer kalten Nacht,in der das Thermometer unter —20 °C fällt, benötigen sie sehr viel zusätzliche Energie. Es ist also kaum verwunderlich, daß in extremen Kälteperioden viele kleine Vögel zugrunde gehen. Auch einen normalen Winter überstehen sie nur dank der hervorragend isolierenden Eigenschaft ihres Gefieders.

Zusätzlich haben viele Vögel spezielle Verhaltensweisen entwickelt, die dazu beitragen, den Wärmeverlust zu verringern. Zaunkönige, Meisen und andere kleine Vögel schlafen in Höhlen. In ihnen kann sich die Luft leicht erwärmen. Der

Einer der größten und einer der kleinsten Vögel Europas: Höckerschwan und Cistensänger.

kalte Wind hat keinen Zutritt. Moorschneehuhn, Lapplandmeise und Polarbirkenzeisig, die auch während des Winters in den arktischen Gebieten bleiben, ruhen in Schneehöhlen. Die Schneehühner graben sich diese Höhlen selbst. Die kleinen Arten benutzen die Gänge von Lemmingen und Mäusen. Auch die nicht ganz so weit nördlich lebenden Rauhfußhühner, Birk- und Auerhuhn, können sich bei hohen Schneelagen eingraben. Die Lapplandmeisen können ihre Körpertemperatur ein wenig senken. In kalten Nächten kann so der Wärmehaushalt stabilisiert werden. Ein Nachteil ist, daß sie in diesem Zustand nicht mehr voll reaktionsfähig und daher stärker gefährdet sind. Zum Wiederaufbau der normalen Temperatur und Aktivität müssen sie erhebliche Energiemengen einsetzen. Bei sehr kaltem Wetter schlafen Zaunkönige in kleinen Gruppen beieinander. Die Schwanzmeisen eines Wintertrupps drängen sich dicht aneinander, um sich gegenseitig zu wärmen (s.S. 281).

Der Energiebedarf eines Vogels ist stark aktivitätsabhängig. Bei einem Haushuhn steigt der Energieverbrauch, wenn es aus der Ruhehaltung aufsteht, schon um 40—50%. Zum Gehen oder gar Laufen muß noch mehr Energie aufgewendet werden. Den höchsten Energieeinsatz erfordert der Flug.

Als Vergleichsbasis für die Bestimmung des Energieverbrauchs dient allgemein der Grundumsatz, d.h. die Energiemenge, die ein Vogel bei völliger Ruhe in einer temperaturneutralen Umgebung benötigt. Dieser Grundumsatz ist zum einen, wie schon beschrieben, von der Körpergröße abhängig. Er scheint auch unabhängig von der Größe bei den einzelnen Verwandtschaftsgruppen der Vögel verschieden zu sein. Singvögel haben vielleicht im Durchschnitt einen wenig größeren Grundumsatz als andere Vögel. Bei den Greifvögeln, Eulen und Hühnervögeln sind die bisher ermittelten Werte vergleichsweise gering, bei den Tauben, Spechten, Entenvögeln und Seglern dagegen höher als theoretisch anzunehmen war. Der Grundumsatz ist auch bei dem einzelnen Vogel nicht dauernd konstant. Er zeigt einen ausgeprägten Tagesgang und ist, der wechselnden Beanspruchung des Vogels entsprechend, auch im Verlauf eines Jahres Schwankungen unterworfen.

Zaunkönige haben gemeinsam in einer Baumhöhle übernachtet.

Die Lapplandmeise nächtigt in Mausegängen unterm Schnee.

Das Alpenschneehuhn gräbt sich in den Schnee Schlafhöhlen.

Der für die Existenz eines freilebenden Vogels notwendige Energieaufwand beträgt ein Mehrfaches des Grundumsatzes. Hier fällt natürlich die unterschiedliche Bewegungsaktivität stark ins Gewicht. Vor allem das Fliegen erfordert viel Energie. Während des Fluges steigt der Energieverbrauch ungefähr um das Zehn- bis Fünfzehnfache.

Energiebedarf im Wechsel der Jahreszeiten

Zur Messung des Energiebedarfs für verschiedene Aktivitäten sind inzwischen immer bessere und genauere Methoden entwickelt worden. Hier können nur einige Hinweise auf unterschiedlichen Energieeinsatz gegeben werden. Es ist sicher kein Zufall, daß die besonders energieaufwendigen Vorgänge in einem Vogelleben sich über das Jahr verteilen und nur selten überschneiden. So mausern die meisten Vögel nicht, während sie die Geschlechtsorgane regenerieren, brüten, Junge aufziehen oder Reservefett für den Zug speichern und natürlich auch nicht während des Zuges.

Die Männchen zahlreicher Vogelarten besetzen vor Beginn der Brutzeit ein Territorium (s.S. 254). Die Energie, die dazu aufgewendet werden muß, ist von Art zu Art verschieden und von der Beschaffenheit des Territoriums abhängig. Sicher ist es auch anstrengender, ein Territorium neu zu besetzen als ein bestehendes zu erhalten. Der dem Flußuferläufer nahe verwandte Drosseluferläufer Nordamerikas steigert z.B., wenn er sein Wohngebiet abgrenzt, den Energieverbrauch um 12%. Die Lage wird allgemein dadurch noch erschwert, daß die Vögel während der Territoriumsgründung für die Nahrungssuche kaum Zeit haben. Ein Waldvogel kann immerhin in den Gesangspausen schnell einige Insekten greifen. Ein Seevogel, der seinen zukünftigen Brutplatz bewacht und verteidigt, befindet sich weit entfernt von den Nahrungsgründen und muß notgedrungen zeitweilig ohne Nahrung auskommen.

In Vorbereitung auf die Brutzeit müssen die Vögel ihre Geschlechtsorgane wesentlich vergrößern und differenzieren (s.S. 34). Das Hodenwachstum zieht sich bei den Männchen über mehrere Wochen hin. Der Energiebedarf erhöht sich dadurch um kaum mehr als 2%. Voll entwickelt, haben die Ovarien und Eileiter der Vogelweibchen einen größeren Umfang als die Hoden der Männchen. Maximal können sie bis 15% des Gesamtkörpergewichtes ausmachen. Da ihre Entwicklung bis zu vier Wochen in Anspruch nimmt, ist der mittlere Energieaufwand nicht wesentlich höher als bei den Männchen. Das Wachstum der weiblichen Geschlechtsorgane verläuft aber nicht kontinuierlich. Bei Uferschwalben konnte z.B. nachgewiesen werden, daß sie phasenweise den Energieeinsatz bis zu 10% steigern.

Vogelweibchen benötigen natürlich noch mehr Energie, wenn sie mit der Eibildung beginnen. Das Gesamtgewicht eines Geleges ist oft recht beachtlich (s.S. 245). Die Zunahme des Energiebedarfs durch die Eibildung ist bei einigen Vogelarten ermittelt worden. Sie beträgt bei der Silbermöwe um 80%, beim Star 55% und bei der Felsentaube, die kleine Eier legt, 25%. Die Eier der Nestflüchter sind nährstoffreicher und zumeist auch größer als die der Nesthocker (s.S. 268). Sie enthalten ungefähr doppelt so viel Dotter. Für die Bildung eines Eis müssen daher die Hühnervögel im Mittel die eineinhalbfache und Entenvögel fast die

Während das Weibchen die Eier legt, verteidigt das Männchen des Drosseluferläufers das Territorium.

An den Gewichtsschwankungen läßt sich der zeitliche Energiebedarf eines Vogels ablesen. Die Kurven zeigen, daß Kohlmeisen (grün) in Vorbereitung auf den Winter im Herbst Fett ansetzen und daß das ♀ vor der Eibildung Reserven speichert. Schilfrohrsänger (braun) verdoppeln vor dem Zug ihr Gewicht.

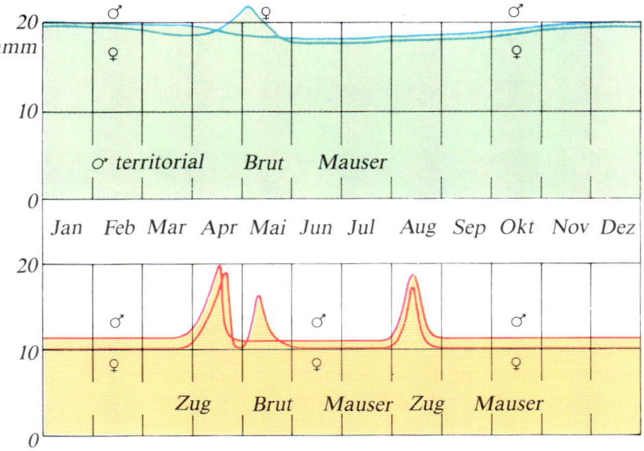

Gewichtsschwankungen im Jahresablauf (=Energiebedarf)

doppelte Energiemenge als Singvögel aufbringen. Allgemein richtet sich der Energie- bzw. Nahrungsbedarf zur Eibildung nach dem Gesamtgewicht des Geleges.

Da an die Eier viel Wärme abgegeben wird, muß auch das Brüten sehr energieaufwendig sein. Bei Bodenbrütern kommt noch ein erheblicher Wärmeverlust durch den kühlen Untergrund hinzu. Die meisten am Boden brütenden Vogelarten polstern daher ihre Nestmulde isolierend aus. Wenige, z.B. die kleinen Regenpfeifer, brüten aber auch auf dem nackten Sand oder Geröll. Eine Isolierschicht wäre auf dem vegetationsfreien Untergrund viel zu auffällig. Diese Vögel haben, während sie brüten, einen hohen Energieverbrauch.

Im Gegensatz dazu ist der Wärmeverlust in einem gut isolierenden, napfförmig tiefen Nest gering. Ein brütender Vogel sitzt ja zudem noch ganz still. Entsprechend zeigten einige Untersuchungen an Höhlenbrütern, daß bei ihnen der Energieeinsatz während der Brut nicht wesentlich erhöht wird. Dennoch kann angenommen werden, daß ein brütender Zaunkönig, je nach Höhe der Außentemperatur, zwischen 17 und 50% mehr Energie verbraucht als außerhalb der Brutzeit. Von Meisen und Staren ist bekannt, daß der Energiebedarf durch die Anzahl der bebrüteten Eier beeinflußt wird. Auch wenn das Brüten selbst nur wenig zusätzliche Energie erfordern sollte, so bindet es den Vogel doch für längere Zeit an das Nest. Die Zeit für die Nahrungssuche ist knapp bemessen. Um wenigstens seinen Grundbedarf decken zu können, muß er schon sehr fleißig sein.

Zweifellos müssen die Vogeleltern, nachdem die Jungen glücklich geschlüpft sind, eine Menge Energie zu deren Aufzucht einsetzen. Sie müssen ja nicht nur ihre immer hungrige Brut füttern, sondern auch sich selber bei Kräften halten. Der Energieaufwand ist von der Anzahl der Jungen und von deren Futterbedarf abhängig. Bei so unterschiedlichen Vogelarten wie Silbermöwe, Waldohreule, Turteltaube, Mehlschwalbe und Star steigt der Energiebedarf der Altvögel um das 3,5- bis 4-fache. Auf menschliche Verhältnisse angewendet, würde das der Bedarfssteigerung bei Schwerstarbeit entsprechen.

Für die Erneuerung des Gefieders wird wieder ein gesteigerter Energieeinsatz notwendig. Während der Mauser wächst z.B. beim Buchfinken und Ortolan der Energieverbrauch um mehr als 25%. Der Mehrbedarf wird teilweise durch den höheren Wärmeverlust bei nicht vollständigem Federkleid verursacht. Vorwiegend entsteht er aber durch das schnelle Wachstum der neuen Federn. Eine derartige Steigerung des Energieeinsatzes ist nur bei einer Vollmauser zu erwarten. Jungvögel, die nur einen Teil der Federn wechseln, (s.S. 219), werden dazu auch weniger Energie benötigen.

Der Nahrungserwerb

Der Zeitaufwand für die Nahrungssuche

Aus der täglich mit der Nahrungsaufnahme verbrachten Zeit läßt sich annäherungsweise auf den Nahrungsbedarf eines Vogels schließen. Um eine weitgehend konstante Körpertemperatur aufrecht erhalten zu können, hat ein Vogel im Winter einen höheren Energiebedarf. In Europa sind nun die Tage im Winter weit kürzer als im Sommer, so daß ihm für die Nahrungssuche wesentlich weniger Zeit zur Verfügung steht. Im Herbst verbringt eine Tannenmeise um 80% des Tages mit der Suche nach Nahrung. Je kürzer und kälter die Tage werden, um so kürzer werden auch die Ruhepausen. Im Dezember müssen die Meisen die gesamte Zeit des Tageslichtes für die Nahrungssuche nutzen.

Mit zunehmender Tageslänge nehmen die Ruhepausen wieder zu. Mit dem Beginn der Brutperiode wird die Zeit wieder knapp. Vom April bis Ende Juni brauchen die Meisen wieder 90% des Tages für die Beschaffung von Futter für ihre Jungen und sich selbst.

Ein brütender Vogel muß gewöhnlich die gesamte Brutpause für die Ernährung einsetzen. Erst im Spätsommer, wenn die Jungen selbständig geworden sind, haben die Altvögel wieder mehr Zeit für die Gefiederpflege und zum Ausruhen. Mit dem Herannahen der kalten Jahreszeit im September werden sie wieder zunehmend aktiver.

Da kleine Vögel einen vergleichsweise höheren Wärmeverlust haben als große (s.S. 224), brauchen sie auch relativ mehr Nahrung. Die kleinsten Vogelarten müssen daher besonders viel Zeit für die Nahrungssuche aufwenden. Eine Tannenmeise mit einem Gewicht von 9 g ist täglich länger auf der Insektenjagd als eine Blaumeise mit einem Gewicht von 11 g und eine Kohlmeise, die um 19 g wiegt.

Die Geschlechter können sich in ihrer Aktivität merklich unterscheiden. Entsprechend entstehen auch Unterschiede im Nahrungsbedarf. Am ausgeprägtesten zeigt sich das während der Eibildung. Eine Stockente frißt dann fast dreimal so schnell und so viel wie ein Erpel. Bei anderen Vogelarten tragen die Männchen einen Teil des von ihnen gesammelten Futters den Weibchen zu (s.S. 245).

Die täglichen Gewichtsschwankungen

Vögel können natürlich nicht die gesamten 24 Stunden eines Tages mit der Nahrungsaufnahme verbringen. Normalerweise fressen sie am Tage und schlafen in der Nacht. Bei den Eulen, Nachtschwalben und einigen anderen Vogelarten ist es gerade umgekehrt.

Wenn ein Vogel schläft, verbraucht er zur Aufrechterhaltung der Lebensprozesse weiter Energie. Er wiegt daher am Morgen weniger als am Abend. Der Gewichtsverlust muß während des Tages wieder ausgeglichen werden. Gewöhnlich sind daher die Vögel am frühen Morgen sehr eifrig bei der Nahrungssuche. Ihre Aktivität sinkt zum Nachmittag hin merklich ab und steigt, kurz bevor der Schlafplatz aufgesucht wird, wieder an.

Auf menschliche Größenverhältnisse übertragen, wären die täglichen Gewichtsschwankungen beachtlich. Wir haben es ja aber mit ausgesprochen kleinen Wirbeltieren zu tun, deren Oberflächen-Volumenverhältnis sehr ungünstig ist (s.S. 224). Ein Haussperling kann bei Tage etwa 26 g wiegen. Davon sind 2 g

Da der Erpel wacht, braucht sich die Ente nur um die Ernährung zu kümmern.

Fett, die während der Nacht verbraucht werden können. Normalerweise wird der Haussperling am Morgen um 1 g leichter sein. Der nächtliche Gewichtsverlust beträgt also 4%. Bei sehr kalten Wetter kann ein so kleiner Vogel in einer Nacht auch den ganzen Fettvorrat einbüßen. Wenn er dann nicht sehr schnell wieder ausreichend Nahrung findet, wird er diese Nacht nicht lange überleben.

Ein kleiner Vogel muß also, obgleich er nicht über sehr viel mehr Energiereserven verfügt, als nötig sind eine Nacht zu überstehen, doch einem im Verlauf der Jahreszeiten wechselnden Energiebedarf begegnen können. In kalten, langen Winternächten wird er weit mehr Reservefett verbrauchen und entsprechend mehr an Gewicht verlieren als in warmen kurzen Sommernächten. Im Winter muß er also bis zum Beginn der Abenddämmerung mehr Fett angelagert haben als in den wärmeren Jahreszeiten. Es muß sich daher ein auf- und absteigender Jahreszyklus der täglich gebildeten Fettmenge ergeben, der sich anhand von Gewichtskontrollen auch nachweisen läßt. Die Vögel speichern nicht nur die eben gerade benötigte Energiemenge, sondern um völlig sicher zu gehen, stets etwas mehr. Abgesehen von anderen unerwarteten Vorkommnissen, etwa nächtlichen Störungen, kann es in der Nacht ja auch plötzlich sehr kalt werden. In diesem Fall wird eine Sicherheitsreserve für das Leben entscheidend.

Einigen Vögeln, wie den Finken und Tauben, steht noch ein weiterer Vorrat zur Überwindung von Hungerzeiten zur Verfügung. Nach Möglichkeit füllen sie vor der Nachtruhe ihren Kropf.

Die Fettvorräte kleiner Vögel sind knapp bemessen. Es wäre sicher günstiger, wenn sie mehr als nur eine kalte Nacht unbeschadet überstehen könnten. Mit einem größeren Fettpolster ergäben sich aber neue Probleme. Die Zeiten, in denen die größten Reserven nötig wären, sind auch die mit dem geringsten Nahrungsangebot. Die Vögel müßten also zusätzliche Aktivitäten entwickeln, um an das Futter heranzukommen. Sollte ihnen eine erhebliche Gewichtszunahme gelingen, müßten sie dieses Gewicht auch mit sich herumtragen. Sie würden schwerfälliger werden und beim Fliegen mehr Energie verbrauchen.

Diese Schwierigkeiten betreffen vor allem kleine Vögel, deren täglicher Umsatz an Reservefett an den Schwankungen des Körpergewichts einen wesentlichen Anteil hat. Größere Vögel können für längere Zeiten Fettvorräte speichern. Wenn ein Vogel von der Größe einer Ente richtig fett ist, kann er mehrere Tage ohne Nahrung auskommen. Gänsegroße Vögel überleben mit einer entsprechenden Menge an Reservefett sogar eine Woche und mehr ohne Futter.

Anpassungen an das Leben in kalten Zonen

Die zuvor geschilderten Probleme entstehen bevorzugt in den kalten Erdregionen, wo die Kombination kurzer Tage mit niedrigen Temperaturen zu stark erschwerten Lebensbedingungen führt. Die Vögel haben verschiedene Strategien entwickelt, um mit diesen Widrigkeiten fertig zu werden. Aus den kältesten Gegenden ziehen alle Vögel im Winter fort. Nur ihr Flugvermögen erlaubt es ihnen, solche Gebiete im kurzen Sommer zu besiedeln.

Wenige Vogelarten sind immerhin in der Lage, in der arktischen Tundrenzone zu überwintern. Lapplandmeisen und Moorschneehühner können sich, wie schon berichtet (s.S. 225), zeitweise unter dem Schnee aufhalten. Tannen-, Hauben- und Weidenmeisen verstecken im Herbst Samen in der Borke von Bäumen. Eichel- und Tannenhäher fangen schon im Sommer damit an, Nüsse und Eicheln zu vergraben oder in bodennahen Verstecken zu sammeln. Diese Samen stellen einen erheblichen Anteil der Winternahrung dieser Vögel, vor allem dann, wenn bei hohem Schnee an andere Nahrung nicht heranzukommen ist.

Dadurch, daß sie in Baumhöhlen und Nistkästen schlafen, sind die Meisen ein wenig vor der nächtlichen Winterkälte geschützt. Zusätzlich können sie in kalten Nächten ihre Körpertemperatur um einige Grade senken und dadurch den Energiebedarf verringern (s.S. 225).

Vögel können sich in kalten Nächten auch gegenseitig wärmen. Die Schlafgemeinschaften von Schwanzmeisen und Zaunkönigen wurden schon erwähnt. Mauersegler klammern sich bei Kälte und Nahrungsmangel zu dichten Trauben zusammen.

Verhaltensweisen beim Nahrungserwerb

Der Übergang zur selbständigen Ernährung

Der Übergang von der Fütterung durch die Eltern zur selbständigen Ernährung stellt für einen Jungvogel die schwierigste und gefährlichste Lebensphase dar (s.S. 215). Junge Mauersegler und Sturmvögel verlassen das Nest in Abwesenheit ihrer Eltern. Bis zu diesem Zeitpunkt haben sie ihre Beute bzw. Nahrung noch nie in ihrer natürlichen Umgebung gesehen. Die wesentlichen Fähigkeiten zum Nahrungserwerb müssen ihnen also angeboren sein. Die meisten Vögel werden, nachdem sie das Nest verlassen haben, von den Eltern noch eine Zeit lang betreut (s.S. 212). Das Beispiel der Altvögel kann aber keineswegs zum Kennenlernen des gesamten Nahrungsspektrums verhelfen. Viele Standvögel Europas stellen sich im Herbst von Insekten auf Samen um. Für einen Zugvogel kann das Nahrungsangebot im Brut-, Durchzugs- und Überwinterungsgebiet sehr verschieden sein. Die Jungvögel müssen also lernen, sich den wechselnden Bedingungen anzupassen.

Der einzelne Vogel wird dort, wo er einmal erfolgreich war, immer wieder suchen und Orte, an denen er kaum Nahrung fand, bald ganz meiden. Die Vögel beschränken sich aber zumeist nicht auf ein reichliches, leicht erreichbares Nahrungsangebot, sondern halten stets auch nach anderen Möglichkeiten Ausschau. Dadurch wird eine einseitige Abhängigkeit vermieden, die die Gefahr einer plötzlichen Verknappung in sich birgt.

Es gibt zahlreiche Hinweise darauf, daß Vögel eine sehr fein abgestimmte Nahrungswahl treffen. Moorschneehühner picken z.B. nicht wahllos alle frischen Heidetriebe ab, sondern suchen gezielt die mit dem höchsten Gehalt an Stickstoff- und Phosphorverbindungen.

Kohl-, Blau-,Tannen- und Schwanzmeisen im gemischten Winterschwarm.

Die Nahrungssuche im Schwarm

An Orten mit reichem Nahrungsangebot sammeln sich oft große Vogelschwärme. Möwen versammeln sich auf Müllplätzen, Seevögel verschiedener Arten über Fischschwärmen und Geier, Milane und Raben am Aas. Andere Vogelarten ziehen auf der Nahrungssuche in kompakten Schwärmen oder lockeren Verbänden umher. Bekannt sind die Ansammlungen von Tauben, Krähen und Dohlen, die Schwärme von Staren, Finken und Ammern. Im Wald können im Winter gemischte Verbände verschiedenster Vogelarten auftreten. Durch die gegenseitige Beobachtung werden Nahrungsquellen leichter gefunden und besser ausgenutzt. Das Öffnen von Milchflaschendeckeln ist

Kiebitze, Goldregenpfeifer und Lachmöwen bei der gemeinsamen Nahrungssuche. Die Möwen können sich hier als Nahrungsschmarotzer betätigen.

heute ein von den Meisen der Britischen Inseln allgemein geübter Brauch. Es hat sich dadurch verbreitet, daß eine Meise der anderen die Technik abgeschaut hat.

Je größer ein Schwarm, um so eher wird ein sich nähernder Feind entdeckt. Einem Habicht gelingt es viel leichter, aus einem kleinen als aus einem großen Ringeltaubenschwarm eine Taube zu greifen. Die wachsame Beobachtung der Umgebung, kostet einen einzelnen Vogel viel Zeit, die für die Nahrungssuche verloren geht. Im Schwarm verteilt sich diese Aufgabe auf alle Schwarmmitglieder.

Für manchen Vogel kann sich der enge Kontakt mit den Artgenossen im Schwarm auch nachteilig auswirken. Es ist keineswegs selten, daß sich die Schwarmmitglieder gegenseitig das Futter streitig machen. In den Schwärmen entsteht sehr schnell eine ausgeprägte Hackordnung. In einigen, zumeist harmlosen Streitereien werden die Kräfte gemessen. Danach lassen die Rangniederen den Ranghöheren ohne Gegenwehr überall den Vortritt. Durch die Rangordnung wird vermieden, daß es ständig zu kräftezehrenden Kämpfen kommt. In der Hierarchie des Schwarmes sind allgemein die alten Vögel den jungen und oft auch die Männchen den Weibchen überlegen. Die Ranghöhe richtet sich zu einem erheblichen Anteil nach der Lebenserfahrung. Manchmal ist aber auch einfach die Körpergröße entscheidend. Vögel, die in der Hackordnung die unteren Ränge einnehmen, müssen einen nicht unerheblichen Anteil der gefundenen Nahrung den Ranghöheren überlassen. Das kann für die Überlebens- also auch Fortpflanzungschance entscheidend sein.

Nahrungskonkurrenz tritt nicht allein in artgleichen Schwärmen auf. In gemischten Schwärmen nehmen die größeren, stärkeren, gewandteren oder aggressiveren Arten den schwächeren und friedfertigeren die Nahrung fort. Lachmöwen und Kiebitze suchen oft gemeinsam auf kurzrasigem Weideland nach Regenwürmern. Sobald ein Kiebitz dabei ist, einen Wurm aus dem Boden zu ziehen, stürzt sich auch schon eine Möwe auf ihn und entreißt ihm die Beute. In ähnlicher Weise nehmen die großen Kohlmeisen den kleineren Blaumeisen Bucheckern und Sonnenblumenkerne fort. Kohlmeisen und Blaumeisen berauben die ihnen unterlegenen Tannenmeisen. Die Tannenmeisen gehen daher direkten Konfrontationen mit den größeren Verwandten möglichst aus dem Wege. Die Rangordnung der Meisen läßt sich im Winter am Futterhaus vorzüglich beobachten.

Eines der besten Beispiele zwischenartlicher Rangordnung bieten Geier am Aas. Solche Beobachtungen lassen sich aber auch bei uns machen, wenn an einem Kadaver Bussarde, Kolkraben, Krähen und Elstern aufeinandertreffen.

Lachmöwenschwarm auf einer Müllhalde.

Der Vogelzug

Die Fähigkeit, schnell und ausdauernd zu fliegen, ermöglicht es den Vögeln, Regionen zu besiedeln, die nur im Sommer ein hohes Nahrungsangebot bieten, in anderen Jahreszeiten dagegen aber ausgesprochen unwirtlich sind. Die Vögel ziehen also von einem günstigen Gebiet zum anderen.

Den Begriff „Zug" könnte man als einen regelmäßig wiederkehrenden Ortswechsel ganzer Vogelpopulationen definieren. Gewöhnlich findet dieser Wechsel zwischen einem begrenzten Brutgebiet und einem bestimmten Winterquartier statt. Es gibt aber auch noch andere Formen des Zuges.

Die Entstehung des Vogelzuges

Der Vogelzug, oder besser, das unterschiedliche Zugverhalten der einzelnen Vogelarten, ist das Ergebnis komplexer erdgeschichtlicher und evolutiver Abläufe. Von Europa aus gesehen liegt es nahe anzunehmen, daß eine Schwalbe im Spätsommer ihre Heimat verläßt, um sich so lange in wärmeren Gegenden aufzuhalten, bis es sich zu Hause wieder gut leben läßt. Vielleicht ist aber nicht Europa, sondern Afrika die Heimat der Schwalbe, die sie nur verläßt, um ein andernorts kurzfristig reiches Angebot kleiner Insekten für die Aufzucht ihrer Jungen auszunutzen?

Der Vogelzug ist in seiner heutigen Ausprägung sicher wesentlich durch die Eiszeiten bestimmt. Auf der Erde hat es aber schon seit jeher Klimaunterschiede gegeben. Wanderbewegungen bei Vögeln gab es also wahrscheinlich schon vor den Eiszeiten. Der Vogelzug mit allen seinen Begleiterscheinungen ist also nicht im Gefolge der Eiszeiten entstanden, hat durch sie aber eine bestimmte Ausrichtung erfahren.

Vor einer an erdgeschichtlichen Maßstäben gemessen sehr kurzen Zeit von etwa 15000 Jahren war ganz Mitteleuropa von einer dicken Eisschicht bedeckt. Große Teile Südeuropas waren damals baumlose Tundra. Als sich das Eis wieder langsam zurückzog, entstanden, je nach Klima und Bodenbeschaffenheit, neue Pflanzengesellschaften, in die auch die zugehörigen Tiere einzogen. Mit der Ausbreitung der Eichen wanderten z.B. auch die Vögel des Eichenwaldes nordwärts. Die Ausdehnung oder Verlagerung der Verbreitungsgebiete in die wieder besiedelbaren Zonen war für Standvögel, die an ganz bestimmte Lebensräume angepaßt waren, notwendig. Die in den Tropen überwinternden Zugvögel hätten aber

Europa während der letzten Vereisung vor 15.000 Jahren

durchaus weiter in den dauernd warmen, südlichen Zonen leben können. Den harten, nahrungsarmen Winter im Norden konnten sie ohnehin nicht überstehen. Wahrscheinlich war die Nahrungs- und Brutplatzkonkurrenz im Süden beachtlich. Ein Vogelpaar, das den Nahrungsreichtum der neu zugänglich gewordenen, bisher weitgehend vogellosen Zonen ausnutzen und dort verhältnismäßig mühelos seine Jungen großziehen konnte, war gegenüber den Daheimgebliebenen sicher im Vorteil.

Europa heute

Je mehr das Eis abtaute, um so mehr entfernten sich Sommer- und Winteraufenthalt voneinander. Die Vögel mußten immer weitere Wanderungen unternehmen. Solange der Vorteil des konkurrenzärmeren, nahrungsreichen Brutgebietes den aus den Gefahren des Zuges entstehenden Nachteil überwog, konnte sich das Zugverhalten weiter entwickeln und vervollkommnen. Einige Vogelarten, die den Winter in den neu besiedelten Gebieten gut überstehen konnten, blieben ganzjährig dort. Andere, die im Winter verhungert wären, kehrten immer wieder in die südlichen Herkunftsgebiete zurück. Wieder andere wählten einen Mittelweg. Sie verließen die Brutgebiete zwar, zogen aber nur so weit nach Süden, als nötig war, um wieder ausreichende Lebensbedingungen vorzufinden.

Der Vogelzug kann als ein Ergebnis der natürlichen Auslese aufgefaßt werden. Die Vögel, die in den nördlichen Brutgebieten die meisten Jungen großziehen konnten und die danach durch den Zug nach Süden die besten Überlebens- und Vermehrungschancen hatten, waren letztlich den weniger zugfreudigen überlegen. Es gibt einige Hinweise dafür, daß der heute zu beobachtende Vogelzug sich in dieser Weise entwickelt hat.

Die Tradition der Zugwege

Einige Vögel legen alljährlich Zugwege zurück, die aus heutiger Sicht seltsam erscheinen. Die einleuchtendste Erklärung für solche Zugrouten ist die, daß es sich zunächst um kurze, einfache Flugstrecken handelte, die zunehmend ausgedehnt wurden. Das Brutgebiet der Steinschmätzer erstreckt sich z.B. über das ganze nördliche Eurasien. Einige von ihnen überqueren sogar die Beringstraße, um in Alaska zu brüten. Soweit bisher bekannt, ziehen alle diese Vögel im Winter nach Afrika, obwohl sie bestimmt auch in Südasien oder Südamerika günstige Überwinterungsbedingungen vorfinden würden. Ein Flug über maximal 16 000 km erscheint daher wenig sinnvoll. Die Steinschmätzer haben jedoch ihren Sommerlebensraum höchstwahrscheinlich vom Westen immer weiter nach Osten ausgeweitet. Beim langsamen Vordringen in immer neue Brutgebiete blieb die Tradition des Winterquartiers ungebrochen.

Vermutlich haben alle Steinschmätzer, die zufällig nach Südasien verschlagen wurden, dort nicht überlebt. Es ist nicht unwahrscheinlich, daß sich mit der Zeit auch andere Überwinterungsgebiete herausbilden werden.
Wie nach Alaska im Osten sind die Steinschmätzer auch nach Westen bis nach Grönland und Kanada vorgedrungen. Auch sie fliegen nicht ins nähere tropische Amerika, sondern 3000 km über die offene See nach Europa und von dort aus weiter nach Afrika.

In einigen Vogelarten haben sich zwischen den Populationen verschiedene Zugtraditionen ausgebildet. Ebenso wie die Steinschmätzer sind auch die Schafstelzen über den ganzen Norden der Alten Welt bis hin nach Alaska verbreitet. Mit ziemlicher Sicherheit sind auch sie europäischer Herkunft. Doch nicht alle Schafstelzen ziehen nach Afrika. Die ostasiatischen Populationen überwintern in Südostasien und Indien, aber nicht in Amerika. Ganz ähnlich liegen die Verhältnisse beim Neuntöter und Rotkehlpieper. Auch die Winterquartiere dieser Arten sind geteilt. Die westlichen Populationen überwintern in Afrika, die östlichen im südlichen Asien. Rauchschwalben kommen im gesamten Norden Eurasiens und Amerikas vor. Die nordamerikanischen Rauchschwalben überwintern in Süd- und Zentralamerika. Sie unternehmen also nicht die weite, beschwerliche Wanderung nach Afrika.

Nicht nur in westlichen, sondern auch in östlichen Rückzugsgebieten haben Vögel die Eiszeiten überdauert. Anstatt ins nähere Afrika, ziehen sie immer wieder ins ferne südliche Asien. Zu diesen Vögeln gehört der Zwergschnäpper, der in Indien den Winter zubringt, und der Wanderlaubsänger, dessen Winterquartier im fernsten Südostasien liegt. Der nahe Verwandte des Wanderlaubsängers, der Fitis, fliegt im Herbst nach Afrika. Diese beiden Arten mit völlig unterschiedlichen Zugwegen leben im nördlichen Skandinavien und Rußland nebeneinander. So kann es durchaus geschehen, daß ein Wanderlaubsänger auf seinem Weg über den Himalaja hinweg nach Südosten einem Fitis aus dem östlichen Sibirien begegnet, der sich auf dem Zug nach Afrika befindet.

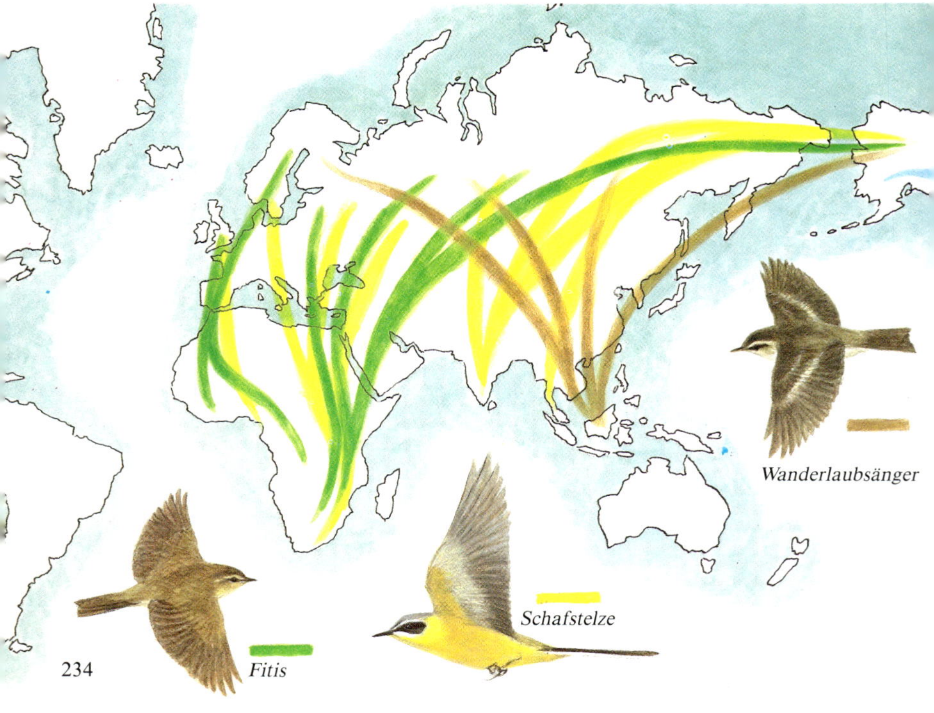

Die Teilzieher

Vogelarten, in denen einzelne Populationen, ja sogar einzelne Individuen ein unterschiedliches Zugverhalten zeigen, werden als Teilzieher bezeichnet. Die finnischen Rotkehlchen sind richtige Zugvögel. Die deutschen Rotkehlchen bleiben zu einem erheblichen Anteil im Winter im Lande. In Spanien sind alle Rotkehlchen Standvögel. Die Zugbereitschaft ist bei dieser Art offensichtlich von den jeweiligen Winterbedingungen abhängig. Bei einem anderen Teilzieher, dem Buchfinken, liegen die Verhältnisse etwas anders. Hier sind es die einzelnen Individuen einer Population, die sich in der Tendenz, zu ziehen oder zu bleiben, unterscheiden.

In Skandinavien wird das Verhalten der Buchfinken wesentlich durch die vorangegangenen Winter bestimmt. Nach mehreren harten Wintern ziehen die meisten Buchfinken südwärts. Waren die Winter milde, bleiben viele in den Brutgebieten. Die Bereitschaft, fortzuziehen oder zu bleiben, wird in den nördlichen Buchfinkenpopulationen letztlich gleich stark vertreten sein. Über längere Zeit kommt es zwischen den Zug- und Standvögeln zu einem Ausgleich. In milden Wintern überleben mehr seßhafte und in harten mehr wandernde Finken. Die Entscheidung liegt also nicht bei dem einzelnen Vogel. Die Veranlagung zum Stand- bzw. Zugvogel wird ihm von den Eltern vererbt. In Abhängigkeit von der Überlebensrate wird einmal die eine, dann wieder die andere Verhaltensweise in der Population überwiegen.

Auch die Amseln sind Teilzieher. Hier können sich die Geschlechter wie die Alt- und Jungvögel verschieden verhalten. Im allgemeinen ist die Zugbereitschaft der Amselweibchen größer als die der Männchen. Die Jungamseln verlassen die Brutgebiete im Herbst häufiger als die Alten. Wie an der Hackordnung in den Winterschwärmen gezeigt, können die Männchen und die alten, erfahrenen Vögel den Winter am besten überstehen (s.S. 231). Für sie lohnt sich ein gefahrvoller Zug nicht. Anders verhält es sich bei den Weibchen und Jungvögeln. Für sie kann das Verlassen des Brutgebietes lebenserhaltend sein. Es hat sich gezeigt, daß die

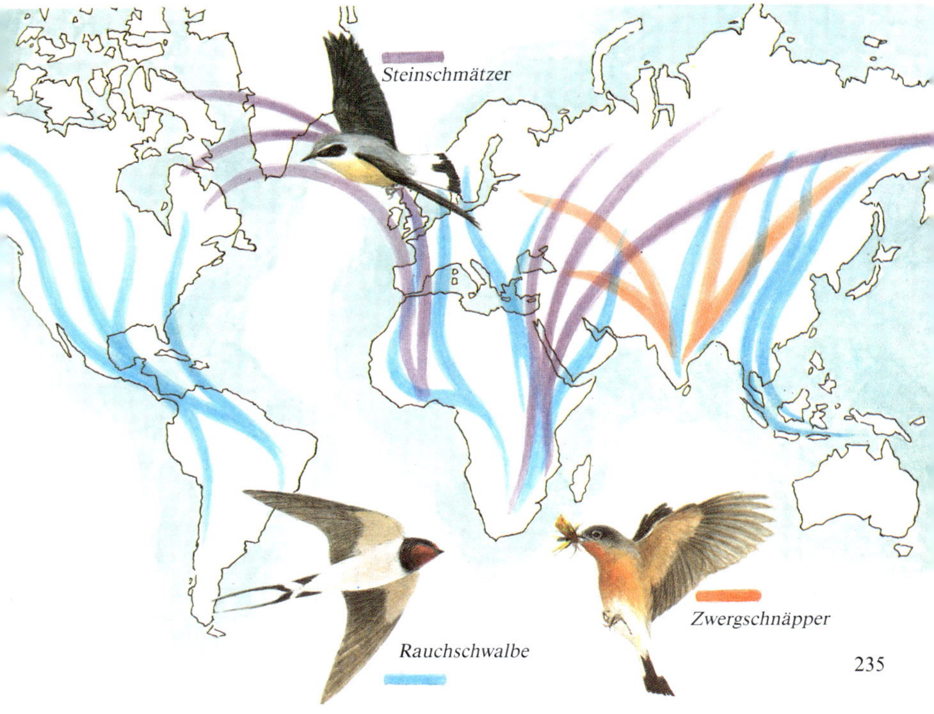

Jungen eines ziehenden Amselweibchens häufiger wandern als die Nachkommen einer im Brutgebiet bleibenden Mutter. Die Anlage zum Ziehen wird also vererbt. Da die Winter in unseren Breiten recht unterschiedlich ausfallen, werden einmal die Zug-, dann wieder die Standvögel unter den Amseln im Vorteil sein. In einer Amselpopulation kann sich daher das Verhältnis zwischen ziehenden und bleibenden Individuen von Jahr zu Jahr in Abhängigkeit von den Winterbedingungen verschieben.

Die vorgestellten Beispiele zeigen, daß sich das Zugverhalten der Vögel in der kurzen Zeitspanne von wenigen Jahren wandeln kann. Sollten sich die Umweltbedingungen dauerhaft ändern, wird es zu einer bleibenden Umstellung kommen. Ein Vogel, bei dem das inzwischen eingetreten sein mag, ist die Nebelkrähe. Noch zu Beginn dieses Jahrhunderts wanderten viele im Winter durch Westeuropa südwärts bis ins mittlere Frankreich. Inzwischen werden sie dort nur noch höchst selten beobachtet. Die Population ist sicher nicht entscheidend kleiner geworden, es ist aber gut möglich, daß sich die Lebensbedingungen im Norden durch Müllhalden und dergl. wesentlich gebessert haben.

Zug- und Standvögel

Eine allgemeingültige Einteilung der europäischen Vögel in Zug- und Standvögel ist nicht möglich. Die meisten Insektenfresser, die Grasmücken, Laubsänger und Schwalben, verlassen vor Anbruch des Winters die europäischen Brutgebiete. Doch auch in diesen Vogelgruppen gibt es weitgehend seßhafte Arten, z.B. die Provencegrasmücke, den Cistensänger und die Felsenschwalbe.

In Verwandtschaftsgruppen, die überwiegend Standvögel umfassen, gibt es wiederum einzelne Zugvögel. Turteltaube und Zwergohreule fliegen im Herbst nach Afrika, während die anderen Tauben und Eulen in den Brutgebieten bleiben. Auch die meisten Spechte und Hühnervögel Europas sind Standvögel. Der Wendehals und die Wachtel allerdings wandern nach Süden. Unter den Piepern und Stelzen gibt es in Europa nur wenige weitziehende Arten. Es sind Rotkehlpieper, Baumpieper und Schafstelze, die sogar ausgesprochene Langstreckenzieher sind.

Die meisten Rallen legen, obgleich sie keineswegs ausdauernde Flieger sind, sehr weite Zugwege zurück. Die mediterranen Populationen vom Tüpfel-, Zwerg- und Kleinem Sumpfhuhn sind bestenfalls Teilzieher. Die kleinen Rallen aller nördlicheren Gebiete fliegen bis nach Afrika. An den drei größeren Rallenarten, Wasserralle, Teich- und Bläßhuhn, läßt sich besonders gut zeigen, daß die zweifelsfreie Zuordnung zu den Zug- oder Standvögeln bei vielen Arten nicht möglich ist. Im westlichen und südlichen Europa sind diese Rallen Standvögel. In den kälteren Regionen, im Norden und Nordosten ihrer Verbreitung, sind sie alle Zugvögel.

Die Überwinterungsgebiete

Die Zugvögel lassen sich zwei größeren Gruppierungen zuordnen. Die eine vereinigt alle Arten, die so gut wie ausnahmslos außerhalb Europas überwintern. Die meisten dieser Vögel fliegen nach Afrika. Nur wenige, wie Zwergschnäpper, Wander- und Grünlaubsänger ziehen nach Südasien. Von den rund 600 Landvogelarten, die in Europa und dem nördlichen Asien brüten, ziehen um 40% vor Wintereinbruch in tropische Regionen.

Die andere Gruppe besteht aus den Vogelarten, die zum Überwintern nach Europa einwandern oder nur innerhalb dieser Region ziehen. Viele dieser Vögel fliegen in das westliche Europa, in Gegenden, die durch den Einfluß des Golfstroms ein vergleichsweise mildes Klima besitzen.

Im Herbst ziehen viele Rotkehlchen aus dem kontinentalen Europa auf die Britischen Inseln.

Innerhalb einer Vogelfamilie kann es sowohl Zug- als auch Standvögel geben. In Westeuropa sind Buntspecht und Wasserralle ausgesprochen seßhaft, während Wendehals und Tüpfelsumpfhuhn zu den Fernwanderern gehören.

Von wenigen Überschneidungen abgesehen, bestehen zwischen den Vögeln der beiden Gruppierungen deutliche ökologische Unterschiede. Alle ausschließlich oder zur Hauptsache von Insekten lebenden Vögel, also die Segler, Schwalben, Schnäpper, Schmätzer, Laubsänger, Grasmücken und Rohrsänger, ziehen als Fernwanderer nach Afrika. Unter den in Europa überwinternden Vögeln dominieren die Enten, Gänse und Watvögel. In der Mehrzahl sind dies Pflanzenfresser und Vögel, die im frost- und schneefreien Küstengebiet auf dem Grünland und am Strand ihre Nahrung finden. Neben Watvögeln sind hier im Winter Schneeammern, Ohrenlerchen, Wasserpieper, Stare und sogar Amseln anzutreffen. Viele Süßwasservögel verbringen den Winter auf den eisfreien Küstengewässern. Hier finden sich See- und Lappentaucher sowie zahlreiche Tauchentenarten ein.

Papageitaucher, Eissturmvögel, Dreizehenmöwen und andere Seevögel verteilen sich nach der Brutzeit über weite Seegebiete. Viele europäische Papageitaucher ziehen über den Atlantik und fischen im Winter vor Neuschottland. Die Krähenscharben, Kormorane, Lummen und Tordalken scheinen in den Küstengewässern Europas zu bleiben und hier zu den jeweils besten Fischgründen zu wandern. Unter den See- und Küstenvögeln gibt es auch ausgeprägte Langstreckenzieher. Die Sturmschwalben wandern bis zur Südspitze Afrikas. Die Seeschwalben ziehen die Küsten entlang und überwintern bevorzugt an der Westseite Afrikas. Die Küstenseeschwalben fliegen weit über die offene See. Die in Nordostkanada brütende Population wandert über Grönland zu der Küste Westeuropas und von hier aus an Afrika entlang bis in den Südatlantik. Bei diesem Flug bleiben sie, auch wenn sie sich vom Land weit entfernen, doch weitgehend über dem Kontinentalschelf.

Einige Arten führen überhaupt keine langen Wanderungen durch, wechseln im Winter aber doch in mildere und nahrungsreichere Gebiete. Die Vögel des Hochgebirges, Alpendohle, Alpenbraunelle und Schneefink, verlassen bei Wintereinbruch ihren hoch gelegenen Lebensraum und kommen herab in die wärmeren Täler.

Die Zugwege

Nur wenige Vogelarten benutzen auf dem Zug festgelegte Routen. Gewöhnlich verläuft der Vogelzug in breiter Front, nur einer bestimmten Vorzugsrichtung folgend. Wohl alle nächtlich ziehenden Singvögel, z.B. Drosseln und Grasmücken, ziehen auf diese Weise. Aber auch Tagzieher, wie Schwalben und Finken, halten sich kaum an bestimmte Zugwege. Da Seevögel und Meeresenten bevorzugt über Wasser fliegen, kann es an Meerengen und vorspringenden Landzungen zu größeren Konzentrationen kommen. Segelflieger überqueren nur ungern die offene See (s.S. 37). Sie sammeln sich daher an Meerengen und können sich anschließend wieder über weite Landstriche verteilen.

In den Zugrichtungen gibt es zwischen den Zugvogelarten Europas ganz erhebliche Unterschiede. Die Gartengrasmücken und Nachtigallen Westeuropas ziehen in südwestlicher Richtung über die Iberische Halbinsel nach Afrika. Klappergrasmücke und Sumpfrohrsänger fliegen dagegen südostwärts. Sie überqueren oder umfliegen das östliche Mittelmeer. Um in die west- bzw. ostafrikanischen Winterquartiere zu gelangen, werden auf beiden Wegen Richtungsänderungen notwendig. Auf dem direkten Wege müßten dagegen weite Flugstrecken über das Meer und über unwirtliche Gebiete bewältigt werden.

Bei den meisten Zugvogelarten halten alle Individuen die gleiche Zugrichtung ein. Manchmal benutzen die einzelnen Populationen aber auch unterschiedliche Zugwege. Die Weißstörche Westeuropas ziehen nach Südwesten und überqueren das Mittelmeer bei Gibraltar, die aus Osteuropa fliegen nach Südosten und verlassen Europa über den Bosporus. Die Zugscheide geht mitten durch Deutschland. Ganz ähnlich verhält es sich bei den Mönchsgrasmücken. Auch hier wandern die westlichen Populationen nach Südwesten und die östlichen nach Südosten.

Einige Vogelarten benutzen im Frühling und Herbst verschiedene Zugwege. Auf dem Herbstzug halten sich Rauchschwalben bevorzugt an eine Zugroute, wie sie gerade für Gartengrasmücken und Nachtigallen beschrieben wurde. In Europa fliegen sie in südwestlicher Richtung und überwinden die Sahara an ihrer Westseite. Im Frühling kann über dem westlichen Mittelmeer manchmal geradezu ein Massenzug beobachtet werden, was auf eine direkt nordwärts gerichtete Zugroute hinweist. Die Bläßgänse erreichen im Herbst, aus ihren nordrussischen Brutgebieten kommend, Westeuropa auf direktem Wege über die Ostsee. Im Frühjahr schlagen sie eine mehr ostwärts gerichtete Route ein. Erst wenn sie ungefähr die Höhe von Moskau erreicht haben, schwenken sie nach Norden ein. Auf diese Weise ist es ihnen möglich, einen Teil der Strecke unter verhältnismäßig günstigen Klimabedingungen zurückzulegen. Einen ungewöhnlichen Zugweg legen die Eleonorenfalken zurück. Sie brüten überwiegend auf Inseln im Mittelmeer (s.S. 252). Ihre Winterquartiere liegen im Südosten Afrikas und zur Hauptsache auf Madagaskar. Soweit bisher bekannt, fliegen die meisten Eleonorenfalken im Herbst über das Mittelmeer nach Osten. Dann schlagen sie einen Südkurs ein, der sie über das Rote Meer und an der ostafrikanischen Küste entlang in die Überwinterungsgebiete führt. Nur wenige nehmen den direkten, weit kürzeren Weg über Nordostafrika hinweg.

Andere Vogelwanderungen

Neben den allgemein als Vogelzug bezeichneten weiträumigen, jahreszeitlich festgelegten Ortswechseln gibt es bei den Vögeln auch noch andere Wanderungsbewegungen. Viele Meisen und Finken kommen im Winter in die Parks und Gärten zu den Futterhäusern. Maximal

Der Grauschnäpper brütet in Europa und überwintert im südlichen Afrika. Er erlebt also pro Jahr zwei Sommer.

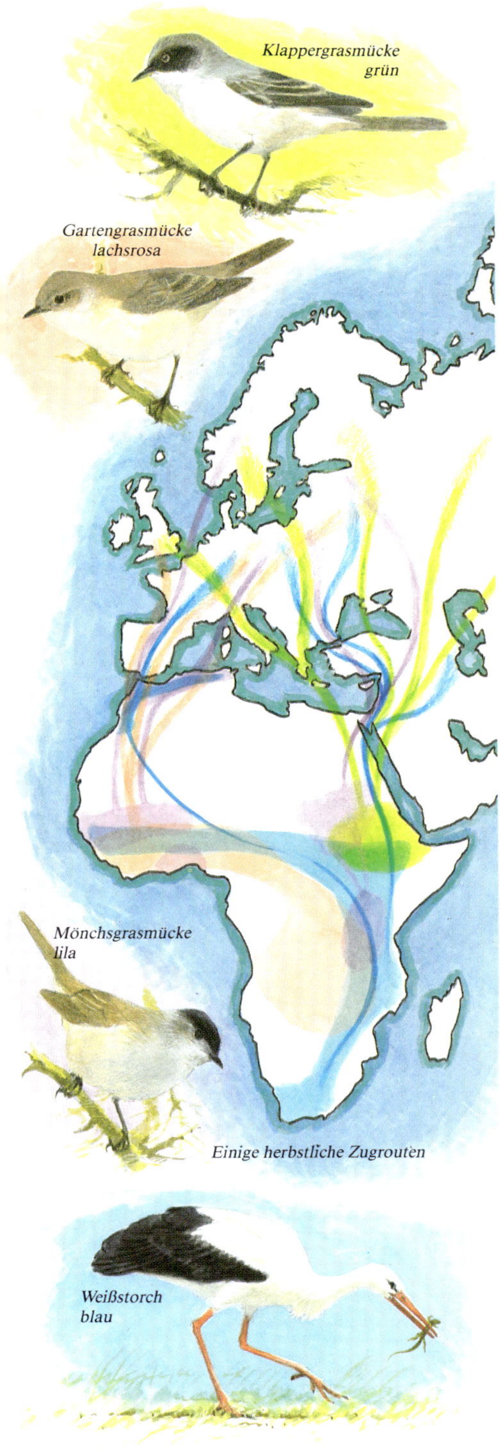

Einige herbstliche Zugrouten

legen sie dabei einige Kilometer zurück. Da viele allabendlich in ihre Wohngebiete zurückkehren, könnte man sie als „Pendler" bezeichnen.

Andere Vögel haben getrennte Sommer- und Winterlebensräume. Auerhühner leben in Gegenden mit hohen winterlichen Schneelagen. Im Sommer halten sie sich zur Hauptsache auf dem Waldboden auf und sammeln hier Samen, Beeren und Blätter. Im Winter ist diese Nahrung nicht mehr zugänglich. Die Auerhühner leben nun vorwiegend in den Baumkronen und weiden hier Koniferennadeln. Die Nahrungsumstellung kann auch lokale Wanderungen notwendig machen. In Rußland ziehen die südlicheren Populationen im Herbst aus den Laubwäldern in die höher und nördlicher gelegenen Nadelwälder.

Die noch nicht brutfähigen Bläßgänse ziehen mit den Brutvögeln zu den Brutplätzen und von dort aus weiter nach Norden bis zu Weidegründen, die nur so kurzfristig verfügbar sind, daß sich dort eine Brut nicht lohnt. Sie können daher dieses Nahrungsangebot fast konkurrenzlos ausnutzen.

Die Enten und Gänse werden während der Mauser flugunfähig (s.S. 221) und sind in dieser Zeit in besonderem Maße gefährdet. Sie sammeln sich auf deckungsreichen oder weithin übersichtlichen Gewässern. Den wohl bemerkenswertesten dieser Mauserzüge kann man bei den Brandgänsen beobachten. Ab Ende Juni versammeln sich auf den Sänden zwischen der Elbe- und Wesermündung die Brandgänse aus dem Nord- und Ostseeraum, von den Britischen Inseln und der französischen Atlantikküste, um im nahrungsreichen, störungsarmen Wattenmeer die Federn zu erneuern. Zuerst treffen die jüngeren, noch nicht brutfähigen Vögel ein, dann kommen die Brutvögel hinzu. Erst gegen Ende Oktober sind die Mausergründe wieder verlassen.

Viele Vögel der nördlichen arktischen bis gemäßigten Breiten ziehen nach Süden. Ein Zug in umgekehrter Richtung, z.B. von Südafrika nach Europa, findet nicht statt. Am Südkap Afrikas herrschen mediterrane Verhältnisse. Für Landvögel besteht daher kein zwingender Anlaß, weite Wanderungen zu unternehmen. Innerhalb der Südkontinente kommt es aber durchaus zu vogelzugartigen Erscheinungen, die durch den Wechsel von Trocken- und Regenzeiten beeinflußt werden.

Seevögel gibt es in großer Zahl bis hin zur Antarktis. Doch nur wenige dieser Vögel verbringen den Südwinter in den entsprechenden Breiten der Nordhemisphäre. Der Kappen- und der Dunkelsturmtaucher, die auf Inseln im Südatlantik brüten, sind im Nordsommer über dem Nordatlantik bis hin nach Island recht häufig anzutreffen.

Obgleich viele Zugvögel, vor allem die Arten, die über den Äquator hinwegziehen, jährlich zwei Sommer erleben, gibt es doch keine Vogelart, die regelmäßig an den beiden Endpunkten ihrer Reise brütet. Sicher brauchen die Zugvögel die Ruhezeit im Winterquartier, um die Anstrengungen des übrigen Jahres überstehen zu können.

Die Zugentfernungen

Den weitesten Zugweg legen mit rund 17 500 km die Küstenseeschwalben zurück, die fast von Pol zu Pol ziehen. Steinschmätzer, die von Alaska bis nach Afrika wandern, fliegen genauso weit. Sehr viele Vögel, die von Europa nach Afrika ziehen, überwinden pro Richtung Entfernungen zwischen 8 000 und 10 000 km. Einige Vögel, die aus Sibirien zum Überwintern nach Europa kommen, z.B. die Nonnen- und Bläßgänse, müssen Zugstrecken um 5 000 km zurücklegen. Da die meisten kleinen Vögel ohne Rückenwind kaum höhere Geschwindigkeiten als 40 km/h erreichen, bedeutet das für sie eine reine Flugzeit von insgesamt 200 bis 250 Stunden. Ihr Weg führt teilweise über Meer und Wüste. Sie können also nicht immer und überall Pausen einlegen. Sie müssen darauf eingerichtet sein, auch weite Entfernungen ohne Unterbrechung bewältigen zu können.

Die Flugleistungen

Wenn die Vögel auf dem Herbstzug über das Mittelmeer hinweg Nordafrika erreichen, finden sie in dem zu dieser Jahreszeit weitgehend ausgedörrten Land kaum Nahrung. Bei den Zugvogelmassen ist die Nahrungskonkurrenz zudem sehr groß. Einige werden trotzdem niedergehen und versuchen, etwas Freßbares zu finden.

Für viele bleibt aber als einziger Ausweg der Weiterflug über die Sahara bis in die Sahelzone. Die Entfernung von einem Ufer des Mittelmeeres zum anderen kann bis zu 1 000 km betragen. Hinzu kommen weitere 1 500 km über die Wüste. Für einen kleinen Vogel ist beides zusammen schon eine gewaltige Flugleistung. Singvögel können solche Entfernungen nachweislich in einem Zug überwinden. Ein Beispiel dafür bieten die auf Grönland brütenden Steinschmätzer. Wohl legen einige auf der Frühjahrs- wie Herbstwanderung in Westeuropa eine Rast ein, zumindest für den Herbstzug ist aber nachgewiesen, daß viele von Grönland aus 3 000 km über die offene See direkt zur spanischen Küste fliegen. Da die klei-

neren Singvögel kaum schneller als 40 km/h fliegen, müssen sie auf einen Flug von bis zu 100 Stunden Dauer eingerichtet sein. Ein leichter Gegenwind kann sich dabei schon katastrophal auswirken. Ein Rückenwind kann dagegen die Flugzeit erheblich abkürzen. Darüber, wie die europäischen Vögel den Wind auf dem Zuge ausnutzen, ist wenig bekannt. Es gibt sogar Anzeichen dafür, daß Gegenwind nicht unbedingt zughemmend sein muß.

Von dem nordamerikanischen Kappenwaldsänger, der von Neuengland 4 000 km weit ohne Unterbrechung bis ins nördliche Südamerika fliegt, weiß man, daß er, um den jeweils günstigsten Wind auszunutzen, unterwegs die Flughöhe mehrfach ändert. Trotzdem dauert seine Reise immer noch über 100 Stunden.

Einen indirekten Hinweis auf die Bedeutung der Windrichtung geben Gewichtsvergleiche von Steinschmätzern vor und nach der Atlantiküberquerung. Die Vögel, die im Herbst Grönland verlassen, wiegen um 40 g. Herrscht unterwegs Rückenwind, wiegen die auf den Britischen Inseln eintreffenden Schmätzer zwischen 25 und 27 g, bei weitgehender Windstille oder Gegenwind aber nur 21 bis 23 g.

Die Fettreserven

Um derartig lange Flüge überhaupt durchhalten zu können, müssen die Vögel über umfangreiche Energiereserven verfügen. Fett ist für ein fliegendes Tier eine ausgesprochen geeignete Energiequelle. Es ist bei geringem Gewicht ergiebiger als Eiweiß und Kohlehydrate. Bei der Verbrennung entsteht nebenbei Wasser, was für einen Zugvogel, der drei bis vier Tage lang pausenlos in großen Höhen fliegt, lebenswichtig ist. Vor dem Zug legen sich daher die meisten Vögel ein gewaltiges Fettpolster zu.

Normalerweise wiegt ein Schilfrohrsänger 10 bis 12 g. Wenn er sehr fett ist, kann sich sein Gewicht nahezu verdoppeln. Diese Fettmenge reicht für einen ununterbrochenen Flug von 125 Stunden Dauer. Eine Klappergrasmücke wiegt gewöhnlich etwa 10 g. Kurz vor dem Aufbruch kann sie bis zu 18 g schwer werden. Bevor Sanderlinge und Knutts in ihre nordischen Brutgebiete fliegen, wiegen sie statt 55 und 120 annähernd 100 bzw. 200 g.

Auch Seevögel, die unterwegs leichter als Landvögel Nahrung finden, können für den Zug große Fettreserven speichern. Ein junger Schwarzschnabel-Sturmtaucher wiegt beim Verlassen der Brutkolonie bedeutend mehr als seine Eltern (s.S. 210). Mit diesem Vorrat muß er wahrscheinlich die gesamte weite Reise von Europa bis zur Ostküste Südamerikas bestreiten.

Um die Fettreserven aufzubauen, suchen die Vögel ergiebige Nahrungsgründe auf. Unter günstigen Bedingungen ist recht schnell eine beachtliche Gewichtssteigerung möglich. Trauerschnäpper können vor der Mittelmeer- und Saharaüberquerung auf ihrer Rast in Spanien täglich 0,25 bis 0,30 g Fett ansetzen. In vier bis fünf Wochen haben sie die für die Reise notwendige Fettmenge aufgebaut. Schilfrohrsänger können sogar an einem Tag mehr als 0,5 g Fett bilden.

Lage und Ergiebigkeit der Gebiete, in denen die Fettvorräte angelegt werden, haben auf den Zugverlauf einen entscheidenden Einfluß. Im Wattenmeer strömen, aus verschiedenen Richtungen kommend, Watvögel, Enten und Gänse zusammen. Von hier aus fliegen sie nach erheblichem Fettansatz in die Brut- bzw. Überwinterungsgebiete weiter. Drosselrohrsänger mästen sich schon im Brutgebiet. Für den Flug ins afrikanische Winterquartier brauchen sie nur 10 bis 14 Tage. Sumpfrohrsänger sind dagegen lange unterwegs. Sie verlassen Europa im August und erreichen das südliche Afrika erst im Dezember oder sogar Januar.

Die Menge der Zugvögel

In den meisten europäischen Ländern sind inzwischen Erhebungen der Vogelbestände bestimmter Lebensräume durchgeführt worden. Bezieht man diese Zahlen auf die ungefähre Gesamtfläche dieser Lebensräume, lassen sich für die häufigeren Vögel Europas näherungsweise Bestandsgrößen errechnen. Von den kleinen, insektenfressenden Singvögeln, also den Grasmücken, Laubsängern, Schwalben, Schnäppern u.a., werden jährlich um 3 Milliarden Individuen nach Afrika fliegen. Dazu kommen noch weitere Singvogelarten, von denen nur Teilbestände nach Afrika gelangen. Aber nicht nur Singvögel, auch Segler, Greifvögel, unter diesen vor allem Falken, Schreitvögel, z.B. Störche, sowie Kraniche, Wachteln und Turteltauben überwintern in Afrika. Insgesamt verbringen, über den afrikanischen Kontinent verteilt, ungefähr 5 Milliarden Zugvögel dort den Winter, wobei die Wasser- und Watvögel in dieser Zahl noch nicht berücksichtigt sind.

Diese Zahl läßt sich dazu benutzen, eine ungefähre Vorstellung von der Dichte des Vogelzuges zu gewinnen. Die Vögel ziehen auf einer ungefähr 4500 km breiten Front zwischen der Westspitze Portugals und der Ostgrenze der Türkei von Europa nach Afrika. Bei 5 Milliarden Vögeln muß jeder Kilometer dieser Linie im Herbst von rund 1 Million Vögel überquert werden. Die Hauptzugzeit dauert ungefähr 6 Wochen. Also können pro Nacht an die 25000 Durchzügler je Kilometer erwartet werden. Diese Zahlen sind natürlich hypothetische Durchschnittswerte. Die Menge der Zugvögel ist sowohl örtlich als auch zeitlich recht verschieden. Besonders dicht ist der Zug über die beiden Flanken des Mittelmeeres, über die Iberische Halbinsel und über die östlichen Anrainerländer, aber auch die weit vorspringenden Landzungen der Apenninen- und der Balkanhalbinsel haben eine konzentrierende Brückenfunktion.

Nach den auf dem Zuge und in den Winterquartieren eingetretenen Verlusten ist die Zahl der im Frühling zurückkehrenden Vögel wahrscheinlich nur noch halb so groß. Da der Frühjahrszug sehr schnell abläuft, kommt es aber an den Brennpunkten des Vogelzuges kurzfristig zu ähnlichen Konzentrationen wie im Herbst.

Orientierung

Das Rätsel, wie ein aus dem fernen Afrika kommender Vogel zielgerichtet sein oft sehr eng begrenztes Brutgebiet in Europa wiederfindet, ist, obgleich sich inzwischen verschiedene Lösungsmöglichkeiten anbieten, noch keineswegs gelöst. Sicher ist, daß es nicht ein einziges, bei allen Vögeln gleiches Orientierungssystem gibt. Die Orientierungsleistungen sind auch keinesfalls bei allen Zugvögeln gleich. Das ist auch nicht zu erwarten, da sich im Verlauf der Evolution in den verschiedenen Verwandtschaftsgruppen das Zugverhalten getrennt und mehrfach entwickelt haben muß. Vom einfachen Entlangtasten an Leitmarken der Landschaft bis hin zur regelrechten Navigation wird es alle Übergänge geben. Wenn die Jungvögel sich mit den erfahrenen Alten auf den Weg machen, wie das bei den Gänsen und Kranichen der Fall ist, können sie die Zugwege und Rastplätze kennenlernen und diese Kenntnis in ihrem, mit den kleinen Singvögeln verglichen, langen Leben noch weiter vertiefen. Die kleinen, kurzlebigen Vogelarten begeben sich gleich allein und ohne jegliche Erfahrung auf die weite Reise. Sie müssen über weit komplexere, angeborene Orientierungsfähigkeiten verfügen. Dabei müssen zwei Formen von Orientierungsleistungen unterschieden werden, und zwar das bloße Einhalten einer bestimmten Richtung und das gerichtete Ansteuern eines entfernten Ziels, die Navigation. Für die erste Form wird allein ein Richtungsgeber, ein „Kompaß“, gebraucht. Die zweite ist nur mit zwei aufeinander beziehbaren Parametern, also mit „Kompaß“ und „Karte“, möglich. Bisher sind bei den Vögeln schon verschiedene Richtungsgeber gefunden worden. Vögel können nach dem Stand von Sonne und Sternen, möglicherweise nach Windrichtungen und Geruchsintensitäten und vor allem nach dem Magnetfeld der Erde bestimmte Flugrichtungen einhalten. Unter Einbeziehung dieser Fähigkeiten wurden verschiedene Navigationshypothesen entwickelt. Am einleuchtendsten sind die, die mit dem Magnetfeld arbeiten, doch gibt es auch für sie noch keinerlei direkte Beweise.

Greifvögel sammeln sich über dem Felsen von Gibraltar. Bevor sie die Meerenge in Richtung Afrika segelnd überwinden, schrauben sie sich hier im Aufwind in große Höhen.

Probleme und Risiken der Brut

Nestbau, Brut und Aufzucht der Jungen nehmen im Leben eines Vogels eine hervorragende Stellung ein. Die Fortpflanzungsperiode ist im Vogeljahr der wichtigste Zeitabschnitt. Alle anderen Lebensvorgänge und Verhaltensweisen, die Ernährung, Körperpflege, Mauser und der Zug, sind auf die Selbsterhaltung und damit letztlich auch auf die Fortpflanzung ausgerichtet. Wenn das so ist, stellt sich die Frage, warum die Vögel nicht viel häufiger brüten. Die Antwort ist einfach. Das gesamte Fortpflanzungsgeschehen ist sowohl anstrengend als auch gefährlich. In den gemäßigten Breiten ist es ohnehin den meisten Vögeln nicht möglich, das ganze Jahr über Junge großzuziehen. Um den kurzen, günstigen Jahresabschnitt voll nutzen zu können, müssen die Vögel in der übrigen Zeit für möglichst gute Ausgangsbedingungen sorgen. Dazu gehören bevorzugt die bestmögliche Ernährung und die stete Wachsamkeit gegenüber allem, was ihnen nach dem Leben trachtet.

Wenn die Arterhaltung so hohe Anstrengungen und Opfer verlangt, ließe sich fragen, warum sich die Vögel überhaupt dieser Mühe unterziehen. Die Entscheidung dazu liegt nicht bei ihnen. Hat ein Vogel die Geschlechtsreife erlangt, wird sein Lebenslauf entscheidend durch äußere Faktoren, insbesondere die Tageslänge, bestimmt. Sie bewirken Veränderungen im Hormonhaushalt, die den Gesamtablauf von der vorbereitenden Reifung der Geschlechtsorgane bis hin zur Trennung von Eltern und Jungen regeln.

Der Nahrungsbedarf für Eibildung und Brut

Um die Fortpflanzungsperiode mit allen ihren Anstrengungen durchzustehen, müssen die Vögel mehr Nahrung aufnehmen, als zur bloßen Selbsterhaltung notwendig wäre. Erschwerend kommt hinzu, daß sie jetzt für die Nahrungssuche nur wenig Zeit haben. Daher liegt die Brutperiode der meisten europäischen Vögel so, daß die Jungen gerade während der längsten Tage im Nest sind.

Die Einschränkung der für die Nahrungssuche verfügbaren Zeit erfolgt auf verschiedene Weise. Die Singvogelmännchen verbringen einen großen Teil des Tages damit, durch Gesang ihr Territorium zu sichern und Weibchen anzulocken. Während der Brut müssen die Vogelweibchen und oft auch die Männchen ausdauernd auf den Eiern sitzen und später die geschlüpften Jungen hudernd vor Nässe und Kälte schützen.

Die Nahrungsmenge, die für die Eibildung eingesetzt werden muß, ist beachtlich. Im Verhältnis zum Gewicht des Weibchens ist das Gesamtgewicht des Geleges bei vielen Arten sehr hoch (vgl. Tabelle). Da die Bildung eines Eis insgesamt vier bis fünf Tage in Anspruch nimmt, bei großen Vögeln dauert es länger als bei den kleinen, und die Eier zumeist in Tagesabständen gelegt werden, muß die benötigte Nahrungsmenge in zehn bis zwanzig Tagen beschafft werden. Dieser Zeitraum höchsten Nahrungsbedarfs kann bei Vogelarten mit sehr großen Gelegen, z.B. dem Rebhuhn, noch ausgedehnter sein. Es fällt den Vogelweibchen natürlich nicht immer leicht, diese Nahrungsmengen zu beschaffen. Daher nutzen größere Vögel, die nur wenige Eier legen, die Möglichkeit, im Körpergewebe Reserven anzulegen, die dann zur Eibildung aktiviert werden können. Kleinen Vögeln ist das kaum möglich, da sie im Verhältnis zu ihrer Größe schon recht umfangreiche Eier bilden und nicht noch zusätzlich erhebliche Fettmengen

Die Rebhenne hat unter den Vögeln Europas das größte Gelege.

Ei- und Körpergewichte ausgewählter Arten

Gewichte in g

Art	Ei-gewicht	Mittl. Gelege-größe	Gelege-gewicht	Weibchen-gewicht	Gelege in % vom Weibchen
Blaumeise	1,3	11	14,3	11	130,0
Alpenstrandläufer	10	4	40	50	80,0
Reiherente	53	10	530	700	75,7
Rotkehlchen	2,4	5	12	18	67,0
Teichhuhn	25	7	175	300	58,3
Stockente	51	11	561	1000	56,1
Eisvogel	4,2	6	25,2	45	56,0
Wiesenpieper	2,1	5	10,5	19,5	54,0
Rebhuhn	14,5	14	203	400	50,7
Dorngrasmücke	1,8	4	7,6	16	47,5
Buchfink	2,5	4	10	22	45,5
Star	7,2	5	36	80	45,0
Turmfalke	20	5	100	250	40,0
Zwergtaucher	14	5	70	187	37,0
Amsel	7,2	4	28,8	90	32,0
Silbermöwe	90	3	270	850	31,8
Austernfischer	47	3	141	525	26,9
Waldkauz	40	3	120	500	24,0
Mauersegler	3,6	3	10,8	45	24,0
Höckerschwan	345	6	2070	9600	21,6
Ziegenmelker	8,2	2	16,4	85	19,3
Graureiher	60	4	240	1500	16,0
Eissturmvogel	101	1	101	800	12,6
Trottellumme	108	1	108	1000	10,8
Ringeltaube	18,5	2	37	490	7,6
Gänsegeier	252	1	252	9500	2,6

mit sich herumtragen können (s.S. 43). Ein Blaumeisenweibchen wiegt z.B. während der Legephase um 15 g. Darin sind das Gewicht des legereifen Eis und ein Teil der Reserven zur Bildung des nächsten enthalten. Normalerweise wiegt eine Blaumeise nur 10 g. Die Gewichtszunahme um 30% erlaubt keine Nährstoffspeicherung mehr (s.S. 34).

Die Beschaffung der zusätzlichen Nahrungsmenge kann keineswegs in Ruhe und Muße geschehen. Das Weibchen muß nebenbei das Nest bauen oder doch zumindest dabei helfen und sich nicht selten aktiv an der Verteidigung des Territoriums beteiligen.

Auch an die Nahrungsqualität werden nun besondere Ansprüche gestellt. Für die Eischalen wird vor allem viel Kalk benötigt. Viele Vögel decken diesen Bedarf durch Aufnahme von Schneckenschalen. Von Alpenstrandläufern ist bekannt, daß sie in den arktischen Brutgebieten Lemmingknochen aufpicken.

Während der Eibildung steigt nicht nur der Nahrungsbedarf, es wächst auch der Energieverbrauch, und die Beweglichkeit wird eingeschränkt. Eine Flußseeschwalbe, die mit dem Legen beginnt, wiegt bis zu 180 g. Nachdem das Gelege vollständig ist, hat sie ein Gewicht von annähernd 125 g. Dieser Gewichtsverlust deutet darauf hin, daß es sich bei der Eibildung um einen hochgradig zehrenden Vorgang handeln muß.

Die Behinderung der Bewegung läßt sich durchaus beobachten. Ein Meerstrandläuferweibchen läuft mit einem legereifen Ei im Körper deutlich unbeholfener als sonst. Vielleicht besteht bei einem zu aktiven Vogel die Gefahr, daß das Ei im Eileiter beschädigt werden könnte. Bei stoßtauchenden Vogelarten wie Seeschwalben scheint diese Gefahr besonders groß zu sein. Die Weibchen werden zu einem erheblichen Anteil von den Männchen mit Nahrung versorgt. Die Fütterungen sind keineswegs auf den kurzen Zeitraum der Paarbildung beschränkt. Gerade in der Zeit der Eibildung und des Legens sind sie verstärkt zu beobachten.

Die Singvogelweibchen sind gewöhnlich nicht so stark auf ihre Männchen angewiesen wie die Seeschwalben. Sie versorgen sich größtenteils selber, werden aber zusätzlich von ihren Männchen gefüttert. Ein Trauerschnäppermännchen z.B. bringt seinem Weibchen um 40% der benötigten Nahrung. Das entspricht ungefähr deren Mehrbedarf. Das Weibchen muß also in diesem Fall nur den normalerweise benötigten Nahrungsanteil beschaffen.

Bei manchen Vogelarten erfahren die Weibchen durch die Männchen eine mehr indirekte Unterstützung. Enten und Gänse werden von ihren Erpeln bzw. Gantern eifrig und aufopferungsvoll bewacht. Sie können so ungestört die ganze ihnen verfügbare Zeit mit der Nahrungssuche verbringen. Ein Brandganspaar besetzt z.B.

Um das Verhältnis von Ei- und Körpergröße zu zeigen, wurde beim Meerstrandläufer-♀ die Körperseite offen dargestellt.

Ein Küstenseeschwalben-♂ überreicht seinem ♀ einen Fisch. Das Brandenten-♂ bewacht sein ♀ bei der Nahrungssuche.

vor Brutbeginn ein eigenes Nahrungsterritorium, das vom Männchen gegen alle artverwandten Konkurrenten vehement verteidigt wird. Hier kann die verpaarte Gans weit ungestörter und ausgiebiger fressen als ein von zudringlichen Männchen dauernd belästigtes Weibchen im Schwarm.

Noch weniger augenfällig, aber deswegen nicht weniger wirkungsvoll ist der Beitrag der Männchen beim Schwarzschnabel-Sturmtaucher und anderen Seevögeln. Nach der Paarbildung bleiben die Männchen in Küstennähe und inspizieren allnächtlich die gemeinsam ausgewählte Bruthöhle. So wird verhindert, daß sich dort ein anderes Paar festsetzt. Das Weibchen fliegt inzwischen allein hinaus auf die See zu den Nahrungsgründen und frißt sich dort im Verlauf von etwa zwei Wochen ein Fettpolster an. Dann kommt es zur Bruthöhle zurück, legt sein einziges, großes Ei, dessen Gewicht annähernd 16% des Körpergewichtes ausmacht, und verläßt das Männchen wieder, das den ersten Brutabschnitt übernehmen muß. Bei den Eissturmvögeln entfernt sich das Weibchen drei Wochen lang vom Brutplatz. Das Männchen ist, nachdem der Nistplatz gewählt wurde, meistens nicht länger als eine Woche fort. Auf alle Fälle ist es rechtzeitig zurück, um die Brut zu beginnen.

Die Gefahren der Brutperiode

Das ganze Fortpflanzungsgeschehen ist auf vielfache Weise mit Gefahren verbunden. Solange die Vögel brütend auf den Eiern sitzen oder ihre Jungen versorgen, sind sie an einen Platz gebunden. Sie sind hier daher viel leichter zu fangen, als wenn sie sich ungebunden herumtreiben könnten. Ein singendes und balzendes Vogelmännchen macht sich nicht nur dem möglichen Brutpartner oder Rivalen, sondern auch allen Feinden bemerkbar.

Über Unterschiede der Sterblichkeit im Jahresablauf gibt es nur wenige Untersuchungen. Sperber können aus einer Kohlmeisenpopulation während der Brutperiode bis zu 15% der Altvögel wegfangen. Dieser Verlust übersteigt die Todesrate während des ganzen übrigen Jahres. Dabei sind alle anderen im Verlauf der Brutzeit auftretenden Todesursachen noch unberücksichtigt geblieben. Viele der größeren, langlebigen Seevögel haben während der wenigen Monate im Brutgebiet eine gleichgroße oder noch größere Sterblichkeit als im ganzen verbleibenden Jahr, das sie auf der hohen See verbringen.

Im Fortpflanzungsverhalten einer Kohlmeise spielt der Gesang eine wesentliche Rolle. Er kann aber auch Räuber auf das ♀ aufmerksam machen.

Die für Nachwuchs sorgenden Vögel leben auch deshalb gefährlich, weil sie zusätzlich Nahrung heranschaffen müssen. Die Nahrung, die sie an ihre Jungen verfüttern, hätten sie unter anderen Umständen auch selber fressen können. Manchmal bleibt für den Eigenbedarf so wenig übrig, daß sich die Eltern der Gefahr des Verhungerns aussetzen. Oft werden durch die langwierige Betreuung der Jungen die Mauser und der Aufbruch ins Winterquartier verzögert. Wenn sich die Brutpflege bis in den Spätsommer hinein erstreckt, bleibt den Altvögeln kaum noch Zeit, sich für den Zug oder den bevorstehenden nahrungsarmen Winter einen Fettvorrat zuzulegen. Jede dieser Überbeanspruchungen kann schließlich zum vorzeitigen Tode führen.

Aufwand und Erfolg bei Brut und Aufzucht der Jungen

Eine hohe Zahl an Nachkommen ist das Bestreben fast aller Lebewesen. Daher muß ein Vogel im Verlauf seines Lebens so häufig wie möglich Junge aufziehen. Der Erfolg sollte aber stets den Einsatz rechtfertigen. Es ist wenig sinnvoll, alle Mühen und Gefahren des Brutgeschäfts auf sich zu nehmen, wenn die Aussicht, die Jungen großzuziehen, gering ist oder wenn die Jungen, sobald sie das Nest verlassen haben, kaum überleben können. Nur, wenn die Zahl der überlebenden Jungvögel die Zahl der durch die Anstrengungen der Brut und Brutpflege umgekommenen Altvögel übersteigt, hat sich der Aufwand gelohnt. Natürlich wird kein Vogel diese Risikoabwägung bewußt vornehmen, doch hat sich das Fortpflanzungsgeschehen in vielfacher Weise so entwickelt, daß der Erfolg, die Anzahl überlebender Junger, den Einsatz, die Verluste an Altvögeln, durchaus rechtfertigt. Durch die natürliche Auslese wird die Risikobereitschaft der Vögel beim Fortpflanzungsgeschäft festgelegt. Gefährdet und belastet es einen Vogel nur wenig, wird er auch brüten, wenn nur geringe Aussicht auf Nachkommenschaft besteht. Ist aber die Gefährdung groß und sind die Erfolgschancen gering, wird kaum ein Brutversuch unternommen. Ein bestimmender Faktor für das Brutverhalten der Vögel ist auch die eigene Lebenserwartung, also die mögliche Anzahl der Bruten im Leben eines Individuums. Bei einem Kleinvogel von der Größe einer Meise besteht nur die geringe Hoffnung, daß er bis zur nächsten Brutzeit überlebt. Er wird daher sein Nest weniger leicht aufgeben, als ein großer Greif- oder Seevogel mit einer weitaus höheren Lebenserwartung. Viele dieser Greifvögel sind an ihren Nestern oder Horsten äußerst störempfindlich. Sie verlassen sie schon bei der gringsten Beunruhigung.

Der zeitliche Ablauf der Brutperiode, die Zahl der aufeinanderfolgenden Bruten und die Gelegegröße wurden und werden durch die natürliche Auslese den speziellen Anforderungen angepaßt. Das Ergebnis sind die artspezifischen Unterschiede in der Brutbiologie der Vögel (s.S. 251 f.). Es gibt dazu zwar erst wenige, detaillierte Untersuchungen, doch hat sich bei diesen wenigen schon gezeigt, daß der Zeitpunkt der Eiablage und die Anzahl der Eier pro Gelege zu den vererbten Merkmalen gehören. Wie andere solche Eigenschaften auch, können sie also einem evolutionären Wandel unterworfen sein.

Die Brutperiode

Die Bedeutung des Nahrungsangebots für Brutbeginn und Brutverlauf

Vögel können nur dann mit einer Brut beginnen, wenn die Versorgung mit Nahrung gesichert ist. Der zeitliche Verlauf der Brutperiode ist daher auf die Verfügbarkeit der jeweils benötigten Nahrung abgestimmt. Diese Abstimmung gewährleistet, daß die Jungen gerade dann schlüpfen oder das Nest verlassen, wenn die geeignete Nahrung am reichlichsten vorhanden ist. So können die Eltern ihre Jungen im Nest verhältnismäßig mühelos versorgen und die noch unerfahrenen Jungen sich risikolos selber ernähren.

Die richtig terminierte Aufzuchtperiode erfordert einen rechtzeitigen Brutbeginn. Die Altvögel, vor allem die Weibchen, müssen zu diesem Zeitpunkt in Vorbereitung auf alle die kommenden Anstrengungen gut ernährt sein. Wenn die Jungen aber in einer Zeit höchsten Nahrungsangebots schlüpfen sollen, müssen die Alten mit dem Brutgeschäft beginnen, wenn die Nahrung noch knapp ist. Bei Singvögeln von der Größe eines Buchfinks dauert die Eibildung etwa 4 Tage. Weitere 4 Tage sind notwendig, um in täglichen Abständen ein aus 5 Eiern bestehendes Gelege fertigzustellen. Dann muß das Gelege 12 bis 13 Tage bebrütet werden. Es vergehen also von der Entstehung des ersten Eies an bis zum Schlüpfen der Jungen schon 3 Wochen. Dazu kommt noch die Zeit, die nötig war, um Eierstock und Eileiter aus dem winterlichen Ruhezustand wieder zur vollen Funktionsreife heranwachsen zu lassen. Die Dauer dieser Wachstumsphase ist nicht bekannt. Wahrscheinlich werden dafür ein bis zwei Wochen benötigt. Als Summe ergeben sich vier bis fünf Wochen, in denen ein Singvogelweibchen besonderen Belastungen ausgesetzt ist.

Einige Angaben zur mittleren Brutdauer

Wenn die Eier nicht andauernd und gleichmäßig bebrütet werden, kann sich der Zeitpunkt des Schlüpfens verzögern.

Art	Brutdauer in Tagen
Bartgeier	55
Gänsegeier	52
Eissturmvogel	52
Höckerschwan	35
Weißstorch	33
Sterntaucher	28
Flamingo	28
Baßtölpel	28
Turmfalke	28
Stockente	27
Silbermöwe	25
Austernfischer	24
Teichhuhn	21
Kolkrabe	21
Mauersegler	19
Eisvogel	19
Ringeltaube	17
Buntspecht	15
Rotkehlchen	13
Haussperling	13
Amsel	13
Teichrohrsänger	12
Feldlerche	11

Große Vögel brüten gewöhnlich weit länger als kleine. Ein Eissturmvogelpaar braucht, um sein einziges Ei auszubrüten, ganze 8 Wochen. Das ist eine der längsten bei europäischen Vögeln festgestellten Brutzeiten.

Damit die Jungen unter möglichst günstigen Bedingungen heranwachsen können, müssen die Vogelweibchen die vorbereitende Entwicklung der Geschlechtsorgane, die Eibildung und den

Kurzschnabelgänse auf einem Stoppelacker im schottischen Winterquartier.

Brutbeginn zu einer Zeit leisten, in der noch keineswegs optimale Bedingungen herrschen. Bei einigen Vogelarten, z.B. den Kohlmeisen, gibt es deutlich Hinweise darauf, daß dies den Weibchen keineswegs leicht fällt. Früh brütende Paare können bei den Meisen, wie bei anderen Singvögeln, mehr Junge als Spätbrüter aufziehen. Wenn die Spätbrüter eher mit der Brut begännen, hätten sie höchstwahrscheinlich auch höhere Nachwuchsraten. Der Grund dafür, daß sie bei ihrem Brutbeginn bleiben, ist sicher der, daß ihre Kondition für eine frühe Brut nicht ausreicht.

Die Frage, ob die sehr früh brütenden Paare damit schon den bestmöglichen Zeitpunkt gewählt haben, oder ob sie bei besserer Ernährung noch früher beginnen würden, läßt sich noch nicht abschließend beantworten. Die wenigen Experimente, bei denen freilebende Vögel vor Beginn der Brutzeit reichlich mit zusätzlicher Nahrung versorgt wurden, ergaben, daß diese Vögel eher als ihre nicht gefütterten Artgenossen mit der Eiablage begannen. Das Nahrungsangebot wird also in erheblichem Maße den zeitlichen Brutablauf beeinflussen.

Zugvögel, die sich auf dem Wege zu ihren Brutgebieten einen Fettvorrat anfressen können, haben dadurch einen wesentlichen Vorteil. Einige in arktischen Gebieten brütende Gänse, z.B. Ringel-, Nonnen- und Kurzschnabelgänse, legen vor dem endgültigen Flug zu den Brutplätzen in den Küstenregionen West- und Mitteleuropas eine längere Zwischenrast ein. In knapp zwei Monaten erhöhen sie hier ihr Gewicht um rund 20%. Wenn die Gänse in den Brutgebieten eintreffen, ist die Landschaft noch von Schnee bedeckt. Sobald Tauwetter einsetzt, beginnen sie mit dem Nestbau und der Eiablage. Ihre körpereigenen Reserven reichen aus, um ohne viel zusätzliche Nahrung die Eier zu bilden und auszubrüten. Geht alles gut, beginnt das Gras gerade dann zu sprießen, wenn die Gössel schlüpfen.

Den vielen kleinen Zugvögeln ist eine Bildung von Fettreserven nicht möglich. Sie nehmen zwar vor dem Brutbeginn auch zu, dieser Vorrat reicht aber nicht aus, um daraus die Bildung des gesamten Geleges zu bestreiten. Das meiste wird schon während des Zuges verbraucht (s.S. 241). Da sie im Verhältnis zur Körpergröße einen höheren Energieverbrauch als die großen Gänse haben, reicht das Reservefett höchstens für die Brutvorbereitung (s.S. 226).

Nicht nur der Ernährungszustand, sondern auch das Wetter kann den Brutbeginn und -ablauf beeinflussen. Ein ungewöhnlich mildes Frühjahr, in dem das Nahrungsangebot früher als in anderen Jahren ansteigt, macht auch eine frühere Brut möglich. In einem kalten Frühling wird der Beginn der Brutperiode verzögert. Sie kann in manchen Jahren einen Monat später einsetzen als im langjährigen Mittel. Die Frühjahrstemperatur ist also zu einem erheblichen Anteil über die Nahrung wirksam.

Der Brutbeginn kann aber auch auf andere Weise bestimmt werden. Die in arktischen Regionen brütenden Watvögel müssen z.B. warten, bis größere Areale freigetaut sind. Sie könnten auch schon auf den ersten kleinen, schneefreien Flecken mit dem Nestbau beginnen, wären dort aber von Räubern leicht zu entdecken. Eiderenten und andere auf kleinen Inseln brütende Vögel sind erst dann vor Landraubtieren sicher, wenn das Eis getaut und die Inseln nicht mehr leicht erreichbar sind. Sie müssen mit der Brut also bis zum Aufbrechen des Eises warten.

In den gemäßigten Breiten spielt auch die Vegetationsentwicklung für die Terminierung des Brutbeginns eine wesentliche Rolle. Zur Anlage des Nestes brau-

Kurzschnabelgänse in ihrem Brutgebiet auf Island.

chen vor allem die Bodenbrüter, aber auch die in Laubgehölzen brütenden Kleinvögel, eine ausreichende Deckung. Durch landwirtschaftliche Bewirtschaftungsmaßnahmen, z.B. Walzen und Düngen des Weidelandes bei Beginn der Vegetationsperiode, wird ein Großteil der frühen Gelege zerstört. Es kommt zu einer Auslese der Vögel mit spätem Brutbeginn. Umgekehrt liegen die Verhältnisse, wenn Wiesenvögel, z.B. Kiebitze, dazu übergehen, in Getreidefeldern zu brüten. Hier können nur die Frühbrüter erfolgreich sein, da das schnell wachsende Getreide die Vögel bald in der Bewegung behindert.

Die Dauer der Brutperiode

Die Brutperioden der einzelnen Vogelarten sind verschieden lang. Die ungefähre Dauer ist in dem Bestimmungsteil angegeben. Sie richtet sich nach der Größe und auch nach der Ernährung des Vogels, nach der Zahl der jährlichen Bruten und danach, ob bei Verlust der Eier Nachgelege möglich sind. Die Individuen einer Population beginnen zwar ungefähr zur gleichen Zeit mit der Brut, zwischen dem frühesten und dem spätesten Legebeginn kann aber mehr als ein Monat vergehen. Die Brutperiode einer Vogelart kann also nicht ohne weiteres mit der des einzelnen Vogels gleichgesetzt werden.

Auf die genannten Faktoren wird anschließend allgemein und in Beispielen näher eingegangen. Hier soll nur die individuelle Variation der Brutperiode durch Nachgelege besprochen werden. Durch Gelegeverluste und Nachgelege kann im Einzelfall die Brutperiode stark ausgedehnt werden. Gelege, die früh verloren gehen, werden eher ersetzt als solche, die schon länger bebrütet wurden. Bei manchen Arten, z.B. vielen Hühner- und Entenvögeln, sind mehrfach hintereinander Ersatzgelege möglich. Die Röhrennasen, die Sturmvögel und Sturmschwalben, scheinen dagegen nur dann in der Lage zu sein, ein zweites Ei zu bilden, wenn das erste unmittelbar nach dem Legen geraubt oder zerstört wurde.

Die Anzahl der Jahresbruten

Viele Singvögel können in einer Brutsaison mehrmals brüten. Die nur einmal brütenden Arten bilden eher die Ausnahme. Unter günstigen Bedingungen können z.B. Haussperlinge und Amseln in einem Jahr vier- bis fünfmal Junge aufziehen. Im Normalfall sind es aber zwei bis drei Bruten. Die großen Sperlingsvögel, die Krähen und Raben, brüten jährlich nur einmal.

Das trifft auch auf die meisten „Nichtsingvögel“ zu. Die günstige Jahreszeit reicht bei ihnen in den meisten Fällen nur zum Aufziehen einer Brut aus. Vom Legen des ersten Eis bis zum Flüggewerden der Jungen dauert es bei großen Vögeln wie Fischadler und Kranich über 3 Monate. Die flüggen Jungen müssen auch noch anschließend über längere Zeit versorgt bzw. geführt werden. Eine zweite Brut ist danach einfach nicht mehr möglich.

Einige kleinere Vogelarten, die nicht zu den Sperlingsvögeln gehören, sind jedoch in der Lage, pro Jahr mehrmals Junge großzuziehen. Die Zwergtaucher, die Rallen, eingeschlossen Bläß- und Teichhuhn und der Eisvogel brüten regelmäßig zwei- bis dreimal jährlich. Auch die meisten Tauben können hintereinander mehrere Bruten aufziehen. Straßen- bzw. Haustauben bringen es in einem Jahr auf 5, oft auf noch mehr Bruten. In den Straßen der Städte und in den Taubenschlägen steht ihnen reichlich Nahrung zur Verfügung, so daß ihre Brutperiode nicht an eine bestimmte Jahreszeit gebunden ist.

Bei den Vögeln, die jährlich mehrfach brüten können, ist die Zahl der Bruten in erheblichem Maße von der geographischen Lage des Brutgebietes abhängig. In südlichen Breiten kann die Brutperiode länger als in nördlichen sein. Im hohen Norden bedeutet das Aufziehen einer Brut schon einen Wettlauf gegen die Zeit. Der Sandregenpfeifer z.B., dessen Brutareal vom Nordkap bis nach Mitteleuropa reicht (s. Karte S. 112), brütet in der arktischen Zone nur einmal. Im Süden seiner Verbreitung kann er zwei-, gelegentlich sogar dreimal brüten.

Neben den großräumigen Klimaunterschieden beeinflußt auch der Wetterablauf eines Jahres die Brutenzahl. Um an ihre Vorzugsnahrung, Regenwürmer, heranzukommen, sind Amseln auf feuchten, weichen Boden angewiesen. Frost im Frühling und Trockenheit im Sommer bedeuten harten Boden und damit Nahrungsknappheit. Amseln fangen daher in einem warmen Frühjahr eher mit dem Brutgeschäft an als in einem kalten und setzen es in feuchten Sommern länger fort als in heißen und trockenen.

Das Nahrungsangebot muß nicht immer wetterabhängig sein. Hier spielen auch zyklische Erscheinungen eine Rolle (s.S. 290). Bei Eulen ist die Abhängigkeit der Brutaktivität vom Beuteangebot sehr auffällig. Wald- und Sumpfohreule brüten in Jahren mit hoher Mäusedichte zweimal. Ähnlich verhält sich auch der Waldkauz. Wenn der Bestand an Kleinsäugern gering ist, beginnt er oft überhaupt nicht mit der Brut.

Beispiele unterschiedlicher Brutperioden

Die Abhängigkeit des Brutbeginns und damit auch der Dauer der Brutperiode von der geographischen Lage des Brutgebietes läßt sich gut an den Schafstelzen zeigen. In Südspanien beginnen sie in den ersten Märztagen mit dem Legen. Zu dieser Zeit ist Südskandinavien, der nördlichste Teil ihres Brutgebietes, noch mit Schnee bedeckt. Hier fangen die Schafstelzen nicht vor Anfang Juni mit dem Brüten an. Interessanterweise verbringen die Vögel beider Brutgebiete den Winter gemeinsam in Afrika. Da sie verschiedenen, auch im Freiland unterscheidbaren Unterarten angehören, konnte festgestellt werden, daß die spanischen Bachstelzen sich einige Wochen vor den skandinavischen auf den Frühjahrszug begeben.

Wie schon erwähnt, können Straßentauben das ganze Jahr über brüten. Nur im Herbst kommt es zu einer zeitweiligen Verringerung der Brutaktivität. Große Winterkälte hat dagegen auf den Brutverlauf keinen Einfluß. Hohltauben brüten vom Mitte März bis September. Die meisten Jungen schlüpfen aber spät im Jahr von Juli bis September. Da die Tauben sich gegen andere Mitbewerber um die Bruthöhlen nicht durchsetzen können, müssen sie solange warten, bis die Schwarzspechte, Eulen und Dohlen die Wohnungen freigeben. Die Brutperiode der Ringeltauben beginnt zumeist erst im

Die Unterarten der Schafstelze beginnen in Abhängigkeit von der geographischen Lage ihrer Brutgebiete zu verschiedenen Zeiten mit der Brut.

April und dauert bis Ende August oder bis in den September hinein. Sie ist stark vom Nahrungsangebot, also von den landwirtschaftlichen Kulturen abhängig.

Für manche Vogelart ist es nicht unbedingt wichtig, daß das Ende der Brutzeit in die nahrungsreichste Zeit fällt. Oft ist es wichtiger, daß die Nahrung leicht erreichbar ist und verhältnismäßig mühelos herbeigeschafft werden kann. Graureiher fangen z.B. schon sehr früh im Jahr, oft schon Ende Februar oder Anfang März, zu brüten an. Die Jungen schlüpfen dann im April. Der Vorteil dieses frühen Brutbeginns liegt nicht darin, daß zu dieser Zeit Fische und anderes Wassergetier besonders reichlich wären. Er besteht vielmehr darin, daß die Wasserpflanzen noch nicht zu wuchern beginnen und die Beute daher leichter als im Sommer zu fangen ist. Auch der Waldkauz ist ein Frühbrüter. Er lebt vorwiegend von Mäusen. Sicher nimmt die Zahl der Mäuse im Verlauf des Jahres zu. Sie sind aber, solange die Vegetation noch nicht hoch und dicht ist, viel leichter zu fangen als später.

Die Brutperioden vieler Singvögel sind zeitlich so abgestimmt, daß die Jungen gerade dann heranwachsen, wenn das qualitativ wie quantitativ beste Nahrungsangebot zur Verfügung steht. Amseln, die ihre Jungen überwiegend mit Regenwürmern füttern, beginnen allgemein eher mit der Brut als Meisen und Rotkehlchen, die ihren Jungen haarlose Raupen und andere Insektenlarven zutragen. Vögel, die zur Hauptsache fliegende Insekten an die Jungen verfüttern, die Schnäpper, Schwalben und Segler, müssen mit dem Brutbeginn noch länger warten. Für die Amseln sind Regenwürmer schon früh verfügbar. Mit zunehmender Trockenheit des Bodens wird ihre Erbeutung immer schwieriger. Die Larvenstadien der Insekten erscheinen vor den fliegenden Imagines. Bei den Gartenrotschwänzen herrscht zwischen den Partnern eines Brutpaares eine gewisse Arbeitsteilung. Die Weibchen sammeln vorwiegend Raupen, die Männchen mehr fliegende Insekten. Gartenrotschwänze fangen daher etwas später als Rotkehlchen, aber früher als Schnäpper zu brüten an.

Bei kleineren Greifvögeln zeigt sich die Abhängigkeit des Brutbeginns von der Erreichbarkeit der Beute noch deutlicher als bei den Singvögeln. Turmfalken, die vorwiegend Mäuse verfüttern, sind, wie die Waldkäuze, ausgesprochene Frühbrüter. Die Jungen schlüpfen, bevor zu hoher Bewuchs die Mäusejagd behindert. Sperber legen ihre Eier wenig später. Die Nestlingsperiode ihrer Jungen fällt in die Zeit, in der die Mehrzahl der früh erbrüteten Waldvogeljungen, die kleinen Drosseln, Meisen und Laubsänger, gerade flügge werden. Die Baum- und Rotfußfalken beginnen mit der Brut noch später. Sie ziehen ihre Jungen mit in der Luft erbeuteten Vögeln und großen Insekten auf. Sie müssen also warten, bis reichlich Schwalben und andere Kleinvögel wie auch Libellen und Käfer vorhanden sind. Am augenfälligsten wird die Beziehung zwischen Beute und Brutzeit bei den Eleonorenfalken. Auf ihren Brutinseln im Mittelmeer sind Balz, Nestbau und Eiablage erst im Spätsommer zu beobachten. Die Jungen schlüpfen, wenn der Kleinvogelzug von Europa nach Afrika einsetzt. Die Massen junger, unerfahrener Zugvögel bieten leicht zu fangende Beute. Der Frühjahrszug, der weit schneller abläuft, bei dem auch die Zahl der Durchzügler weit geringer ist (s.S. 242), würde sich für die Aufzucht der Jungen weit weniger eignen.

Bei den Finken ist die Variationsbreite des Brutbeginns besonders groß. Buchfinken verfüttern an ihre Jungen vorwiegend Insekten. Ihre Brutperiode deckt sich daher mit der insektenfressender Waldvögel. Andere Finken ziehen ihren Nachwuchs bevorzugt mit Sämereien auf. Die Arten, die nicht auf bestimmte Pflanzen spezialisiert sind, z.B. Hänfling, Gimpel und Grünling, können nacheinander verschiedene Angebote ausnutzen. Sie sind nicht auf eine bestimmte Zeit festgelegt. Stieglitze füttern ihre Jungen zur Hauptsache mit Distelsamen. Sie brüten daher am spätesten.

Es gibt auch Finkenvögel mit stark wechselnden Brutzeiten. Die Kreuzschnäbel ernähren sich und ihren Nachwuchs fast ausschließlich von Koniferensamen. Jede der Kreuzschnabelarten bevorzugt eine andere Nadelbaumart. Sie können sich aber auch auf ein ungewöhnlich reiches Zapfenangebot anderer Bäume umstellen. Die Koniferensamen sind am leichtesten zu gewinnen, wenn die Zapfen sich zu öffnen beginnen. Bei den Fichten

Beispiele zur Variabilität der Eilegezeiten (westliches Europa)

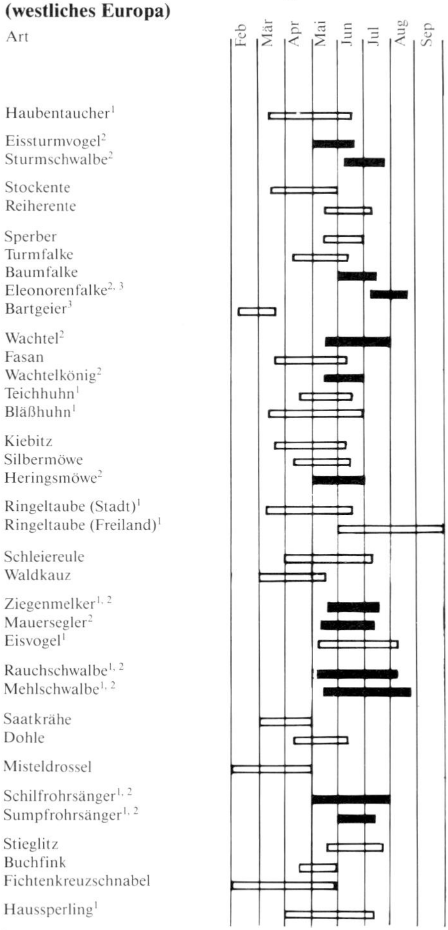

[1] Mehrere Bruten pro Jahr möglich
[2] Zugvogel
[3] Mediterrane Art

geschieht das vom Spätherbst bis in den Frühling hinein und bei der Kiefer im Frühjahr und Frühsommer. Der Fichtenkreuzschnabel, dessen Vorzugsnahrung Fichtensamen darstellen, der aber auch Kiefernzapfen bearbeiten kann, hat eine sehr variable Brutperiode. In Fichtenwäldern kann er schon mitten im kalten Winter mit dem Brüten beginnen. Wenn in Wäldern mit gemischtem Baumbestand Fichten und Kiefern nacheinander reichlich fruchten, können die Fichtenkreuzschnäbel im Spätherbst mit dem Brutgeschäft anfangen und bis in den folgenden Sommer hinein nacheinander mehrere Bruten aufziehen. Der Bindenkreuzschnabel, der hauptsächlich von den im Spätsommer reifen Lärchensamen lebt, hat ebenfalls stark wechselnde Brutzeiten. Herbstbruten sind bei ihm nicht selten.

Der Wechsel des Brutortes

Die meisten Vogelarten, die während einer Brutperiode mehrere Bruten aufziehen, bleiben dazu in derselben Umgebung. Manche benutzen sogar immer wieder dasselbe Nest. Einige Finken nehmen aber von Brut zu Brut einen Ortswechsel vor. Hänflinge und Grünlinge nisten im zeitigen Frühjahr zunächst in immergrünen Büschen und Bäumen, danach werden zunehmend sommergrüne Laubgehölze als Neststandorte gewählt. Wahrscheinlich hat dieser Umzug in einen anderen Lebensraum auch etwas mit dem Nahrungsangebot zu tun.

Nur wenige Vögel können in weit auseinanderliegenden Gebieten nacheinander Junge aufziehen und dazu weite Wanderungen unternehmen. Wachteln brüten in Nordafrika im April. Im Mai und Juni verlassen sie diese zunehmend ausdörrenden Brutgebiete. Um dieselbe Zeit treten in Europa vermehrt Wachteln auf. Es ist sehr wahrscheinlich, daß sich unter diesen Vögeln auch solche befinden, die schon zuvor in Nordafrika gebrütet haben. Ähnliche Verhältnisse lassen sich bei Birkenzeisigen beobachten. Unterwegs zu den Birkenwäldern am Rande der baumlosen Tundra können die Birkenzeisige in den südlicheren oder tiefer gelegenen Fichtenwäldern einen längeren Zwischenaufenthalt einlegen. Wenn es hier reichlich Fichtensamen gibt, können sie hier auch eine Brut großziehen. Werden die Samen knapper, fliegen sie mit den erbrüteten Jungen weiter in die angestammten Lebensräume. Der beschriebene Wechsel des Brutplatzes ist noch nicht durch beringte Vögel belegt. Beobachtungen, daß in Jahren mit starkem Anfall von Fichtensamen die Birkenzeisige verspätet und mit diesjährigen Jungvögeln in den nordischen Birkenwäldern eintreffen, lassen kaum eine andere Deutung zu.

Territorium, Balz und Paarbildung

Ein Steinadler segelt über sein großes Territorium.

Die Territorien

Ein fortpflanzungsbereites Vogelmännchen muß zunächst einen Ort finden, an dem es eine Familie gründen und sie dann auch verteidigen und versorgen kann. Im Regelfall besetzt es zu diesem Zweck ein bestimmtes, begrenztes Wohngebiet, ein Territorium. Die Beschaffenheit und die Bedeutung dieses Territoriums sind von Art zu Art verschieden. Eine allgemein gültige Definition des Begriffes ist daher schwer möglich. Ein Territorium wird zumeist intensiv verteidigt, so daß jeder von einem Vogel verteidigte Raum als Territorium bezeichnet werden kann. Die meisten dieser Gebiete sind auf irgendeine Weise mit dem Fortpflanzungsgeschehen verbunden. Einige Vögel besetzen aber auch während des Zuges und im Winterquartier Territorien (s.S. 256).

Die Größe der Territorien ist äußerst variabel. Trottellummen verteidigen auf dem schmalen Felsband nur den kleinen Fleck, auf dem ihr Ei liegt. Ein Steinadlerpaar duldet in einem Bereich von vielen Quadratkilometern keinen Konkurrenten. Vögel annähernd gleicher Größe und Ernährungsweise können sich dennoch in ihren Wohngebieten ganz verschieden verhalten. Ein Buchfinkenmännchen kann ein bis zu 0,5 ha umfassendes Waldgebiet mit einer Vielzahl guter Nistplätze besetzen. Ein Trauerschnäpper verteidigt nur die von ihm ausgewählte Nisthöhle, aber nicht deren weitere Umgebung.

Dickschnabellummen auf ihren Brutfelsen.

Die Bedeutung der Territorien

Vögel, die nicht imstande waren, ein Territorium zu besetzen, werden sich in der Regel auch nicht fortpflanzen können. Das Territorium ist also der Ort, an dem Balz, Paarbildung, Brut und Aufzucht der Jungen ungestört ablaufen können. Es ist auch der Raum, aus dem ohne Beeinträchtigung durch artgleiche Konkurrenten die Nahrung für die heranwachsenden Jungen beschafft werden kann. Territorien verringern die Nistdichte und damit auch die Gefahr, daß die einzelnen Nester von Räubern entdeckt werden.

Es ist sicher richtig, daß bei vielen Vögeln die Paarbildung nur in einem Territorium möglich ist. Gänse und Enten verpaaren sich aber zumeist schon in den Winterschwärmen. Rotkopfwürger und noch einige andere Singvögel sind schon verpaart, wenn sie im Brutgebiet eintreffen. In diesen Fällen kann das vom Männchen verteidigte Territorium zunächst nur die Aufgabe haben, Rivalen vom eigenen Weibchen fernzuhalten.

Die Vorstellung, daß ein Territorium vordringlich der Nahrungssicherung für den Nachwuchs dient, läßt sich kaum durch Beobachtungen belegen. Oft wird keineswegs das ganze zuvor verteidigte Gebiet, nachdem die Jungen geschlüpft sind, zur Futterbeschaffung genutzt. Die Territorialverteidigung wird sogar häufig, solange die Jungen gefüttert werden müssen, völlig eingestellt, da die Altvögel zu anderen Tätigkeiten einfach keine Zeit und Kraft haben. Immerhin sind die Territorien zu diesem Zeitpunkt hinreichend etabliert und müssen nicht mehr dauernd bestätigt werden. Für koloniebrütende Seevögel und einige andere ähnlich lebende Vogelarten kann das Territorium für die Ernährung des Nachwuchses keinerlei Bedeutung haben. Ein Baßtölpelpaar kann natürlich sich und seine Jungen nicht aus dem kleinen Felsenareal, das es als Brutterritorium besetzt hält, ernähren. Mantelmöwen, die größere Gebiete verteidigen, können hier einen geringen Teil ihres Nahrungsbedarfs durch Vogeljunge und Kleinsäuger decken. Im Normalfall sind die Territorien der Seevögel sehr klein. Sie sind eigentlich nur der Ort, an dem sich das Paar immer wieder zusammenfindet. Sie dienen also zunächst der Aufrechterhaltung der Paarbindung.

Die Annahme, daß durch eine geringe Brutdichte die Verluste an Gelegen und Jungen vermindert werden, hat durchaus ihre Berechtigung. Wenn Waldvögel dicht beieinander brüten, steigt die Gefahr, daß die Nester ausgeraubt werden. Die Räuber suchen dann, durch den Erfolg bestärkt, bevorzugt solche Bereiche ab, in denen sie schon zuvor erfolgreich waren. Eine hohe Dichte ähnlich angelegter Nester kann also bei den Räubern einen Lernvorgang bewirken. Sind die Nester dagegen weit verteilt, wird diese Gefahr weitaus geringer. Es muß daher das Bestreben eines jeden Vogelpaares sein, gleichartige Paare so weit wie möglich vom eigenen Nestbereich fernzuhalten. Einige Individuen der Population können daher kein Territorium gewinnen und also auch keinen geeigneten Nistplatz finden. Untersuchungen an Meisen wie an Stock- und Reiherenten haben ergeben, daß deren Nester vor Räubern um so sicherer sind, je weiter sie voneinander entfernt liegen. Die Theorie, daß die Territorien die Nestdichte verringern und damit die Sicherheit für die Bruten erhöhen, hat damit an Wahrscheinlichkeit gewonnen.

In allen seinen Erscheinungsformen ist

Eine Mantelmöwe raubt aus einer Küstenseeschwalbenkolonie ein Ei.

Die Auerhenne brütet alleine und betreut auch alleine die Jungen. Den Balzplatz der Hähne sucht sie nur zur Paarung auf.

das Territorium dadurch natürlich noch nicht erfaßt. Die sehr kleinen, gewöhnlich nur den engsten Nestbereich umschließenden Territorien koloniebrütender Vögel und auch die Balzterritorien der gemeinschaftlich auf bestimmten Balzplätzen balzenden Vogelmännchen, wie Birkhahn und Kampfläufer, haben eine andere Bedeutung. Die winzigen Nestterritorien der dicht nebeneinander brütenden Seevögel sichern dem Paar den Zusammenhalt und den Jungen einen Raum, in dem sie den Attacken anderer Altvögel nicht ausgesetzt sind. Auf den Balzplätzen besetzen die stärksten und meistens auch ältesten Männchen die zentralen Bereiche. Den Weibchen ist es so möglich, den kräftigsten Hahn auszusuchen. Die Paarung kann ohne Störung durch rangniedere Männchen stattfinden. Danach verlassen die Weibchen den Balzplatz. Die Hähne haben mit der Brut und der Betreuung der Jungen nichts mehr zu tun.

Zwischenartliche Territorien

Es erscheint seltsam, daß Territorien normalerweise nur gegen artgleiche Eindringlinge verteidigt werden. Amseln verteidigen ihr Wohngebiet gegen Amseln und Singdrosseln gegen Singdrosseln. Die Territorien beider Arten können sich völlig überdecken. Da sich die Nahrung beider Arten weitgehend gleicht, sollte man, wenn die Versorgung der Jungen wirklich eine wichtige Rolle spielte, meinen, daß eine Amsel versuchen müßte, nicht nur andere Amseln, sondern auch Singdrosseln aus ihrem Wohnbereich fernzuhalten. Das geschieht aber nicht.

Im allgemeinen nehmen die Paare nahverwandter Arten mit sehr ähnlicher Lebensweise voneinander keinerlei Notiz. Es gibt aber auch Ausnahmen. Die Garten- und Mönchsgrasmücke, die einen weitgehend gleich klingenden Gesang haben, kommen nicht im selben Gebiet vor. Ihre Territorien überschneiden sich nicht. Ihre Nahrung ist wohl weitgehend identisch, ihre Wohngebiete sind aber klein. Die gegenseitige Unduldsamkeit kann also die Konkurrenz zwischen den beiden Arten verringern (s.S. 298). Buchfinkenterritorien können sich problemlos mit denen der Grasmücken überdecken. Da die Buchfinken kleinere Insekten fangen und sich auch sonst in der Nahrungswahl von Mönchs- und Gartengrasmücke unterscheiden, kann es in diesem Fall zu keinerlei ernsthafter Konkurrenz kommen.

Das Territorium im Jahresablauf

Die einzelnen Vogelarten besetzen ihre Territorien verschieden lange. Einige Standvogelarten, wie Meisen oder manche Greifvögel, können das ganze Jahr über in ihrem Sommerwohngebiet oder doch in dessen unmittelbarer Nähe bleiben. Ausgeprägte Zugvögel, z.B. Rohrsänger, halten sich dagegen in ihren Brutterritorien nur einige Wochen auf. Zwischen diesen Extremen gibt es alle Übergänge. Blau- und Kohlmeise sind zwar ganzjährig im gleichen Lebensraum, zeigen aber nur vom Spätwinter bis in das Frühjahr hinein ein ausgeprägtes Territorialverhalten. Kurzfristig können sie auch im Herbst wieder Territorien besetzen. Wo Amsel und Rotkehlchen den Winter über im Brutgebiet bleiben, haben sie auch in dieser Zeit fest begrenzte Wohngebiete. Die Amselweibchen halten sich weiter in dem Bereich der Männchen auf. Die Weibchen der Rotkehlchen verteidigen eigene Territorien, die sie erst im Frühling aufgeben, wobei sie sich oft mit einem ihrer Nachbarn verpaaren.

Der Erwerb des Territoriums

Ein Jungvogel, der erstmalig ein Territorium abgrenzen will, muß einige Schwierigkeiten überwinden. Altvögel haben es in der Regel weit leichter. Die alten Männchen der Zugvögel treffen im allgemeinen früher als die jungen im Brutgebiet ein. Sie können, da die Nachfrage zunächst noch gering ist, große Territorien besetzen und sind durch die Kenntnis des Geländes gegenüber den jungen Männchen erheblich im Vorteil. Diesen bleibt nur die Hoffnung, einen bisher nicht beanspruchten Bereich zu finden. Das ist dort möglich, wo der Vorbesitzer gestorben ist, oder dort, wo sich an den Grenzen so etwas wie ein Niemandsland befindet. Sind benachbarte Territorien groß und schwer zu verteidigen, ist es durchaus möglich, sich im beiderseitigen Grenzraum festzusetzen und durch schrittweise Ausdehnung in beide Richtungen ein Territorium zu etablieren. Wird der Neuankömmling von den Nachbarn schließlich akzeptiert, hat er sein Ziel erreicht. Er gehört nun auch zur „besitzenden Klasse".

Der Erhalt des Territoriums

Hat ein Vogelmännchen ein Territorium besetzt, so verteidigt es dieses vehement. Ständig macht es durch Gesang oder auffälliges Verhalten auf sich aufmerksam. Die optisch wirksamen Verhaltensweisen werden vorwiegend im offenen Gelände und im Nahbereich eingesetzt. Der Gesang kommt vor allem dort zum Tragen, wo die Sicht beschränkt ist, also in dichtem Bewuchs. Die Reaktion eines Territoriumsbesitzers auf arteigenen Gesang läßt sich leicht durch das Vorspielen der Stimme vom Tonband testen. In den meisten Fällen wird das Vogelmännchen näher heranfliegen und seinerseits heftig zu singen anfangen.

Die Fähigkeit vieler Männchen, den Gesang zu variieren (s.S. 22), kann zur Verunsicherung potentieller Eindringlinge beitragen. Werden diese Gesänge von verschiedenen Stellen des Territoriums vorgetragen, ist nicht ohne weiteres auszumachen, ob es sich um einen oder

Ein Waldlaubsänger-♂ verteidigt singend sein Territorium.

um mehrere Gegner handelt. Ein junges Vogelmännchen, das sich auf der Suche nach einem Wohngebiet befindet, wird bestimmt mehr durch die vermeintliche Vielzahl von Verteidigern kleiner Territorien als durch einen einzigen Besitzer eines großen Gebietes abgeschreckt. Untersuchungen an Kohlmeisen haben gezeigt, daß ein verwaistes Territorium sehr schnell von einem anderen Männchen übernommen wird. Wenn in dem verlassenen Territorium aber weiterhin die Stimme des früheren Eigentümers aus wechselnden Richtungen vom Tonband zu hören ist, dauert es weit länger, bis sich ein neuer festzusetzen wagt.

Für jeden Besitzer eines Territoriums ist es wichtig, seine Nachbarn zu kennen. Von den Nachbarn ist nicht zu erwarten, daß sie mit bösen Absichten in den fremden Wohnbereich eindringen. Ist deren Gesang also bekannt, muß bei dessen Erklingen nicht gleich an Verteidigung gedacht werden.

Wie an den Meisen gezeigt wurde, genügt im allgemeinen schon der Gesang, um einen Angriff auf das Territorium zu verhindern. Sollte das nicht ausreichen und das fremde Männchen dennoch in das Gebiet eindringen und dort sogar seinerseits zu singen beginnen, wird der Besitzer durch intensives Drohverhalten und schließlich durch Gewaltanwendung den Eindringling vertreiben. Normalerweise kommt es nicht zu Kämpfen. Das fremde, ohnehin verunsicherte Vogelmännchen sucht schon beim Erscheinen des Platzherren das Weite. Der Besitz eines Territoriums bedeutet gleichzeitig auch Überlegenheit. Da unter diesen Umständen die Erfolgschance für einen Fremdling äußerst gering ist, wird er eine ernsthafte Verletzung kaum riskieren.

Die Bekassine meckert im Sturzflug mit den abgespreizten Schwanzfedern.

Das Ausdrucksverhalten

Der Gesang oder andere Lautäußerungen, wie z.B. das mit den abgespreizten, äußeren Schwanzfedern erzeugte Meckern der Bekassinen, spielen bei der Territorialverteidigung und der Werbung eine wesentliche Rolle. Die akustischen Signale werden oft durch optische ergänzt. Vielfach stehen die optischen Signale, das Ausdrucksverhalten, sogar im Vordergrund. Unter Ausdrucksverhalten kann jede ritualisierte Bewegung und jeder auffällige Bewegungsablauf verstanden werden, die einen speziellen Signalcharakter haben.

Wie die Gesänge kann auch das Ausdrucksverhalten nahe verwandter Arten sehr unterschiedlich sein. Färbungs- und Zeichnungsmerkmale sind gerade bei Vogelarten, die sich nahe stehen, häufig deutlich verschieden. Dadurch wird das Erkennen der eigenen Art erleichtert. Zwischenartliche Paarungsversuche werden vermieden. Die optischen und die akustischen Signale haben letztlich die gleiche Funktion. Einige Arten verlassen sich mehr auf das eine und andere mehr auf das andere Ausdrucksmittel. Sumpf- und Teichrohrsänger sind z.B. äußerlich sehr ähnlich, ihre Gesänge sind aber deutlich verschieden. Herings- und Silbermöwe haben dagegen ein weitgehend gleiches Verhalten, aber eine unterschiedliche Färbung des Rückengefieders und der Augenringe. Beide Merkmale werden beim Ausdrucksverhalten zur Schau gestellt.

Vögel der offenen Landschaft setzen zur Sicherung des Territoriums bevorzugt Schaueffekte und erst in zweiter Linie die Stimme ein. Die in Imponierhaltung patroullierenden Höckerschwäne fallen schon von weitem auf. In ähnlicher Weise führen Greifvögel über ihren weiträumigen Jagdgebieten regelrechte Schauflüge durch. Sogar die sonst verborgen lebenden Habichte und Sperber kreisen im Segelflug hoch über ihren Brutterritorien.

Bei der Balz wird von vielen Vögeln Ausdrucksverhalten mit bestimmten Lautäußerungen verbunden. Enten und viele Seevögel rufen während der Werbung um die Weibchen auf eine spezielle Weise und führen dazu besondere Balzbewegungen aus. Die Eidererpel werfen z.B. zunächst den Kopf weit in den Nacken, blähen ihre weiße Kehle auf, strecken den Hals und lassen dabei einen lauten, gurrenden Laut

Balzbewegungen von Eidererpel, Silbermöwen- und Heringsmöwen-♂.

Ein Sperber segelt über seinem Brutterritorium.

hören. Zahlreiche Singvögel der offenen Landschaft wie Feldlerche, Grauammer, Dorngrasmücke und Baumpieper führen auffällige Singflüge vor. In bestimmter, oft flatternder Flugweise steigen sie über ihren Brutterritorien auf, singen dabei und gleiten darauf in typischer Haltung wieder herab.

Die Paarbildung

Ein Vogelmännchen muß nicht nur einen Brutplatz erobern, sondern auch eine Brutpartnerin finden. Gesänge und das Ausdrucksverhalten dienen daher nicht allein dazu, Rivalen abzuschrecken, sondern auch dazu, Weibchen anzulocken. Ob sich zunächst das Paar zusammenfindet und dann das Territorium besetzt wird oder ob die Reihenfolge umgekehrt ist, das ist von Art zu Art verschieden. Bei vielen Singvögeln ist es üblich, daß die Männchen vor den Weibchen im Brutgebiet eintreffen. Sie besetzen gleich ihre Territorien und warten hier auf die Ankunft der Weibchen. Die Gänse und viele Enten verpaaren sich schon in den Winterquartieren und ziehen gemeinsam ins Brutgebiet.

Manchmal scheint die vollzogene Paarbildung die Voraussetzung dafür zu sein, daß es den Männchen gelingt, ein ausreichend großes Territorium zu verteidigen. Einzelnen Kohlmeisenmännchen gelingt es z.B. nur selten, ein Territorium über längere Zeit zu halten.

Sobald ein Vogelmännchen ein Weibchen gefunden hat, tritt in seinem Verhalten eine durchgreifende Veränderung ein. Teich- wie Schilfrohrsänger z.B. singen, solange sie alleine sind, fast den ganzen Tag. Haben sie eine Partnerin gefunden, singt der eine nur noch ein wenig. Der andere stellt das Singen fast ganz ein. Sollte eines dieser Vogelmännchen sein Weibchen verlieren, fängt es sogleich wieder ausdauernd zu singen an. Allgemein lassen sich unverpaarte Männchen daran erkennen, daß sie dann immer noch fleißig singen, wenn die Paare schon längst mit dem Brutgeschäft begonnen, es vielleicht sogar schon beendet haben.

Die Wahl des Partners

Über die Kriterien, nach denen sich Männchen und Weibchen zu einem Paar zusammenfinden, wissen wir nur sehr wenig. Es gibt durchaus Hinweise darauf, daß die Vögel nicht bei dem erstbesten Partner bleiben, sondern eine regelrechte Wahl treffen. Ältere Partner mit Bruter-

Singflug des Dorngrasmücken-♂.

Kampfläufer auf dem Balzplatz.

fahrung scheinen allgemein bevorzugt zu werden. Als Eltern sind sie normalerweise erfolgreicher als unerfahrene Jungvögel. Die Umstände, unter denen eine gezielte Partnerwahl möglich wird, sind vielfältig. Bei jeder Art liegen die Dinge wohl ein wenig anders. Haben die Männchen schon vor der Rückkehr der Weibchen die Territorien eingenommen, fliegen die Weibchen zunächst von einem Wohngebiet zum anderen, bis sie endlich das richtige Männchen gefunden haben. Eine entsprechende Form der Partnersuche durch das Weibchen wird bei den meisten ziehenden Singvögeln zu finden sein. Dort, wo sich die Paare schon im Winterquartier finden, etwa bei den meisten Enten, balzen die Männchen einzeln oder in Gruppen vor den Weibchen. Die Weibchen suchen sich aus diesem Angebot den zusagenden Brutpartner aus. Die Partnerwahl durch die Weibchen setzt voraus, daß sie zweifelsfrei in der Lage sind, das richtige, artzugehörige Männchen zu erkennen (s.S. 23). Die Weibchen vieler Entenarten sind einander sehr ähnlich. Die Männchen haben dagegen ein ausgesprochen unterschiedliches Aussehen. Die Männchen wären durchaus bereit, sich auch mit Weibchen fremder Arten einzulassen. Die Weibchen lehnen aber unter normalen Bedingungen artfremde Männchen ab (s.S. 57).

Auch dort, wo die Männchen auf gemeinschaftlichen Balzplätzen balzen, treffen die Weibchen unter den sich präsentierenden Männchen die Wahl. Gewöhnlich schenken sie den Eigentümern der Randterritorien keinerlei Beachtung. Sie paaren sich erst mit den dominanten Männchen im Zentrum des Balzplatzes. Diese sind die stärksten und zumeist auch die ältesten, also solche Männchen, die sich im Leben durchsetzen konnten. In ähnlicher Weise spielt sich die Paarbildung bei vielen Seevögeln ab. Zuerst nehmen die Männchen der Möwen, ebenso auch die der Tölpel, die kleinen Brutterritorien in der Kolonie ein. Sie stehen dann an ihrem zukünftigen Nistplatz und balzen die vorbeifliegenden Weibchen an. Die Weibchen gleiten über die Kolonie und begutachten die Männchen. Auch hier werden die zentralen Brutterritorien inmitten der Kolonie von ihnen bevorzugt. Im Unterschied zu den Singvögeln im Walde sind diese Seevögel auf gut sichtbare Balzhandlungen angewiesen. Aber nicht alle Seevögel sind am Brutplatz tagaktiv. Die Mehrzahl der Röhrennasen sucht erst bei Dunkelheit die Bruthöhlen auf. Die Partner eines Paares müssen sich hier auf ihre Stimmen verlassen. Die Rufe von Männchen und Weibchen des Schwarzschnabel-Sturmtauchers sind z.B. deutlich verschieden. Die Rufe der über der Kolonie kreisenden Weibchen regen die unten in den Höhlen sitzenden Männchen zum Rufen an. Daraufhin landen die Weibchen und nehmen die von den Männchen angebotenen Wohnungen in Augenschein.

Die Kopulation

Das Weibchen ist vor allem in der Zeit der Eireifung zur Paarung bereit. Die Weibchen der Vögel mit einer Gemeinschaftsbalz suchen die Männchen nur in dieser Zeit erhöhter Kopulationsbereitschaft auf. Ähnlich ist das auch bei Vögeln ohne feste Paarbindung, wie etwa bei den Fasanen. Die Kopulation wird bei allen diesen Arten nach einem ritualisierten Paarungsvorspiel auf dem Balzplatz vollzogen. Danach gehen die Weibchen wieder ihre eigenen Wege. Sie ziehen ganz ohne Unterstützung durch die Männchen die Jungen auf.

Normalerweise ist, bevor es zur Paarung kommt, die Bindung zwischen den Partnern des Paares schon weitgehend gefestigt. Von der ersten Begegnung bis zur ersten vollzogenen Kopulation können mehrere Wochen vergehen. Bei den meisten Vögeln scheint es erst dann zur Paarung zu kommen, wenn die Reifung des Eis das entsprechende Stadium erreicht hat.

Der Kopulation gehen gewöhnlich verschiedene Balzhandlungen voraus. Vielfach balzt zur Hauptsache das Männchen. Dort, wo sich die Geschlechter äußerlich nicht oder nur wenig unterscheiden, kommt es auch zu einer gemeinsamen Balz mit wechselseitig oder parallel ausgeführten Balzhandlungen. Diese Bewegungsweisen und Lautäußerungen sind in hohem Maße artspezifisch.

Den meisten Vögeln fehlt ein dem Säugetierpenis vergleichbares Kopulationsorgan. Nur bei den Enten, Gänsen und wenigen anderen Vögeln sind ausstülpbare Kloakenanhänge vorhanden. Männchen und Weibchen pressen zur Übertragung des Spermas die Kloakenöffnungen kurz aufeinander. Dazu muß das Männchen auf den Rücken des Weibchens steigen und, während es dort versucht, das Gleichgewicht zu halten, den Hinterkörper abwärts und seitwärts biegen, bis die Kloakenöffnungen sich treffen. Die Weibchen müssen bei dieser Prozedur möglichst still halten.

Die Paarung findet im Normalfall auf dem festen Grunde statt. Entenvögel und Alken können sie auch auf dem Wasser vollziehen. Die besten Flieger unter den Vögeln, die Segler, kopulieren sogar im Fluge.

Darüber, wie lange die Samenzellen nach der Kopulation noch befruchtungsfähig bleiben, ist wenig bekannt. Bei Hühnervögeln können noch bis zu 2 Wochen nach der Paarung befruchtete Eier gelegt werden. Die Befruchtungsrate nimmt aber stetig ab.

Verschiedene Möglichkeiten der Kopulation:

Uferschnepfen stehend auf dem Boden.

Mauersegler in der Luft.

Krickenten auf dem Wasser.

Ungefähr einen Tag vor der Ablage des ersten Eis ist die Paarungsrate am höchsten. Allgemein ist die Paarungsaktivität recht variabel. Sie richtet sich auch nach der Eizahl im Gelege.

In dieser Zeit des Fortpflanzungszyklus wachen die meisten Männchen eifersüchtig über ihre Weibchen. Sie suchen zu verhindern, daß andere Männchen die Chance zur Kopulation nutzen. Andererseits versuchen fast alle Männchen, sich jedem nur irgendwie zugänglichen Weibchen zu nähern. Solche Kopulationsversuche, die bis in regelrechte Vergewaltigungen ausarten können, sind z.B. bei den Stockenten der Städte alljährlich zu beobachten.

Das Nest und der Neststandort

Vögel brauchen einen sicheren Ort, an dem sie die Eier legen und ausbrüten können. Eier und Junge müssen in einem Nest geborgen sein. Hitze, Kälte, Nässe und Nesträuber müssen von ihnen ferngehalten werden.

Der richtige Standort des Nestes ist offensichtlich von größter Bedeutung, da der beste Schutz gut versteckte und getarnte Nester sind. Für die kleinen Vögel, die sich nicht wirksam verteidigen können, ist das die wirksamste Feindabwehr. Die großen Nester großer Vögel sind nicht so leicht zu verbergen. Sie werden daher so unzugänglich wie möglich angelegt.

Die Brutkolonie

Brutkolonien von Seevögeln können auf kleinen Inseln unter dem Zwang eines begrenzten Raumangebots entstanden sein. Anderen Arten bietet das Brüten in Kolonien vermehrten Schutz vor Räubern. Will eine Aaskrähe, eine Silbermöwe oder gar ein Fuchs in eine Brutkolonie eindringen, greifen die Bewohner gemeinsam an und sind oft mit vereinten Kräften in der Lage, den Feind zu vertreiben. Auch kleinere Koloniebrüter, z.B. Seeschwalben, können auf diese Weise mit großen und gefährlichen Gegnern fertig werden. Mancher, der sich zu weit in eine Küstenseeschwalbenkolonie vorgewagt hat, mußte mit Kot bespritzt, vielleicht sogar mit blutendem Scheitel, das Feld räumen. Aus der Wehrhaftigkeit einer Brutkolonie können auch andere Vögel ihren Nutzen ziehen. Schwarzhalstaucher brüten mit Vorliebe in der Nähe von Lachmöwenkolonien und werden auf diese Weise stille Teilhaber dieser Schutzgemeinschaft.

Manche Seevögel brüten so dicht beieinander, daß die einzelnen Nester gerade in Schnabelreichweite voneinander entfernt sind. Eine Möwe kann daher unmöglich in einer Baßtölpelkolonie landen. Die Lummen brüten auf Tuchfühlung so dicht zusammen, daß sich auf einen m^2 bis zu 70 Brutpaare zusammendrängen können. In diese dichte Phalanx einzudringen ist einer Möwe schier unmöglich. Sie kann höchstens am Rande der geschlossenen Masse landen, sieht sich aber dann einer undurchdringlichen Abwehrreihe dolchartig spitzer Schnäbel gegenüber. Die Wirksamkeit dieser Abwehr wird dadurch deutlich, daß es den Möwen gegen Ende der Brutzeit zunehmend gelingt, Eier und Junge zu rauben. Den auf den Felssimsen verbliebenen Vögeln ist es nicht mehr möglich, eine geschlossene Verteidigungslinie zu bilden.

Der Vorteil einer Brutkolonie ist bei den in Bäumen nistenden Reihern und Saatkrähen weniger augenfällig. Die Brutkolonien dieser Vögel können sich über Jahrzehnte am gleichen Ort befinden. Für einen Jungvogel kann es durchaus von Nutzen sein, sich neben erfahrenen, älteren Paaren anzusiedeln. Bei den Saatkrähen erfährt das Einzelindividuum durch die Gemeinschaft einen erhöhten Schutz (s.S. 230 f.). Bei den Reihern ist das höchstens direkt am Brutplatz der Fall.

Nur ganz wenige europäische Singvögel nisten in Kolonien. Die Wacholderdrosseln zeigen, daß sich auch kleinere Vögel durchaus gemeinsam wehren kön-

Schwarzhalstaucher brüten gerne inmitten einer Lachmöwenkolonie.

Die Schafstelze drückt sich auf dem Nest, während der Kiebitz eine Rabenkrähe aus dem gemeinsamen Brutgebiet vertreibt.

nen. Einen Eindringling in ihre Brutkolonie bombardieren sie mit Kot. Es ist beobachtet worden, daß Krähen und Elstern mit bis zur Flugunfähigkeit verschmiertem Gefieder den Versuch aufgeben mußten, zu den Nestern vorzudringen.

Auch Kiebitze sind in der Lage, Krähen und andere Raubfeinde durch ständige Flugangriffe zu vertreiben. Die Paare benachbarter Brutreviere tun sich dazu oft zusammen. Schafstelzen und Wiesenpieper, beides kleine, nicht sonderlich wehrhafte Vögel, brüten daher bevorzugt im Schutz der Kiebitzterritorien.

Der Neststandort

Der Standort des Nestes muß sorgfältig gewählt werden. Vögel der freien, offenen Landschaft und auch manche Wasservögel haben kaum die Möglichkeit, ihre Nester im dichten Bewuchs zu verstecken. Die geringste Deckung muß hier ausreichen. Um die Lage des Nestes möglichst geheim zu halten, verhalten sich diese Vögel äußerst vorsichtig. Sobald eine Gefahr droht, schleichen sich Watvögel geduckt vom Nest. In sicherer Entfernung versuchen sie, durch sehr auffälliges Verhalten den vermeindlichen Feind vom Nistplatz fortzulocken. Taucher rutschen bei Gefahr vom Nest ins Wasser und suchen tauchend das Weite.

Die am Boden brütenden Hühner- und Watvögel haben verschiedene Methoden entwickelt, ihre Nester vor dem Entdecktwerden zu schützen. Die Watvögel, die in der Mehrzahl in freiem, übersichtlichem Gelände brüten, sind äußerst wachsam. Dauernd behalten sie die Umgebung im Auge. Schon lange, bevor es wirklich gefährlich werden kann, haben sie das Nest verlassen. Die meisten Hühnervögel verbergen dagegen ihre Gelege in dichter Vegetation. Ihre Eier sind gewöhnlich hell, nicht tarnfarben und daher leicht zu erkennen. Der Schutz des Geleges wird durch das besondere Verhalten der unscheinbaren Hennen erreicht, die im Bewuchs kaum zu sehen sind. Sie drücken sich auf dem Nest und fliegen erst dann auf, wenn der Feind ganz dicht herankommen sollte.

Den Vögeln, die im dichten Laub von Büschen und Bäumen brüten, fällt es leichter, die Nester zu verbergen. Für die meisten kleinen Singvögel ist das die beste Möglichkeit, sich zu schützen. Große Nester sind auffälliger als kleine. Daher bauen die großen Vögel ihre Nester dort, wo sie schwer erreichbar sind. Krähen nisten z.B. im Wipfel hoher Bäume und Wanderfalken in steilen Felswänden. Große, oft weithin sichtbare Horste können sich nur wehrhafte Vögel leisten, die in der Lage sind, räuberische Vögel und Nistplatzkonkurrenten wirksam fernzuhalten. Daher brüten nur wenige kleine Vögel in den Kronen sommergrüner Laubbäume. Dort sind, bevor das Laub herangewachsen ist, auch kleine Nester

Fasanenhenne auf dem Nest.

Sommergoldhähnchen an seinem zwischen Nadelbaumzweige gehängten Nest.

gut zu sehen. Auch in den Wipfeln der immergrünen Nadelbäume brüten nur wenige Singvögel. Kreuzschnäbel und Goldhähnchen, seltener Schwanzmeisen und Buchfinken, bauen hier im Schutz der dicht benadelten Zweige ihre Nester.

Nester auf Inseln sind für vierbeinige Räuber normalerweise weitgehend unerreichbar. Enten, Taucher und andere Wasservögel brüten daher bevorzugt auf kleinen Inseln in Flüssen und Seen. Aus demselben Grunde sind die der Küste vorgelagerten Inseln die wichtigsten Brutplätze der Seevögel. Manchmal werden, zumeist unbeabsichtigt, räuberische Säugetiere, vor allem Wanderratten, auf diese Inseln eingeschleppt, die dann unter den Eiern und Jungen wahre Verwüstungen anrichten. Die in den Seevogelschutzgebieten der Nordsee wiederholt aufgetretenen Rattenplagen fanden glücklicherweise durch die winterlichen Überflutungen ein rasches Ende. Weit gefährlicher können die Ratten auf flutsicheren Felseninseln werden. Einige Eissturmvogelkolonien vor der schottischen Küste sind durch Wanderratten vernichtet worden. Die Küstenvögel Islands haben vermehrt unter Nerzen zu leiden, die, aus der Gefangenschaft entwichen, sich inzwischen auf der Insel weit verbreitet haben.

Viele Vögel nisten in Höhlen verschiedenster Art. Baumhöhlen werden von ganz unterschiedlichen Vogelarten, z.B.

von Schellenten, Hohltauben, mehreren Eulenarten, Blauracken, Wiedehopfen, Trauerschnäppern, Staren und Dohlen, bewohnt. Der Kleiber mauert den Eingang zu seiner Baumhöhle so weit mit Schlamm zu, daß er selber gerade hindurch paßt. Größeren Brutplatzkonkurrenten, wie dem Star, wird dadurch der Zugang verwehrt. Keiner der genannten Vögel baut seine Bruthöhle selber. Sie alle sind auf natürliche oder von anderen Vögeln gezimmerte Höhlen angewiesen. Vielfach nehmen sie auch Kunsthöhlen in Form von Nistkästen an. Einige Meisen, z.B. die Weiden- und Haubenmeise, können in morsches Holz eine Höhle hineinmeißeln. Alle echten Spechte zimmern ihre Höhlen selber.

Andere Vögel brüten in Erdhöhlen. Eisvögel und Uferschwalben graben ihre Brutröhren in sandige, lehmige Steilwände. Auch Bienenfresser nisten gerne in Wänden, graben aber oft auch in den ebenen Grund. Sturmvögel nisten in selbstgegrabenen Erdröhren, besetzen aber auch verlassene Kaninchenbaue sowie andere Höhlungen und Spalten. Brandgänse legen ihre Nester gern in unterirdischen Verstecken an. Viele Kleinvögel, z.B. die Mauersegler, Rotschwänze, Stare, Sperlinge und Steinschmätzer, nisten in Felsspalten, Mauerritzen oder ähnlichen Höhlungen.

Das Brüten in Höhlen bietet erhöhte Sicherheit. Da Nester in Erdhöhlen von größeren Säugetieren ausgegraben werden können, werden, wo diese Gefahr besteht, Baum- oder Felshöhlen bevorzugt. Höhlenbrüter haben eine allgemein größere Nachwuchsrate als Freibrüter. Dennoch brüten nicht alle Vögel in Höhlen.

Den Vögeln, die am Boden oder im Bewuchs ihre Nester bauen, steht ein nahezu unbegrenztes Angebot an Nistplätzen zur Verfügung. Höhlen sind für gewöhnlich knapp. Nur wenige Vogelarten besitzen die Fähigkeit, sie sich selber herzustellen. Alle anderen Höhlenbrüter müssen untereinander einen oft erbitterten Konkurrenzkampf ausfechten. Viele können überhaupt nicht mit dem Brutgeschäft beginnen, da sie einfach keine geeignete Höhle finden.

Die Nesttypen

Vögel, die in exponierter Lage brüten, müssen ihren Nistplatz so unauffällig wie möglich gestalten. Der Bau eines Nestes oder nur die Anhäufung von Nistmaterial als isolierende Unterlage können hier schon riskant sein. Viele Wat- und Hühnervögel legen ihre Eier in eine selbstgescharrte oder natürliche Bodenmulde, die sie gar nicht oder nur wenig auspolstern. Fehlt jegliche Isolierung, wie z.B. bei den Sandregenpfeifern, wird die Nestmulde immerhin mit einigen Kieseln und Muschelstückchen getarnt. Die meisten Watvögel polstern ihre Nestmulden zumindest mit einigen Halmen und Blättern aus. Kiebitze und Austernfischer umgeben ihre Nester oft mit einigen Pflanzenteilen. Wahrscheinlich wird dadurch eine optische „Unruhe" bewirkt. Die Eier fallen so weniger auf.

Auch die meisten Enten und Gänse bauen einfache Bodennester, die mit Dunen, die sich die Vögel aus dem Brustgefieder rupfen, gut isoliert werden. Als Grundlage für das weiche, warme Federpolster werden normalerweise nur die in

Austernfischer legen ihr Nest oft neben einem großen Stein oder ähnlicher Deckung an. Um die Eier weniger auffällig zu machen, verteilen sie um das Nest Steine und Pflanzenteile.

Elster kommt mit Baumaterial zum Nest

Zwei junge Ringeltauben auf dem dürftigen Nest.

Schnabelreichweite greifbaren, trockenen Pflanzenteile zusammengezogen. Auf diese Weise können Schwanennester dennoch eine beachtliche Größe erlangen. Der hohe Schilfhaufen schützt das Schwanengelege gegen Überflutungen. Lappentaucher und Trauerseeschwalben bauen floßartige Nester aus Röhrichtteilen, die sie an aufragenden oder schwimmenden Wasserpflanzen verankern. Diese Nester können Wasserstandsschwankungen in gewissen Grenzen mitmachen. Beim Verlassen des Nestes bedecken Enten und Lappentaucher die Eier mit Polsterdunen bzw. Nistmaterial, um sie warmzuhalten und zu tarnen.

Die meisten Vögel bauen kunstvolle Nester. Sogar das einfache, wie eine lockere Aufschichtung von Zweigen aussehende Nest der Ringeltaube muß sorgfältig konstruiert sein. Immerhin muß es so stabil werden, daß nicht nur die Eier, sondern auch die brütende Taube und später die zwei zu beachtlicher Größe heranwachsenden Jungen sicher untergebracht sind. Krähen und Häher sind weitaus bessere Nestkonstrukteure als Tauben. Sie flechten die Reiser und Zweige zu einem festen, tiefen Napf zusammen, den sie mit feinen Wurzeln und anderen Pflanzenfasern sorgfältig auslegen. Die Elstern gehen noch einen Schritt weiter. Sie versehen ihr Nest mit einer Kuppel aus derben Zweigen. Dadurch machen sie es gegen Übergriffe anderer Krähenvögel sicherer, müssen aber in Kauf nehmen, daß das große Nest schon von weitem zu sehen ist.

Offene, napfförmige Nester werden von vielen Singvögeln, z.B. den Drosseln, Finken und Grasmücken, gebaut. Die meisten dieser Nester bestehen aus einer äußeren Schicht aus gröberem Material, etwa Zweigen, Stengeln und Halmen, und einer Auskleidung aus feinem Gras, Haaren oder Federn. Eine Federlage ergibt eine vorzügliche Isolierung. Federn werden daher von zahlreichen Vögeln als Polstermaterial verwendet. Sperlingsvögel können sich aber nicht, wie Enten und Gänse, die Dunen ausrupfen, sie müssen Mauserfedern anderer Vögel zusammentragen.

Die Nester mancher kleinen Vögel sind außerordentlich gut isoliert. Grünling und Birkenzeisig bauen z.B. aus Halmen,

Bevor der Zwergtaucher sein Nest verläßt, bedeckt er die Eier mit Nistmaterial.

Moos, Flechten und anderen Pflanzenteilen wohlgeformte, tief napfförmige Nester mit sehr dichter Wandung und legen sie innen mit Haaren oder Federn aus.

Auch die Nester der am Boden brütenden Sperlingsvögel sind napfförmig. Sie werden oft in eine Bodenmulde eingefügt. Gewöhnlich sind sie in einem Grasbüschel oder einer Staude verborgen. Manchmal führt ein tunnelartiger Zugang durch die hohe, dichte Vegetation zum Nest. Der Brachpieper, der zum Brüten trockene, sonnenexponierte Lagen bevorzugt, legt sein Nest so an, daß es während der Mittagshitze im Schatten liegt.

Die aufwendigsten Nester unter den europäischen Vögeln haben Zaunkönig, Schwanzmeise und Beutelmeise. Sie alle bauen geschlossene Nester mit seitlichem Eingang. Der Zaunkönig flicht zur Hauptsache Halme und Blätter zusammen. Schwanz- und Beutelmeise verarbeiten Spinnweben, Flechten und wollige Pflanzensamen. Diese ohnehin schon warmen, geschlossenen Nester werden dazu noch reichlich mit Federn ausgepolstert.

Die Nester der Goldhähnchen sind zwar offen, haben aber am oberen Rand einen Kranz von über die tiefe Nestmulde ragenden Federn. Dieser luftige „Deckel" verringert den Wärmeverlust aus dem Nest. Er ist in den kühlen, nördlicheren Brutgebieten der Goldhähnchen besonders gut ausgebildet.

Einige Vögel verwenden zum Nestbau Schlamm oder feuchten Lehm. Mehrere Drosselarten verfestigen damit den Nestboden. Die Singdrossel streicht die ganze Nestmulde mit nasser Erde oder Schlamm aus. Mehl- und Rötelschwalbe mauern aus Schlamm geschlossene Nester, die sie innen mit Federn auslegen. Auch in den Dörfern sind heute die meisten Wege befestigt. Es gibt keine schlammigen Pfützen mehr. Daher fehlt den Schwalben vielfach das dringend benötigte Baumaterial. Die Flamingos schichten aus Schlamm hohe Nesthügel auf.

Eine Beutelmeise beim Nestbau.

Die für den Nestbau aufgewendete Zeit

Standvögel brauchen sich mit dem Nestbau nicht sehr zu beeilen. Sie fangen zeitig an. Bis zur Fertigstellung können 3 bis 4 Wochen vergehen. Große Greifvögel, Störche und Reiher benutzen über Jahre dasselbe Nest. Sie bessern es vor Brutbeginn aus und fügen oft auch noch während der Brutzeit weitere Stöcke und Äste ein. Auf diese Weise entstehen mit der Zeit sehr große Bauten.

Zugvögel verpaaren sich oft wenige Stunden nach der Ankunft im Brutgebiet. Sie beginnen dann sofort mit dem Nestbau. In wenigen Tagen ist das Werk vollendet. Auch Standvögel können, wenn das erste Nest zerstört wird, sehr schnell für Ersatz sorgen.

Der Zugang zum Nest eines Brachpiepers ist meistens nach Norden oder Osten gerichtet.

Die Eier

Sobald ein Vogelpaar einen Nistplatz gefunden und ein Nest gebaut hat, beginnt das Weibchen mit der Ablage der Eier.

Die Eigröße und -form

Das Verhältnis von Ei- zu Körpergröße variiert zwischen den Verwandtschaftsgruppen der Vögel recht beachtlich. Innerhalb dieser Gruppen ist die Größenvariation allgemein gering, doch sind die Eier kleiner Arten relativ größer als die der großen.

Die zur Ordnung der Röhrennasen gehörenden Sturmvögel und Sturmschwalben legen sehr große Eier, deren Gewicht zwischen 16 und 25% des Weibchengewichtes ausmachen kann. Die entsprechenden Werte für die Eier der Hühnervögel liegen nur bei 3,5 bis 9%. Die Röhrennasen legen jeweils nur ein Ei. Die Gelege der Hühnervögel sind dagegen sehr umfangreich. In beiden Gruppen legen die kleinen Arten relativ größere Eier. Das Ei einer kleinen Sturmschwalbe wiegt um 25% des Vogelgewichts, das eines großen Sturmvogels dagegen ungefähr 15 bis 16%. Entsprechend sind Wachteleier verhältnismäßig schwerer als die einer Auerhenne. Der Vergleichswert beträgt in dem einen Fall um 9% und liegt in dem anderen bei 3%. Das gleiche Verhältnis findet sich auch bei den Entenvögeln. Kleine Enten haben vergleichsweise größere Eier (7 bis 8% des Eigengewichts) als Schwäne (ca. 4% des Eigengewichts).

Zwischen der Eigröße und dem Jungentyp sind vielfach Beziehungen hergestellt worden. Die Watvögel legen z.B. sehr große Eier (Sandregenpfeifer ca. 18%, Kibietz ca. 12% des Eigengewichts). Ihre Jungen sind ausgeprägte Nestflüchter. Die Eier der Enten- und Hühnervögel sowie der Rallen sind jedoch nicht sonderlich groß. Auch ihre Jungen verlassen das Nest kurz nach dem Schlüpfen. Die Eigröße kann daher eher mit den Bedingungen der Brutpflege in Zusammenhang gebracht werden. Große Junge, die aus großen Eiern schlüpfen, erlauben es den Eltern, sie längere Zeit unbetreut alleine zu lassen. Je kleiner ein Vogeljunges ist, um so größer ist sein Wärmeverlust, um so ausdauernder muß es gehudert werden. Die Röhrennasen, die ausgesprochen große Eier legen, können ihre Jungen schon bald nach dem Schlüpfen verlassen, um zur Futtersuche weit auf die See hinauszufliegen.

Eissturmvogel (oben) und Sturmschwalbe (unten) mit ihren Eiern.

Wie in der Größe, gibt es auch in der Form der Eier erhebliche Unterschiede. Die Watvogeleier sind auf einer Seite konisch verjüngt. Wenn sie mit dem spitzen Pol zueinandergekehrt im Nest liegen, können sie, trotz ihrer beachtlichen Größe, vom Körper des brütenden Vogels gut überdeckt werden. Das lange, stark zugespitze Ei der Lummen rollt, wenn es angestoßen wird, nicht davon, sondern dreht sich im Kreise. Verluste durch herabgestoßene Eier treten daher auf den schmalen Felsbändern, den Brutplätzen der Lummen, kaum auf. Die Eier mancher Höhlenbrüter, z.B. die der Eulen und Eisvögel, sind auffallend rund. Bisher ist dafür noch keine befriedigende Erklärung gefunden worden.

Die 4 Eier eines Kiebitzgeleges in typischer Anordnung.

Die Eifärbung

Noch variabler als Größe und Form ist die Färbung und Zeichnung der Eier. Der Nutzen mancher dieser Färbungen und Muster ist klar ersichtlich. Bei anderen fällt eine Deutung schwer. Die tarnfarbenen Eier vieler Bodenbrüter, wie der Watvögel, Möwen und Nachtschwalben, dienen sicher dazu, Nesträubern das Auffinden der Gelege zu erschweren. Die Eier zahlreicher Vogelarten sind aber keineswegs unauffällig. Die Tauben legen z.B. weiße Eier. Die meisten Enteneier sind ausgesprochen hell. Diese weithin sichtbaren Eier werden gewöhnlich ausdauernd bebrütet. Bei den Tauben brüten beide Partner des Paares. Die Eier werden also kaum jemals unbedeckt gelassen. Die Enten decken ihr Gelege beim Verlassen des Nestes mit Dunen zu.

Die meisten Höhlenbrüter legen weiße (Röhrennasen, Papageitaucher, Eulen, Eisvögel, Bienenfresser, Blauracke, Spechte, Segler, Mehlschwalbe, Trauerschnäpper, Wasseramsel) oder hellblaue (Star, Steinschmätzer, Gartenrotschwanz) Eier. Wahrscheinlich sind diese hellen Eier in den dunklen Höhlen besser zu erkennen.

Sieht man von den gut getarnten Eiern mancher Bodenbrüter ab, fällt es nicht leicht, zwischen der Eifärbung und der Lebens- wie Verhaltensweise der Vögel irgendeine Beziehung herzustellen. Das Nest ist normalerweise weit größer und auffälliger als die darin liegenden Eier. Gewöhnlich wird das Nest und nicht das Gelege von einem Räuber entdeckt. Es ist daher für die Vögel äußerst wichtig, ein unauffälliges, gut verstecktes Nest zu bauen. Die Eifärbung ist weniger bedeutsam. In einer anderen Beziehung kann die Zeichnung und Färbung der Eier aber durchaus eine wichtige Bedeutung haben. Ein Lummenpaar erkennt sein Ei an der Grundfärbung und an dem Fleckenmuster. Es kann daher auch im dichtesten Gedränge der Brutkolonie nicht geschehen, daß irrtümlicherweise ein fremdes Ei bebrütet wird. Kuckuckseier gleichen oft weitgehend den Eiern der Wirtsvögel. Hier soll also ein Erkennen gerade verhindert werden (s.S. 278).

Nest des Ziegenmelkers

Nest der Hohltaube

Nest der Ringeltaube

Der Legeabstand

Zur Bildung der Eier hat ein Vogelweibchen einen hohen Nahrungsbedarf (s.S. 244). Die Weibchen vieler kleiner Vogelarten legen täglich ein Ei. Ist die Zahl der Eier im Gelege groß, muß die zur Eibildung erforderliche Nahrung im Verlauf eines Tages aufgenommen werden (s.S. 245). In diesem Fall ist die Ausnutzung im Körper gespeicherter Reserven kaum möglich.

Bei großen Vögeln sind die Legeabstände länger. Kanadagänse legen ihre Eier in Abständen von 36 Stunden und Schwäne von rund 2 Tagen. Auch die kleinen Mauersegler mit ihrer wetterabhängigen Ernährungsweise (s.S. 270) halten einen zweitägigen Legerhythmus ein. Ist das Wetter über längere Zeit sehr schlecht, kann der Legeabstand auch 3 Tage betragen.

Schwarzschnabel-Sturmtaucher und Eissturmvögel fliegen ungefähr 2 Wochen vor der Eiablage zu ergiebigen Nahrungsgründen auf das Meer hinaus. In dieser Zeit halten sich die Weibchen der Schwarzschnabel-Sturmtaucher von den Britischen Inseln ungefähr 1.000 km vom Brutplatz entfernt über dem Golf von Biscaya auf.

Die Gelegegröße und die Anzahl der Jungen

Papageitaucher haben nur ein einziges Junges, Amseln dagegen 3 oder 4 und Meisen sogar 8 bis 10. Wieso gibt es zwischen den Vogelarten diese Unterschiede, und wodurch wird die Zahl der Eier bzw. der Jungen bestimmt?

Die Antwort auf diese Fragen ist wieder in der Evolution der Arten zu suchen. Die natürliche Auslese wird die Erbanlagen der Vogelpaare begünstigen, denen es gelingt, möglichst viele Junge aufzuziehen. Sind diese Jungen ebenso erfolgreich wie ihre Eltern, werden sich die guten Eigenschaften dieser Sippe zunehmend in der Population durchsetzen.

Im Grunde ist das aber doch eine mehr theoretische Überlegung. Es hängt von vielfältigen Umständen ab, ob die höchstmögliche auch wirklich die bestmögliche Jungenzahl ist. Bei vielen Eiern bzw. Jungen besteht durchaus die Gefahr, daß die Nahrung oder die Kraft der Eltern zur Aufzucht der Brut nicht ausreichen. Paare mit kleinen Gelegen, die ihre Jungen ausreichend versorgen können, wären in diesem Fall deutlich bevorteilt. Die Gelegegröße muß also dem Nahrungsangebot und den Fähigkeiten der Elternvögel angepaßt sein. Im Verlauf der Evolution haben sich daher die für die einzelnen Arten jeweils günstigsten Gelegegrößen herausgebildet.

Die Eizahl kann unter dem Einfluß äußerer Faktoren in gewissem Umfang variieren. Seglern fällt es z.B. in kalten, regnerischen Sommern weit schwerer, die Nahrung für die Brut herbeizuschaffen als in sonnigen, warmen. Auf den Britischen Inseln legen die Mauersegler normalerweise 2 bis 3 Eier pro Gelege, in den warmen Zonen Kontinentaleuropas können es dagegen auch 4 Eier sein. Britische Mauersegler, denen ein viertes Junges ins Nest gesetzt wurde, waren auch in den Sommern mit einem reichlichen Nahrungsangebot nicht imstande, alle Junge aufzuziehen. Bei 4 Jungen wurden im Durchschnitt 2,75 flügge, bei 3 Jungen dagegen alle. Unter den klimatischen Gegebenheiten der Britischen Inseln sind also kleinere Gelege günstiger als große. Unter besseren Bedingungen auf dem Kontinent kann die Nachwuchsrate problemlos höher sein. In Großbritannien ist in kalten, nassen Sommern die Jungensterblichkeit in Dreier- größer als in Zweierbruten. Aus Nestern mit 2 Eiern flogen 1,8 und aus Nestern mit 3 Eiern 1,6 Junge aus. In warmen, trockenen Sommern betrug die Überlebensrate der Nestlinge dagegen 2,75 pro Dreier- und 2,0 pro Zweierbrut. In manchen Jahren ist es also für die Mauersegler günstiger, nur 2 Eier zu legen, in anderen erbringen wieder 3 Eier die höhere Nachwuchszahl. Welche der beiden Gelegegrößen die vorteilhaftere ist, hängt von den Wetterbedingungen während der Nestlingszeit der Jungen ab, also von einem Faktor, den die Altvögel nicht vorausschauend berücksichtigen können.

Ein Mauersegler kommt mit Futter im Schlund zu den Jungen.

Bei den Mauerseglern lassen sich solche Untersuchungen gut durchführen, da die im Nest gestorbenen Jungen bei Kontrollen leicht gefunden werden. Weitaus schwieriger wird eine Aussage bei solchen Arten, deren Junge fast alle flügge werden. Der unerfahrene Beobachter muß hier annehmen, daß sie auch weiterhin alle am Leben bleiben. Die Verhältnisse sind aber weit komplexer, als es den Anschein hat. Wird das weitere Schicksal der Jungen zweier unterschiedlich großer Bruten derselben Vogelart verfolgt, so zeigt sich, daß bei sonst gleichen Bedingungen die Jungvögel mit vielen Nestgeschwistern benachteiligt sein können. In großen Bruten erhält das einzelne Junge weniger Nahrung als in kleinen. Das hat zur Folge, daß die Jungen großer Bruten weniger gut ernährt und daher leichter und kleiner das Nest verlassen. Es ist vielfach nachgewiesen worden, daß das Gewicht des eben flüggen Vogels auf seine Überlebenschance von entscheidendem Einfluß ist. Leichtere Jungvögel aus großen Bruten haben allgemein eine geringere Lebenserwartung als schwerere aus kleinen Bruten.

Bei vielen Vogelarten variieren die Eizahlen noch weit stärker als bei den Mauerseglern. Darin machen sich oft die lokalen, die Aufzucht der Jungen beeinflussenden Bedingungen bemerkbar. Vogelarten mit weiter Verbreitung haben in der Regel in den nördlichen Brutgebieten größere Gelege als in den südlichen. Im Norden sind die Tage im Sommer länger und dadurch die Ernährungsbedingungen besser. Die Vögel können hier auf einmal mehr Junge großziehen. Allgemein haben Vögel, die in weniger günstigen Lebensräumen nisten, kleinere Bruten als die Vögel optimaler Gebiete. Meisengelege sind z.B. in Gärten oft kleiner als im nahegelegenen Wald, wo für die Fütterung des Nachwuchses weit mehr Raupen zu finden sind. Wenn verschiedene Elsternpaare nacheinander im selben Territorium brüten, sind bei ihnen allen die Gelegegröße und der Bruterfolg weitgehend gleich. Die Elstern scheinen also die Fähigkeit zu besitzen, ihre Jungenzahl den örtlichen Gegebenheiten anzupassen.

Derselbe Vogel kann auch innerhalb eines Jahres oder in aufeinanderfolgenden Jahren Gelege mit verschiedenen Eizahlen haben. Junge Vogelweibchen legen in ihrem ersten Brutjahr weniger Eier als in den folgenden. Da sie noch keinerlei Erfahrung mit der Jungenaufzucht besitzen, werden sie eher kleine als große Bruten durchbringen können. Amseln haben im zeitigen Frühjahr kleine, während der Hauptbrutzeit große und gegen Ende der Brutperiode wieder kleinere Gelege. Die Zahl der Eier richtet sich also deutlich nach dem Nahrungsangebot für die Jungen.

Normalerweise beginnen die Vögel aber mit der Brut, bevor sich das spätere Nahrungsangebot überschauen läßt. Eine „Vorplanung“ ist also kaum möglich (s.S. 248). Bei Eulen und anderen Vögeln, die zur Hauptsache von Kleinsäugern leben, läßt sich jedoch eine deutliche Abhängigkeit der Eizahl vom Beuteangebot feststellen. Falkenraubmöwen brüten in Jahren mit einem sehr geringen Lemmingvorkommen überhaupt nicht. Waldkäuze legen in Jahren mit einer durchschnittlichen Mäusedichte 2 bis 3, in Jahren mit hoher Mäusedichte dagegen 4 Eier. Sind die Mäusepopulationen weitgehend zusammengebrochen, können die Waldkäuze die Brut auch ganz aussetzen. Der Habichtskauz beginnt bei einem geringen Angebot an Wühlmäusen später mit der Brut und hat nur ein kleines Gelege. Er stellt sich dann zunehmend auf den Vogelfang um.

Allgemein gesehen, richtet sich die Gelegegröße nach dem unter den gegebenen Klima- und Ernährungsbedingungen höchstmöglichen Fortpflanzungserfolg. Die Vögel können sich wohl in gewissen Grenzen auf kurzfristige Änderungen der Wetter- und Ernährungssituation einstellen. Davon abgesehen, ist die Zahl der Eier in den Gelegen aber ein durch die natürliche Auslese beeinflußtes, erbliches Merkmal.

Das Lemmingvorkommen beeinflußt Brutaktivität und -erfolg der Falkenraubmöwe.

Die Brut

Damit sich im Vogelei der Embryo entwickeln kann, muß es gewärmt, d.h. bebrütet werden. Das Brüten nimmt viel Zeit in Anspruch (s. Tabelle S. 248).

Um die Übertragung der Wärme vom Elternkörper auf die Eier durch die isolierenden Federn nicht zu behindern, bilden die meisten Vögel vor Brutbeginn auf der Brust einen oder mehrere Brutflecke aus. Auf diesen Flecken fallen die Federn aus. Die Haut wird durch ein dichtes Geflecht von feinen Adern stark durchblutet. Über die Brutflecke können die Eier bis fast auf Körpertemperatur erwärmt werden. Bei einigen Seevögeln, z.B. den Möwen, sind die Brutflecke zur Vermeidung eines großen Wärmeverlustes beim Schwimmen klein. Ihre Zahl entspricht genau der normalen Eizahl. Wenn Männchen und Weibchen brüten, entwickeln beide Brutflecke. Brütet nur ein Elternteil, wie z.B. bei den Wassertretern nur das Männchen, entsteht ein Brutfleck nur beim ihm. Manchen Wasservögeln fehlen die Brutflecke völlig. Enten und Gänse rupfen sich jedoch auf der Bauchseite die isolierenden Dunen aus.

Während des Brütens werden die Eier von Zeit zu Zeit mit dem Schnabel gewendet. In großen Gelegen wird dadurch auch die Lage des einzelnen Eis im Nest verändert. Temperaturunterschiede zwischen der Mitte und dem Rand des Nestes werden so ausgeglichen (s.S. 204).

Die meisten höherbebrüteten Eier sind sehr kälteempfindlich. Werden sie bei kühlem, feuchtem Wetter nicht ständig gewärmt, stirbt der Embryo in ihnen ab. Die Eier einiger Arten können als Anpassung an die besondere Lebens- und Ernährungsweise der Vögel eine längere Auskühlung vertragen. Segler und Sturmvögel müssen zur Nahrungsbeschaffung weite Flüge unternehmen. Bei schlechtem Wetter, wenn wenig Insekten fliegen oder die rauhe See das Fischen erschwert, müssen sie über Stunden, ja sogar über Tage, dem Nest fernbleiben. Der Embryo reduziert in dieser Zeit seinen Stoffwechsel. Sobald das Ei wieder erwärmt wird, setzt er seine Entwicklung fort.

Der Anteil der Geschlechter an der Brut

Die meisten Vögel sind gezwungen, das Brutgeschäft für die Nahrungssuche zu unterbrechen. Daraus entstehen, wenn beide Partner brüten, also problemlos eine Ablösung erfolgen kann, keinerlei besondere Schwierigkeiten. Brütet aber nur ein Elternteil, gewöhnlich das Weibchen, müssen die Zeiten der Abwesenheit möglichst kurz gehalten werden. Es ist in zahlreichen Fällen nicht erklärbar, warum das Männchen sich nicht an der Brut beteiligt. Die Männchen nah verwandter Arten können sich in dieser Beziehung ganz unterschiedlich verhalten. Bei der Ufer-, Mehl- und Rötelschwalbe brüten z.B. beide Geschlechter, bei der Rauch- und Felsenschwalbe dagegen nur die Weibchen.

Auch wenn beide Partner eines Paares brüten, übernimmt das Weibchen oft einen deutlich längeren Anteil. Nicht selten brütet es die ganze Nacht hindurch und sitzt auch am Tage ausdauernd auf den Eiern.

Die Brutablösung kann bei kleinen Vögeln nach jeder halben Stunde erfolgen, bei großen auch nur ein- bis zweimal am Tage. Sturmvögel und Sturmschwalben, die in der Nacht zur Bruthöhle zurückkehren, lösen sich nur in jeder zweiten oder dritten Nacht ab. Gelegentlich muß der brütende Altvogel auch bis zu 9 Tage lang auf dem Ei ausharren. Einige arktische Gänse und die Fasanenhennen bleiben viele Tage lang ununterbrochen auf dem Nest sitzen. Die Hennen des Goldfasans verlassen das Gelege oft während der ganzen Brutperiode nicht. Die meisten dieser ausdauernd brütenden Vogelweibchen gehen aber zumindest einmal täglich vom Nest, um zu koten.

Die Schlüpfabstände

Der Zeitpunkt des Brutbeginns ist für das weitere Schicksal der Brut von wesentlicher Bedeutung. Die meisten Vögel fangen nicht eher zu brüten an, als bis das Gelege vollständig ist. Die Jungen schlüpfen also mehr oder weniger zur gleichen Zeit (synchron). Vor allem bei den Nestflüchtern ist es wichtig, daß alle Jungen das Nest gleichzeitig verlassen. Andernfalls ergäben sich für die Führung und Betreuung der Kinderschar erhebliche Probleme. Das synchrone Schlüpfen wird bei vielen Nestflüchtern dadurch erreicht, daß sich die Jungen im Ei durch feine Laute gegenseitig stimulieren.

Einige Vogelarten beginnen aber auch schon gleich nach der Ablage des ersten Eis mit der Brut. Die Jungen schlüpfen daher in der Zeitabfolge der Legeabstände (asynchron). Beispiele für ein solches Brutverhalten bieten die Eulen und Greifvögel. Die Erstlinge sind hier ihren kleineren Geschwistern gegenüber deutlich im Vorteil. Je größer und stärker ein Junges ist, um so eher wird es ihm gelingen, sich einen wesentlichen Anteil der von den Eltern herbeigetragenen Beute zu sichern. Ist die Nahrung knapp, wird das älteste Junge noch ausreichend versorgt werden. Die jüngeren, die zu schwach sind, um mit ihm zu konkurrieren, werden verhungern. Auf den ersten Blick scheint das ein wenig erfolgversprechendes Verhalten zu sein. Viele Junge sind von vornherein zum Tode verurteilt. Bei genauerer Betrachtung zeigt sich aber, daß bei diesen Vögeln so das Ziel jeder Fortpflanzung, eine möglichst große Nachkommenschaft, am besten erreicht werden kann. Mangelt es an Nahrung, ist der Bruterfolg dann am größten, wenn die spätgeborenen Jungen bald sterben. Die knappe Beute kann dann allein den großen und starken, den ohnehin lebenstüchtigsten, zugute kommen. Wären alle Jungen gleich groß, könnte keins hinreichend ernährt werden. Sie würden alle zugrunde gehen. In Jahren mit hohem Nahrungsangebot können dagegen auch die kleinen Nachzügler noch aufgezogen werden. Daher findet sich eine solche Brutstrategie bevorzugt bei solchen Vögeln, deren Nahrung großen Schwankungen unterworfen ist. Da, wie schon gezeigt, eine vorausschauende Anpassung der Gelegegröße kaum möglich ist, können die Vögel so doch auf ein wechselndes Beuteangebot reagieren. Neben den Eulen und Greifvögeln zeigen auch die Reiher, Kormorane, Pelikane, Segler, Eisvögel und Bienenfresser ein solches Brutverhalten.

Die Schleiereulenjungen schlüpfen in ungefähr 2-tägigem Abstand. Die Jungen sind daher verschieden groß.

Das Entfernen der Eischalen

Sobald die Jungen geschlüpft sind, stellen sich die Eltern vom Brut- auf das Brutpflegeverhalten um. Eine ihrer ersten neuen Aufgaben besteht darin, die Eischalen zu entfernen. Das ist vor allem bei Vögeln wichtig, deren Nester frei sichtbar und zugänglich sind. Das Weiß der Schaleninnenseite kontrastiert auffallend mit dem zumeist dunklen Nestboden. Dadurch können Räuber auf das Nest aufmerksam werden. Die Vogeleltern nehmen die Schalen in den Schnabel, fliegen mit ihnen davon und lassen sie in einiger Entfernung vom Nest fallen.

Die Brutpflege

Die geschlüpften Jungen müssen gleich mit Futter versorgt oder zu günstigen Nahrungsplätzen geleitet werden. Die Nesthocker, in geringerem Umfang auch die Nestflüchter, sind in den ersten Lebenstagen noch nicht in der Lage, ihre Körpertemperatur selbständig konstant zu halten. Sie müssen daher ausgiebig gehudert werden. Daraus können für kleine Singvögel schwerwiegende Probleme entstehen. Normalerweise können nur beide Eltern gemeinsam genügend Nahrung für die Jungen heranschaffen. Muß bei schlechtem Wetter eines der beiden auf dem Nest bleiben, um die Kleinen vor Unterkühlung zu schützen, halbiert sich die Futtermenge. Auch wenn es gelingt, die Jungen vor den Unbillen des Wetters zu bewahren, besteht doch die Gefahr, daß sie an Unterernährung zugrunde gehen.

Über das Brutpflegeverhalten der meisten nestflüchtenden Arten ist nur wenig bekannt, da sie in dieser Zeit besonders heimlich und schwer zu beobachten sind. Die Küken werden, sobald sie abgetrocknet sind, also wenige Stunden nach dem Schlüpfen, vom Nistplatz fortgeführt. Es ist daher wichtig, daß sie möglichst gleichzeitig schlüpfen. Bei Gänsen und Schwänen kann sich das Schlüpfen aber doch über einige Stunden hinziehen. Bis alle Jungen aus dem Ei sind, vergeht bei den Höckerschwänen oft mehr als ein Tag. Das Schwanenmännchen übernimmt dann die Betreuung der Erstgeborenen, während das Weibchen weiter brütend auf dem Nest bleibt. Kraniche legen im Abstand von 48 Stunden 2 Eier. Sie beginnen gleich nach der Ablage des ersten Eis mit der Brut. Das erste Junge verläßt also schon mehrere Stunden vor dem jüngeren Geschwister das Nest. Bei der für Nestflüchter ungewöhnlich geringen Jungenzahl können sich die Eltern problemlos die Führung der beiden Kleinen teilen. Ein synchroner Schlupf ist hier nicht notwendig. Wie bei den Kranichen schlüpfen auch bei ihren entfernten Verwandten, den Rallen, nicht immer alle Jungen zur gleichen Zeit. Die Teichhühner verhalten sich in dieser Beziehung variabel. Ihre erste Jahresbrut schlüpft gewöhnlich synchron, die späteren aber asynchron. Die Weibchen der Bläßhühner, der Zwergsumpfhühner und wahrscheinlich auch der übrigen europäischen Rallen brüten so lange, bis alle Jungen geschlüpft sind. Das Männchen versorgt inzwischen die Erstgeborenen.

Haben die Nestflüchter das Nest verlassen, kehren sie in der Regel nie mehr dorthin zurück. Auch hier gibt es Ausnahmen. Die Rallenküken bleiben nach dem Schlüpfen noch wenige Tage im Nest. Danach werden sie einige Zeit lang zum Übernachten dorthin zurückgeführt. Die alten Bläß- und Teichhühner errichten zu diesem Zweck auch besondere Hudernester.

Die Aufgaben der Vogeleltern nestflüchtender Junger bestehen im wesentlichen darin, die Küken warm und trocken zu halten, sie zu beschützen und zu sicheren, nahrungsreichen Futterplätzen zu führen.

Da den kleinen, frei herumlaufenden Nestflüchtern und Platzhockern viele Gefahren drohen, verfügen deren Eltern über ausgeprägte Verhaltensweisen zur Feindabwehr. Raubmöwen, Möwen und Seeschwalben greifen Landraubtiere und

Das Bläßhuhn-♀ bebrütet schon das 2. Gelege (links), während das ♂ auf einem eigens dazu aufgeschichteten Hudernest die Jungen der 1. Brut betreut.

auch den Menschen im Sturzflug an. Watvögel versuchen durch das Verleiten, indem sie sich flügellahm stellen oder im sogenannten „Mausrennen“ andere Beutetiere imitieren, den Feind von den Jungen fortzulocken.

Nur wenige dieser jungen Nestflüchter werden gefüttert. Austernfischer, Rallen, Kraniche und Trappen füttern ihre Küken in den ersten Lebenstagen oder halten ihnen die Nahrung mit dem Schnabel vor. Aber auch diese Kleinen lernen bald, sich selbst zu versorgen.

Nicht immer bleiben Eltern und Junge während der gesamten Führungszeit beieinander. Unter der Führung eines Brandganspaares oder einiger Eiderenten können sich zahlreiche Junge zu sogenannten „Kindergärten“ vereinen. Möglicherweise können größere Jungenscharen von mehreren Altvögeln gemeinsam besser verteidigt werden. Wahrscheinlicher ist, daß viele der Weibchen durch das ausdauernde Brüten so geschwächt sind, daß sie sich in Vorbereitung von Mauser und Zug dringend erholen müssen.

Vogeleltern mit nesthockenden Jungen können ihren Nachwuchs nicht in die Obhut anderer Altvögel übergeben. Die Jungen sind hier völlig auf die Betreuung durch die eigenen Eltern angewiesen. Die schwerste und auch wichtigste Aufgabe der Altvögel ist die Futterbeschaffung. Dazu müssen im Flug weite Strecken zurückgelegt werden. Schwarzschnabel-Sturmtaucher und Blaumeise können hier als Beispiele extrem unterschiedlichen Verhaltens dienen. Die Sturmtaucher legen auf jedem Flug von und zu den Nahrungsgründen mehrere hundert Kilometer zurück. Sie füttern ihre Jungen aber auch nur in ungefähr jeder dritten Nacht. Ein Meisenpaar kann, so lange es hell ist, in fast jeder Minute mit Futter zur Nisthöhle fliegen. Für die Meiseneltern ergeben sich während eines sechzehnstündigen Tages zusammen mehr als 1000 Anflüge. Ähnlich wie die Sturmtaucher, verbringen also auch die Meisen einen Großteil des Tages im Flug, auch wenn die einzelnen Flugstrecken nur kurz sind.

Ein Bussard bringt seinen Jungen eine große Beute.

Altvögel müssen ihren Jungen in der verfügbaren Zeit so viel Futter wie möglich zutragen. Gleichzeitig muß das auch mit einem vertretbaren Kraftaufwand geschehen. Die Röhrennasen bringen von ihren weiten Flügen vorverdaute Nahrung oder besser ein Nahrungskonzentrat zurück. Der hohe Wassergehalt der marinen Beute wird stark verringert und dadurch der Nährwert pro Gewichtseinheit erheblich gesteigert. Andere Vögel sammeln die Nahrung im Kropf. Auf diese Weise können sie von einem Nahrungsflug eine größere Futtermenge zurückbringen. Sie sparen dadurch Zeit und Energie. Ein Greifvogel, der seinen Jungen ein großes Beutetier zuträgt, muß an einem Tage nur

Eine Mehlschwalbe bringt ihren Jungen einen Schnabel voll kleiner Insekten. Ein Grauschnäpper trägt nur ein großes Insekt herbei.

wenige Jagdflüge unternehmen. In den 75 Tagen der Aufzuchtperiode verfüttern Gerfalken nur 180 bis 200 Beutetiere, zur Hauptsache Schneehühner. Vögel, die auf kleine Nahrungsobjekte spezialisiert sind, müssen dagegen ständig unterwegs sein. Brächten Finken jeden kleinen Samen und Schwalben jedes kleine Insekt gesondert zum Nest, würde die verfügbare Zeit zur Versorgung der Jungen nicht ausreichen. Ein Mauersegler trägt z.B. bei jedem Nestanflug in seinem Schlund mehr als 1.500 kleine und kleinste Insekten herbei. Dennoch bringen viele insektenfressende Vögel, wie Meisen, Fliegenschnäpper und Bienenfresser, jeweils nur ein Beutetier zum Nest. In der Mehrzahl sind das größere Insekten, die oft vor dem Verfüttern getötet oder bearbeitet werden müssen. Großen Raupen müssen die Kieferzangen gebrochen und stechenden Insekten der Stachel entfernt werden, damit sie die Kleinen nicht verletzen. Es ist für die Vögel kaum möglich, mehrere solcher großen Insekten gleichzeitig zu befördern.

Durch besondere Anpassungen kann aber auch ein solches Problem gelöst werden. Papageitaucher können nacheinander viele kleine Fische fangen und sie alle gleichzeitig im Schnabel transportieren. Die Fische werden durch einen Biß getötet und dann im Schnabel so plaziert, daß sie zwischen Zunge und Oberschnabel gehalten werden. Auf diese Weise wird der Schnabel von hinten nach vorne mit einer Reihe seitlich heraushängender Fische gefüllt.

Falls die Jungen die eingetragene Beute nicht im Stück herunterschlucken können, muß sie von den Eltern zerteilt werden. Im allgemeinen ist die Größe der verfütterten Tiere oder Samen den Fähigkeiten der Vogeljungen angepaßt. Auch kleine Nestjunge können oft beachtlich große Brocken verschlucken. Greifvögel, die große Tiere schlagen, zerreißen die Beute bei der Fütterung.

Entscheidender als die Größe ist die Qualität der verfütterten Nahrung. Pflanzliche Kost ist im allgemeinen für die Aufzucht schnell wachsender Junger weniger geeignet als tierische. Sehr viele Vögel, die erwachsen überwiegend oder ausschließlich von Pflanzen leben, sind als Nestlinge auf Insektennahrung angewiesen. Ausgewachsene Birk- und Auerhühner fressen neben anderen Pflanzenteilen in erheblichem Maße nährstoffarme Heidesprosse bzw. Kiefernnadeln, die Küken aber nur nährstoffreiche Insekten. Die meisten Finken verfüttern an ihre Jungen zunächst Insekten und geben ihnen erst nach Abschluß der anfänglichen Phase schnellen Wachstums auch Samen. Samen sind immerhin noch reicher an Nährstoffen als grüne Pflanzenteile. Sie können daher in Ausnahmefällen als alleiniges Aufzuchtfutter dienen. Die Kreuzschnäbel füttern z.B. ihre Jungen überwiegend mit den Samen von Nadelbäumen.

Tauben und Flamingos ernähren ihre Jungen in den ersten Lebenstagen auf eine ganz besondere Weise. Sie bilden im Kropf bzw. in der Speiseröhre eine Nährflüssigkeit. Die Kropfmilch der Tauben ist reich an Fett und Eiweiß. Sie besteht aus einer Aufschwemmung von Zellen, die von der Kropfwand abgestoßen werden. Die in Drüsenbezirken der oberen Speiseröhre gebildete „Kropfmilch" der Flamingos ist durch Karotine stark rot

Ein Papageitaucher kann nacheinander viele Fische fangen, die er zwischen Zunge und Oberschnabel hält.

gefärbt. In beiden Fällen entsteht die Nährflüssigkeit bei Männchen und Weibchen. Sie stellt zunächst die alleinige Nahrung der Jungen dar. Die Kropfmilch der Tauben ist bestimmt weit nahrhafter als die von den Altvögeln gefressenen Pflanzenteile. Ein derartiger Vorteil läßt sich bei den Flamingos nicht ohne weiteres erkennen. Tierisches Plankton würde sich durchaus auch als Nahrung für die Jungen eignen. Da die Flamingos aber die feinen Nahrungsteilchen aus stark salzhaltigem Wasser ausseihen, ist die Salzkonzentration eines solchen Futters für die Kleinen vielleicht zu hoch. Die Fütterung mit Kropfmilch begrenzt die Zahl der Jungen. Keine der insgesamt über 300 Taubenarten hat mehr als 1 bis 2 Junge. Für mehr reicht die Produktionskapazität des Kropfes sehr wahrscheinlich nicht aus. Sowohl die Tauben als auch die Flamingos füttern ihre älter werdenden Jungen zunehmend mit der normalen, artspezifischen Kost.

Die Übergabe des Futters erfolgt auf verschiedene Weise. Die Singvögel und andere Insektenfresser stopfen den Jungen die Nahrung in den aufgesperrten Schnabel. Lappentaucher, Rallen und Kraniche halten den Kleinen das Futter mit dem Schnabel vor. Greifvögel füttern ihre Jungen zunächst mit kleinen Beutestückchen, legen die Beute aber später einfach auf dem Nestrand ab. Gefährlich sieht die Fütterung der Kormorane, Pelikane und Tölpel aus. Ihre Jungen stecken den Schnabel und Kopf tief in den Schlund der Alten.

Die Futterübergabe durch die Altvögel wird durch das Betteln der Jungen angeregt. Je heftiger ein Junges bettelt, also je hungriger es ist, um so mehr Nahrung erhält es. Dem Arbeitseifer der Alten sind aber Grenzen gesetzt, über die hinaus durch noch so starkes Betteln keine Leistungssteigerung mehr erreicht werden kann. Eine Überforderung der Eltern würde die ganze Brut gefährden.

Die meisten Sperlingsvögel bringen nicht nur Futter, sondern halten auch das Nest sauber. Sie nehmen den Jungen die von einer Schleimschicht umhüllten Kotballen ab und tragen sie fort. Außer der Hygiene dient das bestimmt auch der Sicherheit. Durch den weißen Kot würden das Nest und seine Umgebung zu auffällig werden.

Sehr viele Vögel versorgen ihre Jungen, nachdem sie das Nest verlassen haben, noch einige Zeit lang weiter (s.S. 212). Im Verlauf dieser Zeit kommt es zwischen den Alten und Jungen zunehmend zu Interessenkonflikten. Die Jungen wollen den Eltern möglichst nahe bleiben, von ihnen gefüttert werden und an der Sicherheit des von ihnen besetzten Territoriums teilhaben. Die Altvögel könnten durch eine zu ausgiebige Betreuung ihrer weitgehend ausgewachsenen Jungen an einer erneuten Brut gehindert werden.

Grauschnäpper füttern z.B. ihre flüggen Jungen noch etwa 14 Tage lang. Mit der Zeit werden die Alten aber immer abweisender. Um gefüttert zu werden, müssen die Jungen ihre Eltern schließlich geradezu verfolgen. In dem Maße, wie die Geschicklichkeit der Jungvögel beim Insektenfang wächst, lassen die Belästigungen der Eltern nach. Es wird immer einfacher, sich selbst zu versorgen, als hinter den Alten herzujagen. Sind die Jungen endlich völlig selbständig, werden sie von den Eltern nicht mehr beachtet oder von ihnen sogar vertrieben. Die Altvögel können sich nun wieder ihren eigenen Interessen zuwenden. Sie können mit einer zweiten Brut beginnen, mausern oder sich auf den Zug vorbereiten.

Vögel mit ungewöhnlichem Fortpflanzungsverhalten

Das Fortpflanzungsverhalten einiger Vögel weicht von dem bisher geschilderten in bemerkenswerter Weise ab. Einige dieser Fälle werden hier vorgestellt.

Die Kuckucke

Die beiden europäischen Kuckucksarten sind Brutparasiten. Sie legen ihre Eier immer in die Nester anderer Vögel, lassen sie von diesen ausbrüten und die Jungen von ihnen aufziehen.

Die Angewohnheit, Eier in fremde Nester zu legen, ist in der Vogelwelt weiter verbreitet, als man annehmen sollte. Enten, vor allem Tauchenten, legen ihre Eier oft zu Gelegen von Artgenossen oder auch verwandter Arten. Im Ismaninger Teichgebiet in Oberbayern enthielten bei einer Kontrolle 4% der Stockenten-, 16% der Schnatterenten- und 13% der Reiherentengelege einzelne Tafelenteneier. Auch bei Rallen, Wat- und Singvögeln können Gemeinschafts- und Mischbruten auftreten. Von solchen Vorformen ist es aber noch ein weiter Weg bis zum obligatorischen Brutparasitismus.

Über die Entstehung des Brutparasitismus gibt es verschiedene Theorien. Die meisten Vögel von der Größe eines Kuckucks ziehen pro Jahr nur 3 bis 5 Junge auf, da die langen Brut- und Brutpflegezeiten eine weitere Brut nicht zulassen. Wird ihnen die Brutfürsorge durch unfreiwillige Pflegeeltern abgenommen, können sie in einer Brutsaison weit mehr Eier legen. Ein Kuckucksweibchen legt jährlich, je nach Angebot an Wirtsvogelnestern, 9 bis 22 Eier. Wenn sich aus allen diesen Eiern neue Kuckucke entwickeln würden, wäre durch den Brutparasitismus eine beachtliche Nachwuchsrate zu erzielen. Um den eigenen Fortpflanzungserfolg nicht zu gefährden, müssen die Wirtsvögel das zu verhindern suchen. Aus den entgegengesetzten Interessen entsteht zwischen Parasit und Wirt ein „evolutionäres Wettrüsten", das zu ganz erstaunlichen Anpassungen des Parasiten und zu ebensolchen Gegenmaßnahmen des Wirts führt. Die Wirtsvögel lernen es, die fremden Eier zu erkennen, sie aus dem Nest zu werfen oder das ganze Gelege aufzugeben und an anderer Stelle mit einer neuen Brut zu beginnen. Dabei sind über die natürliche Auslese die Parasitenweibchen im Vorteil, deren Eier denen der Wirtsvögel am ähnlichsten sind. Den Wirten wird die Unterscheidung zwischen eigenen und fremden Eiern erschwert. Sie können nun ihrerseits darauf damit antworten, daß sie individuell sehr variable Eier entwickeln. Das könnte z.B. die Erklärung dafür sein, daß Baumpieper, deren Eier von Gelege zu Gelege stark verschieden sind, weniger vom Kuckuck parasitiert werden als Wiesenpieper, die weit einheitlichere Eier legen. Jedes Kuckucksweibchen legt lebenslänglich nur einen Eityp. Die Entstehung angepaßter Eier fällt also bei artspezifisch einheitlichen Wirtsvogeleiern leichter als bei variablen.

In Europa überlassen nur die Kuckucke die Sorge um den Nachwuchs ausschließlich anderen Vögeln. Der Kuckuck parasitiert eine Vielzahl laubsänger- bis dros-

Entwicklung des Jungkuckucks: Nach dem Schlüpfen wirft das Kuckucksjunge die Eier oder Jungen der Wirtsvögel aus dem Nest.

selgroßer Sperlingsvogelarten. Der Häherkuckuck legt seine Eier bevorzugt in die Nester von Krähenvögeln, wie Elstern und Aaskrähen.

In Anpassung an die besondere Form der Fortpflanzung besitzt das Kuckucksweibchen spezielle Fähigkeiten und Verhaltensweisen. Die Nester werden durch die genaue Beobachtung der Wirtsvögel ausfindig gemacht und oft mehrfach hintereinander aufgesucht. Kuckucksweibchen betätigen sich auch als Nesträuber. Schon einige Zeit bevor sie ihr eigenes Ei hineinlegen, können sie aus dem Nest eines Wirtsvogels Eier herausnehmen und auffressen. Auf diese Weise werden manchmal ganze, schon bebrütete Gelege entfernt. Sehr wahrscheinlich dient dieser Eierraub dazu, eine zeitliche Staffelung des Brutbeginns bei den Wirtsvögeln zu erreichen. Damit die kurze Entwicklungszeit der Kuckuckseier voll zum Tragen kommt, müssen sie zu noch nicht bebrüteten Eiern gelegt werden. Die Kuckucksweibchen sorgen also dadurch, daß sie die Wirtsvögel zu Nachgelegen veranlassen, dafür, daß ihnen über längere Zeit geeignete Nester zur Verfügung stehen. Um die späteren Pflegeeltern möglichst wenig zu stören, erfolgt die Eiablage innerhalb weniger Sekunden. Oft nimmt das Kuckucksweibchen, bevor es sein eigenes Ei ins Nest legt, schnell ein Ei heraus, das es gewöhnlich später herunterschluckt. Obgleich ein Kuckuck weit größer als seine meisten Wirtsvögel ist, sind seine Eier ausgesprochen klein. Sie unterscheiden sich in dieser Beziehung kaum von denen der Wirte. Wenn der Zugang zum Nest zu eng ist, preßt das Kuckucksweibchen die Kloake gegen die Öffnung des Nestes und läßt das Ei hineinfallen. Die Schale der Kuckuckseier ist so dick, daß sie beim Fall nicht beschädigt werden.

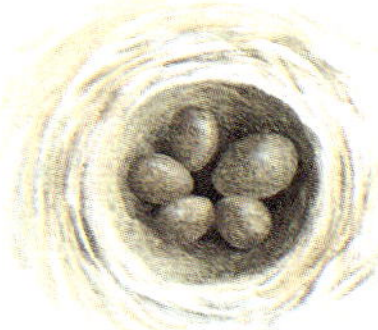

Kuckucksei im Gelege eines Wiesenpiepers.

Kuckucksei im Gelege eines Teichrohrsängers.

Kuckucksei im Gelege eines Drosselrohrsängers

Kuckucksei im Gelege einer Heckenbraunelle.

Kuckucksei im Gelege einer Trauerbachstelze.

So kommt es in den Genuß allen, von den Pflegeeltern herbeigeschafften Futters.

Eine Elster füttert zwei eigene Junge und zwei junge Häherkuckucke.

Die Übereinstimmung der Kuckucks- und Wirtsvogeleier ist keineswegs immer sehr ausgeprägt. Doch finden sich bei den Wirtsvogelarten, die auf fremde Eier sehr empfindlich reagieren, erstaunlich gelungene Imitationen. Die Anlage zur Bildung so gekonnter Nachahmungen wird vererbt. Dabei spielt die Prägung des Kuckucksweibchens auf die Wirtsvogelart, bei der es aufgewachsen ist, eine wichtige Rolle. Dadurch konnten sich mit der Zeit bestimmte Vererbungslinien bilden, in denen die Anpassung der Eier durch die auslesende Tätigkeit der Wirtsvögel ständig vervollkommnet wird. Auf diese Weise ist auch zu erklären, daß die Kuckucke regional ganz verschiedene Wirtsvogelarten bevorzugen.

Das Kuckucksjunge schlüpft fast stets vor den Jungen der Wirtsvögel. Im Alter von nur wenigen Stunden setzt bei ihm eine hartnäckige Betriebsamkeit ein. Alles, was sich außer ihm noch im Nest befindet, muß herausbefördert werden. Eier und Nestgeschwister werden zwischen den angehobenen Flügelstummeln rücklings an der Nestwand hochgestemmt, bis sie über den Nestrand fallen. Nahrungskonkurrenten kann der Jungkuckuck nicht gebrauchen. Er ist bei seinem enormen Wachstum auf alle Nahrung, die die Pflegeeltern herbeischaffen können, angewiesen.

Die Häherkuckucke parasitieren Vogelarten, die in der Regel größer sind als sie selbst. Ihre Eier sind wesentlich größer als die des Kuckuck und denen der Wirtsvögel, wie Elstern und Krähen, farblich recht gut angepaßt. Ein Häherkuckucksweibchen kann in ein Wirtsvogelnest mehrere Eier legen. Eier und Nestgeschwister werden von den kleinen Häherkuckucken nicht aus dem Nest geworfen. Da ihre Entwicklungszeit ausgesprochen kurz ist, schlüpfen sie aber normalerweise als erste. Sie beanspruchen gleich so viel Nahrung und wachsen so schnell heran, daß die Jungen der Wirtsvögel mit ihnen nicht Schritt halten können und mit der Zeit aus dem Nest verschwinden. Nur wenn die Jungen der Pflegeeltern einige Tage vor den Häherkuckucken schlüpfen, haben sie eine Chance, mit diesen aufzuwachsen.

Neben weiteren Brutparasiten gibt es in der Kuckucksfamilie auch zahlreiche Arten, die ihre Jungen selber großziehen. Der Brutparasitismus ist bei den Vögeln in sieben verschiedenen Verwandtschaftsgruppen unabhängig voneinander entstanden. Mit etwa 80 Arten (ca. 18%) ist der Anteil der Brutparasiten an der Gesamtzahl der Vogelarten jedoch gering. Ein evolutiver Vorteil ist dadurch also offensichtlich nur unter ganz bestimmten, seltenen Bedingungen gegeben.

Gemeinschaftliche Brutpflege

Die Mehrzahl der europäischen Vögel ist monogam. Zumeist besetzt ein einzelnes Vogelpaar ein Brutterritorium und zieht dort alleine seine Jungen auf. Eine gemeinschaftliche Brutpflege ist bei uns, im Unterschied zu wärmeren Regionen, äußerst selten. Dort kommt es bei verschiedenen Vogelarten vor, daß sich neben dem Brutpaar in einem Territorium noch weitere Altvögel aufhalten, die bei der Aufzucht der Jungen mithelfen.

Die selbständig gewordenen Jungen der ersten Jahresbrut von Teichhuhn und Rauchschwalbe bleiben in der Nähe der Eltern und füttern mit ihnen die jüngeren Geschwister. Bei den Bienenfressern kann man oft beobachten, daß sich einem Paar ein Helfer zugesellt. Dieser Helfer scheint in der Regel ein vorjähriger Sohn des Paares zu sein.

Es gibt noch zwei weitere europäische Vogelarten mit gemeinschaftlicher Brutpflege, die im folgenden genauer geschildert werden soll.

Die Heckenbraunelle

Die Heckenbraunellen, diese unscheinbaren, kleinen Vögel der Waldränder, Hecken und Gärten, haben ein recht kompliziertes Paar- und Territorialverhalten. Im Frühling scheint es in der Population mehr Männchen als Weibchen zu geben. Jedes Weibchen besetzt für sich ein eigenes Areal. Die Männchen versuchen, in ihren Territorien möglichst viele Weibchenareale zu vereinen. Das gelingt dem einzelnen mehr oder weniger gut. Bei der Überzahl an Männchen kommt es zu den verschiedensten Paarverhältnissen. Neben dem monogamen Paar gibt es Männchen mit mehreren Weibchen und Weibchen mit mehreren Männchen. Der häufigste Paartyp ist das Trio, d.h. ein Weibchen mit zwei Männchen. In diesem Fall dominiert eines der Männchen. Das andere ist deutlich unterlegen. Sicher ist es für ein solches Männchen günstiger, in dieser Stellung in einem Territorium geduldet zu werden, als überhaupt keine Fortpflanzungschance zu haben. Das überlegene Männchen wacht eifersüchtig über das Weibchen. Dennoch gelingt es dem Unterlegenen manchmal, sich mit ihm zu paaren und auch seinerseits für Nachkommen zu sorgen. Wenn das der Fall war, beteiligt es sich auch an der Versorgung der Jungen. Andernfalls überläßt es diese Pflicht allein dem dominanten Männchen.

Für die Weibchen ist die Beteiligung zweier Helfer an der Brutpflege bestimmt von Vorteil. Sehr wahrscheinlich ist der Fortpflanzungserfolg in einem Territorium mit zwei Männchen größer als bei monogamen Paaren. Sind in einem Territorium zwei Weibchen und zwei Männchen, kommt es nur selten gleichzeitig zu beiden Bruten. Auf diese Weise können die Männchen einmal dem einen und dann dem anderen Weibchen beistehen.

Die Schwanzmeise

Im Winter schließen sich die Schwanzmeisen zu Schwärmen zusammen, die zur Hauptsache aus einem alten Paar und dessen Nachkommen bestehen. Es können aber auch Vögel aufgenommen werden, die mit dieser Sippe nicht unmittelbar verwandt sind. Diese Winterschwärme verteidigen gegen Artgenossen ein großes Nahrungsterritorium. Bei kaltem Wetter ruhen die Schwarmmitglieder dicht gedrängt beieinander. Der individuelle Wärmeverlust dieser sehr kleinen Vögel wird dadurch wesentlich verringert.

Im Frühling verlassen die jungen Weibchen den Schwarm und verpaaren sich mit Männchen benachbarter Schwärme. Dann zerfällt auch der gesamte Winterschwarm. Die einzelnen Paare teilen sich das Winterterritorium in Brutgebiete auf, die sie aber gegeneinander nicht sonderlich verteidigen. Jedes der Paare baut sein Nest und zieht darin seine Jungen auf. Nestverluste sind bei den Schwanzmeisen jedoch häufig. Wird das Nest zu Anfang der Brutperiode zerstört, kann es durch ein neues ersetzt werden. Geht es später verloren, wird kein zweites gebaut. Die erfolglosen Vögel unterstützen die erfolgreichen bei der Brutpflege. Bei den allgemein hohen Brutverlusten sind an der Betreuung der glücklich geschlüpften Jungen fast überall Helfer am Werk. Durch die zusätzliche Fütterung steigt die Überlebenschance dieser Jungen beachtlich. Die intensive Versorgung und Bewachung wird auch fortgesetzt, wenn die Jungen das Nest verlassen haben. Bemerkenswert ist, daß die Hilfe bei der Betreuung des Nachwuchses vorwiegend in der eingenen Verwandtschaft geleistet wird. Die Weibchen verpaaren sich zwar mit fremden Männchen, kehren aber, wenn sie ihre Brut verlieren, oft in das elterliche Winterterritorium zurück und beteiligen sich an der Aufzucht der Jungen ihrer Brüder. Die Männchen bleiben dagegen bei ihren Verwandten und helfen dort bei der Brutpflege.

Die Paarbindung

Bei Vogelarten ohne feste Paarbindung kann die Begegnung der Geschlechter nur wenige Minuten dauern. Die Weibchen der Vögel, deren Männchen sich zu einer Gemeinschaftsbalz versammeln, erscheinen nur kurzfristig zur Paarung auf dem Balzplatz. Danach besteht zwischen den Geschlechtern keinerlei Kontakt mehr.

Das entgegengesetzte Extrem sind über mehrere Jahre anhaltende, feste Bindungen. Schwäne können lebenslang mit demselben Partner zusammenbleiben. Bei Vögeln mit hoher Lebenserwartung, z.B. Gänsen, großen Greifvögeln und vielen Seevögeln, brütet dasselbe Paar oft mehrere Jahre hintereinander am selben Ort. Diese beständigen Paare haben, wie das bei Dreizehenmöwen nachgewiesen wurde, häufig einen höheren Bruterfolg als Paare, in denen die Partner ständig wechseln.

Normalerweise, vor allem bei den kleineren Vögeln, verpaaren sich Männchen und Weibchen in jedem Jahr neu. Ein solches monogames Paarverhältnis, in dem die Geschlechtspartner weitgehend gleichmäßig belastet werden, hat erhebliche Vorteile. Während der Brut dürfen die Eier nicht auskühlen und nicht längere Zeit unbewacht bleiben. Das läßt sich vermeiden, wenn sich die Eltern beim Brüten ablösen können. Oft besteht die Arbeitsteilung auch darin, daß das Weibchen allein brütet, auch danach noch einige Tage auf dem Nest bleibt, um die Jungen zu hudern, und in dieser ganzen Zeit vom Männchen mit Nahrung versorgt wird. Solche Verhältnisse lassen sich bei den meisten Greifvögeln beobachten.

Eine derartig ausgeglichene Beanspruchung der Partner ist keineswegs bei allen monogamen Paaren zu finden. Die Männchen vieler Singvogelarten, z.B. die der Meisen und Drosseln, helfen zwar bei der Fütterung der Jungen, beteiligen sich aber nicht am Brüten und Hudern.

Bigamie ist bei zahlreichen Vogelarten beobachtet worden. Nur bei wenigen ist sie aber eine regelmäßige Erscheinung. Hat ein Männchen des Trauerschnäppers eine geeignete Bruthöhle gefunden, lockt es durch anhaltenden Gesang ein Weibchen herbei. Wenn dieses dann das Nest gebaut, die Eier gelegt und mit der Brut begonnen hat, wird es nicht selten vom Männchen verlassen. Das balzt nun vor einer anderen Bruthöhle. Gelingt es ihm, sich erneut zu verpaaren, kehrt es, sobald das Gelege der zweiten Partnerin vollständig ist, zur ersten zurück, um dort bei der Versorgung der Jungen zu helfen. Das erste Weibchen hat also unter der „Untreue" seines Männchens nur wenig zu leiden. Das zweite muß dagegen gewöhnlich seine Brut alleine aufziehen. Der Vorteil für das Männchen liegt auf der Hand. Es kann auf diese Weise die Zahl seiner Nachkommen wesentlich erhöhen. Das zweite Weibchen bekommt, da Männchen und Bruthöhlen wahrscheinlich rar sind, immerhin eine Fortpflanzungschance.

Diese Form der Polygamie, die als aufeinanderfolgende Polygynie bezeichnet wird, ist bei den Zaunkönigen noch weit ausgeprägter. Die Männchen besetzen große Territorien und errichten hier im „Rohbau" gleich mehrere Nester. Dann versuchen sie, nacheinander für jedes dieser Nester ein Weibchen zu interessieren. Gelingt das, wird den Weibchen der Innenausbau des Nestes überlassen. Die Männchen beteiligen sich auch kaum an der Brutpflege, sondern sind vollauf damit beschäftigt, neue Partnerinnen herbeizulocken. Nur Männchen mit Territorien in nahrungs- und deckungsreichem, buschigem Gelände können mehrere Weibchen für sich gewinnen. In offenem Gelände mit wenig Nistmöglichkeiten sind die meisten Zaunkönige monogam. Wenn sich die Weibchen ohne Aussicht auf Unterstützung bei der Brutpflege mit einem polygamen Männchen einlassen, so beruht das weniger auf dessen Attraktivität, sondern mehr auf den Vorzügen seines Territoriums.

Unter den Hühnervögeln lassen sich die verschiedensten Paarverhältnisse beobachten. Das Rebhuhn und die Schneehühner gehen monogame Verbindungen ein. Die Hähne bleiben auch nach dem Schlüpfen der Küken bei den Familien. Birk- und Auerhahn balzen auf Gemeinschaftsbalzplätzen. Hier kommt es zu keinerlei Paarbindung. Fasanenhähne verteidigen große Territorien. Sie versuchen, möglichst viele Hennen anzulocken und sich mit ihnen zu paaren (Haremspolygynie). Die Hennen brüten später verteilt im Hahnenterritorium. Bei den Steinhühnern übernehmen Henne und Hahn die Betreuung je einer Brut. Die Henne legt nacheinander in zwei Nester jeweils bis zu 14 Eier. Zum Brüten kehrt sie zum ersten Gelege zurück und überläßt das zweite dem Hahn.

Auch bei den Watvögeln können sich die Geschlechter auf recht unterschiedliche Weise an der Brut beteiligen. Die Mehrzahl der Arten ist monogam. Männchen und Weibchen wechseln sich bei der Brut ab und führen gemeinsam die Jungen. Austernfischer und wohl auch andere Arten können mehrjährige Paarbindungen eingehen. Nicht selten übernehmen die Männchen den Hauptanteil an den elterlichen Pflichten. Die Weibchen der Dunklen Wasserläufer verlassen das Brutgebiet ungefähr eine Woche, bevor die Kleinen schlüpfen. Die Männchen brüten die Eier aus und betreuen die Jungen. Die Weibchen der Wassertreter sind größer und kräftiger gefärbt als die Männchen. Bei der Balz sind sie die Aktiveren. Die Männchen übernehmen die gesamte Brutpflege. Die Weibchen der Temminckstrandläufer legen ähnlich wie die Steinhühner 2 Gelege. Eines brüten sie selber aus, das andere übernimmt das Männchen. Sollte noch ein weiteres Männchen in der Nähe sein, kann das Weibchen für dieses noch ein drittes Mal Eier legen. Die Weibchen des amerikanischen Drosseluferläufers können es auf diese Weise zu 4 Gelegen bringen. Manchmal beteiligen sie sich an der letzten Brut. Um die anderen kümmern sie sich nicht.

Völlig entgegengesetzt liegen die Verhältnisse bei Wald- und Doppelschnepfe sowie beim Kampfläufer. Im langsamen Balzflug streichen die Waldschnepfenmännchen in der Dämmerung „quorrend“ und „puitzend“ über Lichtungen und an Waldrändern entlang. Die von den einzelnen Männchen überflogenen Gebiete können sich stark überlagern. Hat ein Männchen bei diesen Flügen ein Weibchen gefunden, bleibt es bei diesem, bis das Gelege vollständig ist, und nimmt darauf seine Suchflüge wieder auf. An der Brut beteiligt es sich nicht. Die Männchen der Doppelschnepfe versammeln sich zur nächtlichen, geräuschhaften Balz. Mit seltsamem bibberndem Zwitschern, Knetern und Quorren machen sie im Chor die Weibchen auf sich aufmerksam. Die Kampfläufer erreichen den gleichen Effekt mit optischen Mitteln. In flatternden Sprüngen präsentieren sie ihre unterschiedlichst gefärbten Halskrausen und Ohrbüschel. Aus der Ferne sieht ein gut besetzter „Kampfplatz“ wie ein wirbelndes Blumenbeet aus. Weder die Doppelschnepfen- noch die Kampfläufermännchen kümmern sich um den Nachwuchs.

Greifvögel und Eulen sind meistens monogam. Doch gibt es auch hier Ausnahmen. Manche Waldkäuze haben 2 Weibchen, von denen jedes für sich ein Territorium besetzt hält. Junge Kornweihenmännchen gehen zumeist nur mit einem Weibchen eine Paarbindung ein. Ältere Männchen können gleichzeitig bis zu 5 Weibchen haben.

Waldschnepfe beim Balzflug.

Die Lebenserwartung der Altvögel

Angaben zur Lebenserwartung wildlebender Vögel lassen sich nur ausnahmsweise durch die direkte Beobachtung ermitteln. Dazu sind statistische Methoden notwendig. In einer Population werden möglichst viele Jungvögel, also Individuen bekannten Alters, gekennzeichnet. Aus den Raten der Wiederfänge bzw. Wiederbeobachtungen dieser Vögel kann dann für die jeweiligen Altersklassen in den Folgejahren die Sterblichkeit berechnet werden.

Die Jugendsterblichkeit, beginnend mit dem Ei bis hin zum geschlechtsreifen Jungvogel, ist ausgesprochen hoch (s.S. 214). Wenn die Vögel erst voll erwachsen sind, bleibt die Sterblichkeit über längere Zeit vollkommen konstant. Ein altersbedingtes Ansteigen ist, wenn überhaupt, nur in geringem Maße festzustellen. Mit anderen Worten: In jedem Jahr stirbt von den erwachsenen Vögeln ein bestimmter, gleichbleibender Anteil. Bei den Rotkehlchen sterben z.B. jährlich 50% der Altvögel. Entsprechende Werte finden sich auch bei vielen anderen kleinen Sperlingsvögeln. Gehen wir von 1.000 Rotkehlchen eines Jahrganges aus, so sind nach einem Jahr nur noch 500 am Leben. Im Jahr darauf wären es dann 250 und in den folgenden Jahren 125, 62, 31, 16, 8, 4, 2, 1. Diese konstante Mortalität unterscheidet sich grundlegend von der menschlichen Sterblichkeit. Hier sind die Verluste zwischen dem zehnten und sechzigsten Lebensjahr gering. Sie steigen dann im hohen Alter steil an. Freilanduntersuchungen an Vögeln bestätigen, daß Altersschwäche als Todesursache bei ihnen eine ganz untergeordnete Rolle spielt. Man könnte auch sagen, daß ein Vogelleben so voller Gefahren ist, daß kaum ein Vogel wirklich alt wird. Es ist also fast unmöglich für ein freilebendes Rotkehlchen, ein normal erreichbares Höchstalter anzugeben. Als einzig reale Angabe zur Lebenserwartung kann festgestellt werden, daß ungefähr aus einem Zehntel der gelegten Eier Brutvögel werden (s.S. 215) und daß nur die Hälfte dieser Brutvögel die Chance hat, auch im nächsten Jahr zu brüten. Aus diesen Werten läßt sich für das Rotkehlchen eine mittlere Lebenserwartung errechnen. Sie ergibt sich aus folgender Formel:

$$\text{Mittlere Lebenserwartung} = \frac{(2\text{-}m)}{2m}$$

(m = Mortalität)

Im konkreten Fall des Rotkehlchens:

$$\text{Mittlere Lebenserwartung} = \frac{(2\text{-}0{,}5)}{2\text{x}0{,}5} = 1{,}5$$

(50% von 1 = 0,5)

Die durchschnittliche Lebenserwartung eines Rotkehlchens beträgt also 1,5 Jahre. Das scheint der Beobachtung zu widersprechen, daß einige individuell bekannte Rotkehlchen weit länger gelebt haben. Es ist durchaus möglich, daß dasselbe Rotkehlchen mehrere Jahre lang in unserem Garten brütet. Die durchschnittliche Lebenserwartung schließt ja nicht aus, daß Vögel weit älter werden, wohingegen an-

Erwachsene Rotkehlchen haben eine Überlebensrate von 50%. Die der Jungen ist weit niedriger.

Papageitaucher werden nachweislich mehr als 20 Jahre alt.

dere früher sterben. In dem oben angeführten Beispiel wird nur ein Rotkehlchen von tausend 10 Jahre alt. Einige recht zutrauliche und daher im Winter auch gut versorgte Rotkehlchen werden wahrscheinlich länger am Leben bleiben als die große Masse.

Viele der kleinen Sperlingsvögel Europas haben eine mit Rotkehlchen vergleichbare Lebenserwartung. Meisen leben im Mittel noch kürzer. Ihre Mortalitätsrate beträgt um 70% und ihre durchschnittliche Lebenserwartung weniger als ein Jahr. Neuere Untersuchungen lassen vermuten, daß die Lebenserwartung tropischer Kleinvögel größer ist als bei den Vögeln kälterer Regionen. Ein gleichbleibendes Klima ohne die nahrungsarmen, kalten Winter und ohne den Zwang, weite Wanderungen unternehmen zu müssen, scheint die Sterblichkeit deutlich herabzusetzen.

Größere Vögel leben allgemein länger als kleine (vgl. nebenstehende Tabelle und Angaben im Bestimmungsteil). Tölpel, Flamingos und Alken können auch in Freiheit recht alt werden. Das höchste Alter europäischer Vögel wurde bisher bei Papageitauchern festgestellt. Ihre jährliche Überlebensrate beträgt 95% und ihre mittlere Lebenserwartung 19,5 Jahre. Das tatsächliche Höchstalter eines Papageitauchers ist nicht bekannt, da die Untersuchungen noch nicht lange genug andauern. Es ist zu erwarten, daß einige 40 Jahre und älter werden, während andere ein Alter von 20 Jahren nicht erreichen. Um solche Angaben erarbeiten zu können, müssen die Vögel markiert werden. Von den bei der Untersuchung beringten Papageitauchern sind inzwischen schon einige älter als 20 Jahre. Zu Beginn der Arbeit an der Papageitaucherpopulation wurden Aluminiumringe verwandt. Sie werden mit der Zeit brüchig und gehen verloren. Es ist daher sehr wahrscheinlich, daß inzwischen die Zahl der über 20 Jahre alten, einst beringten Vögel weit größer ist, als sich das heute noch feststellen läßt. Sicherlich können auch andere große Vögel sehr alt werden. Verständlicherweise sind aber bisher nur sehr wenige Untersuchungen zu dieser Problematik durchgeführt worden. Die meisten im Bestimmungsteil angeführten Altersangaben sind Zufallsbefunde. Es ist zu erwarten, daß sich durch langwierige, genaue Beobachtungen andere Höchstalterswerte ermitteln ließen. Diese Werte werden allgemein über den bisher bekannten liegen. Die Fragezeichen, die hier bei vielen Arten die Altersangabe ersetzen müssen, zeigen, daß die Frage nach der Lebenserwartung bzw. der Sterblichkeit noch in zahlreichen Fällen nicht exakt beantwortet werden kann.

Jährliche Überlebensrate
erwachsener Vögel ausgewählter Arten

Art	Überlebensrate in %	Mittlere Lebenserwartung in Jahren
Eissturmvogel	95	19
Flamingo	95	19
Papageitaucher	95	19
Silbermöwe	92	12
Schwarzschnabel-Sturmtaucher	90	9,5
Baßtölpel	90	9,5
Mauersegler	88	8
Höckerschwan	82	5
Mäusebussard	80	4,5
Weißstorch	79	4,3
Ringeltaube	65	2,4
Amsel	65	2,4
Turmfalke	60	2
Rotkehlchen	50	1,5
Haussperling	50	1,5
Blaumeise	30	1

Vierter Teil

Die Ökologie der Vögel

Die Population und ihre Entwicklung

Die Überlebensrate

Die Anzahl der Vögel in einer Population ist von der Lebenserwartung der einzelnen Individuen und ihrem Fortpflanzungserfolg abhängig. Viele Jungvögel sterben, bevor sie das Brutalter erreicht haben (s.S. 214). Die jährliche Überlebensrate der Altvögel ist von Art zu Art verschieden. Sie reicht von sehr niedrigen Werten von um 30%, z.B. bei den Blaumeisen, bis zu hohen Werten um 90%, z.B. bei den Papageitauchern (s.S. 285). Die bisher bekannten Zahlen werden im Bestimmungsteil aufgeführt. Diese Angaben können in verschiedener Weise wiedergegeben werden. Einer Überlebensrate von 95% entspricht eine Sterblichkeit von 5% (100 - 95). Manchmal werden auch Dezimalzahlen benutzt. Im gewählten Beispiel beträgt die Überlebensrate dann 0,95 und die Mortalität 0,05 (1,0 - 0,95).

In der Natur ist die Anzahl der Vögel in einer Population bemerkenswert konstant. Das heißt nicht, daß es keinerlei Schwankungen gäbe. Ein harter Winter kann eine Vogelpopulation erheblich dezimieren. Über längere Zeiträume hinweg betrachtet, ändern sich die Zahlen aber auffallend wenig. In einem Garten von einer bestimmten Größe und einer gleichbleibenden Bepflanzung leben z.B. ein bis zwei Amselpaare, ein Buchfinken- und ein Rotkehlchenpaar. Es gibt kaum ein Jahr, in dem keiner dieser Vögel dort brütet. Ebensowenig ist zu erwarten, daß die Zahl der Brutvögel im Garten wesentlich ansteigt.

Solche mehr zufälligen Beobachtungen lassen sich durch eingehende Untersuchungen von Vogelpopulationen bestätigen. Obwohl z.B. die Meisenpopulation eines Waldes von Jahr zu Jahr schwankt, ja sogar Halbierungen und Verdopplungen der Zahlen vorkommen können, ändert sich die Größe der Population, wenn man sie über eine lange Zeit beobachtet, erstaunlich wenig. Fluktuationen können durch hohes bzw. niedriges Samenangebot im Winter ausgelöst werden. Wenn die Nahrung reichlich ist, ist die Überlebensrate hoch. Ist die Nahrung knapp, steigt die Mortalität.

Zählung der Waldkauzbrutpaare in einem englischen Waldgebiet. Die Zahlen steigen langsam an, bis die maximale Tragfähigkeit des Lebensraums erreicht ist.

Der Ausgleich der Individuenzahlen

Die meisten Vogelpopulationen bleiben konstant, weil sich Zuwachs und Verluste ausgleichen. Da die Sterblichkeit vom Ei bis zum geschlechtsreifen Vogel sehr variabel und schwer erfaßbar ist (s.S. 215), fällt es allgemein leichter, sich nur auf die Vögel im brutfähigen Alter zu beziehen. In einer Population mit gleichbleibenden Individuenzahlen erreichen pro Zeiteinheit ebenso viele Jungvögel die Brutreife, wie Altvögel sterben.
(Anzahl Erstbrüter = Anzahl Abgang Brutvögel)
Mit dieser Gleichung läßt sich berechnen, wie viele Jungvögel in den Brutbestand hineinwachsen müssen, damit die Population quantitativ unverändert bleibt. Die jährliche Überlebensrate der Silbermöwe liegt z.B. bei 90% (bzw. 0,9). Die jährliche Sterblichkeit pro Vogelpaar (2 Vögel) beträgt demnach 0,2 (2x(1,0-0,9)). Je Möwenpaar müssen also 0,2 Jungvögel pro Jahr brutfähig werden, damit die Population auf gleicher Höhe bleibt. Gehen in einer Population die Individuenzahlen zurück, ist entweder die Sterblichkeit der Altvögel oder die der Jungen zu groß. Oft fallen auch beide negativen Entwicklungen zusammen. Wächst die Population, so ist die Mortalität in einer der Altersklassen oder in beiden geringer als üblich.

Die einzelnen Vogelarten haben eine ganz unterschiedliche Lebenserwartung. Entsprechend muß auch der jeweilige Anteil an Erstbrütern in den Populationen verschieden sein. Das läßt sich wieder gut an dem Beispiel der Meisen und Papageitaucher zeigen. Nur 30% der Blaumeisen werden älter als ein Jahr. Im Brutvogelbestand einer Meisenpopulation haben also nur 0,6 (0,3x2) Vögel je Paar schon im vergangenen Jahr gebrütet. Dagegen gehören 1,4, gut zwei Drittel, zum erstmals brütenden Nachwuchs. Bei den Papageitauchern mit einer Überlebensrate von 95% sind 1,9 (0,95x2) Vögel pro Paar älter als ein Jahr und nur 0,1 (2-1,9) pro Paar bzw. 5% der Brutvögel Erstbrüter.

Die Kapazität des Lebensraums

Manche Veränderungen der Populationsgrößen lassen sich voraussagen oder auf bekannte Faktoren zurückführen. Die Zahl der im Frühjahr noch lebenden Meisen wird z.B. wesentlich durch das Nahrungsangebot im vergangenen Winter bestimmt. Graureiherpopulationen werden durch kalte, lang andauernde Winter stark dezimiert, da die Vögel durch die Eisdecke am Fischfang gehindert werden.

An dem Beispiel der Graureiher läßt sich die langjährige Populationsentwicklung eindrucksvoll zeigen. Nach einem Zusammenbruch während eines sehr strengen Winters steigt die Zahl der Reiher im Verlauf mehrerer Jahre mit normalen Wintern stetig an. Interessanterweise dauert diese positive Entwicklung aber nur so lange, bis eine bestimmte Bestandshöhe erreicht ist. Auch mehrere aufeinanderfolgende milde Winter können die Population nicht über diesen Maximalwert anwachsen lassen. In einem Lebensraum kann also nur eine bestimmte Anzahl von Graureihern leben. Als begrenzende Faktoren kommen das Raum- und das Nahrungsangebot in Betracht. Graureiher fischen einzeln, und jeder von ihnen braucht einen Gewässerabschnitt, der ihn ausreichend ernährt. Solange die Population klein ist, steht jedem Reiher ein hinreichend großes Fischrevier zur Verfügung. Wächst die Population, nehmen Raum- und Nahrungskonkurrenz zu. Entsprechend sinkt die Überlebensrate der Jungreiher. Schließlich kommt es zwischen der Sterblichkeit der Altvögel und dem Zuwachs an Jungvögeln zum Ausgleich. Die Graureiherpopulation hat ihre maximale Dichte erreicht. Die Mor-

Besetzte Graureiherhorste in 2 Landschaften. Die Winter 1940, 41, 42, 45, 47, 62 und 63 waren besonders hart.

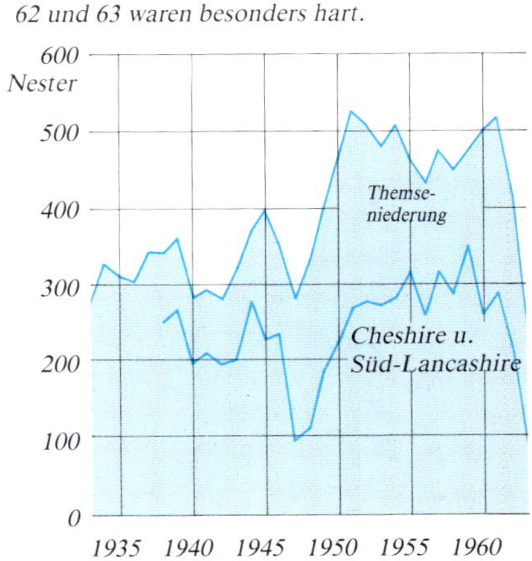

talität der Jungvögel und, weniger ausgeprägt, auch der Altvögel wird durch die jeweilige Populationsdichte bestimmt. Man spricht daher von dichteabhängiger Mortalität. Die Kapazität des Lebensraums läßt nur eine begrenzte Populationsdichte zu.

Das Vermehrungspotential

Die quantitative Stabilität der Populationen ist, bedenkt man das enorme Vermehrungspotential der Vögel, erstaunlich. Eine Amsel kann pro Jahr drei Bruten mit jeweils 3 bis 4 Jungen aufziehen und ein Rotkehlchen 2 Bruten mit je 5 Jungen. Würden alle die kleinen Rotkehlchen und ihre Eltern überleben, wären in einem Jahr aus einem Paar 6 Paare geworden. Unter derselben Voraussetzung wären es nach 5 Jahren 7.776 Paare.

Eine so gewaltige Vermehrung tritt jedoch bekanntlich nicht ein. Wodurch wird aber nun die im Ansatz vorhandene Überproduktion verhindert? Wie schon gezeigt (s.S. 215), gehen die meisten Gelege verloren. Viele der geschlüpften Jungen sterben in den ersten Lebenswochen. Danach geht die Jugendsterblichkeit zwar zurück, aber dennoch erlangt nur ein geringer Prozentsatz der flüggen Jungen die Brutreife. Alljährlich stirbt auch ein gewisser Anteil der Brutvögel. Normalerweise sind die Überlebensraten der alten Vögel weit konstanter als die der jungen. Eine Langzeitstudie an Kohlmeisen ergab für die Brutvögel eine Überlebensrate zwischen 40 und 75%. Die der Jungen schwankte dagegen zwischen 1 und 20%. Änderungen im Brutbestand kleiner Vögel werden vorwiegend durch unterschiedliche Überlebensraten hervorgerufen. Da das Vermehrungspotential groß ist, können hier kurzfristig starke Populationsschwankungen eintreten. Auch die Populationsgrößen langlebiger, großer Vögel hängen erheblich von der Sterblichkeit der Jungen ab. Da die Anzahl der jährlich in den Brutbestand hineinwachsenden Vögel aber gering ist, bleiben größere Schwankungen aus. Starke Änderungen der Populationsdichte können hier nur durch eine vermehrte Mortalität der Altvögel ausgelöst werden.

Viele Vogelarten besitzen zwar die Fähigkeit, sich schnell und stark zu vermehren, diese Fähigkeit kommt aber selten zum Tragen. Unter Ausnahmebedingungen kann es aber durchaus zum beachtlichen Anwachsen von Populationen kommen. Wenn Vogelarten in Gebieten eingebürgert werden, die von ihnen bisher noch nicht bewohnt wurden oder wenn es zu tiefgreifenden, andauernden Landschaftsveränderungen kommt (s.S. 311), sind häufig Massenvermehrungen zu beobachten. Einige europäische Vögel, die in andere Kontinente gebracht wurden, haben dort inzwischen weite Bereiche besiedelt. Auf einer Insel im Staat Washington USA wurden z.B. 8 Fasane ausgesetzt. Nach 6 Brutperioden waren es 1.989. Nachdem sie in der Neuen Welt eingebürgert worden waren, kam es bei Staren und Haussperlingen zu wahren Bevölkerungsexplosionen. In New York wurden 1890 und 1891 zusammen 120, nach anderen Angaben 160, Stare freigelassen. Im Jahr 1950 hatten sie die ganzen Vereinigten Staaten besiedelt und sich millionenfach vermehrt.

Langfristige Änderungen der Populationsgröße

Über einen relativ kurzen Zeitraum von wenigen Jahren betrachtet, bleiben viele Vogelpopulationen weitgehend konstant. Im Verlauf von Jahrzehnten können aber sehr erhebliche Veränderungen eintreten. Auf dem Gebiet der Bundesrepublik Deutschland ist die Zahl der Weißstörche von etwa 8.000 Paaren um die Jahrhundertwende auf rund 900 Paare (1982) zurückgegangen. Die Ursachen für diesen gewaltigen Schwund sind vor allem Trockenlegungen von Feuchtgebieten, Mechanisierung und Chemisierung der Landwirtschaft, Unfälle an Freileitungen und bestimmt auch Verluste im Winterquartier.

Bei Kleinvögeln lassen sich langfristige Bestandsänderungen weniger leicht nachweisen. Ein Rückgang der Dorngrasmücken in der Mitte der siebziger Jahre

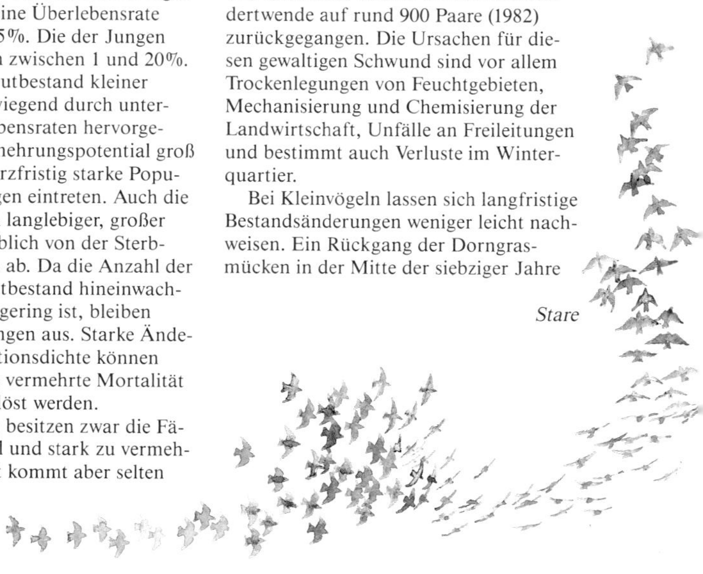

Stare

stand möglicherweise mit der damaligen Dürre in der afrikanischen Sahelzone in Verbindung. Diese Region ist eines ihrer wichtigsten Überwinterungsgebiete.

Zweifellos führen auch natürliche Veränderungen des Lebensraums zu Populationsverschiebungen. In einer über 30 Jahre lang beobachteten Kohlmeisenpopulation zeigte sich ein deutlicher Zusammenhang zwischen der Brutpaardichte und der Waldentwicklung. Bei Beginn der Untersuchung waren die Bäume noch klein. Mit dem Wachsen des Waldes und der Ausbildung einer reicher strukturierten Vegetation stieg die Zahl der Meisen stetig an.

In diesem Jahrhundert haben in Europa die Türkentauben die bemerkenswerteste Populationsvergrößerung und Arealausweitung unternommen. Bis 1932 kamen sie auf unserem Kontinent nur auf der Balkanhalbinsel vor. Dann stießen sie nach Norden und Westen vor. Um 1946 erreichte die Vorhut Bayern. Um 1960 war die ganze Bundesrepublik von Türkentauben besiedelt. Bei ihrem Vormarsch und ihrer Ausbreitung halten sich diese Tauben eng an die menschlichen Siedlungen. Hier finden sie äußerst günstige Ernährungs- und Brutbedingungen vor. Eine ähnliche Bestandsvergrößerung und Ausdehnung des Brutgebietes konnte auch bei Eissturmvögeln beobachtet werden. Nach Überlieferungen nahm ihre Zahl auf Island ungefähr seit 1750 merkbar zu. Um 1820 brüteten sie erstmals auf den Faröern. Auf St. Kilda vor der Nordwestküste Schottlands bestand schon seit einigen Jahrhunderten ein Brutvorkommen. Bis zum Jahre 1878 waren die anderen Inseln und die Küsten der Region aber unbesiedelt. In diesem Jahr wurden auf den Shetland-Inseln einige Brutpaare entdeckt. Heute brüten rings um die Britischen Inseln Eissturmvögel an jeder nur einigermaßen geeigneten Klippe. Die letzte Zählung (1970) ergab über 300 000 besetzte Brutplätze. Der jährliche Populationszuwachs lag bei 7%. Inzwischen hat die Wachstumsrate zwar abgenommen, ein stabiler Zustand (s.S. 287) ist aber noch nicht erreicht. Wenn man bedenkt, daß jedes Eissturmvogelpaar im Jahr nur ein Junges aufziehen kann und daß die Jungvögel erst mit einem Alter von 8 bis 9 Jahren brutfähig werden, ist diese Entwicklung wirklich

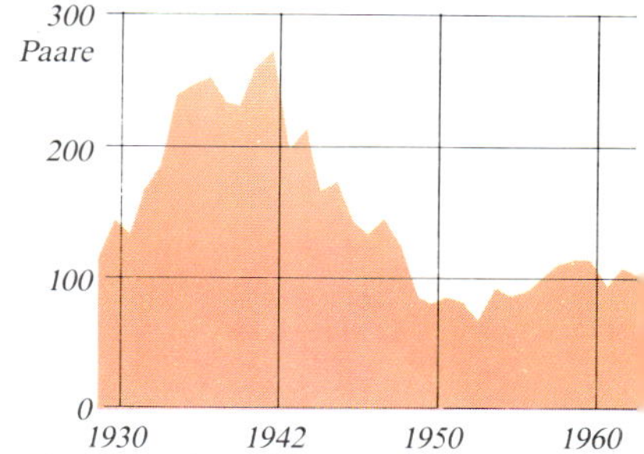

Rückgang der Weißstörche im Oldenburger Land.

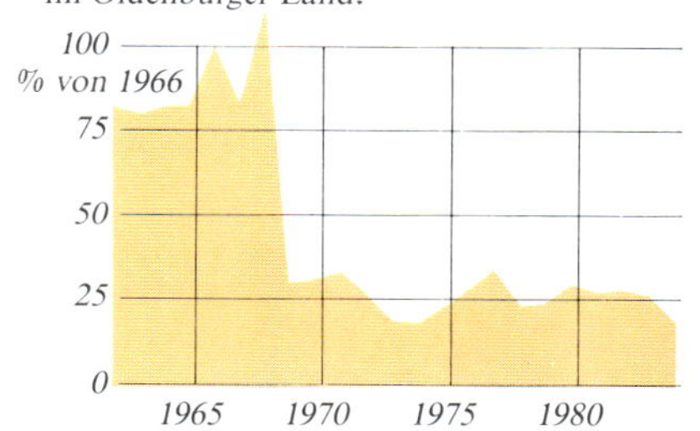

Populationsentwicklung der Dorngrasmücke in England in Relation zum Jahr 1966 (1966 = 100%).

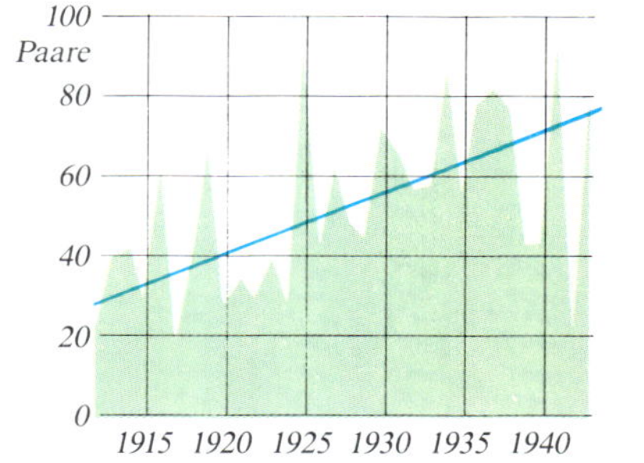

Entwicklung des Brutbestandes der Kohlmeise auf 129 ha Wald bei Arnheim/Holland

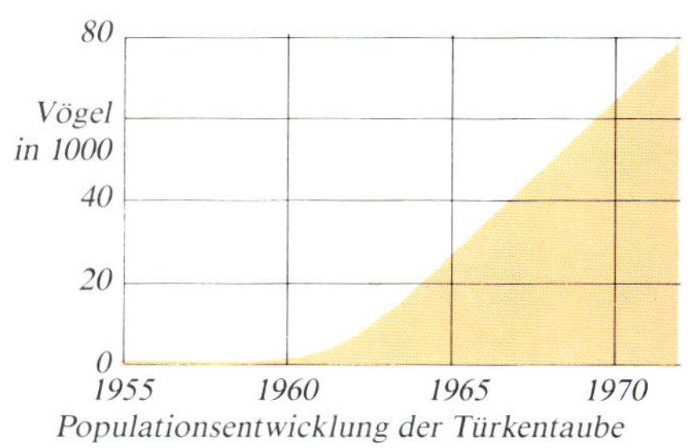

Populationsentwicklung der Türkentaube auf den Britischen Inseln. Inzwischen hat sich die Zuwachskurve abgeflacht.

erstaunlich. Die Gründe für diesen enormen Populationsanstieg sind nicht bekannt. Es können Klimaänderungen, vermehrter Nahrungsanfall durch die stark intensivierte Fischerei oder vielleicht sogar Änderungen des Erbgutes sein.

Zyklische und eruptionsartige Bestandsschwankungen

Es gibt Vogelarten und -gruppen, deren Bestände weit stärker schwanken, als das im allgemeinen der Fall ist. Bei einigen dieser Arten zeigen Anstieg und anschließender Zusammenbruch der Population einen zyklischen Verlauf. Sehr ausgeprägt läßt sich das an den Schneehühnern beobachten. Von einem Populationsmaximum zum nächsten vergehen beim Alpen- und Moorschneehuhn mehrere Jahre (3 bis 10). Regional treten erhebliche Unterschiede auf. Mit zunehmender Populationsdichte verschlechtert sich die Ernährungsgrundlage und die Aggressivität der Schneehühner nimmt zu. Das zyklische Auf und Ab der Population wird mit diesen Erscheinungen in Verbindung gebracht.

Die zweite Gruppe mit starken Populationsfluktuationen stellen die sogenannten Invasionsvögel. Durch günstige Umstände können die regionalen Bestände sehr groß werden. Es kommt zu eruptionsartigen Erscheinungen. Ein bekanntes Beispiel für eine derartige Entwicklung ist der Fichtenkreuzschnabel. Er lebt zur Hauptsache von Fichtensamen und zieht mit diesen auch seine Jungen auf. Das größte zusammenhängende Brutgebiet der Fichtenkreuzschnäbel ist die nördliche Nadelwaldzone. Da es nicht im selben Gebiet in aufeinanderfolgenden Jahren zu einer reichlichen Zapfenreife kommt, vagabundieren die Vögel umher. Gebrütet wird dort, wo der Samenanfall besonders groß ist. Es kommt also örtlich, wohl hauptsächlich durch Zuwanderer, zu enormen Bestandszuwächsen und, wenn die Verhältnisse ungünstiger werden, auch zu sprunghaften Populationsverminderungen. Gibt es aber nach mehreren Jahren mit einem reichlichen Nahrungsangebot in der ganzen weiteren Umgebung keine reifen Fichtenzapfen mehr, wird die Lage für die Kreuzschnäbel schwierig. Sie weichen nun in Gebiete aus, in denen sie gewöhnlich nicht anzutreffen sind. Jetzt erscheinen sie auch in größerer Zahl in Westeuropa. Solche „Irruptionen" sind nicht selten. Seit dem Beginn des 19. Jahrhunderts sind über 60 Fichtenkreuzschnabelinvasionen registriert worden.

Die Kreuzschnäbel sind unter den Invasionsvögeln insofern eine Ausnahme, als sie in jedem Jahr in einem anderen Gebiet brüten können, also auch in Mittel- und Westeuropa, wenn hier ausreichend Nahrung zur Verfügung steht. Von hier aus können sie auch wieder in den Norden zurückwandern. Anders liegen die Verhältnisse bei Vögeln, die nur in ihren Brutgebieten die ihnen zusagende Nahrung finden. In der Tundrenzone stellen Lemminge für viele Vögel die Ernährungsgrundlage. Die von ihnen abhängigen Vögel müssen sich auf den Vermehrungszyklus dieser kleinen Nager einstellen. Rauhfußbussard und Schneeeule verhalten sich in dieser Beziehung ähnlich wie die Kreuzschnäbel. Sie streifen durch die Tundra und siedeln sich dort an, wo es gerade eine hohe Lemmingpopulation gibt. Wenn die Bestände der Lemminge weiträumig zusammenbrechen, erscheinen beide Arten in größerer Anzahl in südlicheren Regionen weit außerhalb ihres Brutgebietes. Zu Ansiedlungen kommt es hier aber nie.

Eine häufig in Mitteleuropa überwinternde nordische Vogelart ist der Seidenschwanz. In seiner Brutheimat, den Nadel- und Birkenwäldern des Nordens, lebt er im Winter von den Beeren der Eber-

An den jährlichen Jagdstrecken der Alpenschneehühner im nördlichen Island lassen sich die zyklischen Populationsschwankungen erkennen.

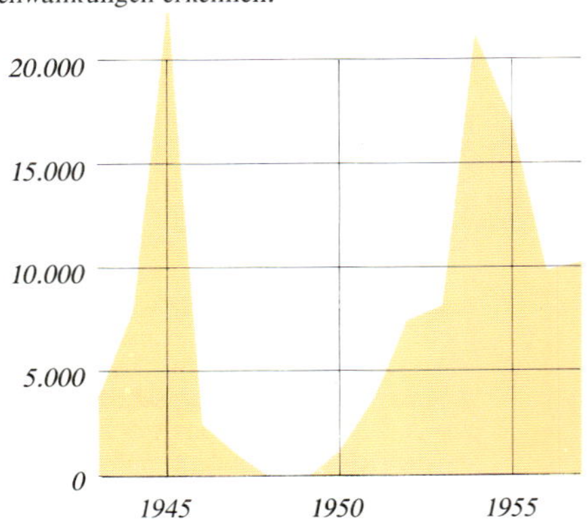

esche. Wenn die Beerenernte gering ist, weichen die Seidenschwänze weiter nach Süden aus und sind dann recht vertraute Gäste in unseren Wäldern, Parks und Gärten.

Die Steppenhühner leben normalerweise in den Steppen Zentralasiens. Gelegentlich kommt es aber zu invasionsartigen Vorstößen bis weit nach Europa hinein. Im vorigen und zu Beginn dieses Jahrhunderts gab es einige solcher Invasionen, bei denen die Vögel sogar westwärts bis nach Schottland gelangten. Inzwischen sind die „Irruptionen" der Steppenhühner seltener und die Zahlen der wandernden Vögel kleiner geworden. Großräumige Veränderungen des Lebensraums können dabei eine Rolle spielen.

Auch eine andere Vogelart dieser Region, der Rosenstar, weitet sein Verbreitungsgebiet periodisch nach Osteuropa aus und kann dann im Spätsommer und Herbst in größerer Zahl auch in Mittel- und Westeuropa auftreten.

Die Invasionsvögel stammen bevorzugt aus der Taiga und der Tundrenzone. Die Vegetation ist dort artenarm und das Nahrungsangebot daher einseitig. Die Vogelarten sind in der Mehrzahl auf eine bestimmte Nahrung spezialisiert. Versiegt die Nahrungsquelle, können sich die Vögel kaum auf ein am Ort verfügbares Ersatzangebot umstellen.

Eichelhäher, Buntspechte, Kohl-, Tannen- und Weidenmeisen verlassen, sobald die Nahrung knapp wird, die Wälder des Nordens, um günstigere Gebiete weiter im Süden aufzusuchen. Da alle diese Arten auch in Mittel- und Westeuropa vorkommen, fallen solche Invasionen weniger auf als die von Seidenschwänzen, Bergfinken oder Tannenhähern, die hier nicht brüten oder, wie die Tannenhäher, auf die Gebirgsregionen beschränkt sind.

Vergleichbar den bekannten Wanderungen der Lemminge, hat man auch in den Invasionen der Vögel ein Mittel gesehen, mit dem nach Massenvermehrungen die Populationen wieder auf ein Normalmaß reduziert werden. Die auswandernden Individuen würden dann für den Erhalt der Art einen „kollektiven Selbstmord" begehen. Das ist aber sicher nicht richtig. Zu Massenauswanderungen kommt es mit großer Wahrscheinlichkeit nur dort, wo ohne regionale Ausweichmöglichkeit plötzlich die Ernährungsgrundlage fehlt. Natürlich stirbt im Verlauf eines Invasionszuges ein Großteil der Vögel. Wären sie in ihrem Brutgebiet geblieben, wäre es ihnen aber nicht besser ergangen. Ihre Chancen, die Zeit der Nahrungsknappheit zu überleben, werden durch die Auswanderung sicherlich erhöht. Wenige werden durchkommen und, wie in einigen Fällen nachgewiesen, in die angestammte Brutheimat zurückkehren.

Der Seidenschwanz lebt im Winter von den Beeren der Eberesche.

Einwanderer und Auswanderer

Sehr viele der eben gerade selbständig gewordenen Jungvögel sterben im Spätsommer. Tote Vögel sind trotzdem selten zu finden, da die meisten klein sind und die Kadaver schnell von Räubern und Aasfressern beseitigt werden. Die Verluste machen sich eher durch das Sinken der Bestandszahlen bemerkbar. Es entsteht der Eindruck, als wäre ein Teil der Population fortgezogen.

Natürlich bleiben nicht alle Vögel an dem Ort ihrer Geburt. Zu- und Abwanderungen gehören zum normalen Bild fast aller Vogelpopulationen. Lokale Bestandsschwankungen lassen sich aber in den seltensten Fällen durch Aus- und Einwanderungen größeren Maßstabs erklären. In benachbarten Populationen verlaufen solche Fluktuationen zumeist parallel. In Trockenzeiten können z.B. Amseln nur wenige Junge aufziehen, da sie zur Hauptsache Regenwürmer verfüttern. Lang anhaltende Witterungszustände sind selten auf kleine Gebiete beschränkt. Es werden also in dem gewählten Beispiel die Amseln einer ganzen Region betroffen. Wenn in einer Gegend die Jungvögel zunehmend aus der Population verschwinden, ist auch in den angrenzenden Gebieten ein Rückzug zu beobachten. Eine Auswanderung ist daher unwahrscheinlich.

Nicht immer müssen aber alle aus der Population verschwundenen Jungvögel gestorben sein. Sie können auch abwandern und in Gebiete geringer Bestandsdichte gelangen. Im Bereich menschlicher Siedlungen ist der Bruterfolg der Kohl- und Blaumeisen gewöhnlich geringer als in einem nahegelegenen Wald. In den Gärten verursachen Störungen am Brutplatz, räuberische Katzen und Vergiftungen durch Spritzmittel große Verluste. Unter dem Druck der Nahrungskonkurrenten wird der Geburtenüberschuß des Waldes nach der Brutzeit auch in die Parks und Gärten ausweichen. Hier ist, da es im Verhältnis zum Nahrungsangebot nur wenige Meisen gibt, die Möglichkeit zur Ansiedlung gegeben.

Auswanderer spielen auch in sich ausbreitenden Populationen eine wesentliche Rolle. Sowohl beim Eissturmvogel als auch bei der Türkentaube (s.S. 289) kann das schnelle Vordringen nur dadurch erklärt werden, daß den Erstbesiedlern eines Gebietes in den folgenden Jahren aus den schon dichter besiedelten Brutgebieten weitere Zuwanderer folgten. Allein durch die Vermehrung am Ort wäre ein so sprunghaftes Anwachsen der Bestände in den neu erschlossenen Regionen nicht möglich gewesen.

Die Regulation der Populationen

Es wurde beschrieben, daß sich die Vogelpopulationen gewöhnlich über längere Zeit auf dem gleichen Niveau halten (s.S. 287). Die Faktoren, die diesen Ausgleich bewirken, sind auch schon genannt worden. Sie sollen hier nochmals im Zusammenhang dargestellt werden.

Der wesentlichste an der quantitativen Regulation beteiligte Faktor ist die Populationsdichte, d.h. die Anzahl der Individuen einer Art pro Flächeneinheit. Die Dichte beeinflußt die Lebenserwartung des einzelnen Vogels entscheidend. Am Beispiel des Graureihers konnte gezeigt werden, daß die Überlebensrate der Jungen von der jeweiligen Individuenzahl abhängt (s.S. 287). Solange die Bestandsdichte gering ist, können auch unerfahrene und weniger durchsetzungsfähige Jungreiher satt werden. Da dann viele Junge am Leben bleiben, steigt die Populationsdichte an. Mit zunehmender Dichte wird die Konkurrenz aber größer. Die Überlebensrate der Jungvögel sinkt. Schließlich kommt es zwischen dem Abgang von Alt- und dem Zuwachs von Jungvögeln zum Ausgleich. Es tritt ein Zustand quantitativer Stabilität ein.

Zweifellos spielt die Nahrung bei der Regulation von Vogelpopulationen eine entscheidende Rolle. Es können aber auch andere Faktoren bedeutsam werden. Bei hoher Dichte ergibt sich für territoriale Vögel ein Raumproblem. Die Aus-

In Gärten sind die Störungen oft groß und das Nahrungsangebot gering. Beides beeinträchtigt den Bruterfolg der Meisen.

einandersetzungen um die Territorien nehmen mit steigender Individuenzahl zu. Bald gelingt es vielen brutfähigen Vögeln nicht mehr, ein Wohngebiet zu besetzen. Ein erheblicher Anteil der Population wird also an der Brut gehindert. Damit kann die Nachwuchsrate nicht weiter ansteigen.

Die Erscheinung der dichteabhängigen Populationsregulation läßt sich zusammenfassend so erklären: In einem begrenzten Lebensraum bestimmter, gleichbleibender Qualität kann nur eine bestimmte Anzahl von Vögeln einer Art leben. Steigt die Zahl der Individuen an, sinkt gleichzeitig deren Lebenserwartung. Sinkt die Dichte, verringert sich die Sterblichkeit. Das führt dazu, daß die Anzahl der Vögel in einer Population um einen langfristig konstanten Mittelwert schwankt. Wenn keine entscheidenden Veränderungen im Lebensraum eintreten, reguliert sich die Population also letztendlich selber.

Ein wichtiger Aspekt der beschriebenen Regulationsform ist, daß jedes sterbende Individuum seinen Platz für ein anderes frei macht, das andernfalls nicht überlebt hätte. Die quantitative Stabilität einer Population beruht also auf dem Ausgleich zwischen Tod und Geburt. Wenn das so ist, muß eines das andere irgendwie beeinflussen. Entweder bestimmt die Anzahl der Abgänge die der Zugänge oder umgekehrt. Eine dritte Möglichkeit bestände darin, daß die Vögel ihre Geburtenrate auf die jeweilige Populationsdichte abstellen. In begrenztem Maße scheint das auch möglich zu sein. In einer Kohlmeisenpopulation, für die durch das Aufhängen vieler Nistkästen einer der begrenzenden Faktoren beseitigt wurde, sank mit zunehmender Populationsdichte die Zahl der Eier pro Gelege und die der aufeinanderfolgenden Bruten. Im allgemeinen werden die Vögel aber so viele und so häufig Junge aufziehen, wie sie nur irgend können. Jedes Paar versucht, zu den künftigen Generationen einen größtmöglichen Beitrag zu liefern (s.S. 250). Die Zahl der überlebenden Jungen wird durch die innerartliche Konkurrenz und die äußeren Lebensbedingungen bestimmt.

Die Vögel, für die die Kapazität eines Lebensraumes nicht mehr ausreicht, können als Populationsreserve bezeichnet werden. Zwischen ihnen muß die Konkurrenz besonders groß sein. Sobald ein Territorium frei wird, findet es sofort einen neuen Besitzer. Das beweist, daß die überzähligen Vögel durchaus nicht lebensuntüchtig sein müssen. Wenn sich ihnen eine Gelegenheit bietet, können sie ohne weiteres in den Brutbestand einrücken.

Die Bedeutung der Populationsreserve

Die Tatsache, daß die Vögel gewöhnlich mehr Junge aufziehen, als zum zahlenmäßigen Erhalt der Population nötig wären, sichert letztlich deren Bestand. Ohne

Jeder Graureiher braucht sein eigenes Fischrevier.

diese Reserve könnten die Populationen nicht auf kurzfristig einsetzende günstige Bedingungen reagieren. Die Ausbreitung der Türkentaube (s.S. 289) wäre z.B. ohne eine hohe Nachwuchsrate nie möglich gewesen. Von Zeit zu Zeit werden alle Populationen mit ausgesprochen ungünstigen Lebensbedingungen konfrontiert. Es kann dadurch zu drastischen Verringerungen der Dichte kommen. Der Geburtenüberschuß macht es möglich, daß bei einer Verbesserung der Lage die Verluste wieder schnell ausgeglichen werden können. Viele Vogelpopulationen sind starken Dichteschwankungen unterworfen. Besäßen sie nicht die Fähigkeit, in guten Brutjahren die Individuenzahlen zu erhöhen, würden sie auf Dauer immer mehr zusammenschmelzen.

Der Geburtenüberschuß als Basis der Evolution

Der Geburtenüberschuß ist der „Werkstoff", mit dem die Evolution arbeitet. Charles Darwin bemerkte als einer der ersten, daß nur wenige Jungtiere erwachsen werden. Er erkannte auch die Bedeutung dieser Erscheinung. Die einzelnen Individuen, die ums Überleben und um den Fortpflanzungserfolg konkurrieren, sind nicht alle gleich. Zwischen ihnen kann es die mannigfaltigsten Unterschiede geben. Die Lebewesen, die den jeweiligen Bedingungen ihrer Umwelt am besten angepaßt sind, werden den Konkurrenzkampf bestehen, Nachkommen haben und diesen ihre überlegenen Eigenschaften weitergeben. Auf diese Weise können die Arten mit dem Wandel der Lebensbedingungen Schritt halten. So können neue Unterarten und schließlich auch neue Arten entstehen. Darwin nannte diesen Vorgang „natürliche Auslese".

Folgerungen für die Praxis

Das Wissen um die Zusammenhänge bei der Regulation von Populationen ist eine zentrale Voraussetzung für die Begrenzung von wirtschaftlichen Schäden durch Vögel, für den erfolgreichen Vogelschutz und für eine schonende Jagd.

Die Kontrolle von „Schadvögeln"

Schäden durch Vögel sind allgemein eine

Acker, Hof und Garten bieten Ringeltaube, Türkentaube und Zaunkönig geeigneten Lebensraum.

Folge von Lebensraumveränderungen durch den Menschen. Dadurch werden wenige Arten begünstigt und viele gefährdet. Die durch landwirtschaftliche Monokulturen geförderten Arten können leicht zu „Schadvögeln" werden. Will man, ohne bei den wahren Ursachen anzusetzen, eine solche Vogelart reduzieren, muß nicht allein die Populationsreserve abgeschöpft, sondern auch in den Brutbestand eingegriffen werden. In England sind z.B. große Anstrengungen unternommen worden, die Ringeltauben, die sich als vom intensiven Ackerbau begünstigte Kulturfolger enorm vermehrt haben, so stark zu bejagen, daß ihre Zahl in tragbaren Grenzen gehalten werden kann. Den Jägern gelang es aber nicht, mehr als 0,5 Tauben pro ha landwirtschaftlicher Nutzfläche zu erlegen. Dagegen kamen, wie die Untersuchungen ergaben, schon 2 Tauben pro ha durch natürliche

Ursachen um. Die Jagd verringerte also nur die natürliche Sterblichkeit. Es ist daher kaum erstaunlich, daß durch die Bejagung die Populationsdichte nicht entscheidend gesenkt werden konnte.

Um eine „Schadvogelart" dauerhaft zu kontrollieren, muß zumindest der jährliche Zuwachs entfernt werden. Damit wird wenigstens ein weiteres Anwachsen der Population verhindert. Sobald die Jagd oder andere Bekämpfungsmaßnahmen eingestellt werden, können sich die Vögel aber sehr schnell wieder bis zu den Grenzen vermehren, die durch die Kapazität des Lebensraums gesetzt werden. Da das Interesse an aufwendigen Bekämpfungsaktionen mit abnehmender Dichte der „Schadvögel" allgemein nachläßt und die Kontrolle gleichzeitig schwieriger und zeitraubender wird, haben derartige Regulationsversuche selten eine andauernde Wirkung.

Folgerungen für den Vogelschutz

Wenn Populationseinbrüche durch zeitlich begrenzte, natürliche Ursachen bedingt sind, können sich die Bestände aus eigener Kraft, oft in erstaunlich kurzer Zeit, wieder erholen. Mit Katastrophen, wie z.B. sehr harten Wintern oder Überflutungen der Gelege bei Sturmfluten, haben die betroffenen Vogelarten Jahrmillionen lang, ohne ernstlich gefährdet zu werden, gelebt.

Völlig anders wirken sich grundlegende, andauernde Veränderungen des Lebensraumes aus. Wenn diese den auf einen speziell strukturierten Lebensraum angewiesenen Vogelarten die Lebensgrundlage nicht gleich völlig entziehen, wirken sie sich doch bestimmt negativ auf deren Fortpflanzungs- und Überlebensrate aus (s.S. 286). Die Regenerationsfähigkeit der Population geht verloren. In dem betroffenen Gebiet stirbt die Vogelart aus. Vogelschutz muß sich also nicht mit dem einzelnen Vogel, sondern mit den gefährdeten Lebensräumen befassen.

Die schonende Jagd

Durch die Jagd soll eine Tierart nicht reduziert, sondern, ohne Eingriff in den fortpflanzungsfähigen Bestand, genutzt werden. Es darf also jährlich nicht mehr als der Populationsüberschuß entnommen werden. Gejagt werden sollte also dann, wenn nach Beendigung der Fortpflanzungsperiode die Populationsdichte am größten ist. Da danach durch die natürliche Sterblichkeit immer mehr Individuen aus dem Bestand schwinden, wird auch der durch die Jagd nutzbare Anteil immer geringer. Wird nach Ablauf der Zeit höchster natürlicher Mortalität gejagt, muß zwangsläufig in den Fortpflanzungsbestand eingegriffen werden. Dadurch wird die Gesamtpopulation dezimiert und für die Zukunft ihr jagdlich nutzbarer Anteil verringert.

Gejagt wird im Herbst, wenn die Populationsdichte am höchsten ist.

Vogelgemeinschaften

In einem Lebensraum leben mehrere Vogelarten nebeneinander. Nur wenige dieser Arten treten miteinander in direkten Kontakt. Meisen, Sperlinge und Stare konkurrieren z.B. um Nisthöhlen. Elstern und Eichelhäher rauben den kleineren Singvögeln die Nester aus. Manche Mitglieder einer Vogelgemeinschaft konkurrieren um die gleiche Nahrung. Die meisten haben aber keinerlei erkennbare Beziehung zueinander.

Die Nische

Innerhalb einer Vogelgemeinschaft führt jede Vogelart ihr eigenes Leben. In dem gemeinsamen Lebensraum nimmt sie eine ganz bestimmte Stellung ein. Zu den Lebewesen ihrer Umgebung hat sie ihre ganz besondere Beziehung. Ein anderes Tier kann für sie z.B. entweder Nahrung, Feind, Konkurrent oder einfach neutral sein. Jede Vogelart besetzt also in der Gemeinschaft der Organismen eines Lebensraums eine eigene „Nische“. Dieser Begriff darf keineswegs allein räumlich verstanden werden. Er umfaßt alle Lebensumstände eines Vogels. Zwei Vogelarten können nicht die gleiche Nische einnehmen (s.S. 55). Entweder wird die eine Art die andere verdrängen oder es werden sich zwischen ihnen Unterschiede entwickeln, die eine Koexistenz ermöglichen.

Am ehesten werden nahe verwandte Arten miteinander konkurrieren. Daher bestehen zwischen Artenpaaren, etwa Sumpf- und Weidenmeise oder Teich- und Sumpfrohrsänger, unterschiedliche Lebensraumansprüche und eine ganze Reihe von Verhaltensweisen und Merkmalen, die eine direkte Konfrontation verhindern. Obwohl sich die Arten äußerlich kaum unterscheiden, sind doch ihre Nischen deutlich verschieden.

Unterschiedliche Verbreitungsgebiete
Verwandte Vogelarten, die sehr ähnliche Nischen einnehmen, haben oft verschiedene Verbreitungsgebiete. Ein gutes Beispiel dafür ist die Verteilung der Steinhuhnarten (Gattung *Alectoris*) in Europa. Auch dort, wo das Steinhuhn im Osten

Brutverbreitung der Steinhuhnarten.

mit dem Chukarhuhn und im Westen mit dem Rothuhn in Kontakt kommt, ist die Überschneidung der Lebensräume weit geringer, als es nach der abgebildeten Verbreitungskarte den Anschein hat. In diesen Regionen kommt das Steinhuhn nur in den höheren Lagen vor, die von den beiden anderen Arten nicht besiedelt werden. Auch die sehr ähnlichen Spötter, Gelb- und Orpheusspötter, haben Verbreitungsgebiete, die sich kaum überschneiden.

Lebensraumunterschiede

Sehr ähnliche Vogelarten kommen durchaus auch im selben Gebiet vor. Ihre Lebensraumansprüche müssen aber deswegen noch keineswegs die gleichen sein. Es ist z.B. durchaus möglich, daß man Dorn- und Klappergrasmücke recht nahe beieinander singen hört. Die eine singt aber bevorzugt aus freistehendem, dichtem Gestrüpp, während die andere zur Hauptsache aus hohem Gebüsch und niedrigem Baumbewuchs zu hören ist.
In Südeuropa leben gleich drei ähnliche Grasmücken nebeneinander. Die Samtkopfgrasmücke ist ein Vogel großer Gebüsche und lockerer Wälder, die Weißbartgrasmücke bewohnt niedriges Gestrüpp und die Brillengrasmücke offenes, trockenes Gelände mit kurzem Bewuchs und wenig Buschwerk. In unseren Breiten kommen Hauben- und Tannenmeise überwiegend im Nadelwald, dagegen Blau- und Sumpfmeise vorwiegend im Laubwald vor. Ähnliche Beispiele lassen sich in allen Verwandtschaftsgruppen der Vögel finden.

Unterschiede in der Nahrungswahl

Nahe verwandte Arten, die im gleichen Lebensraum vorkommen, unterscheiden sich in der Regel in der Nahrungswahl. Sie werden dadurch zumeist auch räumlich getrennt. Der Kleinspecht sucht z.B. die dünneren Äste der Baumkronen ab. Der Buntspecht hält sich bevorzugt am Stamm und an den dickeren Ästen auf. Wo Kormoran und Krähenscharbe an der Küste gemeinsam vorkommen, fischt die Scharbe vorwiegend im freien Wasser, der Kormoran dagegen mehr am Meeresboden. Sie nutzen also auch verschiedene Beutefische.

Unterschiede in der Nahrungsbeschaffenheit

Nahverwandte Vogelarten eines Lebensraums unterscheiden sich oft in der Körpergröße und entsprechend auch in der Größe ihrer Nahrungsobjekte. An den Finken läßt sich das gut demonstrieren. Ihre Schnäbel sind speziell darauf eingerichtet, Samen zu öffnen. Die Ausbildung verschieden großer und starker Schnäbel läßt die Bearbeitung unterschiedlich großer und fester Samen zu. Doch obgleich jede der Finkenarten ihre Vorzugsnahrung besitzt, geht die Spezialisierung

Schnabelgröße verschiedener Finken im Verhältnis der von ihnen bevorzugten Samen.

in den meisten Fällen nicht so weit, daß nicht auch die von anderen Arten bevorzugten Samen gefressen werden könnten. Die Nahrungskonkurrenz wird also durch die Anpassung der Schnäbel an Samen unterschiedlicher Größe weitgehend, aber doch nicht völlig vermieden.

Die Geschlechter mancher Vogelarten unterscheiden sich in der Nahrungswahl. Darin läßt sich der Versuch erkennen, die Nische der Art zu erweitern und dadurch einer höheren Zahl von Individuen die Existenz in einem begrenzten Lebensraum zu ermöglichen. Stieglitzmännchen haben z.B. längere und spitzere Schnäbel als die Weibchen. Sie können damit die feinen, tiefsitzenden Distelsamen ohne Mühe aus den wolligen Fruchtständen herausholen. Den Weibchen fällt das weitaus schwerer. Die Weibchen von Ufer- und Pfuhlschnepfe haben deutlich längere Schnäbel als die Männchen. Sie können dadurch beim Stochern auch tiefere Bodenschichten erreichen. Die Männchen vom Habicht und Sperber sind wesentlich kleiner als die Weibchen. Ein Habichtsweibchen wiegt um 1.250 g und ein Männchen um 750 g. Die entsprechenden Gewichte betragen beim Sperber 250 und 140 g. Das Größenspektrum der Beute wird allgemein durch die Körpergröße einer Greifvogelart begrenzt. Es kann also bei Habicht und Sperber bedeutend weiter sein als bei Arten ohne diese Größendifferenzen.

In den meisten Fällen sind solche Unterschiede zwischen den Geschlechtern weniger auffällig. Die Weibchen des Dreizehenspechtes suchen mehr in den Baumkronen, an kleineren und häufiger auch lebenden Bäumen nach Nahrung als die Männchen, die sich überwiegend an großen, toten Bäumen aufhalten. Ähnlich verhalten sich die Geschlechter auch bei den Weißrückenspechten. Hier sind die Weibchen mehr im Kronenbereich der Bäume zu finden, während die Männchen die Stämme und die dicken Äste bevorzugen.

Zwischenartliche Konkurrenz

Zahlreiche Vogelarten, die letztlich das gleiche Nahrungsangebot nutzen, bewohnen oft dasselbe Gebiet. Jede dieser Arten kann die anderen in irgendeiner Weise beeinflussen. Im Wald leben z.B. Meisen, Schnäpper, Goldhähnchen und Heckenbraunelle nebeneinander. Im Sommer ernähren sich alle diese Vögel in der Hauptsache von Insekten. Ob sie sich gegenseitig die Nahrung wirklich ernstlich streitig machen, ist weitgehend unbekannt. Eine Konkurrenz, die die Dichte und Ausbreitung der Populationen beeinflußt, ist jedoch durchaus möglich. Diese „diffuse Konkurrenz“ ist eine mögliche Erklärung für die vielfach zu beobachtende Erscheinung, daß die Verbreitungsgebiete von Vogelarten nicht mit geographischen oder ökologischen Grenzen zusammenfallen. In einer in bezug auf die Lebensraumbedingungen einheitlichen Region nimmt oft, von einem Zentrum ausgehend, die Siedlungsdichte einer Vogelart zu den Verbreitungsgrenzen hin fortlaufend ab. Vielleicht wird dort der gemeinsame Widerstand der anderen Arten mit ähnlichen Lebensraumansprüchen immer größer.

Vogelgemeinschaften auf Inseln

Die Vogelgemeinschaft einer Insel umfaßt in der Regel weniger Arten als die des benachbarten Festlandes. Auf den Britischen Inseln fehlen etwa 16 Vogelarten, die in Holland, Belgien und Westfrankreich regelmäßige Brutvögel sind. Einige, wie Brachpieper und Gelbspötter, werden alljährlich in England beobachtet. Andere, wie Girlitz und Wiedehopf, haben schon einige Male auf der Insel gebrütet. Zu einer dauerhaften Ansiedlung ist es aber nicht gekommen.

Auf Irland kommen 32 englische und schottische Brutvogelarten nicht vor. Von diesen Vögeln haben einige ihre Hauptverbreitung in Nordeuropa. Es sind aber auch Arten darunter, die nur im Südosten Englands leben und aus Südeuropa stammen. Unter den auf der irischen Insel fehlenden Arten sind auch solche, die wie Teichrohrsänger, Nachtigall, Sumpf- und Weidenmeise, Kleiber, Waldkauz und die Spechte, in England keineswegs selten sind. Gartenrotschwanz und Schafstelze brüten nur vereinzelt und unregelmäßig in Irland. Bei dem durchaus guten Waldbestand der Insel ist das Fehlen einiger in Europa sonst häufiger Waldvögel nicht leicht zu erklären. Warum haben sich die genannten Vogelarten nicht auf der Insel angesiedelt? Dafür könnten einige Besonderheiten von Inseln verantwortlich sein.

Der im kontinentalen Europa weit verbreitete Schwarzspecht ist auf den Britischen Inseln noch nie nachgewiesen worden.

Die Inselgröße
Vogelarten können auf einer Insel fehlen, weil die Landfläche für die Entwicklung einer lebensfähigen Population zu klein ist. Kleine Populationen gehen weit leichter als große zugrunde (s.S. 301). Große Populationen können durch natürliche Umwelteinflüsse ausgelöste Bestandsschwankungen leicht ausgleichen. Kleine Populationen auf kleinen Inseln sind auf ständigen Zuzug angewiesen.

Die Entfernung der Insel vom Festland
Können auf einer Insel nur wenige Individuen einer Vogelart leben, ist deren Bestand weitgehend von Zuwanderern abhängig. Die Populationsdichte wird also sowohl von der Fläche der Insel als auch von ihrer Entfernung zum Festland beeinflußt. Je weiter die Insel von der nächsten großen Landmasse entfernt liegt, um so seltener wird sie von umherstreifenden Vögeln erreicht werden.

Die eingeschränkte Lebensraumvielfalt auf Inseln
Neben den genannten Faktoren schränkt die geringe Variationsbreite der Lebensräume auf kleinen Inseln die Artenvielfalt von vornherein stark ein. Für große Inseln, die mit kontinentalen Landflächen vergleichbar sind, wirken die aufgeführten Gründe weniger überzeugend. Hier läßt sich aber allgemein eine Verarmung von Flora und Fauna feststellen. So gibt es z.B. auf Irland keine Schlangen und kaum Wühlmäuse. Alle Vögel, die auf diese Tiere als Nahrung angewiesen sind, können hier also nicht existieren. Daher leben auf Irland nur wenige Eulen und kaum Mäusebussarde.

Das Ausmaß der Nische

Da in den Lebensgemeinschaften von Inseln oft einige Arten fehlen, die auf dem Festland in der Regel dazugehören, läßt sich hier der Einfluß konkurrierender Vogelarten gut beurteilen. In den meisten schwedischen Nadelwäldern brüten Hauben-, Tannen-, Sumpf- und Weidenmeise nebeneinander. Auf Gotland fehlen Hauben-, Sumpf- und Weidenmeise. In Arealen, die auf dem Festland von diesen Meisen eingenommen werden, ist hier die Tannenmeise anzutreffen. Der Schluß liegt nahe, daß die Tannenmeise in den kontinentalen Wäldern Schwedens von ihren Verwandten räumlich, wie auch in der Nahrungswahl, eingeengt und in ihrer Populationsdichte begrenzt wird.

Diese und ähnliche Beobachtungen lassen vermuten, daß nicht wenige Arten bei Abwesenheit ihrer Konkurrenten den von ihnen besiedelten Raum wesentlich ausweiten würden. Wahrscheinlich lohnt sich die Nahrungssuche in weniger günstigen Lagen erst dann, wenn die besser angepaßten Arten fehlen. In diesem Fall kann die Nische auf den sonst von Konkurrenten beanspruchten Bereich ausgeweitet werden. Es ist also anzunehmen, daß die wenigen Arten auf einer Insel in größerer Dichte vorkommen. Für die Tannenmeisen Gotlands trifft das auch zu. Auf dem schwedischen Festland, wo sie mit drei weiteren Meisenarten auskommen muß, ist ihre Populationsdichte merklich geringer.

Der Vogelschutz

Die kleine Population von Provencegrasmücken Südenglands kann durch kaltes Wetter und Lebensraumzerstörung hart getroffen werden.

Nichts hat seit den Eiszeiten die europäische Landschaft mehr verändert als die Eingriffe durch den Menschen. Lebensräume wie Brüche und Moore, die vor noch wenigen Jahrzehnten weite Gebiete beherrschten, sind heute beinahe verschwunden. In Europa gibt es so gut wie keine natürlichen Wälder mehr. Die ehemals unermeßlich scheinenden tropischen Regenwälder werden in absehbarer Zeit vernichtet sein.

Mit dem Schutz der Natur befaßt sich eine Vielzahl von Organisationen. Die Wirkung dieser Bemühungen ist allgemein gering, weil es immer an politischer Durchsetzungsfähigkeit, oft an fundierten Kenntnissen und zumeist an den finanziellen Mitteln mangelt. Der entscheidende Schwachpunkt ist aber der, daß es in Europa zur Einrichtung großflächiger Schutzgebiete einfach kein Land mehr gibt.

Der Schutz einzelner Vögel

Unter normalen, natürlichen Bedingungen sind Vogelpopulationen in der Lage, sich selbst zu erhalten. Sie können sich von Zusammenbrüchen schnell erholen. Um Verluste, wie sie in jedem harten Winter auftreten, sollte man sich daher nicht sonderlich bekümmern. Eine von den Lebensgrundlagen her gesicherte Population wird dadurch in ihrem Bestand nicht gefährdet.

Zwischen dem Schicksal einzelner Vögel und dem der ganzen Population besteht ein grundlegender Unterschied. Ein kalter Winter führt zwar zum Tode vieler, in der Mehrzahl schwacher oder sonst nicht voll lebenstüchtiger Individuen, er hat aber auf die Population keine anhaltend negative Wirkung. Die Folgen sind eher positiv, da die Kräftigen und Gesunden ausgelesen werden. Die Vögel, die im Winter die Fütterungen in den Gärten und Parks aufsuchen, gehören nicht zu den seltenen Arten. Auch ihre Zahlen gehen in jedem harten Winter stark zurück, obwohl große Mengen von Vogelfutter ausgestreut werden. Es ist bei Kenntnis der Zusammenhänge fraglich, ob sich der ganze Aufwand der Winterfütterung lohnt.

Auf kleine Vogelpopulationen mit geringer Verbreitung können natürliche Katastrophen allerdings einen tiefgreifenden Einfluß haben. Lokale Bestände können sogar aussterben. Es kann sein, daß die Vögel dann in dem betroffenen Gebiet über längere Zeit nicht mehr vorkommen. Gute Brutjahre in den Kerngebieten der Art führen aber in der Regel zur erneuten Besiedlung von Randzonen. Je kleiner und verstreuter der Gesamtbestand einer Vogelart ist, um so fraglicher wird die Wiederbesiedlung eines verlassenen Gebietes. In diesen Fällen lohnt es sich also weit eher als bei häufigen Arten, die Folgen natürlicher Katastrophen zu lindern.

Der Schutz seltener Arten steht vielfach im Vordergrund von Naturschutzbemühungen. Es ist aber keineswegs einfach, zu entscheiden, was eigentlich eine seltene Art ist. Es ließe sich durchaus begründet die Ansicht vertreten, daß es in der Bundesrepublik Deutschland keine seltene Vogelart gibt. Alle die in den „Roten Listen" (s.S. 62-203 Gefährdung) aufgeführten Arten sind zwar in unserem vergleichsweise kleinen Land selten, sie kommen aber auch in weiten Gebieten Eurasiens vor. An ihrem Weltbestand gemessen, kann keine dieser Arten als extrem selten bezeichnet werden. Viele befinden sich bei uns am Rande ihres Verbreitungsgebietes, wo das Überleben für einen Vogel ohnehin schwierig ist. „Rote Listen" haben also nur für einen ganz bestimmten Raum Geltung. Sie sagen zunächst weniger über die allgemeine Gefährdung der Vogelarten als über die derzeitige Eignung des bezeichneten Gebietes für diese Vögel aus.

Ebenso wie in unserem Land gibt es auch in ganz Europa nur sehr wenige wirklich seltene Vogelarten. Es sind lediglich die endemischen, nur in ganz bestimmten Regionen vorkommenden Arten, wie der Korsenkleiber, der auf einige Bergwälder Korsikas beschränkt ist, und die Schuppengrasmücke, die nur auf Cypern lebt. Die Feststellung, daß es nur wenige seltene Arten gibt, heißt aber keineswegs, daß man um keinen Vogel in Europa besorgt sein müßte. Viele Vogelarten mit ausgedehntem, außereuropäischem Vorkommen können innerhalb Europas durchaus gefährdet sein. Existenzbedrohend ist diese Gefährdung bisher aber noch nicht.

Eine derartige Betrachtungsweise kann zu rationaleren Gewichtungen bei der Naturschutzarbeit führen. In der Wasservogelforschung wird das Kriterium der relativen Häufigkeit, d.h. der Größe einer Teilpopulation im Vergleich zum Weltbestand, schon weitgehend berücksichtigt. Dieses Kriterium sollte auch bei allen anderen Vogelgruppen Anwendung finden. Erst so läßt sich die Bedeutung einer Region für eine bestimmte Vogelart richtig beurteilen. Das Wattenmeer der Deutschen Bucht wird z.B. alljährlich von bedeutenden Anteilen der Weltbestände mehrerer Watvogel-, Enten- und Gänsearten aufgesucht. Die Erhaltung dieses Lebensraumens ist daher für diese Vögel von entscheidender Bedeutung.

Die Schuppengrasmücke kommt nur auf Cypern vor.

Die gefährdeten Arten

Einige Vogelarten können Verluste nicht schnell ausgleichen. Sie sind durch natürliche Katastrophen und künstliche Eingriffe leicht verwundbar. Man kann im wesentlichen vier Gruppen solcher Vögel unterscheiden. Es sind das die Vögel, die des intensivsten Schutzes bedürfen:

1. Arten mit begrenzter Verbreitung
Da jede Veränderung des Lebensraumes den ganzen Bestand treffen muß, sind Vogelarten mit begrenzter Verbreitung überall stark bedroht. Fast alle in historischer Zeit ausgestorbenen Vögel hatten kleine Verbreitungsgebiete. Die meisten von ihnen kamen lediglich auf kleinen Inseln vor. Das trifft auch auf viele Vögel zu, die heute in den Listen der weltweit gefährdeten Arten aufgeführt werden. In Europa gibt es nur ganz wenige dieser kleinräumig verbreiteten, endemischen Vogelarten. Die vorhin erwähnten Korsenkleiber und Schuppengrasmücken gehören dazu.

2. Arten mit großen Raumbedarf
Einige Vogelarten, wie die Adler oder großen Eulen, brauchen weiträumige Jagdreviere. Das von einem Steinadler bejagte Gebiet kann eine Fläche von

100 km² und mehr umfassen. Es ist unmöglich, im beengten Europa Schutzgebiete einzurichten, die mehreren dieser Vögel ausreichenden Lebensraum bieten. Größere, lebensfähige Populationen solcher Arten lassen sich nur dann erhalten, wenn die Vögel auch außerhalb von Schutzgebieten ungestört jagen dürfen. Die Zersiedlung, Verdrahtung und einseitige Nutzung der Landschaft macht solchen Arten das Leben immer schwerer. Der Schlangenadler z.B. ist auf den Fang von Schlangen und Eidechsen spezialisiert. Seitdem die Reptilien in der Folge der vielfältigen mechanischen und chemischen Umweltzerstörungen immer seltener geworden sind, haben die Schlangenadler weite, früher von ihnen besiedelte Gebiete aufgeben müssen. Stein- und Seeadler hatten früher in Mitteleuropa eine weit größere Verbreitung als heute. Als Jagdkonkurrenten des Menschen wurden sie intensiv verfolgt. Diese Einstellung ist immer noch nicht überwunden, was den Schutz der größeren Greifvögel allgemein erheblich erschwert.

Auch Seevögel beanspruchen weiträumige Gebiete. Das einzelne Paar verteidigt zwar kein Nahrungsterritorium, die Kolonien brauchen jedoch für die Ernährung große Meeresareale.

Der Schlangenadler ist auf Reptilien spezialisiert.

3. Arten, die in Kolonien brüten
Vogelarten, die Brutkolonien bilden, müssen nicht unbedingt selten oder gefährdet sein. Sie sind jedoch von vornherein anfällig. Ihre Brutplätze sind leicht zu finden. Auch kleine Bestände konzentrieren sich während der Brutzeit auf wenige, gewöhnlich gut bekannte Brutorte. Nur ganz wenige, einst sehr häufige Landvogelarten sind durch die direkte Verfolgung ausgerottet worden. Das bekannteste Beispiel ist die nordamerikanische Wandertaube. Bezeichnenderweise war sie ein Koloniebrüter. Auch wenn zu hoffen ist, daß die gewollte Vernichtung einer Vogelart in Europa inzwischen der Vergangenheit angehört, bestehen für Vögel, die zusammengedrängt an wenigen Orten brüten, doch weiterhin erhebliche Gefahren. Von einigen Seevögeln gibt es nur wenige große Kolonien. An der deutschen Nordseeküste konzentrieren sich die rund 7.000 Brutpaare der Brandseeschwalbe auf 7 Kolonien, die Masse mit über 6.000 Paaren sogar auf nur 3 kleine, einigermaßen naturbelassene Inseln. Ein überwiegender Anteil des Weltbestandes vom Schwarzschnabel-Sturmtaucher brütet an den Küsten der Britischen Inseln. Von den geschätzten 300.000 Brutpaaren brüten wahrscheinlich mehr als 75% auf 4 Inseln, von denen zwei nur 3 km voneinander entfernt sind. Ein Tankerunfall in der Deutschen Bucht oder vor der walisischen Küste könnte einen Großteil dieser Vögel vernichten. Neben zahlreichen Seevögeln gehören auch die Reiher zu den Koloniebrütern. Ihre Kolonien wurden und werden vielfach immer noch stark bejagt.

4. Arten mit geringer Nachwuchsrate
Vogelarten, die früh brutreif werden und eine zahlreiche Nachkommenschaft haben, können Bestandseinbußen in kurzer Zeit wieder ausgleichen. Vögel, die erst in einem Alter von mehreren Jahren brutfähig werden und deren Vermehrungsrate gering ist, sind weit eher gefährdet. Wenn der Bestand aus irgendeinem Grunde stark verkleinert wird, dauert es viele

Jahre, bis er sich wieder regeneriert hat. Papageitaucher und Eissturmvögel z.B. ziehen jährlich nur ein Junges auf. Bis das erwachsen ist, vergehen mehrere Jahre (s.S. 216). Während der Wachstumsphase der Population betrug die Zunahme der britischen Eissturmvögel 7% im Jahr. Untersuchungen an Papageitauchern in Schottland ergaben fast den gleichen Wert. Bei dieser Vermehrungsrate würde es nach einem totalen Zusammenbruch der Populationen lange dauern, bis der heutige Stand wieder erreicht ist.

Für die Gefährdung der großen Greifvögel sind primär nicht lokal und zeitlich begrenzte Umweltverschlechterungen, sondern eine allgemeine Verringerung des Bruterfolges und eine erhöhte Sterblichkeit verantwortlich. Bei den Brutverlusten spielen Pestizide eine nicht unerhebliche Rolle (s.S. 312). Die gesteigerte Sterblichkeit ist das Ergebnis anhaltend intensiver Verfolgung. Auch wenn in der Bundesrepublik Deutschland die Jagd auf Greifvögel eingeschränkt wurde, besteht sie in anderen Teilen Europas weiter. Die Bestrebungen, sie bei uns wieder zu intensivieren, sind nicht zu übersehen. Bei der geringen Nachwuchsrate und der unter natürlichen Bedingungen hohen Lebenserwartung dieser Vögel ist es nicht verwunderlich, daß sie zu den Arten gehören, die vom Menschen am leichtesten ausgerottet werden können.

Dort, wo mehrere Faktoren zusammen kommen, ist die Gefährdung besonders groß. Ein Beispiel dafür ist der ausgestorbene Riesenalk. Er war ein großer, auffälliger Vogel, der nur an wenigen Stellen in Kolonien brütete. Er hatte eine niedrige Vermehrungsrate und sicher auch eine lange Reifephase. Zu alledem war er auch noch flugunfähig. Durch massenweises Abschlachten konnten die großen Kolonien innerhalb weniger Jahre vernichtet werden.

Schutz der Lebensräume

Eine Vogelpopulation bleibt nur so lange lebenstüchtig und kann sich nur so lange aus sich selbst erhalten, wie ihr Lebensraum unverändert bleibt. Auch geringfügige Eingriffe können erhebliche negative Folgen haben, da sie gewöhnlich, anders als natürliche Katastrophen, von anhaltender Dauer sind. Der beste Vogelschutz ist daher die Erhaltung einer möglichst naturbelassenen Landschaft. Damit kann man auch schon auf kleinem Raum beginnen. Ein Garten mit ungestutzten Bäumen und Sträuchern, mit wilden Kräutern und wucherndem Gras ist sicher lebensfreundlicher als eine ins Freie verlegte „Gute Stube". Für die Vogelwelt ist ein nicht zu ordentlicher Garten weit nützlicher als jede Winterfütterung.

Von der Betreuung des einzelnen Vogels oder der einzelnen Art wendet sich der Vogelschutz erfreulicherweise zunehmend der Sicherung gefährdeter Lebensräume zu. Die Vögel sind ja nur Bestandteil ganzer Lebensgemeinschaften. Die Erhaltung ihrer Lebensräume kommt allen Pflanzen und Tieren dieser Gebiete zugute.

Aber auch wenn es gelingen sollte, große und ausreichend gesicherte Schutzgebiete für bedrohte Lebensgemeinschaften zu schaffen, kann man sie doch nicht von allen schädlichen Einflüssen isolieren. Viele Vogelarten werden durch Umweltgifte wie den vorwiegend zur Schädlingsbekämpfung eingesetzten chlorierten

Die beiden letzten Riesenalke wurden 1844 erschlagen. Die Brutkolonien kann man sich so vorstellen.

Kohlenwasserstoffen (z.B. DDT) und ähnlichen Verbindungen geschädigt. Da es sich um kaum abbaubare Substanzen handelt, konnten sich diese Gifte weit ausbreiten. Sie sind heute in Luft, Wasser und Erde allgegenwärtig. In Nahrungsketten werden sie zunehmend angereichert, bis es in den Endgliedern dieser Ketten zu bedrohlichen Konzentrationen kommt (s.S. 312).

Luft- und Gewässerverschmutzung machen auch vor Naturschutzgebieten nicht halt. Störungen durch Flug- und Verkehrslärm wie durch unwissende Mitbürger, aber vor allem durch „Naturfreunde", lassen sich in unserer überbeanspruchten Landschaft kaum vermeiden.

Lebensräume für Zug- und Gastvögel

Die Betreuung wandernder Tierarten stellt den Naturschutz vor schwierige Probleme. Im einfachsten Fall beanspruchen sie zwei unterschiedliche Lebensräume, ein Fortpflanzungs- und ein Überwinterungsgebiet, die gewöhnlich in weit entfernten Regionen liegen. Normalerweise werden dazwischen aber noch für mehr oder weniger lange Zeit andere Gebiete aufgesucht.

Schwäne, Gänse und Watvögel, die im hohen Norden brüten und den Winter in Mittel- und Südeuropa verbringen, scheinen verhältnismäßig sicher zu sein, da ihre Brutgebiete noch wenig gestört und belastet sind und ihre Winterquartiere zu einem erheblichen Anteil zu Schutzgebieten gemacht wurden. Diese Vögel suchen auf ihrem Zug aber auch traditionelle Rastplätze auf. Die Bindung der Gänse an solche oft eng begrenzte Gebiete ist sehr ausgeprägt. Landschaftseingriffe können hier zu schwerwiegenden Störungen und zu erheblichen Verlusten führen. Viele Watvogelarten verbringen jährlich mehrere Monate im Wattenmeer, wo sie mausern, Reservefett speichern und sich auf die Brut und den Zug vorbereiten. Die Gefahren, die diesem Lebensraum durch Eindeichungen, Verunreinigung des Wassers durch Öl und Chemikalien sowie durch den intensiven Fremdenverkehr drohen, sind bekannt. An diesen Zuständen werden auch „Nationalparks" wenig ändern. Die Verantwortung, die hier der behördliche wie der private Naturschutz auf sich zu nehmen haben, wird erst voll erkennbar, wenn man weiß, daß eine Vielzahl der Vögel aus dem riesigen Gebiet zwischen Ostsibirien und Westkanada auf diese vergleichsweise kleine Region angewiesen ist.

Nahrungsreiche Rastgebiete sind für

viele Zugvögel wichtig. Mehrere der kleinen Laubsänger-, Grasmücken- und Schnäpperarten ziehen aus Mittel- und Nordeuropa im Herbst zunächst nach Spanien und Portugal. Dort fressen sie sich für den Weiterflug über das Mittelmeer und die Sahara ein Fettpolster an (s.S. 241). Ohne diesen Zwischenaufenthalt in einem Gebiet mit reichem Insektenvorkommen wäre ihnen das Überleben auf dem Zuge nicht möglich.

Zugvögel sind also nicht nur von Brut- und Überwinterungsgebieten, sondern auch von günstigen Lebensräumen auf den Zugwegen abhängig. Je differenzierter die Lebensraumansprüche sind, um so größer ist die Gefahr, daß den Vögeln durch Veränderung und Zerstörung der natürlichen Landschaften die Lebensgrundlage entzogen wird.

Struktur und Größe von Schutzgebieten

In einer beengten Kulturlandschaft kann Naturschutz nicht allein im tatenlosen Konservieren bestehen. Die Schutzgebiete können in der Mehrzahl nicht dem freien Wirken der Kräfte überlassen werden, da die von außen auf sie einwirkenden und die sie von innen verändernden Einflüsse zu leicht dem eigentlichen Schutzziel entgegenwirken. Schutzgebiete müssen daher in einer bestimmten Weise bewirtschaftet werden. Allgemein besteht dabei das Bestreben nach einer möglichst großen Vielfalt der Lebensräume. Das Ergebnis solcher Bemühungen kann aber eine Verkleinerung oder sogar völlige Verdrängung der Bestände bestimmter Pflanzen und Tiere sein, die nur in großräumig einheitlichen Lebensräumen häufig vorkommen. Eine kleinflächige Verzahnung verschiedenster Lebensraumtypen entspricht sicherlich nicht den ursprünglichen Landschaftsverhältnissen Europas. Sie bestanden weit eher in einem Nebeneinander weiträumiger, gleichförmiger Lebensräume. Im Einzelfall ist daher heute zu prüfen, in welche Richtung ein Schutzgebiet gefördert werden soll.

Die Frage nach der richtigen Größe eines Schutzgebietes ist vielfach diskutiert worden. Da mit der zunehmenden Größe von Inseln — Schutzgebiete stellen in der Wirtschaftslandschaft ja Inseln dar — deren Artenvielfalt zunimmt (s.S. 298), ließe sich folgern, daß es sinnvoller wäre, wenige große statt vieler kleiner Reservate auszuweisen. So einfach läßt sich dieses Problem aber nicht lösen. Neben der Größe spielt auch die Entfernung der Gebiete voneinander bzw. ihre gegenseitige Verbindung eine wesentliche Rolle. Auch kleinräumige Schutzgebiete, die durch einigermaßen naturbelassene Geländestreifen vernetzt sind, können einem bestimmten Schutzziel hervorragend dienen. Allgemein sind aber große den kleinen Schutzgebieten vorzuziehen. In ihnen lassen sich leichter lebensfähige Pflanzen- und Tierpopulationen erhalten.

Strandläufer, Steinwälzer und Austernfischer im winterlichen Watt.

Die Vögel im Wandel der Zeit

Zur Geschichte der Landschaften Europas

Seit dem Höhepunkt der letzten Vereisung vor rund 15.000 Jahren hat das Landschaftsbild Europas tiefgreifende Veränderungen durchgemacht. Die Eiszeit war kein einmaliges Ereignis. Während der letzten 2 Millionen Jahre hat es mehrere Kälteperioden und wärmere Zwischeneiszeiten gegeben. Es gibt einige Anhaltspunkte dafür, daß wir auch heute in einer solchen Zwischeneiszeit leben und daß es nach einigen tausend Jahren zu einer erneuten Vereisung kommen wird. Andererseits ist es auch möglich, daß es auf der Erde wegen der wärmedämmenden Verunreinigung der Atmosphäre immer heißer wird.

Während der Eiszeiten waren weite Teile Europas von einer Eisdecke überzogen. Die Eisregion war für Vögel weitgehend unbewohnbar. Nach Süden schloß sich die Tundra an, die, wie heute auch, in der Sommerzeit von Watvögeln, Gänsen und einigen anderen Vogelarten zum Brüten aufgesucht wurde.

Die Lebensgemeinschaften, die heute die Landschaften Nordeuropas prägen, wurden mit dem Klimawechsel weiter nach Süden oder Norden verdrängt. Durch die Analyse von Pflanzenpollen in den Bodenschichten konnte ein detailliertes Bild der eiszeitlichen Vegetationsverschiebungen erarbeitet werden. Den Ornithologen fehlt leider eine entsprechende Nachweismethode. Es ist aber zulässig, anzunehmen, daß sich die Vogelarten auch damals in den von ihnen heute bevorzugten Lebensräumen aufhielten. Ihre Wohngebiete lagen also zeitweilig weiter im Süden, dann wieder weiter im Norden.

Bei der Verdrängung nach Süden wurden die ursprünglich einheitlichen Populationen durch Barrieren, wie die Alpen, die Pyrenäen und das Mittelmeer, geteilt. Die Teilpopulationen entwickelten sich in verschiedener Weise. Es kam zur Bildung neuer Unterarten und Arten (s.S. 54). In den Zeiten, als sich die Tundra und die gemäßigte Zone im Mittelmeerraum befanden, entsprachen die dortigen Verhältnisse nicht ganz denen, die man heute im Norden vorfindet. Die maximale Tageslänge betrug in der eiszeitlichen Tundra nur 16 bis 18 Stunden. In der derzeitigen Tundrenregion geht die Sonne im Sommer mehrere Wochen lang überhaupt nicht unter. Sicher beeinflußt das die Ernährungs- und Brutmöglichkeiten der Vögel.

Nach dem Rückzug des Eises kam das Vordringen der Lebensgemeinschaften nach Norden vor ungefähr 6.000 Jahren zu einem vorläufigen Stillstand. Wenn nicht eine völlig neue Kraft in Erscheinung getreten wäre, hätte es die gleiche Entwicklung von Landschaft und Lebensgemeinschaften wie in den vergangenen Zwischeneiszeiten gegeben. Von nun an griff aber der Mensch in die natürlichen Abläufe ein.

Die Lebensräume Europas und ihre Veränderung unter dem Einfluß des Menschen

Europa wurde nach der letzten Vereisung fast völlig von Wald überzogen. Offene, unbewaldete Landschaften gab es nur an wenigen Stellen. Solche Zonen waren die Hochgebirgsregionen, die nördliche Tundra, von Salzwasser beeinflußte Küstengebiete, Sümpfe und Moore. Grasland,

Mittelspecht und Sprosser — zwei in Europa durch Lebensraumzerstörung und -veränderung betroffene Arten.

das sich heute in der Form von Wiesen und Weiden großräumig ausdehnt, gab es überhaupt nicht. Vergleichbare Lebensräume bestanden höchstens kleinräumig in den natürlichen Marschen und auf Kahlflächen nach Waldbränden.

Bis vor ungefähr 5.000 Jahren lebten die Steinzeitmenschen als Bestandteil der sie umgebenden Lebensgemeinschaften. Sie hielten die ihnen zukommenden Nische besetzt (s.S. 296) und beeinflußten ihre Wohngebiete kaum. Mit dem Auftreten der ersten Ackerbauern änderte sich die Situation grundlegend. Aus den nomadischen Jägern wurden seßhafte Landwirte, die den Wald rodeten und Felder anlegten. Zunächst konnten sie nur in die weniger dicht bewachsenen Waldränder vordringen. Mit verbesserten Werkzeugen gelang es ihnen aber bald, auch größere Bäume zu fällen. Gleichzeitig mit den Rodungen wurde Sumpfland entwässert, um für die wachsenden Viehherden Weideland zu schaffen. Die offene Landschaft mit Grasland und Acker breitete sich immer weiter aus. Heute sind in ganz Europa nur noch kleinste Reste ursprünglichen Waldes erhalten geblieben. Erst in jüngerer Zeit bestehen Bemühungen, der Waldverarmung durch Aufforstungen entgegenzuwirken. Ob das in einer Zeit, in der die Wälder Europas durch Luftverunreinigungen schwerstens geschädigt sind, noch gelingt, ist sehr fraglich.

Die Wirtschaftswälder der heutigen Zeit sind mit den ehemaligen Urwäldern nicht vergleichbar. Sowohl in der Pflanzenzusammensetzung wie im Altersaufbau ist es zu einer enormen Vereinheitlichung gekommen. Große, alte, reich fruchtende Bäume, die den Vögeln ein Großteil der Nahrung liefern, fehlen weitgehend. Monokulturen gebietsfremder Baumarten haben vielerorts ganz neue, einseitige Lebensbedingungen geschaffen.

Größere Restbestände ursprünglichen, mitteleuropäischen Waldes finden sich noch in Polen und Ungarn. Wenige Gebiete mit südeuropäischem Buschwald und mit Krüppelholz im Hochgebirge mögen noch kaum verändert sein. An ihrer Stelle ist aber durch Rodung vielfach Weideland entstanden. Die größten Flächen natürlichen Waldes finden sich noch in der nordeuropäischen Nadel- und Birkenwaldregion. Auch sie werden zunehmend von der Holzindustrie erfaßt.

Die unzugänglichen Moore, Brüche und Sümpfe wurden weit später als der Wald urbar gemacht. In der Frühzeit des Ackerbaus waren dazu die organisatorischen und technischen Möglichkeiten zu gering. Durch Gräben und andere wasserbauliche Maßnahmen gelang es jedoch immer besser, Feuchtgebiete trockenzulegen. Gleichzeitig mit der Zurückdrängung von Wald und feuchtem Land dehnte sich die trockene, vergleichsweise einförmige Landschaft aus. Vorwiegend entstanden landwirtschaftlich genutzte Flächen, durch Verarmung des Bodens aber auch Heiden und Ödland.

Die Veränderungen in der Vogelwelt

Die Umgestaltung der Landschaft durch den Menschen hatte auf die Vogelwelt Europas tiefgreifende Auswirkungen. Für viele Vogelarten sind sie der entscheidende, das Vorkommen und die Verbreitung bestimmende Faktor.

Die Verluste

Es ist erstaunlich, daß trotz der enormen Um- und Neugestaltung der Lebensräume nur ganz wenige Vögel in Europa vollkommen ausgestorben sind. Soweit feststellbar, sind das nur der Riesenalk, der Jungfernkranich und vielleicht auch noch der Steppenadler. Zahlreiche andere Arten sind aber in ihrem Bestand stark zurückgegangen und aus weiten Bereichen ihrer ehemaligen Verbreitung verschwunden.

Am stärksten sind die großen Vögel

bedroht. Manche dieser Arten wurden und werden intensiv bejagt. Weit gefährlicher als die direkte Verfolgung sind aber ständige Störungen und vor allem Eingriffe in den Lebensraum. Große Vögel brauchen große Territorien. In einem Wald oder Sumpfgebiet können nur wenige große, dagegen aber viele kleine an diese Lebensräume angepaßte Vögel leben. Daher kann es leicht zum lokalen Aussterben von Großvögeln kommen.

Das Zusammenwirken der beiden Gefährdungsfaktoren, Körpergröße und Landschaftszerstörung, läßt sich gut am Birk- und Auerhuhn zeigen. Beide Arten stellen eine beachtliche Beute dar und wurden daher bei uns stark bejagt. Gleichzeitig wurden ihre Lebensräume durch großräumige Kultivierung von Heiden, feuchtem Grünland und Mooren sowie durch den Aufbau uniformer Wirtschaftswälder entscheidend umgestaltet. In absehbarer Zeit werden die beiden großen Rauhfußhühner in Mitteleuropa ausgestorben sein, wenn es nicht gelingt, ihnen durch extensive Land- und Forstwirtschaft großflächige Rückzugsgebiete zu sichern.

Die großen Greifvögel sind als Nahrungs- bzw. Jagdkonkurrenten des Menschen intensiv verfolgt worden. Wenn die Lebensräume ihren Ansprüchen noch einigermaßen genügen, können sich die Bestände nach Einstellung der Bejagung wieder erholen.

Die Landschaftsveränderungen haben die Waldvögel verhältnismäßig wenig betroffen. Wälder nehmen, wenn auch in neuer Gestalt, in Europa weite Gebiete ein. Vielen Waldvögeln gelang es, die Feldmark, Kleingehölze, Hecken und Gärten zu besiedeln. Den Vögeln der Feuchtgebiete bot sich diese Ausweichmöglichkeit nicht. Nur wenige konnten in den vom Menschen geprägten Lebensräumen Fuß fassen. Die Sumpf- und Wasservögel haben daher weit stärker als die Waldvögel unter der Vernichtung ihrer Lebensräume zu leiden. Der Rückgang des Weißstorchs in weiten Gebieten Westeuropas ist zu einem wesentlichen Anteil die Folge der Trockenlegung von feuchtem Grünland. Kraniche waren im mitteleuropäischen Tiefland weit verbreitet. Heute gibt es lediglich wenige Restvorkommen, die nur dank intensiver Betreuung und dem Bemühen überleben,

Durch die Trockenlegung von Sumpfland ist die Zahl der auf diesen Lebensraum angewiesenen Vögel stark verringert worden. Rohrschwirl, Rohrdommel.

ihre Lebensräume vor verändernden Eingriffen zu schützen. Von den in der „Roten Liste“ (Stand 1982, s. Bestimmungsteil) als vom Aussterben bedrohte oder stark bedrohte Arten aufgeführten Vögeln sind 53% Bewohner von Feuchtgebieten. Die restlichen verteilen sich auf verschiedene Lebensräume. Nur 9% können als echte Waldvögel bezeichnet werden.

Neben den Störchen, Reihern und Dommeln sind es vor allem die Watvögel der Feuchtwiesen, Sümpfe, Brüche und Moore wie Brachvogel, Goldregenpfeifer und Kampfläufer, die am stärksten unter der zunehmenden Entwässerung der Landschaft zu leiden haben. Auch die auf seichte, pflanzenreiche Gewässer angewiesenen Gründelenten, z.B. Löffel-, Krick- und Knäkente, sind vielerorts merklich seltener geworden.

Bis jetzt befindet sich unter den auf dem Gebiet der Bundesrepublik Deutschland ausgestorbenen Vögeln aber keine Art, die hier jemals weit verbreitet oder sehr häufig gewesen wäre. Im Unterschied zu den Pflanzen und vielen von diesen direkt abhängigen Insekten zeigen die Vögel eine erstaunliche Anpassungsfähigkeit. Dennoch wird bei Fortsetzung des jetzigen Trends bald manche vertraute Vogelart in der verarmten Landschaft fehlen.

Rohrweihe, Bartmeise

Die Gewinne

Die landschaftsformende Tätigkeit des Menschen hat nicht nur zu Verlusten geführt, sondern auch einigen Vogelarten erst den zusagenden Lebensraum geschaffen. Die Drosseln mit Amsel, Sing- und Misteldrossel, die Finken mit Grünling, Buchfink und Girlitz, die Ringeltaube, der Turmfalke und der Waldkauz waren Vögel der natürlichen Waldränder. Sie haben sicher von der Auflockerung der einst zusammenhängenden Waldfläche profitiert.

Einige der häufigsten Vögel in den menschlichen Siedlungen stammen nicht aus dem Wald. Wo Haussperlinge lebten, bevor es Dörfer und Städte gab, ist schwer zu sagen. Die meisten Verwandten des Haussperlings bewohnen offene Landschaften von der Trockensavanne bis ins Hochgebirge. Vielleicht stammt der Haussperling aus Steppengebieten und folgte dem Ackerbauern in die im Waldland künstlich geschaffene Steppe. Star und Saatkrähe sind zur Nahrungssuche auf kurzrasiges Grasland oder auf frisch bestellte Felder angewiesen. Sie brüten zwar im Baumbestand, der Star auch in Felsspalten, im dichten Wald können sie jedoch nicht existieren. Wo waren sie, bevor Wiesen und Felder entstanden? Alle die Vögel, die vorwiegend in der offenen Landschaft vorkommen, müssen früher in Mitteleuropa viel seltener gewesen sein. Unter den Kulturfolgern finden sich auch Vogelarten, von denen man das kaum vermuten würde. Der Mäusebussard, die Milane und die Weihen jagen bevorzugt über niedrig bewachsenem, landwirtschaftlich genutztem Gelände. Birkhühner konnten sich erst mit der Entstehung von Heiden und extensiv genutztem Grünland ausbreiten. Wachteln, Rebhühner, Trappen, Feldlerchen, Wiesenpieper und Steinschmätzer hat es im geschlossen bewaldeten Mitteleuropa, wenn überhaupt, nur auf den wenigen natürlichen Lichtungen gegeben. Das trifft auch auf eine Vielzahl der heute gefährdeten Watvögel zu. Kiebitze, Kampfläufer, Rotschenkel, Uferschnepfen und Braunkehlchen, fast alle Vögel der vom Menschen geschaffenen, feuchten Wiesen und Weiden, können früher nur auf Salzwiesen der Küste, in der Tundra und vielleicht im Schwemmland großer Flüsse gelebt haben. Weites, trockenes Heideland entstand erst nach der Rodung des Waldes. Auf ihm konnten sich die Heidevögel, z.B. Brachpieper und Heidelerche, ansiedeln. Die Herkunft der im Luftraum jagenden Insektenfresser gibt einige Rätsel auf. Heute nisten die meisten Schwalben und Segler an oder in Gebäuden. Sogar die Uferschwalbe ist weitgehend von künstlich geschaffenen Steilwänden, wie Kiesgruben usw., abhängig. In Europa brütet nur die Felsenschwalbe ausschließlich an natürlichen Standorten. Es ist also anzunehmen, daß die Schwalben und Segler erst mit den Menschen in unsere Gegend gelangten.

Verhaltensänderungen

Viele Vögel konnten die vom Menschen geschaffenen oder doch wesentlich beeinflußten Gebiete ohne Veränderung von Verhalten und Lebensweise besiedeln, da sie weitgehend den angestammten Lebensräumen entsprachen.

Zum erfolgreichen Vordringen in dicht bebaute Siedlungen und für die Ausnutzung neuer Nahrungsquellen waren Verhaltensänderungen nötig. Die meisten Vogelarten Europas konnten sich über mindestens 2.000 Generationen auf die vom Menschen geschaffenen, großräumigen Landschaftsformen einstellen. Da nach 100, vielleicht sogar weniger, Gene-

Bevor die Menschen Häuser bauten, brüteten die Mehlschwalben wahrscheinlich an Felsen.

rationen schon Verhaltensänderungen beobachtet werden können, ist es durchaus möglich, daß es unter dem Einfluß des Menschen inzwischen zu bemerkenswerten Anpassungserscheinungen gekommen ist. Ein solcher Verhaltenswandel muß bei der Türkentaube geschehen sein, die auf einmal in der Lage war, ihr Verbreitungsgebiet gewaltig auszudehnen (s.S. 289).

Viele Möwenarten, aber auch Krähen, Sperlinge, Enten und Tauben, haben gelernt, Nahrung aufzunehmen, die absichtlich oder unabsichtlich vom Menschen gespendet wird. Lach-, Sturm- und Silbermöwen gehören zu den häufigsten Besuchern von Müllhalden. Sie folgen dem Pflug und lassen sich in den Städten und Urlaubsorten füttern. Sie dringen immer weiter ins Binnenland vor und überwintern auch in nördlichen Breiten, die sie früher aus Nahrungsmangel im Winter verlassen mußten. In ihrer gesamten Lebensweise und in ihrer Populationsentwicklung spielt die Einstellung auf ein künstliches Nahrungsangebot eine entscheidende Rolle.

Der Wirtschaftswald

Neben den völlig neuartigen Lebensräumen der offenen Landschaft hat der Mensch auch neue Wälder geschaffen. Diese Wälder bestehen aus wenigen, oft standortfremden Baumarten. Nicht selten sind es extreme Monokulturen mit einem völlig einheitlichen Altersaufbau. In der Regel sind sie weit homogener als der ursprüngliche Wald. In ihnen finden nur wenige Vogelarten optimale Lebensbedingungen vor.

In Südeuropa wurden Eukalyptusbäume aus Australien angepflanzt. Diese Bäume beherbergen nur eine spärliche Insektenfauna und bieten den Vögeln entsprechend wenig Nahrung. Die meisten neuen Wälder Europas bestehen jedoch aus Nadelbäumen. Neben einheimischen Baumarten wurden auch fremdländische Nadelgehölze gepflanzt. Außer zum Nisten, haben diese für die Vögel kaum eine Bedeutung.

Die meisten europäischen Waldvögel sind an sommergrüne Laubwälder angepaßt. Blau- und Sumpfmeisen scheinen, zumindest während der Brutzeit, Nadelwälder zu meiden. Die Laubsänger, Grasmücken, Spötter und Schnäpper bevorzugen eindeutig Laubwälder. Wenige Arten haben aber offensichtlich von der Ausdehnung der Nadelwälder profitiert. Tannenmeisen, Haubenmeisen, Kreuzschnäbel und Goldhähnchen kommen jetzt in Gebieten vor, in denen sie früher kaum anzutreffen waren, und haben an Zahl sicher stark zugenommen.

Die neu entstandenen Gewässer

Durch flächenhaften Bodenabbau in Kies-, Ton- und Braunkohlegruben, durch die Anlage von Stau- und Speicherbecken und die Verrieselung von Abwässern sind neue Gewässer entstanden. Diese Wasserflächen können sich durchaus zu wertvollen Lebensräumen für Wasservögel entwickeln. Ebenso wie die neuen Wälder bieten sie aber nur wenigen Arten geeigneten Lebensraum. Die ausgedehnten Sumpf- und Flachwasserzonen der ursprünglichen Gewässer konnten von Schreit- und Watvögeln sowie von Gründelenten genutzt werden. Die neuen, tiefen und offenen Gewässer, denen gewöhnlich ein nennenswerter Röhrichtgürtel fehlt, eignen sich nur für Tauchenten wie Reiher- und Tafelente. Sie werden von Möwen gerne als Ruhegewässer aufgesucht. Da sie aber in der Mehrzahl dem Wassersport und anderen Freizeitaktivitäten dienen, ist ihr Wert für die Vogelwelt beschränkt. Durch die Anlage von Brutinseln, Buchten und Flachwasserzonen ließe sich die Zahl der Brutvögel an den neu entstandenen Gewässern bedeutend

Wenige Vögel kommen nur in Nadelwälderrn vor. Tannenmeise und Wintergoldhähnchen gehören dazu.

erhöhen. In Südeuropa werden einige Küstenlagunen für die Salzgewinnung genutzt. Die Flamingos Südfrankreichs brüten in einem solchen Gebiet. Auch Säbelschnäbler, Stelzenläufer und Seeregenpfeifer kommen hier vor.

Die eingebürgerten Vögel

Eingebürgerte Vögel spielen in Europa allgemein keine bedeutende Rolle. Der Fasan ist einer der häufigsten und wichtigsten dieser Neubürger. Er stammt aus Mittelasien und wurde schon von den Römern nach Europa gebracht. Inzwischen sind hier Fasane verschiedenster Herkunft, von Persien bis Japan, ausgesetzt worden. Der heute zur Jagd gehegte Fasan ist also eine Mischung mehrerer Unterarten. In England wurden auch Gold- und Diamantfasan eingebürgert. Daneben gibt es dort seit 1790 Rothühner und neuerdings auch Chukarhühner, die sich in einigen Gegenden miteinander vermischen. Versuche, das Schottische Moorschneehuhn in den Eifelmooren anzusiedeln, verliefen nicht erfolgreich. Auch die im Rheinland ausgesetzten wilden Truthühner haben keinen lebensfähigen Bestand bilden können.

Um 1890 wurden nach England in größerer Zahl Steinkäuze gebracht. Inzwischen hat sich dort eine stabile Population entwickelt (s.S. 50).

Im mitteleuropäischen Tiefland gehören Höckerschwäne sicher zu den angestammten Brutvögeln. Durch ihre Haltung als Ziervögel wurden sie über fast ganz Europa verbreitet. Die heute bis in die Gebirgsregionen hinein wild brütenden Schwäne stammen von den halbwilden Parkvögeln ab. Kanadagänse haben sich in Skandinavien und Großbritannien gut vermehrt. Inzwischen erscheinen größere Scharen skandinavischer Kanadagänse auf dem Zug und zum Überwintern an den deutschen Küsten. Es ist damit zu rechnen, daß die Kanadagänse ihr Siedlungsgebiet in Europa weiter ausdehnen werden. In Südengland ist die Population

Viele Tauchenten (hier Reiher- und Tafelenten) und Möwen (hier Lach- und Heringsmöwen) nutzen vom Menschen geschaffene Gewässer zum Rasten und Schlafen.

der dort ausgewilderten Mandarinenten auf mehr als 1.000 Individuen angewachsen. In wildem oder halbwildem Zustand finden sich diese Enten auch in der Umgebung mancher deutschen Stadt.

Ähnlich liegen die Verhältnisse bei den Halsbandsittichen. Rings um London nimmt ihre Zahl immer mehr zu. Sie haben mehrere harte Winter überstanden und brüten recht erfolgreich. Bei höherem Schnee sind sie wahrscheinlich völlig auf die Fütterung in Futterhäusern angewiesen. Im allgemeinen können sie sich aber in der ungewohnten Umgebung selber ernähren. Auch im Rheinland gibt es schon wildlebende Bestände. Vielleicht wird dieser Papagei bald zur normalen Vogelfauna unserer Städte gehören.

In England und Westeuropa haben sich entflogene Halsbandsittiche in Freiheit vermehrt.

Die andauernde Zerstörung des Lebensraums

Das Wirken des Menschen hat für viele Vögel Europas zu einer akuten Bedrohung geführt. Nur wenige haben davon profitiert. Einige Eingriffe in den Lebensraum verursachen andauernde, nicht ausgleichbare Schäden. Es sind das erstens der Totalverlust ganzer Landschaftsteile durch Überbauung und zur Uniformität zwingender, landwirtschaftlicher Nutzung und zweitens die Vergiftung von Wasser, Luft und Boden.

Auch wenn ganz Europa von einer einzigen großen Stadt überzogen wäre, gäbe es dort noch Vögel. Es wären aber nur die wenigen Arten, die wir heute aus den Siedlungen kennen. Bleiben würden Straßentauben, Haussperlinge, Amseln, Grünling und wenige andere Garten- und Parkvögel. Wenn also in Europa eine artenreiche Vogelwelt erhalten bleiben soll, muß auch die Vielfalt der Lebensräume erhalten werden. Die größte Gefahr besteht z.Z. nicht so sehr in dem Wachstum der Städte und Verkehrsanlagen, sondern mehr in der zunehmenden Industrialisierung der Landwirtschaft. Gehölze, Hecken, feuchte Wiesen und Tümpel müssen großflächigen, sterilen Monokulturen weichen. Auf diesen Flächen wird die chemische Belastung für Pflanzen und Tiere zunehmend unerträglich. Herbizide, die die Wildkräuter vernichten und mit ihnen alle auf sie angewiesenen Insekten, entziehen den Vögeln die Ernährungsgrundlage. Insektizide zur Bekämpfung von tierischen „Schädlingen“ wirken sich über die Nahrungsketten direkt auf die Vögel aus. Eine traurige Berühmtheit haben die sogenannten Chlorierten Kohlenwasserstoffe wie DDT und Dieldrin erlangt. In den fünfziger und sechziger Jahren wurden sie in großen Mengen als Spritzmittel und zur Saatbeize eingesetzt. Zu ihren negativen Eigenschaften gehört, daß sie in der Natur kaum abgebaut werden und sich daher in den Tieren zunehmend anreichern. Sperlinge oder Tauben, die mit Dieldrin gebeizte Saat fressen, müssen dadurch noch nicht geschädigt werden. In den Sperbern, die die Sperlinge, und in den Wanderfalken, die die Tauben schlagen, kommt es aber mit der Zeit zu schädigenden Giftkonzentrationen, die, wenn sie nicht zum Tode führen,

Am Ende des vorigen Jh. wurden Steinkäuze in England ausgesetzt. Jetzt haben sie weite Teile des Landes besiedelt.

doch die Fortpflanzungsfähigkeit beeinträchtigen. Beide Greifvogelarten wurden dadurch in weiten Teilen Europas an den Rand des Aussterbens gebracht. Jetzt, nachdem die Anwendung dieser Gifte in den meisten Ländern unserer Region verboten ist, erholen sich die Bestände wieder zusehends. Der Handel mit den Giften und ihr Gebrauch gehen aber in der „Dritten Welt" uneingeschränkt weiter. Da die meisten unserer Zugvögel in Afrika überwintern, findet durch sie ein ungewollter Reimport statt. Über die Nahrungsketten sowie über Luft und Wasser sind die Gifte inzwischen ohnehin weltweit verbreitet worden.

Ähnlich verheerend wirkt sich die zunehmende Verschmutzung der Meere mit Erdöl aus. An der „Ölpest" sterben an unseren Küsten alljährlich Tausende von Seevögeln und Enten. Dazu bedarf es keines Tankerunfalls. Die ständig von den Schiffen und Bohrinseln in die Nord- und Ostsee gelangende Ölmenge genügt dazu völlig. Da viele Seevögel eine hohe Lebenserwartung und eine geringe Nachwuchsrate haben (s.S. 303), kann ein hoher jährlicher Verlust zu schwerwiegenden Populationseinbußen führen.

Auch das durch die Luftverunreinigung von Industrie, Verkehr und Hausbrand verursachte Waldsterben wird für die in den Wäldern lebenden Vögel nicht ohne Auswirkungen bleiben. Zunächst kann es sogar zur Begünstigung einiger Arten kommen, da die Schadinsekten in den absterbenden Wäldern zunehmen. Bald werden die Waldvögel aber in den kahlen Bäumen weder ausreichend Nahrung noch Deckung finden. In den nächsten Jahrzehnten ist daher mit einer tiefgreifenden Umgestaltung und einer weiteren Verarmung der europäischen Vogelfauna zu rechnen.

Die Wiedereinbürgerung

Durch die Wiedereinbürgerung lokal ausgestorbener Vogelarten kann deren Individuenzahl vergrößert und deren Verbreitungsgebiet erweitert werden. Solche Aussetzaktionen haben aber nur dann einen Sinn, wenn die Faktoren, die zum Aussterben führten, erkannt und ihre negativen Folgen behoben wurden. Wurde ein Vogel z.B. nur durch eine zu intensive Bejagung ausgerottet, bestehen, wenn die Jagd eingestellt wird, gute Aussichten, daß die Wiederansiedlung gelingt. Wenn aber der Lebensraum grundlegend verändert oder zerstört wurde, werden Wiedereinbürgerungen bestimmt erfolglos bleiben.

Für das Verschwinden des Uhus aus weiten Bereichen Mitteleuropas war sicherlich die Jagd verantwortlich. Sie teilten das Schicksal anderer großer Beutegreifer unter den Säugetieren und Vögeln, die als Jagdkonkurrenten ausgeschaltet wurden. Uhus sind inzwischen in verschiedenen Gegenden unseres Landes wieder ausgesetzt worden. Die Verluste unter diesen aus Gefangenschaftszuchten stammenden Vögeln sind sehr groß. Auch ausgeklügelte Trainings- und Eingewöhnungsmethoden haben daran nicht sehr viel ändern können. Dennoch haben sich an einigen Stellen wieder anscheinend lebensfähige Populationen gebildet. Weit wichtiger ist aber, daß sich jetzt die wenigen überlebenden wilden Uhus wieder ungestraft vermehren und ausbreiten können.

In Schottland ist es gelungen, nachdem dort neue Wälder herangewachsen waren, die dort mit der Abholzung der alten Wälder ausgestorbenen Auerhühner wieder erfolgreich einzubürgern. Auch der durch intensive Bejagung ausgerottete Seeadler soll hier wieder eine Heimat finden.

Ohne große Schwierigkeiten war es möglich, in geeigneten Gebieten, z.B. dem Dümmer in Niedersachsen, Graugänse anzusiedeln. Leider sind damit auch Mischlinge mit Hausgänsen in die freie Wildbahn gelangt.

Die Rauhfußhühner, Auer-, Birk- und

Papageitaucher und andere Seevögel werden durch Öl, eingetragene Giftstoffe und Überfischung der Meere geschädigt.

Es wird versucht, den in Schottland ausgerotteten Seeadler dort wieder anzusiedeln. In der Bundesrepublik kann der kleine Restbestand dieses „Symbolvogels des Naturschutzes“ nur durch intensive Bewachung der Horste erhalten werden.

Haselhuhn, sind in Deutschland nur noch in minimalen Restbeständen vorhanden. Ihnen wurde durch die grundlegende Beeinträchtigung ihrer Lebensräume die Existenzgrundlage entzogen. Versuche, diese Vögel in Gefangenschaft zu züchten und in die Freiheit zu entlassen, werden so lange ohne Erfolg bleiben, wie es nicht gelingt, für sie wieder optimale Lebensbedingungen zu schaffen.

Die gegenwärtige Lage und ein Ausblick in die Zukunft

Es ist kaum möglich, die Auswirkungen aller verändernden Eingriffe auf einen gemeinsamen Nenner zu bringen. Viele Vogelarten sind regional ausgestorben oder sehr selten geworden. Nur wenige sind aber in ganz Europa gleichzeitig betroffen. Einige Arten haben sich sogar stark vermehren und ausbreiten können.

In gewissem Maße gleicht die Umgestaltung der Lebensräume durch den Menschen einer natürlichen Entwicklung. Schon immer gab es weiträumige Landschaftsveränderungen. Schon immer starben Arten aus und entstanden durch Anpassung an eine gewandelte Situation neue. Es muß aber nochmals betont werden, daß sich die Eingriffe des Menschen vom natürlichen Wandel in einem Punkt grundlegend unterscheiden. Sie verlaufen sehr viel schneller. Durch die zunehmenden technischen Fähigkeiten des Menschen werden in immer kürzerer Zeit immer gewaltigere Landschaftsumformungen möglich. Die heute in den Tropen rigoros praktizierte Waldvernichtung ist zwar mit der Rodung der Urwälder Mitteleuropas vergleichbar, sie vollzieht sich aber in einem weit rasanteren Tempo. Hier sind die Vögel noch weit stärker als bei uns an kleinräumige Pflanzengemeinschaften angepaßt. Die Totalverluste werden entsprechend hoch sein.

Auch in Europa ist die Zukunft für die meisten Tierarten nicht gerade rosig. Der Landschaftsverbrauch für Siedlungen, Industrie und Verkehr ist enorm. Eine Landwirtschaft, die die Landschaft erhält und pflegt, ist nicht rentabel. Auch wenn das Umweltbewußtsein und die Einsicht in die Notwendigkeit eines pfleglichen Umgangs mit der Natur wachsen, stehen diesen allgemein noch schwachen Kräften übermächtige wirtschaftliche Interessen entgegen. Bei ein wenig Konsumverzicht wäre in den reichen Industrieländern eine vorausschauende Sicherung der natürlichen Lebensgrundlagen durchaus möglich. In den armen Entwicklungsländern muß die tägliche Not einer wachsenden Bevölkerung eine planerische Zukunftssicherung unmöglich machen.

Es ist zu hoffen, daß die zunehmende Kenntnis der natürlichen Zusammenhänge uns lehrt, die Natur nicht lediglich als schmückendes Beiwerk, sondern als Grundlage unserer Existenz zu begreifen. Nur dann werden unsere Nachkommen mit ihr weiser und schonender umgehen können als wir. Sollte das gelingen, heißt das aber nicht, daß es in Zukunft keine Veränderungen in den Lebensgemeinschaften mehr geben wird. Wenn alle Einwirkungen des Menschen unterbunden werden könnten, bliebe doch die natürliche Auslese als treibende Kraft eines ständigen, natürlichen Wandels.

Register

Deutsche Namen

Das Register der deutschen Namen umfaßt die Arten und Gruppen des ganzen Buches. Die fett gedruckten Zahlen (Seite 62-203) verweisen auf den Bestimmungsteil. Die kursiven Zahlen deuten auf wesentliche, die Kurzbeschreibungen der Arten ergänzende Informationen hin. Die betreffenden Arten sind im Bestimmungsteil durch einen * gekennzeichnet.

Wissenschaftliche Namen

Das Register der wissenschaftlichen Namen bezieht sich, von wenigen fossilen Vögeln abgesehen, nur auf den Bestimmungsteil (S. 62-203).

Weiterführende Literatur

Bergmann, H., und H.-W. Helb (1982): Stimmen der Vögel Europas. München.

Berndt, R., und W. Meise (1959-1963): Naturgeschichte der Vögel. 3 Bände. Stuttgart.

Bezzel, E. (1977): Ornithologie. Stuttgart.

Bezzel, E (1985): Kompendium der Vögel Mitteleuropas: Nonpasseriformes-Nichtsingvögel. München.

Glutz von Blotzheim, U.N., u.a. (1966-1985): Handbuch der Vögel Mitteleuropas. 10 Bde. Wiesbaden.

Harrison, C.O. (1975): Jungvögel, Eier und Nester aller Vögel Europas, Nordafrikas und des Mittleren Ostens. Hamburg und Berlin.

Heinzel, H., R. Fitter, J. Parslow (1983): Pareys Vogelbuch. Hamburg und Berlin.

Peterson, R.G. Mountfort, Ph. A. Hollom (1985): Die Vögel Europas. 14. Aufl. Hamburg u. Berlin.

Der engbemessene Raum macht es nötig, daß viele Angaben abgekürzt oder kodifiziert erscheinen. Diese Abkürzungen und Symbole sind so gewählt, daß sie bald ohne große Mühe gelesen werden können.

Einführung: Die kurzgefaßten Einführungen in die Vogelgruppe (Ordnung, Familie, Gattung) umreißen die Gemeinsamkeiten der in ihnen zusammengefaßten Arten. Die letzte Bemerkung soll auf Unterscheidungsmerkmale zwischen den einzelnen Arten hinweisen.

Name: Am Beginn jeder Artbeschreibung steht der deutsche Trivialname z.B. Bruchwasserläufer. Es folgt der wissenschaftliche Name z.B. *Tringa glareola*

Status: Das Symbol vor dem Namen erlaubt es schnell zu überprüfen, ob und wie häufig der Vogel in Mitteleuropa erwartet werden kann.

- ● Brutvogel, weit verbreitet und zumeist auch häufig.
- ◑ Brutvogel nur in bestimmten Gegenden oder Lebensräumen (z.B. Gebirge). Kann dort häufig sein.
- ○ Zuggast regelmäßig und häufig erscheinend.
- ⦶ Zuggast überwiegend in bestimmten Gegenden oder Lebensräumen (z.B. Küste). Kann dort häufig sein.
- ▲ „Fremdvogel“, in einigen Gegenden eingebürgert oder aus Gefangenschaft entflohen.
- △ Irrgast, in Deutschland nur selten bis ausnahmsweise erscheinend.
- 8 Unregelmäßiger oder ehemaliger Brutvogel, regelmäßig auf dem Zuge erscheinend.
- ⩜ Unregelmäßiger oder ehemaliger Brutvogel, nur selten oder überhaupt nicht mehr erscheinend.

Fehlt ein Symbol, so ist der Vogel bisher in Mitteleuropa nicht oder nur ganz vereinzelt nachgewiesen worden.

Ergänzend zu den im Symbol enthaltenen, eigentlichen Statusangaben wird der räumliche und zeitliche Aufenthalt der Vögel (Wanderung) durch Angaben hinter dem Namen genauer bestimmt.

- St Standvogel, ganzjährig im Brutgebiet.
- Z Zugvogel, überwintert außerhalb des Brutgebietes.
- TZ Teilzieher, nicht alle Individuen und / oder Populationen überwintern außerhalb des Brutgebietes. Im N. zumeist Z und nach S. zunehmend St.
- W Wintergast in Mitteleuropa. (W) nur Teilpopulation überwintert.
- S Sommergast in Mitteleuropa. (S) nur Teilpopulation übersommert.

Die folgenden römischen Zahlen geben die Hauptdurchzugszeiten bzw. Aufenthaltszeiten an. I—XII = Januar — Dezember.

Gefährdung: Viele Vogelarten sind heute in ihrem Bestand bedroht. Ein R für „Rote Liste“ (Bundesrepublik Deutschland und Westberlin Stand 1982) besagt:

- R1 ausgestorben
- R2 vom Aussterben bedroht
- R3 stark bedroht
- R4 bedroht
- R5 möglicherweise bedroht, Art mit kleiner Population oder Art, die sich wieder merkbar erholt hat
- R6 Bedrohung fraglich, da nur vereinzelt oder gelegentlich brütend

Größe: 1. mittlere Länge von der Schnabel– bis zur Schwanzspitze des erwachsenen, ausgestreckt liegenden Vogels in cm.
2. unter normalen Bedingungen auftretende Gewichtsspanne in g. Die Gewichte der Vögel schwanken stark. Sie sind vom Nahrungsangebot, von der Aktivität (Brut, Zug, Mauser) und weiteren Faktoren abhängig.
3. Größenvergleich mit einer allgemein bekannten Vogelart > größer, < kleiner, ~ ungefähr gleich.

Merkmale: Die auffälligen Erkennungs- und Unterscheidungsmerkmale werden beschrieben. Zumeist betreffen sie Färbung und Gefieder. Es wird aber auch auf charakteristische Verhaltensweisen hingewiesen.

Stimme: Die gewöhnlichen Rufe und Gesänge werden, soweit möglich, mit Lautsilben umschrieben.

Lebensraum: Durch folgende Abkürzungen wird der Lebensraum zur Brutzeit = „So“ (Sommer) und außerhalb der Brutzeit = „Wi“ (Winter) bezeichnet:

- L = offene Landschaft
  - AL - Acker; WL - Wiese, Weide; HL - Heide, trockenes Ödland
- W = Wald
  - BW - Büsche, Hecken, Buschwald, Macchie; LW - Laubwald; NW - Nadelwald; MW - Mischwald
- F = Feuchtgebiet (Süßwasser)
  - WF - Feuchtwiesen; MF - Moor; BF - Bruch, Sumpf, Verlandungszone; SF - stehende Gewässer (Seen, Teiche usw.); FF - fließende Gewässer (Flüsse, Bäche usw.)

M = Meer und Küste
MM - Marsch, Salzwiesen; SM - Sandküste, Dünen; FM - Felsküste;
WM - Watt; KM - Küstengewässer;
HM - hohe See
G = Gebirge
S = Siedlung
VS - Garten, Park, Dorf, Vorstadt;
IS - Innenstadt (pflanzenarme, dichte Bebauung)

Zur Bezeichnung der Himmelsrichtungen werden die üblichen Abkürzungen N., S., O., W. gebraucht. Um Verwechslungen zu vermeiden, steht hier hinter dem Großbuchstaben ein Punkt.

Nest: 1. Standort des Nestes. 2. Baumaterial des Nestes. 3. Erbauer des Nestes — ♂ oder ♀: Nur das Männchen oder nur das Weibchen baut; ♂♀: Die Brutpartner haben den gleichen Anteil am Bau; ♀(♂): Das Weibchen trägt die Hauptlast beim Bau. Das Männchen kann gelegentlich helfen.
Falls die behandelte Vogelart nicht monogam ist, stehen vor 1. Angaben zum Paarverhalten.

Eier: 1. Zahl der Eier im Gelege. 2. Färbung und Zeichnung der Eier — :: = gepunktet, gesprenkelt, gefleckt; ≡ = gestrichelt, gestreift. 3. Eilänge in mm.

Brut: 1. Anzahl der Jahresbruten. Ist diese Zahl für ♂ und ♀ verschieden, so folgt der Zahl ein Geschlechtssymbol. 2. mittlere Brutdauer in Tagen. 3. Anteil der Geschlechter an der Brut (s. Nest 3.). 4. Hauptbrutperiode I—XII = Januar — Dezember.

Junge: 1. Typusangabe: Nfl = Nestflüchter, Junge verlassen bald nach dem Schlüpfen das Nest und ernähren sich selber; Pho = Platzhocker, Junge verlassen bald nach dem Schlüpfen das Nest, bleiben versteckt in der Nähe und werden gefüttert; Nho = Nesthocker, Junge bleiben bis zum Flüggewerden im Nest. 2. Zeitspanne zwischen dem Schlüpfen und Flüggewerden in Tagen. Ein + hinter der Zahl besagt, daß der Jungvogel das Nest schon vor dem Erlangen der vollen Flugfähigkeit verlassen kann. 3. Anteil der Geschlechter an der Brutpflege (s. Nest 3.)

Imm: (immatur = unreif, unausgefärbt) Wenn der Jungvogel das Nest verläßt, trägt er oft noch nicht das Federkleid der Altvögel. Viele, zumeist kleinere Vögel, sind schon im folgenden Jahr ausgefärbt. Bei einigen, zumeist größeren Vögeln, dauert der Wechsel ins Alterskleid mehrere Jahre. Diese Reifezeit wird in Monaten angegeben.

Alter: 1. Alter bei der ersten Brut in Jahren. 2. durch Beringung im Freiland nachgewiesenes Höchstalter in Jahren. Steht diese Zahl in Klammern, so ist die Angabe bisher noch zu wenig gesichert und wahrscheinlich zu niedrig. 3. jährliche, mittlere Überlebensrate der Altvögel in %. Diese Angabe ist nur von wenigen, gut untersuchten Arten bekannt.

Nahrung: Es wird nur die bevorzugte und gängigste Nahrung genannt. Das tatsächliche Nahrungsspektrum kann weit umfangreicher sein.

Schema einer Artbeschreibung:

Statussymbol: Brut- oder Gastvogel — **Name:** Deutscher Name, wissenschaftlicher Name — **Status:** (Wanderung) Stand- oder Zugvogel, Zugzeit — **Gefährdung:** „Rote Liste" — **Größe:** Länge, Gewicht, Vergleich - **Merkmale:** — **Stimme:** — **Lebensraum:** „Sommer" und/oder „Winter" — **Nest:** Wenn nötig, Paarverhalten; Stand, Material, Erbauer — **Eier:** Eizahl, Färbung und Zeichnung, Länge — **Brut:** Zahl der Jahresbruten, Brutdauer, Beteiligung der Geschlechter, Brutperiode — **Junge:** Typus, Brutpflegedauer, Anteil der Geschlechter an der Brutpflege — **Imm:** Reifezeit — **Alter:** Brutreife / Höchstalter / jährliche Überlebensrate der Altvögel — **Nahrung:**

***:** Der Stern am Ende der Artbeschreibung soll auf wesentliche Informationen aufmerksam machen, die in anderen Abschnitten des Buches zu finden sind (s. kursive Seitenzahlen im Register).

In den **Verbreitungskarten**

sind die Brutgebiete gelb

die Überwinterungsgebiete blau gekennzeichnet.

Grün bedeutet, daß sich beide Gebiete überschneiden und die Vögel hier ganzjährig anzutreffen sind.